ICT认证系列丛书

华为技术认证

华为VPN学习指南（第二版）

王达 主编

人民邮电出版社
北京

图书在版编目（CIP）数据

华为VPN学习指南 / 王达主编. -- 2版. -- 北京 :
人民邮电出版社, 2023.1
（ICT认证系列丛书）
ISBN 978-7-115-60338-8

Ⅰ. ①华… Ⅱ. ①王… Ⅲ. ①虚拟网络－指南 Ⅳ.
①TP393.01-62

中国版本图书馆CIP数据核字(2022)第201036号

内容提要

本书是对《华为 VPN 学习指南》的全面升级和改版，不仅采用最新版本的 VRP 系统进行内容的更新、修订，还在配置示例新增了许多在模拟器中实验时的实时截图，更具实践性。本书是专门介绍华为设备各项 VPN 技术及应用配置的权威工具图书，是参加华为 HCIP-Datacom、HCIA-Security 和 HCIP-Security 认证考试必备学习教材。

全书共 9 章，分别介绍了各种 IP VPN 技术的基础知识和技术原理，以及 IPSec VPN、L2TP VPN、GRE VPN、DSVPN、PKI、SSL VPN 等技术原理和功能配置与管理方法。在编写过程中，本书充分结合了笔者 20 多年的学习、工作和写作经验，无论在内容的系统性、专业性，还是在实用性方面均有鲜明的特色，是相关人员自学或者教学华为设备 VPN 配置与管理的必选教材。

◆ 主　　编　王　达
　责任编辑　李成蹊
　责任印制　马振武
◆ 人民邮电出版社出版发行　　北京市丰台区成寿寺路 11 号
　邮编　100164　　电子邮件　315@ptpress.com.cn
　网址　https://www.ptpress.com.cn
　北京七彩京通数码快印有限公司印刷
◆ 开本：787×1092　1/16
　印张：31.5　　　　　　　2023 年 1 月第 2 版
　字数：750 千字　　　　　2024 年 9 月北京第 2 次印刷

定价：189.80 元

读者服务热线：(010)53913866　印装质量热线：(010)81055316
反盗版热线：(010)81055315
广告经营许可证：京东市监广登字 20170147 号

序

半个多世纪以来，精彩纷呈的ICT技术，汇聚成波澜壮阔的互联网，突破了时间和空间的限制，把人类社会和人类文明带入前所未有的高度。今天，人类社会已经步入网络和信息时代，我们已经处在无处不在的网络连接中。联接已经成为一种常态，信息浪潮迅速而深刻地改变着我们的工作和生活。人们与世界联接得如此紧密，实现了随时随地自由沟通，获取、分享信息与数据也很方便。这意味着，这个联接的世界正以超乎想象的速度与力量，全面地重塑人类社会的政治、经济、商业文明和生产方式等。

ICT 正在蓬勃发展，移动化、物联网、云计算和大数据等新趋势正在引领行业开创新的格局。世界正在发生影响深远的数字化变革，互联网正在促进传统产业的升级和重构。以业务、用户和体验为中心的敏捷网络架构深刻影响未来数字社会的基础。我们深知每个人都拥有平等的数字发展机会，这对构建一个更加公平的现实世界是至关重要的。

ICT 产业的发展离不开人才的支撑，产业的变革也将对 ICT 行业人才的知识体系和综合技能提出更高的要求。作为全球领先的信息与通信解决方案供应商，华为的产品与解决方案已广泛应用于金融、能源、交通、政府、制造等各个行业。同时，我们也非常注重对 ICT 专业人才的培养。所以，我们与行业专家、高校老师合作编写了“ICT 认证系列丛书”，旨在为广大用户、ICT 从业者，以及愿意投身 ICT 行业中的人士提供更加便利的学习帮助。

继 2014 年与国内资深网络技术专家、业界知名作者王达老师合作并出版《华为交换机学习指南》《华为路由器学习指南》以来，ICT 认证系列丛书得到广大读者的高度肯定和大力支持。随着设备技术的更新，我们请王达老师对《华为 VPN 学习指南》在内容上进行了更新。本书采用了最新版本的 VRP 系统进行内容的更新、修订，删除了部分过时的内容，新增了许多在模拟器下实验时的实时截图，实用性和实践性都更强。

本书从学习和实用的角度，基于学习的逻辑系统地组织编排知识点，本书的内容由浅入深，让读者逐步掌握各种 VPN 技术原理和应用方案的配置与管理方法。同时，该书中还配备了大量不同场景下的各种 VPN 方案的应用配置示例和典型故障排除方法，让读者能够真正地学以致用。希望本书能够帮助读者快速地学习华为设备的 VPN 技术，在 ICT 行业大展身手！

自　序

本书出版背景

随着中小企业的快速成长以及互联网应用的普及，越来越多的企业在全国，甚至全球设立了分支机构，集团总部与分支机构之间、不同分支机构之间进行安全的数据通信和资源共享的需求，以及对移动办公用户安全接入公司内网的需求越来越普及。这一切都需要依靠 VPN 技术来实现，使得 VPN 技术在企业网络通信和应用中越来越重要。

华为技术有限公司在 2019 年，按照当前企业的实际应用需求对 ICT 认证体系做了较大调整，VPN 技术横跨 Datacom（数通）和 Security（安全）两大认证系列，充分体现了 VPN 技术的重要性。如果不懂 VPN 技术，不仅通过不了华为 HCIP-Datacom、HCIA-Security 和 HCIP-Security 等职业认证，更无法胜任当前的企业网络运维工作。

这几年，我主要从事华为设备培训和自学教材的创作和改版工作。现在进行的主要是第二版的改版创作，包括《华为交换机学习指南》（第二版）和《华为路由器学习指南》（第二版），本书是对原来《华为 VPN 学习指南》的改版。2022 年年初还出版了华为最新改版的 Datacom 认证系列的两本教材——《华为 HCIA-Datacom 学习指南》和《华为 HCIA-Datacom 实验指南》。这两本教材也一如既往地得到了广大读者的大力支持，上市半年多不断重印。

本书第一版是在 2017 年 9 月出版上市的，至今已重印了很多次，也被许多高校和培训机构选用作为教材。真诚感谢这些朋友的信任与肯定，这也是我一直追求卓越，想为读者写更多、更专业、更实用图书的动力源泉。

随着华为设备的 VRP 系统版本的更新，各项技术原理和功能配置都在不断改进。为了能使读者尽快掌握新设备的 VPN 技术原理和功能配置与管理方法，笔者依据目前最新的 V200R010 版本的 VRP 系统对第一版内容进行了修订。同时为了使图书更具实践性，在介绍配置示例中附上了许多在模拟器做实验时的实时截图，一方面使图书的实践性更强，同时也方便读者自已做实验时参考。

服务与支持

为了加强与读者的交流与沟通，同时也方便读者相互交流与学习，及时了解图书配套视频课程、在线培训资讯，笔者向大家提供了以下交流平台。

① 超级读者、学员交流 QQ 群（516844263）

② 专家博客

- 51CTO 博客（http://winda.blog.51cto.com）
- CSDN 博客（http://blog.csdn.net/lycb_gz）

③ 新浪认证微博（weibo.com/winda）

④ 微信及公众号

- 微信（windanet）
- 微信公众号（windanetclass）

鸣谢

本书由长沙达哥网络科技有限公司（原名“王达大讲堂”）组织编写，并由该公司创始人王达先生负责统稿。感谢人民邮电出版社的各位领导、编辑老师的信任并为本书进行辛苦编辑，同时也要感谢华为技术有限公司为我们提供了大量的学习资源。

由于编者水平有限，尽管我们花了大量时间和精力校验，但书中仍可能存在一些错误和瑕疵，敬请各位批评指正。

前　言

IT 技术日新月异，每隔几个月都会有许多技术更新。

本书第一版出版至今已有 5 年，华为设备的 VRP 系统版本进行了多次更新，其中的许多技术和功能配置方法都发生了巨大的变化。也正因如此，本书在编写过程中同样经过了数月的辛勤创作和一次又一次修改，只想给大家带来一部内容最新、实用性更强的好书。

本书特色

本书是对《华为 VPN 学习指南》的改版，有以下特色。

• 华为 HCIA-Security 和 HCIP-Security 认证技能学习、培训的指定教材

本书在具体编写过程中既充分考虑了普通读者系统学习 VPN 技术及功能配置与管理方法的需求，同时也考虑了参加华为 HCIA-Security 和 HCIP-Security 认证考试的学习需求，是华为网络安全领域 VPN 技术自学和培训的教材。

• 内容更新和更精练

本书是按照华为 AR G3 系列路由器产品当前使用的最新 VRP 版本——V200R010 对第一版内容进行全面的更新和修订的，不仅内容更新、更精练，而且更通俗易懂，更便于学习。

• 经验更丰富、实践性更强

本书是在完成会员视频课程录制后编写的，摘选了会员视频课程中许多经典的实践案例，大部分是经过了真实的实验通过的，所以有更多实践经验分享，而且书中还提供了许多实验时的实时截图，更具实践性。

• 内容全面、系统、深入

本书是专门针对华为设备各种主流 IP VPN 方案（包括 IPSec VPN、L2TP VPN、GRE VPN、DSVPN 和 SSL VPN）内容编排的，不仅介绍了各种 VPN 方案所涉及的各方面技术原理，还全面介绍了各种 VPN 在不同场景下的配置与管理方法。

• 通俗原理剖析与完善配置思路结合

为了帮助大家真正理解和掌握各种 VPN 方案的实现原理，本书结合了笔者 20 多年的工作和学习经验，深入、通俗化地剖析各种 VPN 方案所涉及的许多比较高深、复杂的技术原理，许多都是经验之谈。另外，为了帮助大家清晰地认识各种 VPN 方案在不同场景下的配置思路和方法，笔者在内容编排上采取了分门别类的方式进行讲解，使大家可以非常快捷地找到对应场景下的完整配置思路和方法。

• 大量配置示例和故障排除方法结合

为了增强本书的实用性，在介绍完每一种相关功能配置后都列举了大量的不同场景下的配置示例，以加深大家对前面所学技术原理和具体配置与管理方法的理解。许多配

置示例完全可直接应用于不同现实场景。另外，为了使大家能在部署 VPN 方案时能快速处理遇到的各种可能出现的故障，作者在大部分章的最后都介绍了针对一些经典故障现象的排除方法，使得本书具有非常高的专业性和实用性。

适用读者对象

本书具备极高的系统性、专业性和实用性，适合各层次的读者，具体如下：

- 参加华为 HCIA-Security 和 HCIP-Security 认证考试的学员；
- 使用华为 AR 系列路由器、USG 系列防火墙产品的用户（华为 S 系列交换机支持部分功能）；
- 华为培训合作伙伴、华为网络学院的学员；
- 高等院校计算机网络专业的学生；
- 希望从零开始系统学习华为设备 VPN 技术的读者；
- 希望有一本可在平时工作中查阅华为设备 VPN 技术手册的读者。

本书主要内容

本书共 9 章，各章的基本内容如下。

第 1 章 VPN 基础：全面地介绍了 IP VPN 技术的基础知识，包括 VPN 的定义、分类、各种隧道协议（PPTP、L2TP、GRE、IPSec、MPLS），以及各种安全技术原理，包括 PAP、CHAP 身份认证原理，数据加密、数字签名、数字信封、数字证书技术原理，MD5、SHA、SM3、AES、DES 等认证或加密算法原理。

第 2 章 IPSec 基础及手工方式 IPSec VPN 配置与管理：首先全面、系统地介绍了 IPSec 相关的基础知识和技术原理，包括 IPSec 的安全机制、封装模式、AH 和 ESP 报头格式，IPSec 保护数据流定义方式，以及 IPSec 隧道建立原理和 IKEv1/v2 密钥交换原理。其次介绍了采用基于 ACL 定义保护数据流的手工方式建立 IPSec 隧道的配置与管理方法，最后介绍了在采用手工方式建立 IPSec 隧道过程中可能出现的一些典型故障的排除方法。

第 3 章 ACL 方式 IKE 动态协商建立 IPSec VPN 的配置与管理：介绍了在采用基于 ACL 定义保护数据流的 IKE 协议动态协商方式建立 IPSec 隧道的配置与管理方法。本章有大量针对不同应用场景下的配置示例，并在最后专门介绍了在采用 IKE 协议动态协商建立 IPSec 隧道的过程中可能出现的一些典型故障的排除方法。

第 4 章 基于 Tunnel 接口和 Efficient VPN 策略的 IPSec VPN 配置与管理：介绍了基于隧道接口定义保护数据流和基于 Efficient VPN 策略建立 IPSec 隧道的配置与管理方法。基于隧道接口方式的主要特点是无须通过 ACL 来定义数据流，凡是通过 Tunnel 接口转发的数据流都将被 IPSec 保护；基于 Efficient VPN 策略方式可以使远程终端的配置极为简单，更适合采用动态 IP 公网接入的移动办公用户远程接入企业网络。

第 5 章 L2TP VPN 配置与管理：介绍了 L2TP VPN 所涉及的基础知识、技术原理和具体功能配置与管理方法。基础知识主要包括 L2TP VPN 体系架构、L2TP 报文格式、L2TP 隧道模式，技术原理主要涉及 L2TP 报文的封装和传输原理、各种 L2TP 隧道模式的隧道建立流程。

第 6 章 GRE VPN 配置与管理：介绍了 GRE VPN 解决方案所涉及的基础知识、技术原理和具体功能配置与管理方法，主要包括 GRE 协议报文格式、GRE 报文的封装和解封装原理、GRE 安全机制和 GRE 隧道配置与管理方法。本章最后列举了多个适用不同场景下的 GRE VPN 配置示例，介绍了在 GRE VPN 部署中可能出现的一些典型故障的排除方法。

第 7 章　DSVPN 配置与管理：介绍了 DSVPN 解决方案所涉及的基础知识、技术原理和具体功能配置与管理方法，主要包括 mGRE 协议报文的封装和解封装原理、NHRP 工作原理、shortcut 和非 shortcut 场景的 DSVPN 工作原理、DSVPN NAT 穿越和 IPSec 保护原理，以及 shortcut 和非 shortcut 场景下 DSVPN 隧道配置与管理方法。本章最后列举了多个适用于不同场景、不同路由方式下的 DSVPN 配置示例，介绍了在 DSVPN 部署中可能出现的一些典型故障的排除方法。

第 8 章　PKI 配置与管理：主要围绕本地数字证书的申请、下载、安装、更新介绍了 PKI 的基础知识、技术原理和具体功能配置与管理方法。在基础知识和技术原理方面包括 PKI 体系架构、数字证书结构和分类、PKI 工作机制。本章最后列举了多个采用不同方式申请本地证书的配置示例，介绍了在本地证书申请过程中可能出现的一些典型故障的排除方法。

第 9 章　SSL VPN 配置与管理：介绍了 SSL VPN 部署过程中除了 PKI 数字证书以外的 SSL 策略、HTTPS 服务器、SSL VPN 的功能与管理方法。部署 SSL VPN 首先要把网关设备配置为 HTTPS 服务器，以供远程用户可以通过浏览器以 Web 方式访问。在 HTTPS 服务器的配置过程中需要配置 SSL 服务器策略，而在创建 SSL 服务器策略时又要用到设备的本地证书。最后把设备配置为 SSL VPN 网关，为远程用户提供访问企业内网资源的 Web 页面。本章最后列举了多个基于不同业务类型的 SSL VPN 配置示例。

阅读注意

在阅读本书时，请注意以下 3 个方面。

- 本书以华为 AR G3 系列路由器最新 VRP 系统版本——V200R010 为基准，VRP 系统版本较旧的设备可能不支持某些命令，华为模拟器中也不支持有些命令。
- 在介绍配置命令代码过程中，粗体字部分是命令本身或关键字选项部分，是不可变的；斜体字部分是命令或者关键字的参数部分，是可变的。
- 在介绍各种 VPN 技术及功能配置说明的过程中，对于一些需要特别注意的地方均以黑体字格式强调，以便读者在阅读学习过程中引起注意。

目　录

第 1 章　VPN 基础 …… 2
1.1　VPN 概述 …… 4
1.1.1　VPN 的起源 …… 4
1.1.2　VPN 的主要特性 …… 5
1.1.3　VPN 的主要优势 …… 6
1.2　VPN 方案的分类 …… 7
1.2.1　按 VPN 的应用平台分类 …… 7
1.2.2　按组网模型分类 …… 7
1.2.3　按实现层次分类 …… 9
1.2.4　按业务用途分类 …… 10
1.2.5　按运营模式分类 …… 12
1.3　VPN 隧道技术 …… 13
1.3.1　VPN 隧道技术综述 …… 13
1.3.2　PPTP …… 14
1.3.3　L2TP …… 18
1.3.4　MPLS …… 22
1.3.5　IPSec …… 23
1.3.6　GRE 协议 …… 24
1.4　VPN 身份认证技术 …… 25
1.4.1　PAP 报文格式及身份认证原理 …… 25
1.4.2　CHAP 报文格式及身份认证原理 …… 29
1.4.3　身份认证算法的设计思想 …… 31
1.5　VPN 数据安全技术原理 …… 32
1.5.1　数据加/解密工作原理 …… 32
1.5.2　数字信封工作原理 …… 34
1.5.3　数字签名工作原理 …… 35
1.5.4　数字证书简介 …… 36
1.6　MD5 原理 …… 37
1.6.1　MD5 的认证原理 …… 37
1.6.2　MD5 消息填充原理 …… 38
1.7　SHA 原理 …… 40
1.7.1　SHA 基本认证原理 …… 40
1.7.2　SHA 消息填充原理 …… 41
1.8　SM 系列算法及 SM3 的工作原理 …… 42
1.8.1　SM 系列算法简介 …… 43
1.8.2　SM3 消息填充原理 …… 44
1.8.3　SM3 消息迭代压缩原理 …… 44
1.9　AES 原理 …… 45
1.9.1　AES 的数据块填充模式 …… 45
1.9.2　AES 加/解密原理 …… 47

第 2 章 IPSec 基础及手工方式 IPSec VPN 配置与管理 …… 52
2.1 IPSec 基础及隧道建立基本原理 …… 54
2.1.1 IPSec 的安全机制 …… 54
2.1.2 AH 报头格式 …… 55
2.1.3 ESP 报头格式 …… 56
2.1.4 IPSec 的两种封装模式 …… 57
2.1.5 IPSec 隧道建立原理 …… 61
2.2 IPSec 保护数据流和虚拟隧道接口 …… 62
2.2.1 感兴趣流的定义方式 …… 62
2.2.2 IPSec 虚拟隧道接口 …… 63
2.3 配置基于 ACL 方式手工建立 IPSec 隧道 …… 64
2.3.1 手工方式 IPSec VPN 配置任务 …… 65
2.3.2 手工方式 IPSec VPN 数据传输的基本流程 …… 65
2.3.3 基于 ACL 定义需要保护的数据流 …… 66
2.3.4 配置 IPSec 安全提议 …… 68
2.3.5 配置 IPSec 安全策略 …… 70
2.3.6 配置 IPSec 隧道可选功能 …… 74
2.3.7 配置在接口上应用安全策略组 …… 77
2.3.8 IPSec 隧道维护和管理命令 …… 79
2.3.9 基于 ACL 方式手工建立 IPSec 隧道配置示例 …… 80
2.4 基于 ACL 方式手工建立 IPSec 隧道的典型故障排除 …… 86
2.4.1 IPSec 隧道建立不成功的故障排除 …… 86
2.4.2 IPSec 隧道建立成功，但两端仍不能通信的故障排除 …… 88
第 3 章 ACL 方式 IKE 动态协商建立 IPSec VPN 的配置与管理 …… 90
3.1 IKE 基础 …… 92
3.1.1 IKE 与 IPSec 的关系 …… 92
3.1.2 IKE 的安全机制 …… 92
3.1.3 IKE 动态协商方式的主要优势 …… 94
3.2 IKE 的工作原理 …… 94
3.2.1 IKEv1 协商 SA 的第一阶段 …… 95
3.2.2 IKEv1 协商 SA 的第二阶段 …… 97
3.2.3 IKEv2 协商 SA …… 98
3.3 ACL 方式 IKE 动态协商建立 IPSec 隧道的配置任务 …… 100
3.4 定义 IKE 安全提议 …… 101
3.5 配置 IKE 对等体 …… 104
3.5.1 配置 IKE 对等体通用属性 …… 105
3.5.2 配置 IKE 对等体预共享密钥的认证方法 …… 107
3.5.3 配置 IKE 对等体 RSA 签名认证方法 …… 111
3.5.4 配置 IKE 对等体 RSA 数字信封认证方法 …… 114
3.6 配置 IKE 可选功能 …… 115
3.6.1 配置 IKE SA 的生存周期 …… 115
3.6.2 配置 IKE 对等体状态检测 …… 116
3.6.3 配置身份过滤集 …… 118
3.6.4 配置 IKE 报文的 DSCP 优先级 …… 119
3.6.5 配置 NAT 穿越功能 …… 120
3.6.6 配置 IPSec VPN 多实例 …… 121
3.6.7 配置 IKEv1 协商中 IPSec SA 的存在依赖于 IKE SA …… 122

3.6.8　配置不校验证书的有效性 …… 123
3.7　配置并应用 IPSec 安全策略 …… 123
3.7.1　配置 ISAKMP 方式 IPSec 安全策略 …… 123
3.7.2　配置策略模板方式 IPSec 安全策略 …… 126
3.8　配置 IPSec 隧道可选功能 …… 128
3.8.1　配置 IPSec SA 的生存周期 …… 128
3.8.2　配置抗重放功能 …… 130
3.8.3　配置路由注入功能 …… 132
3.8.4　配置 IPSec 报文的 QoS 功能 …… 133
3.8.5　配置保护相同数据流的新用户快速接入总部功能 …… 134
3.8.6　配置 IPSec 掩码过滤功能 …… 135
3.9　IKE 动态协商方式的典型配置示例 …… 135
3.9.1　采用缺省 IKE 安全提议建立 IPSec 隧道配置示例 …… 135
3.9.2　总部采用策略模板方式与分支建立多条 IPSec 隧道配置示例 …… 139
3.9.3　总部采用安全策略组方式与分支建立多条 IPSec 隧道配置示例 …… 150
3.9.4　分支采用多链路共享功能与总部建立 IPSec 隧道配置示例 …… 157
3.9.5　建立 NAT 穿越功能的 IPSec 隧道配置示例 …… 163
3.10　IKE 动态协商方式 IPSec 隧道建立不成功的故障排除 …… 170
3.10.1　第一阶段 IKE SA 建立不成功的故障排除 …… 171
3.10.2　第二阶段 IPSec SA 建立不成功的故障排除 …… 173
第 4 章　基于 Tunnel 接口和 Efficient VPN 策略的 IPSec VPN 配置与管理 …… 176
4.1　配置采用 Tunnel 接口方式建立 IPSec 隧道 …… 178
4.1.1　配置任务 …… 178
4.1.2　配置 IPSec 安全框架 …… 179
4.1.3　配置可选功能 …… 181
4.1.4　配置 IPSec 虚拟隧道/隧道模板接口 …… 183
4.1.5　基于 Tunnel 接口建立 IPSec 隧道的配置示例 …… 187
4.1.6　基于虚拟隧道模板接口建立 IPSec 隧道的配置示例 …… 193
4.2　Efficient VPN 策略基础 …… 198
4.2.1　Efficient VPN 简介 …… 198
4.2.2　Efficient VPN 的运行模式 …… 198
4.3　配置采用 Efficient VPN 策略建立 IPSec 隧道 …… 201
4.3.1　配置任务 …… 201
4.3.2　配置 Remote 端 IPSec 基本参数 …… 202
4.3.3　配置 Remote 端 IPSec 可选参数 …… 205
4.3.4　配置 Server 端网络资源参数 …… 207
4.3.5　配置 Server 端 IPSec 参数 …… 209
4.3.6　Efficient VPN Client 模式建立 IPSec 隧道的配置示例 …… 210
4.3.7　Efficient VPN Network 模式建立 IPSec 隧道的配置示例 …… 216
4.3.8　Efficient VPN Network-plus 方式建立 IPSec 隧道的配置示例 …… 219
第 5 章　L2TP VPN 配置与管理 …… 224
5.1　L2TP VPN 体系架构 …… 226
5.1.1　L2TP VPN 的基本组成 …… 226
5.1.2　LAC 位置的几种情形 …… 227
5.1.3　L2TP 消息、隧道和会话 …… 228
5.2　L2TP 的主要应用 …… 229

5.3 L2TP 报文格式和封装 …… 232
5.3.1 L2TP 报文格式 …… 232
5.3.2 L2TP 报文封装 …… 233
5.4 L2TP 工作过程 …… 234
5.5 配置 LAC 接入呼叫发起 L2TP 隧道连接 …… 236
5.5.1 配置任务 …… 236
5.5.2 配置 AAA 认证 …… 237
5.5.3 配置 LAC …… 242
5.5.4 配置 LNS …… 246
5.6 配置 L2TP Client 发起 L2TP 连接 …… 249
5.6.1 配置任务 …… 250
5.6.2 配置 L2TP Client 拨号发起 L2TP 连接 …… 251
5.7 配置 L2TP 其他可选功能 …… 252
5.8 L2TP 配置管理和维护命令 …… 255
5.9 L2TP 典型配置示例 …… 255
5.9.1 远程拨号用户发起 L2TP 隧道连接配置示例 …… 255
5.9.2 LAC 接入 PPPoE 用户发起 L2TP 隧道连接配置示例 …… 257
5.9.3 L2TP Client 发起 L2TP 隧道连接配置示例 …… 262
5.9.4 多个 L2TP Client 发起 L2TP 隧道连接配置示例 …… 266
5.10 L2TP over IPSec 的配置与管理 …… 273
5.10.1 L2TP over IPSec 封装原理 …… 273
5.10.2 分支机构与总部通过 L2TP over IPSec 方式实现安全互通配置示例 …… 275
第 6 章 GRE VPN 配置与管理 …… 282
6.1 GRE VPN 基础和工作原理 …… 284
6.1.1 GRE 的主要优势 …… 284
6.1.2 GRE 报文格式 …… 284
6.1.3 GRE 的报文封装和解封装原理 …… 286
6.1.4 GRE 的安全机制 …… 287
6.1.5 GRE 的 Keepalive 检测机制 …… 288
6.2 GRE 的主要应用场景 …… 288
6.3 GRE VPN 配置与管理 …… 293
6.3.1 配置任务 …… 293
6.3.2 配置 Tunnel 接口 …… 295
6.3.3 配置 Tunnel 接口的路由 …… 297
6.3.4 配置 Link-bridge 功能 …… 298
6.3.5 配置 GRE 的安全机制 …… 299
6.3.6 使能 GRE 的 Keepalive 检测功能 …… 300
6.3.7 配置 Ethernet over GRE 功能 …… 300
6.3.8 GRE VPN 隧道管理与维护 …… 302
6.4 典型配置示例 …… 302
6.4.1 GRE 通过静态路由实现两个远程 IPv4 子网互联配置示例 …… 302
6.4.2 GRE 通过 OSPF 路由实现两个远程 IPv4 子网互联配置示例 …… 306
6.4.3 GRE over IPSec 配置示例 …… 308
6.4.4 Ethernet over GRE 隧道配置示例 …… 312
6.5 GRE 典型故障排除 …… 316
6.5.1 隧道两端 ping 不通的故障排除 …… 316
6.5.2 隧道是通的，但两端私网不能互访的故障排除 …… 317

第 7 章　DSVPN 配置与管理……320
7.1　DSVPN 基础……322
7.1.1　DSVPN 简介及主要优势……322
7.1.2　DSVPN 中的重要概念……323
7.2　DSVPN 的基本原理……324
7.2.1　mGRE 隧道建立的 3 个环节……325
7.2.2　Spoke 与 Hub 之间 mGRE 隧道的建立流程……326
7.2.3　非 shortcut 方式下 Spoke 与 Spoke 之间的 mGRE 隧道的建立流程……328
7.2.4　shortcut 方式下 Spoke 与 Spoke 之间的 mGRE 隧道的建立流程……331
7.3　DSVPN 配置与管理……335
7.3.1　配置任务……335
7.3.2　配置 mGRE……335
7.3.3　配置路由……337
7.3.4　配置 NHRP……338
7.4　DSVPN 的其他应用及配置……341
7.4.1　DSVPN NAT 穿越原理……341
7.4.2　DSVPN IPSec 保护原理及配置……343
7.4.3　DSVPN 双 Hub 主备备份或负载分担原理及配置……345
7.5　DSVPN 维护与管理命令……346
7.6　DSVPN 典型应用配置示例……347
7.6.1　非 shortcut 方式 DSVPN（静态路由）配置示例……347
7.6.2　非 shortcut 方式 DSVPN（OSPF 协议）配置示例……353
7.6.3　非 shortcut 方式 DSVPN（BGP）配置示例……356
7.6.4　shortcut 方式 DSVPN（OSPF 协议）配置示例……361
7.6.5　shortcut 方式 DSVPN（BGP）配置示例……363
7.6.6　DSVPN NAT 穿越配置示例……365
7.6.7　双 Hub DSVPN 配置示例……373
7.7　DSVPN 典型故障排除……381
7.7.1　Spoke NHRP 注册失败的故障排除……382
7.7.2　排除非 shortcut 方式 Spoke 间子网无法进行直接通信的故障……383
7.7.3　排除 shortcut 方式 Spoke 间子网无法进行直接通信的故障……383

第 8 章　PKI 配置与管理……386
8.1　PKI 基础及工作原理……388
8.1.1　PKI 简介……388
8.1.2　PKI 体系架构……388
8.1.3　数字证书结构、分类和格式……390
8.1.4　PKI 中的 8 个概念……392
8.1.5　PKI 工作机制……394
8.1.6　PKI 的主要应用场景……396
8.2　PKI 实体申请本地证书配置任务……398
8.3　申请本地证书的预配置……398
8.3.1　配置 PKI 实体信息……399
8.3.2　配置 RSA/SM2 密钥对……401
8.3.3　配置为 PKI 实体获取 CA 证书……403
8.3.4　RSA/SM2 密钥对导出、销毁和查看……405
8.3.5　申请本地证书预配置的管理命令……406
8.4　申请和更新本地证书……407

8.4.1 配置通过 SCEP 为 PKI 实体申请和更新本地证书……407
8.4.2 配置通过 CMPv2 为 PKI 实体申请和更新本地证书……411
8.4.3 配置为 PKI 实体离线申请本地证书……416
8.4.4 本地证书申请和更新管理命令……417
8.5 本地证书的下载和安装……417
8.5.1 本地证书的下载……417
8.5.2 本地证书的安装……418
8.5.3 本地证书下载与安装管理命令……419
8.6 验证 CA 证书和本地证书的有效性……420
8.6.1 配置检查对端本地证书的状态……420
8.6.2 配置检查 CA 证书和本地证书的有效性……424
8.6.3 验证 CA 证书和本地证书有效性管理命令……425
8.7 配置证书扩展功能……425
8.8 PKI 典型配置示例……427
8.8.1 通过 SCEP 自动申请本地证书配置示例……427
8.8.2 通过 CMPv2 首次申请本地证书配置示例……432
8.8.3 离线申请本地证书配置示例……436
8.9 典型故障排除……440
8.9.1 CA 证书获取失败的故障排除……440
8.9.2 本地证书获取失败的故障排除……441
第 9 章 SSL VPN 配置与管理……444
9.1 SSL VPN 基础……446
9.1.1 SSL 概述……446
9.1.2 SSL VPN 的引入背景……447
9.1.3 SSL VPN 系统组成……448
9.1.4 SSL VPN 业务分类……448
9.1.5 SSL VPN 远程用户访问内网资源过程……452
9.1.6 SSL VPN 的典型应用……452
9.2 服务器型 SSL 策略配置与管理……453
9.2.1 配置服务器型 SSL 策略……454
9.2.2 SSL 维护和管理命令……456
9.3 HTTPS 服务器配置与管理……456
9.3.1 配置 HTTPS 服务器……456
9.3.2 HTTPS 服务器配置示例……457
9.4 SSL VPN 配置与管理……463
9.4.1 配置 SSL VPN 的侦听端口号……463
9.4.2 创建 SSL VPN 远程用户……464
9.4.3 配置 SSL VPN 虚拟网关基本功能……464
9.4.4 配置 SSL VPN 业务……466
9.4.5 管理 SSL VPN 远程用户……470
9.4.6 （可选）配置个性化定制 Web 页面元素……471
9.4.7 远程用户接入 SSL VPN 网关……473
9.4.8 SSL VPN 维护与管理……476
9.5 SSL VPN 典型配置示例……476
9.5.1 Web 代理业务配置示例……476
9.5.2 端口转发业务配置示例……479
9.5.3 网络扩展业务配置示例……482
9.5.4 多虚拟网关配置示例……485

第 1 章 VPN 基础

本章主要内容

1.1　VPN 概述

1.2　VPN 方案的分类

1.3　VPN 隧道技术

1.4　VPN 身份认证技术

1.5　VPN 数据安全技术原理

1.6　MD5 原理

1.7　SHA 基本原理

1.8　SM 系列算法及 SM3 的工作原理

1.9　AES 原理

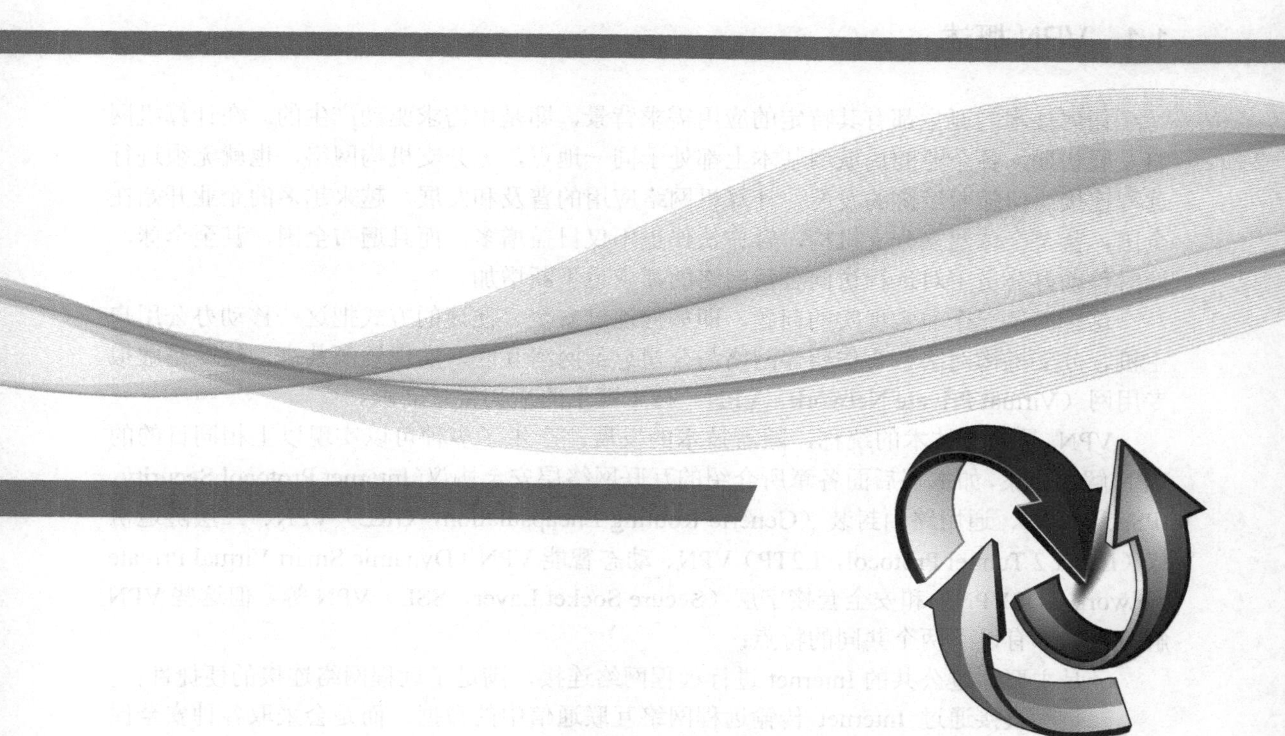

本章介绍了后面各章所涉及的一些公用技术基础知识和技术原理，主要包括各种 VPN 隧道技术、VPN 身份认证技术、认证算法和加密算法，以及数据加密、数字签名和数字信封技术原理，为本书后面各章的学习打下基础。

1.1 VPN 概述

任何技术的诞生都有其特定的应用需求背景，即是由需求驱动产生的。在计算机网络发展初期，各企业的局域网基本上都处于同一地点，无分支机构网络，也就无须进行远程连接。但随着经济的发展，计算机网络应用的普及和发展，越来越多的企业开始在全国，甚至全球建立分支机构，合作伙伴也不仅日益增多，而且遍布全国，甚至全球，同时移动办公员工对远程访问公司网络的需求也不断增加。

这都涉及一个非常现实的问题，即如何通过安全、便捷的方式把这些移动办公用户主机、分支机构网络、合作伙伴网络与公司总部网络互联，实现资源共享，这就是虚拟专用网（Virtual Private Network，VPN）技术诞生的最初背景需求。

VPN 是一类技术的统称，随着技术的发展，产生了多种可以实现以上相同目的的 VPN 解决方案，如本书后面各章所介绍的互联网络层安全协议（Internet Protocol Security，IPSec）VPN、通用路由封装（Generic Routing Encapsulation，GRE）VPN、二层隧道协议（Layer 2 Tunnel Protocol，L2TP）VPN、动态智能 VPN（Dynamic Smart Virtual Private Network，DSVPN）和安全套接字层（Secure Socket Layer，SSL）VPN 等。但这些 VPN 解决方案都有以下两个共同的特点：

一是主要通过公共的 Internet 进行远程网络连接，满足了远程网络连接的便捷性；

二是不直接通过 Internet 传输远程网络互联通信中的数据，而是会采取各种安全保密技术（或称“隧道”技术）进行传输，满足了安全通信的需求。

1.1.1 VPN 的起源

最初，为了解决企业网络远程连接的问题，电信运营商采用的是线路租赁（Leased Line）的方式为用户提供远程网络的专线连接，但这并不是现在所说的真正意义上的 VPN，只相当于局域网间的异地物理直连。

以上这种专线方式是为企业用户提供物理的二层链路，即以二层的方式为企业用户实现远程网络的连接。这种租赁专线方式有其明显的缺点：网络建设时间长、价格昂贵，不适宜太远距离的连接，因为需要专门为每一个用户架设物理线路，而且一条物理线路只为一个用户专用，线路利用率低。对用户来说，租用专线的费用也非常高，限制了用户的使用，同时也阻碍了远程网络连接技术的应用和发展。

为了解决租赁专线方案的建设成本、企业用户接入费用昂贵问题，随着异步传输模式（Asynchronous Transfer Mode，ATM）和帧中继（Frame Relay，FR）技术的兴起，电信运营商转而采用虚电路的方式，利用电信运营商现有的 ATM 网络或 FR 网络为用户提供虚拟的点对点二层网络远程连接。

在一条物理线路中构建多条虚拟通道，而且也是在现有的 ATM 或 FR 网络基础上建立的，不再需要为每个企业用户专门架设物理线路。虚电路方案与以前的租赁专线方案相比，最大的优势就是电信运营商建设网络的时间短、成本低，但也存在以下诸多不足。

① 依赖于专用的传输介质：为提供基于 ATM 的 VPN 服务，电信运营商需要建立

覆盖全部服务的 ATM 网络；为提供基于 FR 的 VPN 服务，又需要建立覆盖全部服务的 FR 网络。网络建设成本仍比较高，也与飞速发展的 IP 网络不协调（ATM 网络和 FR 网络正慢慢被淘汰）。

② 安全性较差：在虚电路中，传输的数据没有足够的安全技术进行加密保护，仍存在较大的安全隐患。

③ 速率较低：利用 ATM 和 FR 技术进行远距离网络连接时的连接速率通常只有几十 Mbit/s，不能满足当前 Internet 应用在速率方面的需求。

④ 部署复杂：向已有的 VPN 中添加新的站点时，需要同时修改所有接入此站点的边缘节点的配置，缺乏足够的灵活性和便捷性。

由此可见，以上传统专网方案都难以满足企业对网络的灵活性、安全性、经济性、扩展性等方面的要求。这就促使了一种新的替代方案的产生，即在现有 IP 网络上模拟传统专网的 VPN 方案。

1.1.2 VPN 的主要特性

现在我们所讲的 VPN 是指依靠因特网服务提供方（the Internet Service Provider，ISP）和网络业务提供商（Network Service Provider，NSP）在公共网络（Internet 或者企业公共网络）中建立的虚拟专用网络。它的基本原理是利用隧道技术，把要传输的原始协议数据报文封装在隧道协议中进行透明（中间节点仅透明转发）远程传输。

隧道技术是使用一种协议封装另外一种协议报文的技术，而封装协议本身又可以被其他协议所封装或承载，即一个协议的报文可以被其他协议多次封装。封装其他协议的目的就是在原报文的前面加装该协议的报头，使报文能够在该协议对应的链路上被识别并传输。

不同的 VPN 方案使用不同的隧道协议，常见的隧道协议有 L2TP、点到点隧道协议（Point-to-Point Tunneling Protocol，PPTP）、GRE、IPSec、多协议标记交换（Multi-Protocol Label Switching，MPLS）等。使用这些隧道协议的 VPN 方案就是对应的 VPN 方案（例如 PPTP VPN、L2TP VPN、IPSec VPN、GRE VPN、MPLS VPN 等）。

尽管不同 VPN 方案的实现原理不同，但它们仍具有以下 4 个方面的共同特性。

① 在没有建立专门的隧道前，VPN 两端的设备已可通过公共网络连接，**即 VPN 两端的网关设备必须已成功接入公共网络中，以便协商建立传输隧道**。这也是在后面各章介绍具体 VPN 配置示例时要求首先要确保两端网关设备必须已通过公网路由互通的原因。

② **VPN 隧道建立在现有公共网络的通信路径上**，无须另外建立专门的网络连接，这是 VPN 隧道之所以可以很快捷地完成建立、价格也不昂贵的根本原因，区别于专线连接。

③ **VPN 隧道是虚拟的（不是真实的隧道），但隧道中的通信路径不是虚拟的**，也是公共网络中真实的物理通信路径，依靠在公共网络中建立的隧道路径一级级地转发数据，中间节点设备会透明（不做处理）转发隧道中传输的数据报文。

④ **VPN 隧道是专用的，一条 VPN 隧道仅用于传输特定用户的数据**。虽然多路 VPN 用户的隧道可以共享同一个公共网络，但对每个 VPN 中的用户来说使用的都是专用隧

道，互不干扰，如图 1-1 所示。但有些 MPLS VPN 方案中，一条 MPLS 隧道中又可以建立多条虚拟通道（Virtual Channel，VC）。

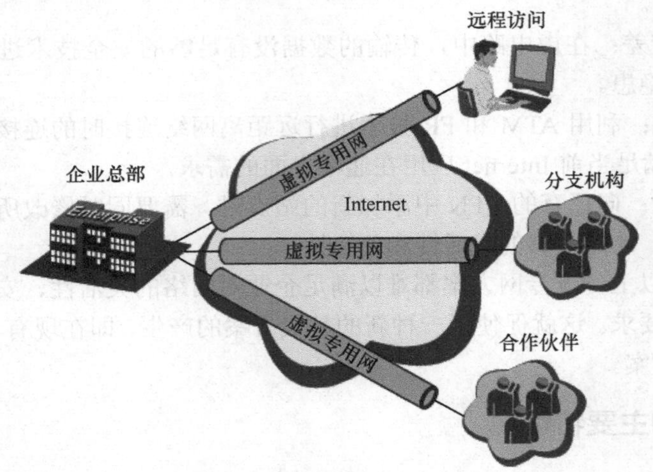

图 1-1 不同 VPN 用户使用不同 VPN 隧道示意

1.1.3 VPN 的主要优势

通过 VPN 可将远程用户、分支机构、合作伙伴与公司总部网络建立可信的安全连接，实现数据的安全传输。利用 VPN 的专用和虚拟特性，我们可以把现有的 IP 网络分解成逻辑上隔离的网络。这种逻辑隔离的网络应用丰富：它可以用来解决企业不同部门或分支机构间的互连；也可以用来提供新的业务，如为 IP 电话业务专门开辟一个 VPN，就可以解决 IP 网络地址不足、QoS（Quality of Service，服务质量）保证以及开展新的增值服务等问题。

从用户的角度来看，VPN 和传统的数据专网相比具有以下优势。

① **安全连接**：通过一系列的安全技术，可确保在远端用户、驻外机构、合作伙伴、供应商与公司总部之间建立可靠、安全的网络连接，保证数据传输的安全性。这对于实现电子商务或金融网络与通信网络的融合是特别重要的。

② **经济可行**：利用广泛使用、廉价的公共网络进行远程网络互联，企业可以用更低的成本（许多 VPN 方案分支机构或远程终端甚至可以采用廉价的动态 IP 地址的 Internet 接入方式）连接远程办事机构、出差人员和合作伙伴网络。

③ **支持移动业务**：支持驻外 VPN 用户在任何时间、任何地点通过目前已非常普及的各种廉价 Internet 接入方式连接到公司内部网络，能够满足不断增长的移动业务需求。

④ **服务质量保证**：构建具有服务质量保证的 VPN，可为 VPN 用户提供不同等级的服务质量保证。

从电信运营商的角度来看，VPN 具有以下优势。

① **提高资源利用率**：因为 VPN 是利用已有的公共网络来建立的，所以这样可以提高电信运营商的公共网络资源利用率，有助于增加 ISP 的收益。

② **方便、快捷**：这种无须专门构建专线连接的 VPN 方案，通过软件配置就可以方

便、快捷地增加、删除 VPN 用户，修改用户的 VPN 方案配置，无须改动硬件设施。在实际的 VPN 方案部署和应用上都具有很大的灵活性。

③ **多业务支持**：通过为用户部署 VPN 方案，NSP 在为用户提供 VPN 互连的基础上，还可以承揽用户的网络外包、业务外包、多业务经营，进一步增加电信运营商的营收。

VPN 以其独具特色的优势赢得了越来越多企业的青睐，企业可以较少地关注网络的运行与维护，致力于企业商业目标的实现。另外，电信运营商可以只管理、运行一个公共网络，并在这个公共网络上同时提供多种服务，例如，Best-effort IP 服务、VPN、流量工程（Traffic Engineering，TE）、差分服务，从而减少电信运营商的建设、维护和运行费用。VPN 在保证网络的安全性、可靠性、可管理性的同时，还可为用户提供更强的扩展性和灵活性。

1.2 VPN 方案的分类

随着网络技术的发展，VPN 技术得到了广泛的应用，基于各种软硬件平台涌现了许多不同的 VPN 解决方案。从不同的角度，有多种 VPN 方案的分类方法。

1.2.1 按 VPN 的应用平台分类

根据 VPN 的应用平台可分为软件平台和硬件平台两类。

1）软件平台 VPN

当对数据连接速率要求不高，对性能和安全性要求不强时，可以利用软件 VPN 产品来实现简单的 VPN 功能，例如 OpenVPN、GreenVPN、天行 VPN 等。甚至可以不需要另外购置软件，仅依靠 Windows、Linux 客户端/服务器操作系统就可以实现纯软件平台的 VPN 通信。

这类 VPN 一般性能较差，数据传输速率较低，同时在安全性方面也比较低，一般仅适用于连接用户较少的小型企业和个人用户。

2）硬件平台 VPN

使用硬件平台的 VPN 功能可以满足企业和个人用户对高数据通信性能和安全的需求。在硬件平台 VPN 中，有专门的 VPN 设备，例如网康 VPN、深信服 VPN 以及各厂商的 VPN 网关设备。许多用户直接采用集成在交换机、路由器或防火墙设备中的 VPN 功能，例如华为、Cisco 和 H3C 等三层交换机、路由器和防火墙中就自带有一些 VPN 功能。本书专门介绍华为设备中的 VPN 解决方案。

其实，硬件平台 VPN 也并不是仅需要硬件设备，对于一些移动接入用户还是需要借助一些软件系统来实现。通常需要用户在主机上安装 VPN 客户端软件，例如 HUAWEI VPN Client 等。

1.2.2 按组网模型分类

在华为设备所支持的 VPN 解决方案中，按组网模型也即组网方式分类，目前主要有虚拟专用拨号网络（Virtual Private Dial Network，VPDN）、虚拟专用路由网络（Virtual

Private Routing Network，VPRN）、虚拟租用线路（Virtual Leased Line，VLL）和虚拟专用局域网业务（Virtual Private LAN Service，VPLS）等几种 VPN 解决方案。

1）VPDN 方案

随着企业的发展和业务的不断拓展，在不同地域的分支机构和出差的员工往往也需要和公司总部网络建立快速、安全和可靠的网络连接，以实现资源共享。传统的拨号网络需要租用 ISP 的电话线路，申请公共的号码或 IP 地址，不仅产生高额的费用，而且无法为远程用户尤其是出差员工提供便利的接入服务。为了更好地利用拨号网络，方便远程用户的接入，产生了基于拨号网络的 VPN，即 VPDN。通过 VPDN 技术，远程用户和企业总部网关之间建立了一条虚拟链路。

在 VPDN 方案中，根据所采用的隧道技术的不同又包括以下 3 种 VPN 方案。

（1）PPTP VPN

PPTP VPN 使用的隧道协议是 PPTP。PPTP 是在点到点协议（Point-to-Point Protocol，PPP）的基础上开发的远程网络连接隧道协议，可通过密码验证协议（Password Authentication Protocol，PAP）、可扩展认证协议（Extensible Authentication Protocol，EAP）等方法增强安全性；远程用户拨入 ISP，然后通过 Internet 或其他公共网络安全地访问企业内网。PPTP VPN 主要应用于直接通过各种 Windows、Linux 操作系统构建 VPN 的应用场景。

PPTP VPN 有以下不足：**只支持 IP 网络**，不支持 ATM、FR、X.25 网络；**只能在两端之间构建一条 VPN 隧道**；**不支持隧道验证**，**不支持数据加密**，报文封装时的额外开销大等。目前比较少用，华为设备也不支持。

（2）二层转发（Layer 2 Forwarding，L2F）VPN

L2F VPN 使用的隧道协议是 L2F。L2F 最初是由 Cisco 开发并专用的，1998 年提交给 IETF，成为 RFC2341 标准。L2F VPN 是基于 PPP 或串行线路网际协议（Serial Line Internet Protocol，SLIP）的一种扩展应用，可以基于 PPP 或 SLIP 拨号网络在公共的 IP、ATM、FR 等网络基础上构建一条虚拟隧道，但 L2F VPN **也不支持数据加密标准**，目前也很少用了。

（3）L2TP VPN

L2TP VPN 使用的隧道协议是 L2TP。L2TP 是 L2F 的改进版，同时也结合了 PPTP 的一些优点，也是 PPP 的一种扩展应用。L2TP VPN 不仅支持多种网络（例如 IP、ATM、FR 等），**还支持隧道验证功能**，支持在两个端点间构建多条 VPN 隧道，是目前应用最广的一种二层隧道协议。但 L2TP 的安全保护措施仍然不是很好，**与 PPTP、L2F 一样也不支持数据加密功能，不能对所接收的数据进行完全性检查和身份验证**。但 L2TP 可与 IPSec 结合，构建 L2TP over IPSec VPN，实现数据加密、数据完整性检查和抗重放功能。

VPDN 利用公共网络的拨号功能及接入网，为企业、小型 ISP 和移动办公人员提供了廉价的 VPN 远程接入服务。在 VPDN 方案中，用户可以使用私网 IP 地址，接入技术也可采用广泛使用的公共电话交换网（Public Switched Telephone Network，PSTN）、综合业务数字网（Integrated Service Digital Network，ISDN）、x 用户数字线（x Digital Subscriber Line，xDSL），L2TP 还支持光纤以太网接入方式，使得用户在建设 VPN 方案时投资少、周期短，网络运行费用低。

VPDN 还具有灵活的身份认证机制和网络计费方式（利用 AAA 功能），以及较高的安全性，并支持动态IP地址分配。此外，VPDN虽然采用的是二层隧道协议，但L2F、L2TP都能支持多种网络。

2）VPRN方案

VPRN是公司总部、分支机构和远端办公室内部网络之间通过公共网络构建的三层VPN（L3VPN），属于站点到站点（Site-to-Site）的远程网络连接。VPRN数据包的转发是在网络层实现的，公共网络的每个VPN节点需要为每个VPN建立专用路由转发表，包含网络层可达性信息。数据流在公共网络的VPN节点之间的转发，以及VPN节点和用户站点之间的转发都是基于这些专用路由转发表。

根据所使用的隧道协议的不同，华为设备的VPRN方案包括多种VPN类型，例如GRE VPN、IPSec VPN、DSVPN、SSL VPN、MPLS L3VPN等。

3）VLL方案

传统的二层隧道是通过二层的交换技术实现的，例如X.25、FR、ATM网络，通过对应二层设备来完成用户节点间二层隧道的建立。由于使用了不同的二层协议，因此不同种二层网络是隔离的。MPLS标签技术的产生，为建立统一兼容的二层交换网络提供了可能。可以把MPLS理解成为一个特殊的二层协议，也就是说在原有的各种二层封装基础上再进行MPLS封装。

VLL技术是一种建立在MPLS网络上的**点对点**二层VPN（L2VPN）技术，是对传统租用专线业务的仿真，使用IP网络模拟租用线，提供非对称、低成本的数字数据网（Digital Data Network，DDN）业务。从虚拟租用线两端的用户来看，VLL近似于传统的租用专线，能够支持大部分的链路层协议，解决了不同网络介质不能相互通信的问题，主要是在接入层和汇聚层使用。但它不能直接在服务商处进行点对多点的业务交换。

4）VPLS方案

VPLS是一种建立在MPLS网络中，专用于以太网的**点对多点二层**VPN技术。它结合了以太网技术和MPLS技术的优势，是对传统局域网（Local Area Network，LAN）全部功能的仿真，可以实现点对多点的通信。

【说明】以上VLL和VPLS这两种L2VPN方案因为涉及MPLS技术，所以本书不做具体介绍。

1.2.3 按实现层次分类

按VPN隧道连接实现所对应的计算机网络体系结构层次，可把VPN方案分为L2VPN、L3VPN和VPDN 3种。

1）L2VPN

华为设备支持的L2VPN方案比较多，包括前面的提到的VLL、VPLS和端到端伪线仿真（Pseudo-Wire Emulation Edge-to-Edge，PWE3），都属于MPLS L2VPN类型。

VLL适合较大的企业通过广域网（Wide Area Network，WAN）互连，而VPLS适合小企业通过城域网互连。PWE3支持多种网络类型，也是一种端到端的MPLS L2VPN技术。它可在分组交换网络（Packet Switched Network，PSN）中尽可能真实地模仿ATM、FR、以太网、低速时分多路复用（Time Division Multiplexing，TDM）电路和同步光纤网（Synchronous Optical Network，SONET）/同步数字体系（Synchronous Digital Hierarchy，SDH）等业务的基本行为和特征，可实现远程网络的互连。

2）L3VPN

L3VPN 也就是前面介绍的 VPRN，是在计算机网络体系结构中第三层（网络层）实现的。华为设备支持的 VPN 方案中又包括多种类型，例如 MPLS L3VPN、IPSec VPN、SSL VPN、GRE VPN、DSVPN 等。其中，MPLS L3VPN 主要应用在骨干网转发层，IPSec VPN、SSL VPN、GRE VPN、DSVPN 在接入层被普遍采用。

L2VPN 与 L3VPN 的对比见表 1-1。

表 1-1 L2VPN 与 L3VPN 的对比

比较项目	L2VPN	L3VPN
安全性	高	低
对三层协议的支持情况	相对灵活	有限制
用户网络对骨干网的影响	小	大
对传统 WAN 的兼容性	大	小
路由管理	用户管理自己的路由	用户路由交由业务提供商（Service Provider，SP）管理
组网应用	主要用在接入层和汇聚层	主要用在核心层

3）VPDN

VPDN 也就是前面提到的 Access VPN，包括 PPTP VPN、L2F VPN 和 L2TP VPN 等 VPN 方案。严格来说，VPDN 也属于 L2VPN，但其网络构成和协议设计与前面提到的像 VLL、VPLS 之类的 MPLS L2VPN 有很大不同，有关 VPDN，本书仅介绍应用最广且华为设备支持的 L2TP VPN。

1.2.4 按业务用途分类

根据 VPN 应用的业务类型来分，VPN 方案可分为 Intranet VPN、Access VPN 与 Extranet VPN 3 类，但更多情况下是需要同时用到这 3 种 VPN，特别是对于大型企业，因为在这类用户中不仅有站点到站点的网络互联需求，也有移动用户的端到端（End-to-End）或者端到站点（End-to-Site）的接入需求。

1）Access VPN

Access VPN（远程访问虚拟专网）又称为拨号 VPN（即前面介绍的 VPDN），是指企业员工或企业的小分支机构通过公共网络远程拨号的方式构建的虚拟专用网。如果企业的内部人员有移动办公需要，或者商家要提供 B2C（企业到客户）的安全访问服务，就可以考虑使用 Access VPN。

Access VPN 能使用户随时、随地以按需的方式访问企业资源，可充分节省接入费用。Access VPN 可使用传统电话网络 Modem 拨号、ISDN 拨号、xDSL 拨号、无线接入和有线电视电缆等方式，安全地连接移动用户、远程办事处或分支机构，且具有灵活的身份认证机制和网络计费方式，**支持动态 IP 地址分配**。

Access VPN 是一类 L2VPN 技术，包括前面提到的 PPTP VPN、L2F VPN 和 L2TP

VPN，可以实现端到端（如两主机的远程互连）、端到站点（如移动办公主机与公司网络互连），甚至站点到站点（分支机构与公司总部网络的互连）的远程连接。Access VPN典型网络结构如图1-2所示。

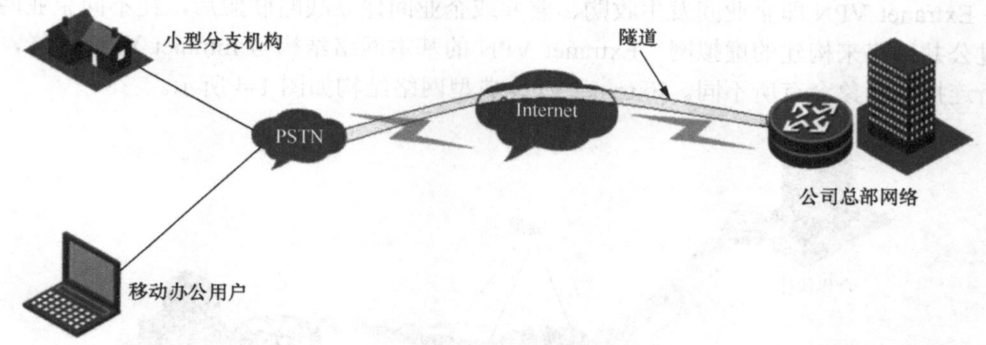

图1-2　Access VPN典型网络结构

Access VPN方案对于需要移动办公的企业来说是一种经济安全、灵活自由的解决方案，所以这类VPN方案也是许多中小型企业常用的。但这类VPN方案的连接性能较低，不适用于大量用户或者高负载应用。

2）Intranet VPN

Intranet VPN（企业内部虚拟专网）是通过公用Internet或者第三方公共用网络进行连接的。使用Intranet VPN，企事业机构的总部、分支机构、办事处或移动办公人员可以通过公共网络实现内网互连，也可用来构建银行、政府等机构的Intranet。典型的Intranet VPN的例子是连锁超市、仓储物流公司、加油站等具有连锁性质的机构。Intranet VPN典型网络结构如图1-3所示。

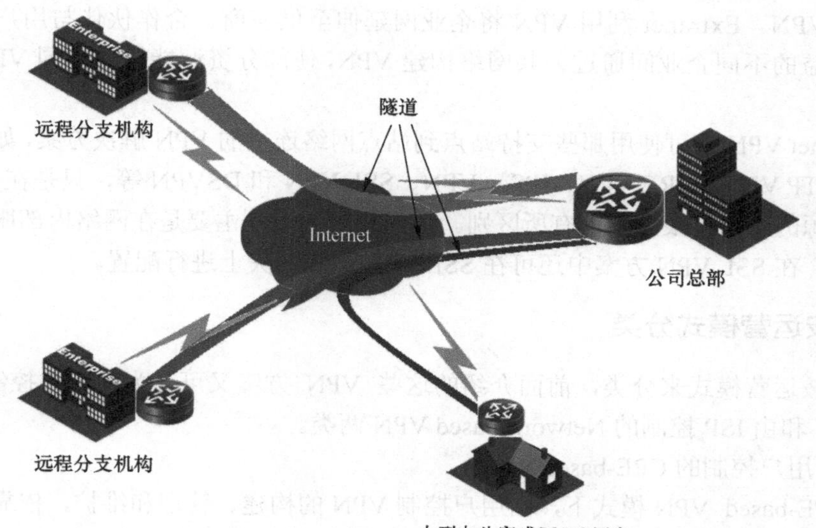

图1-3　Intranet VPN典型网络结构

Intranet VPN方案较多，如许多L2TP VPN以及GRE VPN、IPSec VPN、SSL VPN

和 DSVPN 等 L3VPN 都可以实现。它的主要特点是容易建立连接、连接速度快，并可为各分支机构提供相应的网络访问权限。

3）Extranet VPN

Extranet VPN 即企业间发生收购、兼并或企业间建立战略联盟后，使不同企业网络通过公共网络来构建的虚拟网。Extranet VPN 的基本网络结构与 Intranet VPN 一样，当然所连接的对象会有所不同。Extranet VPN 典型网络结构如图 1-4 所示。

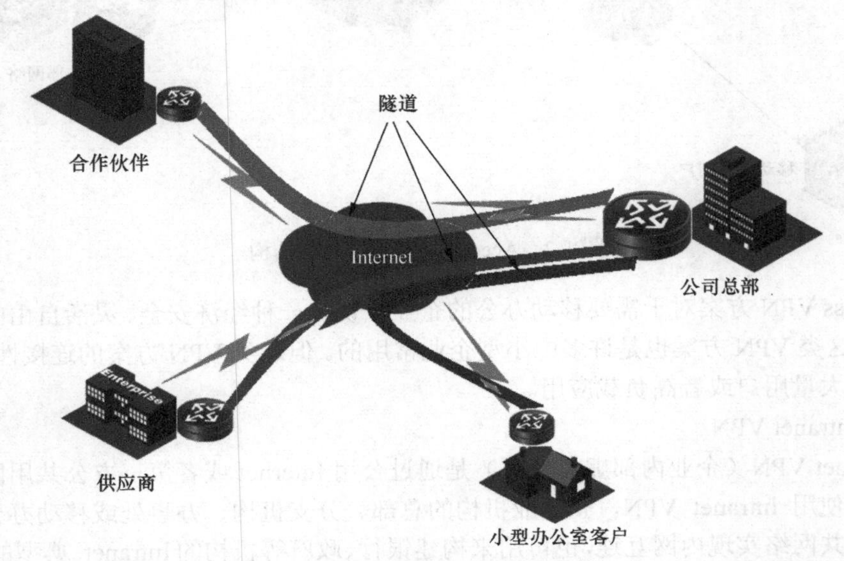

图 1-4　Extranet VPN 典型网络结构

如果需要提供 B2B（企业到企业）电子商务之间的安全访问服务，则可以考虑选用 Extranet VPN。Extranet 利用 VPN 将企业网延伸至供应商、合作伙伴与用户处，在具有共同利益的不同企业间通过公共网络构建 VPN，使部分资源能够在不同 VPN 用户间共享。

Extranet VPN 也可使用那些支持站点到站点网络连接的 VPN 解决方案，如前面提到的各种 L2TP VPN、GRE VPN、IPSec VPN、SSL VPN 和 DSVPN 等，只是在 VPN 用户对网络资源的访问权限配置上有所区别。访问权限的限制主要是在网络内部服务器上进行配置的，在 SSL VPN 方案中还可在 SSL VPN 虚拟网关上进行配置。

1.2.5　按运营模式分类

如果按运营模式来分类，前面介绍的这些 VPN 方案又可分为由用户控制的 CPE-based VPN 和由 ISP 控制的 Network-based VPN 两类。

1）由用户控制的 CPE-based VPN

在 CPE-based VPN 模式下，由用户控制 VPN 的构建、管理和维护，依靠用户侧的网络设备发起 VPN 连接，不需要电信运营商提供特殊的支持就可以实现 VPN 通信。用户设备需要安装相关的 VPN 隧道协议，例如 IPSec VPN、GRE VPN、L2TP VPN、SSL VPN 和 DSVPN 等都是基于客户端实施的 VPN 方案。本书后面各章所介绍的各种 VPN 方案均属于此类。

利用公共 IP 网络（Internet 是典型的公共 IP 网络）构建的 VPN（可统称 IP VPN）均属于 CPE-based VPN。使用 Internet 构建的 VPN 是最经济的方式，但难以保证服务质量。企业在规划 IP VPN 建设时应根据自身的需求权衡各种公用 IP 网络。

CPE-based VPN 方式复杂度高、业务扩展能力弱，主要应用于接入层。

2）由 ISP 控制的 Network-based VPN

在 Network-based VPN 模式下，VPN 的构建、管理和维护由 ISP 控制，允许用户在一定程度上进行业务管理和控制，是基于电信运营商实施的 VPN 方案。在此模式的 VPN 中，功能特性集中在电信运营商网络侧设备，用户网络设备只需要支持网络互连，无须特殊的 VPN 功能，例如各种基于 MPLS 的 VPN 都属于 Network-based VPN。

Network-based VPN 方式可以降低用户投资、增加业务灵活性和扩展性，也为电信运营商带来新的收益。MPLS VPN 由于在灵活性、扩展性和 QoS 方面的优势，逐渐成为最主要的 VPN 技术，在电信运营网络和企业网中都获得了广泛的应用。

MPLS VPN 主要应用于骨干网核心层及汇聚层，是对大客户互连及 3G、下一代网络（Next-Generation Network，NGN）等业务系统进行隔离的重要技术。MPLS VPN 对于城域网同样重要：城域网内部署 MPLS VPN 技术，成为提升 IP 城域网的价值、为电信运营商提供更高收益的重要技术。

CPE-based VPN 与 Network-based VPN 的对比见表 1-2。

表 1-2 CPE-based VPN 与 Network-based VPN 的对比

比较项目	CPE-based VPN	Network-based VPN
业务扩展能力	业务扩展能力弱	业务扩展能力强
用户投资	多	少
用户设备支持隧道情况	需要支持	无须支持
性能要求	功能特性集中于 CE 设备，对 CE 设备要求高	功能特性集中于 PE 设备，对 PE 设备要求高

将 CPE-based VPN 和 Network-based VPN 混合部署可以给用户提供更可靠、更安全、更丰富的 VPN 业务，也可以为各类 VPN 用户提供更加灵活、经济的接入方式。

1.3 VPN 隧道技术

目前，各种 VPN 方案主要采用隧道技术、加/解密技术、密钥管理技术、使用者与设备身份认证技术 4 类安全技术来保证通信安全。本节先具体介绍一些常见的隧道技术。

1.3.1 VPN 隧道技术综述

“隧道”可以看成是从源端到目的端（统称“隧道端点”）在公共网络的线路上专门建立的一条虚拟、专用通道。VPN 隧道示意如图 1-5 所示。

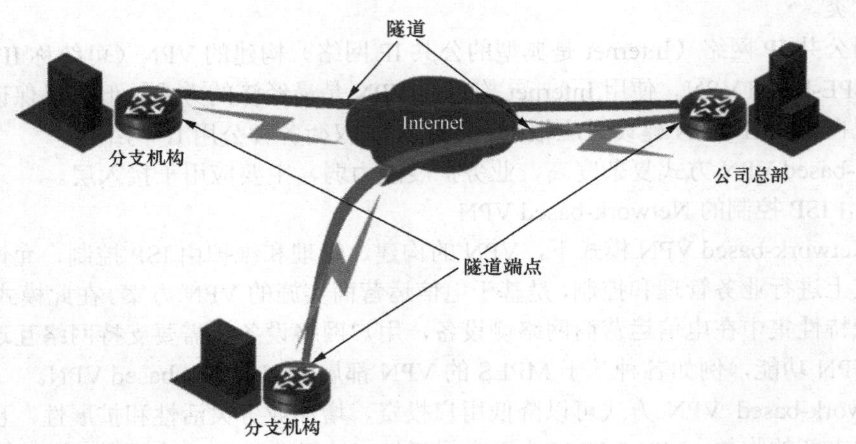

图 1-5　VPN 隧道示意

【说明】不同 VPN 方案的 VPN 隧道起始、终结端点有所不同，有的隧道端点是两端的用户主机，有的隧道端点是两端网络的交换机、路由器、防火墙或应用层网关等设备。

VPN 隧道是在公共网络的物理通信线路上建立的，所以需要相应的技术。不同的 VPN 方案所采用的隧道技术不一样。

目前主要有两种隧道协议：一种是二层隧道协议，主要应用于构建远程访问虚拟专网（Access VPN，即前面介绍的 VPDN），如 PPTP VPN 中采用的 PPTP，L2TP VPN 中采用的 L2TP 都属于二层隧道技术。本章前面介绍的 VLL、VPLS、PW3 使用的是 MPLS 二层隧道技术。

另一种是三层隧道协议，主要应用于构建企业内部虚拟专网（即前面介绍的 Intranet VPN）和扩展的企业内部虚拟专网（即前面介绍的 Extranet VPN），例如 IPSec VPN 中采用的 IPSec，GRE VPN 中采用的 GRE 协议，DSVPN 中采用的 mGRE（multipoint Generic Routing Encapsulation，多点通用路由封装）协议，以及 MPLS L3VPN 中采用的 MPLS L3VPN 协议。

以上这些隧道技术都可看成各种通过使用 Internet 的基础设施在网络之间私密传递数据的方式。使用隧道传递的数据（或负载）可以是与物理线路上运行的不同协议的数据帧或数据包（如通过 VPN 隧道可以在 IP 网络中传输 ATM、FR 数据帧，或 IPX、Apple Talk 数据包），隧道协议将这些其他协议的数据帧或数据包通过加装隧道协议头重新封装后发送。

隧道协议的头部提供了公网路由信息，从而使封装的负载数据能够通过公网传递。隧道协议头与其原始协议数据包一起传输，在到达目的地后，原始协议数据包就会与隧道协议头分离，对目的地有用的原始协议数据包就继续传输到目的地址，而仅起到了一个标识信息的隧道协议头将被丢弃。

1.3.2　PPTP

PPTP 是一种应用层点到点二层隧道协议，最初是由包括微软和当时的 3Com 等公司组成的 PPTP 论坛开发的，用于 Windows 系统构建 PPTP VPN 隧道，后来 IETF 以 RFC 2637

正式发布，成为国际通用的一种协议标准。

PPTP 将 PPP 的网络访问服务器（Network Access Server，NAS）功能独立出来，采用客户端/服务器（Client/Server，C/S）架构，PPTP 服务器即 PNS（PPTP 网络服务器），PPTP 客户端即 PAC（PPTP 接入集中器）。它可以构建端到端、端到站点，或者站点到站点的 VPN 远程连接。PPTP VPN 隧道示意如图 1-6 所示。华为设备不支持 PPTP VPN。

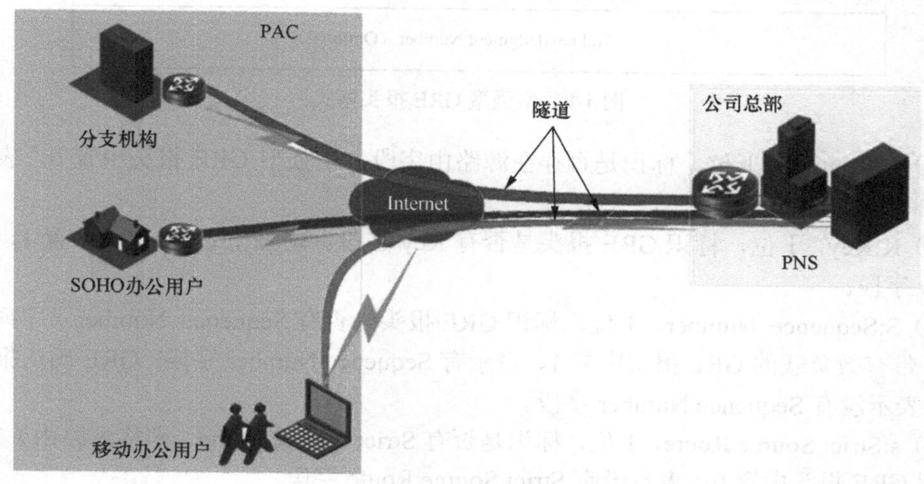

图 1-6 PPTP VPN 隧道示意

1）PPTP 数据包格式

用户初始数据在进入 PPTP 隧道传输前需要经过多层封装，如图 1-7 所示。首先，在进行 PPTP 通信的初始用户数据需要加装 PPP 的头部，形成 PPP 数据包；其次在 PPP 数据包前面加装一个增强型 GRE（Enhanced GRE，在 RFC 2367 中定义）头部，形成 GRE 报文；再次在 GRE 报文前面加装以 PPTP 隧道源/目的端点的公网 IP 地址作为源/目的 IP 地址的 IP 头部，使 GRE 报文可通过 IP 网络在 PAC 和 PNS 之间的 PPTP 隧道中传输；最后再进行帧封装。

帧头	IP头部	增强型GRE头部	PPP数据包

图 1-7 PPTP 数据包封装格式

PPTP 数据包到了隧道对端设备时又会逆序依次解封装，还原为原始的用户初始数据。

2）增强型 GRE 报文格式

增强型 GRE 协议与普通的 GRE 协议的主要区别在于报头定义了一个新的确认号（Acknowledgment Number）字段，用于确定特定 GRE 包或用户数据包是否到达隧道的远端。增强型 GRE 报头格式如图 1-8 所示。

① C:Checksum，1 位，标识 GRE 报头是否有 Checksum（校验和）字段。增强型 GRE 报头中置 0，表示没有 Checksum 字段；普通 GRE 报头中置 1，表示有 Checksum 字段。

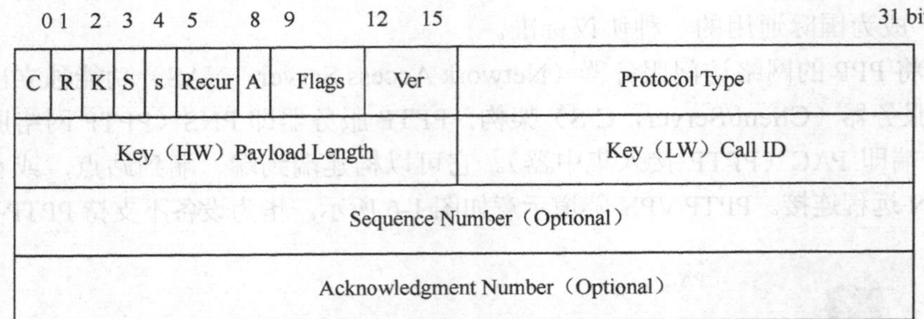

图 1-8 增强型 GRE 报头格式

② R:Routing，1 位，标识是否存在源路由字段。增强型 GRE 报头中置 0，表示无源路由字段。

③ K:Key，1 位，标识 GRE 报头是否有 Key 字段。增强型 GRE 报头中置 1，表示有 Key 字段。

④ S:Sequence Number，1 位，标识 GRE 报头是否有 Sequence Number（序列号）字段。带有效负载的 GRE 报文中置 1，表示有 Sequence Number 字段；GRE 确认报文中置 0，表示没有 Sequence Number 字段。

⑤ s:Strict Source Route，1 位，标识是否有 Strict Source Route（严格源路由）字段。增强型 GRE 报头中置 0，表示没有 Strict Source Route 字段。

⑥ Recur:Recursion Control（递归控制），3 位，用于标识 GRE 报文被封装的层数。完成一次 GRE 封装后将该字段加 1。如果封装层数大于 3，则丢弃该报文，以防止报文被无限次封装。增强型 GRE 报头中置 0，表示数据包在此之前没有经过 GRE 协议封装。

⑦ A: Acknowledgment Number（确认号），1 位，标识 GRE 报头是否有 Acknowledgment Number 字段。带有效负载的 GRE 报文中置 0，表示没有 Acknowledgment Number 字段；GRE 确认报文中置 1，表示有 Acknowledgment Number 字段。

⑧ Flags:4 位，保留，固定为 0。

⑨ Ver:Version，3 位，标识当前的 GRE 版本号。增强型 GRE 协议置 1，普通 GRE 协议置 0。

⑩ Protocol Type:16 位，标识乘客协议的协议类型，即原始数据报文所使用的网络层协议，如 IPv4、IPv6、IPX 等。常见的乘客协议为 IPv4，协议代码为 0800。

⑪ Key:32 位，增强型 GRE 报头中，Key 字段分成两部分，低 16 位用于标识 GRE 报文的字节长度，高 16 位标识对端的拨号 ID。普通 GRE 报头中 32 位均为用于身份验证的密钥。

⑫ Sequence Number:序列号（可选），32 位，仅当 S 标志位置 1 时有效，是 GRE 报文的序列号。会话启动时，每个用户会话的序列号设置为 0。包含载荷（S 字段置 1）的每一个 GRE 报文都将被顺序分配一个序列号。

⑬ Acknowledgment Number:32 位，确认号，当前用户会话中接收来自发送端的最大编号的 GRE 报文序列号。仅当 A 标识位置 1 时有效。

GRE 报头中的“确认号”和“序列号”字段用于执行隧道上发生的一些冲突控制和错误检测。同样，控制连接被用来确定用于调节通过隧道的特定会话的 PPP 数据包流的速率和缓冲参数。

3）PPP 连接

PPTP 通信需要建立两个 PPTP 连接：一是通过传输控制协议（Transmission Control Protocol，TCP）进行的，在每个 PAC-PNS 对之间建立的控制连接，用来管理、协商通信过程中的参数并维护数据连接；二是在同一个 PAC-PNS 对之间建立的隧道连接（也称“数据连接”），用于在 PAC-PNS 对之间的用户传输由 GRE 封装的 PPP 数据帧。

（1）控制连接

在 PAC 和 PNS 间建立 PPTP 隧道之前，必须先在它们之间建立好控制连接。控制连接是一个标准的 TCP 会话，用于 PPTP 呼叫控制和管理信息通过。控制连接会话与 PPTP 隧道建立会话既关联，又相互独立。控制连接负责建立、管理和释放通过隧道进行的会话。

PPTP 控制连接的建立可以由 PNS 或者 PAC 发起，建立在 TCP 连接基础之上，通过交互 Start-Control-Connection-Request 和 Start-Control-Connection-Reply 消息完成，PNS 端所使用的端口是 TCP 1723。一旦控制连接建立完成，PAC 或者 PNS 可以对外发送呼叫请求，或者对拨入的呼叫请求进行响应。Key 字段中的值是在控制连接建立过程中生成的。

控制连接是由它自己的保持激活回显（keep-alive echo）消息进行维护，确保可以及时检测 PNS 和 PAC 之间的连通性故障。其他故障可以通过控制连接发送的广域网错误通知（Wan-Error-Notify）消息进行报告。

（2）隧道连接

PPTP 要为每个 PNS-PAC 对的通信建立专用的隧道，用于承载指定 PNS-PAC 对中所有用户会话过程中由增强型 GRE 协议封装的 PPP 数据包。

GRE 报头中的一个 Key Call ID 指示特定 PPP 数据包属于哪个会话。通过这种方式，在给定的 PNS-PAC 对之间的单个隧道上可以复用和解复用 PPP 数据包。GRE 报头包含确认号和序列号信息，用于在隧道上执行某种程度的拥塞控制和错误检测。

【说明】 *每个用户会话的序列号在会话启动时设置为 0，后面每个包含有有效负载的 GRE 报文都将分配一个连续的序列号。*

4）PPTP 控制消息分类及基本格式

PPTP 定义了一套用于在 PNS 和 PAC 之间控制连接上作为 TCP 数据发送的消息，PPP 控制消息格式如图 1-9 所示。发起控制连接所需的 TCP 会话建立时所用的目的端口是 TCP 1723，源端口是 1024 或更大的一个当前未使用的任意 TCP 端口。

IP 头	TCP 头	PPTP控制连接消息

图 1-9　PPTP 控制消息格式

每个 PPTP 控制连接消息以一个 8 字节的固定表头部分开始，包括消息总长（Length）、PPTP 消息类型（Type）和“Magic Cookie”3 个字段。“Magic Cookie”字段是一个固定的值，总是等于 0x1A2B3C4D。它的基本用途是允许接收者确保它与 TCP 数据流正确地同步，但它不能用于在发生不适当格式消息的传输事件时与 TCP 数据流重同步。不同步时，将会关闭在该 TCP 会话上建立的控制连接。

PPTP 有控制消息和管理消息两种控制连接消息，但管理消息目前未定义。表 1-3 列出了 PPTP 中的控制消息类型及对应的代码值（十六进制）。

表 1-3 PPTP 中的控制消息类型及代码值（十六进制）

消息名称	消息代码
控制连接管理类消息	
Start-Control-Connection-Request（启动控制连接请求）	1
Start-Control-Connection-Reply（启动控制连接应答）	2
Stop-Control-Connection-Request（停止控制连接请求）	3
Stop-Control-Connection-Reply（停止控制连接应答）	4
Echo-Request（回声请求）	5
Echo-Reply（回声应答）	6
呼叫管理类消息	
Outgoing-Call-Request（呼叫请求）	7
Outgoing-Call-Reply（呼叫应答）	8
Incoming-Call-Request（来电请求）	9
Incoming-Call-Reply（来电应答）	10
Incoming-Call-Connected（呼叫连接）	11
Call-Clear-Request（呼叫清除连接）	12
Call-Disconnect-Notify（呼叫中断通知）	13
错误报告类消息	
WAN-Error-Notify（WAN 错误通告）	14
PPP 会话控制类消息	
Set-Link-Info（链路信息集）	15

1.3.3 L2TP

L2TP 是 VPDN 隧道协议的一种，与 PPTP 一样也是 PPP 的扩展应用，提供了一种跨越原始数据网络（如 IP 网络）构建二层隧道的机制，可用于远程拨号用户接入企业总部网络，也可用于分支机构与企业总部网络的互连。华为的设备支持 L2TP。

目前主流应用的 L2TP 有 v2 和 v3 两个版本，L2TPv2（通常直接写成 L2TP）在 RFC 2661 定义，L2TPv3 版本在 RFC 3931 中定义。L2TP 集合了 PPTP 和 L2F 两种协议的优点，目前已被广泛接受，主要应用在单个或少数远程终端通过公共网络接入企业内部网络的需要。

L2TP 包含控制消息和数据消息两类消息。

1）L2TP 控制消息

L2TP 控制消息封装在 L2TP 报头内，用于建立、维护和清除控制连接和会话，以保证交付，使用的是用户数据报协议（User Datagram Protocol，UDP）。在控制消息的传输过程中，使用消息丢失重传和定时检测隧道连通性等机制来保证控制消息传输的可靠性，支持对控制消息的流量控制和拥塞控制。L2TP 控制消息封装格式如图 1-10 所示。

图 1-10　L2TP 控制消息封装格式

IP 头中的源/目的 IP 地址分别为 L2TP 隧道两端点的公网 IP 地址；UDP 头中的源/目的端口均为 UDP 1701；L2TP 报头包括 L2TP 控制消息头和各种属性值对（Attribute Value Pair，AVP）。主要 L2TP 控制消息见表 1-4。

表 1-4　主要 L2TP 控制消息

消息名称	消息代码
控制连接管理	
SCCRQ：Start-Control-Connection-Request（启动控制连接请求），由 LAC 或 LNS 向对端发送，用来初始化 LAC 和 LNS 之间的 tunnel，开始 tunnel 的建立过程	1
SCCRP：Start-Control-Connection-Reply（启动控制连接应答），表示接受了对端的连接请求	2
SCCCN：Start-Control-Connection-Connected（启动控制连接），建立 L2TP 隧道	3
STOPCCN：Stop-Control-Connection-Notification（停止控制连接通知），由 LAC 或 LNS 发出	4
呼叫管理	
OCRQ：Outgoing-Call-Request（传出呼叫请求），LNS 发向 LAC 用来设置 PPP 协商的选项	7
OCRP：Outgoing-Call-Reply（传出呼叫应答），LAC 响应 LNS 的 OCRQ	8
OCCN：Outgoing-Call-Connected （传出呼叫连接），LNS 响应 LAC 的 OCRP	9
ICRQ：Incoming-Call-Request（传入呼叫请求），当 LAC 检测到有用户拨入电话的时候，向 LNS 发 ICRQ，请求在已建立的 tunnel 中建立 session	10
ICRP：Incoming-Call-Reply（传入呼叫应答），LNS 响应 LAC 的 ICRQ	11
ICCN：Incoming-Call-Connected （传入呼叫连接，建立 L2TP 会话），LAC 响应 LNS 的 ICRP	12
SLI：Set Link Information（设置链路信息），由 LNS 发给 LAC	16

L2TPv2 控制消息报头格式如图 1-11 所示。在 L2TPv3 控制消息报头中，Tunnel ID 和 Session ID 两字段由 Control Connection ID 字段替代，标识对端的控制连接 ID 号，仅具有本地意义。不同控制连接的 ID 号必须唯一，但对于同一控制连接会话中发送的请求消息和应答消息的控制连接 ID 号必须一致。

① T:Type，1 位，指定 L2TP 消息类型，1 为控制消息。

② L:Length，1 位，标识有 Length 字段，置 1。

0　15　31 bit

T L X X S X X X X X X X	Ver	Length
Tunnel ID		Session ID
Ns		Nr

图 1-11　L2TPv2 控制消息报头格式

③ S:1 位，标识有下面的 Ns 和 Nr 两个与序列号（Sequence）相关的字段，置 1。

④ X:保留位，发出消息中置 0，接收消息时忽略这些比特位。

⑤ Ver:Version，4 位，标识 L2TP 版本，目前最新版本为 3。

以上 16 位，如果采用 L2TPv2 版本，则值为 C802，11001000 00000010；如果采用 L2TPv3 版本，则值 为 C803，11001000 00000011。

⑥ Length:16 位，标识整个 L2TP 控制消息（包括控制消息头部）的字节数。

⑦ Tunnel ID:16 位，标识 L2TP 控制链接中对端的隧道 ID，只有本地意义，一个 Tunnel 两端被分配的隧道 ID 可能会不同。

⑧ Session ID:16 位，标识隧道中对端的会话 ID，只有本地意义，一个会话两端的会话 ID 可能不同。

⑨ Ns:16 位，表示此控制消息的序列号，从零开始每发送一条消息递增 1。

⑩ Nr:16 位，表示下一个控制消息中预期的序列号待接收。因此，Nr 被设置为接收到的最后一个顺序消息的 Ns 加 1。

2）L2TP 数据消息

用户 PPP 数据在进入 L2TP 隧道传输前，首先要对 PPP 帧进行 L2TP 封装，再经过 UDP（源/目的端口均为 1701）和新的 IP 封装（源 IP 地址和目的 IP 地址分别是隧道源/目的端点的 IP 地址）。L2TP 数据消息格式如图 1-12 所示。L2TP 数据消息是不可靠的传输，不重传丢失的数据报文，也不支持对数据消息的流量控制和拥塞控制。

新IP头	UDP头	L2TP报头	PPP头	原始数据报文

图 1-12 L2TP 数据消息格式

L2TP 数据消息报头与 L2TP 控制消息报头格式不一样。L2TPv2 数据消息的报头格式如图 1-13 所示。报文类型（T 标志位）为 0，表示数据消息；消息长度（L 标志位）为 0，表示没有 Length 字段，也没有 Ns 和 Nr 字段，即 S 标志位也为 0。对应的 L2TPv2 数据消息报头值为 0002。一个因特网控制消息协议（Internet Control Message Protocol，ICMP）消息经过 IP、PPP、L2TPv2 数据消息示例如图 1-14 所示。

0 15 31 bit

T	L	X	X	S	X	X	X	X	X	X	X	Ver	0
Tunnel ID													Session ID

图 1-13 L2TPv2 数据消息的报头格式

L2TPv3 数据消息包括一个 L2TP 会话头（L2TP Session Header）、一个可选的二层描述子层（L2-Specific Sublayer）和隧道负载（Tunnel Payload）3 个部分。

L2TPv3 会话头对于通过 L2TP 通信中被封装的 PSN（包交换网络，例如 IP、MPLS、FR 等）来说是特定的，必须提供区分多个 L2TP 数据会话之间通信的方法和区分控制消息、数据信息的方法。每种 PSN 的封装必须定义自己的会话头，清楚地标识会话头格式和要设置的会话参数。可选的二层描述子层位于 L2TP 会话头和隧道帧开始处之间，包含用于帮助每个帧穿越隧道的一些控制字段（例如“序列号”或“标志”字段）。“隧道负载”即要真正传输的 PPP 数据帧。

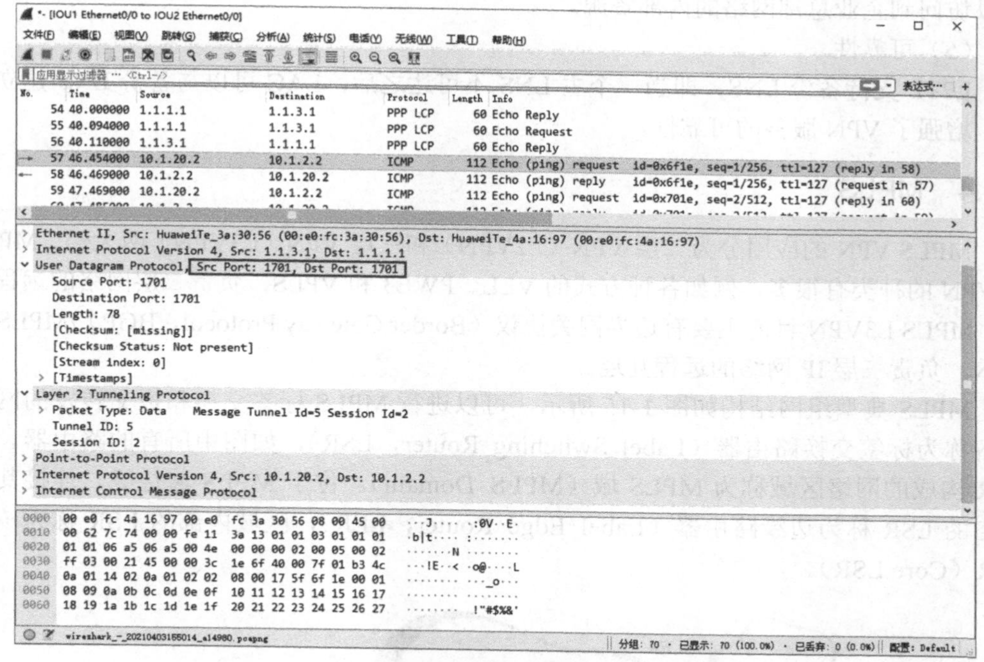

图 1-14　L2TPv2 数据消息示例

3）L2TP 的主要特性

与 PPTP 一样，L2TP 也是对 PPP 数据帧进行封装，在公共网络上建立虚拟链路传输企业的私有数据，节省了租用物理专线的高额费用。同时将企业从复杂和专业的网络维护中解放出来，只需要维护私有网络和远程接入的用户，降低了用户的维护成本。

L2TP 还具有如下特点，可以为企业提供方便、安全和可靠的远程用户接入服务。

（1）灵活的身份认证机制以及高度的安全性

① L2TP 可使用 PPP 提供的安全特性（例如 PAP、CHAP），对接入用户进行身份认证。

② L2TP 定义了控制消息的加密传输方式，支持 L2TP 隧道的验证。

③ L2TP 对传输的数据不加密，但可以和 IPSec 结合应用（部署 L2TP Over IPSec），为数据传输提供高度的安全保证。

（2）多协议传输

因为 L2TP 传输的是 PPP 数据，而 PPP 可以传输多种协议报文，所以 L2TP 可以在 IP 网络、以太网、帧中继永久虚电路（Permanent Virtual Circuit，PVC）、X.25 虚电路（Virtual Circuit，VC）或 ATM VC 网络上使用。

（3）支持 RADIUS 服务器的验证

L2TP 对接入用户不仅支持本地验证，还支持将拨号接入的用户名和密码发往 RADIUS 服务器进行验证，为企业管理接入用户提供了更多的选择。

（4）支持私网 IP 地址分配

应用 L2TP 的企业总部网关可以为远程用户动态分配私网 IP 地址，使远程访问用户可以访问到企业总部网络的内部资源。

（5）可靠性

L2TP 支持备份 LNS，即当一个主 LNS 不可达之后，LAC 可以与备份 LNS 建立连接，增强了 VPN 服务的可靠性。

1.3.4 MPLS

MPLS VPN 的应用分为二层 VPN（L2VPN）和三层 VPN（L3VPN）两大类。MPLS L2VPN 的种类有很多，例如各种方式的 VLL、PWE3 和 VPLS，负责二层网络的远程互连；MPLS L3VPN 目前主要有边界网关协议（Border Gateway Protocol，BGP）/MPLS IP VPN，负责三层 IP 网络的远程互连。

MPLS 典型组网结构如图 1-15 所示，可以进行 MPLS 标签交换和报文转发的网络设备称为标签交换路由器（Label Switching Router，LSR），如图中所有的路由器。由 LSR 构成的网络区域称为 MPLS 域（MPLS Domain）。位于 MPLS 域边缘、连接其他网络的 LSR 称为边缘路由器（Label Edge Router，LER），区域内部的 LSR 称为核心 LSR（Core LSR）。

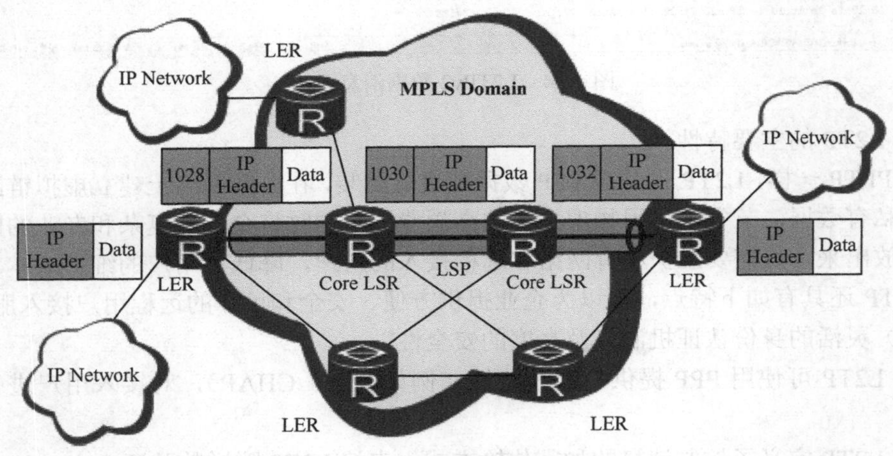

图 1-15 MPLS 典型组网结构

IP 报文在 MPLS 网络中经过的路径称为标签交换路径（Label Switched Path，LSP），在报文转发之前已经通过手工静态配置，或者通过像 LDP 这样的动态标记协议协商确定并建立的，报文会在特定的 LSP 上传递。LSP 是有方向的，两端点建立的两条相反方向的 LSP 就构成了一条 MPLS 隧道。单条 LSP 的路径示意如图 1-16 所示。

LSP 的入口 LER 称为入节点（Ingress）；位于 LSP 中间的 LSR 称为中间节点（Transit）；LSP 的出口 LER 称为出节点（Egress）。一条 LSP 可以有 0 个、1 个或多个中间节点，但**有且只有一个入节点和一个出节点。**

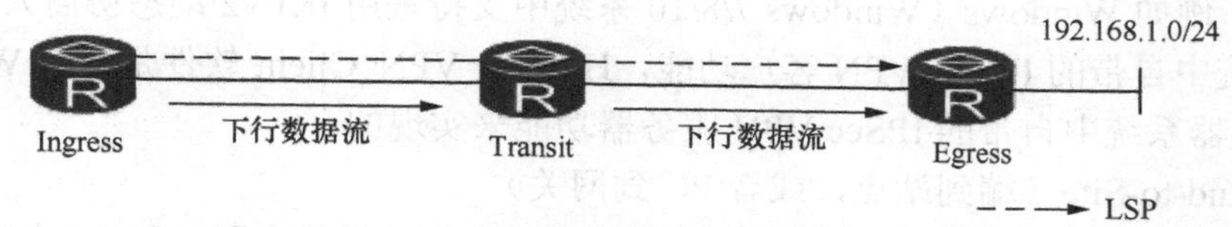

图 1-16　单条 LSP 的路径示意

在 MPLS L3VPN 应用中，报文在 IP 网络内进行传统的 IP 转发，在 MPLS 域内按 MPLS 标签转发。入口 LER 负责从 IP 网络接收 IP 报文并给报文打上 MPLS 标签，然后送到核心 LSR（在此处要进行 MPLS 标签交换），仅负责按照外层 MPLS 标签转发报文，出口 LER 负责从 LSR 接收带 MPLS 报文后去掉 MPLS 标签，还原为原始的 IP 报文，然后转发到目的 IP 网络，根据 IP 路由转发到目的设备。

1.3.5　IPSec

IPSec 不是一个单独的协议，它给出了应用于 IP 网络数据安全的一整套体系结构，包括认证头（Authentication Header，AH）和封装安全负载（Encapsulating Security Payload，ESP）、互联网密钥交换（Internet Key Exchange，IKE）等协议，以及用于用户身份认证和数据加密的一系列算法。

IPSec 可在网络层通过数据加密、数据源认证、数据完整性验证和抗重放功能来保证通信双方在 Internet 上传输数据的安全性。

① **数据加密**：IPSec 发送方在发送数据时先要对经过所选择的安全协议重封装后的数据包进行加密，以确保数据包在隧道中传输的安全。在接收方要采取对应的解密技术对所接收的加密数据包进行解密。

② **数据完整性（Data Integrity）验证和数据源认证（Data Authentication）**：IPSec 使用 AH 或/和 ESP 协议为 IP 数据包提供数据完整性验证和数据源认证，以确保数据在传输过程中没有被篡改，并且来源是合法的。ESP 协议还可为数据包提供数据加密服务。

③ **抗重放（Anti-Replay）**：重放报文是指已经处理过（通过报文序列号检测）的报文。IPSec 使用 AH 或/和 ESP 协议提供抗重放服务，检测并拒绝接收过时或重复的 IP 报文，防止恶意用户通过重复发送捕获到的数据包所进行的拒绝服务（Denial of Service，DoS）攻击。

IPSec VPN 只是 IPSec 的一种应用方式，其目的是为 IP 远程通信提供高安全特性。IPSec VPN 的应用场景有以下 3 种。

（1）Site-to-Site（站点到站点，或者网关到网关）

在站点到站点的通信中，企业的多个分支机构分布在多个不同的地方，各使用一个应用层网关相互建立 VPN 隧道，企业各分支机构内网的用户之间的数据通过这些网关建立的 IPSec 隧道即可实现安全互连。

（2）End-to-End（端到端，或者 PC 到 PC）

在端到端通信中，两个位于不同网络的 PC 之间的通信由两个 PC 之间的 IPSec 会话保护，而不是由网关之间的 IPSec 会话保护。这种 IPSec VPN 是通过一些 IPSec VPN 客户端软件，例如 Windows（Windows 7/8/10 系统中支持采用 IKEv2 动态协商）、Linux 桌面操作系统中自带的 IPSec VPN 客户功能，Huawei VPN Client 软件是结合 Window 或 Linux 服务器系统中自带的 IPSec VPN 服务器功能来实现的。

（3）End-to-Site（端到站点，或者 PC 到网关）

在端到站点的通信中，两个位于不同网络的 PC 之间的通信由网关和 PC 之间的 IPSec 进行保护。IPSec VPN 客户端可利用 Windows、Linux 桌面操作系统中自带的 IPSec VPN 客户功能或 Huawei VPN Client 等客户端软件进行配置。通常采用 L2TP over IPSec 方案来部署。

有关 IPSec VPN 方面更详细的技术原理，以及在不同 IPSec 隧道建立方式下的配置与管理方法将在本书第 2～4 章介绍。

1.3.6 GRE 协议

随着 IP（包括 IPv4 和 IPv6）网络的广泛应用，为了使某些网络层协议（例如 IP 或互联网分组交换协议（Internetwork Packet Exchange Protocol，IPX）等）的报文能够在 IP 网络中传输，我们可以将这些报文通过 GRE 封装，解决异种网络的传输问题。GRE 采用了 Tunnel（隧道）技术，也是一种三层 VPN 隧道协议。

【说明】 本节介绍的是普通 GRE 协议，而不是本章前面介绍的用于 PPTP 中的增强型 GRE 协议。

GRE 隧道技术可以为远程通信的数据包传输提供一条逻辑的专用传输通道，在隧道的两端分别对数据报进行封装及解封装，其基本组网结构如图 1-17 所示。“X 网络”可以是相同或不同类型网络，如一端为 IPv4 网络，另一端为 IPv6 网络；或者一端为 IPv4 网络，另一端为 Novell 网络等。

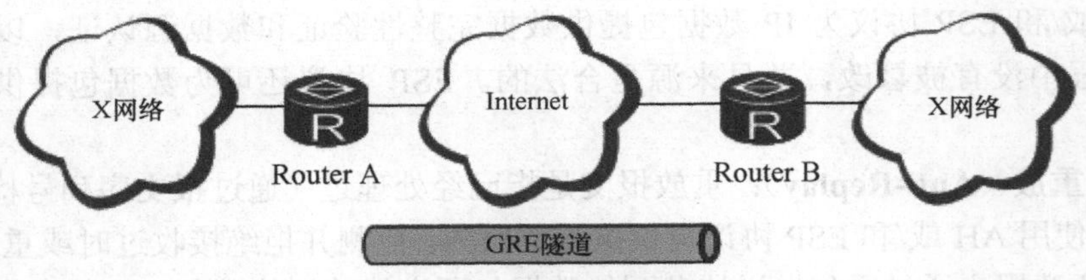

图 1-17 GRE 隧道基本组网结构

在 GRE 隧道建立前必须先在两端创建所需的隧道接口（Tunnel 接口），它是为实现报文的封装而提供的一种点对点类型的虚拟接口，与 LoopBack 接口类似，都是一种逻辑接口。

GRE 隧道接口包含以下元素。

① **源 IP 地址**：传输网络中的网络层协议（例如 IPv4 或 IPv6）报文中的源地址。从负责封装后报文传输的网络来看，隧道的源地址是实际发送报文的接口 IP 地址。

② **目的 IP 地址**：传输网络中的网络层协议（如 IPv4 或 IPv6）报文中的目的地址。从负责封装后报文传输的网络来看，隧道本端的目的地址是隧道目的端的源地址。

③ **隧道接口 IP 地址**：为了在隧道接口上启用动态路由协议，或使用静态路由协议

发布隧道接口，需要为隧道接口分配 IP 地址。隧道接口的 IP 地址可以不是公网 IP 地址，甚至可以借用其他接口的 IP 地址以节约 IP 地址。但是当 Tunnel 接口借用其他接口 IP 地址时，由于 Tunnel 接口本身没有 IP 地址，无法在此接口上启用动态路由协议，必须配置静态路由或策略路由才能实现设备间的连通。

④ **封装类型**：隧道接口的封装类型是指该隧道接口对报文进行的封装方式。对于 GRE 隧道接口而言，封装类型则为 GRE。

建立 GRE 隧道之后，我们就可以将隧道接口看成是一个物理接口，运行动态路由协议或配置静态路由。然后指定由此 Tunnel 接口作为出接口的数据都将通过这条 GRE 隧道进行转发。但要注意的是，**GRE VPN 仅适用于 Site-to-Site 的网络互连，不支持 End-to-Site 模式，支持但不建议采用基于动态公网 IP 地址的 Internet 接入方式。**

有关 GRE VPN，以及利用 mGRE 技术的 DSVPN 将分别在本书的第 6 章和第 7 章介绍。

1.4 VPN 身份认证技术

对于一些使用 PPP 的二层 VPN 方案，例如 PPTP VPN 和 L2TP VPN，直接采用数据链路层 PPP 支持的密码认证协议（Password Authentication Protocol，PAP）或质询握手身份认证协议（Challenge Handshake Authentication Protocol，CHAP）进行用户身份认证。但必须确保 PPP 链路两端的接口上配置了相同的 PPP 认证方式，并且相关功能配置正确。而在一些三层 VPN 方案中，要使用密钥进行认证，涉及一些认证密钥算法，例如消息摘要算法（Message Digest Algorithm Version 5，MD5）、安全哈希算法（Secure Hash Algorithm，SHA）等。

1.4.1 PAP 报文格式及身份认证原理

下面介绍 PPP，但同时适用于 PPP 的扩展协议，例如 PPTP 和 L2TP。

1）PPP 帧格式

PPP 数据帧格式如图 1-18 所示。在采用 PAP 方式时，“信息”字段封装的是 PAP 报文，“协议”字段值为 0xC023，对应 PAP。

8	8	8	16	可变	16/32	8 bit
标志	地址	控制	协议	信息	FCS	标志

图 1-18 PPP 数据帧格式

（1）标志（Flag）

用来标识帧的起始或结束，占 8 位（1 个字节），值固定为“01111110”（0x7E）。

（2）地址（Address）

本来是用来标识对方节点 PPP 数据链路层地址的，但因 PPP 是点对点通信协议，是明确知道对方节点的，在实际通信中无须知道对方的数据链路层地址，故此“地址”字段没有实际意义，固定为“11111111”（0xFF），占 8 位（1 个字节）。

（3）控制（Control）

PPP 是一种可靠的点对点数据链路层通信协议，只有一种未编号信息（Unnumbered Information，UI）帧类型，无须接收端确认收到的帧，不能利用帧编号控制差错。故 PPP 帧中的“控制”字段也没有实际意义，固定为“00000011”（0x03），占 8 位（1 个字节）。

（4）协议（Protocol）

“协议”字段占 16 位（2 个字节），指示出在“信息”字段中封装的上层协议数据类型。PPP 除了可以封装 IP 报文，还可封装其他多种网络层协议报文，例如 IPX、AppleTalk，以及与 PPP 同样在数据链路层，但是其内部的层次高于 PPP 的其他协议报文，例如网络控制协议（Network Control Protocol，NCP）、链路控制协议（Link Control Protocol，LCP）、PAP 和 CHAP 报文。该字段值为 0x0021 时表示“信息”字段中是 IP 数据包；为 0xC021 时表示 LCP 报文；为 0x8021 时表示 NCP 报文；为 0xC023 时表示 PAP 报文；为 0xC223 时表示 CHAP 报文。

（5）信息（Information）

“信息”字段是来自上层协议的有效数据，可以是任意长度，默认为 1500 个字节，如果不够该长度，还可以通过填充方法达到这个长度。

（6）帧检验序列（Frame Check Sequence，FCS）

PPP 使用 16 或 32 比特循环冗余检验（Cycle Redundancy Check，CRC）计算得出的“信息”字段校验和，用于在接收端对所接收的数据进行正确性验证。

以上这些字段中，**两个“标志”字段和 FCS 字段不包括在 PPP 帧中**，所以在链路上传输的 PPP 帧实际上仅包括“地址”（Address）、“控制”（Control）、“协议”（Protocol）和“信息”（Information）4 个字段。信息字段是由对应的协议报文呈现，是作为 PPP 帧的数据部分。PPP LCP 帧示例如图 1-19 所示，帧中的信息字段是 LCP 报文；PPP IP 帧示例如图 1-20 所示，帧中信息字段是 IP 报文（里面封装的是 ICMP 报文）。

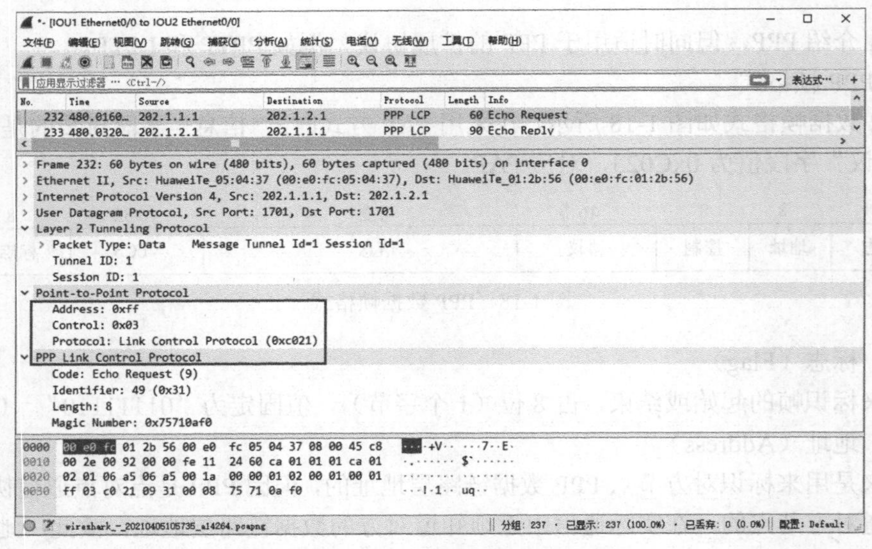

图 1-19 PPP LCP 帧示例

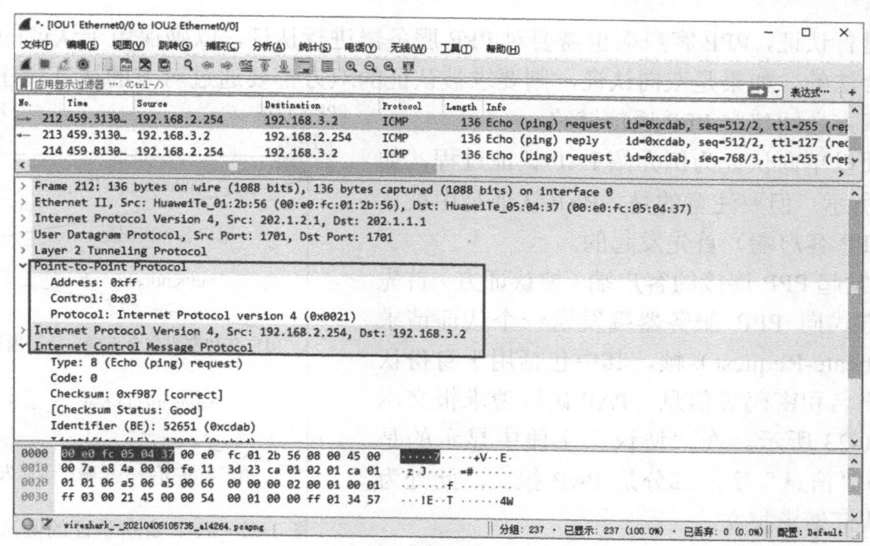

图 1-20 PPP IP 帧示例

2）PAP 帧格式

PAP 是 PPP 中的一个子协议，与 PPP 一样同位于数据链路层，但其子层次位于 PPP 之上，故 PAP 帧也要受到 PPP 封装，形成 PPP 帧。当 PPP 帧中的“协议”字段值为 0xC023 时，表示 PPP 帧中封装的是 PAP 报文，位于“信息”字段中。

PAP 报文格式如图 1-21 所示，各字段说明如下。

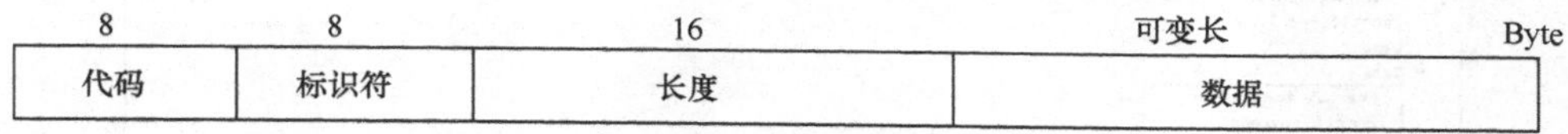

图 1-21 PAP 报文格式

① 代码（Code）：报文代码，8 字节，用于识别 PAP 报文类型。1 为认证请求（Authenticate-Request）；2 为认证确认（Authenticate-ACK）；3 为认证否认（Authenticate-NAK）。

② 标识符（Identifier）：报文标识符，8 字节，类似于报文序列号，同一组认证进程下的 PAP 请求报文和应答报文标识符一致。

③ 长度（Length）：16 字节，**以字节为单位标识整个 PAP 报文**（包括本字段）的长度。

④ 数据（Data）：长度可变，是 PAP 报文的具体内容，不同类型 PAP 报文内容有所不同。如果是 ACK 报文，该字段长度为 0；NAK 报文中该字段会说明认证失败的原因；Request 报文中该字段为用于进行身份认证的用户凭据信息。

3）PAP 身份认证原理

PAP 的身份认证过程是一个二次握手机制，整个认证过程仅需两个步骤：被认证方（PPP 客户端）发送认证请求→认证方（PPP 服务器）给出认证结果。但 PPP 客户端发送的认证用户名和密码**以明文方式传输**，所以安全性不高。

PAP 认证可以在一方进行，即仅由一方对另一方的身份进行认证，通常是由 PPP 服务器对 PPP 客户端进行认证；也可以进行双向身份认证，也就是既要 PPP 服务器对 PPP

客户端进行认证，PPP 客户端也需要对 PPP 服务器进行认证，以确保用于认证的 PPP 服务器是合法的。如果是双向认证，则要求被认证的双方都要通过对方的认证程序，否则无法在双方之间建立 PPP 通信链路。

下面以单向认证为例介绍 PAP 认证过程，如图 1-22 所示。但要注意的是，PAP 认证是由被认证方（PPP 客户端）首先发起的。

① 发起 PPP 连接的客户端（被认证方）首先以明文方式向 PPP 服务器端发送一个认证请求（Authenticate-Request）帧，其中包括用于身份认证的用户名和密码等信息。PAP 认证请求报文示例如图 1-23 所示。在“协议”字段中显示的是 PAP，即“信息”字段部分是 PAP 报文，此处为 PAP 的认证请求报文。

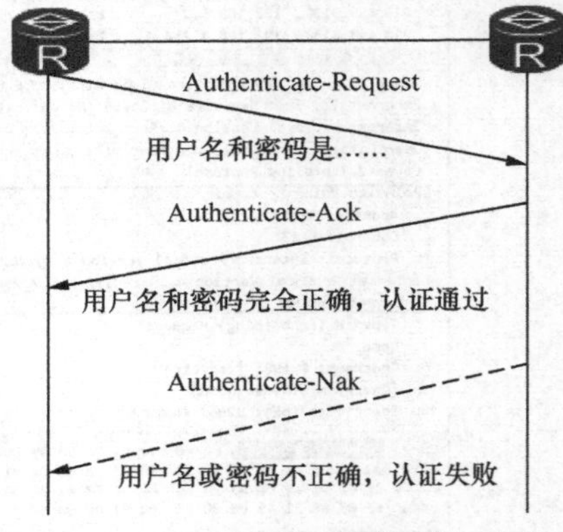

图 1-22　PAP 身份认证的两次握手

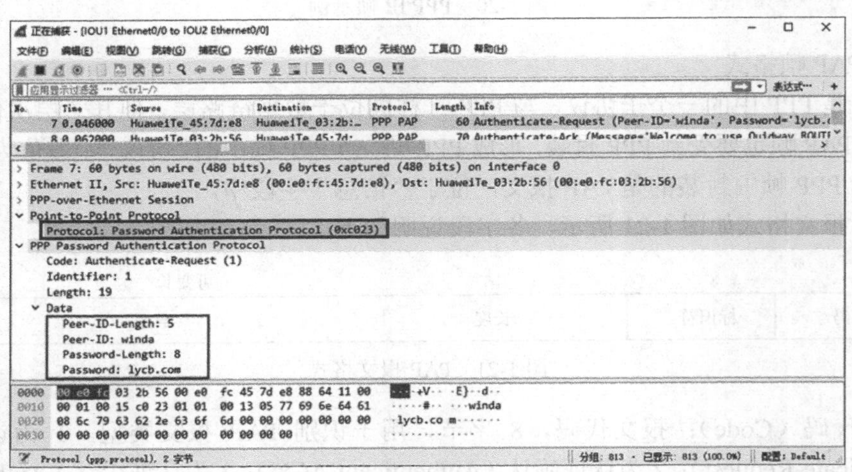

图 1-23　PAP 认证请求报文示例

② PPP 服务器端（认证方）在收到客户端发来的认证请求帧后，先查看 PPP 服务器本地配置的用户账户数据库，看是否有客户端提供的用户名。如果有，且对应的用户账户密码也一致，则向 PPP 客户端返回一个认证确认（Authenticate-ACK）帧，包含一条欢迎信息，表示认证成功，可以建立 PPP 连接；如果没有，或者虽然有相同名称的用户账户，但密码不一致，则会认证失败，返回一个认证否认（Authenticate-NAK）帧，不能建立 PPP 连接。

【注意】*如果第一次认证失败，并不会马上关闭链路，而是会在 PAP 客户端提示可以尝试以新的用户账户信息进行再次认证，只有当认证失败次数达到一定值（缺省为 4）时才会关闭链路，以防止因误传、网络干扰等造成不必要的 LCP 重新协商过程。*

PAP 双向认证过程与单向认证过程类似，只不过此时 PPP 链路的两端是同时具有客户端和服务器双重角色，任何一端都向对方发送认证请求，同时对对方发来的认证请求进行认证。

1.4.2 CHAP 报文格式及身份认证原理

1）CHAP 报文格式

CHAP 是 PPP 的另一个身份认证协议，也位于数据链路层，但其子层次也在 PPP 之上，故其报文也要受到 PPP 封装。CHAP 在 PPP 帧中“协议”字段值为 0xC223。

CHAP 报文格式与 PAP 报文格式一样，参见图 1-21。但各字段的含义有所区别，具体说明如下。

① 代码(Code)：报文代码，8 字节，用于识别 CHAP 报文类型。1 为质询(Challenge)；2 为响应（Response）；3 为认证成功（Success）；4 为认证失败（Failure）。

② 标识符（Identifier）：报文标识符，8 字节，类似于报文序列号，同一组认证进程下的各类型 CHAP 报文标识符一致。

③ 长度（Length）：16 字节，**以字节为单位标识整个 CHAP 报文**（包括本字段）的长度。

④ 数据（Data）：长度可变，是 CHAP 报文的具体内容，不同类型 CHAP 报文内容有所不同。Success 和 Failure 报文中该字段为身份认证成功或失败的一段文本说明信息；Challenge 报文中该字段为主认证方发送被认证方的随机 MD5 的摘要消息；Response 报文中该字段为被认证方发给主认证方的一个经过 MD5 加密的哈希（Hash）值。

2）CHAP 身份认证原理

CHAP 的身份认证过程采用三次握手机制：认证方（PPP 服务器）要求被认证方（PPP 客户端）提供认证信息→被认证方提供认证信息→认证方给出认证结果。另外，CHAP 身份认证方式相对 PAP 认证方式来说更加安全，因为在 CHAP 认证过程中，PPP 客户端发送的用于认证的密码不是直接以明文方式在网络上传输的，而是封装在 MD5 加密摘要消息中，**但用户名仍是以明文方式传输**。

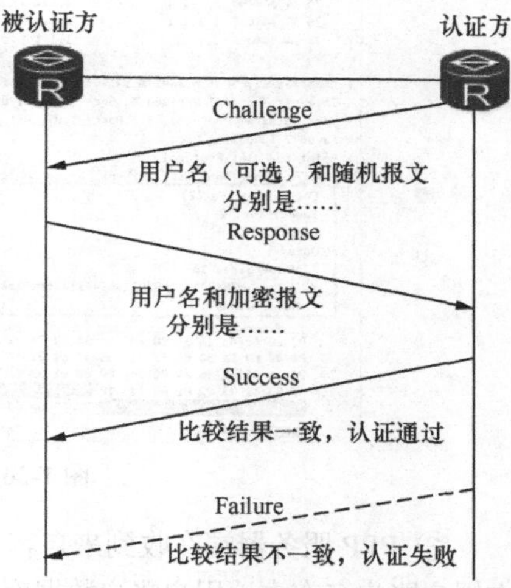

图 1-24 CHAP 身份认证的三次握手

与 PAP 认证一样，CHAP 认证也可以是单向或者双向的。如果是双向认证，则要求通信双方均要通过对对方请求的认证，否则无法在双方建立 PPP 链路。在此，仍以单向认证为例介绍 CHAP 认证流程。CHAP 身份认证的三次握手如图 1-24 所示。但要注意，**CHAP 身份认证首先是由 PPP 服务器端主动发起质询的。**

① 当 PPP 客户端要与 PPP 服务器建立连接，并且配置采用 CPAP 身份认证方式时，PPP 服务器（认证方）会首先向 PPP 客户端（被认证方）发送一个随机质询报文（如果认证方配置了用户名，则还随同发送认证方的用户名）进行“质询”（Challenge，也称“挑战”），询问客户端用于身份认证的账户信息。同时，这个发送的随机报文会保存在缓存中。CHAP Challenge 报文示例如图 1-25 所示。

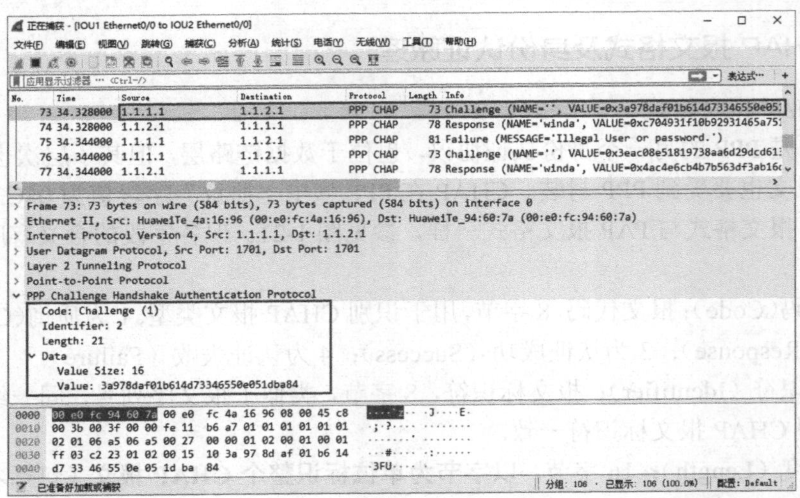

图 1-25　CHAP Challenge 报文示例

② PPP 客户端在收到质询消息后，如果其中的随机报文中包括了 PPP 服务器的用户名，则先看本地是否配置了 PPP 服务器的账户信息，以决定是否需先对 PPP 服务器身份进行认证；然后再把所收到的随机质询报文与 PPP 客户端配置用于 CHAP 认证的账户密码（**不包括账户名**）采用 MD5 算法进行哈希运算；最后将哈希运算生成的 MD5 摘要消息和自己的用户账户名发给 PPP 服务器进行响应（Response）。CHAP Response 报文示例如图 1-26 所示。

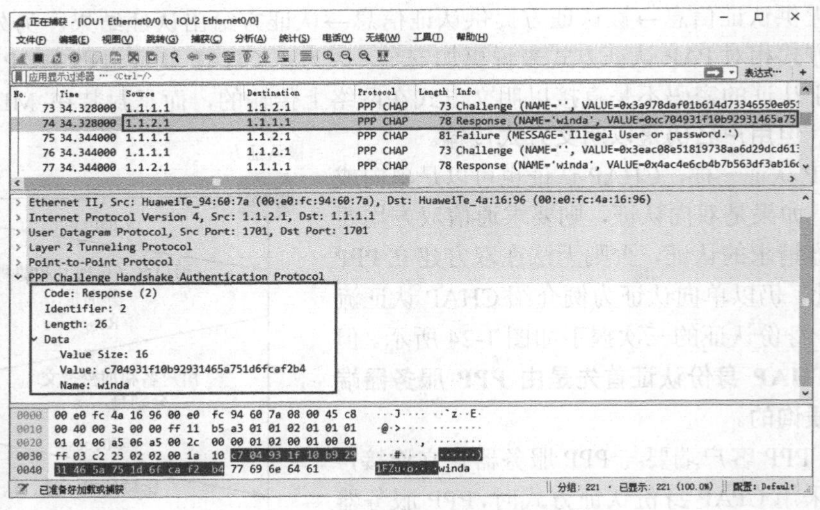

图 1-26　CHAP Response 报文示例

③ PPP 服务器端在收到来自客户端的响应报文后，首先直接利用来自 PPP 客户端的明文用户账户名在本地用户账户数据库中进行查找。如果有该用户账户，则获取该账户的密码，然后再利用该密码与原来发送给客户端，并且在本地缓存的随机质询报文进行同样的 MD5 哈希运算，把哈希运算结果与来自 PPP 客户端的 MD5 摘要消息进行比较。如果一致，则认为 PPP 客户端具有合法的用户账户信息，认证通过，向 PPP 客户端发送认证成功（Sucess）帧，成功进行 PPP 连接；否则表示认证失败。CHAP Success 报文示例如图 1-27 所示。

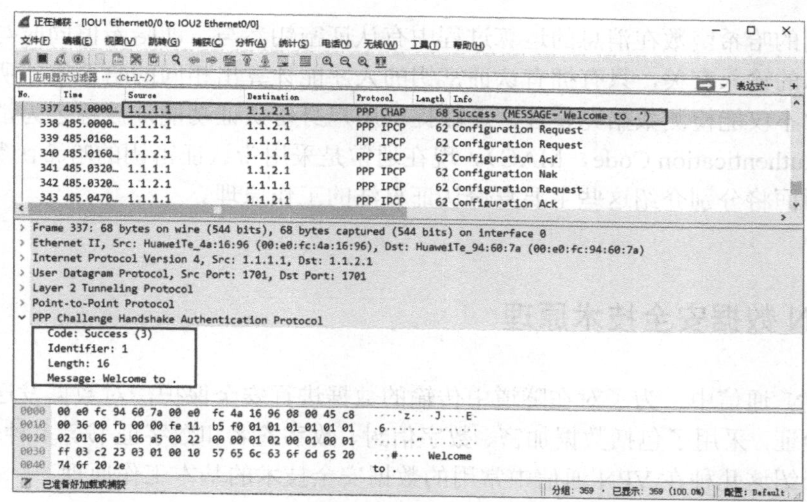

图 1-27 CHAP Success 报文示例

如果找不到对应该账户的密码，则直接认证认证失败（Failure）；如果找到了对应账户的密码，但与 PPP 服务器本地配置的该账户密码不一致，或者本地计算的摘要消息与 PPP 客户端发来的摘要消息不一致，都会向 PPP 客户端发送认证失败帧，不能建立 PPP 连接。帧中携带有失败的原因，如 PPP 客户端与 PPP 服务器上配置用户名或密码不匹配，则会显示非法用户或密码。

与 PAP 一样，第一次认证失败后，也不会马上关闭链路，而是再次向客户端提示输入新的用户名和密码进行再次认证，直到规定的最高尝试次数。

1.4.3 身份认证算法的设计思想

与前面介绍的 L2VPN 中采用密码方式进行身份认证不同，在 L3VPN 中，采用的是通过身份认证算法计算的密钥进行身份认证，破解难度更大，更加安全。

L3VPN 方案中涉及许多用于生成身份认证密钥的算法，例如 AH 和 ESP 支持 MD5、SHA1、SHA2（包括 sha2-256、sha2-384、sha2-512）等，这些都属于哈希（或称摘要、杂凑）算法。

在以上认证密钥算法中，都需要用到一些特定的函数运算方法得出消息摘要。利用消息摘要进行认证的基本设计思想如下：

① 在发送端，将输入的任意长度消息，使用选定的哈希算法进行哈希运算，得到一个固定长度的输出值（消息摘要），并随同原始消息一起发送到接收端；

② 在接收端，使用相同的哈希算法对所接收的原始消息进行哈希运算，看结果是否与所收到的消息摘要相同。如果相同，则表示原始消息在传输过程中没有被篡改，可以放心使用；否则表示原始消息在传输过程中被非法篡改，不可以使用。

按是否有密钥参与运算，哈希函数（或杂凑函数）分为**“不带密钥的哈希函数”**和**“带密钥的哈希函数”**。不带密钥的哈希函数在运算过程中没有用户认证密钥参与，只有原始消息输入。这类哈希函数因为没有认证密钥参与，所以不具有用户身份认证功能，仅提供数据完整性检验，称之为消息检测码（Message Detection Code，MDC）。

带密钥的哈希函数在消息的运算过程中有认证密钥参与，即哈希值同时与认证密钥和原始消息的输入有关，只有拥有认证密钥的人才能计算出相同的哈希值。所以带密钥的哈希函数不仅能检测数据完整性，还能提供用户身份认证功能，被称之为消息认证码（Message Authentication Code，MAC）。现在通常是采用带认证密钥的哈希函数。

本章后面将分别介绍这些主要身份认证算法的工作原理。

1.5 VPN 数据安全技术原理

在 VPN 通信中，为了对在隧道中传输的数据进行安全保护，对数据发送者身份进行合法性验证，采用了包括数据加密、数字信封、数字签名和数字证书等多种保护技术。本节主要介绍这几种在 VPN 通信中常用的数据安全技术的基本工作原理。

1.5.1 数据加/解密工作原理

最原始的数据传输方式是明文传输。所谓“明文”就是输入什么在文件中最终也显示什么，别人获取到文件后可直接知道里面的全部内容。很显然，这种数据传输方式很不安全，被非法截取后，内容都暴露了，仅适用于很安全的网络环境。基于这种考虑，后面有了加密传输的理念及相应的技术。

加密传输方式利用密钥对原始的明文数据进行加密，加密后生成的数据称之为“密文”。密文与明文最大的区别就是打乱了原来明文数据中字符的顺序，甚至生成一堆非字符信息（通常称之为“乱码”），其目的就是让非法获取者看不懂真实的数据内容。加密后的数据即使被非法截取，非法截取者因无合法的解密密钥，不能还原为原始明文数据，故也看不到具体的数据内容。合法的接收方则可利用已知的密钥（已告知，或已拥有的密钥）解密，可以还原原始的明文数据。

根据所使用的密钥类型的不同，有对称密钥加密和非对称密钥加密两种加密方式，下面分别介绍。

1）对称密钥加/解密原理

在数据加/解密中最初采用对称密钥方式，也就是加密和解密都用相同的密钥（**其实就是简单的密码**，通常无须依靠加密软件生成）。对称密钥的加/解密过程示意如图 1-28 所示。甲（发送方）与乙（接收方）要事先协商好所使用的对称密钥，具体加/解密过程如下（对应图中的数字序号）。

① 甲使用对称密钥对明文加密，并将加密后的密文发送给乙。

② 乙接收到密文后，使用相同的对称密钥解密密文，即可还原出原始的明文数据。

以上就是对称密钥加/解密原理，加密和解密使用的是相同的密钥，使用很简单。对称密钥加/解密的优点是效率高，算法简单，系统开销小，适合加密大量数据；缺点主要是安全性差和扩展性差。

对称密钥加/解密方式安全性差的原因在于进行安全通信前需要以安全方式交换密钥（相互协商使用一致的密钥），否则被人截取后就会看到机密文件。扩展性差表现在每对通信用户之间都需要协商密钥，n 个用户的团体就需要协商 $n×(n–1)/2$ 个不同的密钥，不便于管理；若都使用相同的密钥，密钥被泄漏的概率会大大增加，加密也就失去了意义。

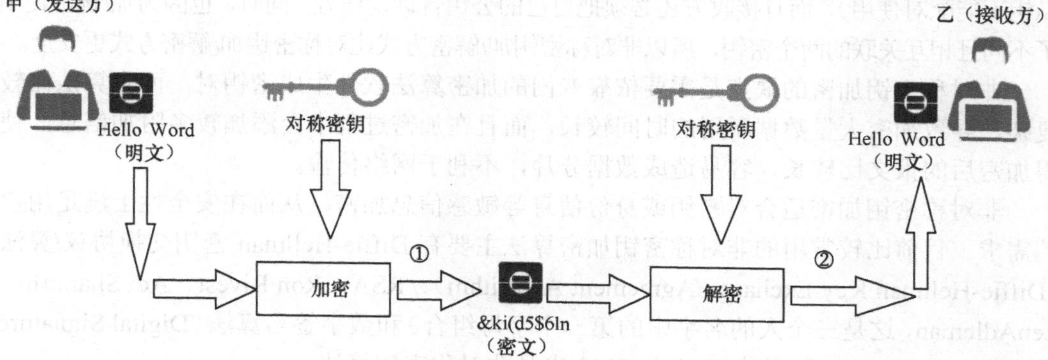

图 1-28　对称密钥的加/解密过程示意

目前比较常用的对称密钥加密算法主要包含数据加密标准（Data Encryption Standard，DES）、3DES 和高级加密标准（Advanced Encryption Standard，AES）。

2）非对称密钥加/解密原理

利用非对称密钥进行数据加/解密就是在数据加密和解密过程中使用不同的密钥，但必须是配对使用的两个密钥。数据加密过程中**发送方使用的是接收方公开的密钥**，称之为“公钥”，数据解密过程中**接收收方使用自己不公开的密钥**，称之为“私钥”。但公钥和私钥必须成对使用，即用公钥加密的数据只能由与其配对的私钥解密。这样用发送方使用接收方公钥加密的数据即使被人非法截取，因为截取方没有与之配对的接收方私钥，也不能解密数据，确保了数据的安全。

非对称密钥加/解密过程中，数据加密过程使用的是接收方的公钥，数据解密过程中接收方使用自己的私钥，**即所使用的公钥和私钥都是接收方的**，非对称密钥加/解密过程示意如图 1-29 所示。甲（发送方）要事先获得乙（接收方）的公钥，具体加/解密过程如下（对应图中的数字序号）。

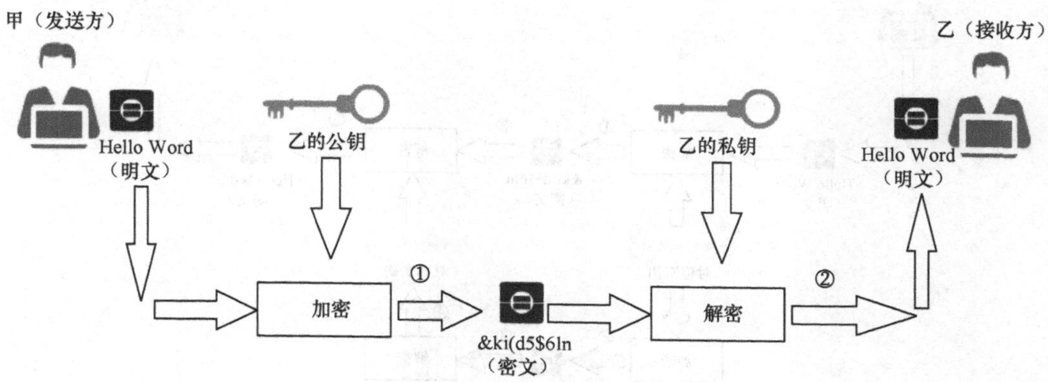

图 1-29　非对称密钥加/解密过程示意

① 甲使用乙的公钥加密明文数据，并将加密后的密文数据发送给乙。

② 乙收到密文数据后，使用自己的私钥解密，即可还原原始的明文数据。

从以上过程我们可以看出，非对称密钥的加/解密过程也很简单，仅两步就可以实现。

但非对称密钥的公钥和私钥不再是简单的密码，必须依靠相应的加密软件生成（否则公钥和私钥不能配对使用），而且接收方还必须把自己的公钥告诉发送方。同时，也因为加/解密使用了不同且相互关联的两个密钥，所以非对称密钥加/解密方式比对称密钥加/解密方式更安全。

非对称密钥加密的缺点是需要依靠专门的加密算法软件生成密钥对，而且算法比较复杂，导致加密大量数据所用的时间较长，而且在加密过程中会添加较多附加信息，使得加密后的报文比较长，容易造成数据分片，不利于网络传输。

非对称密钥加密适合对密钥或身份信息等敏感信息加密，从而在安全性上满足用户的需求。目前比较常用的非对称密钥加密算法主要有 Diffie-Hellman 密钥交换协议/算法（Diffie-Hellman Key Exchange/Agreement Algorithm）、RSA（Ron Rivest、Adi Shamirh、LenAdleman，这是三个人的名字中的第一个字母组合）和数字签名算法（Digital Signature Algorithm，DSA）。我国的 SM2 和 SM9 也是非对称密钥算法。

1.5.2　数字信封工作原理

1.5.1 节介绍的对称密钥加/解密方式中，通信双方要协商（可通过电话、邮件或文件传输等方式）使用的密钥，因为这些协商方式通常是以明文方式进行的，所以很容易被人非法获取。本节介绍的数字信封方式可以很好地解决这一问题，其基本设计思想就是数据加/解密仍采用简单的对称密钥方式，但加/解密过程中使用的对称密钥不是采取明文传输方式，而是采用非对称密钥加密后进行传输，确保了双方在数据加/解密过程中使用的对称密钥传输的安全性。

数字信封技术是**发送方使用接收方的公钥加密发送方选定的对称密钥**，接收方使用自己的私钥解密获取对称密钥，然后再用该对称公钥进行数据解密，数字信封的加/解密过程示意如图 1-30 所示。甲（发送方）也要事先获得乙（接收方）的公钥，具体说明如下（对应图中的数字序号）。

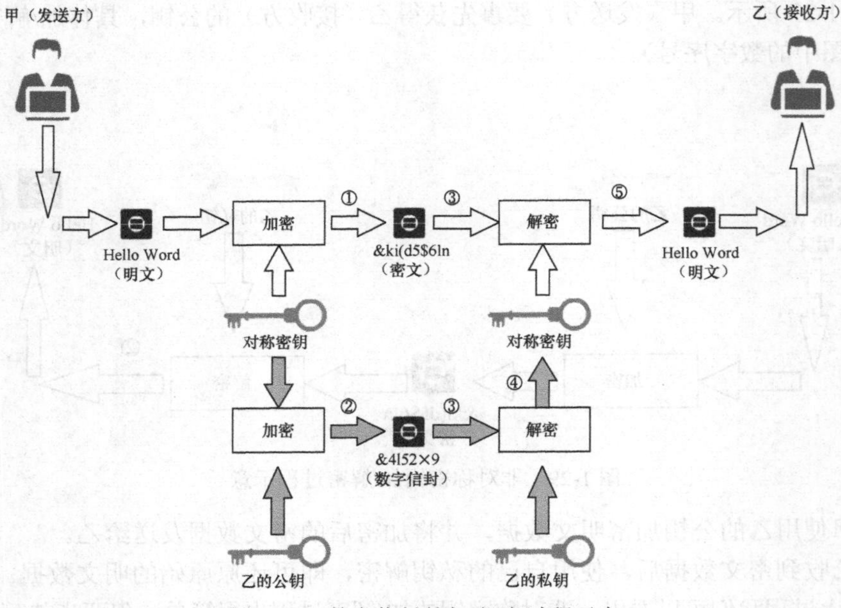

图 1-30　数字信封的加/解密过程示意

① 甲使用对称密钥对明文数据进行加密，生成密文数据。

② 甲使用乙的公钥加密所使用的对称密钥，生成数字信封。

③ 甲将数字信封和密文数据一起发送给乙。

④ 乙接收到甲的数据后，使用自己的私钥打开数字信封，得到对称密钥。

⑤ 乙使用解密后的对称密钥解密密文数据，得到原始的明文数据。

从以上数字信封加/解密的过程我们可以看出，数字信封技术同时用到了对称密钥加/解密和非对称密钥加/解密两种方式，所以同时具备了这两种加/解密方式的优点，既解决了对称密钥方式中的密钥发布的安全问题，又解决了非对称密钥方式的数据加密速度慢的问题。但数字信封技术还有一个突出的安全问题，那就是接收方无法确保信息是来自合法的发送方，**因为发送方用于加密数据的对称密钥并不是与接收方协商达成的，而是由发送方直接告知接收方的。**

试想一下如果攻击者拦截甲发给乙的数据，用自己的对称密钥加密一份伪造的信息，并用乙的公钥（攻击者已获取了乙对外公开的公钥）加密攻击者自己的对称密钥，生成数字信封；然后把伪造的加密信息，以及伪造的数字信封一起发送给乙；乙收到加密信息后，用自己的私钥可以成功解密数字信封，再利用还原出的对称密钥（这个是攻击者的对称公钥）即可还原出加密的明文信息了，乙始终认为这份本来是攻击者伪造的信息还是甲发送的信息。此时，需要一种方法确保接收方收到的信息就是指定的发送方发送的，这就用到下节将要介绍的数字签名技术了。

1.5.3 数字签名工作原理

数字签名技术一般不单独使用，而是结合非对称密钥加/解密技术，包括两路不同的加/解密进程：第一路是采用非对称密钥加/解密方式，**发送方使用接收方的公钥**对要发送的原始明文数据进行加密，**接收方使用自己的私钥**对密文数据进行解密，**还原为原始的明文数据**；第二路是**发送方使用自己的私钥**对明文数据经过哈希（HASH）运算得到的摘要信息进行加密，**接收方使用发送方的公钥**对加密后的摘要信息进行解密，**还原为原始的摘要信息**。最后，接收方对第一路中还原的原始明文数据采用与发送方相同的哈希算法进行哈希运算，检验得到的摘要信息与第二路还原的原始摘要信息是否一致。这样一来，既可验证数据在传输过程中有没有被非法篡改，还可验证数据是否来自合法的发送方。

数字签名的加/解密过程示意如图 1-31 所示。甲（发送方）也要事先获得乙（接收方）的公钥，具体说明如下（对应图中的数字序号）。

① 甲使用乙的公钥对明文数据进行加密，生成密文数据。

② 甲使用哈希算法对明文数据进行哈希运算，生成摘要信息（也称“数字指纹”，此处为“初始数字指纹”）。

③ 甲使用自己的私钥对以上摘要信息进行数字签名，生成加密后的数字指纹。

④ 甲同时将以上密文数据和经过数字签名后的数字指纹发给乙。

⑤ 乙使用甲的公钥对所收到的数字指纹进行解密，得到原始的摘要信息，以此可验证数字指纹的确是来自合法的发送方——甲。

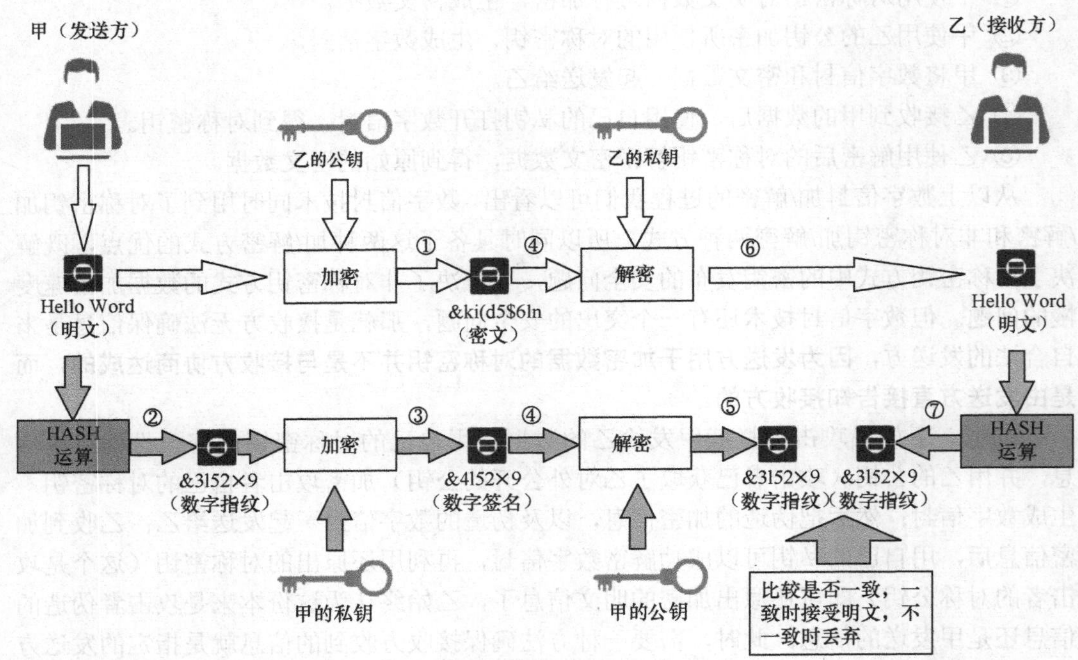

图 1-31　数字签名的加/解密过程示意

⑥ 乙使用自己的私钥解密所收到的密文数据，得到原始的明文数据。

⑦ 乙使用与甲所使用的相同哈希算法对还原出的原始明文数据进行哈希运算，生成摘要信息，然后把该摘要信息与第⑤步得到的原始摘要信息进行比较，如果一致，则认为第⑥步所得到的明文数据是来自合法的发送方——甲，接受该明文数据；否则则认为该明文数据来源非法，直接丢弃。

从以上过程中我们可以看出，**数字签名应用过程中，发送方进行数字签名时使用的是发送方的私钥，接收方解密数字签名时是使用发送方的公钥；而在数据加/解密过程中，发送进行数据加密时使用的是接收方的公钥，接收方解密加密数据时使用的是自己的私钥**。两种技术在发送方和接收方所使用的公钥和私钥是不一样的。但数字签名技术也还有一个问题，获取到对方的公钥可能被篡改，并且无法发现。

试想一下，如果攻击者一开始就截获了乙发给甲的公钥文件，然后更换乙的公钥再发给甲，最终可能导致甲获得的是攻击者的公钥，而非乙的公钥。此时，需要一种方法确保一个特定的公钥属于一个特定的拥有者，那就是数字证书技术。因为用户接收到其他用户的公钥数字证书时，可以在证书颁发机构查询、验证数字证书的真伪。

1.5.4　数字证书简介

前面所介绍的数据加密、数字信封和数据签名都是直接使用用户的密钥。但密钥不包含有用户身份信息，也就是密钥并不具有绑定惟一用户的特性，这使得仅通过密钥无法真正确保发送、接收双方身份的合法性。数字证书的可以通过双方信任的第三方机构进行验证，提高了通信的可靠性。

数字证书实际上是存于计算机上、由认证机构（Certification Authority，CA）签发的一个权威声明，证明证书主体（证书拥有者）与证书中所包含的公/私钥具有唯一绑定关系。同时，因为在数字证书中不仅包括证书申请者的公/私钥，还包括他的名称、位置等相关信息，以及签发该数字证书的CA的数字签名及数字证书的有效期等内容，验证维度更广，更加可靠。

数字证书既可以像非对称密钥那样进行数据加密，因为数字证书中包括了用户的一对非对称密钥，又可以验证对方数字证书的合法性和有效性，即还可进行身份验证。双方都要有同一CA或者相互信任的CA颁发的数字证书。数字证书的基本工作原理如下。

① 发送者使用自己数字证书中的私钥对信息加密后发给接收方。

② 接收方收到信息后，使用发送者证书中的公钥解密来自发送者的加密信息，同时根据给发送者颁发证书的CA验证发送者证书的合法性和有效性。

有关数字证书的详细内容将在本书第8章介绍。

1.6 MD5原理

MD5是由MD2、MD3和MD4版本发展而来的，由Ronald Rivest于1991年设计发布，用于取代MD4。

1.6.1 MD5的认证原理

MD5是计算机广泛使用的散列算法（也称“哈希算法”，或“杂凑算法”）之一，采用带密钥的运算时，可同时用于消息完整性检测和消息源身份认证。

无论多长的数据（要分成512位的一个个小块），经过MD5运算后的摘要消息长度固定为128位（32个十六进制数）。对原数据进行任何改动，哪怕只修改了其中一个字符，最终得到的摘要值都可能有很大的区别，所以MD5具有很强的数据完整性验证功能。另外，根据MD5摘要消息很难逆向还原出原始消息，即具有很强的不可逆特性。

MD5的基本认证原理如下。

① 先在发送端将一个随机长度的消息（在带密钥运算的情况下，除包括原始消息，还要同时包括双方共知的密钥）进行哈希运算，生成一个128位的消息摘要（也称哈希值），并随着原始消息一起发送。

② 接收端采用相同的方法对所接收到的原始消息（在带密钥运算的情况下，还要包括双方共知的密钥）进行哈希运算，看生成的消息摘要与随着原始消息一起接收的消息摘要是否一致，一致则认为所接收的消息是完整的，在传输途中没有被非法篡改。

因为在带密钥的MD5消息摘要的运算中，不是直接基于原始消息进行计算的，还要与机密的预共享密钥（采用预共享密钥认证方法时），或者本端的公钥（采用数字证书认证方法时）结合起来计算的，而预共享密钥和本端公钥通常只有发送者和接收者才知道的，所以能保证摘要计算的机密性，产生唯一秘密的“数字指纹”（即摘要消息），起到了消息源身份认证的目的。

MAC 类算法的基本认证过程示意如图 1-32 所示。图中的 MAC 指摘要消息。MD5 的总体消息摘要运算过程如下。

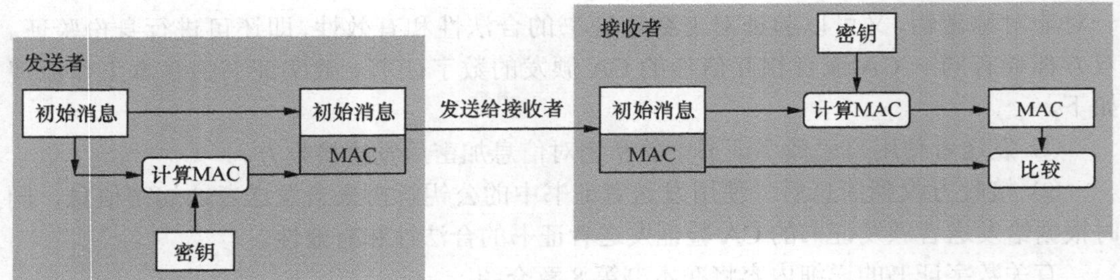

图 1-32 MAC 类算法的基本认证过程示意

① 把包括密钥和初始消息在内的二进制比特串（统称“原始消息”）对 512（代表 512 位）进行求余，如果结果不等于 448，就需要填充使得对 512 求余的结果等于 448。填充的方法是填充一个 1 和 *n* 个 0。填充完后，原始信息的长度为 $N\times512+448$（bit）。

【说明】 虽然理论来说 MD5 可以计算的消息长度是任意的，即不受限制的，但是由于用于表示消息长度的二进制位只有 64 位，所以实际上它也最多只能计算 2^{64} 位的消息。如果消息长度超过这个值，则只会对低 2^{64} 位的消息进行计算。

② 用 64 位来存储填充前信息长度。这 64 位加在第①步结果的后面，这样原始信息长度就变为 $N\times512+448+64=(N+1)\times512$ 位，即恰好等于 512 位（64 个字节）的整数倍。

③ 将原始信息按 512 位划分成消息块，然后对这些消息块经过多轮逻辑与、或、非、异或逻辑算法处理，最终会输出 4 个 32 位分组，将这 4 个 32 位分组级联后将生成一个 128 位 MAC。

1.6.2 MD5 消息填充原理

从 1.6.1 节的介绍中我们可知，如果原始消息的二进制位数除以 512 后的余数不是 488，致使最终原始数消息加上用于表示原始消息长度的 64 位后不能被 512 整除，则在 MD5 的哈希运算中就需要进行“填充”操作。本节具体介绍“填充”原理。

MD5 的填充又分两种情况：一种是余数小于 448；另一种是余数大于 448。

- 如果原始消息二进制位数除以 512 后的余数小于 448，**则在原始消息划分的最后一个消息块的最高位后面先填充一个“1”，然后再填充若干位“0”**，使得该消息块的总长度等于 448 位，然后加上用于表示原始消息长度的 64 位，正好形成一个 512 位的消息块。

如一个有 600 位的消息，则可划分成两个 512 位的消息块：第一个消息块 512 位全部为原始消息；第二个消息块中有 88 位原始消息，然后需要填充至 448 位，原始消息二进制位数除以 512 后的余数小于 448 时的填充示例如图 1-33 所示，具体填充方法如下。

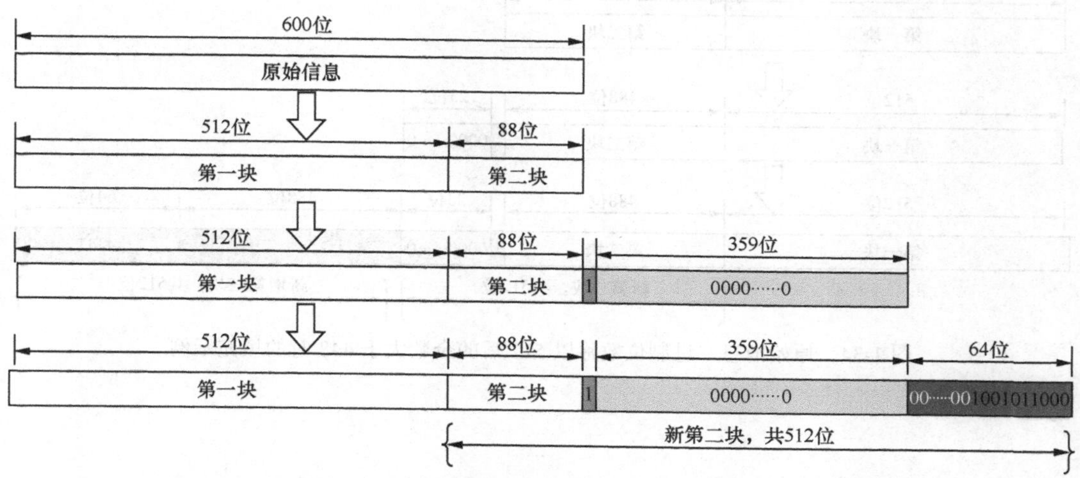

图 1-33 原始消息二进制位数除以 512 后的余数小于 448 时的填充示例

① 先在第二个消息块的最后填充一位“1”，再填充 359 位“0”，使得第二个消息块从原来的 88 位扩展到 448 位。

② 在填充后的第二个消息块的最后再附上 64 位用于标识原始信息长度（600）的值——000……001001011000，最终得到两个完整的 512 位消息块。

- 如果原始消息二进制位数除以 512 后的余数大于 448，**这时要新增一个 512 位的消息块**，因为此时最后一个消息块加上用于表示原始消息长度的 64 位后大于 512 位。此种情形下涉及两个消息块的填充：先在原始消息的最后一个消息块的最后先填充一个“1”，然后再填充若干位“0”，使得该消息块的总长度等于 512 位；再接着新增一个消息块，前面 448 位均填充“0”，再加上用于标识原始消息长度的 64 位，形成新的一个 512 位消息块。

如有一个 1000 位的消息，则最终会划分成 3 个 512 位的消息块：第一个消息块是 512 位全部为原始消息；第二个消息块中有 488 位原始消息，需要填充；第三个消息块是新增的，也需要填充。原始消息二进制位数除以 512 后的余数大于 448 时的填充示例如图 1-34 所示，具体填充方法如下。

① 先在第二个消息块的最后填充一个“1”，再填充 23 位“0”，使得 488 位原始信息+1 位“1”+23 位“0”，等于 512 位。

② 新增一个消息块，按以下方法进行填充：先在前面填充 448 位“0”，然后再在最后附上 64 位用于标识原始信息长度（1000）的值——00……001111101000，也恰好等于 512 位。

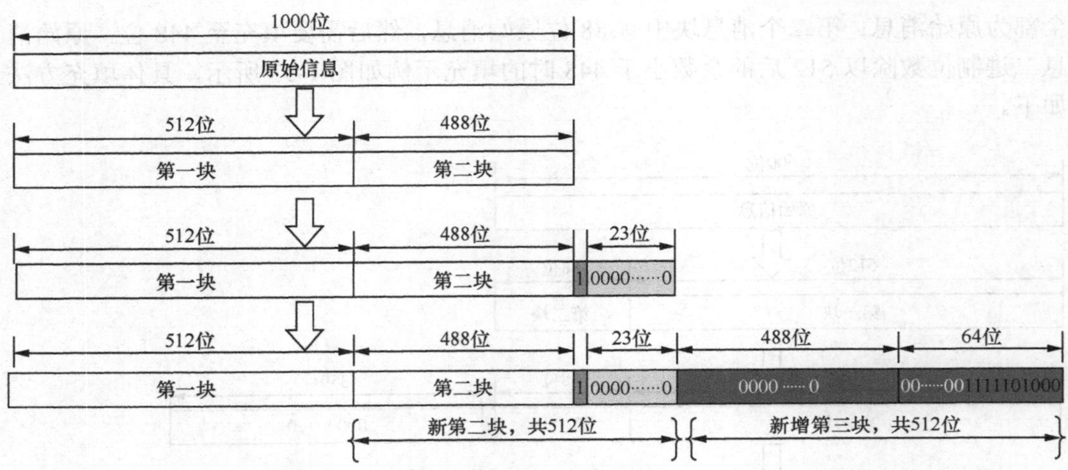

图 1-34　原始消息二进制位数除以 512 后的余数大于 448 时的填充示例

1.7　SHA 原理

SHA 主要适用于数字签名，也是一种不可逆的 MAC 算法，但比 MD5 更加安全。目前它有 4 个主要版本，即 SHA-0、SHA-1、SHA-2 和 SHA-3。其中 SHA-2 和 SHA-3 版本中又有多种不同子分类，如在 SHA-2 中又根据它们最终所生成的摘要消息长度的不同又包括 SHA-224、SHA-256、SHA-384 和 SHA-512 等几种。

1.7.1　SHA 基本认证原理

整个 SHA 的认证原理与前面介绍的 MD5 认证原理相似，也是先把原始消息划分成固定长度的消息块，然后在最后加上用于标识原始消息长度的位（不同 SHA 版本中用于标识原始消息长度的位数不一样），再结合共享密钥（**可以是共同设置的预共享密钥，也可以是对端公钥**），利用一系列的逻辑算法生成固定长度的消息摘要，用于在接收端进行消息完整性验证和消息源身份认证。

在各种版本 SHA 中（因为最新的 SHA-3 与其他较低版本 SHA 有较大不同，故在此不做介绍），进行哈希运算时所涉及的一些参数特性不完全相同。MD5 和主要 SHA 版本的基本参数特性比较见表 1-5。

表 1-5　MD5 和主要 SHA 版本的基本参数特性比较

MAC 算法类型		最大消息长度	块大小/bit	摘要长度/bit	标识消息长度位数/bit	运算轮数
MD5		$2^{64}-1$	512	128	64	64
SHA-0		$2^{64}-1$	512	160	64	80
SHA-1		$2^{64}-1$	512	160	64	
SHA-2	SHA-224	$2^{64}-1$	512	224	64	64
	SHA-256	$2^{64}-1$	512	256	64	
	SHA-384	$2^{128}-1$	1024	384	128	80
	SHA-512	$2^{128}-1$	1024	512	128	

从表中我们可以看出，SHA-0、SHA-1 以及 SHA-2 中的 SHA-224、SHA-256 与 MD5 类似，都是把输入原始消息分成 512 位的消息块，最后一个消息块的最后 64 位用于表示原始消息的长度，不足 512 位时也要进行填充，但它们生成的消息摘要长度和运算轮数不完全一样。SHA-2 中的 SHA-384 和 SHA-512 划分的消息块长度均为 1024 位，最后一个消息块的最后 128 位用于标识原始消息长度，生成的消息摘要长度分别为 384 位和 512 位。

下面仅以 SHA-2 中的 SHA-512 算法为例介绍其基本的摘要运算过程。

① 把包括密钥和初始消息在内的二进制比特串（假设称之为原始消息，小于 2^{128}），以及经过填充（填充原理下节介绍），在最后新增一个用于记录原始消息长度的 128 位二进制一起划分成一个个 1024 位（128 个字节）的消息块。

【说明】 当采用 SHA-512 进行运算时，如果原始消息长度大于等于 2^{128} 时，只取前面 $2^{128}-1$ 位进行摘要运算。

② 再对以上划分的 1024 位块经过一系列与、或、非、异或逻辑算法处理后，输出 8 个 64 位（8 个字节）的分组，最后再将这 8 个 64 位分组级联后将生成一个 512 位哈希值（消息摘要）。

1.7.2 SHA 消息填充原理

从 1.7.1 节的介绍我们已知道，SHA 中在进行消息分块时也可能要进行填充。其填充的方法与 MD5 一样，**也是先加一位“1”，然后填充若干位“0”**。下面仅以 SHA-512 算法为例介绍其填充原理。

因为大多数原始消息（包括密钥和初始消息），加上用于表示原始消息长度的 128 位后可能仍不能恰好被 1024 整除，也就是原始消息的二进制位数除以 1024 后的余数不是 896（1024–128=896），此时要对原始信息进行填充。

这里同样有两种情况：一种是余数小于 896；另一种是余数大于 896。

- 如果原始消息二进制位数除以 1024 后的余数小于 896，则先在原始消息划分的最后一个消息块的最后填充一个“1”，然后再填充若干位“0”，使得该块的总长度等于 896 位，然后加上用于表示原始消息长度的 128 位，正好形成一个 1024 位的消息块。

如一个有 1500 位的消息，则可划分成两个 1024 位的消息块：第一个消息块中的 1024 位全部为原始消息；第二个块中有 476 位为原始消息，然后先在最后填充一位“1”，再填充 419 位“0”，使得第二个消息块的总长度扩充到 896 位，最后再附上 128 位用于表示原始信息长度（1500）的值——000……0010111011100，恰好等于 1024 位。原始消息二进制位除以 1024 后的余数小于 896 的填充示例如图 1-35 所示。

- 如果原始消息二进制位数除以 1024 后的余数大于 896，这时要新增一个 1024 位的消息块，要对两个消息块进行填充。首先是在原始消息的最后一个消息块的最后填充一个“1”，然后再填充若干位“0”，使得该块的总长度扩充到 1024 位；接着再新增一个消息块，前面 896 位均填充 0，再加上用于表示原始消息长度的 128 位，形成新的一个 1024 位消息块。

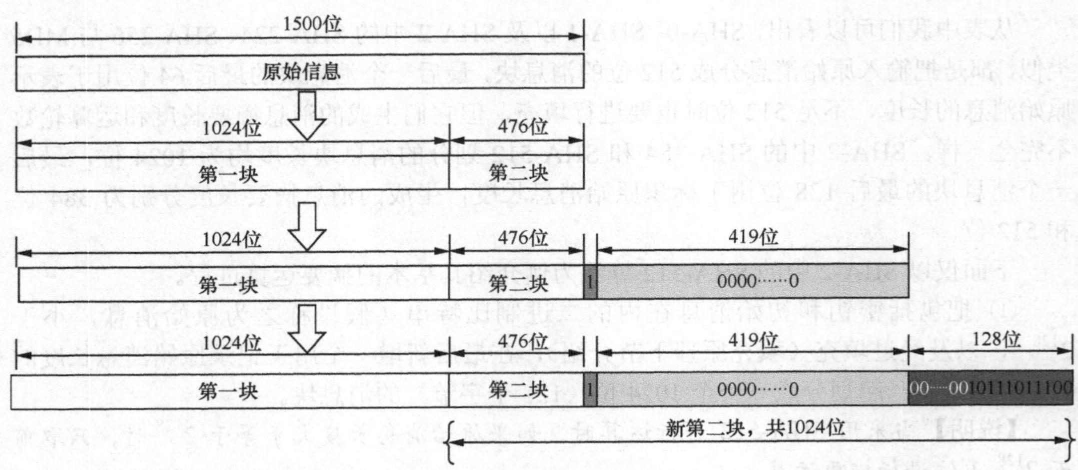

图 1-35 原始消息二进制位数除以 1024 后的余数小于 896 的填充示例

如有一个 1924 位的消息，则最终会划分成 3 个 1024 位的消息块：第一个消息块中的 1024 位全部为原始消息；第二个块中有 900 位为原始消息，然后先在最后填充一位“1”，再填充 123 位“0”，使得第二个消息块的总长度扩充到 1024 位；最后是一个新增的消息块，先在前面填充 896 位“0”，最后再附上 128 位用于表示原始信息长度（1924）的值，恰好等于 1024 位。原始消息二进制位数除以 1024 后的余数大于 896 的填充示例如图 1-36 所示。

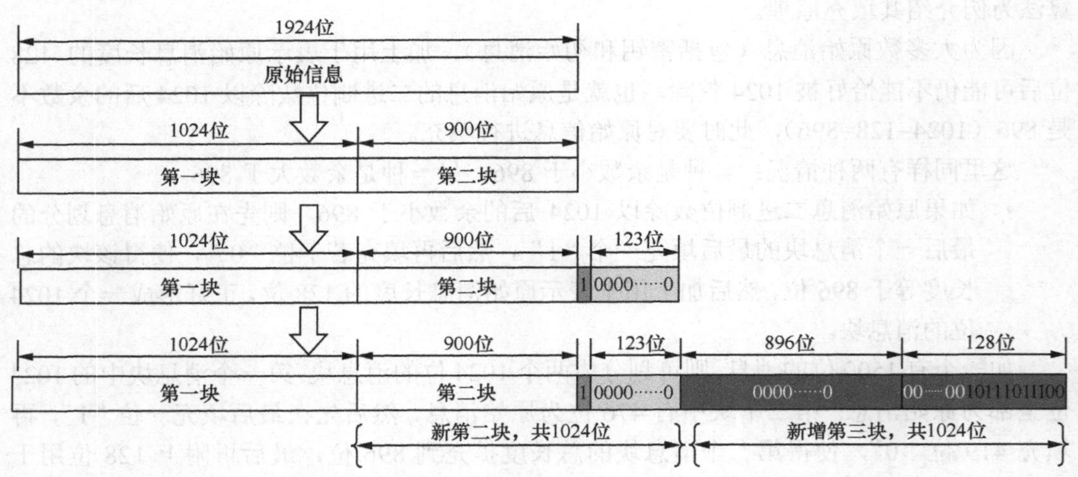

图 1-36 原始消息二进制位数除以 1024 后的余数大于 896 的填充示例

1.8 SM 系列算法及 SM3 的工作原理

为了保障商用密码的安全性，我们国家商用密码管理办公室制定了一系列算法标准，包括 SM1、SM2、SM3、SM4、SM7、SM9、祖冲之密码（ZUC）等算法。其中，

SM1、SM4、SM7、祖冲之密码（ZUC）是对称密钥加密算法；SM2、SM9 是非对称密钥加密算法；SM3 是哈希算法，类似于 MD5 和 SHA。在金融领域目前主要使用公开的 SM2、SM3、SM4 三类算法。

1.8.1 SM 系列算法简介

本节简单介绍我国的 SM 系列算法。

1）SM1

SM1 是一种对称密钥加密算法和分组密码算法，分组长度为 128 位（如消息长度过长，需要进行分组；如消息长度不足，则要进行填充），密钥长度也为 128 位。SM1 的安全保密强度及相关软硬件实现性能与 AES 相当，算法原理不公开，调用该算法时，需要通过加密芯片的接口调用。

已采用 SM1 算法研制了系列芯片、智能 IC 卡、智能密码钥匙、加密卡、加密机等安全产品，广泛应用于电子政务、电子商务及国民经济的各个领域（包括国家政务通、警务通等）。

2）SM2

SM2 是一种非对称密钥加密算法，主要用于数字签名，由国家密码管理局于 2010 年 12 月 17 日发布，全称为椭圆曲线算法，是因为 SM2 基于椭圆曲线密码体制（Elliptic Curve Cryptosystem，ECC）而得名。SM2 的密钥长度虽然只有 256 位，但其安全强度比 RSA 的 2048 位高，运算速度也快于 RSA。

3）SM3

SM3 是哈希算法，类似于 MD5，适用于商用密码应用中的数字签名和用户身份认证，可满足多种密码应用的安全需求。

SM3 对输入长度小于 2^{64} 次方位数的消息按 512 位进行分块，用 64 位表示原始消息长度，然后各消息块进行哈希运算，经过填充和迭代压缩，生成长度为 256 位的消息摘要。

4）SM4

SM4 是一种 WLAN 对称密钥加密算法和分组密码算法。该算法的分组长度为 128 位，密钥长度也为 128 位。SM4 的加密算法与密钥扩展算法都采用 32 轮非线性迭代结构，需要经过多轮加/解密过程。解密算法与加密算法的结构相同，只是解密过程中轮密钥的使用顺序与加密过程中的轮密钥的使用顺序相反。

5）SM7

SM7 与 SM1 一样，也是一种对称密钥加密算法和分组密码算法，分组长度为 128 位，密钥长度也为 128 位。

SM7 适用于非接触式 IC 卡，包括身份识别类应用（门禁卡、工作证、参赛证）、票务类应用（大型赛事门票、展会门票）以及支付与通卡类应用（积分消费卡、校园一卡通、企业一卡通等）等。

6）SM9 算法

SM9 是一种非对称密钥加密算法，但该算法不需要申请数字证书，适用于互联网应用的各种新兴应用的安全保障，如基于云技术的密码服务、电子邮件安全、智能终端保护、物联网安全、云存储安全等。这些安全应用可采用手机号码或邮件地址作为公钥，实现数据加密、身份认证、通话加密、通道加密等，并具有使用方便、易于部署的特点。

7）ZUC（祖冲之）密码算法

祖冲之密码算法是我国自主研究的流密码算法，主要应用于移动通信。该算法包括祖冲之算法（ZUC）、加密算法（128-EEA3）和完整性算法（128-EIA3）3 个部分。目前已有专门针对 128-EEA3 和 128-EIA3 的硬件实现与优化。

1.8.2 SM3 消息填充原理

SM3 是国家密码管理局于 2010 年公布的中国商用密码哈希算法标准，适用于商用密码应用中的数字签名和验证，是在 SHA-256 基础上改进实现的一种算法。

SM3 的消息分组为 512 位，经过填充和迭代压缩，生成 256 位的消息摘要。总体来说，SM3 的压缩函数与 SHA-256 的压缩函数具有相似结构，但 SM3 的设计更复杂。

SM3 消息填充规则如下：原始消息（包括密钥和初始消息）长度（l）要小于 2^{64} 位，填充的方法与 MD5 一样，即**先在原始消息的最后加一位"1"，再添加 k 个"0"**，最终使 $l+1+k$ 除以 512 后的余数为 448；然后附加用于表示原始消息长度的 64 位，使填充后的消息正好是 512 位的倍数。

下面举一个**不带密钥**的 SM3 杂凑算法消息填充的示例来帮助大家理解。例如，一个原始消息为 010101011110101111010100001，一共 27 位，即 l=27。因为原始消息总长度仅 27 位，所以无须划分 512 位的消息块了。

① 先在原始的最后加一位"1"，此时一共有 28 位。

② 再用 448−28=420，即还需要在再后面添加 420 位的"0"。

③ 最后附加用于表示原始消息长度"27"的 64 位——000……00（共有 59 位"0"）11011。

SM3 密码杂凑算法的填充示例如图 1-37 所示，填充后用于哈希运算的消息长度为 512 位。

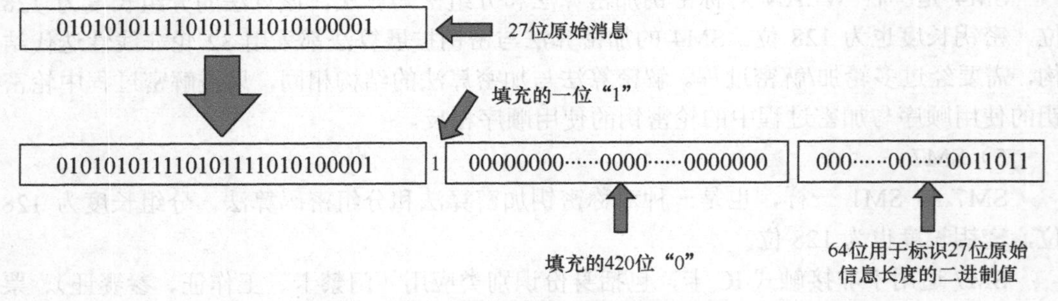

图 1-37 SM3 密码杂凑算法的填充示例

1.8.3 SM3 消息迭代压缩原理

迭代压缩是 SM3 的关键，但这里的原理比较复杂，作为网络管理和维护的人员可不深入了解。

SM3 迭代压缩的基本原理如下：

① 首先将第一个 512 位的消息块利用对应的压缩函数，压缩成某一固定长度的比特串；

② 然后再将第①步得到的固定长度比特串（具体长度与整个消息所划分的512位消息块个数有关）与第二个512位消息块一起再利用压缩函数又压缩成某一固定长度的比特串；

③ 然后再将第②步得到的固定长度比特串与第3个512位消息块一起利用压缩函数再压缩成某一固定长度的比特串，以此类推；

④ 直到最后一个 512 位消息块也被压缩成同样固定长度的比特串，最后再将所有512位消息块压缩后的固定长度比特串依次串联起来就是最终的消息摘要了。

1.9 AES 原理

加密算法就是为生成对数据进行加密的密钥，通常是对称的，即加密和解密都采用相同的密钥。在华为设备支持的 VPN 方案中，支持的加密算法比较多，主要包括 DES（包括 des、des-cbc）、3DES（3des、3des-cbc）、AES（包括 aes-128、aes-192、aes-256、aes-cbc-128、aes-cbc-192、aes-cbc-256）、SM1。

AES 是美国国家标准与技术研究院（National Institute of Standards and Technology，NIST）在 2001 年建立了电子数据的加密规范。它是一种分组加密标准，每个加密数据块大小固定为 128 位（16 个字节），最终生成的加密密钥长度有 128、192 和 256 位这 3 种。

AES 主要有 5 种工作模式（其实还有很多模式）：电子密码本模式（Electronic CodeBook mode，ECB）、密码块链接模式（Cipher Block Chaining mode，CBC）、密码反馈模式（Cipher FeedBack mode，CFB）、输出反馈模式（Output FeedBack mode，OFB）、增强型密码块链接模式（Propagating Cipher Block Chaining mode，PCBC）。

【说明】由于 DES 加密算法的安全性不如 AES，现在比较少使用，故本书不做具体介绍。与 AES 算法相比，DES 在参数特性方面主要区别体现在以下两个方面：

① DES 的数据块大小为 8 个字节，而 AES 的数据块大小为 16 个字节；

② DES 的密钥长度是 64 位(其中 8 位用于校验)，而 AES 的密钥长度是 128 位(AES 算法比 DES 算法更安全)。

1.9.1 AES 的数据块填充模式

前面说到，AES 的加密数据块大小为 128 位（16 个字节），涉及填充的问题，因为一个数据很可能不是 16 个字节的整数倍。在 AES 加密算法中又涉及 NoPadding（不填充）、PKCS5Padding、PKCS7Padding、ISO10126Padding 和 ZerosPadding 这 5 种填充模式。**如果最后一个加密数据块的长度正好是 16 字节，则需要再补一个 16 字节**（除 NoPadding 填充方式）。

1）NoPadding

不对原始数据进行填充，很少采用，只有 CFB、OFB 模式支持，CBC、ECB 和 PCBC 模式不支持。

2）PKCS5Padding

PKCS5Padding 模式的填充原则是：如果最后一个加密数据块长度少于 16 个字节（128 位），则需要补满 16 个字节，填充方式是缺多少个字节（一个字节为 8 位），就在后面**补多少个所缺字节**的值。如果原始加密数据块恰好是 16 个字节的整数倍，则还要增加一个 16 字节的“16”，即 16 个“00010000”。

如最后一个加密数据块为 winda_gz01，这里有 10 个字符，对应 10 个字节（每个字符用 8 位即一个字节表示），这样离 16 个字节的要求还差 6 个字节，这时就要在最后补 6 个“6”（这里的“6”也要用 8 位二进制表示，即 00000110）。

3）PKCS7Padding

在前面的 PKCS5Padding 填充模式中，填充块是以一个字节（即 8 位）为单位进行计算，而在 PKCS7Padding 填充模式中，对于填充块的大小不固定，但填充值的算法与 PKCS5Padding 填充模式一样，填充后为 16 个字节。

如果最后一个加密数据块长度为 9 个字节，如果填充块也以字节为单位，则需要填充 7 个 8 比特的“7”（也即相当于 7 个字节的“00000111”），使得加密数据块仍为 16 个字节（128 位）。

4）ISO10126Padding

这种填充模式的填充原则是：填充块通常也是 8 位（1 个字节），**但最后一个填充块用来标识整个填充字节序列的长度，其余填充块可填充随机数据**。

如最后一个加密数据块长度为 9 个字节，要填充到 16 个字节，则需要填充 7 个字节，而在这 7 个填充字节（填充块）中前 6 个字节可填随机数值，但最后一个字节的值为二进制中的“7”（用来标识整个填充字节长度为 7，对应的二进制为“00000111”）。

如果最后一个加密数据块恰好是 16 个字节的整数倍，则还要增加一个 16 字节，其中前面 15 个字节可以是随机数值，但最后一个字节用来标识新填充的 16 个字节的值“16”，即最后一个填充字节为“00010000”。

5）ZerosPadding

这种填充模式最简单，**不够部分用“0”来填充**。如最后一个加密数据块长度为 9 个字节，要填充到 16 个字节，则需要填充 7 个字节的“0”。

如果最后一个加密数据块恰好是 16 个字节的整数倍，则还要增加一个 16 字节的“0”，每个字节都是 8 个“0”（即 00000000）来填充。

表 1-6 列出了 5 种最常用的 AES 工作模式对 3 种最常用的填充模式的支持。

表 1-6　AES 工作模式对填充模式的支持

算法	模式	填充	16 个字节加密后的数据长度（字节）	不满 16 字节加密后的数据长度（字节）
AES	CBC	NoPadding	16	不支持
AES		PKCS5Padding	32	16
AES		ISO10126Padding	32	16

续表

算法	模式	填充	16 个字节加密后的数据长度（字节）	不满 16 字节加密后的数据长度（字节）
AES	CFB	NoPadding	16	原始数据长度
AES		PKCS5Padding	32	16
AES		ISO10126Padding	32	16
AES	ECB	NoPadding	16	不支持
AES		PKCS5Padding	32	16
AES		ISO10126Padding	32	16
AES	OFB	NoPadding	16	原始数据长度
AES		PKCS5Padding	32	16
AES		ISO10126Padding	32	16
AES	PCBC	NoPadding	16	不支持
AES		PKCS5Padding	32	16
AES		ISO10126Padding	32	16

从表 1-6 中我们可以看出，当原始数据长度为 16 个字节的整数倍时，假如原始数据长度等于 $16\times n$，则使用 NoPadding 时加密后数据长度等于 $16\times n$，其他情况下加密数据长度等于 $16\times(n+1)$，即要新增一个 16 字节。当不足 16 个字节的整数倍时，假如原始数据长度等于 $16\times n+m$（其中 m 小于 16），除了 NoPadding 填充之外的任何方式，加密数据长度都等于 $16\times(n+1)$，不够 16 字节部分要根据对应填充模式填充到 16 字节。NoPadding 填充对于 CBC、ECB 和 PCBC 这 3 种模式是不支持的，而 CFB、OFB 两种模式下则加密后的数据长度等于原始数据长度。

1.9.2　AES 加/解密原理

下面介绍前面提到的 ECB、CBC、CFB 和 OFB 4 种 AES 工作模式下的加/解密基本工作原理。

1）ECB 加/解密原理

ECB 是最简单的块密码加密模式，加密前根据 128 位大小把原始明文消息划分成若干小块，之后将每个小块使用相同的密码单独通过“块加密器”加密，ECB 模式数据加密原理示意如图 1-38 所示。

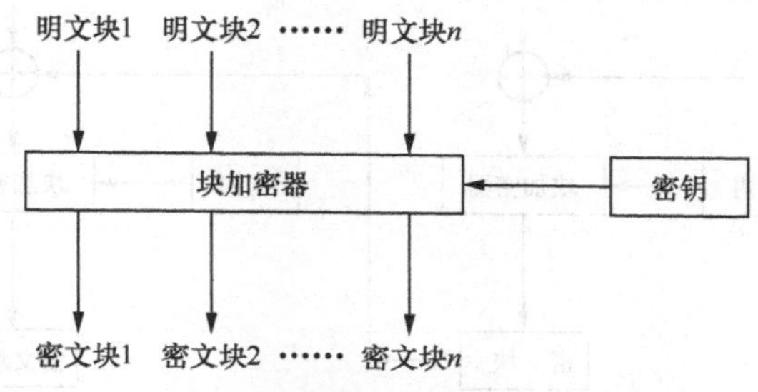

图 1-38　ECB 模式数据加密原理示意

ECB 的解密过程与加密的过程相反，使用的是块解密器，ECB 模式数据解密原理示意如图 1-39 所示。

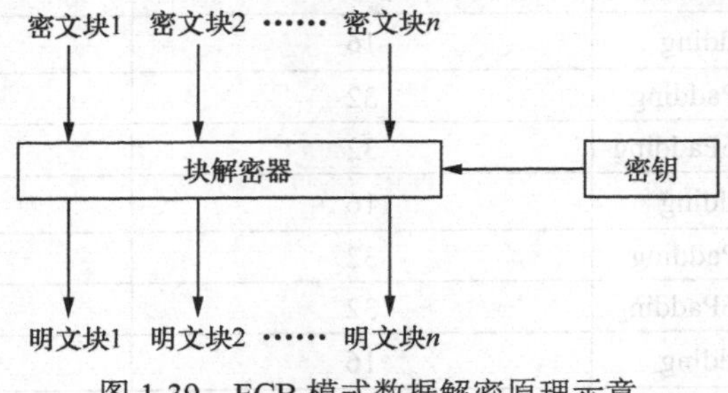

图 1-39　ECB 模式数据解密原理示意

ECB 模式的优点是加/解密方法简单，每个消息块独立加/解密，利于并行计算，也不需要初始化向量（Initialization Vector，IV）参与，加/解密效率很高。但在这种模式中，所有的数据都采用相同的密钥加/解密，也没有经过任何逻辑运算，这样一来，相同明文就会得到相同的密文，可能导致“明文攻击”。

此时，攻击者可事先任意选择一定数量的明文（通常不是一条，主要是为了最大限度地从中破解这些明文被加密的规律），让被攻击的加密算法为这些明文加密，从而得到相应的密文。然后，攻击者通过分析多组明文和对应的密文，获得关于加密算法的一些信息。

2）CBC 加/解密原理

CBC 是一种循环模式，各消息块不再是独立加密或解密，而是彼此有关联，因为后一个消息块（加密时是明文消息块，解密时是密文消息块）加/解密时要**使用前一个明文消息块加密后得到的密文消息块作为初始向量**参与计算（第一个消息块的加/解密直接使用一个随机数作为“初始化向量”），这也是其名称“密码块链接”的含义。在加密前也需先将明文消息按 128 位大小分成若干个消息块。

CBC 的具体加密原理：第一个明文消息块与 IV 进行异或（⊕，XOR）运算，然后使用密钥通过“块加密器”加密，得到第一个明文消息块的密文；第二个明文消息块以第一个密文消息块作为初始化向量，然后使用密钥通过“块加密器”加密，得到第二个明文消息块的密文，以此类推。CBC 加密流程示意如图 1-40 所示。

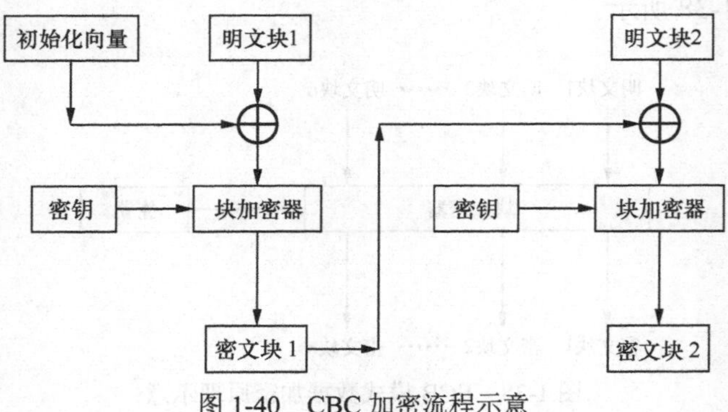

图 1-40　CBC 加密流程示意

CBC 的具体解密原理：第一个密文消息块先使用密钥通过“块解密器”解密，然后将结果再与初始化向量进行异或运算，得到第一个密文消息块的明文消息块；第二个密文消息块同样先使用密钥通过“块解密器”解密，然后将结果再与第一个密文消息块进行异或运算得到第二个密文消息块的明文，以此类推。CBC 解密流程示意如图 1-41 所示。

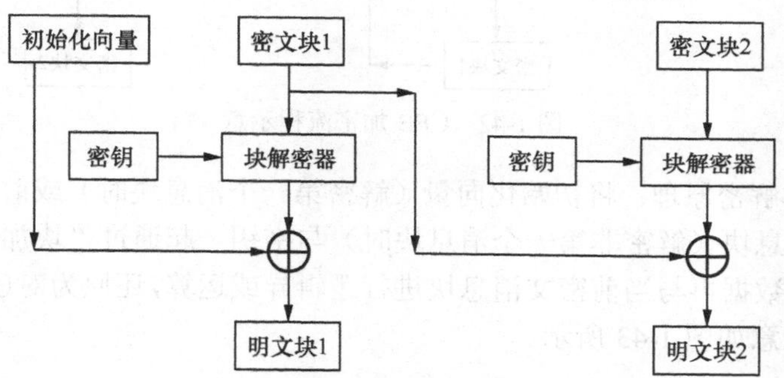

图 1-41 CBC 解密流程示意

从以上我们可以看出，CBC 中各个消息块的加/解密过程引入了 IV（非第一个消息块的加/解密以前一个密文消息块作为初始向量）这个参数，使得各消息块的加/解密过程不是独立进行的，而是彼此关联的。这样带来的优点就是解决了 ECB 所暴露出来的明文攻击问题，因为采用 CBC 加密方式时，有了 IV 这个可变参数，即使两个明文消息块相同，加密后得到的密文消息块也可能是不同的。

CBC 的缺点也是由它的优点附带的，那就是加密过程复杂，效率较低。另外，由于采用串行运算方式，所以只要其中一个数据块的加/解密运算或数据传输错误都可能导致整个数据的加/解密失败。另外，CBC 与 ECB 一样，在消息块加密前需要对数据进行填充，不适合加密流数据。

3）CFB 加/解密原理

CFB 也是一种块密文工作模式，与 CBC 一样，也会在消息块加/解密过程中使用 IV，第一个消息块使用的是一个随机的 IV，后续消息块使用的是前一个密文消息块作为 IV。但与 CBC 不同，**CFB 不是直接通过“块加密器”加密明文消息块，也不是直接通过“块解密器”解密密文消息块，而是仅对 IV 使用密钥通过“块加密器”进行加密**，所以可以立即加密一定长度的明文或原始文本信息，将块密文（Block Cipher）转换为流密文（Stream Cipher），更加实用。

CFB 的具体加密原理：先将 IV（加密第一个消息块时）或前一明文消息块加密得到的密文消息块（加密非第一个消息块时）与密钥一起通过“块加密器”加密；然后将得到的加密数据再与当前明文消息块进行逻辑异或运算，得到对应消息块的密文消息流。CFB 加密流程示意如图 1-42 所示。

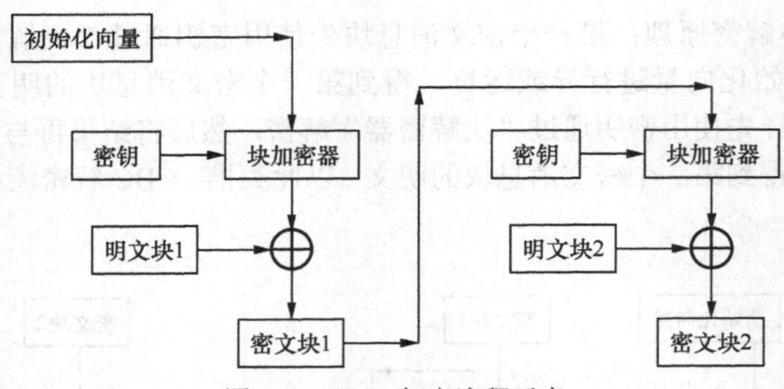

图 1-42 CFB 加密流程示意

CFB 的具体解密原理：将初始化向量（解密第一个消息块时）或前一明文消息块加密得到的密文消息块（解密非第一个消息块时）与密钥一起通过“块加密器”加密；然后将得到的加密数据再与当前密文消息块进行逻辑异或运算，还原为对应的明文消息块。CFB 解密流程示意如图 1-43 所示。

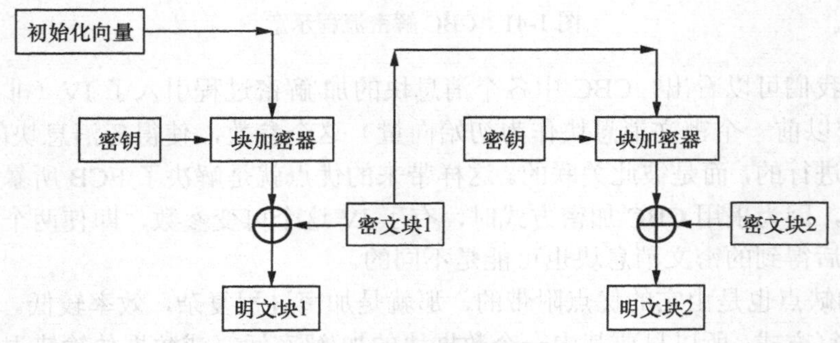

图 1-43 CFB 解密流程示意

从以上我们可以看出，CFB 加/解密的过程中首先是对 IV（**非第一个消息块时为前一个明文消息块对应的密文消息块**）通过“块加密器”加密，然后再把 IV 加/解密的结果再与明文消息块（加密时）或密文消息块（解密时）进行异或运算，而不是直接加/解密明文消息块或密文消息块。也正如此，在 CFB 加/解密过程中都是“块加密器”，没有“块解密器”，下面的 OFB 也是一样的。

4）OFB 加/解密原理

OFB 与 CFB 类似，**也不是直接加/解密消息块**，但在 OFB 中，非第一消息块加/解密过程中作为 IV 的不是前一个密文消息块，而是前一消息块加/解密过程中经过“块加密器”加密后输出的密钥流（Keystream），所以称之为“输出反馈”。

OFB 的具体加密原理：将 IV（第一个明文消息块时）或前一消息块加密得到的密钥流（非第一明文消息块时）通过“块加密器”利用密钥生成密钥流；然后将该密钥流再与当前明文消息进行逻辑异或运算，得到对应的密文消息块。OFB 加密流程示意如图 1-44 所示。

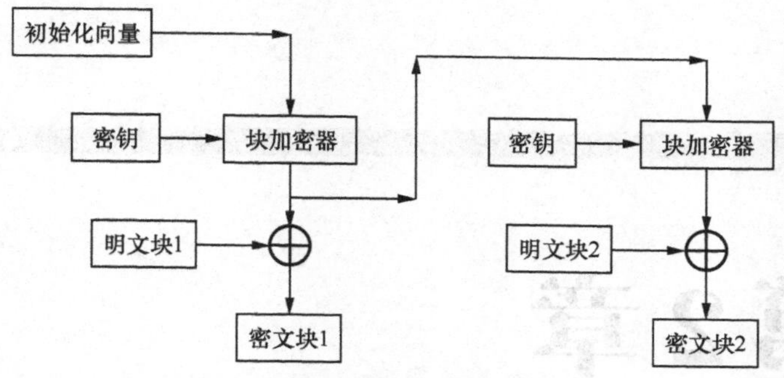

图 1-44 OFB 加密流程示意

OFB 的具体解密原理：将 IV（第一数据块时）或前一密文消息块解密时得到的密钥流（非第一数据块时）通过“块加密器”利用密钥生成密钥流；然后将该密钥流再与当前密文消息块进行逻辑异或运算，得到对应的明文消息块。OFB 解密流程示意如图 1-45 所示。

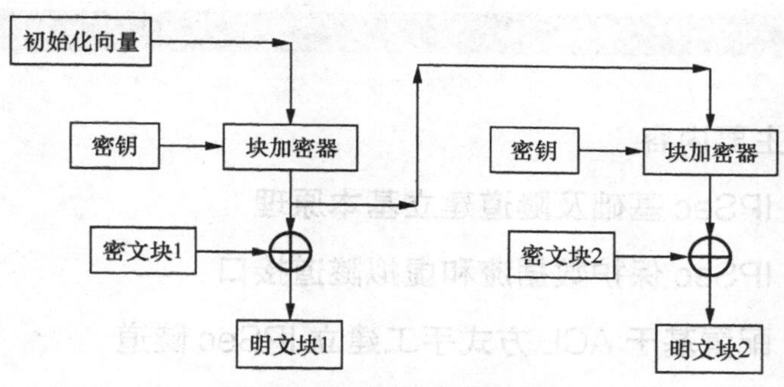

图 1-45 OFB 解密流程示意

第2章 IPSec 基础及手工方式 IPSec VPN 配置与管理

本章主要内容

2.1 IPSec 基础及隧道建立基本原理

2.2 IPSec 保护数据流和虚拟隧道接口

2.3 配置基于 ACL 方式手工建立 IPSec 隧道

2.4 基于 ACL 方式手工建立 IPSec 隧道的典型故障排除

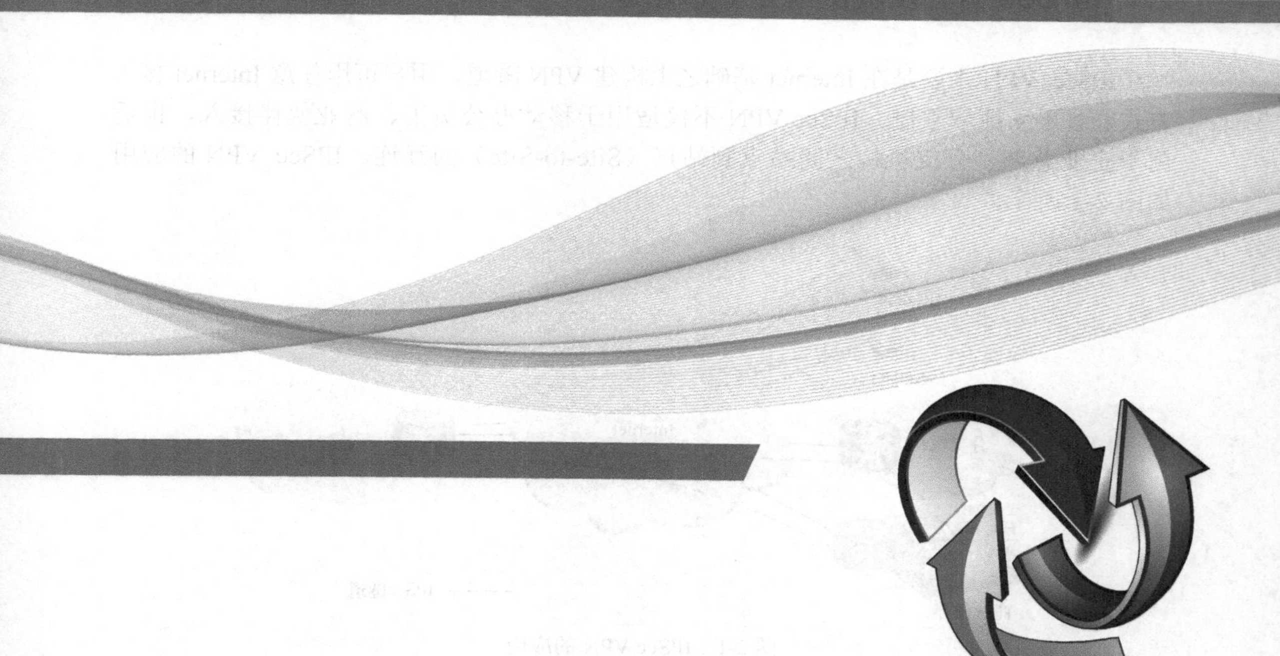

IPSec VPN 是一项应用极广，也是一种极为重要的 VPN 方案。它的最大特点是安全性高，这主要体现在两个方面：一方面是 IPSec VPN 隧道要经过一整套安全关联（Security Association，SA）协商，并得到隧道两端共同认可后才能建立，即 VPN 隧道本身也是受保护的；另一方面是在 IPSec VPN 中传输的数据不仅要经过加密处理，还要支持数据完整性验证和数据源身份认证功能，确保隧道端点所接收的数据是没有被非法篡改的，而且来源是合法的。

IPSec VPN 隧道在建立过程中的安全参数（SA）的协商分为手工和 IKE 动态协商，而在 IKE 动态协商的安全策略创建配置中又分为 ISAKMP 方式和策略模板方式。为了便于学习，本书把 IPSec VPN 部分内容分三章来介绍，本章先介绍有关 IPSec 相关的基础知识和技术原理，然后介绍主要适用于少数对等体间互联情形的基于访问控制列表（Access Control Iist，ACL）方式的手工建立 IPSec 隧道方案的具体配置与管理方法。

2.1 IPSec 基础及隧道建立基本原理

IPSec VPN 主要是在 Internet 基础之上构建 VPN 隧道，用户可用任意 Internet 接入方式，且不受地域限制。IPSec VPN 不仅适用于移动办公员工、商业伙伴接入，也适用于企业总部、分支机构之间站点到站点（Site-to-Site）的互连。IPSec VPN 的应用如图 2-1 所示。

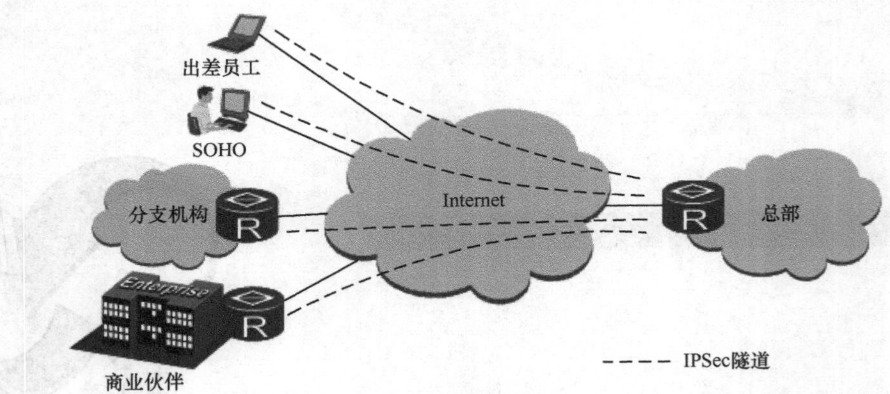

图 2-1 IPSec VPN 的应用

【说明】在出差员工、SOHO[1]用户通过 IPSec VPN 访问公司网络的情形中，这些移动办公用户需要部署使用 Windows（Windows 7/8/10 系统中支持采用 IKEv2 动态协商）、Linux 桌面操作系统中自带的 IPSec VPN 客户功能，或华为 VPN Client 等客户端软件，本书不做介绍。

2.1.1 IPSec 的安全机制

IPSec 是“IP Security”（IP 安全）的简称，是一个框架性架构，是一系列为 IP 网络提供安全保护的协议和服务的集合，包括 AH、ESP 安全协议、IKE、互联网安全和密钥管理协议（Internet Security Association and Key Management Protocol，ISAKMP），以及各种认证、加密算法等。IPSec 体系架构如图 2-2 所示。

安全协议	ESP				AH			
加密	DES	3DES	AES	SM1/SM4				
验证	MD5	SHA1	SHA2	SM3	MD5	SHA1	SHA2	SM3
密钥交换	IKE (ISAKMP，DH)							

图 2-2 IPSec 体系架构

[1] SOHO：Small Office, Home Office，居家办公，大多指那些专门的自由职业者。

1. AH

AH 和 ESP 是 IPSec 的两种基础安全协议。AH 工作在网络层，IP 号为 51，可以提供 IP 数据包完整性检查、数据源认证和抗重放功能。IP 数据包在进入 IPSec 隧道传输前，如果采用 AH 作为安全协议，则在 IP 数据包的 IP 报头后面添加一个 AH 报头。AH 报头中包括一系列安全参数，用于通信双方生成 SA，建立 IPSec 隧道。AH 的基本工作原理如下所述。

① 发送方先对原始数据包和认证密钥（可采用 MD5、SHA、SM3 等认证算法）进行哈希运算，生成信息摘要，并与原始数据包一起发送给接收方。

② 接收方在收到原始数据包后，执行与发送方相同的哈希运算，然后将运算结果与所接收的信息摘要进行比较。如果一致，则认为数据包在传输过程中没有被篡改（此为"数据完整性校验"功能），通过配置的身份认证方法还可验证发送方身份的合法性（此为"数据源认证"功能）。

2. ESP 协议

ESP 协议也工作在网络层，IP 号为 50，除可以实现 AH 的全部功能，还可以为传输的数据提供加密服务，因此除了可使用 MD5、SHA、SM3 等身份认证算法，还要用到如 AES、DES、3DES、SM1 等加密算法。ESP 协议会在每一个数据包的 IP 报头后面添加一个 ESP 报头，并在数据包最后添加一个 ESP 尾（ESP Tail 和 ESP Auth data）。其数据包完整性检查、数据源认证和抗重放功能工作原理与 AH 一样。

在进行 IP 通信时，可以根据实际安全需求选择使用 AH 或 ESP 的一种或同时使用这两种安全协议。在实际的应用中，更多的是选择 ESP 协议，原因主要有两个。一是因为 AH 无法提供数据加密服务，数据传输的安全性较差，而 ESP 则可以。二是因为 AH 协议的认证包括整个 IP 数据包，如果两端 IPSec 设备间存在网络地址转换（Network Address Translation，NAT）设备会导致数据包 IP 报头中的 IP 地址发生改变，从而最终导致认证失败，无法实现 NAT 穿越；而 ESP 协议的认证不包括最外层的 IP 报头，所以即使 IP 报头部分地址信息发生改变，也不会导致最终的认证失败，即可以实现 NAT 穿越，使其应用更广。

2.1.2　AH 报头格式

AH 位于网络层，IP 号为 51，但位于 IP 之上，所以 AH 报文需要经过 IP 封装。AH 报头格式如图 2-3 所示，各字段说明如下。

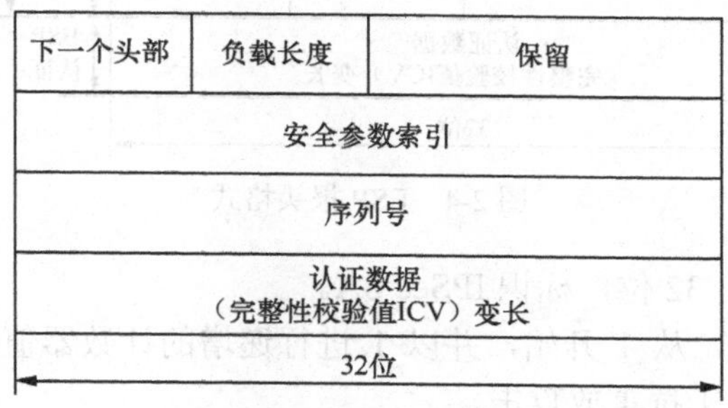

图 2-3　AH 报头格式

① 下一个头部：8 位，标识 AH 报头之后第一个上层协议头的类型。在传输模式下，下一个头部是被保护的上层协议（TCP 或 UDP）或 ESP 协议的编号；在隧道模式下，下一个头部是 IP 或 ESP 协议的编号。当 AH 与 ESP 协议同时使用时，AH 报文头的下一个头部为 ESP 报文头。

② 负载长度：8 位，**以 4 个字节为单位**表示被保护的整个数据的长度。

③ 保留：16 位，预留以后使用。

④ 安全参数索引（Security Parameter Index，SPI）：32 位，标识 IPSec SA。

⑤ 序列号：32 位，从 1 开始，并以 1 进行递增的计数器值，表示通过安全关联（Security Association，SA）所发送的数据包序号，用于抗重放攻击。

⑥ 认证数据：长度可变，**必须是 32 位的整数倍**（通常是 96 比特），否则要进行填充。该字段包含 IP 数据包通过相应哈希算法计算的完整性校验值（Integrity Check Value，ICV），也称消息验证码（Message Authentication Code，MAC），是一个消息摘要，用于接收方进行完整性检查。可选择的认证算法有 MD5、SHA-1、SHA-2、SM3。

2.1.3 ESP 报头格式

ESP 也位于网络层的 IP 之上，IP 号为 50，ESP 报文也需要经过 IP 封装。ESP 除提供 AH 协议的功能外，还提供对有效载荷的加密功能。

在 IPv4 报文中，ESP 报头紧随在 IPv4 报头之后。在 IPv6 报文中，ESP 报头的位置与是否存在扩展报头有关：如果有“目的地选项”扩展报头，则 ESP 报头必须在此扩展报头之前，如果有其他扩展报头，则 ESP 报头必须在这些扩展报头之后；如果没有扩展报头，IPv6 报头的字段就会设为 50，代表是 ESP 报头。

ESP 会在原 IP 报头后面添加一个 ESP 报头，并在原 IP 数据包后面添加一个 ESP 尾（ESP 尾部和 ESP 认证数据）。ESP 报头格式如图 2-4 所示，各字段说明如下。

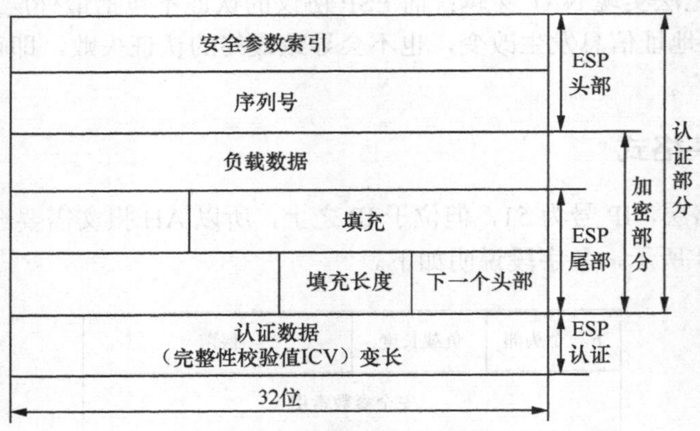

图 2-4　ESP 报头格式

① 安全参数索引：32 位，标识 IPSec SA。

② 序列号：32 位，从 1 开始，并以 1 进行递增的计数器值，表示通过通信的 SA 所发送的数据包数，用于抗重放攻击。

③ 负载数据：包含由“下一个头部”字段后面所包括整个的可变长数据。

④ 填充：0～255 个字节，填充字段的长度与负载数据的长度和算法有关，用来确保所加密的数据块长度达到加密算法所需的字节要求，具体的填充方式要视所采用的加密算法而定。

⑤ 填充长度：表示“填充”字段的长度（以字节为单位）。在使用了填充字节的加密数据块解密之后，接收方就可知道要删除多少个填充字节。为 0 时表示没有填充。

⑥ 下一个头部：8 位，标识 ESP 报头后面的下一个负载协议类型。传输模式下，下一个头部是被保护的上层协议（TCP 或 UDP）的编号；隧道模式下，下一个头部是 IP 的编号。

⑦ 认证数据：长度为 **32 比特的整数倍**，通常为 96 比特，包含完整性校验值（ICV），用于接收方进行完整性校验，可选择的认证算法与 AH 的认证算法相同。ESP 的认证功能是可选的，如果启动了数据包认证功能，会在加密数据的尾部添加一个 ICV 数值。

AH 协议与 ESP 协议的比较见表 2-1。

表 2-1　AH 协议与 ESP 协议的比较

安全特性	AH 协议	ESP 协议
协议号	51	50
数据完整性校验	支持（验证整个 IP 报文）	支持（不验证 IP 头）
数据源验证	支持	支持
数据加密	不支持	支持
防报文重放攻击	支持	支持
IPSec NAT-T（NAT 穿越）	不支持	支持

2.1.4　IPSec 的两种封装模式

数据封装是指将 AH 或 ESP 协议相关的字段插入到原始 IP 数据包的过程。IPSec 支持“隧道”和“传输”两种封装模式，它们具有不同的封装方式和特性。

1. 传输模式

传输模式中，只需在原始数据包的 IP 头部和 TCP 头部之间插入 AH 或 ESP 头部，实现对原 IP 数据包载荷的保护。以 TCP 通信为例（其他上层协议报文同样支持），由于所采用的安全协议不同，因此“ESP 认证数据”字段是可选的。传输模式下不同安全协议对 IP 报文重封装的结构如图 2-5 所示。

① 采用 AH 作为安全协议时：在 IP 头部之后插入 AH 头，对整个 IP 数据包进行数据源认证和完整性检查。

② 采用 ESP 作为安全协议时：在 IP 头部之后插入 ESP 头，在“数据”字段后插入“ESP 尾部”和“ESP 认证数据”字段。对 TCP 数据段和 ESP 尾部进行加密，对 ESP 头、TCP 数据段和 ESP 尾部（不包括“ESP 认证数据”字段）进行数据源认证和完整性检查。

③ 同时采用 AH 和 ESP 作为安全协议时：在 IP 头部之后依次插入 AH 头和 ESP 报

头，在“数据”字段后插入“ESP 尾部”和“ESP 认证数据”字段。对 TCP 数据段和 ESP 尾部进行加密，ESP 对 ESP 头、TCP 数据段、ESP 尾部进行数据源认证和完整性检查（不包括“ESP 认证数据”字段）；AH 对整个 IP 数据包进行数据源认证和完整性检查。

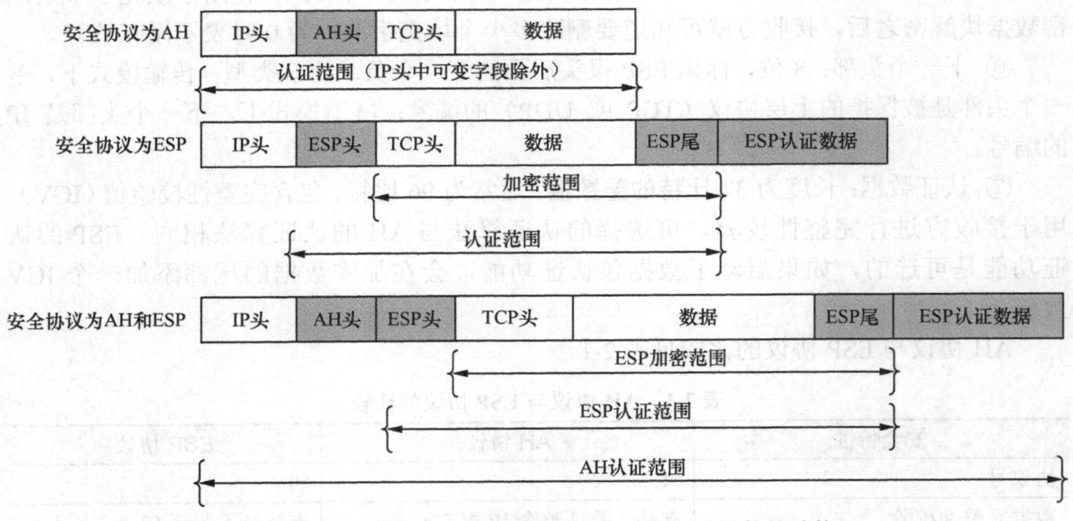

图 2-5　传输模式下不同安全协议对 IP 报文重封装的结构

当要求点对点［或“端到端”（End-to-End）］的安全保障，即 IP 数据包进行安全传输的起点和终点为数据包的实际起点和终点时才可以使用传输模式（这种情形下也可以采用隧道模式）。**传输模式通常用于保护两台主机之间的数据通信**。IPSec 传输模式下的典型组网结构如图 2-6 所示。这时两端主机需要分别配置 IPSec VPN 客户端和 IPSec VPN 服务器，可分别使用 Windows、Linux 等桌面/服务器操作系统。

图 2-6　IPSec 传输模式下的典型组网结构

2. 隧道（Tunnel）模式

隧道模式下的安全协议用于保护整个 IP 数据包，即整个用户 IP 数据包都被用来计算安全协议头，生成的安全协议头以及加密的用户数据（仅针对 ESP 封装）被封装在一个新的 IP 数据包中。在隧道模式下，封装后的 IP 数据包有内、外两个 IP 报头，其中，内部 IP 报头为原 IP 报头（Raw IP Header），外部 IP 报头（New IP Header）是新增加的。新 IP 报头中的源 IP 地址是本端 IPSec 设备应用 IPSec 安全策略的接口的 IP 地址，目的 IP 地址是对端 IPSec 设备应用 IPSec 安全策略的接口的 IP 地址，其目的就是在把用户发送的数据包从本端 IPSec 设备安全地传输到对端 IPSec 设备。到达对端 IPSec 设备后数据包的转发是由 IPSec 设备所配置的内网路由表来完成的，当然，此时路由转发的是在 IPSec 设备上解封装、解密后的原始 IP 数据包。

在隧道封装模式中，AH 报头或 ESP 报头插在原 IP 报头之前，并另外生成一个“新 IP 报头”放到 AH 报头或 ESP 报头之前。以 TCP 通信为例（其他上层协议报文同样支持），根据所采用的安全协议的不同，隧道模式下不同安全协议对 IP 报文重封装的结构如图 2-7 所示。

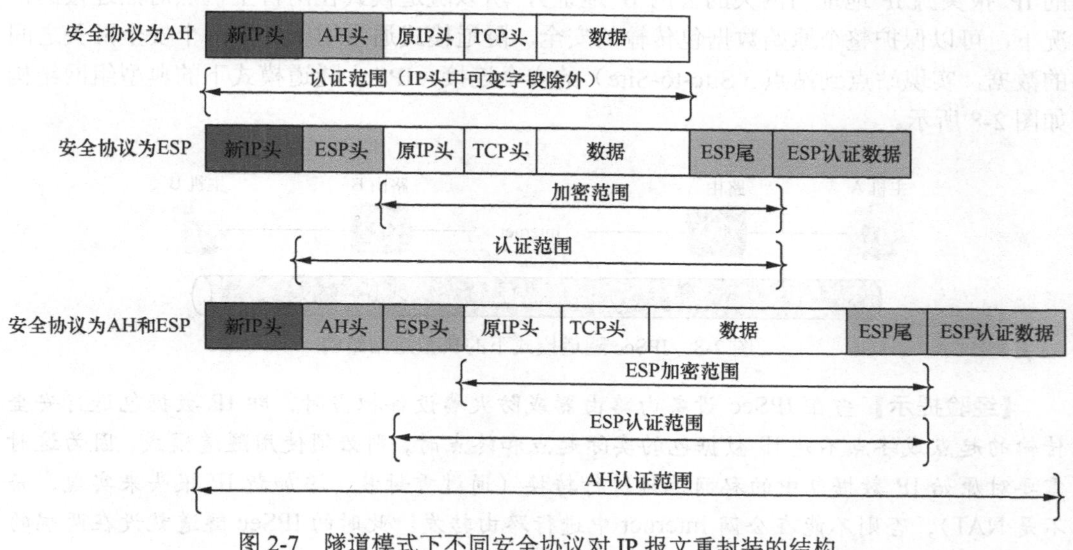

图 2-7　隧道模式下不同安全协议对 IP 报文重封装的结构

① 采用 AH 作为安全协议时：对重新封装的整个 IP 数据包进行数据源认证和完整性检查。

② 采用 ESP 作为安全协议时：对整个原始 IP 数据包和 ESP 尾部进行加密，对 ESP 头、原始 IP 数据包和 ESP 尾进行数据源认证和完整性检查。

③ 同时采用 AH 和 ESP 作为安全协议时：对整个原始 IP 数据包和 ESP 尾部进行加密，AH、ESP 分别对不同部分进行数据源认证和完整性检查。

图中的 AH 报头包含对整个新 IP 报文经过 MD5/SHA/SM3 等认证算法运算后的摘要消息，用于进行数据源认证和数据完整性校验。ESP 协议的认证信息是在“ESP 认证数据”字段中，是对包括“ESP 报头”，以及经过加密的整个原 IP 报文和“ESP 尾”这几个部分（**不包括新 IP 报头**）的数据经过 MD5/SHA/SM3 等算法运算后的摘要。但 ESP 协议仅对原始 IP 报文和“ESP 尾”通过 DES/AES/3DES/SM1 等加密算法进行加密。

从图中可以看出，在隧道模式中，如果采用了 AH 协议，AH 协议的认证范围是整个新生成的 IP 数据包（包括新生成的 IP 报头），只要发生了数据变化（包括协议所识别的最外层 IP 报头地址信息：最初是原 IP 报头，重封装后是新 IP 报头）则会导致认证失败，**这也决定了采用 AH 协议时是不能实现 NAT 穿越的**，因为如果有 NAT 设备的话，最外层 IP 报头地址信息肯定会发生变化。而如果单独采用 ESP 协议，认证范围则不包括“新 IP 报头”和“ESP 认证数据”这两个字段，而原 IP 报头信息不会发生变化，所以单独采用 ESP 作为安全协议时，可以穿越 NAT。

采用 ESP 协议进行数据加密时的加密范围则包括“原 IP 报头、数据部分（包括传输层协议头和“数据”字段）、“ESP 尾”这 3 个字段，使“原 IP 报头”也受到保护，防止了某些用户恶意修改原始报头地址信息。

由于原 IP 报头放在 AH 或 ESP 报头之后，隐藏了内网主机的私网 IP 地址（新生成的 IP 报头源 IP 地址为网关的公网 IP 地址），所以隧道模式在两台主机点对点连接的情况下，可以保护整个原始数据包传输的安全。隧道模式通常用于保护两个安全网关之间的数据，实现站点到站点（Site-to-Site）的安全连接。IPSec 隧道模式下的典型组网结构如图 2-8 所示。

图 2-8　IPSec 隧道模式下的典型组网结构

【经验提示】当在 IPSec 设备由路由器或防火墙设备担当时，即 IP 数据包进行安全传输的起点或终点不是 IP 数据包的实际起点和终点时，则必须使用隧道模式，因为这时需要对原始 IP 数据包中的私网地址进行转换（通过重封装，添加新 IP 报头来实现，而不是 NAT），否则不能在公网 Internet 中进行路由转发。此时的 IPSec 隧道就设在两端的 IPSec 设备之间。

3. 两种封装模式的比较

隧道模式和传输模式的主要特性比较如下。

① 传输模式应用比较少，仅适用于点对点的安全保护模式，即隧道两端通常是用户主机，是主机与主机的安全连接模式。

② 使用传输模式的充要条件：**要保护的数据流必须完全在发起方、响应方 IP 地址内**。如发起方 IP 地址（源 IP 地址）为 6.24.1.2，响应方 IP 地址（目的 IP 地址）为 2.17.1.2，那么要保护的数据流仅可以是源 6.24.1.2/32、目的是 2.17.1.2/32，而不能是其他任意地址。当然这里 IP 地址后缀 32 仅代表必须与发起方，或响应方的地址精确匹配（类似于 ACL 中的通配符掩码），不代表所在的网络。

③ 隧道模式同时支持点对点，点对站点（主机与网络连接），或站点到站点（网络与网络连接）的所有连接情形，应用更为广泛，这也是华为设备缺省的 IPSec 封装模式。但主要应用于站点到站点的安全连接。

④ 从安全性来讲，隧道模式优于传输模式，因为隧道模式可以完全对原始 IP 数据包进行认证和加密，隐藏客户机的真实 IP 地址，而传输模式中的数据加密是不包括原 IP 报头的，所以不能隐藏客户机的真实 IP 地址。

⑤ 从性能来讲，隧道模式要对数据包添加一个新的 IP 报头，传输模式中不会新增 IP 报头，故隧道模式比传输模式占用更多的带宽，有效传输率较低。

2.1.5　IPSec 隧道建立原理

IPSec 隧道的建立，其实就是在隧道两端的设备上建立好 SA。但 SA 的建立有两种方式：一种是手工方式，直接在两端的 IPSec 设备配置好具体的安全参数，包括对等体地址、封装模式、安全协议、认证方法、认证算法和加密算法，出/入方向 SA 的认证密钥和加密密钥、出/入方向 SA 的 SPI 等，最终直接在两端设备间建立双向 IPSec SA，建立 IPSec 隧道。

建立 IPSec 隧道的另一种方式是通过 IKE 协议来动态协商的，这时 IPSec SA 的建立就不那么直接了，要先在隧道两端协商建立 IKE SA（在此过程中会生成认证密钥和加密密钥，不需要手工配置），然后再在此基础上协商建立 IPSec SA（此阶段还可以生成新的直接用于用户数据加密的加密密钥），最终建立 IPSec 隧道。

无论哪种 IPSec 隧道建立方式，SA 的建立是关键，在使用 IPSec 保护数据之前，必须先建立 SA。SA 是 IPSec 对等体间对某些要素的约定（即安全策略），例如，所使用的安全协议（AH、ESP 或两者结合使用）、协议报文的封装模式（传输模式或隧道模式）、认证算法（HMAC-MD5 或 HMAC-SHA1 等）、加密算法（DES、3DES 或 AES 等）、共享密钥及密钥的生存时间等。

对等体间需要通过手工配置或 IKE 协议协商匹配的参数后才能建立 SA。即对等体间只能在双方最终确定所采用 SA（**可以直接通过手工方式配置确定，或者通过 IKE 协议协商确定**）后才能建立对等体关系。手工方式建立 SA 时，所需的全部信息都必须由网络管理人员手工配置，所建立的 SA 永不老化。IKE 动态协商方式建立 SA 时，由 IKE 协议完成密钥的自动协商，所建立的 SA 具有生存时间。

SA 是出于安全目的而创建的一个**单向逻辑连接**，所有经过同一 SA 的数据流会得到相同的安全服务，例如 AH 或 ESP。正因为如此，**对等体之间的双向通信需要建立一对**（即两个方向各一个）SA，即一对 SA（两个）对应一条 IPSec 隧道。如果两个对等体希望同时使用 AH 和 ESP 来进行安全通信，则每个对等体都会针对每一种协议来构建一个独立的 SA，则在对等体间至少有 2 对（4 个）SA。

SA 由一个三元组来唯一标识，包括 SPI、目的 IP 地址（对端对等体的 IP 地址）和使用的安全协议（AH 或 ESP）。其中，SPI 是用于标识 SA 的一个 32 比特的数值，在 AH 或 ESP 报头中标识，可用于在接收端识别数据与 SA 的绑定关系。因为可以从接收到的数据包中的 AH 或 ESP 报头获知对应的 SPI，然后查看与本端配置的哪个入方向的 SPI 一致，以此确定所接收的数据包采用了哪个 SA。

在 SPI 的配置中，本端的出方向 SA 的 SPI 必须和对端的入方向的 SPI 一致，同理，本端的入方向 SA 的 SPI 也必须和对端的出方向 SA 的 SPI 一样。为保证 SA 的唯一性，出/入方向 SA 的 SPI 值不能设置成相同值，**即不同的 SA 必须对应不同的 SPI**。

IPSec 建立的 SA 和隧道关系示意如图 2-9 所示，IP 数据包从对等体 A 发送到对等体 B 时，对等体 A 对原始 IP 数据包进行加密，加密数据包在 IPSec 隧道中传输，到达对等体 B 后，对等体 B 对加密数据包进行解密，还原成原始 IP 数据包。IP 数据包从对等体 B 发送到对等体 A 时，处理方式类似，但所用的 SA 不同。

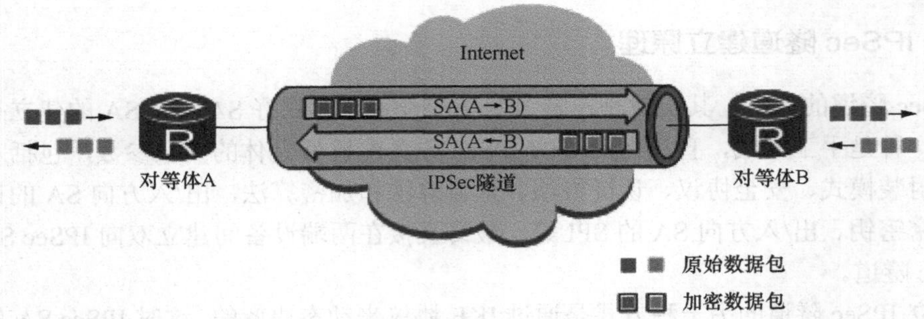

图 2-9 IPSec 建立的 SA 和隧道关系示意

2.2 IPSec 保护数据流和虚拟隧道接口

在 IPSec 通信中涉及一个重要方面，那就是如何定义需要保护的数据流（也称“感兴趣流”），即如何确定哪部分数据流要通过 IPSec 进行保护。

2.2.1 感兴趣流的定义方式

“感兴趣流的定义”就是指定哪些数据流要进入 IPSec 隧道传输，其他数据流不能进入 IPSec 隧道传输。在华为设备中，IPSec 对需要保护的数据流的定义有“基于 ACL”“基于虚拟隧道接口”和“基于 Efficient VPN 策略”3 种方式。

1. 基于 ACL 方式

高级 ACL 可以基于 IP 报文中的源/目的 IP 地址、源/目的端口等信息进行报文过滤，而这正可以用来对允许进入 IPSec 隧道的数据流进行过滤。

当采用基于 ACL 方式来定义需要保护的数据流时，进入 IPSec 隧道的数据流即由高级 ACL 指定。ACL 规则允许（permit）的报文将被保护，ACL 规则拒绝（deny）的报文将不被保护。

基于 ACL 来定义感兴趣流方式的优点是可以利用 ACL 灵活的配置，根据 IP 地址、传输层端口、协议类型（例如 IP、ICMP、TCP、UDP）等对报文进行过滤而灵活制定 IPSec 的保护方法。

2. 基于虚拟隧道接口方式

基于虚拟隧道接口来定义需要被保护的数据流，首先就要在两端的 IPSec 设备创建一个虚拟的隧道（Tunnel）接口，然后通过配置以该 Tunnel 接口为出接口的静态路由，以限定到达哪个目的子网的数据流可以通过 IPSec 隧道进行转发。因为 Tunnel 接口是点对点类型的接口，是运行 PPP 链路层协议的，所以以该接口为出接口的静态路由可以不指定下一跳 IP 地址。

IPSec 虚拟隧道接口是一种三层逻辑接口，采用这种方式定义感兴趣流时，所有路由到 IPSec 虚拟隧道接口的报文都将进行 IPSec 保护，**不再对数据流类型进行区分**。但使用 IPSec 虚拟隧道接口建立 IPSec 隧道仍具有以下优势。

1）简化配置

将需要被 IPSec 保护的数据流引到虚拟隧道接口即可，不会受到网络规划的影响，增强了网络规划的可扩展性，降低了网络维护成本。

2）减少开销

在保护远程接入用户流量的组网应用中，只需在 IPSec 虚拟隧道接口处进行 IPSec 报文封装，与 IPSec over GRE 或 IPSec over L2TP 方式的隧道封装相比，不需要额外为进入隧道的流量加封装 GRE 头或 L2TP 头，减少了报文封装的层次，节省了带宽。

3）支持范围更广

点对点的 IPSec 虚拟隧道接口可以支持动态路由协议，同时还可以支持对组播流量的保护。另外，IPSec 虚拟隧道接口在实施过程中明确区分出“加密前”和“加密后”两个阶段，用户可以根据不同的组网需求灵活选择其他业务（例如 NAT、QoS）实施的阶段。例如，如果用户希望对 IPSec 封装前的报文应用 QoS，则可以在 IPSec 虚拟隧道接口上应用 QoS 策略；如果希望对 IPSec 封装后的报文应用 QoS，则可以在进入对端 IPSec 虚拟隧道接口上应用 QoS 策略。

3. 基于 Efficient VPN 策略方式

Efficient VPN 采用 C/S（客户机/服务器）结构，主要特点是将 IPSec 及其他相应配置都集中在 Server 端（总部网关），当 Remote 端（分支网关）配置好基本参数后，Remote 端即可向 Server 端发起协商并与其建立 IPSec 隧道，然后 Server 端将 IPSec 的其他相关属性及其他网络资源“推送”给 Remote 端，Remote 端和 Server 端就直接定义了哪部分数据流是需要保护的，简化了分支网关的 IPSec 和其他网络资源的配置和维护。另外，Efficient VPN 还支持远程站点设备的自动升级。

2.2.2 IPSec 虚拟隧道接口

用户数据在通过 IPSec 虚拟隧道传输前，必须首先要进行对应安全协议（例如 AH、ESP）封装和加密，才能按照 IPSec 隧道建立时定下的安全策略对用户数据进行安全传输，并且可以传输到隧道对端所连接的另一个私有网络设备上。另外，当通过 IPSec 传输的数据安全到达隧道对端接口时，为了能使目的设备识别源设备发送的数据内容，必须把原来经过封装和加密的数据进行解封装和解密。在采用基于隧道接口方式定义感兴趣流时，这些对数据的封装/解封装、加密/解密的过程是发生在虚拟的隧道接口上的。

1. IPSec 隧道接口的数据封装和加密基本流程

用户数据到达 IPSec 设备后，需要 IPSec 保护的报文会被转发到 IPSec Tunnel 接口上进行封装和加密，IPSec Tunnel 接口对报文封装和加密的过程示意如图 2-10 所示。

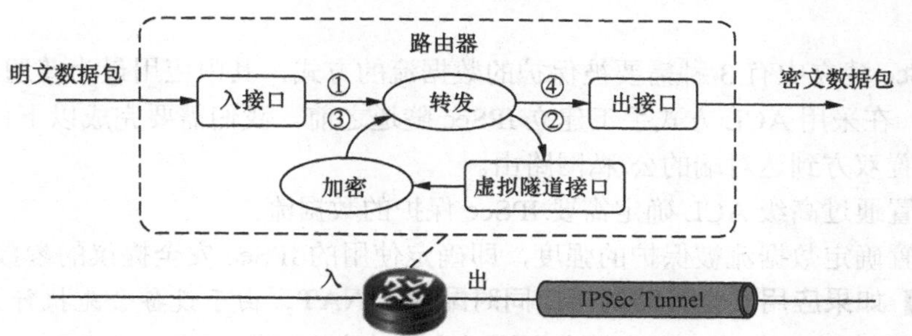

图 2-10　IPSec Tunnel 接口对报文封装和加密的过程示意

① Router 将从入接口接收到明文 IP 数据包送到转发模块进行处理。

② 转发模块依据路由查询（**此时是依据原始报文中的私网目的 IP 地址进行查询**）结果，发现如果是要保护的数据流，则将其发送到 IPSec Tunnel 接口进行 AH 或 ESP 封装。

③ IPSec Tunnel 接口将封装后的 IP 数据包，根据建立的 IPSec SA 安全策略进行加密，然后再将加密后的密文发到转发模块进行处理。

④ 转发模块再通过第二次路由查询（**此时是依据重封装后报文中的目的 IP 地址进行查询**），将已封装和加密的 IP 数据包通过 IPSec Tunnel 接口绑定的实际物理接口转发出去，到达对端 IPSec 设备 IPSec Tunnel 接口所绑定的公网物理接口。

2. IPSec 隧道接口的数据解封装和解密基本流程

IP 数据包经过 IPSec 隧道传输到达对端 IPSec 设备后，需要对 IP 数据包进行解封装和解密，IPSec Tunnel 接口的数据解封装和解密的基本流程如图 2-11 所示。

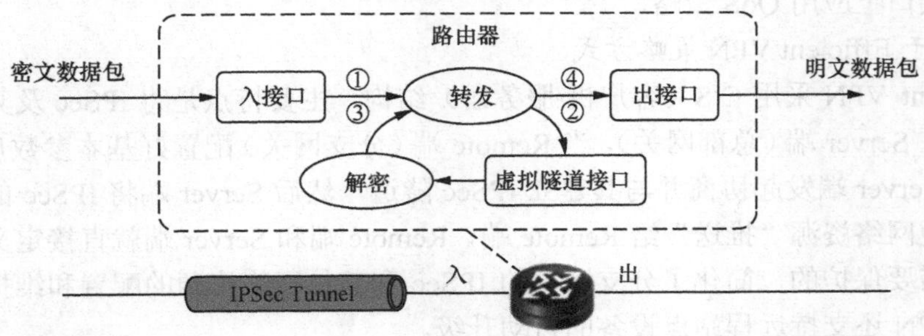

图 2-11　IPSec Tunnel 接口的数据解封装和解密的基本流程

① 路由器将从入接口接收到已加密的 IP 数据包后送到转发模块进行处理。

② 转发模块识别到密文的目的 IP 地址为本设备的 Tunnel 接口 IP 地址，IP 号为 AH 或 ESP 时，会将 IP 密文送到相应的 Tunnel 接口进行相应的解封装处理。

③ IPSec Tunnel 接口完成对 IP 密文的解封装处理后，再进行相应的解密处理，然后再将 IP 明文重新送回转发模块处理。

④ 转发模块再根据 IP 明文中的目的 IP 地址，查找本地私网路由表，从对应的物理接口转发到达目的设备上。

2.3　配置基于 ACL 方式手工建立 IPSec 隧道

在 IPSec 建立中有 3 种需要被保护的数据流的方式，其中应用最为普遍的就是基于 ACL 方式。在采用 ACL 方式手工建立 IPSec 隧道之前，我们需要完成以下任务。

① 配置双方到达对端的公/私网路由。

② 配置通过高级 ACL 确定需要 IPSec 保护的数据流。

③ 配置确定数据流被保护的强度，即确定使用的 IPSec 安全提议的参数。

【注意】如果应用安全策略的接口同时配置了 NAT，由于设备会先执行 NAT，则会导致 IPSec 不生效，有以下两种解决方法（采用其中之一）。

- 在 NAT 配置中采用 deny 类高级 ACL 规则，其目的 IP 地址是 IPSec 引用的 ACL 规则中的目的 IP 地址，以避免对 IPSec 保护的数据流进行 NAT。
- IPSec 引用的 ACL 规则中的源/目的 IP 地址与经过 NAT 后的源/目的 IP 地址一致。

2.3.1　手工方式 IPSec VPN 配置任务

基于 ACL 方式手工建立 IPSec 隧道的配置任务如下（两端都要配置）。

（1）定义需要保护的数据流

采用高级 ACL 对要保护的数据流中的源/目的 IP 地址等信息进行限制，仅允许指定的数据流进入 IPSec 隧道中传输。通常采用镜像配置，也就是两端 ACL 所配置的源、目的 IP 地址等信息对调。

（2）确定 IPSec 安全提议

IPSec 安全提议是安全策略或者安全框架的一个组成部分，相当于一端向另一端提出安全建议，为 IPSec 协商 SA 提供各种安全参数（**IPSec 隧道两端设备配置必须相同**），定义了 IPSec 的保护方法。这些参数包括确定所采用的安全协议（AH 或 ESP，或者同时采用）、认证算法（MD5、SHA-1、SHA-2 和 SM3 等）、加密算法（DES、3DES、SM1 等）、报文封装格式（传输模式或隧道模式）。

（3）配置 IPSec 安全策略

IPSec 安全策略为两端建立 SA 提供了基础信息，包括引用前面定义被保护数据流的 ACL 和 IPSec 安全提议，并配置 IPSec 隧道的起点和终点 IP 地址、SA 出/入方向的 SPI 值、SA 出/入方向安全协议的认证密钥和加密密钥。IPSec 安全策略还可以配置一些可选的扩展功能，例如，IPSec 隧道 VPN 实例的绑定、原始报文信息预提取功能、对 IPSec 解封装报文进行 ACL 检查、报文分片功能等。在手工方式建立 IPSec 隧道情形下，这些安全策略参数都必须以手工方式具体指定。

【经验提示】采用手工方式建立 IPSec 隧道时，必须配置好对端的 IP 地址，**要求两端的 IPSec 设备公网侧接口必须是固定的公网 IP 地址**。这也决定了手工方式是不适合采用以太网上的点对点协议（Point-to-Point Protocol Over Ethernet，PPPoE）等动态 IP 地址分配方式接入互联网的情形。

在安全策略的配置中，两端的许多参数也是需要镜像配置的，即一端的本地配置要与另一端的远程配置一致，例如，IPSec 隧道的起点和终点、SA 出/入方向的 SPI 值、SA 出/入方向安全协议的认证密钥和加密密钥等。

（4）在接口上应用安全策略

在手工方式建立 IPSec 隧道情形下，安全策略的应用是在 IPSec 隧道两端公网侧物理接口下进行。

2.3.2　手工方式 IPSec VPN 数据传输的基本流程

手工方式 IPSec VPN 方案中数据传输的基本流程如下。

① 一端私网用户向对端私网用户发送的数据，到达本端 IPSec 设备时，与定义需要保护数据流的 ACL 匹配后选择通过 IPSec 隧道传输。

② 在采用隧道封装模式时，IPSec 设备会把这些用户数据报文重新封装，不仅会加

装所选定的 AH 或 ESP 协议头，还会新增一个 IP 报头（原来的整个 IP 数据包全作为新 IP 数据包的数据部分）。新 IP 报头的源 IP 地址为本端 IPSec 设备连接公网侧的端点接口 IP 地址，目的 IP 地址为对端 IPSec 设备连接公网侧的端点接口 IP 地址。

③ 本端 IPSec 设备根据所配置的到达对端公网的静态路由把重新封装后的新 IP 数据包引入到 Internet 中，直到传输到对端 IPSec 设备上。

④ 对端 IPSec 设备对所接收的 IP 数据包去掉第②步新加的 IP 报头及 AH 头或 ESP 头，还原出原始的用户 IP 数据包。再根据原 IP 数据包中的目的 IP 地址（即目的主机所在网段），利用对端配置的私网路由把用户 IP 数据包传输到目的主机上。

【经验之谈】在手工配置 IPSec VPN 方案中，上面所列的配置任务中，总体来说就两项，前面的第①～第③项配置任务算作一项，即配置 IPSec 安全策略（第①和第②项配置都会在第③项中被引用），最后是在接口应用这个安全策略，即对应上面的第④项配置任务。

2.3.3 基于 ACL 定义需要保护的数据流

【说明】本项配置任务是在采用 ACL 定义需要保护的数据流方案中，用手动方式和 IKE 动态协商方式建立 IPSec 隧道的一项共同配置任务。

IPSec 能够对一个或多个数据流进行安全保护，在 ACL 方式下建立 IPSec 隧道时采用高级 ACL 来指定需要 IPSec 保护的数据流。实际应用中，首先需要通过配置高级 ACL 的规则定义数据流，再在 IPSec 安全策略中引用该 ACL，从而起到保护该数据流的作用。

在 IPSec 的应用中，ACL 规则中的 **permit** 关键字表示与之匹配的流量需要被 IPSec 保护，而 **deny** 关键字则表示与之匹配的流量不需要被保护，不需要通过 IPSec 隧道传输，例如，普通的 Internet 访问，默认为 **deny**。一个 ACL 中可以配置多条规则，**首个与数据流匹配的 ACL 规则决定了对该数据流的处理方式**（即是需要进入 IPSec 隧道传输，还是直接通过公网传输）。

此处所配置的 ACL 在出/入方向上保护数据流的作用并不一样。在出方向上（也就是从本端向外发送数据），与 ACL 的 **permit** 规则匹配的 IP 数据包将被 IPSec 保护，即报文经过 IPSec 加密处理后再发送。未匹配任何 **permit** 规则或与 **deny** 规则匹配的 IP 数据包将不被保护，即 IP 数据包不被做任何处理而直接转发。

在入方向上（也就是本端接收来自外部的数据）经 IPSec 保护的 IP 数据包将被解封装处理，未经 IPSec 保护的 IP 数据包将被正常转发。在对等体间配置用于定义保护数据流的 ACL 时要注意，因为配置不当可能造成对等间最终不能建立 SA。例如，当分支机构子网 A（主机 a1，a2，…，aM）要与总部子网 B（主机 b1，b2，…，bN）建立 IPSec 隧道时，ACL 的规则需要按表 2-2 中情况配置，SA 才能够协商成功。

表 2-2 配置 ACL 规则与协商发起方关系示例

分支网关要保护的数据流	总部网关要保护的数据流	协商发起方
A→B	B→A	任意一方都可以
a1→b1	b1→a1	任意一方都可以
a1→b1	B→A	必须为分支网关
A→B	b1→a1	必须为总部网关

从表中我们可以看出，当对等体间 ACL 规则镜像配置（也就是要保护的数据流类型完全一样，只是传输方向相反，例如 A→B 和 B→A、a1→b1 和 b1→a1）时，任意一方发起协商都能保证 SA 成功建立。**当对等体间 ACL 规则非镜像配置（例如 a1→b1 和 B→A、A→B 和 b1→a1）时，仅当协商发起方的 ACL 规则定义的小于响应方 ACL 规定定义的时，SA 才能成功建立。**

为保证 SA 的成功建立，通常建议将 IPSec 对等体上 ACL 规则采用镜像配置，以保证两端要保护的数据流是镜像的。也就是在配置时要尽可能使本端 ACL 指定的源 IP 地址需要和对端 ACL 指定的目的 IP 地址一致，本端 ACL 指定的目的 IP 地址需要和对端 ACL 指定的源 IP 地址一致。

定义需要保护数据流的 ACL 的配置步骤见表 2-3。**一个安全策略中只能引用一个 ACL，对于有不同安全要求的数据流，需要创建不同的 ACL 和相应的安全策略。**

表 2-3 定义需要保护数据流的 ACL 的配置步骤

步骤	命令	说明
1	**system-view**	进入系统视图
2	**acl** [**number**] *acl-number* [**match-order** { **config** | **auto** }] 例如，[Huawei] **acl** 3001	创建一个高级 ACL 并进入其视图。 ① **number**：可选项，表示所创建的是数字型的 ACL，默认是数字型的。 ② *acl-number*：指定所创建的 ACL 编号，必须为 3000～3999 的整数，因为创建的是高级 IP ACL。 ③ **config**：二选一选项，匹配规则时按用户的配置顺序。但要注意，这仅是在用户没有指定 rule-id 的前提下，如果用户指定了 rule-id，则匹配规则时仍按 rule-id 从小到大的顺序进行匹配。 ④ **auto**：二选一选项，匹配规则时系统自动排序（按“深度优先”的顺序排序）。如果“深度优先”的顺序相同，则匹配规则时按 rule-id 由小到大的顺序排序
3	**rule** [*rule-id*] { **deny** | **permit** } **ip** [**destination** { *destination-address destination-wildcard* | **any** } | **source** { *source-address source-wildcard* | **any** } | **vpn-instance** *vpn-instance-name* | **dscp** *dscp*] * 例如，[Huawei-acl-adv-3001] **rule permit ip source** 129.9.8.0 0.0.0.255 **destination** 202.38.160.0 0.0.0.255	配置用于定义需要保护的 IP 数据流的 ACL 规则。 ① *rule-id*：可选参数，指定 ACL 的规则 ID。如果指定 ID 的规则已经存在，则会在旧规则的基础上叠加新定义的规则，相当于编辑一个已经存在的规则；如果指定 ID 的规则不存在，则使用指定的 ID 创建一个新规则，并且按照 ID 的大小决定规则插入的位置。如果不指定 ID，则增加一个新规则时设备自动会为这个规则分配一个 ID，ID 按照大小排序。系统自动分配 ID 时会留有一定的空间，具体的相邻 ID 由 **step** 命令指定。 【注意】设备自动生成的规则 ID 从步长值起始，缺省步长为 5，即从 5 开始并按照 5 的倍数生成规则序号，序号分别为 5、10、15、……仅当 ACL 为 **config** 模式时，指定的 *rule-id* 才有效；**auto** 模式的 ACL 指定的 *rule-id* 无效，设备会根据深度优先算法为其自动分配一个 *rule-id*。 ② **deny**：二选一选项，表示拒绝符合条件的报文，也就是符合该规则条件的报文不会被 IPSec 保护。

续表

步骤	命令	说明
3	**rule** [*rule-id*] { **deny** | **permit** } **ip** [**destination** { *destination-address destination-wildcard* | **any** } | **source** { *source-address source-wildcard* | **any** } | **vpn-instance** *vpn-instance-name* | **dscp** *dscp*] * 例如，[Huawei-acl-adv-3001] **rule permit ip source** 129.9.8.0 0.0.0.255 **destination** 202.38.160.0 0.0.0.255	③ **permit**：二选一选项，表示允许符合条件的报文，也就是符合该规则条件的报文会被 IPSec 保护。 ④ **destination** { *destination-address destination-wildcard* | **any** }：可多选参数，指定 ACL 规则匹配报文的目的地址信息。如果不配置，表示报文的任何目的地址都匹配。其中，*destination-address* 表示报文的目的 IP 地址；*destination-wildcard* 表示目的地址通配符；**any** 表示报文的任意目的地址，相当于 *destination-address* 为 0.0.0.0 或 *destination-wildcard* 为 255.255.255.255。 ⑤ **source** { *source-address source-wildcard* | **any** }：可多选参数，指定 ACL 规则匹配报文的源地址信息。如果不配置，表示报文的任何源地址都匹配。其中，*source-address* 指定报文的源地址；*source-wildcard* 指定源地址通配符；**any** 表示报文的任意源地址，相当于 *source-address* 为 0.0.0.0 或 *source-wildcard* 为 255.255.255.255。 ⑥ **vpn-instance** *vpn-instance-name*：可多选参数，指定所配置的 ACL 规则仅应用于特定的 VPN 实例。 ⑦ **dscp** *dscp*：可多选参数，指定 ACL 规则匹配报文时为报文分配的 DSCP 优先有值，取值为 0～63，值越大，优先级越高。 可用 **undo rule** *rule-id* 命令删除指定的规则，但不能删除在应用中的规则，此时需要在对应的应用中先停止调用该规则对应的 ACL，然后再删除其中的某条规则

2.3.4 配置 IPSec 安全提议

【说明】本项配置任务也是手动方式和 IKE 动态协商建立 IPSec 隧道的一项共同配置任务，且都必须手工创建（没有缺省的安全提议），但里面的参数可以直接采用它们的缺省值。

IPSec 安全提议是 IPSec 安全策略或安全框架的一个组成部分，包括 IPSec 使用的安全协议、认证/加密算法以及数据的封装模式，定义了 IPSec 的保护方法，为 IPSec SA 协商提供各种安全参数，需要在后面配置的安全策略中被调用。**在 IPSec 隧道两端配置的安全协议、认证算法和加密算法必须相同，但安全提议名称可以不同。**

IPSec 安全提议的配置步骤见表 2-4。

表 2-4 IPSec 安全提议的配置步骤

步骤	命令	说明
1	**system-view**	进入系统视图
2	**ipsec proposal** *proposal-name* 例如，[Huawei] **ipsec proposal** prop1	创建 IPSec 安全提议并进入 IPSec 安全提议视图。参数 *proposal-name* 用来指定 IPSec 安全提议的名称，字符串格式，不支持“?”和空格，区分大小写，长度是 1～15。 缺省情况下，系统没有配置 IPSec 安全提议，可用 **undo ipsec proposal** *proposal-name* 命令删除指定的 IPSec 安全提议

续表

<table>
<tr><th>步骤</th><th colspan="2">命令</th><th>说明</th></tr>
<tr><td>3</td><td colspan="2">transform { ah | esp | ah-esp }
例如，[Huawei-ipsec-proposal-prop1] transform ah</td><td>配置所使用的安全协议。
① ah：多选一选项，指定采用的安全协议为 AH。
② esp：多选一选项，指定采用的安全协议为 ESP。
③ ah-esp：多选一选项，指定同时采用 AH 和 ESP
AH 能保护通信免受篡改，但不能防止窃听，适合用于传输非机密数据。ESP 虽然提供的认证服务不如 AH，但它可以对有效载荷进行加密。
缺省情况下，IPSec 安全提议采用安全协议为 ESP 协议，可用 undo transform 命令恢复为缺省配置</td></tr>
<tr><td rowspan="3">4</td><td>采用 AH 协议时</td><td>ah authentication-algorithm { md5 | sha1 | sha2-256 | sha2-384 | sha2-512 }
例如，[Huawei-ipsec-proposal-prop1] ah authentication-algorithm sha1</td><td>设置 AH 协议采用的认证算法。
① md5：多选一选项，指定 AH 协议采用 MD5 认证，使用 128 位的密钥。
② sha1：多选一选项，指定 AH 协议采用 SHA-1 认证，也称为“HMAC-SHA-1-96”算法（在 RFC2404 中定义），使用 160 位的密钥。
③ sha2-256：多选一选项，指定 AH 协议采用 SHA-256 认证，使用 256 位的密钥。
④ sha2-384：多选一选项，指定 AH 协议采用 SHA-384 认证，使用 384 位的密钥。
⑤ sha2-512：多选一选项，指定 AH 协议采用 SHA-512 认证，使用 512 位的密钥。
缺省情况下，AH 协议采用 SHA2-256 认证算法，可用 undo ah authentication-algorithm 命令恢复为缺省值</td></tr>
<tr><td rowspan="2">采用 ESP 协议时</td><td>esp authentication-algorithm { md5 | sha1 | sha2-256 }
例如，[Huawei-ipsec-proposal-prop1] esp authentication-algorithm sha1</td><td>设置 ESP 协议采用的认证算法，命令中的选项与 ah authentication-algorithm 命令中的对应选项说明
缺省情况下，ESP 协议采用 SHA2-256 认证算法，可用 undo esp authentication-algorithm 命令设置 ESP 协议不对报文进行认证，注意不是恢复为缺省算法，而是设置认证算法为空，即不认证。但 ESP 协议采用的加密算法和认证算法不能同时设置为空</td></tr>
<tr><td>esp encryption-algorithm { des | 3des | aes [128 | 192 | 256] }
例如，[Huawei-ipsec-proposal-prop1] esp encryption-algorithm 3des</td><td>设置 ESP 协议采用的加密算法。
① 3des：多选一可选项，指定 ESP 协议的加密算法为 3DES，使用 192 位密钥。
② des：多选一可选项，指定 ESP 协议的加密算法为数据加密标准 DES，使用 64 位密钥。
③ aes-128：多选一可选项，指定 ESP 协议的加密算法为高级加密标准 AES，使用 128 位密钥。
④ aes-192：多选一可选项，指定 ESP 协议的加密算法为高级加密标准 AES，使用 192 位密钥。
⑤ aes-256：多选一可选项，指定 ESP 协议的加密算法为高级加密标准 AES，使用 256 位密钥。</td></tr>
</table>

续表

步骤	命令		说明
4	采用 ESP 协议时	**esp encryption-algorithm** { **des** | **3des** | **aes** [**128** | **192** | **256**] } 例如，[Huawei-ipsec-proposal-prop1] **esp encryption-algorithm 3des**	缺省情况下，ESP 协议采用 AES-128 加密算法，可用 **undo esp encryption-algorithm** 命令设置 ESP 协议不对报文进行加密，**注意这里不是恢复为缺省算法，而是设置加密算法为空，即不加密。**但 ESP 协议采用的加密算法和认证算法不能同时设置为空
5	**encapsulation-mode** { **transport** | **tunnel** } 例如，[Huawei-ipsec-proposal-prop1] **encapsulation-mode transport**		选择安全协议对数据的封装模式。 ① **transport**：二选一选项，指定安全协议对数据的封装模式采用传输模式，仅适用于端到端（End-to-End）的连接。 ② tunnel：二选一选项，指定安全协议对数据的封装模式采用隧道模式，同时支持端到端（End-to-End）和站点到站点（Site-to-Site）的连接。 缺省情况下，采用隧道模式，可用 **undo encapsulation-mode** 命令恢复为缺省值。**IPSec 隧道两端设置的安全策略所引用的 IPSec 安全提议必须采用相同的数据封装模式**
6	**quit**		返回系统视图
7	**ipsec authentication sha2 compatible enable** 例如，[Huawei] **ipsec authentication sha2 compatible enable**		（可选）开启 SHA-2 算法兼容功能。 IPSec 安全协议中使用 SHA-2 算法时，如果 IPSec 隧道两端设备的厂商不同或两端产品的版本不同，由于不同厂商或者不同产品之间加密解密的方式可能不同，会导致 IPSec 流量不通，可以通过执行此命令开启 SHA-2 算法兼容功能解决此问题。 缺省情况下，SHA-2 算法兼容功能处于关闭状态，可用 **undo ipsec authentication sha2 compatible enable** 命令关闭 SHA-2 算法兼容功能

【说明】安全协议同时采用 AH 和 ESP 协议时，允许 AH 协议对报文进行认证，允许 ESP 协议对报文进行加密和认证，即 AH 协议的认证算法、ESP 协议的认证/加密算法均可选择配置。此时设备先对报文进行 ESP 封装，再进行 AH 封装。

2.3.5　配置 IPSec 安全策略

IPSec 安全策略是建立 SA 的前提，其规定了对感兴趣流采用哪种保护方法。配置安全策略时，将 ACL 定义的感兴趣流和 IPSec 安全提议定义的保护方法关联起来，并可以指定 IPSec 隧道的起点和终点、所需的密钥和 SA 的生存周期等。

一个安全策略由名称和序号共同唯一确定，相同名称的安全策略为一个安全策略组。IPSec 安全策略分为手工方式 IPSec 安全策略、ISAKMP 方式 IPSec 安全策略和策略模板方式 IPSec 安全策略。其中，ISAKMP 方式 IPSec 安全策略和策略模板方式 IPSec 安全策略均由 IKE 自动协商生成各参数。

手工方式需要用户分别针对出/入方向 SA 手工配置认证/加密密钥、SPI 等参数，并且隧道两端的这些参数需要镜像配置。即本端的入方向 SA 参数必须和对端的出方向 SA 参数一致；本端的出方向 SA 参数必须和对端的入方向 SA 参数一致。手工方式安全策略的配置步骤见表 2-5。

表 2-5 手工方式安全策略的配置步骤

<table>
<tr><th>步骤</th><th>命令</th><th colspan="2">说明</th></tr>
<tr><td>1</td><td>system-view</td><td colspan="2">进入系统视图</td></tr>
<tr><td>2</td><td>ipsec policy policy-name seq-number manual
例如，[Huawei] ipsec policy policy1 100 manual</td><td colspan="2">创建手工方式安全策略，并进入手工方式安全策略视图。
① policy-name：用来指定要创建的安全策略的名称，字符串格式，长度是 1～15，区分大小写，字符串中不能包含“？”和空格。
② seq-number：指定安全策略的序号，整数形式，取值是 1～10000，值越小表示安全策略的优先级越高。
一个安全策略由名称和序号共同唯一确定，相同名称、不同序号的安全策略为一个安全策略组。在接口上应用安全策略组时，会按该名称安全策略下的序号由小到大的顺序先后应用。
缺省情况下，系统不存在安全策略，可用 undo ipsec policy policy-name 命令删除指定的安全策略。
【注意】无论是手工方式创建，还是通过 IKE 协商方式创建的安全策略，都不能直接修改它的创建方式（即修改它的手工或 IKE 方式），而是必须先删除该安全策略再重新创建，因为这两种安全策略的配置是不一样的</td></tr>
<tr><td>3</td><td>security acl acl-number
例如，[Huawei-ipsec-policy-manual-policy1-100] security acl 3100</td><td colspan="2">在以上安全策略中引用定义需要保护的数据流的高级 ACL。一个安全策略只能引用一个 ACL，用于指定安全策略所作用的数据流。如果设置安全策略引用了多于一个 ACL，最后引用的 ACL 才有效。故如果要修改配置，既可用 undo security acl 命令删除已引用的 ACL，然后再重新执行本命令引用新的 ACL，也可不删除原来已引用的 ACL，而是直接执行本命令引用新的 ACL。
缺省情况下，系统没有引用 ACL</td></tr>
<tr><td>4</td><td>proposal proposal-name
例如，[Huawei-ipsec-policy-manual-policy1-100] proposal prop1</td><td colspan="2">在以上安全策略中引用所创建的 IPSec 安全提议。一个手工方式的安全策略只能引用一个 IPSec 安全提议（一个 IKE 协商方式的安全策略最多可以引用 12 个 IPSec 安全提议），如果已经设置了 IPSec 安全提议，必须先取消原先的 IPSec 安全提议才能设置新的 IPSec 安全提议。
缺省情况下，没有指定安全策略所引用的 IPSec 安全提议，可用 undo proposal 命令删除引用的 IPSec 安全提议</td></tr>
<tr><td rowspan="2">5</td><td>tunnel local ip-address
例如，[Huawei-ipsec-policy-manual-policy1-100] tunnel local 202.138.162.1</td><td rowspan="2">配置 IPSec 隧道的起点和终点。对于手工方式的安全策略，必须正确地设置本地地址（起点）和远端地址（终点）才能成功地建立一条 IPSec 隧道。
【注意】本端配置 IPSec 隧道的远端 IP 地址与对端配置 IPSec 隧道的本地 IP 地址应保持一致</td><td>配置 IPSec 隧道的本地 IP 地址（通常是本端 IPSec 设备的公网接口地址）</td></tr>
<tr><td>tunnel remote ip-address
例如，[Huawei-ipsec-policy-manual-policy1-100] tunnel remote 202.138.163.1</td><td>配置 IPSec 隧道的远端 IP 地址（通常是对端 IPSec 设备的公网接口地址）</td></tr>
</table>

续表

<table>
<tr><th>步骤</th><th>命令</th><th colspan="2">说明</th></tr>
<tr><td rowspan="2">6</td><td>**sa spi outbound { ah | esp }** *spi-number*
例如，[Huawei-ipsec-policy-manual-policy1-100] **sa spi inbound ah** 10000</td><td rowspan="2">配置出/入方向 SA 的 SPI 值
【注意】在配置手工方式安全策略时，用户必须配置入方向和出方向 SA 的 SPI。并且本端的入方向 SA 的 SPI 必须和对端的出方向 SA 的 SPI 一样。
所选择的安全协议必须与配置 IPSec 安全提议中 **transform** 命令配置的安全协议一致。如果在 **transform** 命令中配置的安全协议为 **ah-esp**，则此处的命令必须同时配置 **ah** 和 **esp** 两种安全协议对应的出/入 **SPI**。另外，为保证 SA 的唯一性，出/入方向 SA 的 SPI 值不能设置成相同值，即不同的 **SA 必须对应不同的 SPI**</td><td>配置出方向 SA 的 SPI。
① **ah**：二选一选项，指定配置通过 AH 协议建立 IPSec SA 的 SPI。
② **esp**：二选一选项，指定配置通过 ESP 协议建立 IPSec SA 的 SPI。
③ *spi-number*：指定 SPI，整数形式，取值是 256～4294967295。
缺省情况下，SA 没有设置 SPI，可用 **undo sa spi outbound { ah | esp }** 命令删除所设置的 SA 出方向的 SPI</td></tr>
<tr><td>**sa spi inbound { ah | esp }** *spi-number*
例如，[Huawei-ipsec-policy-manual-policy1-100] **sa spi outbound ah** 20000</td><td>配置入方向 SA 的 SPI。参数和选项详情参见以上说明。
缺省情况下，SA 没有设置 SPI，可用 **undo sa spi inbound { ah | esp }** 命令删除所设置的 SA 的入方向 SPI</td></tr>
<tr><td>7</td><td>**sa string-key { inbound | outbound } ah { simple | cipher }** *string-key*
例如，[Huawei-ipsec-policy-manual-policy1-100] **sa string-key inbound ah cipher** lycb_gz</td><td>安全协议采用 AH 协议时，配置出/入 SA 所采用的认证密钥
【说明】如果分别以两种形式设置了认证密钥，则最后设定的认证密钥有效</td><td>（二选一）配置 AH 协议的认证密钥（以字符串方式输入）。
① **inbound**：二选一选项，指定入方向 SA 的 AH 认证密钥。
② **outbound**：二选一选项，指定出方向 SA 的 AH 认证密钥。
③ **simple**：二选一选项，指定采用明文口令类型的 AH 认证密钥。此时只能键入明文口令，查看配置文件时也是以明文方式显示口令。
④ **cipher**：二选一选项，指定采用密文口令类型的 AH 认证密钥。此时可以键入明文或粘贴密文口令，但在查看配置文件时均以密文方式显示口令。
⑤ *string-key*：指定 SA 的认证密钥，字符串格式，不支持“？”和空格，**区分大小写**，如果明文输入，长度是 1～255 个字符；如果密文粘贴，长度为 32～392 个字符。
缺省情况下，系统没有配置 SA 的认证密钥，可用 **undo sa string-key { inbound | outbound } ah** 命令删除所配置的 SA 的认证密钥。</td></tr>
</table>

续表

步骤	命令	说明	
7	**sa authentication-hex** { **inbound** | **outbound** } **ah** { **simple** | **cipher** } *hex-string* 例如，[Huawei-ipsec-policy-manual-policy1-100] **sa authentication-hex inbound ah cipher** 11223344556677889900 aabbccddeeff00		（二选一）配置 AH 协议的认证密钥（以十六进制方式输入）。参数 *hex-string* 用来指定十六进制格式的认证密钥，每位十六进制字符为 4 比特。 ① 如果使用 MD5 认证算法，密钥长度为 16 字节明文，或 28 字节密文。 ② 如果使用 SHA-1 认证算法，密钥长度为 20 字节明文，或 34 字节密文。 ③ 如果使用 SHA2-256 认证算法，密钥长度为 32 字节明文，或 52 字节密文。 ④ 如果使用 SHA2-384 认证算法，密钥长度为 48 字节明文，或 76 字节密文。 ⑤ 如果使用 SHA2-512 认证算法，密钥长度为 64 字节明文，或 100 字节密文。 其他选项详情参见本表前面 **sa string-key** { **inbound** | **outbound** } **ah** { **simple** | **cipher** } *string-key* 命令中的对应说明。 缺省情况下，系统没有配置 SA 的认证密钥，可用 **undo sa authentication-hex** { **inbound** | **outbound** } **ah** 命令删除所配置的 SA 的认证密钥
	sa string-key { **inbound** | **outbound** } **esp** { **simple** | **cipher** } *string-key* 例如，[Huawei-ipsec-policy-manual-policy1-100] **sa string-key inbound esp cipher** lycb_gz	安全协议采用 ESP 协议时，配置 ESP 协议的认证密钥 【说明】如果分别以两种形式设置了认证密钥，则最后设定的认证密钥有效 **当安全协议采用 ESP 协议时，如果选择以字符串形式输入认证密钥，则设备将自动生成 ESP 的加密密钥，无须配置第 8 步**	（二选一）配置 ESP 协议的认证密钥（以字符串方式输入）。参数和选项详情参见本表前面 **sa string-key** { **inbound** | **outbound** } **ah** { **simple** | **cipher** } *string-key* 命令的对应说明 缺省情况下，系统没有配置 SA 的认证密钥，可用 **undo sa string-key** { **inbound** | **outbound** } **esp** 命令删除所配置的 SA 的认证密钥
	sa authentication-hex { **inbound** | **outbound** } **esp** { **simple** | **cipher** } *hex-string* 例如，[Huawei-ipsec-policy-manual-policy1-100] **sa authentication-hex outbound esp cipher** 11223344556677889900 aabbccddeeff00		（二选一）配置 ESP 协议的认证密钥（以十六进制方式输入）。参数和选项详情参见本表前面 **sa authentication-hex** { **inbound** | **outbound** } **ah** { **simple** | **cipher** } *hex-string* 命令的对应说明。 缺省情况下，系统没有配置 SA 的认证密钥，可用 **undo sa authentication-hex** { **inbound** | **outbound** } **esp** 命令删除所配置的 SA 的认证密钥

续表

步骤	命令	说明
8	**sa encryption-hex** { **inbound** | **outbound** } **esp** { **simple** | **cipher** } *hex-string* 例如，[Huawei-ipsec-policy-manual-policy1-100] **sa encryption-hex outbound esp cipher** 112233445566778899 aabbccddeeff00	（可选）安全协议采用 ESP 协议时，配置 ESP 协议的加密密钥（以十六进制方式输入），但如果配置了字符串格式的 ESP 认证密钥，则不能再执行本步骤，否则会删除原来配置的认证密钥。参数 *hex-string* 用来指定十六进制格式的加密密钥，每位十六进制字符为 4 比特。 ① 如果使用 DES 加密算法，密钥长度为 8 字节明文，或 16 字节密文。 ② 如果使用 3DES 加密算法，密钥长度为 24 字节明文，或 40 字节密文。 ③ 如果使用 AES-128 加密算法，密钥长度为 16 字节明文，或 28 字节密文。 ④ 如果使用 AES-192 加密算法，密钥长度为 24 字节明文，或 40 字节密文。 ⑤ 如果使用 AES-256 加密算法，密钥长度为 32 字节明文，或 52 字节密文。 其他选项详情参见本表前面 **sa authentication-hex** { **inbound** | **outbound** } **ah** { **simple** | **cipher** } *hex-string* 命令中的对应说明 缺省情况下，系统没有配置 SA 的认证密钥，可用 **undo sa encryption-hex** { **inbound** | **outbound** } **esp** 命令删除所配置的 SA 的认证密钥

2.3.6 配置 IPSec 隧道可选功能

在基于 ACL 方式的手工建立 IPSec 隧道中，可以配置以下可能的功能：

①（可选）配置 IPSec 先分片后加密功能；

②（可选）配置 IPSec 反查功能；

③（可选）配置 IPSec 报文的 QoS 功能；

④（可选）配置 IPSec VPN 多实例；

⑤（可选）配置保护相同数据流的新用户快速接入总部功能；

⑥（可选）配置多链路共享功能。

1. 配置 IPSec 先分片后加密功能

原始 IP 报文经过 IPSec 重封装后，报文长度有可能会超过设备出接口的 MTU，这时就需要对 IP 数据包进行分片，以防止报文丢失。在 IPSec 通信中，报文分片功能有以下两种形式。

1）加密前分片

加密前分片是在原始 IP 数据包进行 IPSec 重封装前，加密设备会计算数据包封装后的预计长度（毕竟所加的字段和长度是固定的，可以事先估计的），如果长度超过出接口的 MTU，加密设备先对数据包进行分片，对分片后的每个原始 IP 数据包分片分别进行 IPSec 加密。在这种情况下，对端解密设备会将重组工作交给终端主机完成，因为原始数据包被分片了，所以最终的数据包重组只能在还原为原始数据包后由目的设备来完成。这种分片方式减少了对端解密设备的 CPU 消耗。

2）加密后分片

加密后分片是在 IP 数据包进行 IPSec 封装后，如果 IPSec 数据包大小超过出接口的 MTU，加密设备对 IPSec 数据包按照出接口的 MTU 进行分片。在这种情况下，对端解密设备需要先将 IPSec 数据包重组后再进行解密，即 IPSec 数据包的重组工作是由对端 IPSec 设备完成的，因为此时在源端并不是直接对原始 IP 数据包进行分片，而是对经过了 IPSec 重封后的 IPSec 数据包进行分片，自然最终的数据包重组工作是由对端能够识别 IPSec 数据包的设备来担当，重组并解密还原后的原始 IP 数据包才会发给终端主机。

配置报文分片功能的步骤见表 2-6。

表 2-6　配置报文分片功能的步骤

步骤	命令	说明
1	**system-view**	进入系统视图
2	**ipsec df-bit** { **clear** | **set** | **copy** } 例如，[Huawei] **ipsec df-bit clear**	配置 IPSec 报文的 DF（Don't Fragment）标志位，表示是否允许对数据包进行分片。 ① **clear**：多选一选项，指定 DF 标志位设置为 0，允许对数据包进行分片。 ② **set**：多选一选项，指定 DF 标志位设置为 1，不允许对数据包进行分片。 ③ **copy**：多选一选项，指定 DF 标志位为原始 IP 数据包的标志位。 可以重复执行本命令，但后面的配置将覆盖前面所进行的配置 缺省情况下，IPSec 报文的 DF 标志位设置采用 copy 方式，即指定 DF 标志位为原始 IP 报文的标志位
3	**ipsec fragmentation before-encryption** 例如，[Huawe] **ipsec fragmentation before-encryption**	配置 IPSec 隧道报文的分片方式为加密前分片。当允许对数据包分片时（当上一步 **ipsec df-bit** 命令选择 **clear** 选项，或选择 **copy** 选项，且 IP 数据包的 DF 标识位为 0 时），此命令才有效。 缺省情况下，IPSec 隧道报文的分片方式为加密后分片，可用 **undo ipsec fragmentation** 命令恢复为缺省配置

2. 配置 IPSec 反查功能

IPSec 反查功能能够确保数据流被正确地加密。开启该功能后，设备将对应用了 IPSec 安全策略的接口接收的报文进行检查。例如，选择 IPSec 隧道模式时，SA 入方向的 IPSec 报文在解封装后有可能内部 IP 报头不在当前安全策略配置的 ACL 保护内（例如网络中恶意构造的攻击报头）。配置 IPSec 反查功能后，设备能重新检查 IP 报头是否在 ACL 保护内，若能与 ACL 的 **permit** 规则匹配，则采取后续处理，否则丢弃，从而提高了网络安全性。

开启 IPSec 反查功能的方法是在系统视图下执行 **ipsec decrypt check** 命令。缺省情况下，IPSec 反查功能处于关闭状态。

3. 配置 IPSec 报文的 QoS 功能

IPSec 隧道模式下，通常 IP 数据包经过 IPSec 封装后，隐藏了原始数据包中的 IP 报头及协议等关于 QoS 的参数信息。虽然 IPSec 要求封装后的新 IP 报头中的 DSCP 字段使用原 IP 报头中的 DSCP 值，但有些 QoS 方案需要五元组信息才能正常工作。IPSec 设备通过对原 IP 数据包中的源 IP 地址、目的 IP 地址、协议标识、源端口号和目的端口号五元组信息的预提取，有助于实现 IPSec 报文更细化的 QoS 管理。

配置原始 IP 报文信息预提取功能的步骤见表 2-7。

表 2-7　配置原始 IP 报文信息预提取功能的步骤

步骤	命令	说明
1	**system-view**	进入系统视图
2	**ipsec policy** *policy-name seq-number* **manual** 例如，[Huawei] **ipsec policy** policy1 100 **manual**	进入以前已创建的手工方式安全策略视图
3	**qos pre-classify** 例如，[Huawei-ipsec-policy-manual-policy1-100] **qos pre-classify**	（二选一）配置对原始报文信息进行预提取。 缺省情况下，系统没有配置对原 IP 数据包信息的预提取，可使用 **undo qos pre-classify** 命令取消对原始报文信息的预提取
	qos group *qos-group-value* 例如，[Huawei-ipsec-policy-manual-policy1-100] **qos group** 30	（二选一）配置 IPSec 报文所属的 QoS 组。参数 *qos-group-value* 用来指定 QoS 组的序号，整数形式，取值是 1～99。 配置 IPSec 报文所属的 QoS 组后，需要在 QoS 流分类视图下执行 **if-match qos-group** *qos-group-value* 命令，创建基于 QoS 组进行分类的匹配规则

4. 配置 IPSec VPN 多实例

手工方式建立的 SA 支持在安全策略下配置 IPSec 隧道绑定特定的 MPLS VPN 实例，即在特定的 MPLS VPN 实例下建立 IPSec VPN 连接。

对于一个 MPLS VPN 网络，如果 CE（用户端）和 PE（运营商端）之间没有使用专线连接，而是通过 Internet 连接，此时，CE 内部接入主机要访问其他 VPN Site 的资源就必须通过不安全的 Internet。但如果对这部分用户提供通过 IPSec 隧道方式接入 MPLS VPN 的骨干网，通过本功能的配置指定隧道对端所属的 VPN 实例，从而使报文在到达对端后可获知发送的接口，即可以实现 IPSec 的 VPN 多实例连接。

配置 IPSec 隧道绑定 VPN 实例的步骤见表 2-8。

表 2-8　配置 IPSec 隧道绑定 VPN 实例的步骤

步骤	命令	说明
1	**system-view**	进入系统视图
2	**ipsec policy** *policy-name seq-number* **manual** 例如，[Huawei] **ipsec policy** policy1 100 **manual**	进入以前已创建的手工方式安全策略视图。可以使用同名称，但不同序号的安全策略要与不同 MPLS VPN 实例进行绑定，以实现 CE 可以访问位于不同 VPN Site 中的资源
3	**sa binding vpn-instance** *vpn-instance-name* 例如，[Huawei-ipsec-policy-manual-policy1-100] **sa binding vpn-instance** vpna	指定以上安全策略中，IPSec 隧道要绑定的 MPLS VPN 实例。参数 *vpn-instance-name* 是一个已经在 MPLS VPN 网络中通过 **ip vpn-instance** *vpn-instance-name* 命令创建的 MPLS VPN 实例，字符串格式，长度是 1～31。区分大小写，字符串中不能包含“？”和空格。 缺省情况下，IPSec 隧道没有绑定 VPN 实例，可用 **undo sa binding vpn-instance** 命令删除 IPSec 隧道绑定的 VPN 实例

5. 配置保护相同数据流的新用户快速接入总部功能

在分支机构和总部建立 IPSec 隧道后，由于链路状态发生变化，会导致分支机构 IPSec 网关应用安全策略组接口的 IP 地址发生了改变（例如分支网关通过拨号接入 Internet 与总部建立 IPSec 隧道的情况）。此时，总部 IPSec 网关已存在一条 IPSec 隧道保护总部网关与分支网关（原有用户）相互访问的流量。由于保护的数据流出现了相同的冲突，分支机构与总部无法再建立一条新 IPSec 隧道，两端之间的流量无法受到安全保护。

通过在系统视图下执行 **ipsec remote traffic-identical accept** 命令使能保护相同数据流的新用户快速接入总部功能，可使分支网关与总部网关之前建立的 IPSec SA 迅速老化，以重新建立 IPSec 隧道。

6. 配置多链路共享功能

为了提高网络的可靠性，通常企业 IPSec 网关与 ISP 会有两条互为备份或者负载分担的出口链路。当在两个出接口配置了 IPSec 并采用相同的保护方法时，那么就需要 IPSec 业务能够平滑切换。但由于两个出接口是分别协商生成的 IPSec SA，在主备链路切换时，需要消耗时间重新进行 IKE 协商以生成 IPSec SA，导致数据流暂时中断。此时，通过配置安全策略组为多链路共享安全策略组，设备使用 LoopBack 接口与对端设备建立 IPSec 隧道，可以实现在主备链路切换时 IPSec 业务不中断。

配置了多链路共享功能后，应用 IPSec 的两个物理接口共同使用一个多链路共享的 IPSec SA。当这些物理接口对应的链路切换时，如果 LoopBack 接口（**一个 LoopBack 接口只能对应一个共享安全策略组**）的状态并没有发生变化，就不会删除 IPSec SA，也不需要重新触发 IKE 协商，而是直接使用相同的 IPSec SA 继续保护流量。

多链路共享的 IPSec 隧道示意如图 2-12 所示，分支机构 IPSec 网关 RouterA 的报文通过两条出口链路到达总部 IPSec 网关 RouterB。若某条出口链路发生故障，并不会影响 RouterA 和 RouterB 间的 IPSec 通信，从而提高了网络的可靠性。

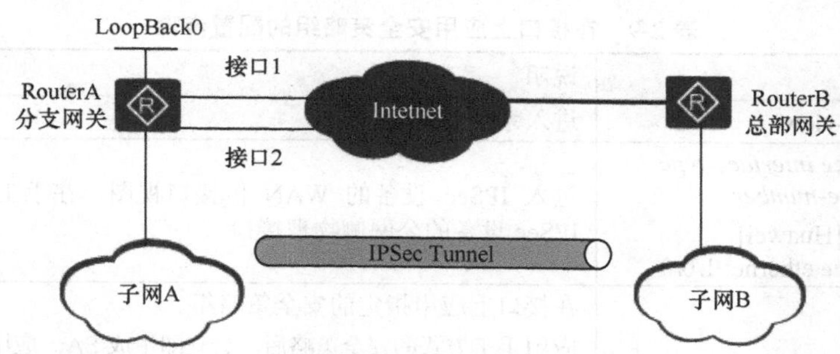

图 2-12　多链路共享的 IPSec 隧道示意

配置多链路共享功能的方法是在系统视图下执行 **ipsec policy** *policy-name* **shared local-interface loopback** *interface-number* 命令，参数 *policy-name* 指定已创建的安全策略的名称；**local-interface loopback** *interface-number* 指定 LoopBack 接口编号。

2.3.7 配置在接口上应用安全策略组

在完成安全策略配置后，还需要在接口上应用所配置的安全策略，使接口对所发送的数据接受 IPSec 的保护。

安全策略组是所有具有相同名称、不同序号的安全策略的集合。一个安全策略组可以包含多个手工和 IKE 动态协商方式策略，**却只能包含一个策略模板**。在同一个安全策略组中，**序号越小的安全策略，被应用的优先级越高**。

安全策略组除了可以应用到串口、以太网口等实际物理接口上，还能够应用到 Virtual Template（虚拟模板）等虚拟接口上。这样就可以根据实际组网要求应用安全策略组，如分支通过 PPPoE 拨号方式与总部建立 IPSec 隧道时，需要将安全策略应用到 Virtual Template 上，**但这种情形不适用采用手工方式建立 IPSec 隧道**。当取消安全策略组在接口上的应用后，此接口便不再具有 IPSec 的保护功能。

当从一个接口发送数据时，该接口将按照从小到大的序号查找安全策略组中每一个安全策略。如果数据流匹配了一个安全策略引用的 ACL，则使用这个安全策略对数据流进行处理；如果没有匹配，则继续查找下一个安全策略；如果数据与所有安全策略引用的 ACL 都不匹配，则直接被发送，即 IPSec 不对数据流加以保护。

接口应用 IPSec 安全策略组时要注意以下原则。

① IIPSec 安全策略应用到的接口一定是建立隧道的接口，该接口一定是到达对端私网路由的出接口。通常是 IPSec 设备连接 Internet 的公网接口，但如果在 IPSec 设备前面还有 NAT 网关设备时，则这个接口可能是私网 IP 地址。误将 IPSec 安全策略应用到其他接口会导致 VPN 业务不通。

② **一个接口只能应用一个 IPSec 安全策略组，一个 IPSec 安全策略组也只能应用到一个接口上**（除多链路共享安全策略组）。

③ 当 IPSec 安全策略组应用于接口后，不能修改该安全策略组下安全策略引用的 ACL、引用的 IKE 对等体。

在接口上应用安全策略组的配置步骤见表 2-9。

表 2-9　在接口上应用安全策略组的配置步骤

步骤	命令	说明
1	**system-view**	进入系统视图
2	**interface** *interface-type interface-number* 例如，[Huawei] **interface** ethernet 1/0/0	进入 IPSec 设备的 WAN 侧接口视图，在手工方式下通常是 IPSec 设备的公网侧物理接口
3	**ipsec policy** *policy-name* 例如，[Huawei-Ethernet1/0/0] **ipsec policy** policy1	在接口上应用指定的安全策略组。 应用手工方式的安全策略后，会立即生成 SA。应用 IKE 协商方式的安全策略后，则根据可选配置的 **sa trigger-mode** { **auto** | **traffic-based** }命令设置的触发方式（自动触发和流量触发两种方式）协商 IPSec SA。缺省情况下，IKE 协商方式生成的 IPSec SA 为自动触发，SA 创建成功后，IPSec 隧道间的数据流将被加密传输。 缺省情况下，接口上没有应用安全策略组，可用 **undo ipsec policy** 命令从接口上取消应用的安全策略组。 **【注意】一个接口只能应用一个安全策略组，一个安全策略组也只能应用到一个接口上。**如果要在接口上应用另一个安全策略组，必须先从接口上取消应用的安全策略组，再在接口上应用另一个安全策略组

2.3.8　IPSec 隧道维护和管理命令

本节所介绍的IPSec隧道维护和管理命令同时包括本章及后面第3～4章介绍的各种IPSec隧道建立情形下的相关命令（**display** 命令可在任意视图下执行，**reset** 命令须在用户视图下执行），在具体的应用方案配置和管理中选择应用。

① **display ipsec proposal** [**name** *proposal-name*]：查看指定名称或所有配置的 IPSec 安全提议的信息。

② **display ipsec policy** [**brief** | **name** *policy-name* [*seq-number*]]：查看指定名称或所有配置的 IPSec 安全策略的信息。

③ **display ipsec policy-template** [**brief** | **name** *template-name* [*seq-number*]]：查看所有或指定名称的策略模板的配置信息。

④ **display ipsec sa** [**brief** | **duration** | **policy** *policy-name* [*seq-number*] | **peerip** *peer-ip-address*]：查看全局或指定的 IPSec SA 的相关信息。

⑤ **display ipsec profile** [**brief** | **name** *profile-name*]：查看所有或指定安全框架的配置信息。

⑥ **display ike peer** [**name** *peer-name*] [**verbose**]：查看所有或指定名称的 IKE 对等体的配置信息。

⑦ **display ike proposal** [**number** *proposal-number*]：查看所有或指定名称的 IKE 安全提议配置的参数。

⑧ **display ike sa** [**conn-id** *connid* | **peer-name** *peername* | **phase** *phase-number* | **verbose**]：查看所有或指定的 IKE SA 的相关信息。

⑨ **display ike sa** [**v2**] [**phase** *phase-number* | **verbose**]：查看所有或指定阶段的当前 IKEv SA 的相关信息。

⑩ **display ipsec policy-template** [**brief** | **name** *template-name* [*seq-number*]]：查看所有或指定策略模板名称的策略模板配置信息。

⑪ **display ipsec efficient-vpn** [**brief** | **capability** | **ip-alloc information** | **name** *efficient-vpn-name* | **remote**]：查看所有或指定 Efficient VPN 策略的配置信息。

⑫ **display ipsec statistics** { **ah** | **esp** }：查看 IPSec 处理的 AH 或 ESP 报文的统计信息。

⑬ **display ike statistics** { **all** | **msg** | **v1** | **v2** }：查看 IKE 处理的所有或指定类型报文的统计信息，或仅显示 IKE 处理报文的统计计数。

⑭ **reset ipsec statistics** { **ah** | **esp** }：清除 IPSec AH 或 ESP 报文统计信息。

⑮ **reset ike statistics** { **all** | **msg** }：清除所有 IKE 报文统计信息或仅清除 IKE 报文的统计计数。

⑯ **reset ipsec sa** [**remote** *ip-address* | **policy** *policy-name* [*seq-number*] | **parameters** *dest-address* { **ah** | **esp** } *spi*]：清除已建立的指定 SA。通过手工建立的 SA 被删除后，系统会自动根据对应的手工方式安全策略建立新的 SA。而通过 IKE 协商建立的 SA 被删除后，如果有报文重新触发 IKE 协商，IKE 将重新协商建立新的 SA。

⑰ **reset ipsec sa profile** *profile-name*：清除指定安全框架下生成的 SA。通过 IKE 协商建立的 SA 被删除后，如果有报文重新触发 IKE 协商，IKE 将重新协商建立新的 SA。

⑱ **reset ipsec sa efficient-vpn** *efficient-vpn-name*：清除指定 Efficient VPN 策略生成的 SA。

⑲ **reset ike sa** { **all** | **conn-id** *connection-id* }：当前 IKE 建立的所有或指定的 SA。如果要删除通过 IKE 协商建立的 IPSec 隧道，可以执行本命令删除用于协商的 IKE SA。

2.3.9 基于 ACL 方式手工建立 IPSec 隧道配置示例

RouterA 是公司分支机构网关，RouterB 是公司总部网关，分支机构与公司总部的内部子网通过公网 Internet 建立通信连接。其中，分支机构子网为 10.1.1.0/24，公司总部子网为 10.1.2.0/24，并且它们的内部子网用户都已通过专线或固定分配 IP 地址的某种 Internet 接入方式成功接入 Internet。基于 ACL 方式手工建立 IPSec 隧道配置示例拓扑结构如图 2-13 所示。

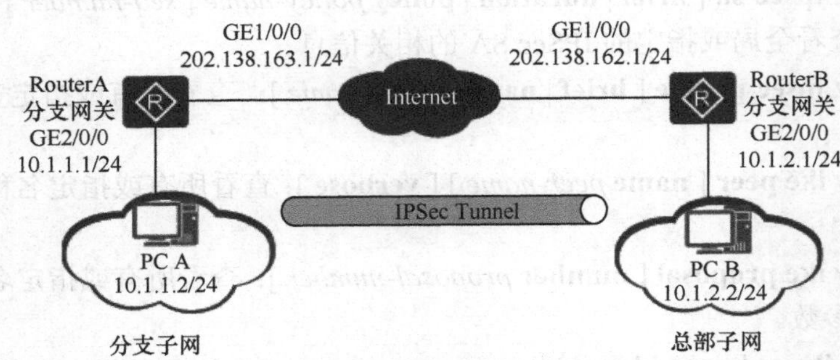

图 2-13 基于 ACL 方式手工建立 IPSec 隧道配置示例拓扑结构

现公司希望对分支机构子网与公司总部子网之间相互访问的流量设置安全保护功能，即在分支机构网关与公司总部网关之间建立一个 IPSec 隧道来实施安全保护。

【说明】 如果用华为模拟器做本实验，则拓扑结构中的 Internet 可用一台路由器代替（采用华为模拟器做本实验时的拓扑结构如图 2-14 所示），但不用在上面配置任何路由，因为经过这台路由器的数据包都是已经经过两端 IPSec 网关的重封装，其源、目的 IP 地址分别是两端直连的分支机构、公司总部 IPSec 网关的公网接口 IP 地址。

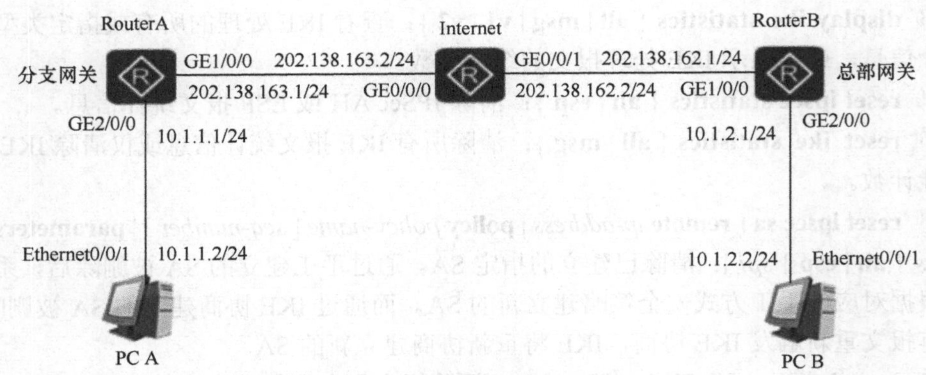

图 2-14 采用华为模拟器做本实验时的拓扑结构

1. 基本配置思路分析

在本示例中，由于维护网关较少，可以考虑采用前面配置简单的基于 ACL 的手工方式建立 IPSec 隧道。

在手工方式 IPSec VPN 中，源端内网用户发送的 IP 数据包经过源端内网路由到达本端 IPSec 网关后，在本端 IPSec 网关 WAN 接口上经过 IPSec 重封装后直接通过 Internet 传输到目的端 IPSec 网关，然后再通过目的端内网路由传输到目的端内网用户，所以在两端 IPSec 网关上配置到达对端公网和内网（私网）的静态路由。公网静态路由用于实现两端 IPSec 网关的三层互通，私网静态路由用于使源端 IP 数据包进入本端 IPSec 网关后可以找到正确的 WAN 接口进行 IPSec 封装、转发。

根据 2.3.1 节介绍的配置任务，我们可得出本示例的基本配置思路。

① 配置各设备接口的 IP 地址，并在 IPSec 网关上配置到达对端 IPSec 网关，以及对端内网的静态路由。

本示例中，公司总部/分支机构 IPSec 网关的 WAN 接口都分配到静态公网 IP 地址。要配置静态路由，还需要了解分支机构和公司总部 Internet 网关所连接的 ISP 设备接口的 IP 地址，作为静态路由的下一跳。本示例中 RouterA 对端公网接口 IP 地址（即图 2-14 中 Internet 路由器 GE0/0/0 接口 IP 地址）为 202.138.163.2/24，RouterB 对端公网接口 IP 地址（即图 2-14 中 Internet 路由器 GE0/0/1 接口 IP 地址）为 202.138.162.2/24。

② 在两端 IPSec 网关上配置 ACL，以定义需要 IPSec 保护的数据流。

本示例两端需要保护的数据流分别是分支机构子网（10.1.1.0/24）与公司总部子网（10.1.2.0/24）之间的通信，两端采用镜像配置（两端配置的 ACL 中的源 IP 地址和目的 IP 地址互换）。其他数据直接在 Internet 中传输，不需要经过 IPSec 封装。

③ 在两端 IPSec 网关上配置 IPSec 安全提议，定义 IPSec 的保护方法。

IPSec 安全提议包括 IPSec 使用的安全协议、认证/加密算法及数据的封装模式，定义了 IPSec 的保护方法，为 IPSec 协商 SA 提供各种安全参数。

④ 在两端 IPSec 网关上配置 IPSec 安全策略，引用前面配置的用于定义需要保护的数据流的 ACL 和 IPSec 安全提议，配置采用的安全协议、算法和 SPI 等参数。

⑤ 在两端 IPSec 网关的 WAN 接口上应用 IPSec 安全策略组。

因为本示例中两端 IPSec 网关的 WAN 口（RouterA 和 RouterB 的 GE1/0/0 接口）是以太网接口，且分配有静态的公网 IP 地址，可以直接在这两个接口上应用前面所配置的安全策略组，使从这两个接口发送的数据流均得到 IPSec 保护。

2. 具体配置步骤

以下按图 2-14 所示拓扑结构进行配置。

① 配置各设备接口 IP 地址，并在 IPSec 网关上配置到达对端 IPSec 网关，以及对端内网的静态路由。

#---RouterA 上的配置。

在 RouterA 上配置到达对端公/私网静态路由的下一跳均为所 ISP 设备的接口（图 2-14 中 Internet 路由器的 GE0/0/0 接口）IP 地址，即 202.138.163.2，具体配置如下。

```
<Huawei> system-view
[Huawei] sysname RouterA
[RouterA] interface gigabitethernet 1/0/0
```

```
[RouterA-GigabitEthernet1/0/0] ip address 202.138.163.1 255.255.255.0
[RouterA-GigabitEthernet1/0/0] quit
[RouterA] interface gigabitethernet 2/0/0
[RouterA-GigabitEthernet2/0/0] ip address 10.1.1.1 255.255.255.0
[RouterA-GigabitEthernet2/0/0] quit
[RouterA] ip route-static 202.138.162.1 32 202.138.163.2 #---配置到达公司总部 IPSec 网关 WAN 接口（即 RouterB 的 GE1/0/0 接口）的静态主机路由，也可配置到达该接口所对应网段的静态路由
[RouterA] ip route-static 10.1.2.0 24 202.138.163.2 #---配置到达公司总部内网的静态路由
```

#---RouterB 上的配置。

在 RouterB 上配置到达对端公/私网静态路由的下一跳均为所 ISP 设备的接口（图 2-14 中 Internet 路由器的 GE0/0/1 接口）IP 地址，即 202.138.162.2，具体配置如下。

```
<Huawei> system-view
[Huawei] sysname RouterB
[RouterB] interface gigabitethernet 1/0/0
[RouterB-GigabitEthernet1/0/0] ip address 202.138.162.1 255.255.255.0
[RouterB-GigabitEthernet1/0/0] quit
[RouterB] interface gigabitethernet 2/0/0
[RouterB-GigabitEthernet2/0/0] ip address 10.1.2.1 255.255.255.0
[RouterB-GigabitEthernet2/0/0] quit
[RouterB] ip route-static 202.138.163.1 32 202.138.162.2 #---配置到达分支机构 IPSec 网关 WAN 接口（即 RouterA 的 GE1/0/0 接口）的静态主机路由
[RouterB] ip route-static 10.1.1.0 24 202.138.162.2 #---配置到达分支机构内网的静态路由
```

#---Internet 路由器上的配置。

```
<Huawei> system-view
[Huawei] sysname Internet
[Internet] interface gigabitethernet 0/0/0
[Internet-GigabitEthernet0/0/0] ip address 202.138.163.2 255.255.255.0
[Internet-GigabitEthernet0/0/0] quit
[Internet] interface gigabitethernet 0/0/1
[Internet-GigabitEthernet0/0/1] ip address 202.138.162.2 255.255.255.0
[Internet-GigabitEthernet0/0/1] quit
```

PCA 和 PCB 主机的 IP 地址和网关配置略。

② 在两端 IPSec 网关上配置 ACL，以定义需要 IPSec 保护的数据流。

#---RouterA 上的配置。

定义从分支机构内网 10.1.1.0/24 访问公司总部内网 10.1.2.0/24 的 IP 数据流，具体配置如下。

```
[RouterA] acl number 3100
[RouterA-acl-adv-3100] rule permit ip source 10.1.1.0 0.0.0.255 destination 10.1.2.0 0.0.0.255
[RouterA-acl-adv-3100] quit
```

#---RouterB 上的配置。

定义从公司总部内网 10.1.2.0/24 访问分支机构内网 10.1.1.0/24 的 IP 数据流，具体配置如下。

```
[RouterB] acl number 3100
[RouterB-acl-adv-3101] rule permit ip source 10.1.2.0 0.0.0.255 destination 10.1.1.0 0.0.0.255
[RouterB-acl-adv-3101] quit
```

③ 在两端 IPSec 网关上配置 IPSec 安全提议，定义 IPSec 的保护方法。

假设在两端 IPSec 网关上创建的安全提议名称均为 pro1（**两端的安全提议名称可以不一致，但所配置的安全参数必须一致**）。创建一个新的 IPSec 安全提议后，在参数配置没有被修改前，其参数均为缺省值。此处为了能在模拟器中做本实验，安全协议采用缺省的

ESP 协议，认证算法修改为 SHA1，加密算法修改为 AES-128，其他均采取缺省配置。

#---RouterA 上的配置，具体如下。

```
[RouterA] ipsec proposal pro1
[RouterA-ipsec-proposal-pro1] esp authentication-algorithm sha1
[RouterA-ipsec-proposal-pro1] esp encryption-algorithm aes-128
[RouterA-ipsec-proposal-pro1] quit
```

#---RouterB 上的配置，具体如下。

```
[RouterB] ipsec proposal pro1
[RouterB-ipsec-proposal-pro1] esp authentication-algorithm sha1
[RouterB-ipsec-proposal-pro1] esp encryption-algorithm aes-128
[RouterB-ipsec-proposal-pro1] quit
```

以上配置完成后，分别在 RouterA 和 RouterB 上执行 **display ipsec proposal** 命令，则会显示所配置的信息。图 2-15 是在 RouterA 上执行 **display ipsec proposal** 命令的输出，与前面的配置一致。

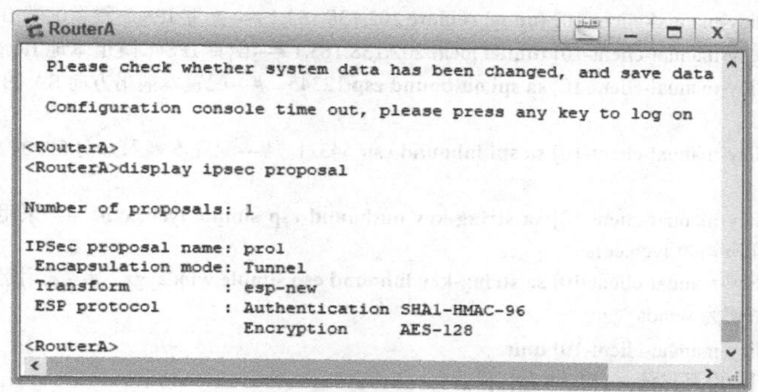

图 2-15　在 RouterA 上执行 **display ipsec proposal** 命令的输出

④ 在两端 IPSec 网关上配置 IPSec 安全策略。

在基于 ACL 的手工方式建立 IPSec 隧道的应用中，需要在 IPSec 安全策略中分别针对出/入方向 SA 手工配置认证/加密密钥、SPI 等参数，并且这些参数需要镜像配置（**安全策略组名称和序号可以一致，也可以不一致**）。另外还要在安全策略中配置需要调用的 ACL、IPSec 安全提议，以及本地和远端 IPSec 隧道的 IP 地址。

【注意】 如果选择 ESP 作为安全协议，则其认证密钥和加密密钥可同时配置，也可仅选择配置其中一项，但不能同时不配置。但要特别注意：**ESP 认证密钥采用字符串格式时，不能再配置 ESP 加密密钥，否则会删除原来配置的字符串格式认证密钥。** 如果 ESP 认证密钥采用十六进制配置，则在使用 ESP 加密功能时，需要同时配置 ESP 密钥密钥。本示例采用 ESP 安全协议，ESP 认证密钥为字符串格式，所以不能配置 ESP 加密密钥。

RouterA 上要配置的安全策略参数如下。

a．手工方式安全策略名为 client，序号为 10。

b．调用前面已配置好的 ACL 3100 和名为 pro1 的 IPSec 安全提议。

c．IPSec 隧道本地 IP 地址为：202.138.163.1，即 RouterA GE1/0/0 接口 IP 地址。

d．IPSec 隧道远端 IP 地址为：202.138.162.1，即 RouterB GE1/0/0 接口 IP 地址。

e．入方向 ESP SA 的 SPI 为 12345，出方向 ESP SA 的 SPI 为 54321。

f．入方向 ESP SA 的字符串格式认证密钥为 winda_gz，出方向 ESP SA 的字符串格式认证密钥为 lycb.com。

RouterB 上要配置的安全策略参数如下。

a．手工方式安全策略名为 server，序号为 10。

b．调用前面已配置好的 ACL 3100 和名为 pro1 的 IPSec 安全提议。

c．IPSec 隧道本地 IP 地址为：202.138.162.1，即 RouterB GE1/0/0 接口 IP 地址。

d．IPSec 隧道远端 IP 地址为：202.138.163.1，即 RouterA GE1/0/0 接口 IP 地址。

e．入方向 ESP SA 的 SPI 为 54321，出方向 ESP SA 的 SPI 为 12345。

f．入方向 ESP SA 的字符串格式认证密钥为 lycb.com，出方向 ESP SA 的字符串格式认证密钥为 winda_gz。

#---RouterA 上的配置，具体如下。

```
[RouterA] ipsec policy client 10 manual
[RouterA-ipsec-policy-manual-client-10] security acl 3100    #---调用前面定义的高级 ACL
[RouterA-ipsec-policy-manual-client-10] proposal pro1  #---调用前面创建的名为 pro1 的安全提议
[RouterA-ipsec-policy-manual-client-10] tunnel remote 202.138.162.1 #---配置 IPSec 隧道远端 IP 地址
[RouterA-ipsec-policy-manual-client-10] tunnel local 202.138.163.1 #---配置 IPSec 隧道本地 IP 地址
[RouterA-ipsec-policy-manual-client-10] sa spi outbound esp 12345   #---配置本端出方向 SA 的 SPI 采用 ESP 协议，SPI 值为 12345
[RouterA-ipsec-policy-manual-client-10] sa spi inbound esp 54321   #---配置本端入方向 SA 的 SPI 采用 ESP 协议，SPI 值为 54321
[RouterA-ipsec-policy-manual-client-10] sa string-key outbound esp simple lycb.com   #---采用字符串方式配置本端出方向 SA 的 ESP 协议认证密钥为 lycb.com
[RouterA-ipsec-policy-manual-client-10] sa string-key inbound esp simple winda_gz   #---采用字符串方式配置本端入方向 SA 的 ESP 协议认证密钥为 winda_gz
[RouterA-ipsec-policy-manual-client-10] quit
```

#---RouterB 上的配置，具体如下。

```
[RouterB] ipsec policy server 10 manual
[RouterB-ipsec-policyl-manual-server-10] security acl 3100
[RouterB-ipsec-policyl-manual-server-10] proposal pro1
[RouterB-ipsec-policyl-manual-server-10] tunnel remote 202.138.163.1
[RouterB-ipsec-policyl-manual-server-10] tunnel local 202.138.162.1
[RouterB-ipsec-policyl-manual-server-10] sa spi outbound esp 54321   #---配置本端出方向 ESP SA 的 SPI，必须与 RouterA 上入方向 ESP SA 的 SPI 配置相同
[RouterB-ipsec-policyl-manual-server-10] sa spi inbound esp 12345   #---配置本端入方向 ESP SA 的 SPI，必须与 RouterA 上出方向 ESP SA 的 SPI 配置相同
[RouterB-ipsec-policyl-manual-server-10] sa string-key outbound esp simple winda_gz   #---配置本端出方向 SA 的 ESP 认证密钥，必须与 RouterA 上入方向 ESP SA 的认证密钥配置相同
[RouterB-ipsec-policyl-manual-server-10] sa string-key inbound esp simple lycb.com   #---配置本端入方向 SA 的 ESP 认证密钥，必须与 RouterA 上出方向 ESP SA 的认证密钥配置相同
[RouterB-ipsec-policyl-manual-server-10] quit
```

以上配置完成后，在两端 IPSec 网关上执行 **display ipsec policy** 命令可查看 IPSec 安全策略配置信息。图 2-16 是在 RouterA 上执行 **display ipsec policy** 命令的输出，显示在 RouterA 上配置的 IPSec 安全策略配置信息。**因为配置了字符串格式的 ESP 认证密钥，没有配置 ESP 加密密钥，所以此时加密密钥和认证密钥相同，均为字符串格式，且值相同。**

⑤ 在两端 IPSec 网关的 WAN 接口上应用 IPSec 安全策略组，使接口在发送 IP 数据包之前重新进行 IPSec 封装。

#---RouterA 上的配置，具体如下。

```
[RouterA] interface gigabitethernet 1/0/0
[RouterA-GigabitEthernet1/0/0] ipsec policy client
[RouterA-GigabitEthernet1/0/0] quit
```

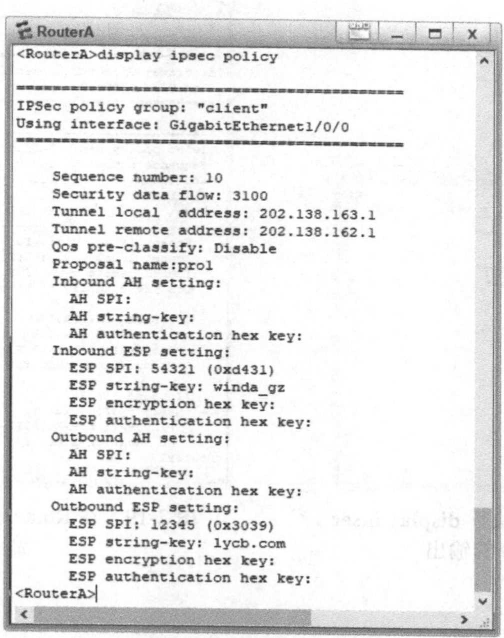

图 2-16　在 RouterA 上执行 **display ipsec policy** 命令的输出

#---RouterB 上的配置，具体如下。

```
[RouterB] interface gigabitethernet 1/0/0
[RouterB-GigabitEthernet1/0/0] ipsec policy server
[RouterB-GigabitEthernet1/0/0] quit
```

3. 配置结果验证

① 在分支机构内网主机 PCA 与公司总部内网主机 PCB 之间进行 ping 测试，发现已可以三层互通了，PCA 成功 ping 通 PCB 的结果如图 2-17 所示，表明以上配置是正确的。

图 2-17　PCA 成功 ping 通 PCB 的结果

② 在 RouterA 或 RouterB 上执行 **display ipsec statistics esp** 命令可查看数据包的收发统计信息，图 2-18 是在 RouterA 上执行 **display ipsec statistics esp** 命令的输出。从中我们可以看到有发出和接收的数据包经过了 ESP 加密。执行 **display ipsec sa** 命令会显示所配置的 IPSec SA 信息，图 2-19 是在 RouterA 上执行 **display ipsec sa** 命令的输出。

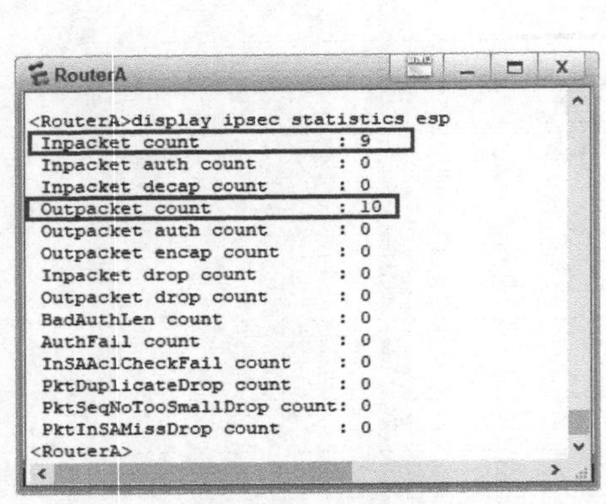

图 2-18 在 RouterA 上执行 **display ipsec statistics esp** 命令的输出

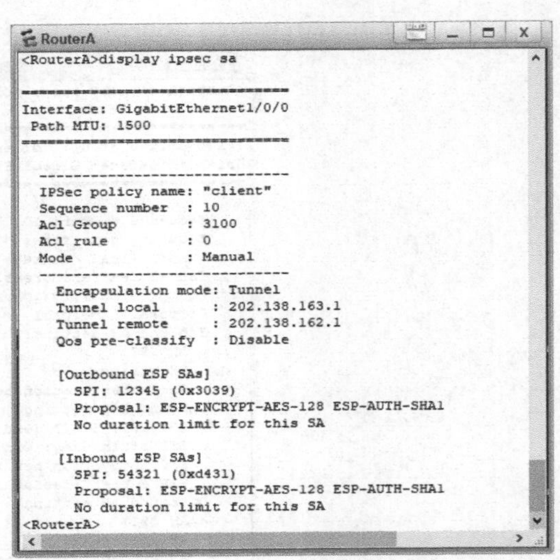

图 2-19 在 RouterA 上执行 **display ipsec sa** 命令的输出

2.4 基于 ACL 方式手工建立 IPSec 隧道的典型故障排除

在 IPSec VPN 的应用方案配置中，无论采用哪种具体的 IPSec 隧道建立方式，都会存在两种可能的故障情形：一种是 IPSec 隧道建立不成功，另一种虽然 IPSec 隧道建立成功，但两端仍不能通信。本节仅专门基于 ACL 方式的手工建立 IPSec 隧道的配置方案，针对以上两种典型故障介绍具体的排除思路。

2.4.1 IPSec 隧道建立不成功的故障排除

IPSec 隧道建立不成功这种故障现象最常见，但由于在手工方式建立 IPSec 隧道的配置方案中，所有用于建立最终的 IPSec SA 参数都是手工配置的，所以如果一切按照要求配置了，IPSec 隧道是肯定可以建立起来的。但事实上，可能我们在配置过程中没有充分注意本章前面所介绍的一些注意事项。下面就通过介绍这种故障的排除方法来帮助大家回顾本章前面针对手工方式建立 IPSec 隧道的配置方案中的一些注意事项。

1）两端或其中一端没有成功接入 Internet

因为 IPSec VPN 通常是在公网 Internet 上构建虚拟隧道来实现远程网络连接的，所以其前提是两端必须已成功接入 Internet，并且 IPSec 隧道两端所连接的公网、私网路由都是通的。

排除方法是首先从一端内网主机 ping 另一端 IPSec 设备的公网侧接口 IP 地址，能 ping 通则证明两端都已成功接入 Internet，且两端的路由配置也是正确的，否则检查 Internet 接入和两端到达对端公网、私网的路由配置（包括源/目的主机的网关配置）。

2）两端的 IPSec 配置不正确

排除线路和路由的问题后，再来检查两端的 IPSec 配置，这里最容易出问题，因为有许多方面在配置时要特别注意。以下任何一条配置不符合要求都可能造成 IPSec SA 无法建立成功，也就使 IPSec 隧道建立不成功。

① 看两端的 IPSec 安全提议配置是否一致。

可在两端的 IPSec 设备上执行 **display ipsec proposal** 命令（输出类似如下所示），要求两端最终显示出的封装模式、所使用的安全协议，以及所选安全协议所使用的认证或加密算法（加密算法仅在选择 ESP 协议时有）配置必须完全一致。IPSec 安全提议名称和序号可以不一致，具体配置如下。

```
<Huawei> display ipsec proposal

Number of proposals: 1

IPsec proposal name: pro1
  Encapsulation mode: Tunnel
  Transform          : esp-new
  ESP protocol       : Authentication SHA1-HMAC-96
                       Encryption       DES
```

【注意】在华为通用路由平台（Versatile Routing Platform，VRP）系统中，V200R006 以前版本和以后版本的 IPSec 安全提议中的认证算法和加密算法的缺省值是不一致的，要认真核查两端设备运行的 VRP 系统版本，确保两端的 IPSec 安全提议参数配置一致。

另外，站点到站点的连接必须使用隧道（Tunnel）封装模式，而不能使用传输（Transport）封装模式。在手工方式建立 IPSec 隧道的配置方案中，认证算法也不能采用 SM3 算法，加密算法不能使用 SM1。

② 安全策略中的配置没按要求配置成镜像，或保持一致。

在手工方式建立 IPSec 隧道时，安全参数必须手工一条条配置，而且大多数配置两端必须是镜像配置（**但所选安全协议必须一致，安全策略名称和序号两端可以不一致**），例如，一端的本端/对端 IP 地址必须与对端配置的对端/本端 IP 地址对应一致，SA 出/入方面的 SPI、密钥参数配置也应一致。

另外，**隧道两端的 IP 地址配置必须是 IPSec 设备连接公网侧接口的公网 IP 地址，出/入方向 SA 的 SPI 值不能设置成相同值，即不同的 SA 必须对应不同的 SPI**。可在两端的 IPSec 设备上执行 **display ipsec policy** 命令查看两端的安全策略配置。

另外，各认证密钥和加密必钥的输入格式（字符串格式或十六进制格式）两端必须一致，密钥长度与所选定的算法要求匹配，否则所配置的密钥将无效。**在采用 ESP 作为安全协议，并且认证密钥采用字符串格式时，不能再配置 ESP 加密密钥，否则会删除认证密钥配置。**

③ 在安全策略中没有引入所配置的 IPSec 安全提议。

在手工方式建立 IPSec 隧道的安全策略配置中，必须引用所创建的 IPSec 安全提议（IPSec 安全提议也必须先创建好，因为缺省情况下，系统没有配置 IPSec 安全提议，但各项参数配置可以直接采用缺省配置），否则 IPSec SA 也无法建立成功。可在 IPSec 设备上执行 **display ipsec proposal** 命令查看所配置的 IPSec 安全提议信息，如果显示为空，或者没见到你在安全策略中所引用的安全提议，则要重新配置。

④ 两端定义的需要保护数据流不匹配。

要使两端能成功建立 SA，最好两端用于定义感兴趣流的高级 ACL 配置是镜像的，也就是两端所配置的源/目的 IP 地址等信息是直接互换的。当对等体间 ACL 规则非镜像配置时，仅当协商发起方的 ACL 规则定义的小于响应方 ACL 规定定义的时，IPSec SA 才能成功建立。可以通过在两端 IPSec 设备上进入对应的 ACL 视图后再执行 **display this** 命令查看其中各条 ACL 规则的配置，看是否符合以上要求。还要注意的是，只有与 **permit** 规则匹配的数据流才会进入 IPSec 隧道被 IPSec 保护。

⑤ 安全策略应用的接口错误，或者接口有问题。

在手工方式建立 IPSec 隧道方案中，安全策略通常是在 IPSec 设备连接公网的 WAN 接口（可以是物理接口，也可以是逻辑接口）上应用的，但这个接口必须是三层接口，且配置了 IP 地址，当然还必须已是 Up 状态的。如有疑问可在对应设备上执行 **display interface**××××（××××代表接口类型的编号）查看。

2.4.2 IPSec 隧道建立成功，但两端仍不能通信的故障排除

在手工方式建立 IPSec 隧道方案中，其实很难确定 IPSec 隧道是否建立成功，因为参数都是手工配置的，通过执行 **display ipsec sa** 命令所能查看到的都是手工配置的这些参数，其配置如下，其中包括策略应用的接口、IPSec 安全策略（包括各项已配置的参数值或所采用的缺省值），以及在安全策略中所引用的 IPSec 安全提议。

```
[RouterA] display ipsec sa
===============================
Interface: GigabitEthernet1/0/0
    Path MTU: 1500
===============================

  -----------------------------
  IPSec policy name: "client"
  Sequence number: 10
  Acl Group: 3100
  Acl rule: 5
  Mode: Manual    #---本端采用手工方式建立 IPSec 隧道
  -----------------------------
    Encapsulation mode: Tunnel    #---本端 IPSec 工作模式为隧道模式
    Tunnel local       : 202.138.163.1    #---本端 IPSec 端点 IP 地址为 202.138.163.1
    Tunnel remote      : 202.138.162.1    #---对端 IPSec 端点 IP 地址为 202.138.162.1
    Qos pre-classify   : Disable   #---按缺省禁用了对原始报文信息的预提取功能

    [Outbound ESP SAs]    #---出方向 ESP SA 参数
      SPI: 12345 (0x3039)   #---出方向 ESP SA 的 SPI 为 12345
      Proposal: ESP-ENCRYPT-AES-128 ESP-AUTH-SHA1    #---出方向 ESP SA 的安全提议参数，采用 DES 加密算
法、SHA1 认证算法
      No duration limit for this SA    #---指定 SA 的生存周期，因为是手工方式创建的，所以永久有效

    [Inbound ESP SAs]    #---入方向 ESP SA 参数
      SPI: 54321 (0xd431)   #---入方向 ESP SA 的 SPI 为 54321
      Proposal: ESP-ENCRYPT-AES-128 ESP-AUTH-SHA1    #---入方向 ESP SA 的安全提议参数
      No duration limit for this SA
```

如果两端仍不能通信则可以从以下两个方面考虑。

① 两端私网通信的数据流没有进入 IPSec 隧道。

这主要因为两端所创建的用于定义兴趣流的高级 ACL 配置不正确，两端所连接的私网 IP 网段的数据流没有被允许进入 IPSec 隧道，这时这些数据流会通过 Internet 来转发，自然到达不到对端的私网。

② 两端 IPSec 设备上所配置的到达对端公网、私网路由不正确。

许多朋友喜欢用缺省路由来指定一端到达对端的静态路由，这是很不合理的。因为如果你没有为数据指定明确路由的话，不管是从哪个接口进来的数据包，所有进入设备的数据包都将采用这一条缺省路由来转发。这样会导致 IPSec 设备上本来是从对端接收的数据包又可能被从指定的缺省路由错误地转发出去了，这时自然就不通了。所以建议为到达对端公网、私网配置明确的路由。

另外，两端主机的网关配置也要正确，否则发到对端的数据就不能正确地转发到 IPSec 设备上，再由 IPSec 设备转发到目的主机了。如果源或目的主机不直接与 IPSec 设备的 LAN 接口在同一 IP 网段（即中间隔了其他三层设备），这时就需要在 IPSec 设备和其他三层设备上配置好路由，使来自源主机 IP 数据包可以正确地转发到本端 IPSec 网关上，在到达对端 IPSec 设备时也能正确地通过路由转发到目的主机上。

第3章 ACL 方式 IKE 动态协商建立 IPSec VPN 的配置与管理

本章主要内容

3.1 IKE 基础

3.2 IKE 的工作原理

3.3 ACL 方式 IKE 动态协商建立 IPSec 隧道的配置任务

3.4 定义 IKE 安全提议

3.5 配置 IKE 对等体

3.6 配置 IKE 可选功能

3.7 配置并应用 IPSec 安全策略

3.8 配置 IPSec 隧道可选功能

3.9 IKE 动态协商方式的典型配置示例

3.10 IKE 动态协商方式 IPSec 隧道建立不成功的故障排除

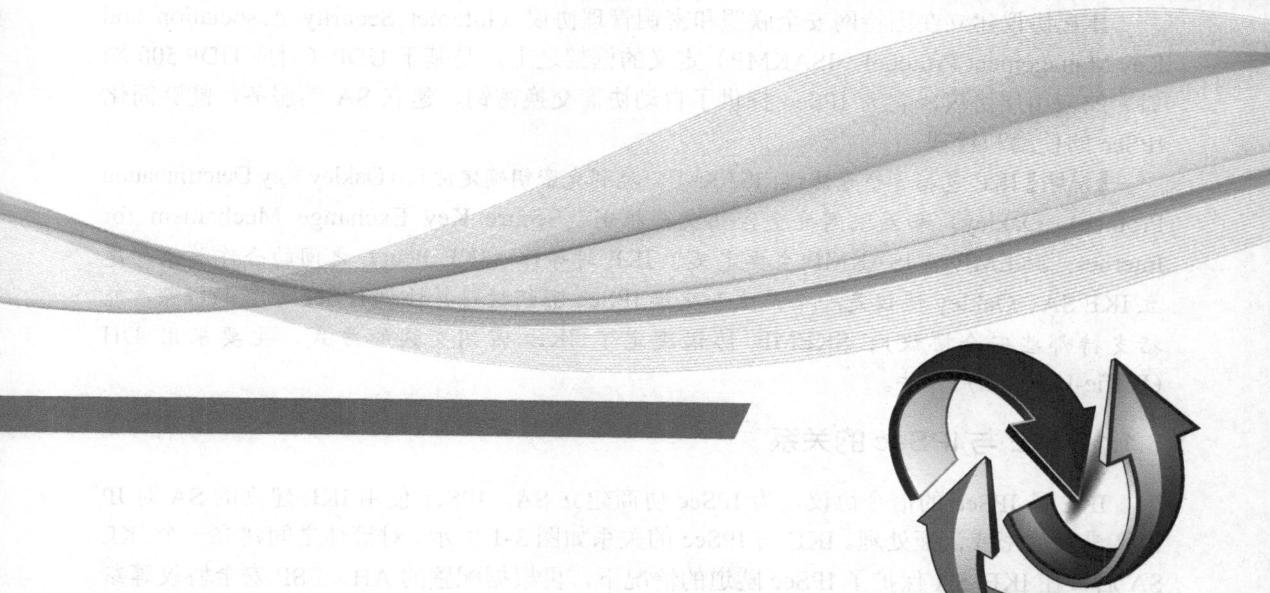

采用 IKE 协议动态协商方式建立 IPSec 隧道不仅可以减少配置工作量，SPI 和各种密钥参数均无须手工配置，还可以提高安全性，因为此时 SA 的 SPI 和密钥都是由 IKE 动态产生的，且可以动态更新，不容易被破解。

本章专门介绍基于 ACL 定义需要保护的数据流，采用 IKE 协议动态协商方式建立 IPSec 隧道（包括 ISAKMP 和策略模板两种方式）的配置与管理方法，并在最后介绍在 IKE 动态协商方式下，IPSec VPN 典型故障的排除方法。

3.1 IKE 基础

IKE 协议建立在因特网安全联盟和密钥管理协议（Internet Security Association and Key Management Protocol，ISAKMP）定义的框架之上，是基于 UDP（对应 UDP 500 端口）的应用层协议。它为 IPSec 提供了自动协商交换密钥、建立 SA 的服务，能够简化 IPSec 的使用和管理。

【说明】IKE 包括 3 个子协议：ISAKMP、奥利克密钥确定协议（Oakley Key Determination Protocol，Oakley）和互联网安全密钥交换机制（Secure Key Exchange Mechanism for Internet，SKEME）。ISAKMP 主要定义了 IKE 对等体（IKE Peer）之间的合作关系，建立 IKE SA；Oakley 协议是一个产生和交换 IPSec 密钥材料并协调 IPSec 参数的框架（包括支持哪些安全协议）；SKEME 协议决定了 IKE 密钥交换的方式，主要采用 DH（Diffie-Hellman）算法。

3.1.1 IKE 与 IPSec 的关系

IKE 是 IPSec 的信令协议，为 IPSec 协商建立 SA。IPSec 使用 IKE 建立的 SA 对 IP 报文进行加密或认证处理。IKE 与 IPSec 的关系如图 3-1 所示。对等体之间建立一个 IKE SA 后，在 IKE SA 保护了 IPSec 隧道的情况下，再根据配置的 AH、ESP 安全协议等参数协商出一对 IPSec SA，用于对等体间的数据在 IPSec 隧道中的安全数据传输。**IKE SA 是一个双向的逻辑连接，两个对等体间只建立一个 IKE SA，而 IPSec SA 是单向的，所以两端要建立一对 IPSec SA。**

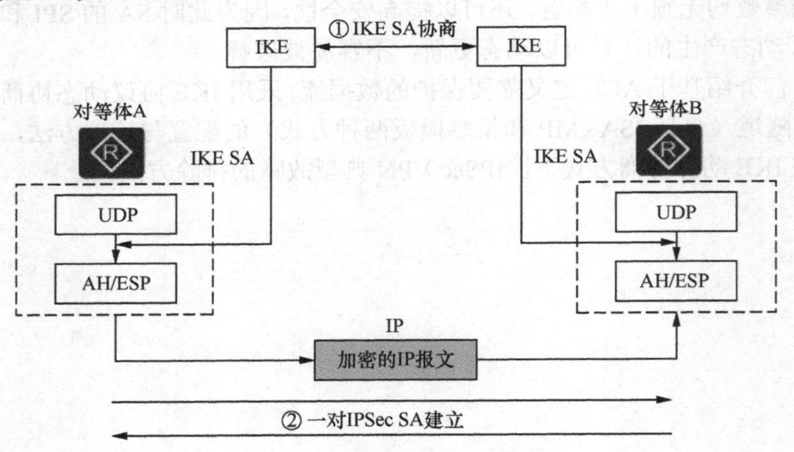

图 3-1 IKE 与 IPSec 的关系

IKE 协议目前有 IKEv1 和 IKEv2 两个版本。IKEv1 使用两个阶段为 IPSec 进行密钥协商，并最终建立 IPSec SA。

3.1.2 IKE 的安全机制

IPSec 应用方案之所以能在公网（例如 Internet）上安全地进行网络通信，其重要原因是在对等体间的整个隧道建立和数据传输过程中均有各种安全机制保障。IKE 自身有一整套自我保护机制，可以在不安全的网络上安全地认证身份、分发密钥，具体体现在以下 4 个方面。

1. 身份认证机制

当使用 IKE 在对等体间进行信息交换时，首先要识别对方的合法性，也就是身份认证问题。在 IKE 中可用于确定对等体身份（对等体的 IP 地址或名称）的机制比较全面，包括预共享密钥 PSK（pre-shared key）认证、RSA 数字证书（rsa-signature，或称 RSA 数字签名）认证和 RSA 数字信封认证。

在预共享密钥认证中，共享密钥是作为密钥生成材料的，通信双方采用共享的密钥用相同的哈希算法对报文进行哈希运算，根据运算的结果与发送方发来的摘要值是否一致来判断所接收的数据是否被篡改，消息来源是否可靠。如果相同，则认证通过；否则认证失败。

大多数 IPSec 应用采用配置比较简单的预共享密钥认证方法。但当有一个设备有多个对等体时，需要为每个对等体配置预共享密钥，工作量大。使用数字证书安全性高，但需要 CA 来颁发数字证书，适合在大型网络中使用。而数字信封认证用于设备需要符合国家密码管理局要求时使用（需要使用国家密码管理局要求的哈希算法 SM3），且此认证方法只能在 IKEv1 的主模式协商过程中被支持。

IKE 支持的认证算法主要包括 MD5、SHA1、SHA2-256、SHA2-384、SHA2-512、SM3。MD5 算法使用 128 位密钥，SHA-1 算法使用 160 位密钥，SHA2-256、SHA2-384、SHA2-512 分别使用 256 位、384 位和 512 位密钥，SM3 使用 128 位密钥。它们之间的安全性由高到低顺序是 SM3>SHA2-512 >SHA2-384 >SHA2-256 > SHA1 > MD5。对于普通的安全要求，认证算法推荐使用 SHA2-256、SHA2-384 和 SHA2-512，对于特别高的安全要求，可采用 SM3 算法。

2. 数据加密机制

IPSec 的数据加密机制主要应用在两个方面：一方面是在 IKE 协商阶段，保护所传输的用于身份认证的信息（例如共享密钥、证书、认证密钥等）；另一方面是在 IPSec 隧道建立后保护在隧道中传输的用户数据。

IKE 支持的加密算法包括 DES、3DES、AES-128、AES-192、AES-256、SM1 和 SM4 等。DES 算法使用 56 位密钥，3DES 使用 168 位密钥，AES-128、AES-192、AES-256 分别使用 128 位、192 位和 256 位密钥，SM1 和 SM4 均使用 128 位密钥。这些加密算法的安全级别由高到低的顺序是 SM4 > SM1 > AES-256 > AES-192 > AES-128 > 3DES > DES，推荐使用 AES-256、AES-192 和 AES-128，不推荐使用 3DES 和 DES 算法，SM1 和 SM4 仅建议在保密及安全性要求非常高的地方采用，因为它们的运算速度比较慢。

3. DH（Diffie-Hellman）密钥交换算法

DH（Diffie-Hellman）算法是一种公开密钥算法。通信双方可在不传送密钥的情况下，仅通过交换一些数据，即可计算出双方共享的密钥，主要用于 IKE 动态协商时重新生成新的 IPSec SA 所用的密钥。因为 DH 可以通过一系列数据的交换，最终计算出双方共享的密钥，而不依赖于在前期生成的密钥生成材料，更加安全。但 DH 没有提供双方身份的任何信息，不能确定交换的数据是否发送给合法方，所以 IKE 还需要使用身份认证机制对对等体身份进行认证。

4. PFS 机制

完善的前向安全性（Perfect Forward Secrecy，PFS）是一种安全特性，指一个密钥被破解后并不影响其他密钥的安全性，因为这些密钥间没有派生关系。

IPSec SA 的密钥是从 IKE SA 的密钥导出的。由于一个 IKE SA 协商可生成一对或多对有一定派生关系的 IPSec SA，所以当 IKE 的密钥被窃取后，攻击者很可能通过收集到足够多的信息来非法导出 IPSec SA 的密钥。如果在建立 IPSec 隧道阶段启用了 PFS，即可通过执行一次额外的 DH 交换，生成新的、独立的 IPSec SA，这样就可以保证 IPSec SA 密钥的安全了。

3.1.3 IKE 动态协商方式的主要优势

相比于手工方式建立 IPSec 隧道，采用 IKE 协议为 IPSec 动态协商建立 IPSec 隧道有以下几个优势。

（1）降低配置的复杂度

在 IKE 动态协商方式下，SPI、认证密钥和加密密钥等参数将自动生成，而手工方式需要为出/入方向 SA 分别指定。

（2）提供抗重放功能

IPSec 使用 AH 或 ESP 报头中的序列号实现抗重放（不接受序列号相同的数据包）。当 AH 或 ESP 报头中的序列号溢出（即达到最大值，不能再继续往下编号，要开始新一轮的重新编号了）后，为实现抗重放，SA 需要重新建立，这个过程需要 IKE 协议的配合。**手工方式下不支持抗重放功能。**

【经验提示】重放攻击是指再次发送已发送过（数据包序列号与原来一样）的数据包，攻击者可采用这种方式对目的主机进行攻击，使目的主机不断接收本已接收、解析重复的数据包而大量消耗资源，甚至崩溃。抗重放就是抵抗这种重放攻击。

① 支持协商发起方地址动态变化情况下（例如采用 PPPoE 拨号方式接入 Internet）的身份认证。**手工方式不支持，只能适用于在两端都采用专线连接方式接入 Internet 的情形**，因为要静态配置隧道起点和终点 IP 地址。

② 支持证书颁发机构（Certificate Authority，CA）在线对对等体身份的认证和集中管理。有利于大规模部署 IPSec，手工方式不支持在线认证方式。

③ 通过 IKE 协商建立的 SA 具有生命周期，可以实时更新。降低了 SA 被破解的风险，提高了安全性。

生存周期达到指定的时间或指定的流量，SA 就会失效。在 SA 快要失效前，IKE 将为对等体协商新的 SA。在新的 SA 协商好之后，对等体立即采用新的 SA 保护通信。生存周期有两种定义方式。

① 基于时间的生存周期，定义了一个 SA 从建立到失效的时间。

② 基于流量的生存周期，定义了一个 SA 允许处理的最大流量。

3.2 IKE 的工作原理

在采用 IKE 动态协商方式建立 IPSec 隧道时，需建立 IKE SA 和 IPSec SA 两种 SA。

建立 IKE SA 是为了协商用于保护 IPSec 隧道的一组安全参数，建立 IPSec SA 是为了协商用于保护用户数据的安全参数。IKE SA 是 IPSec SA 建立的基础，因为 IPSec SA 的建立需要用到 IKE SA 建立后的一系列密钥。

目前 IKE 有两个版本，IKEv1 版本在建立 IPSec SA 的过程中分两个阶段，IKEv2 只需要一个阶段即可完成 IPSec SA 的建立。

3.2.1　IKEv1 协商 SA 的第一阶段

采用 IKEv1 协商建立 IPSec SA 主要分为两个阶段：第一阶段，通信双方协商和建立 IKE 协议本身使用的安全通道，即建立一个 IKE SA；第二阶段，利用第一阶段已通过认证和安全保护的安全通道，建立一对用于数据安全传输的 IPSec SA。

在第一阶段中，建立 IKE SA 的过程有主模式（Main Mode）和野蛮模式（Aggressive Mode，也称“积极模式”）两种协商模式。

1. 主模式

在 IKEv1 主模式的 IKE SA 建立过程中，包含 3 次双向 ISAKMP 消息（共 6 条 ISAKMP 信息）交换。主模式的 IKE SA 协商建立过程如图 3-2 所示。

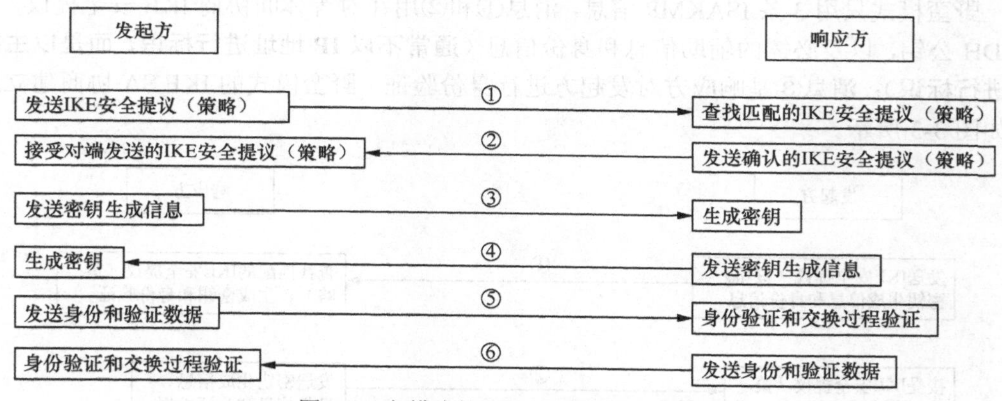

图 3-2　主模式的 IKE SA 协商建立过程

① 第一次交换对应的是消息①和②，这是隧道两端对等体间通过交换彼此配置的 IKE 安全提议。

发起方发送一个或多个 IKE 安全提议（包括五元组：认证方法、加密算法、哈希算法、DH 组、IKE SA 的生存期），响应方在本地查找最先与收到的安全提议匹配的 IKE 安全提议，并将这个确定的 IKE 安全提议回应给发起方，使发起方获知双方共同确定的 IKE 安全提议。匹配的原则为协商双方具有相同的加密算法、认证算法、认证方法和 DH 组标识。

② 第二次交换对应的是消息③和④，是对等体间通过 DH 算法交换彼此的密钥生成所需的参数信息（DH 公开值和随机数 nonce 值等），产生 IKE SA 的认证和加密密钥。

首先双方交换通过 DH 算法计算出的公钥和 nonce 值（一个随机数），然后利用自己的公/私钥、对方的公钥、nonce 值、配置的预共享密钥（采用预共享密钥认证方法时）等最终生成 IKE SA 的认证和加密密钥（两端产生的密钥是相同的），包括认证密钥（称为 skeyID_a）、加密密钥（称为 skeyID_e），以及可用于生成 IPSec SA 密钥的密钥材料（称为 skeyID_d）。认证密钥用在 IKE 第二阶段协商中为在信道中传输的协商数据（非用户数据）进行认证；加密密钥用在 IKE 第二阶段协商中为在信道中传输的协商数据进行加密。

③ 第三次交换对应的是消息⑤和⑥，交换身份和认证信息。需用到第二次交换过程中已创建好的加密密钥（skeyID_e）彼此相互发送各自的身份（例如对等体的 IP 地址或名称）和验证数据（所采用的身份认证方式中的密钥或证书数据等），采用相应认证方法在对等体间进行身份认证。最终完成 IKE SA 和第二阶段协商 IPSec SA 所需的安全通道的建立。

【说明】 *在正式进行消息交换前，发起方和接受方必须先计算出各自的 cookie（在 ISKMP 报头中，可以抗重放和 DoS 攻击），这些 cookie 用于标识每个单独的协商交换消息。RFC 建议将源/目 IP 地址、源/目端口号、本地生成的随机数、日期和时间进行散列操作生成 cookie。cookie 成为在 IKE 协商中交换信息的唯一标识，在 IKEv1 版本中为 Cookie，在 IKEv2 版本中的 Cookie 即为 IKE 的 SPI（安全参数索引）。*

2. 野蛮模式

野蛮模式只用 3 条 ISAKMP 信息，消息①和②用在对等体间协商 IKE 安全提议，交换 DH 公钥，以及必需的辅助信息和身份信息（**通常不以 IP 地址进行标识，而是以主机名进行标识**）；消息③是响应方对发起方进行身份验证。野蛮模式的 IKE SA 协商建立过程如图 3-3 所示。

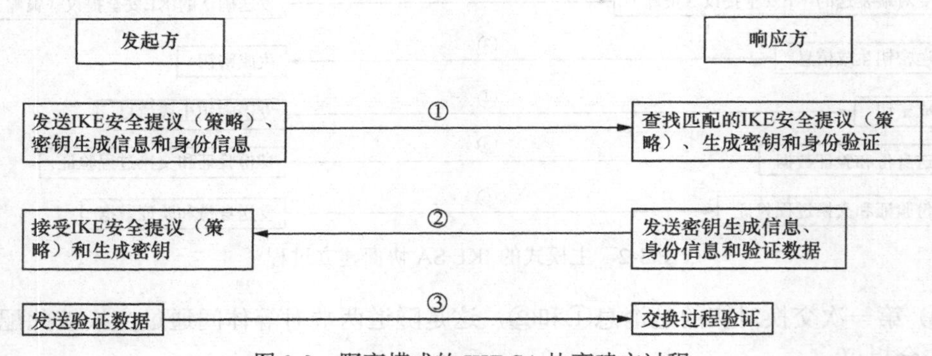

图 3-3 野蛮模式的 IKE SA 协商建立过程

① 消息①用于协商要共同采用的 IKE 安全策略，并由响应方对发起方进行初始身份验证。该消息中包括了发起方提供给响应方的 IKE 安全提议、本端密钥生成信息（本端的 DH 公钥）和身份信息（主要是对等体名称）。

响应方在收到这些信息后，首先要在本地查找与发起方发来的 IKE 安全提议匹配的提议，如果找到即确定作为共同的 IKE 提议。然后利用确定的 IKE 安全提议、发起方发来的密钥生成信息，以及本端的 DH 公/私钥，一个 nonce 随机数生成认证密钥和加密密钥（即 IKE SA），并根据发起方发来的身份信息对发起方的身份进行初步验证。

② 消息②用于发起方获知与响应方协商的 IKE 提议，并对响应方进行身份验证。该消息由响应方发给发起方，仅包括响应方的密钥生成信息、身份信息（主要是对等体

名称），以及响应方用于身份验证的验证数据（包括所采用的身份认证机制中的密钥、证书等）。

发起方在收到后获知最终采用的 IKE 提议，并利用响应方的公钥、本端的 DH 公/私钥，以及一个 nonce 随机数生成一系列密钥（即 IKE SA，正常情况下，与响应方生成的密钥是相同的），并根据响应方发来的身份信息和验证数据对响应方进行身份验证。

③ 消息③用于响应方对发起方进行最终的身份验证。发起方根据已确定的 IKE 提议，把自己的验证数据（包括所采用的身份认证机制中的密钥、证书等）发给响应方，让响应方最终完成对发起方的身份验证。

至此第一阶段整个信息交换过程就完成了，第二阶段则是建立 IPSec SA。

从图 3-2 和图 3-3 的对比中我们可以发现，与主模式相比，野蛮模式减少了交换信息的数量，提高了协商的速度，但是没有对身份信息和验证数据进行加密保护，因为双方在发送身份信息时（对应消息①和消息②）是不加密的，但主模式中发送的身份信息和验证数据是加密的（对应消息⑤和消息⑥）。虽然野蛮模式不提供身份保护，但它仍可以满足以下特定的网络环境需求。

① 当 IPSec 隧道中存在 NAT 设备时，需要启用 NAT 穿越功能，但这样会改变对等体的 IP 地址。由于野蛮模式是以主机名，而不是以 IP 地址标识身份，IP 地址的变化不会影响 IPSec 隧道的建立，所以**当存在 NAT 穿越情形时只能采用野蛮模式**。

【说明】 主模式和野蛮模式在确定预共享密钥的方式是不同的。主模式只能基于 IP 地址来确定预共享密钥。而野蛮模式是基于 ID 信息（主机名或 IP 地址）来确定预共享密钥。**当对等体两端都是以主机名方式标识时，就一定要用野蛮模式来协商**，如果用主模式的话，就会出现根据源 IP 地址找不到预共享密钥的情况，以至于不能生成密钥，因为主模式在交换完消息③、消息④后，需要使用预共享密钥来计算密钥，但是由于双方的身份信息要在消息⑤、消息⑥中才会被发送。而在野蛮模式中，主机 ID 信息（IP 地址或者主机名）在消息①、消息②中就已经发送了，对方可以根据 ID 信息查找到对应的预共享密钥，从而计算出密钥。

② 如果发起方的 IP 地址不固定或者无法预知，而双方都希望采用预共享密钥验证方法来创建 IKE SA，则只能采用野蛮模式。**主模式只适用于隧道两端采用静态公网 IP 地址配置情形**。

③ 如果发起方已知响应方的策略，或者对响应者的策略有全面的了解，采用野蛮模式能够更快地创建 IKE SA。

3.2.2　IKEv1 协商 SA 的第二阶段

IKEv1 版本的第二阶段是要在第一阶段基础上最终建立一对 IPSec SA。它只有一种模式，即快速模式（Quick Mode），快速模式协商过程如图 3-4 所示，其受第一阶段生成的 IKE SA 保护。

在快速模式的协商过程中要完成 IPSec SA 安全策略以下参数的确定。

① 使用哪种 IPSec 安全协议：AH 或 ESP。

② 使用哪种哈希算法（认证算法）。

③ 使用哪种 IPSec 工作模式：隧道模式或传输模式。

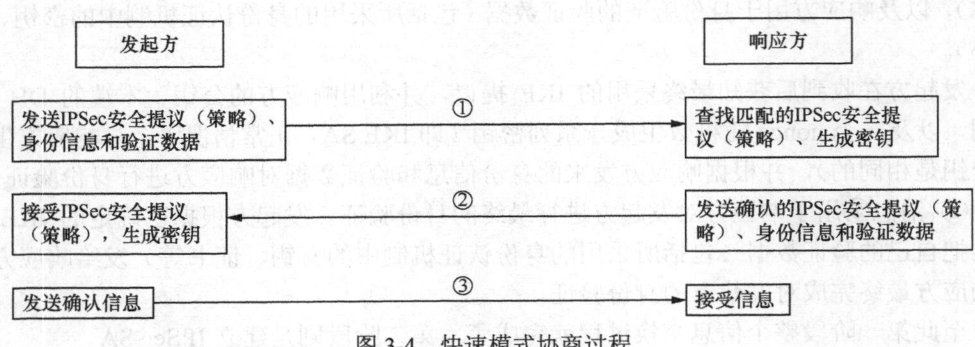

图 3-4 快速模式协商过程

④ 是否要求加密，若是，选择加密算法。

⑤ 可选支持 PFS。

在图 3-4 中，消息①和②中的 IPSec 安全提议包括了安全协议、SPI、IPSec 封装模式、PFS（可选）、IPSec SA 生存周期等。这两条消息中还包括双方的身份信息（例如 IP 地址、传输层端口）、验证数据（包括所采用的身份认证机制中的密钥、证书等），以及 nonce（一个随机数，用于抗重放，还被用作密码生成的材料，仅当启用 PFS 时用到）。接收方会利用所收到的对方数据生成加密密钥。消息③为发起方发送的确认消息，确认收到响应方的消息②，使响应方获知可以正式通信了。

在上述过程完成后，双方将建立一对 IPSec SA，分别用于入站和出站通信。

3.2.3 IKEv2 协商 SA

IKEv1 需要经历两个阶段，至少交换 6 条 ISAKMP 消息才能最终建立一对 IPSec SA，而 IKEv2 在保证安全性的前提下，减少了信息交换的次数，实现起来更简单。

1. IKEv2 概述

IKE 协议分 IKEv1 和 IKEv2 两个版本。IKEv2 与 IKEv1 相比有以下优点。

① 简化了安全联盟的协商过程，提高了协商效率。

IKEv1 使用两个阶段为 IPSec 进行密钥协商并建立 IPSec SA：第一阶段，通信双方协商和建立 IKE 本身使用的安全通道，建立一个 IKE SA；第二阶段，利用这个已通过认证和安全保护的安全通道，建立一对 IPSec SA。IKEv2 则简化了协商过程，在一次协商中可直接生成 IPSec 的密钥并建立 IPSec SA。

② 修复了多处公认的密码学方面的安全漏洞，提高了安全性能。

采用 IKEv2 协商安全联盟比 IKEv1 协商过程要简化得多。与 IKEv1 不同，IKEv2 中所有消息都以“请求—响应”的形式成对出现，响应方都要对发起方发送的消息进行确认，如果在规定的时间内没有收到确认报文，发起方需要对报文进行重传处理，这样做则提高了安全性。

要建立一对 IPSec SA，IKEv1 需要经历两个阶段：“主模式＋快速模式”或者“野蛮模式＋快速模式”，前者至少需要交换 9 条消息，后者也至少需要 6 条消息。而 IKEv2 正常情况使用 2 次交换共 4 条消息就可以完成一对 IPSec SA 的建立，如果要求建立的 IPSec SA 大于一对时，每一对 IPSec SA 只需额外增加 1 次“创建子 SA 交换”的过程，也就是2条消息就可以完成。

IKEv2 定义了 3 种交换类型：初始交换（Initial Exchanges）、创建子 SA 交换（Create_Child_SA Exchange）以及通知交换（Informational Exchange）。IKEv2通过初始交换就可以完成一个IKE SA和一对IPSec SA的协商建立。如果要求建立的IPSec SA大于一对时，每一对 IPSec SA 值只需要额外增加一次创建子 SA 交换过程（而如果采用IKEv1，则子IPSec SA的创建仍然需要经历两个阶段）。

2. IKEv2 初始交换

IKEv2初始交换对应IKEv1的第一阶段，包含两次交换4条ISAKMP消息。IKEv2初始交换过程如图3-5所示。消息①和②属于第一次交换（称为IKE_SA_INIT交换），**以明文方式**完成IKE SA的参数协商，主要是协商加密/认证算法、交换nonce值、完成一次DH交换，从而生成用于加密，并验证后续交换的密钥材料。通过这个共享密钥材料可以衍生出IPSec SA的所有密钥。消息③和④属于第二次交换（称为IKE_AUTH交换），**以加密方式**完成身份认证（通过交换身份信息和验证数据），并对前两条信息交换过程的认证和IPSec SA的参数协商。

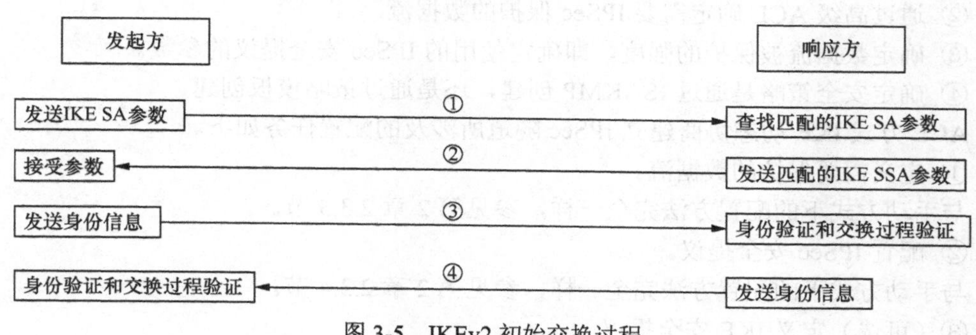

图3-5 IKEv2初始交换过程

3. 创建子SA交换

当一个IKE SA需要创建多对IPSec SA时，需要使用创建子SA交换来协商多于一对的IPSec SA。另外，创建子SA交换还可以用于IKE SA的重协商。

在初始交换完成后，可以由任何一方发起创建子 SA 交换，且发起者和初始交换中的发起者可能是不同的。该交换必须在初始交换完成后进行，交换消息由初始交换协商的密钥进行保护。

如果启用PFS，创建子SA交换需要额外进行一次DH交换，生成新的密钥材料。生成密钥材料后，子SA的所有密钥都从这个密钥材料衍生出来。

4. 通知交换

通信双方在密钥协商期间，某一方可能希望向对方发送控制信息，通知某些错误或某事件的发生，这就需要由“通知交换”过程来完成。

通知交换过程如图3-6所示，用于对等体间传递一些控制信息，例如错误信息、删除消息，或通知信息。收到信息消息的一方必须响应，响应消息中可能不包含任何载荷。**通知交换只能发生在初始交换之后**，其控制信息可以是IKE SA的（由IKE SA保护该交换），也可以是子SA的（由子SA保护该交换）。

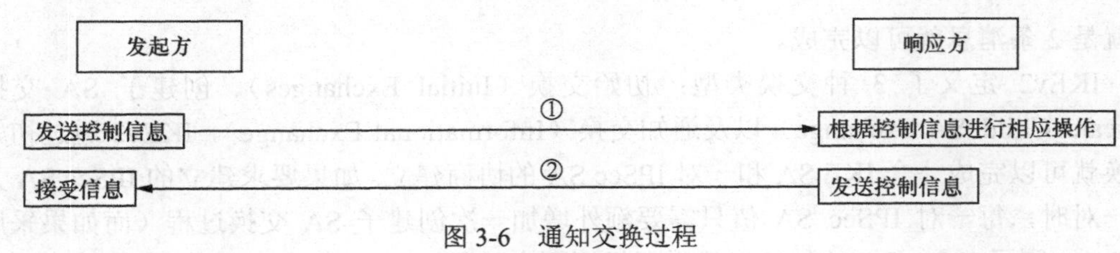

图 3-6 通知交换过程

3.3 ACL 方式 IKE 动态协商建立 IPSec 隧道的配置任务

在手工方式建立 IPSec 隧道的配置中，所需配置的参数较多，这种方式主要适用于对等体比较少的情形。ACL 方式采用 IKE 动态协商建立 IPSe 隧道，可减少手工量，但在具体配置前需要完成以下任务。

① 配置双方到达对端的公/私网路由。

② 通过高级 ACL 确定需要 IPSec 保护的数据流。

③ 确定数据流被保护的强度，即确定使用的 IPSec 安全提议的参数。

④ 确定安全策略是通过 ISAKMP 创建，还是通过策略模板创建。

ACL 方式 IKE 动态协商建立 IPSec 隧道所涉及的配置任务如下。

① 定义需要保护的数据流。

与手动方式下的配置方法完全一样，参见第 2 章 2.3.3 节。

② 配置 IPSec 安全提议。

与手动方式下的配置方法完全一样，参见第 2 章 2.3.4 节。

③（可选）定义 IKE 安全提议。

虽然这是 IKE 动态协商方式中特有的配置任务，但它是一项可选配置任务，因为系统存在一个缺省的 IKE 安全提议 Default，各参数都取缺省值。当不应用新的 IKE 安全提议时系统会自动采用缺省的 IKE 安全提议。如果用户创建一个 IKE 安全提议时只指定序号，那么这个安全提议的参数也是缺省配置的参数。

④ 配置 IKE 对等体。

IKE 对等体的配置包括引用上一任务中定义的 IKE 安全提议，配置所采用的认证算法对应的认证密钥、IKEv1 阶段 1 协商模式（主模式或野蛮模式）和一些可选扩展参数（包括本端 IP 地址、对端 IP 地址、IKEv2 重认证的时间间隔）。

⑤（可选）配置 IKE 可选功能。

⑥ 配置 IPSec 安全策略。

在 IKE 动态协商建立 IPSec 隧道的方式中，安全策略有两种配置方法：一种是通过 ISAKMP 创建，另一种是通过策略模板创建。

⑦（可选）配置 IPSec 隧道可选功能。

⑧ 在接口上应用 IPSec 安全策略组。

与手动方式下的配置方法完全一样，参见第 2 章 2.3.7 节。

3.4　定义 IKE 安全提议

IKE 安全提议其实就是两端在进行 IKE SA 协商前双方所提的安全建议，两端主要参数的配置（如加密算法、认证方法、认证算法和 DH 组）必须保持一致。

IKE 安全提议是 IKE 对等体的一个组成部分，定义了对等体进行 IKE 协商时使用的参数，包括认证方法（预共享密钥、RSA 数字签名、RSA 数字信封）、认证算法（md5、sha1、sha2-256、sha2-384、sm3 等）、加密算法（des、3des、aes-128、aes-256 、sm1、sm4 等）、DH 组（group1、group2、group5、group14 等）和 IKE SA 存活时间等。可以定义多组 IKE 安全提议，以便在与多个不同对等体协商时采用不同的 IKE 安全提议。

IKE 安全提议是以一个序号标识的，但在一个对等体中可以引用一个或多个 IKE 安全提议。IKE 安全提议的序号就代表了安全提议的优先级，**序号数值越小，优先级越高**。但协商双方必须至少有一个匹配的 IKE 安全提议才能协商成功。

在进行 IKE 协商时，发起方会将自己的 IKE 安全提议发送给对端，由对端进行匹配，响应方则从自己优先级最高的 IKE 安全提议开始，按照优先级顺序与对端进行匹配，直到找到一个匹配的 IKE 安全提议来使用。**IKE 安全提议的匹配原则是：协商双方具有相同的加密算法、认证方法、认证算法和 DH 组**。匹配的 IKE 安全提议的 IKE SA 的生存周期则取两端的最小值。匹配的 IKE 安全提议将被用来在两端建立 IKE SA。

【说明】*在未创建 IKE 安全提议时，系统存在一个优先级最低、参数为缺省配置的 IKE 安全提议 Default。如果用户创建一个 IKE 安全提议时只指定序号，这个安全提议的各参数值也都是缺省值。在 V200R010 及以后版本中，各 IKE 安全提议参数的缺省配置见表 3-1。*

表 3-1　各 IKE 安全提议参数的缺省配置

参数	缺省配置
使用的认证方法	Pre-shared Key 认证方法
使用的加密算法	AES-256
采用的 DH 密钥交换参数	DH14
IKE SA 的生存周期	86400 秒
IKEv1 使用的认证算法	SHA2-256
IKEv2 采用的伪随机数产生函数的算法	SHA2-256
IKEv2 采用的完整性函数的算法	SHA2-256

定义 IKE 安全提议的步骤见表 3-2。**IKE 安全提议的参数配置与 IPSec 安全提议中的参数配置可以一致**，也可以不一致，因为它们的用途不一样。IKE 安全提议用于 IKE SA 的协商，而 IPSec 安全提议是用于 IPSec SA 的协商。

表 3-2　定义 IKE 安全提议的步骤

步骤	命令	说明
1	**system-view**	进入系统视图
2	**ike proposal** *proposal-number* 例如：[Huawei] **ike proposal** 10	创建一个 IKE 安全提议，并进入 IKE 安全提议视图。参数 *proposal-number* 用来指定 IKE 安全提议的序号，**数值越小，优先级越高**，整数形式，取值是 1～99

续表

步骤	命令	说明
3	**authentication-method { pre-share | rsa-signature | digital-envelope }** 例如：[Huawei-ike-proposal-10] **authentication-method pre-share**	（可选）配置 IKE SA 协商时使用的认证方法。**两端对等体使用的 IKE 安全提议中的认证方法必须保持一致，否则会导致 IKE 协商失败。** ① **pre-share**：多选一选项，指定认证方法为 pre-shared key（预共享密钥）认证，必须先通过 **pre-shared-key { simple | cipher }** *key* 命令配置预共享密钥。具体配置方法参见表 3-4 和表 3-5。 ② **rsa-signature**：多选一选项，指定认证方法为 rsa-signature key（RSA 数字签名，或 RSA 数字证书）认证，必须先配置本地证书。具体配置方法参见表 3-6。 ③ **digital-envelope**：多选一选项，指定认证方法为 RSA 数字信封认证，由中国国家密码管理局定义，需要先配置数字信封认证方式。**数字信封认证只在 IKEv1 主模式中被支持，不能在 IKEv1 野蛮模式及 IKEv2 的协商过程中使用。该认证方法只在 IKE 安全提议视图下配置**，具体的配置方法参见 3.5 节的表 3-7。 IKE 对等体采用 IKEv2 版本协议时，动态修改认证方法，需要执行 **re-authentication interval** 命令配置重认证才能生效。 缺省情况下，IKE 安全提议使用 **pre-shared** 认证方法，可用 **undo authentication-method** 命令恢复为缺省值
4	**authentication-algorithm { md5 | sha1 | sha2-256 | sha2-384 | sha2-512 | sm3 }** 例如：[Huawei-ike-proposal-10] **authentication-algorithm md5**	（可选）配置 IKEv1（**采用 IKEv2 时无须配置**）安全提议使用的认证算法。 ① **md5**：多选一选项，指定采用 HMAC-MD5 算法，使用 128 位的密钥。 ② **sha1**：多选一选项，指定采用 HMAC-SHA1 算法，使用 160 位的密钥。 ③ **sha2-256**：多选一选项，指定采用 SHA2-256 算法，使用 256 位密钥。 ④ **sha2-384**：多选一选项，指定采用 SHA2-384 算法，使用 384 位密钥。 ⑤ **sha2-512**：多选一选项，指定采用 SHA2-512 算法，使用 512 位密钥。 ⑥ **sm3**：多选一选项，指定采用 SM3 算法。SM3 密码杂凑算法是中国国家密码管理局规定的认证算法，**只在 IKEv1 中被支持。** 以上认证算法安全级别由高到低的顺序是 SM3>SHA2-512 > SHA2-384 > SHA2-256 > SHA1 > MD5。 **【注意】**当 IKEv1 使用证书方式协商时，如果配置的认证算法为 SHA2-512，则 RSA 密钥对长度必须配置在 1024 位以上。 缺省情况下，IKEv1 安全提议使用 SHA2-256 认证算法，可用 **undo authentication-algorithm** 命令恢复为缺省值

续表

<table>
<tr><th>步骤</th><th>命令</th><th>说明</th></tr>
<tr><td>5</td><td>encryption-algorithm { des | 3des | aes-128 | aes-192 | aes-256 | sm1 | sm4 }
例如：[Huawei-ike-proposal-10] encryption-algorithm aes-128</td><td>（可选）配置 IKE 安全提议使用的加密算法。
① des：多选一选项，指定采用 CBC 模式的 DES 算法，密钥长度为 56 位。
② 3des：多选一选项，指定采用 CBC 模式的 3DES 算法，密钥长度为 168 位。
③ aes-128：多选一选项，指定采用 CBC 模式的 AES 算法，密钥长度为 128 位。
④ aes-192：多选一选项，指定采用 CBC 模式的 AES 算法，密钥长度为 192 位。
⑤ aes-256：多选一选项，指定采用 CBC 模式的 AES 算法，密钥长度为 256 位。
⑥ sm4：多选一选项，指定采用 SM4 算法，密钥长度为 128 位。仅在 IKEv1 中被支持。
⑦ sm1：多选一选项，指定采用 SM1 算法，密钥长度为 128 位。仅在 IKEv1 中被支持，且设备上需要安装国密加密卡。
以上加密算法安全级别由高到低的顺序是 SM4 > SM1 > AES-256 > AES-192> AES-128 > 3DES > DES。
缺省情况下，IKE 安全提议使用 AES-256 加密算法，可用 undo encryption-algorithm 命令恢复为缺省值</td></tr>
<tr><td>6</td><td>dh { group1 | group2 | group5 | group14 | group19 | group20 | group21 }
例如：[Huawei-ike-proposal-10] dh group19</td><td>（可选）配置 IKE 密钥协商时采用的 DH 密钥交换参数。
① group1：多选一选项，指定采用 768 位的 Diffie-Hellman 组。
② group2：多选一选项，指定采用 1024 位的 Diffie-Hellman 组。
③ group5：多选一选项，指定采用 1536 位的 Diffie-Hellman 组。
④ group14：多选一选项，指定采用 2048 位的 Diffie-Hellman 组。
⑤ group19：多选一选项，指定采用 256 位 ECP 的 Diffie-Hellman 组。
⑥ group20：多选一选项，指定采用 384 位 ECP 的 Diffie-Hellman 组。
⑦ group21：多选一选项，指定采用 521 位 ECP 的 Diffie-Hellman 组。
以上 DH 密钥交换组安全级别由高到低的顺序是 group21 > group20 > group19 > group14 > group5 > group2 > group1。
在 IPSec 隧道的两端设置的 Diffie-Hellman 组必须相同，否则 IKE 协商无法通过。可以重复执行本命令，但后面的配置将覆盖前面所进行的配置。
缺省情况下，IKE 密钥协商时采用的 DH 密钥交换参数为 group14，可用 undo dh 命令恢复为缺省值</td></tr>
</table>

续表

步骤	命令	说明
7	**prf** { **hmac-md5** | **hmac-sha1** | **aes-xcbc-128** | **hmac-sha2-256** | **hmac-sha2-384** | **hmac-sha2-512** } 例如：[Huawei-ike-proposal-10] **prf hmac-md5**	（可选）配置 IKEv2（**采用 IKEv1 时无须配置**）协商时所使用的伪随机数产生函数的算法。 ① **hmac-md5**：多选一选项，指定采用 HMAC-MD5 算法。 ② **hmac-sha1**：多选一选项，指定采用 HMAC-SHA-1 算法。 ③ **aes-xcbc-128**：多选一选项，指定采用 AES-XCBC-MAC-128 算法。 ④ **hmac-sha2-256**：多选一选项，指定采用 **hmac-sha2-256** 算法。 ⑤ **hmac-sha2-384**：多选一选项，指定采用 **hmac-sha2-384** 算法。 ⑥ **hmac-sha2-512**：多选一选项，指定采用 **hmac-sha2-512** 算法。 prf 算法安全级别由高到低的顺序是 hmac-sha2-512 > hmac-sha2-384 > hmac-sha2-256 > aes-xcbc-128 > hmac-sha1 > hmac-md5。如果 IKE 安全提议视图下反复执行本命令，最后的配置生效。 缺省情况下，prf 算法为 **hmac-sha2-256** 算法，可用 **undo prf** 命令恢复为缺省值
8	**integrity-algorithm** { **aes-xcbc-96** | **hmac-md5-96** | **hmac-sha1-96** | **hmac-sha2-256** | **hmac-sha2-384** | **hmac-sha2-512** } 例如：[Huawei-ike-proposal-10] **integrity-algorithm hmac-sha2-384**	（可选）配置 IKEv2（**采用 IKEv1 时无须配置**）协商使用的完整性算法。 ① **aes-xcbc-96**：多选一选项，指定采用 AES-XCBC-96 算法。 ② **hmac-md5-96**：多选一选项，指定采用 HMAC-MD5-96 算法。 ③ **hmac-sha1-96**：多选一选项，指定采用 HMAC-SHA1-96 算法。 ④ **hmac-sha2-256**：多选一选项，指定采用 HMAC-SHA2-256 算法。 ⑤ **hmac-sha2-384**：多选一选项，指定采用 HMAC-SHA2-384 算法。 ⑥ **hmac-sha2-512**：多选一选项，指定采用 HMAC-SHA2-512 算法。 完整性算法安全级别由高到低的顺序是 hmac-sha2-512 > hmac-sha2-384 > hmac-sha2-256 > aes-xcbc-96 > hmac-sha1-96 > hmac-md5-96。 缺省情况下，IKEv2 协商使用的完整性算法为 HMAC-SHA2-256，可用 **undo integrity-algorithm** 命令恢复法为缺省值

3.5 配置 IKE 对等体

在通过 IKE 协议动态协商建立 IPSec 隧道之前，两端 IPSec 设备之间就必须建立好对等体关系，而对等体关系的建立必须依赖一定的对等体属性参数协商，所以必须在两端的 IPSec 设备上配置好 IKE 对等体属性。

在配置对等体属性时要注意以下几个方面问题。

① IKE 对等体两端使用相同的 IKE 版本。

② IKE 对等体两端使用 IKEv1 版本时必须采用相同的协商模式。

③ IKE 对等体两端的身份认证参数必须匹配。

另外，IKEv1 和 IKEv2 两种版本的对等体属性配置方法有所不同，主要体现在以下几个方面。

① IKEv1 需要配置第一阶段协商模式，而 IKEv2 不需要，因为 IKEv1 的动态协商是分两个阶段进行的，而 IKEv2 只有一个阶段。

② 采用数字证书认证时，IKEv1 不支持通过 IKE 协议进行数字证书的在线状态认证，而 IKEv2 支持。

③ IKEv2 可以配置重认证时间间隔，提高安全性，而 IKEv1 不支持。

3.5.1 配置 IKE 对等体通用属性

IKE 对等体通用属性的配置步骤见表 3-3，但在配置之前，需要完成以下配置任务。

① 如果使用 RSA 签名认证（也称"数字证书认证"），要求被验证端已经导入本地证书和 CA 根证书，验证端已经导入 CA 根证书。有关本地证书和 CA 证书的导入请参见本书第 8 章。

② 如果使用 RSA 数字信封认证，要求被验证端已经生成 RSA 密钥对。

③ 当 IKEv1 使用证书方式协商时，如果配置的认证算法为 **sha2-512**，则 RSA 密钥对长度必须配置为 1024 以上。

表 3-3 IKE 对等体通用属性的配置步骤

步骤	命令	说明
1	**system-view**	进入系统视图
2	**ike peer** *peer-name* 例如：[Huawei] **ike peer** Huawei	创建 IKE 对等体并进入 IKE 对等体视图。对等体名称是字符串形式，长度为 1～15 个字符。区分大小写，字符串中不能包含"？"和空格
3	**version** { 1 | 2 } 例如：[Huawei-ike-peer-huawei] **version 2**	配置 IKE 对等体使用的 IKE 协议版本号。 缺省情况下，一个 IKE 对等体同时支持 IKEv1 和 IKEv2 两个协议版本，可用 **undo version** { **1** | **2** }命令取消对对应版本的支持
4	**exchange-mode** { **main** | **aggressive** } 例如：[Huawei-ike-peer-huawei] **exchange-mode aggressive**	（可选）配置 IKEv1 阶段 1 协商模式，**仅当采用 IKEv1 时需要配置。** ① **main**：二选一选项，指定 IKEv1 第 1 阶段的协商模式为主模式，提供身份保护。 ② **aggressive**：二选一选项，指定 IKEv1 第 1 阶段的协商模式为野蛮模式，协商速度更快，但不提供身份保护。 在选择协商模式的时候，可以根据某些特定的网络环境需求来确定是用主模式还是用野蛮模式。 ③ 在响应方通过 IKE 用户表配置了多个预共享密钥的场景下，如果发起方的 IP 地址不固定或者无法预知，而双方都希望采用预共享密钥验证方法来创建 IKE SA，则只能采用野蛮模式。 ④ 如果发起方已知响应方的策略，或者对响应者的策略有全面的了解，采用野蛮模式能够更快地创建 IKE SA。 缺省情况下，IKEv1 第 1 阶段协商使用主模式，可用 **undo exchange-mode** 命令用来恢复为缺省配置

续表

步骤	命令	说明
5	**local-address** *address* 例如：[Huawei-ike-peer-huawei] **local-address** 100.10.10.1	（可选）配置 IKE 协商时的本端 IP 地址，**一般情况下无须配置，会自动根据路由选择到对端的出接口，将该出接口地址作为本端 IP 地址**，可用 **undo local-address** 命令恢复缺省配置。但在以下情形下需要配置。 ① 当安全策略实际绑定的接口 IP 地址不固定或无法预知时，可以执行 **local-address** *ipv4-address* 指定设备上的其他接口（例如 LoopBack 接口）IP 地址作为 IPSec 隧道的本端 IP 地址。 ② 当安全策略实际绑定的接口配置了多个 IP 地址（一个主 IP 地址和多个从 IP 地址）时，可以执行 **local-address** *ipv4-address* 指定其中一个 IP 地址作为 IPSec 隧道的本端 IP 地址。 ③ 当本端与对端存在等价路由时，可以执行 **local-address** *ipv4-address* 来指定 IPSec 隧道的本端 IP 地址，使 IPSec 报文从指定接口出去
6	**remote-address** { [**vpn-instance** *vpn-instance-name*] { *ip-address* | **host-name** *host-name* } | **authentication-address** *start-ip-address* [*end-ip-address*] } 例如：[Huawei-ike-peer-huawei] **remote-address** mypeer	（可选）配置 IKE 协商时的对端 IP 地址或域名。 ① **vpn-instance** *vpn-instance-name*：可选参数，参数用来指定对端所属的 MPLS VPN 实例的名称，当应用 IPSec 策略的接口配置了 VPN 实例时需要配置。配置后，IPSec 隧道协商时设备会在对应的 VPN 里查找对端 IP 的路由。如果配置了多个对端 IP 地址或域名，则指定的 *vpn-instance-name* 需相同。 ② *ipv4-address*：多选一参数，指定对端的 IP 地址。 ③ **host-name** *host-name*：多选一参数，指定对端的域名。当对端设备的 IP 地址不固定但有固定域名时，需要配置对端域名。 ④ **authentication-address** *start-ip-address* [*end-ip-address*]：多选一参数，指定对端 IP 地址段的起始地址和终止 IP 地址。在两端使用 IKEv2 协议场景中，当对端设备使用的是内网 IP 地址，穿越了 NAT 设备时，如果需要使用 IP 地址进行认证，可以通过配置本参数指定 NAT 前的 IP 地址或地址段为对端认证地址。此时需要将 NAT 后的 IP 地址作为对端地址。 缺省情况下，系统没有配置 IKE 对等体的对端地址或域名，可用 **undo remote-address** [*ip-address* | **host-name** *host-name* | **authentication-address**]命令取消原来的配置
7	**ipsec sm4 version** { **draft-standard** | **standard** } 例如：[Huawei-ike-peer-huawei] **ipsec sm4 version standard**	（可选）配置 IKE 协商时使用 SM4 算法的版本。 ① **draft-standard**：二选一选项，指定 SM4 算法的版本为 2013 年国密标准版本，此时 SM4 算法的属性值为 127。 ② **standard**：二选一选项，指定 SM4 算法的版本为 2014 年国密标准版本，此时 SM4 算法的属性值为 129。 与其他厂商设备对接进行 IKE 协商时，由于不同厂家设备使用的 SM4 算法的版本有所差异，会导致与其他厂商设备 IKE 协商不成功，此时可以配置此步骤，使 SM4 算法的版本与其他厂家设备使用的 SM4 算法的版本一致。 缺省情况下，配置 IKE 协商时使用 SM4 算法的版本为 draft-standard，可用 **undo ipsec sm4 version** 命令为缺省值

续表

步骤	命令	说明
8	**ike-proposal** *proposal-number* 例如：[Huawei-ike-peer-huawei] **ike-proposal** 10	引用 3.4 节定义的 IKE 安全提议。参数 *proposal-number* 是一个已创建的 IKE 安全提议序号。缺省情况下，使用系统默认的 IKE 安全提议 Default
9	配置身份认证参数。预共享密钥认证的具体配置步骤见表 3-4 和表 3-5，RSA 签名认证（即数字证书认证）、RSA 数字信封认证的具体配置步骤分别见表 3-6 和表 3-7	
10	**lifetime-notification-message enable** 例如：[Huawei-ike-peer-huawei] **lifetime-notification-message enable**	（可选）使能发送 IKE SA 生存周期的通知消息功能。 IKEv1 对等体中，协商双方进行生存周期协商，IKE SA 的生存周期取两端的小值。但当华为设备与其他厂商设备对接建立 IPSec 隧道时，如果两端 IKE SA 生存周期配置不相同，则需要配置该命令，将本端 IKE SA 生存周期的通知消息发送给对端，两端 IKE 协商才能成功，否则失败。 其他情况下，例如两台华为设备之间建立 IPSec 隧道时也可以配置该命令，但只对 IPSec 隧道的协商响应方生效。如果不能确定哪端是协商发起方，建议两端都配置该命令。 缺省情况下，系统未使能发送 IKE SA 生存周期的通知消息功能，可用 **undo lifetime-notification-message enable** 命令关闭发送 IKE SA 生存周期的通知消息功能
11	**re-authentication interval** *interval* 例如：[Huawei-ike-peer-huawei] **re-authentication interval** 400	（可选）配置 IKEv2 重认证的时间间隔，整数形式，单位为秒，取值是 300～86400。**仅当采用 IKEv2 版本时才需配置。** 在远程接入时，IKEv2 对等体间实施周期性的重认证，可以降低第三方攻击的安全隐患，提升 IPSec 网络的安全性。 缺省情况下，IKEv2 不进行重认证，可用 **undo re-authentication interval** 命令取消 IKEv2 重认证

3.5.2 配置 IKE 对等体预共享密钥的认证方法

采用预共享密钥认证方法时包括两项配置：①认证密钥配置；②ID 类型和 ID 值配置。预共享密钥认证配置步骤见表 3-4。

表 3-4 预共享密钥认证配置步骤

步骤	命令	说明
情形一：单个对端或多个对端使用相同 ID 和预共享密钥时的认证参数配置		
1	**pre-shared-key** { **simple** | **cipher** } *key* 例如：[Huawei-ike-peer-huawei] **pre-shared-key simple** lycb.com	配置对等体 IKE 协商采用预共享密钥认证时，所使用的预共享密钥。**两端配置的预共享密钥必须相同。** ① **simple**：二选一选项，指定预共享密钥为明文密码类型，只能输入明文密码，在查看配置文件时也是以明文方式显示密码。 ② **cipher**：二选一选项，指定预共享密钥为密文密码类型，**但输入时可以键入明文或密文密码**，查看配置文件时均以密文方式显示密码。 ③ *key*：指定对等体 IKE 协商所采用的预共享密钥，字符串格式，不支持空格，**区分大小写**，明文时输入是 1～128，密文时输入是 48～188。当输入的字符串两端使用双引号时，可以在字符串中输入空格。 缺省情况下，没有配置对等体 IKE 协商采用预共享密钥认证时所使用的预共享密钥，可用 **undo pre-shared-key** 命令删除对等体 IKE 协商采用预共享密钥认证时所使用的预共享密钥

续表

步骤	命令	说明
情形二：多个对端，且使用不同的 ID 和预共享密钥时的认证参数配置（**在单个对端的 IPSec 端点仍采用情形一的配置**）		
1	**ike user-table** *user-table-id* 例如：[Huawei] **ike user-table** 10	在系统视图下创建一个 IKE 用户表并进入 IKE 用户表视图，或者直接进入一个已创建的 IKE 用户表视图。参数 *user-table-id* 用来指定 IKE 用户表 ID，以整数形式，不同系列的取值不同。**一个 IKE 用户表下可创建一个或多个 IKE 用户**。 IKE 用户表中记录了 IKE 对等体对端 ID 和这些参数的对应关系，设备在 IKE 协商过程中，会根据对端 ID，在 IKE 用户表中查找该 ID 对应的参数。这样就可以做到各个分支使用不同的业务。 缺省情况下，系统没有配置 IKE 用户表，可用 **undo ike user-table** 命令用来删除 IKE 用户表，但已经被 IKE 对等体引用的 IKE 用户表无法删除，必须先在对应体下删除对应的引用
2	**user** *user-name* 例如：[Huawei-ike-user-table-10] **user** winda	在 IKE 用户表中创建一个 IKE 用户并进入 IKE 用户视图，或者直接进入一个已创建的 IKE 用户视图。参数 *user-name* 指定 IKE 用户的名称字符串形式，**区分大小写**，不支持空格和问号，长度为 1～63。 在每个 IKE 用户视图下面可配置对等体 ID、共享密钥，IPSec 设备就是依据 IKE 用户与这些参数的对应关系找到与之要建立 IPSec 隧道的对等体。 缺省情况下，IKE 用户表中没有创建 IKE 用户，可用 **undo user** *user-name* 命令删除指定的 IKE 用户
3	**pre-shared-key** *key* 例如：[Huawei-ike-user-table-10-user1] **pre-shared-key** lycb.com	为以上 IKE 用户配置对等体 IKE 协商采用预共享密钥认证时，IKE 用户所使用的预共享密钥，字符串格式，**区分大小写**，明文时输入是 1～128，密文时输入是 48～188。当字符串中包含“？”或空格时，需要使用双引号将密钥括起来。 相当于可以为每个用户配置相同或不同的共享密钥，通常是在公司总部 IPSec 设备上为每个分支机构创建一个用户，然后分别为他们配置共享密钥。当然，这要求在分支机构上所配置的共享密钥必须与总部上所配置的共享密钥对应。 缺省情况下，对等体 IKE 协商采用预共享密钥认证时，没有配置 IKE 用户所使用的预共享密钥，可用 **undo pre-shared-key** 命令取消对对等体 IKE 协商采用预共享密钥认证时，IKE 用户所使用的预共享密钥
4	**id-type** { **any** *any-id* | **fqdn** *remote-fqdn* | **ip** *ip-address* | **user-fqdn** *remote-user-fqdn* } 例如：[Huawei-ike-user-table-10-user1] **id-type ip** 1.1.1.1	为以上 IKE 用户中配置对端 ID 类型和 ID。 ① **any** *any-id*：多选一参数，指定 IKE 对等体的对端 ID 类型为任意类型，并配置对端 ID，字符串形式，**区分大小写**，不支持问号，长度是 1～255。 ② **fqdn** *remote-fqdn*：多选一参数，指定 IKE 对等体的对端 ID 类型为名称形式，并配置对端 ID，字符串形式，**区分大小写**，不支持问号，长度是 1～255。

续表

步骤	命令	说明
4	**id-type** { **any** *any-id* | **fqdn** *remote-fqdn* | **ip** *ip-address* | **user-fqdn** *remote-user-fqdn* } 例如：[Huawei-ike-user-table-10-user1] **id-type ip** 1.1.1.1	③ **ip** *ip-address*：多选一参数，指定 IKE 对等体的对端 ID 类型为 IP 地址形式，并配置对端 ID，点分十进制格式。 ④ **user-fqdn** *remote-user-fqdn*：指定 IKE 对等体的对端 ID 类型为用户域名形式，并配置对端 ID，字符串形式，区分大小写，不支持问号，长度是 1～255。 【注意】如果采用主模式的 IKEv1，**id-type** 只能配置成 **ip**，且在 NAT 穿越场景中，*ip-address* 应配置成 NAT 后的地址。 缺省情况下，IKE 用户中没有配置用户类型和 ID，可用 **undo id-type** 命令用来在 IKE 用户中删除用户类型和 ID
5	**interface-assign** *interface-type interface-number* 例如：[Huawei-ike-user-table-10-user1] **interface-assign tunnel 0/0/1**	（可选）配置 IKE 用户关联的接口。目前接口类型仅支持为 Tunnel 接口。 如果总部配置一个 IPSec 安全框架，要在多个 Tunnel 接口应用，总部与分支进行 IPSec 协商时，总部的 IKE 对等体无法匹配到分支对应的 Tunnel 接口，导致 IPSec 协商失败。此时，可以执 **interface-assign** 行命令配置 IKE 用户关联的 Tunnel 接口，使总部的 IKE 用户能匹配到分支对应的 Tunnel 接口。 缺省情况下，系统没有配置 IKE 用户关联的接口，可用 **undo interface-assign** 命令删除 IKE 用户关联的接口
6	**description** *description* 例如：[Huawei-ike-user-table-10-user1] **description** admin	（可选）配置 IKE 用户的描述信息，字符串形式，支持空格，区分大小写，长度是 1～63。 缺省情况下，系统未配置 IKE 用户的描述信息
7	**quit**	返回 IKE 用户表视图
8	**quit**	退回系统视图
9	**ike peer** *peer-name* 例如：[Huawei] **ike peer** huawei	进入对应的 IKE 对等体视图
10	**user-table** *user-table-id* 例如：[Huawei-ike-peer-huawei] **user-table** 10	在以上 IKE 对等体中引用前面配置的 IKE 用户表。IKE 对等体中引用 IKE 用户表后，**在 IKE 用户视图下配置的预共享密钥优先级高于在 IKE 对等体视图下配置的共享密钥。** 缺省情况下，IKE 对等体中没有引用 IKE 用户表，可用 **undo user-table** 命令删除引用的 IKE 用户表

完成了预共享密钥认证方法密钥配置后，还需要配置 ID 类型和 ID 值。预共享密钥认证方法支持 IP 地址、FQDN 和 **User-FQDN** 这 3 种 ID 类型。Efficient VPN 策略中，设备作为 Remote 端与思科设备互通时使用 **key-id** 类型，在 Efficient VPN 策略视图下也得到了支持。对于 IKEv1 协议，预共享密钥认证方法要求本端配置的**本地 ID 与对端配置的远端 ID 保持一致**；对于 IKEv2 协议，预共享密钥认证方法**要求本端配置的本地 ID 类型/本地 ID 与对端配置的远端 ID 类型/远端 ID 保持一致。但本地的 ID 类型与对端的 ID 类型不需要一致。**预共享密钥认证方法下的 ID 类型和 ID 配置步骤见表 3-5。

表 3-5 预共享密钥认证方法下的 ID 类型和 ID 值配置步骤

步骤	命令	说明
1	**local-id-type** { **fqdn** | **ip** [**ip-configurable**] | **user-fqdn** } 例如：[Huawei-ike-peer-huawei] **local-id-type user-fqdn**	配置预共享密钥认证方式中 IKE 协商时可采用本地 ID 类型。 ① **fqdn**：多选一选项，指定 IKE 协商时本地 ID 类型为名称形式，例如 devicea。IKEv1 野蛮模式和 IKEv2 支持，而 IKEv1 主模式不支持。 ② **ip**：多选一选项，指定 IKE 协商时本地 ID 类型为 IP 地址形式。 ③ **ip-configurable**：可选项，指定 IP 地址可配置，但使用 **local-id** *id* 命令配置的 ID 进行身份认证，将不再使用该 IP 地址作为本地 ID。 ④ **user-fqdn**：多选一选项，指定 IKE 协商时本地端 ID 类型为用户域名形式，如 devicea@example.com。 缺省情况下，IKE 协商时本地 ID 类型为 IP 地址形式，可用 **undo local-id-type** 命令为缺省设置
2	**local-id** *id* 例如：[Huawei-ike-peer-huawei] **local-id** www.hw.com	（可选）配置 IKE 协商时的本地 ID 值，字符串格式，长度是 1～255，区分大小写，不支持空格，支持特殊字符（例如，!、@、#、$、%等），区分大小写。 **【注意】如果本地 ID 类型为 IP，不需要执行此步骤配置。** 此时，设备默认使用建立 IPSec 隧道所用的接口的 IP 地址作为本地端 ID，如果建立 IPSec 隧道所用的接口有多个 IP 地址（例如配置了主、从 IP 地址），设备使用 **tunnel local** { *ipv4-address* | **applied-interface** }命令所配置的 IP 地址作为本地 ID。 如果 ID 类型为 FQDN 或 User-FQDN 时，也可以在系统视图下执行 **ike local-name** *local-name* 命令配置 IKE 协商时的本地 ID，此时设备上所有的 IKE 对等体都使用此 ID 进行身份认证。但本命令配置的 ID 优先级高于 **local-name** *local-name* 命令配置的 ID。 缺省情况下，系统没有设置 IKE 协商使用的本地 ID，可用 **undo local-id** 命令取消 IKE 协商使用的本地 ID
3	**remote-id-type** { **any** | **fqdn** | **ip** | **user-fqdn** } 例如：[Huawei-ike-peer-huawei] **remote-id-type fqdn**	配置 IKE 协商时远端的 ID 类型，命令中的选项说明参见表 3-4 中情形二中的第 4 步说明。**在本端存在多个对端，且多个对端使用不同的 ID 和预共享密钥时，本端无须进行本步配置。** 缺省情况下，系统未设置 IKE 协商时远端的 ID 类型，可通过 **undo remote-id-type** 命令取消配置 IKE 协商时远端的 ID 类型
4	**remote-id** *id* 例如：[Huawei-ike-peer-huawei] **remote-id** user@hw.com	（可选）配置 IKE 协商时的远端 ID 值，ID 值说明参见本表第 2 步中的本地 ID 值说明。 【说明】在 IKEv1 版本中，配置的 **remote-id**，只能验证对端的身份；在 IKEv2 版本中，配置的 **remote-id**，可以发送给对端，与对端配置的 **local-id** 进行验证。 当通过上一步命令配置了远端 ID 类型为 IP 时，无论是否配置了本命令，都默认采用表 3-3 第 6 步中 **remote-address** 命令配置的值作为对端 ID 值。 缺省情况下，系统没有配置 IKE 协商时对端 ID，可用 **undo remote-id** 命令取消远端 ID 配置

3.5.3　配置 IKE 对等体 RSA 签名认证方法

RSA 签名认证方法的配置步骤见表 3-6，支持 DN、IP 地址、FQDN 和 User-FQDN 4 种 ID 类型。**RSA 签名认证方法要求本端配置的远端 ID 类型/远端 ID 要与对端本地证书中相应字段一致。**

表 3-6　RSA 签名认证方法的配置步骤

步骤	命令	说明
1	**system-view**	进入系统视图
2	**ike peer** *peer-name* 例如：[Huawei] **ike peer** Huawei	创建 IKE 对等体并进入 IKE 对等体视图
3	**version** { 1 | 2 } 例如：[Huawei-ike-peer-huawei] **version 2**	配置 IKE 对等体使用的 IKE 协议版本号
4	**ikev2 authentication sign-hash** { **md5** | **sha1** | **sha2-256** | **sha2-384** | **sha2-512** } 例如：[Huawei-ike-peer-huawei] **ikev2 authentication sign-hash sha2-256**	（可选）配置 IKEv2 使用的证书签名算法，仅当采用 IKEv2 版本时需要配置。 缺省情况下，IKEv2 使用的证书签名算法为 SHA2-256，可用 **undo ikev2 authentication sign-hash** 命令恢复为缺省配置
5	**rsa signature-padding** { **pkcs1** | **pss** } 例如：[Huawei-ike-peer-huawei] **rsa signature-padding pss**	配置 RSA 签名的填充方式。 ① **pkcs1**：二选一选项，指定 RSA 签名的填充方式为公共密钥加密标准第 1 版本（Public-Key Cryptography Standards 1，PKCS1）。 ② **pss**：二选一选项，指定 RSA 签名的填充方式为概率签名方案（Probabilistic Signature Scheme，PSS）。**采用 PSS 方式时，认证算法不能配置为 SM3 算法。** 缺省情况下，RSA 签名的填充方式为 PKCS1，可用 **undo rsa signature-padding** 命令恢复为缺省配置
6	**pki realm** *realm-name* 例如：[Huawei-ike-peer-huawei] **pki realm** test	指定数字证书所属的公钥基础设施（Public Key Infrastructura，PKI）域（必须是已存在的 PKI 域名），根据 PKI 域下的配置信息获取本端的数字证书。认证方式为 RSA 签名时，代表本地 ID 的 IP 地址、DN、Name、User-FQDN 等信息都在本地证书中。 缺省情况下，IKE 对等体的数字证书没有指定 PKI 域，可用 **undo pki realm** 命令取消指定 IKE 对等体的数字证书所属的 PKI 域
7	**local-id-reflect enable** 例如：[Huawei-ike-peer-huawei] **local-id-reflect enable**	（可选）开启 IKEv2 协商时响应方的本地 ID 为发起方发送的 IKE 报文中携带的远端 ID 功能，**仅 IKEv2 支持**。 IKEv2 协商时，如果用户不知道发起方配置的远端 ID，则可以在执行此步骤，响应方收到发起方的 IKE 报文时，会将报文中的 IDr 载荷（远端 ID）作为自己的本地 ID。如果响应方未获取到 IDr，则根据本端的配置获取本地 ID。**但本命令目前仅支持 IP、FQDN 和 User-FQDN ID 类型。** 当本命令和下一步的 **local-id-preference certificate enable** 命令都配置时，本命令优先生效。 缺省情况下，IKEv2 协商时响应方的本端 ID 为发起方发送的 IKE 报文中携带的对端 ID 功能处于关闭状态，可用 **undo local-id-reflect enable** 命令关闭 IKEv2 协商时响应方的本端 ID 为发起方发送的 IKE 报文中携带的对端 ID 功能

续表

步骤	命令	说明
8	**local-id-preference certificate enable** 例如：[Huawei-ike-peer-huawei] **local-id-preference certificate enable**	（可选）开启 IKE 采用证书协商时本地 ID 优先取证书中字段功能，**仅 IKEv2 支持**。 执行本命令后，设备先从证书的字段中获取本地 ID，获取失败时，再根据本端配置获取本地 ID，如果都未获取到本地 ID，则 IKE 协商失败。 缺省情况下，IKE 采用证书协商时本端 ID 优先取证书中字段功能处于关闭状态，可用 **undo local-id-preference certificate enable** 命令关闭 IKE 采用证书协商时本端 ID 优先取证书中字段功能
9	**local-id-type** { **dn** | **fqdn** | **ip** | **user-fqdn** } 例如：[Huawei-ike-peer-huawei] **local-id-type fqdn**	配置本地 ID 类型，其中的 **dn** 类型是指定 IKE 协商时本地 ID 类型为可识别名称（Distinguished Name，DN）形式，其他类型说明见表 3-4 中情形二中的第 4 步说明。ID 类型需与 **display pki certificate** 命令查看到的 ID 类型一致。 缺省情况下，IKE 协商时本地 ID 类型为 IP 地址形式，可用 **undo local-id-type** 命令恢复为缺省设置
10	**local-id** *id* 例如：[Huawei-peer-huawei] **local-id** huawei	（可选）配置 IKE 协商使用的本地 ID，字符串形式，可以输入长度为 1~255 个字符，**区分大小写**。IKE 对等体的 ID 类型为 DN 时，无须配置本步骤。 可以在 IKE 对等体视图下通过本命令配置本对等体下使用的本地 ID，或在系统视图下通过 **ike local-name** *local-name* 命令配置设备上所有的 IKE 对等体都使用此 ID 进行身份认证。本命令的配置的 ID 优先级高于 **ike local-name** 命令配置的 ID 缺省情况下，系统没有设置 IKE 协商使用的本地 ID，可用 **undo local-id** 命令取消 IKE 协商使用的本地 ID
11	**remote-id-type** { **any** | **dn** | **fqdn** | **ip** | **user-fqdn** } 例如：[Huawei-ike-peer-huawei] **remote-id-type fqdn**	配置 IKE 协商时对端的 ID 类型，命令中的选项说明参见表 3-4 中情形二中的第 4 步和本表第 9 步说明。**同一 IKE 对等体，本端和对端的 ID 类型必须相同。** 缺省情况下，系统未设置 IKE 协商时对端的 ID 类型，可用 **undo remote-id** 命令取消原来配置
12	**remote-id** *id* 例如：[Huawei-ike-peer-huawei] **remote-id** device_A	配置 IKE 协商时的远端 ID 值，字符串格式，长度是 1～255，区分大小写，不支持空格，支持特殊字符（例如，!、@、#、$、%等），区分大小写。对端 ID 类型为 IP 时，无论是否配置了本命令，都默认采用表 3-3 第 6 步中 **remote-address** 的值作为远端 ID 值。 **【注意】**如果本地 ID 类型配置为 FQDN 或 User-FQDN，对于 IKEv1 协商，远端 ID 取 IKE 对等体下本命令的远端 ID 配置；对于 IKEv2 协商，对端 ID 优先取证书里对应的 ID 字段（FQDN 取 DNS 字段值，User-FQDN 取 email 字段值），证书中没有对应 ID 字段时才取本命令的远端 ID 配置
13	**inband ocsp** 例如：[Huawei_B-ike-peer-huawei] **inband ocsp**	（可选）配置 IKEv2 采用 RSA 签名认证时设备使用对端发送的在线证书状态协议（Online Certificate Status Protocol，OCSP）验证结果检查对端证书有效性。 在 IKEv2 采用 RSA 签名认证场景中，使用 OCSP 方式检查证书有效性时，如果 OCSP 服务器位于总部的私网中，分支无法与 OCSP 服务器直接通信来检查总部证书的有效性。此时，我们可以在分支上执行命令 **inband ocsp**，通过 IKEv2 协议获取总部的 OCSP 验证结果。分支收到总部通过 IKEv2 协议发来的 OCSP 验证结果后，使用收到的 OCSP 验证结果来检查总部证书的有效性，如果 OCSP 验证结果为有效，则该证书有效，身份验证通过，可以继续协商建立 IPSec 隧道

续表

步骤	命令	说明
13	**inband ocsp** 例如：[Huawei-ike-peer-huawei] **inband ocsp**	同时配置下一步的 **inband crl** 命令时，OCSP 和证书废除列表（Certificate Revocation List，CRL）方式必须都检查证书有效性通过后证书才有效。 缺省情况下，IKEv2 采用 RSA 签名认证时未配置设备使用对端发送的 OCSP 验证结果检查对端证书有效性，可用 **undo inband ocsp** 命令恢复为缺省情况
14	**inband crl** 例如：[Huawei-ike-peer-huawei] **inband crl**	（可选）配置 IKEv2 采用 RSA 签名认证时设备使用对端发送的 CRL（证书吊销列表）检查对端证书有效性。 在 IKEv2 采用 RSA 签名认证场景中，使用 CRL 方式检查证书有效性时，如果 CA 服务器位于总部的私网中，分支无法与 CA 服务器直接通信来获取 CRL，造成分支无法使用最新的 CRL 检查总部证书的有效性。此时，我们可以在分支上执行命令 **inband crl**，通过 IKEv2 协议获取总部的 CRL。分支收到总部通过 IKEv2 协议发来的 CRL 后，使用收到的 CRL 来检查总部证书的有效性，如果该证书不在 CRL 中，则该证书有效，身份验证通过，可以继续协商建立 IPSec 隧道。 【注意】因为 IKEv2 协议中规定载荷长度为 2 个字节（即最大长度为 65535），所以当 CRL 长度超过 65535 时，IKEv2 无法构造 CRL 载荷，导致校验证书有效性失败。 缺省情况下，IKEv2 采用 RSA 签名认证时未配置设备使用对端发送的 CRL 检查对端证书有效性，可用 **undo inband crl** 命令恢复为缺省情况
15	**certificate-request empty-payload enable** 例如：[Huawei-ike-peer-huawei] **certificate-request empty-payload enable**	（可选）指定证书请求载荷内容为空。 当路由器作为总部网关，配置策略模板方式 IPSec 安全策略时，如果采用数字证书认证分支机构，可以配置证书请求载荷内容为空，以便允许不同 CA 组织的分支机构接入。总部根据分支机构证书的信息，到对应的证书域进行证书验证。但当接入设备不能处理认证授权字段为空的证书请求报文时，则不能配置本命令，否则将导致隧道协商失败。 缺省情况下，设备发出的证书请求载荷包含 CA 信息，可用 **undo certificate-request empty-payload enable** 命令恢复为缺省配置
16	**quit**	返回系统视图
17	**ikev2 id-match-certificate enable** 例如：[Huawei] **ikev2 id-match-certificate enable**	（可选）开启 IKEv2 采用证书协商时检查对端设备证书身份信息的功能。 IKEv2 采用证书协商时，缺省情况下，本端设备不会检查对端设备证书的身份信息（Subject 字段、IP 地址、FQDN 或 Email）。若某分支网关的证书被其他设备使用，并与总部协商建立 IPSec，会存在一定的安全风险。此时，我们可以执行本命令，检查对端设备证书的身份信息，与对端设备 ID（DN、IP 地址、FQDN 或 User-FQDN）进行匹配，两者不匹配时，IKEv2 协商失败。 缺省情况下，IKEv2 采用证书协商时检查对端设备证书身份信息的功能处于关闭状态，可用 **undo ikev2 id-match-certificate enable** 命令关闭 IKEv2 采用证书协商时检查对端设备证书身份信息的功能

3.5.4 配置 IKE 对等体 RSA 数字信封认证方法

RSA 数字信封认证方法的配置步骤见表 3-7。**只有 IKEv1 主模式支持 RSA 数字信封认证**，此时 IKE 协商时，本端和远端的 ID 类型只支持 DN 形式，且无须配置，IKE 对等体中必须配置 **ike-proposal** 命令引用 IKE 安全提议，否则会导致 IKE 协商失败。

表 3-7 RSA 数字信封认证方法的配置步骤

步骤	命令	说明
1	**system-view**	进入系统视图
2	**ike peer** *peer-name* 例如：[Huawei] **ike peer** Huawei	创建 IKE 对等体并进入 IKE 对等体视图
3	**version** 1 例如：[Huawei-ike-peer-huawei] **version 1**	配置 IKE 对等体使用的 IKEv1 版本
4	**rsa signature-padding** { **pkcs1** | **pss** } 例如：[Huawei-ike-peer-huawei] **rsa signature-padding pss**	配置 RSA 签名的填充方式，参见表 3-6 中的第 5 步
5	**rsa encryption-padding** { **oaep** | **pkcs1** } 例如：[Huawei-ike-peer-huawei] **rsa encryption-padding oaep**	配置 RSA 加密的填充方式如下。 ① **oaep**：二选一选项，指定 RSA 加密的填充方式为最优非对称加密填充（Optimal Asymmetric Encryption Padding，OAEP）。 ② **pkcs1**：二选一选项，指定 RSA 加密的填充方式为 PKCS1。 缺省情况下，RSA 加密的填充方式为 OAEP，可用 **undo rsa encryption-padding** 命令用恢复为缺省配置
6	**pki realm** *realm-name* 例如：[Huawei-ike-peer-huawei] **pki realm** test	指定数字证书所属的 PKI 域，根据 PKI 域下的配置信息获取本端的数字证书。必须在系统视图下已通过 **pki realm** *realm-name* 命令创建 PKI 域，且在 PKI 域下已导入 CA 证书和本地证书。 缺省情况下，IKE 对等体或 Efficient VPN 策略的数字证书没有指定 PKI 域，可用 **undo pki realm** 命令取消指定 IKE 对等体或 Efficient VPN 策略的数字证书所属的 PKI 域
7	**certificate peer-name** *peer-name* 例如：[Huawei-ike-peer-huawei] **certificate peer-name certiA**	配置 IKEv1 数字信封协商使用 PKI 导入的对等体数字证书。参数 *peer-name* 用来指定 IKE 对等体的数字证书名称，且必须是 PKI 已导入的数字证书名称。 缺省情况下，系统没有配置 IKEv1 数字信封协商使用 PKI 导入的对等体数字证书，可用 **undo certificate peer-name** 命令取消 IKEv1 数字信封协商使用 PKI 导入的对等体数字证书
8	**remote-id** *id* 例如：[Huawei-ike-peer-huawei] **remote-id** device_A	（可选）配置 IKE 协商时的远端 ID 值，字符串格式，长度为 1～255，区分大小写，支持特殊字符，如!、@、#、$、%等。可以不用配置，默认使用对端设备证书中 **Subject** 字段的 ID。如果配置 *id* 参数，必须与对端设备证书中 **Subject** 字段的 ID 一致，否则会导致 IKE 协商失败。 缺省情况下，系统没有配置 IKE 协商时的远端 ID 时，可用 **undo remote-id** 命令来取消配置

续表

步骤	命令	说明
9	**certificate-request empty-payload enable** 例如：[Huawei-ike-peer-huawei] **certificate-request empty-payload enable**	指定证书请求载荷内容为空，参见表 3-6 中的第 15 步
10	**quit**	返回系统视图
11	**ike sm-encryption-key-length enable** 例如：[Huawei] **ike sm-encryption-key-length enable**	（可选）开启 IKE 协商报文中携带 SM 加密算法密钥长度功能，但当 IKE 协商响应方不支持处理 SM 加密算法密钥长度时，需要在 IKE 协商发起方执行 **undo ike sm-encryption-key-length enable** 命令使得发送的报文中不携带 SM 加密算法密钥长度，否则 IKE 协商失败。 缺省情况下，IKE 协商报文中携带 SM 加密算法密钥长度功能处于关闭状态，可用 **undo ike sm-encryption-key-length enable** 命令关闭该功能

3.6 配置 IKE 可选功能

IKE 主要包括以下可选配置功能：

① 配置 IKE SA 的生存周期；

② 配置 IKE 对等体状态检测；

③ 配置身份过滤集；

④ 配置 IKE 报文的 DSCP 优先级；

⑤ 配置 NAT 穿越功能；

⑥ 配置 IPSec VPN 多实例；

⑦ 配置 IKEv1 协商中 IPSec SA 的存在依赖于 IKE SA；

⑧ 配置不校验证书的有效性。

3.6.1 配置 IKE SA 的生存周期

IKE SA 的生存周期用于 IKE SA 的定时更新，降低 IKE SA 被破解的风险。IKE SA 的生存周期有以下两种类型。

① 硬生存周期：是明确的 IKE SA 生命周期截止时间。

两端设备协商时，实际生效的硬生存周期为两端设备上配置的硬生存周期中较小的一个。

② 软生存周期：是从旧 IKE SA 建立到生命周期截止前启动协商新 IKE SA 的时间。缺省情况下，IKEv1 的软生存周期为实际生效的硬生存周期的 7/10；IKEv2 的软生存周期为实际生效的硬生存周期的[65/100, 75/100]，有两个值。

IKE SA 快要失效前，IKE 将为对等体协商新的 IKE SA。在新的 IKE SA 协商好后，对等体立即采用新的 IKE SA 保护 IPSec 通信。如果有业务流量，则旧 IKE SA 立即被清除；如果无业务流量，则旧 IKE SA 在 10 秒或硬生存周期到期后被清除。

IKE SA 硬生存周期是在 IKE 安全提议视图下通过 **sa duration** *time-value* 命令配置

的，整数形式，取值为 60～604800，单位为秒。该硬生存周期超时后，IKE SA 将自动更新。改变生存周期，不会影响已经建立的 IKE SA，而是会在以后的 IKE 协商中用于建立新的 IKE SA。

3.6.2 配置 IKE 对等体状态检测

两个 IKE 对等体之间进行 IPSec 通信时，如果一端不响应，且对端因系统失效等异常环境并不知道，则仍会继续发送 IPSec 流量。IKE 协议本身没有提供对等体状态检测机制，一旦发生这种情况，只能等待安全联盟（包括 IKE SA 和 IPSec SA）的生存周期到期，这样会造成流量的丢失。安全联盟连接的对等体不可达将引发“黑洞”，导致数据流被丢弃。只有快速识别和检测到这些“黑洞”，才可以尽快恢复 IPSec 通信。

为此，设备提供了 Heartbeat 和对等体存活检测（Dead Peer Detection，DPD）两种 IKE 对等体状态检测机制。用户可根据实际需要选择任意一种配置。

1. 配置 Heartbeat 检测机制

Heartbeat 检测是指本端定时地向对端发送 heartbeat 报文来告知对端自己处于活动状态。若本端在超时时间内没有收到 heartbeat 报文，则认为对端不可达，此时将删除 IKE 对等体间的安全联盟。但 Heartbeat 检测存在以下局限性。

① 启用 heartbeat 检测将消耗 CPU 资源来处理 IKE 存活消息，这限制了可建立的 IPSec 会话的数量。

② 没有统一标准，各厂商设备可能无法对接。

③ IKE 对等体协商采用 IKEv1 协议时，设备支持 heartbeat 检测；采用 IKEv2 协议时，设备不支持 heartbeat 检测。

Heartbeat 检测机制的配置步骤见表 3-8。

表 3-8 Heartbeat 检测机制的配置步骤

步骤	命令	说明
1	**system-view**	进入系统视图
2	**ike heartbeat** { **seq-num** { **new** | **old** } | **spi-list** } 例如：[Huawei] **ike heartbeat seq-num new**	配置 heartbeat 报文参数。 ① **seq-num** { **new** | **old** }：二选一选项，配置 heartbeat 报文序列号机制。**new** 表示序列号载荷类型遵循 IETF 制订的草案 draft-ietf-ipsec-heartbeats-00.txt；**old** 表示序列号载荷类型采用草案 draft-ietf-ipsec-heartbeats-00.txt 出现前的取值。 ② **spi-list**：二选一选项，配置 heartbeat 报文携带 SPI 列表。 本端配置的 heartbeat 报文参数需要与对端配置的 heartbeat 报文参数相同。可以重复执行本命令，但后面的配置将覆盖前面所进行的配置。 缺省情况下，heartbeat 报文采用 old 类型序列号机制，并且不携带 SPI 列表，可用 **undo ike heartbeat** { **seq-num** | **spi-list** }命令恢复为缺省值
3	**ike heartbeat-timer interval** *interval* 例如：[Huawei] **ike heartbeat-timer interval** 20	配置 IKE SA 发送 heartbeat 报文的时间间隔，整数形式，取值为 20～28800，单位为秒。 缺省情况下，IKE SA 不发送 heartbeat 报文，可用 **undo ike heartbeat-timer interval** 命令取消配置 IKE SA 发送 heartbeat 报文的时间间隔

续表

步骤	命令	说明
4	**ike heartbeat-timer timeout** *seconds* 例如：[Huawei] **ike heartbeat-timer timeout** 60	配置 IKE SA 等待 heartbeat 报文的超时时间，整数形式，取值为 30～28800，单位为秒。 等待 heartbeat 报文的超时时间要比发送 heartbeat 报文的时间间隔长。由于在网络上一般不会出现超过连续三次的报文丢失，因此可把本命令的配置为对端 **ike heartbeat-timer interval** 命令配置的三倍。 【注意】对等体两端 **ike heartbeat-timer interval** 和 **ike heartbeat-timer timeout** 命令要成对出现，即在本端配置了 **ike heartbeat-timer timeout** 命令，在对端也要配置 **ike heartbeat-timer interval** 命令。 缺省情况下，IKE SA 不等待对端发送的 heartbeat 报文，可用 **undo ike heartbeat-timer timeout** 命令取消配置 IKE SA 等待 heartbeat 报文的超时时间

Heartbeat 检测能够检测对端故障，阻止流量的丢失，但周期性的发送 heartbeat 消息消耗了两端的 CPU 资源，限制了可建立的 IPSec 会话的数量。

2. 配置 DPD 机制

DPD 机制不用周期发送 heartbeat 报文，而是通过使用 IPSec 流量来最小化对等体状态检测所需发送消息报文的数量。若本端可以收到对端发来的 IPSec 流量，则认为对端处于活动状态；只有当一定时间间隔内没有收到对端发来的 IPSec 流量时，才会发送 DPD 报文探测对端的状态。若本端发送几次 DPD 报文后一直没有收到对端的回应，则认为对端不可达，此时将删除 IKE 对等体间的安全联盟（IKE SA 和 IPSec SA）。

Heartbeat 检测和 DPD 的区别：heartbeat 检测定期发送报文，本端和对端配置需要匹配；DPD 中本端和对端不需要匹配（除 DPD 报文中的载荷顺序需要匹配），当 IKE 对等体间有正常的 IPSec 流量时，不会发送 DPD 消息，只有当一段时间内收不到对端发来的 IPSec 报文时，才发送 DPD 消息，这样节省了 CPU 资源。当设备同时使用 heartbeat 机制和 DPD 机制时，DPD 机制生效。

DPD 机制的配置步骤见表 3-9，设备会根据 **dpd type** 命令设置以下两种检测模式并开启 DPD 功能。

（1）按需型

本端需要向对端发送 IPSec 报文时，若当前距离最后一次收到对端的 IPSec 报文已超过 DPD 空闲时间，本端会主动向对端发送 DPD 请求报文。

（2）周期型

如果当前距离最后一次收到对端的 IPSec 报文或 DPD 请求报文的时长已超过 DPD 空闲时间，则本端主动向对端发送 DPD 请求报文。

本端主动向对端发送 DPD 请求报文后，若在 DPD 报文重传间隔内没有收到对端的 DPD 回应报文，则向对端重传 DPD 请求报文，根据重传次数进行重传后，若仍然没有收到对端的 DPD 回应报文，则认为对端离线，删除该 IKE SA 和对应的 IPSec SA。

表 3-9 DPD 机制的配置步骤

步骤	命令	说明
1	**system-view**	进入系统视图
2	**ike peer** *peer-name* 例如：[Huawei] **ike peer** huawei	进入 IKE 对等体视图
3	**dpd msg** { **seq-hash-notify** | **seq-notify-hash** } 例如：[Huawei-ike-peer-huawei] **dpd msg seq-hash-notify**	配置 DPD 报文中的载荷顺序，**仅适用于 IKE 对等体使用 IKEv1 协议的场景**。DPD 报文是一个双向交换的消息，该消息包含通知载荷（notify）和 Hash 载荷（hash）。发起者发送的通知载荷携带 R-U-THERE 消息，相当于一个 Hello 报文，响应者发送的通知载荷携带 R-U-THERE-ACK 消息，相当于一个 ACK 报文。 ① **seq-hash-notify**：二选一选项，指定 DPD 报文中的载荷顺序是 hash-notify，即先 Hash 载荷，后通知载荷。 ② **seq-notify-hash**：二选一选项，指定 DPD 报文中的载荷顺序是 notify-hash，即先通知载荷，后 Hash 载荷。 【注意】*两端对等体配置的 DPD 报文中的载荷顺序需要一致，否则对等体存活检测功能无效。* 缺省情况下，IKE 对等体的 DPD 报文中的载荷顺序为 seq-notify-hash，可用 **undo dpd msg** 命令恢复为缺省配置
4	**dpd type** { **on-demand** | **periodic** } 例如：[Huawei-ike-peer-huawei] **dpd type on-demand**	配置 DPD 模式。 ① **on-demand**：二选一选项，指定检测模式为按需进行检测。 ② **periodic**：二选一选项，指定检测模式为周期性地进行检测。 缺省情况下，IKE 对等体没有设置 DPD 模式，可用 **undo dpd type** 命令删除 IKE 对等体中的 DPD 模式配置
5	**dpd** { **idle-time** *interval* | **retransmit-interval** *interval* | **retry-limit** *times*} 例如：[Huawei-ike-peer-huawei] **dpd idle-time** 300	配置 DPD 空闲时间、DPD 报文重传间隔和重传次数。本步要与本表中的第 3 步和第 4 步配合使用。 ① **idle-time** *interval*：多选一参数，设置对等体存活检测空闲时间，整数形式，单位为秒，取值为 10～3600。 ② **retransmit-interval** *interval*：多选一参数，设置 DPD 报文重传间隔，整数形式，单位为秒，取值为 2～60。 ③ **retry-limit** *times*：多选一参数，设置 DPD 报文重传次数，整数形式，取值为 3～10。 缺省情况下，IKE 对等体的 DPD 空闲时间、DPD 报文重传间隔和重传次数分别为 30 秒、15 秒和 3 次，可用 **undo dpd** { **idle-time** | **retransmit-interval** | **retry-limit** }命令恢复为缺省设置

3.6.3 配置身份过滤集

设备作为 IKE 协商响应方时，可以通过表 3-10 配置身份过滤集指定符合条件的发起方接入，这样提高了安全性。在策略模板或安全框架中根据引用的身份过滤集来指定允许接入的对等体。表 3-10 中的可选参数在同一身份过滤集视图中可以配置一个或多个。

表 3-10　身份过滤集的配置步骤

步骤	命令	说明
1	**system-view**	进入系统视图
2	**ike identity** *identity-name* 例如：[Huawei] **ike identity** identity1	创建一个身份过滤集并进入身份过滤集视图
3	**dn** *name* 例如：[Huawei-ike-identity-identity1] **dn c=cn,st=jiangsu,l=nanjing, o=huawei,ou=vpn,cn=ipsec**	（可选）配置在 IKE 协商时，允许接入的对等体的 DN，字符串格式，不支持空格，**区分大小写**，长度为 1～255。该命令在同一视图下可以重复配置，新旧配置将同时存在。 该命令在同一视图下可以重复配置，新旧配置将同时存在，可用 **undo dn** 命令删除允许接入的对等体的 DN
4	**ip address** *ip-address* { *mask* | *mask-length* } 例如：[Huawei-ike-identity-identity1] **ip address** 10.1.1.1 24	（可选）配置在 IKE 协商时，允许接入的对等体的 IP 地址。**该命令在同一视图下可以重复配置，新旧配置将同时存在。** 缺省情况下，系统没有配置允许接入的对等体的 IP 地址，可用 **undo ip address** 命令删除允许接入的对等体的 IP 地址
5	**fqdn** *fqdn-name* 例如：[Huawei-ike-identity-identity1] **fqdn** winda	（可选）配置在 IKE 协商时，允许接入的对等体的名称，字符串格式，不支持空格，区分大小写，长度为 1～255。 **该命令在同一视图下可以重复配置，新旧配置将同时存在。** 缺省情况下，系统没有配置允许接入的对等体的名称，可用 **undo fqdn** 命令删除允许接入的对等体的本端名称
6	**user-fqdn** *fqdn-name* 例如：[Huawei-ike-identity-identity1] **user-fqdn** winda@dage.com	（可选）配置在 IKE 协商时，允许接入的对等体的主机域名，必须是已存在的对端 IKE 协商时域名。 **该命令在同一视图下可以重复配置，新旧配置将同时存在。** 缺省情况下，系统没有配置允许接入的对等体的域名，可用 **undo user-fqdn** 命令删除允许接入的对等体的域名

3.6.4　配置 IKE 报文的 DSCP 优先级

IKE 报文在传输过程中可能丢失，这会导致 IKE SA、IPSec SA 协商失败，进而造成 IPSec SA 保护的所有报文不能得到保护。因此，IKE 报文相对业务报文需要有更高的传输优先级，需要网络设备对其优先处理。为此，我们可配置 IKE 报文的 DSCP 优先级，提高 IKE 报文的处理优先级，以保证网络繁忙时 IKE 报文得到及时处理，进而提高 IKE 报文的传输可靠性。

系统支持全局和在 IKE 对等体两种配置方式。

全局配置是在系统视图下通过 **ike dscp** *dscp-value* 命令进行的，取值可以是整数形式或字符串形式。在 IKE 对等体下配置是在具体的 IKE 对等体视图下通过 **dscp** *dscp-value* 命令配置。参数 *dscp-value* 为整数形式时，取值为 0～63；字符串形式时，取值为 AF11～

AF13、AF21～AF23、AF31～AF33、AF41～AF43、CS1～CS7、EF 和 default。缺省的 IKE 报文的 DSCP 值为 0。

系统优先使用 IKE 对等体下的配置，IKE 对等体下未配置时采用全局配置的 DSCP 值。

3.6.5 配置 NAT 穿越功能

部署 IPSec VPN 网络时，如果发起者位于一个私网内部（即 IPSec 的一个端点接口的 IP 地址是私网 IP 地址，如图 3-7 中的 RouterA），远端位于公网侧（如图 3-7 中的 RouterB），而它希望与远端响应者直接建立一条 IPSec 隧道。为保证存在 NAT 设备的 IPSec 隧道能够正常建立，这就需要配置 IPSec 的 NAT 穿越功能。

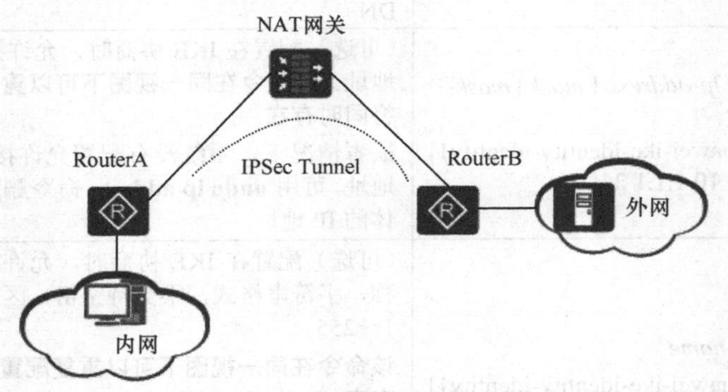

图 3-7　IPSec 的 NAT 穿越示意

AH 协议会对整个封装后的 IP 报文（包括 IP 报头）进行认证保护，如果 AH 报文经过 NAT 网关，则报头部分的 IP 地址会发生变化，这时传输到达 IPSec 隧道对端时，不能通过 AH 认证，所以 IPSec 采用 AH 作为安全协议时不支持 NAT。但是 ESP 协议与 AH 协议不同，它不管是对 IP 报文进行认证保护，还是进行加密保护都不会包括最外层 IP 报头，所以 ESP 报文经过 NAT 网关时 IP 报头部分发生 IP 地址改变不会导致在对端进行 ESP 认证、数据解密时失败。理论上讲，采用 ESP 作为安全协议时是支持 NAT 的。

此时涉及一个非常现实的问题，即不管是 AH（IP 号为 51），还是 ESP（IP 号为 50）协议它们都是网络层的协议，它们发送的报文是不会经过上面的传输层协议封装的。因此当 NAT 网关背后存在多个 ESP 应用端时（即实现多对一的地址映射时），无法只根据 IP 地址进行反向映射，必须依靠传输层的 UDP 或 TCP 端口号。此处是通过借用 UDP 的方式，实现了 NAT 地址复用。此时要使用 UDP 500 端口（IKE 协商协议 ISAKMP 所使用端口）来插入一个新的 UDP 报头。

IPSec NAT 穿越简单来说就是在原报文的 IP 报头和 ESP 报头间增加一个标准的 UDP 报头。这样，当 ESP 报文穿越 NAT 网关时，NAT 对该报文的外层 IP 报头和增加的 UDP 报头同时进行地址和端口号转换（把私网 IP 地址、端口号都转换成公网）；转换后的报文到达 IPSec 隧道对端后，与普通 IPSec 报文处理方式相同。

NAT 设备上的 NAT 会话表项有一定的存活时间，如果 IPSec 隧道建立后长时间没有报文进行 NAT 穿越，NAT 设备会删除该 NAT 会话表项，这将导致在 NAT 设备外网侧的对等体无法继续传输数据。为防止 NAT 表项老化，NAT 设备内网侧的 IKE SA 会以一定的时间间隔向对端发送 NAT Keepalive 报文，以维持 NAT 会话的存活。

配置 IPSec NAT 穿越的步骤见表 3-11（**两端 IPSec 网关上同时配置**）。

表 3-11 配置 IPSec NAT 穿越的步骤

步骤	命令	说明
1	**system-view**	进入系统视图
2	**ike peer** *peer-name* 例如：[Huawei] **ike peer** Huawei	进入 IKE 对等体视图
3	**nat traversal** 例如：[Huawei-ike-peer-huawei] **nat traversal**	使能 NAT 穿越功能。 缺省情况下，NAT 穿越功能处于开启状态，可用 **undo nat traversal** 命令关闭 NAT 穿越功能
4	**quit**	返回系统视图
5	**ipsec nat-traversal source-port** *port-number* 例如：[Huawei] **ipsec nat-traversal source-port** 4510	（可选）配置 IPSec NAT 穿越的端口号。 缺省情况下，IPSec NAT 穿越的端口号为 4500，可用 **undo ipsec nat-traversal source-port** 命令恢复为缺省值
6	**ike nat-keepalive-timer interval** *interval* 例如：[Huawei] **ike nat-keepalive-timer interval** 30	（可选）配置 IKE 发送 NAT Keepalive 报文的时间间隔，整数形式，取值为 5～300，单位为秒。 缺省情况下，设备发送 NAT Keepalive 报文的时间间隔为 20 秒，可用 **undo ike nat-keepalive-timer interval** 命令恢复为缺省值

3.6.6 配置 IPSec VPN 多实例

在多个分支机构通过 Internet+IPSec 接入总部场景中，可以通过配置 IPSec VPN 多实例，实现不同分支流量的隔离。通过配置 VPN 实例绑定功能可指定隧道对端所属的 VPN，从而知道报文的发送接口，并将报文发送出去，这样可实现 IPSec 的 VPN 多实例连接。

IPSec VPN 多实例功能在手工方式建立 IPSec 隧道的方案中也是支持的，已在第 2 章 2.3.6 节中做了介绍（是在安全策略下配置的）。在 IKE 动态协商方式，IPSec VPN 多实例有以下两种配置方式。

① 采用 SA 方式绑定 VPN 实例。

② 采用 IKE 用户方式绑定 VPN 实例。

采用 IKE 用户方式绑定 VPN 实例方式可以基于用户类型区别经过 IPSec 隧道的分支流量所属的 VPN 实例，进而实现不同分支流量的隔离。其优先级高于采用 SA 方式绑定 VPN 实例。

【说明】 在 IKE 动态协商方式建立 IPSec 隧道的情况下，该功能的配置只对 IKE 协商发起方有意义，因为当隧道的发起方发送报文时，需要知道报文的发送接口，而对于接收方来说，接收到的报文中已经在发送方配置了该 VPN 属性，即使不配置该命令也能够成功接收报文。

配置 IPSec 隧道绑定 VPN 实例的步骤见表 3-12。

表 3-12 配置 IPSec 隧道绑定 VPN 实例的步骤

步骤	命令	说明
1	**system-view**	进入系统视图
方式一：采用 SA 方式绑定 VPN 实例		
2	**ike peer** *peer-name* 例如：[Huawei] **ike peer** huawei	创建 IKE 对等体并进入 IKE 对等体视图
3	**sa binding vpn-instance** *vpn-instance-name* 例如：[Huawei-ike-peer-huawei] **sa binding vpn-instance** vpna	指定以上对等体间建立的IPSec 隧道所绑定的VPN 实例。参数 *vpn-instance-name* 是一个已经通过 **ip vpn-instance** *vpn-instance-name* 命令创建的 VPN 实例，并且使用 **route-distinguisher** 命令配置路由标识后的 VPN 实例。指定的 *vpn-instance-name* 须与配置 IPSec 安全策略引用的 ACL 规则所绑定的 VPN 实例一致。 缺省情况下，IPSec 隧道没有绑定 VPN 实例，可用 **undo sa binding vpn-instance** 命令删除 IPSec 隧道绑定的 VPN 实例
方式二：采用 IKE 用户方式绑定 VPN 实例		
2	**ike user-table** *user-table-id* 例如：[Huawei] **ike user-table** 10	创建一个 IKE 用户表并进入 IKE 用户表视图，或者直接进入一个已创建的 IKE 用户表视图
3	**user** *user-name* 例如：[Huawei-ike-user-table-10] **user** winda	在 IKE 用户表中创建一个 IKE 用户并进入 IKE 用户视图，或者直接进入一个已创建的 IKE 用户视图
4	**vpn-instance-traffic** { **public** | **name** *vpn-instance-name* } 例如： [Huawei-ike-user-table-10-winda] **vpn-instance-traffic name** vrf1	配置 IPSec 隧道流量所属的 VPN 实例。 ① **public**：二选一选项，指定 IKE 用户表中的用户流量为公网流量。 ② **name** *vpn-instance-name*：二选一参数，指定 VPN 实例的名称，必须是已存在的 VPN 实例名称。 缺省情况下，系统没有配置 IKE 用户表中的用户流量对应的 VPN 实例，可用 **undo vpn-instance-traffic** 命令删除配置的 IKE 用户表中的用户流量对应的 VPN 实例
5	**quit**	退回 IKE 用户表视图
6	**quit**	退回系统视图
7	**ike peer** *peer-name* 例如：[Huawei] **ike peer** peer1	进入有 IKE 用户需要绑定 VPN 实例的 IKE 对等体视图
8	**user-table** *user-table-id* 例如：[Huawei-ike-peer-peer1] **user-table** 10	在以上 IKE 对等体中引用前面配置的 IKE 用户表。 缺省情况下，IKE 对等体中没有引用 IKE 用户表，可用 **undo user-table** 命令删除引用的 IKE 用户表

3.6.7 配置 IKEv1 协商中 IPSec SA 的存在依赖于 IKE SA

缺省情况下，在 IKEv1 中 IPSec SA 的存在不依赖于 IKE SA，即两个阶段的 SA 可以被独立删除。但这可能导致 IKE SA 已删除而对应的 IPSec SA 仍然存在，进而影响流量转发。通过配置 IPSec SA 的存在依赖于 IKE SA 功能，可使 IPSec SA 的存在依赖于 IKE SA，避免出现 IKE SA 已删除而对应的 IPSec SA 仍然存在的问题。

可在系统视图下通过 **ikev1 phase1-phase2 sa dependent** 命令配置 IKEv1 协商中 IPSec SA 的存在依赖于 IKE SA。可用 **undo ikev1 phase1-phase2 sa dependent** 命令恢复缺省配置。

3.6.8　配置不校验证书的有效性

在 IPSec 采用证书认证的场景中，当证书失效时用户无法更新证书，导致证书不可用，进而造成 IPSec 认证失败。如果用户希望继续使用失效的证书，则可以配置不校验证书的有效性，只需在系统视图下执行 **ike certificate-check disable** 命令或在具体的 IKE 对等体视图下执行 **certificate-check disable** 命令即可。在系统视图下配置时，所有的 IKE 对等体下的证书都不进行有效性的校验。

3.7　配置并应用 IPSec 安全策略

IPSec 安全策略是创建 IPSec SA 的前提，规定了对哪些数据流采用哪种保护方法。配置 IPSec 安全策略时，通过引用 ACL 和 IPSec 安全提议，将 ACL 定义的数据流和 IPSec 安全提议定义的保护方法关联起来，还可以指定 SA 的协商方式、IPSec 隧道的起点和终点、所需要的密钥和 SA 的生存周期等参数。

一个 IPSec 安全策略由名称和序号共同唯一确定，相同名称的 IPSec 安全策略为一个 IPSec 安全策略组。在 IKE 动态协商方式建立 IPSec 隧道应用中，有 ISAKMP 和策略模板两种方式 IPSec 安全策略，且由 IKE 自动协商生成各参数。

（1）ISAKMP 方式

ISAKMP 方式 IPSec 安全策略适用于对端 IP 地址固定的场景，一般用于分支的配置。它直接在安全策略视图中定义需要协商的各项参数，**而且协商发起方和响应方参数必须配置相同**。配置了 ISAKMP 方式 IPSec 安全策略的一端可以主动发起协商。

（2）策略模板方式

采用策略模板方式 IPSec 安全策略可简少多条 IPSec 隧道建立时的配置工作量，适用于对端 IP 地址不固定（例如对端是通过 PPPoE 拨号获得的 IP 地址）或存在多个对端的场景，一般用于总部的配置。

采用策略模板方式 IPSec 安全策略建立 IPSec 隧道时，未定义的可选参数由发起方来决定，且响应方会接受发起方的建议。**本端配置了策略模板时不能发起协商，只能作为协商响应方接受对端的协商请求。**

与 ISAKMP 方式不同的是，**采用策略模板方式时用于定义数据流保护的 ACL 是可选的**，该参数在未配置的情况下，相当于支持最大的保护，即直接接受协商发起方所配置的用于定义保护数据流的 ACL。

3.7.1　配置 ISAKMP 方式 IPSec 安全策略

ISAKMP 方式 IPSec 安全策略的配置步骤见表 3-13。

表 3-13　ISAKMP 方式 IPSec 安全策略的配置步骤

步骤	命令	说明
1	**system-view**	进入系统视图
2	**ipsec policy** *policy-name seq-number* **isakmp** 例如：[Huawei] **ipsec policy** policy1 100 **isakmp**	创建 IKE 动态协商方式安全策略，并进入安全策略视图。 ① *policy-name*：指定安全策略的名称，字符串格式，长度为 1～15，**区分大小写**，字符串中不能包含"？"和空格。 ② *seq-number*：指定安全策略的序号，整数形式，取值为 1～10000，**值越小表示安全策略的优先级越高**。 缺省情况下，系统不存在安全策略，可用 **undo ipsec policy** *policy-name* [*seq-number*] 命令删除指定名称（或同时指定序号）的安全策略
3	**alias** *alias* 例如：[Huawei-ipsec-policy-isakmp-policy1-100] **alias** huawei	（可选）指定 IPSec 安全策略的别名，字符串形式，支持特殊字符（如!、@、#、$、%等），长度为 1～127，**区分大小写**，别名中不能包含问号。所配置的别名在设备内需保持唯一，重名配置时，系统会提示配置失败。 实际应用中，一个 IPSec 安全策略组下通常配置多个 IPSec 安全策略，使用 **alias** 命令配置别名，可以帮助用户方便地识别 IPSec 安全策略。建议用户配置有意义的别名。 缺省情况下，系统以 IPSec 安全策略的名称和序号进行组合作为其缺省别名。如果此缺省别名已被其他 IPSec 安全策略使用，则系统以 IPSec 安全策略的名称、序号和当前时间进行组合作为其缺省别名，可用 **undo alias** 命令恢复为缺省别名
4	**security acl** *acl-number* 例如：[Huawei-ipsec-policy-isakmp-policy1-100] **security acl** 3100	在安全策略中引用前面已创建的用于定义需要保护数流的高级 ACL。一个安全策略只能引用一个 ACL，引用新的 ACL 时必须先删除原有引用。 缺省情况下，系统没有引用 ACL，可用 **undo security acl** 命令删除已引用的 ACL
5	**proposal** *proposal-name* 例如：[Huawei-ipsec-policy-isakmp-policy1-100] **proposal**　prop1	在安全策略中引用已定义的 IPSec 安全提议。 【说明】一个 IKE 协商方式的安全策略最多可以引用 12 个 IPSec 安全提议。隧道两端进行 IKE 协商时将在安全策略中引用最先能够完全匹配的 IPSec 安全提议。如果 IKE 在两端找不到完全匹配的 IPSec 安全提议，则 SA 不能建立。 缺省情况下，系统没有引用 IPSec 安全提议，可用 **undo proposal** [*proposal-name*]命令删除已引用的 IPSec 安全提议
6	**ike-peer** *peer-name* 例如：[Huawei-ipsec-policy-isakmp-policy1-100] **ike-peer** huawei	在安全策略中引用已创建好的 IKE 对等体。**同一 IPSec 安全策略组不同序号的 IPSec 安全策略下不能引用具有相同地址的 IKE 对等体**。 缺省情况下，系统没有引用 IKE 对等体，可用 **undo ike-peer** 命令删除引用的 IKE 对等体

续表

步骤	命令	说明
7	**tunnel local** { *ipv4-address* | **applied-interface** } 例如：[Huawei-ipsec-policy-isakmp-policy1-100] **tunnel local applied-interface**	（可选）配置 IPSec 隧道的本地地址。 ① *ipv4-address*：二选一参数，指定 IPSec 隧道的本地 IP 地址。 ② **applied-interface**：二选一参数，指定应用安全策略接口的主地址为 IPSec 隧道的本地 IP 地址。该参数只在 ISAKMP 方式安全策略视图下有效。 本端 **tunnel local** 命令的配置必须与对端 IKE 对等体视图下 **remote-address** 命令的配置。 【说明】对于 IKE 动态协商方式的安全策略，一般不需要配置 IPSec 隧道的本地地址，SA 协商时会根据路由选择 IPSec 隧道的本地地址。而如下情况则需要配置本地地址。 ① 当安全策略实际绑定的接口 IP 地址不固定或无法预知时，执行 **tunnel local** *ipv4-address* 命令指定设备上的其他接口（如 LoopBack 接口）的 IP 地址作为 IPSec 隧道的本地 IP 地址，也可以执行 **tunnel local applied-interface** 命令指定安全策略应用接口的 IP 地址作为 IPSec 隧道的本地 IP 地址。 ② 当安全策略实际绑定的接口配置了多个 IP 地址时，执行 **tunnel local** *ipv4-address* 命令指定其中一个 IP 地址作为 IPSec 隧道的本地 IP 地址，也可以执行 **tunnel local applied-interface** 命令指定该接口的主地址为本地 IP 地址。 ③ 当本端与对端存在等价路由时，执行本命令来指定 IPSec 隧道的本地 IP 地址，使 IPSec 报文从指定接口出去。 缺省情况下，系统没有配置 IPSec 隧道的本端地址，可用 **undo tunnel local** 命令删除 IPSec 隧道的本端地址
8	**sa trigger-mode** { **auto** | **traffic-based** } 例如： [Huawei-ipsec-policy-isakmp-policy1-100] **sa trigger-mode traffic-based**	（可选）配置 IPSec SA 的触发方式。 ① **auto**：二选一选项，指定 IPSec SA 的触发方式为自动触发方式，将自动触发 IPSec SA 协商。 ② **traffic-based**：二选一选项，指定 IPSec SA 的触发方式为流量触发方式，当有符合该安全策略的数据流外出时才会触发 IPSec SA 协商。 缺省情况下，IPSec SA 的触发方式为自动触发方式，可用 **undo sa trigger-mode** 命令恢复为缺省配置
9	**pfs** { **dh-group1** | **dh-group2** | **dh-group5** | **dh-group14** | **dh-group19** | **dh-group20** | **dh-group21** } 例如：[Huawei-ipsec-policy-isakmp-policy1-100] **pfs dh-group1**	（可选）配置本端发起协商时使用的 PFS 特性，用于本端发起协商时，在 IKEv1 阶段 2 或 IKEv2 创建子 SA 交换的协商中进行一次附加的 DH 交换，保证 IPSec SA 密钥的安全，以提高通信的安全性。 【注意】两端均采用 ISAKMP 方式安全策略时，两端指定的 PFS DH 组必须一致，否则会导致 IPSec SA 协商失败；一端采用安全策略模板，另一端采用 ISAKMP 方式安全策略时，如果安全策略模板下配置了 PFS 功能，则两端指定的 PFS DH 组必须一致，否则会导致 IPSec SA 协商失败，如果安全策略模板

续表

步骤	命令	说明
9	**pfs** { **dh-group1** | **dh-group2** | **dh-group5** | **dh-group14** | **dh-group19** | **dh-group20** | **dh-group21** } 例如：[Huawei-ipsec-policy-isakmp-policy1-100] **pfs dh-group1**	下未配置 PFS 功能，两端指定的 PFS DH 组不一致时，IPSec SA 可以协商成功，响应方采用发起方的 DH 组。 缺省情况下，本端发起协商时没有使用 PFS 特性，可用 **undo pfs** 命令配置 IPSec 隧道本端在协商时不使用 PFS 特性
10	**respond-only enable** 例如：[Huawei-ipsec-policy-isakmp-policy1-100] **respond-only enable**	（可选）配置本端不主动发起协商。 缺省情况下，如果本端采用 ISAKMP 方式 IPSec 安全策略建立 IPSec 隧道，则本端将主动发起 IPSec 协商。如果 IPSec 对等体两端都采用 ISAKMP 方式 IPSec 安全策略建立 IPSec 隧道，则两端都会主动发起协商。此时，配置其中一端作为响应方，不主动发起协商，可方便用户观察报文处理流程，进而有助于 IPSec 故障诊断和定位。如果需要本端主动发起协商，则可执行 **undo respond-only enable** 命令取消本端作为 IPSec 响应方的配置
11	**policy enable** 例如：[Huawei-ipsec-policy-isakmp-policy1-100] **policy enable**	（可选）启用 IPSec 安全策略。 缺省情况下，IPSec 安全策略组中的策略处于启用状态，可用 **undo policy enable** 命令禁用 IPSec 安全策略组中的一条策略，且该 IPSec 安全策略将不进行隧道的建立

3.7.2 配置策略模板方式 IPSec 安全策略

在 IKE 动态协商方式建立 IPSec 的应用情形中，在 IPSec 隧道的两端，协商发起方需要采用 ISAKMP 策略配置安全策略，协商响应方既可采用 ISAKMP 策略配置安全策略，也可采用策略模板方式配置安全策略。故本配置方式只能为响应方进行。

【说明】策略模板方式 IPSec 安全策略的配置原则如下。

① **IPSec 隧道的两端只能有一端配置策略模板方式的 IPSec 安全策略**（作为协商响应方），另一端必须配置 ISAKMP 方式的 IPSec 安全策略（作为协商发起方）。

② 在策略模板配置中，引用 IPSec 安全提议和 IKE 对等体为必选配置，其他为可选配置。策略模板中没有定义的参数由发起方来决定，响应方会接受发起方的建议。

策略模板方式 IPSec 安全策略的配置步骤见表 3-14。一个安全策略模板中的配置可以被多个安全策略所引用，可减少多个采用相同安全策略的配置工作量。

表 3-14　策略模板方式 IPSec 安全策略的配置步骤

步骤	命令	说明
1	**system-view**	进入系统视图
2	**ipsec policy-template** *policy-template-name seq-number* 例如：[Huawei] **ipsec policy-template** template1 100	创建策略模板，并进入策略模板视图。 ① *template-name*：指定策略模板的名称，字符串格式，长度为 1～15，区分大小写，字符串中不能包含"？"和空格。 ② *seq-number*：指定策略模板的序号。序号越小，优先级越高，整数形式，取值为 1～10000。 缺省情况下，系统不存在策略模板，可用 **undo ipsec policy-template** *template-name* [*seq-number*] 命令删除一个策略模板组或者策略模板组中的一个策略模板（通过序号指定）

续表

步骤	命令	说明
3	**alias** *alias* 例如：[Huawei-ipsec-policy-templet-template1-100] **alias** huawei	（可选）指定策略模板的别名，其他参见表 3-13 中的第 3 步说明
4	**security acl** *acl-number* 例如：[Huawei-ipsec-policy-templet-template1-100] **security acl** 3100	（可选）在安全策略中引用已创建的用于定义需要保护的数据流的高级 ACL。但在策略模板方式中，该配置是可选项，在不指定需要保护的数据流时，响应方接受发起方定义的需要保护的数据流的；在指定了需要保护的数据流时，则需要与发起方镜像配置或者包含发起方指定的保护的数据流范围。 一个安全策略只能引用一个 ACL
5	**proposal** *proposal-name* 例如：[Huawei-ipsec-policy-templet-template1-100] **proposal** prop1	在策略模板中引用已定义的 IPSec 安全提议。 **【注意】**一个策略模板最多可以引用 12 个 IPSec 安全提议。IKE 协商将在IPSec隧道的两端搜索能够完全匹配的IPSec安全提议。如果找不到完全匹配的 IPSec 安全提议，则 IPSec 不能建立。 在策略模板中引用多个 IPSec 安全提议时，请确保模板所引用的所有 IPSec 安全提议与 IPSec 隧道另一端的 IPSec 安全策略所引用的所有安全提议的封装模式均相同。 缺省情况下，系统没有引用 IPSec 安全提议，可用 **undo proposal** [*proposal-name*]命令删除已引用的 IPSec 安全提议
6	**ike-peer** *peer-name* 例如：[Huawei-ipsec-policy-templet-template1-100] **ike-peer** huawei	在策略模板中引用已创建好的 IKE 对等体。 缺省情况下，系统没有引用 IKE 对等体，可用 **undo ike-peer** 命令删除引用的 IKE 对等体
7	**tunnel local** *ipv4-address* 例如：[Huawei-ipsec-policy-templet-template1-100] **tunnel local** 10.1.1.1	（可选）配置 IPSec 隧道的本地 IP 地址。本端通过本命令配置的本地 IP 地址必须与对端 IKE 对等体中通过 **remote-addres** 命令配置的 IP 地址一致
8	**match ike-identity** *identity-name* 例如：[Huawei-ipsec-policy-templet-template1-100] **match ike-identity** identity1	（可选）引用身份过滤集，用于对接入的用户进行过滤控制。参数 *identity-name* 用来指定身份过滤集名称，必须是已通过 **ike identity** *identity-name* 命令创建好的身份过滤集名称，具体配置步骤参见表 3-10 中介绍。在身份过滤集中可以定义对端对等体的参数，包括IKE协商时的本端名称、DN、IP 地址等，指定符合条件的发起方接入，避免其他非法方与设备建立 IPSec 隧道，提高了安全性。 缺省情况下，系统没有引用身份过滤集，可用 **undo match ike-identity** 命令删除引用的身份过滤集
9	**pfs** { **dh-group1** | **dh-group2** | **dh-group5** | **dh-group14** | **dh-group19** | **dh-group20** | **dh-group21** } 例如：[Huawei-ipsec-policy-templet-template1-100] **pfs dh-group14**	（可选）配置本端发起协商时使用的 PFS 特性，其他说明参见表 3-13 中的第 9 步

续表

步骤	命令	说明
10	**policy enable** 例如：[Huawei-ipsec-policy-templet-template1-100] **policy enable**	（可选）启用 IPSec 安全策略，其他说明参见表 3-13 中的第 11 步
11	**quit** 例如：[Huawei-ipsec-policy-templet-template1-100] **quit**	返回系统视图
12	**ipsec policy** *policy-name seq-number* **isakmp template** *template-name* 例如：[Huawei] **ipsec policy policy1** 10 **isakmp template** template1	创建安全策略并引用前面创建的策略模板。**一个 IPSec 安全策略组只能有一条 IPSec 安全策略引用策略模板，且该策略的序号要比其他策略的序号大，即同一个 IPSec 安全策略组中策略模板方式 IPSec 安全策略的优先级必须最低**，否则可能导致其他 IPSec 安全策略不生效。**引用的策略模板名称不能与安全策略名称相同。** 引用策略模板创建一个安全策略后，不能进入该安全策略视图下进行安全策略的配置或修改，只能进入策略模板视图下进行安全策略的配置或修改

3.8 配置 IPSec 隧道可选功能

在基于 ACL 方式的 IKE 动态协商建立 IPSec 隧道中，可选配置具有以下功能。

① 配置 IPSec SA 的生存周期。

② 配置抗重放功能。

③ 配置 IPSec 先分片后加密功能。

④ 配置路由注入功能。

⑤ 配置 IPSec 反查功能。

⑥ 配置 IPSec 报文的 QoS 功能。

⑦ 配置保护相同数据流的新用户快速接入总部功能。

⑧ 配置多链路共享功能。

⑨ 配置 IPSec 掩码过滤功能。

下面仅介绍以上 IKE 特有或与手工方式不同的一些可选 IPSec 隧道功能。

3.8.1 配置 IPSec SA 的生存周期

当以 IKE 动态协商方式建立 IPSec SA 时，配置 IPSec SA 的生存周期能使 IPSec SA 实时更新，降低 IPSec SA 被破解的风险，提高安全性。

衡量生存周期有两种方式：基于时间的生存周期和基于流量的生存周期。

① 基于时间的生存周期从安全联盟建立开始，即此安全联盟存活的时间。

② 基于流量的生存周期是此安全联盟允许处理的最大流量。

生存周期又有以下两种类型。

① 硬生存周期：是 IPSec SA 的生命周期截止时间。

两端设备协商时，实际生效的硬生存周期为两端设备上配置的硬生存周期中较小的一个。

② 软生存周期：是从旧 IPSec SA 建立到生命周期截止前启动协商新 IPSec SA 的时间。

缺省情况下，基于时间的软生存周期（软超时时间）为实际生效的硬生存周期（硬超时时间）的 7/10；基于流量的软生存周期（软超时流量），对于 IKEv1 协议，为实际生效的硬生存周期（硬超时流量）的 7/10，对于 IKEv2 协议，为实际生效的硬生存周期（硬超时流量）的[65/100, 75/100]，有两个值。

IPSec SA 快要失效前，IKE 将为对等体协商新的 IPSec SA。在新的 IPSec SA 协商好后，对等体立即采用新的 IPSec SA 保护 IPSec 通信。如果有业务流量，则旧 IPSec SA 立即被清除；如果无业务流量，则旧 IPSec SA 在 10 秒或硬生存周期到期后被清除。当同时配置了基于时间和流量的生存周期时，无论哪一种方式的生存周期先到期，IPSec SA 都会失效。

IPSec SA 生存周期可以基于全局配置，也可以基于安全策略配置，IPSec SA 的生存周期的配置步骤见表 3-15。如果没有单独为某安全策略设置 IPSec SA 生存周期，则采用设定的全局生存周期。如果同时配置了基于全局和基于安全策略的 IPSec SA 生存周期，则基于安全策略的 IPSec SA 生存周期生效。

表 3-15　IPSec SA 的生存周期的配置步骤

步骤	命令	说明
1	**system-view**	进入系统视图
	方法一：配置全局 IPSec SA 硬生存周期	
2	**ipsec sa global-duration** { **time-based** *interval* | **traffic-based** *size* } 例如：[Huawei] **ipsec sa global-duration time-based** 7200	配置全局 IPSec SA 硬生存周期。 ① **time-based** *interval*：二选一参数，指定以时间为基准的 SA 全局硬生存周期，整数形式，取值为 30～604800，单位为秒。当两个设备间建立大量 IPSec 隧道时，建议 SA 全局硬生存周期大于等于 1800 秒。 ② **traffic-based** *size*：二选一参数，指定以流量为基准的 SA 全局硬生存周期，整数形式，取值为 0 或 256～200000000，单位为 KB。采用 IKEv1 进行 IPSec 协商时，如果隧道有一端的流量超时配置为 0，则隧道两端都关闭流量超时功能。采用 IKEv2 进行 IPSec 协商时，隧道流量超时值配置为 0，则关闭本端流量超时功能。但是，采用 IKEv1 与思科设备进行 IPSec 协商时，如果华为设备作为发起方，并流量超时配置为 0，则本端的流量超时值为思科设备推送的流量超时值；如果华为设备作为响应方，并流量超时配置为 0，则本端的流量超时值为 0。 建议配置的流量值大于等于 1 小时内设备转发的 IPSec 流量。 缺省情况下，以时间为基准的全局 SA 硬生存周期为 3600 秒，以流量为基准的全局 SA 硬生存周期为 1843200KB，可用 **undo ipsec sa global-duration** { **time-based** | **traffic-based** }命令恢复为缺省配置
	方法二：配置安全策略下 IPSec SA 硬生存周期	
2	**ipsec policy** *policy-name seq-number* **isakmp** 例如：[Huawei] **ipsec policy** policy1 1 **isakmp**	进入 ISAKMP 方式安全策略视图

续表

步骤	命令	说明
2	**ipsec policy-template** *template-name seq-number* 例如：**ipsec policy-template** policy1 1	进入 IPSec 安全策略模板视图
3	**sa duration** { **time-based** *seconds* | **traffic-based** *kilobytes* } 例如： [Huawei-ipsec-policy-isakmp-policy1-1] **sa duration time-based** 7200 或 [Huawei-ipsec-policy-templet-policy1-1] **sa duration traffic-based** 20000	配置安全策略下 IPSec SA 的硬生存周期，参数说明参见本表全局 IPSec SA 硬生存周期配置情形中的第 2 步。 缺省情况下，没有设置安全策略下 IPSec SA 的硬生存周期，系统采用当前全局 IPSec SA 的硬生存周期，可用 **undo sa duration** { **traffic-based** | **time-based** } 命令恢复为缺省配置
4	**sa keep-holding-to hard-duration** 例如： [Huawei-ipsec-policy-isakmp-policy1-1] **sa keep-holding-to hard-duration**	（可选）配置重协商 IPSec SA 时设备持续到硬超时时间到期后再清除旧 SA。**该功能仅对通过 IKEv1 协议协商建立的 IPSec SA 生效。** 重协商 IPSec SA 后，如果对端设备依旧使用老的 IPSec SA 传送数据，本端设备使用新的 IPSec SA 传送数据，则导致 IPSec 流量不通，此时建议在本端设备上执行此步骤。 缺省情况下，重协商 IPSec SA 时设备使用新 SA 传送数据后立即清除旧 SA，可用 **undo sa keep-holding-to hard-duration** 命令配置重协商 IPSec SA 时设备使用新 SA 传送数据后立即清除旧 IPSec SA

采用 IKEv1 协商时，响应方 IPSec SA 软生存周期超期后，不能主动发起 IPSec SA 重协商。发起方 IKE SA 已被删除，IPSec SA 软生存周期超期后，不能主动发起 IPSec SA 重协商。

采用 IKEv2 协商时，发起方或响应方 IKE SA 已被删除，IPSec SA 软生存周期超期后，不能主动发起重协商。

3.8.2 配置抗重放功能

只有 IKE 动态协商的 SA 才支持抗重放功能，手工方式生成的 SA 不支持抗重放功能。因为手工方式建立的 SA 是永久不老化的，而只有在 SA 重新建立时，AH 或 ESP 报文的序列号才会重新开始计算，这需要 IKE 协议的支持。

重放报文是指已经处理过的报文，报文的序列号与原来的某个报文一样。IPSec 通过滑动窗口（抗重放窗口）机制检测重放报文。AH 和 ESP 协议报文头中带有 32bit 序列号，在同一个 SA 内，报文的序列号依次递增。当设备收到一个经过认证的报文后，如果报文的序列号与已经解封装过的某个报文的序列号相同，或报文的序列号较小且不在滑动窗口内，则认为该报文为重放报文。

由于对重放报文的解封装无实际作用，并且解封装过程会消耗设备大量的资源，这就导致业务可用性下降，实际上构成了 DoS 攻击。通过使能 IPSec 抗重放功能，将检测到的重放报文在解封装处理之前丢弃，可以降低设备资源的消耗。但在某些特定的环境下（如当网络出现拥塞时或报文经过 QoS 处理后），业务数据报文的序列号顺序可能与正常的顺序差别较大，虽然并非有意的重放攻击，但会被抗重放检测认为是重放报文，导致业务数据报文被丢弃。这种情况下就可以通过关闭全局 IPSec 抗重放功能来避免报文的错误丢弃，也可以通过适当地增大抗重放窗口的宽度，来适应业务正常运行的需要。

使用较大的抗重放窗口宽度会引起系统开销增大，导致系统性能下降，与抗重放功能用于降低系统在接收重放报文时的开销的初衷不符，因此建议在能够满足业务运行需要的情况下，使用较小的抗重放窗口宽度。

抗重放功能可以基于全局配置，也可以在 IPSec 安全策略或策略模板下配置，配置抗重放功能的步骤见表 3-16。全局 IPSec 防重放功能的配置对所有已创建的 IPSec 安全策略生效，针对个别 IPSec 安全策略配置的防重放功能仅在对应的安全策略下生效，不再受全局配置的影响。

表 3-16　配置抗重放功能的步骤

步骤	命令	说明
1	**system-view**	进入系统视图
方法一：全局配置抗重放功能		
2	**ipsec anti-replay** enable 例如：[Huawei] **ipsec anti-replay enable**	全局配置抗重放功能。 缺省情况下，全局 IPSec 抗重放功能处于开启状态，可用 **undo ipsec anti-replay enable** 命令来关闭全局 IPSec 抗重放功能
3	**ipsec anti-replay window** *window-size* 例如: [Huawei] **ipsec anti-replay window** 128	指定 IPSec 抗重放窗口的大小，可取值为 32、64、128、256、512、1024，单位为 bit。 在某些特定环境下，例如当网络出现拥塞时或报文经过 QoS 处理后，业务数据报文的序列号顺序可能与正常的顺序差别较大，虽然并非有意的重放攻击，但会被抗重放检测认为是重放报文，导致业务数据报文被丢弃。这种情况下就可以通过关闭 IPSec 抗重放功能来避免报文的错误丢弃，也可以通过适当地增大抗重放窗口的宽度，来适应业务正常运行的需要。 缺省情况下，IPSec 抗重放窗口的大小为 1024 位，可用 **undo ipsec anti-replay window** 命令恢复为缺省值
方法二：在安全策略或策略模板下配置抗重放功能		
2	**ipsec policy** *policy-name seq-number* **isakmp** 例如：[Huawei] **ipsec policy** policy1 100 **isakmp**	（二选一）进入 ISAKMP 安全策略视图
	ipsec policy-template *policy-template-name seq-number* 例如：[Huawei] **ipsec policy-template** template1 100	（二选一）进入策略模板视图
3	**anti-replay window** *window-size* 例如：[Huawei-ipsec-policy-isakmp-policy1-100] **anti-replay window** 128 或[Huawei-ipsec-policy-template-template1-100] **anti-replay window** 128	指定 IPSec 抗重放窗口的大小，可取值为 32、64、128、256、512、1024，单位为 bit。 【说明】同时配置本表中 **anti-replay window** 和 **ipsec anti-replay window** 命令时，系统采用 **anti-replay window** 命令的配置；当没有配置 **anti-replay window** 命令时，系统采用 **ipsec anti-replay window** 命令的配置。 缺省情况下，IPSec 防重放窗口的大小为 1024 位，可用 **undo anti-replay window** 命令恢复为缺省值

3.8.3　配置路由注入功能

这项扩展功能仅在 IKE 动态协商方式建立 IPSec 隧道情形下支持，手工方式建立 IPSec 隧道情形下不支持。启用了路由注入功能后，设备会根据安全策略中引用的 ACL 中各规则的目的地自动生成路由，路由的下一跳为本端在 IPSec SA 协商过程中学习到的 IPSec 隧道的对端地址。

当分支机构与公司总部建立 IPSec 隧道时，需要在总部 IPSec 网关上配置到分支机构子网的静态路由才能实现分支子网与总部网络的互通。但当分支子网众多时，总部网关上为此配置的静态路由就非常庞大，并且当分支机构网络发生变化时，总部网关又需要修改静态路由配置，网络维护困难。此时，通过配置路由注入功能，即可根据 IPSec 隧道信息为总部网关自动注入到达分支子网的路由信息，减少了手工配置的麻烦，提高了正确性。

路由注入功能示意如图 3-8 所示，分支网关与总部网关建立 IPSec 隧道，主机 a1 代表分支子网，主机 b1 代表公司总部子网。总部网关上配置了一条 ACL 规则，定义了 IPSec 保护由 b1 去往 a1 的数据流。

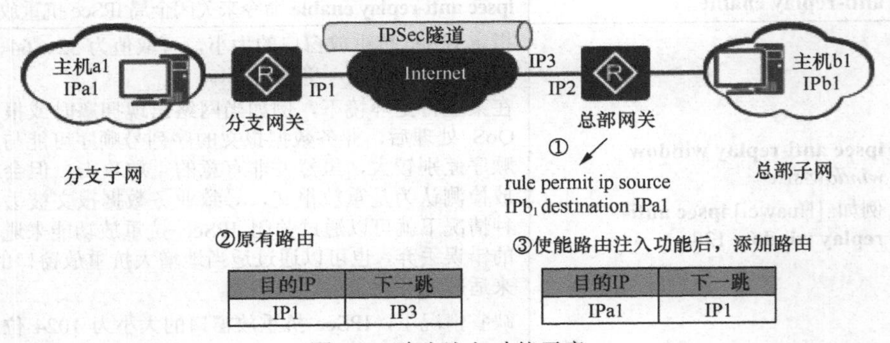

目的IP	下一跳
IP1	IP3

目的IP	下一跳
IPa1	IP1

图 3-8　路由注入功能示意

在未使能路由注入功能时，总部网关需要保证去往分支机构每个子网的路由可达，而在总部网关上使能路由注入功能后，会自动生成目的 IP 地址为 ACL 规则的目的地址（若 ACL 规则的目的地址未配置，则目的 IP 地址为 0.0.0.0/0.0.0.0，表示为缺省路由），下一跳为分支网关的 IPSec 隧道端点 IP 地址的路由表项。

路由注入功能有静态和动态两种，具体介绍如下。

① 使能静态路由注入功能时：路由注入功能生成的静态路由立即添加到本地，但路由不随隧道状态变化而变更。

② 使能动态路由注入功能时：如果 IPSec 隧道 Up，路由注入功能生成的静态路由可以添加到本地；如果 IPSec 隧道 Down，路由注入功能生成的静态路由又可以从本地删除。

与静态路由注入相比，动态路由注入功能将生成的静态路由与 IPSec 隧道状态相关联，避免了 IPSec 隧道 Down 时对等体仍向 IPSec 隧道发送流量，造成流量的丢失。

路由注入功能生成的静态路由也可以为其配置优先级，从而可以更加灵活地应用路由。例如，当设备上还配置有其他方式的到达相同目的地的路由时，如果为它们指定相同优先级，则可实现负载分担。如果指定不同优先级，则可实现路由备份。

路由注入功能的配置步骤见表 3-17。

表 3-17　路由注入功能的配置步骤

步骤	命令	说明
1	**system-view**	进入系统视图
2	**ipsec policy** *policy-name seq-number* **isakmp** 例如：[Huawei] **ipsec policy** policy1 100 **isakmp**	（二选一）进入 IKE 动态协商方式安全策略视图
	ipsec policy-template *policy-template-name seq-number* 例如：[Huawei] **ipsec policy-template** template1 100	（二选一）进入策略模板视图
3	**route inject** [**nexthop** *ipv4-address*] { **static** | **dynamic** } [**preference** *preference*] 例如：[Huawei-ipsec-policy-isakmp-policy1-100] **route inject static preference** 10 或 [Huawei-ipsec-policy-templet-template1-100] **route inject static preference** 10	配置路由注入功能。 ① **nexthop** *ipv4-address*：可选参数，指定到达对等体的下一跳 IPv4 地址。指定下一跳后，IPSec 隧道对端地址不在注入路由的目的网段内，则生成的路由不会指导 IPSec 报文转发。 ② **static**：二选一选项，使能静态路由注入功能，只在 **ISAKMP 方式安全策略视图下支持**。 ③ **dynamic**：二选一选项，使能动态路由注入功能。 ④ *preference*：可选参数，指定路由注入功能生成的静态路由的优先级，整数形式，取值为 1～255，缺省值为 60。 缺省情况下，系统未配置路由注入功能，可用 **undo route inject** 命令取消路由注入功能配置

3.8.4　配置 IPSec 报文的 QoS 功能

对 IPSec 报文做 QoS 处理，有助于实现 IPSec 报文更细化的 QoS 管理，可根据需要选择以下其中之一进行配置。

① 报文经 IPSec 封装后，隐藏了原始报文的报头及协议等关于 QoS 的参数信息。如果希望 QoS 基于被封装报文的原始报头及协议等五元组信息对被封装报文进行分类，则需要配置原始报文信息预提取功能来实现。

② 设备对报文做 IPSec 封装和解封装会造成时延、对带宽要求增加等因素，需要为 IPSec 报文提供差分服务，以减少 IPSec 报文的延时，降低其丢包率，为 IPSec 流量提供最大化的带宽。通过指定 IPSec 报文对应的 QoS 组，将 IPSec 报文划分为一类，便于实现 QoS 对 IPSec 报文的差分服务。

在 IKE 动态协商方式建立 IPSec 隧道情形下，可以在安全策略视图或策略模板视图下配置，IPSec 报文的 QoS 功能的配置步骤见表 3-18。

表 3-18　IPSec 报文的 QoS 功能的配置步骤

步骤	命令	说明
1	**system-view**	进入系统视图
2	**ipsec policy** *policy-name seq-number* **isakmp** 例如：[Huawei] **ipsec policy** policy1 100 **isakmp**	（二选一）进入 IKE 动态协商方式安全策略视图
	ipsec policy-template *policy-template-name seq-number* 例如：[Huawei] **ipsec policy-template** template1 100	（二选一）进入策略模板视图
3	**qos pre-classify** 例如：[Huawei-ipsec-policy-isakmp-policy1-100] **qos pre-classify** 或 [Huawei-ipsec-policy-templet-template1-100] **qos pre-classify**	（二选一）配置对原始报文信息进行预提取。配置原始报文信息预提取功能后，需要在 QoS 流分类视图下执行 **if-match acl** { *acl-number* | *acl-name* }命令，创建基于 ACL 信息进行分类的匹配规则。 缺省情况下，系统没有配置对原始报文信息的预提取，可使用 **undo qos pre-classify** 命令取消对原始报文信息的预提取
	qos group *qos-group-value* [Huawei-ipsec-policy-isakmp-policy1-10] 90s group 30 或 [Huawei-ipsec-policy-templet-template1-100] 90s group 30	（二选一）配置 IPSec 报文所属的 QoS 组，整数形式，取值为 1～99。 通过指定 IPSec 报文对应的 QoS 组，对 IPSec 报文进行 QoS 分类，实现 QoS 管理。 该命令只在报文加封装的过程中生效，解封装过程不生效。配置 IPSec 报文所属的 QoS 组后，需要在 QoS 流分类视图下执行 **if-match qos-group** *qos-group-value* 命令，创建基于 QoS 组进行分类的匹配规则。 缺省情况下，系统没有配置 IPSec 报文所属的 QoS 组，可用 **undo qos group** 命令删除 IPSec 报文所属的 QoS 组

3.8.5　配置保护相同数据流的新用户快速接入总部功能

当分支机构和公司总部成功建立 IPSec 隧道后，可能由于链路状态变化，分支机构网关应用安全策略组的接口的 IP 地址也发生改变（如分支机构网关通过拨号接入 Internet 与总部建立 IPSec 隧道的情况下）。但在此之前，总部网关已存在一条 IPSec 隧道保护总部网关与分支机构网关（原有用户）相互访问的流量，此时由于新、旧 IPSec 隧道所保护的数据流相同造成了冲突，导致分支机构无法与总部再建立一条新的 IPSec 隧道，这样分支机构网关（新用户）与总部网关无法快速重新建立 IPSec 隧道，两者之间的流量无法受到安全保护。这时，可以通过配置保护相同数据流的新用户快速接入总部功能，使分支机构网关与总部网关之前建立的 IPSec SA 迅速老化，以重新建立 IPSec 隧道。

保护相同数据流的新用户快速接入总部功能的实现必须具备以下条件。

① 总部网关作为 IPSec 协商响应方，且采用策略模板方式与分支机构网关建立 IPSec 隧道。

② 新用户配置的 ACL 规则必须与原有用户配置的 ACL 规则完全一致。

③ 新用户接入总部网关时使用的接口与原有用户使用的接口必须是总部网关上的同一接口。

可在系统视图下执行 **ipsec remote traffic-identical accept** 命令使能保护相同数据流的新用户接入总部功能。缺省情况下，未使能保护相同数据流的新用户接入总部功能，可用 **undo ipsec remote traffic-identical accept** 命令恢复缺省配置。

3.8.6　配置 IPSec 掩码过滤功能

在分支机构接入公司总部场景中，如果某个分支机构配置的保护数据流过大，则会导致其他分支机构的流量被错误引入该分支。可在系统视图下通过 **ipsec netmask** { **source** *source-mask* | [**source** *source-mask*] **destination** *destination-mask* }命令配置 IPSec 掩码过滤功能，对 IPSec 隧道协商的流信息进行检查和接入限制。

① **source** *source-mask*：二选一参数，指定数据流的源 IPv4 地址掩码长度，整数形式，取值是 1～32。

② **destination** *destination-mask*：二选一参数，指定数据流的目的 IPv4 地址掩码长度，整数形式，取值为 1～32。

配置 IPSec 掩码过滤功能后，设备会检查对端的源、目的地址掩码，如果大于或等于配置的值，则继续后续协商，否则 IPSec SA 协商失败。**但仅设备采用策略模板建立 IPSec 安全策略时，才会对流信息进行检查和接入限制。**

缺省情况下，系统未配置 IPSec 掩码过滤功能，可用 **undo ipsec netmask** [**source** | **destination**]命令删除 IPSec 掩码过滤功能。

3.9　IKE 动态协商方式的典型配置示例

3.9.1　采用缺省 IKE 安全提议建立 IPSec 隧道配置示例

如图 3-9 所示，RouterA 为公司分支机构网关，RouterB 为公司总部网关，分支机构与总部通过 Internet 建立通信。分支机构子网为 10.1.1.0/24，公司总部子网为 10.1.2.0/24。现公司希望两子网通过 Internet 实现互访，且它们通信的流量可以受到 IPSec 安全保护。

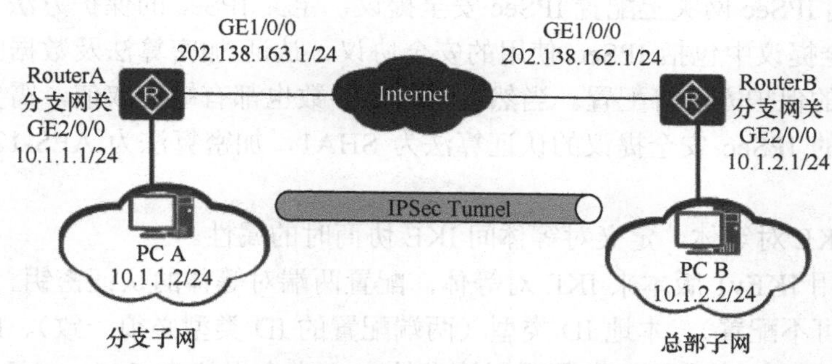

图 3-9　采用缺省 IKE 安全提议建立 IPSec 隧道配置示列的拓扑结构

本示例以 IKE 动态协商方式来建立 IPSec 隧道，并且为了简化配置，决定对其中绝大多数安全参数采用缺省配置（包括 IKE 安全提议中的全部参数和 IKE 安全策略可选参数）进行部署。其实，如果没有特别的要求，大多数情况下都可以这样进行配置，这样可以减少工作量，在安全方面也可以满足用户的需求。

本示例采用 IKEv1 版本。在用华为模拟器做本实验时（与本章前面介绍的配置命令有些不一样），Internet 可用一台路由器代替，采用华为模拟器做本实验时的拓扑结构如图 3-10 所示，但不用配置任何路由，因为经过这台路由器的数据包都是已经过两端 IPSec 设备的重封装，其源和目的 IP 地址分别为两端直连的分支机构、公司总部 IPSec 网关的公网接口 IP 地址。

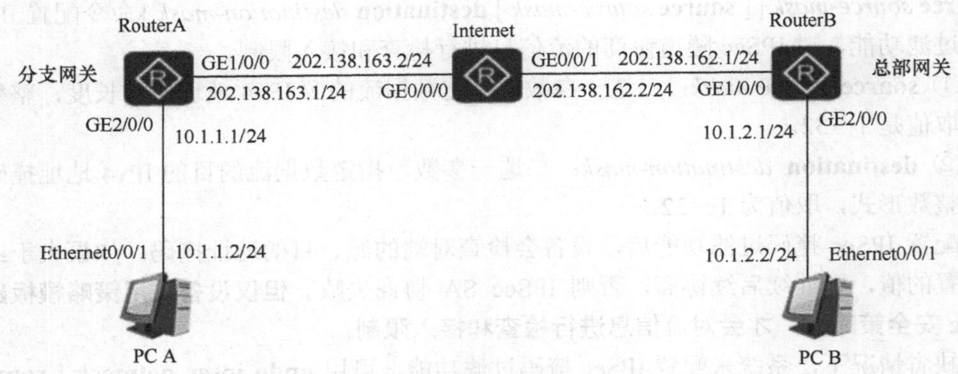

图 3-10 采用华为模拟器做本实验时的拓扑结构

1. 基本配置思路分析

根据 3.3 节介绍的配置任务，再结合本示例的具体要求（IKE 安全提议全部采用缺省配置），我们可得出本示例的如下基本配置思路。

① 配置各设备接口的 IP 地址，并在 IPSec 网关上配置到达对端 IPSec 网关，及对端内网的静态路由。

② 在两端 IPSec 网关上配置 ACL，以定义需要 IPSec 保护的数据流。

本示例两端需要保护的数据流为分支机构子网（10.1.1.0/24）与公司总部子网（10.1.2.0/24）之间的通信，采用镜像配置（两端配置的 ACL 中的源 IP 地址和目的 IP 地址互换）。其他的直接在 Internet 中传输，不需要经过 IPSec 封装。

③ 在两端 IPSec 网关上配置 IPSec 安全提议，定义 IPSec 的保护方法。

IPSec 安全提议中包括 IPSec 使用的安全协议、认证/加密算法及数据的封装模式，定义了 IPSec 的保护方法等配置。当然这些安全参数也都有缺省取值，需要时也可直接采用。本示例的 IPSec 安全提议的认证算法为 SHA1，加密算法为 AES-128，其他均采用缺省值。

④ 配置 IKE 对等体，定义对等体间 IKE 协商时的属性。

本示例采用 IKEv1 版本来 IKE 对等体，配置两端对等体的认证密钥、远端 IP 地址（本地 IP 地址可不配置）、本地 ID 类型（两端配置的 ID 类型必须一致）、IKEv1 协商模式等。本示例的 IKE 安全提议参数采用缺省的 IKE 安全提议 Default，不配置。

⑤ 在两端 IPSec 网关上配置 IPSec 安全策略，确定哪些数据流需要采用何种方法进行保护。

本示例采用 ISAKMP 方式创建 IPSec 安全策略，然后在安全策略中引入定义兴趣流的 ACL、IPSec 安全提议和 IKE 对等体，其他可选参数也全采用缺省配置。

⑥ 在两端 IPSec 网关公网接口上应用安全策略。

本示例中分支机构和公司总部网关的公网接口都有固定的公网 IP 地址，可直接在 IPSec 隧道端点设备的公网接口上应用前面已配置的安全策略组。

2. 具体配置步骤

下面按图 3-10 所示拓扑结构介绍具体的配置方法。

本示例的拓扑结构与第 2 章 2.3.9 节的配置示例拔掉结构完全一样，故配置思路的第①～③项配置任务可参见第 2 章 2.3.9 节介绍，此处不再赘述。下面我们仅介绍上述第④～⑥项配置任务。

第④项是在两端 IPSec 网关上配置 IKE 对等体，定义对等体间 IKE 协商时的属性。

在 RouterA 和 RouterB 上配置 IKE 对等体，并根据 IKE 安全提议的缺省配置要求，配置预共享密钥（为 huawei）和对端 ID（缺省以 IP 地址方式进行标识）。两端均采用缺省的主模式协商方式，采用缺省的以 IP 地址作为 ID 类型，均无须配置本地 IP 地址，因为缺省情况下，根据路由选择以到达对端的出接口的 IP 地址作为本地 ID。

#---RouterA 上的配置，具体如下所示。

```
[RouterA] ike peer spub v1     #---配置对等体名称为 spub，运行 IKEv1 版本
```

【说明】在最新的 V200R010 版本中，上一条配置需采用以下两条配置替换。RouterB 上的替换方法一样，此处不再赘述。

```
[RouterA] ike peer spub
[RouterA-ike-peer-spub] undo version 2     #---取消对 IKEv2 版本的支持
```

```
[RouterA-ike-peer-spub] pre-shared-key simple huawei     #---配置预共享密钥认证方法的明文共享密钥为 huawei，两端的密钥必须一致
[RouterA-ike-peer-spub] remote-address 202.138.162.1 #---配置对端 IPSec 端点 IP 地址为 202.138.162.1
[RouterA-ike-peer-spub] quit
```

#---RouterB 上的配置，具体如下所示。

```
[RouterB] ike peer spua v1
[RouterB-ike-peer-spua] pre-shared-key simple huawei
[RouterB-ike-peer-spua] remote-address 202.138.163.1
[RouterB-ike-peer-spua] quit
```

此时分别在两端 IPSec 网关上执行 **display ike peer** 命令可查看 IKE 对等体配置信息。在 RouterA 上执行 **display ike peer** 命令的输出如图 3-11 所示（显示了在 RouterA 上的 IKE 对等体配置信息）。本地 IP 地址（202.138.163.1）是自动根据路由出接口的 IP 地址获取的。

第⑤项是在两端 IPSec 网关上配置 IPSec 安全策略，确定哪些数据流需要采用何种方法进行保护。

本示例采用通过 ISAKMP 创建 IKE 动态协商方式 IPSec 安全策略，只需指定引用的 IPSec 安全提议，定义感兴趣流的 ACL 和 IKE 对等体，其他配置均采用缺省配置。

#---RouterA 上的配置，具体如下所示。

```
[RouterA] ipsec policy client 10 isakmp     #---创建名为 client，序号为 10 的安全策略
[RouterA-ipsec-policy-isakmp-client-10] ike-peer spub     #---引用前面创建的 IKE 对等体
[RouterA-ipsec-policy-isakmp-client-10] proposal pro1     #---引用前面已创建的 IPSec 安全提议
```

```
[RouterA-ipsec-policy-isakmp-client-10] security acl 3100   #---引用前面已定义的用于指定需要保护数据流的 ACL
[RouterA-ipsec-policy-isakmp-client-10] quit
```

#---RouterB 上的配置，具体如下所示。

```
[RouterB] ipsec policy server 10 isakmp
[RouterB-ipsec-policy-isakmp-server-10] ike-peer spua
[RouterB-ipsec-policy-isakmp-server-10] proposal pro1
[RouterB-ipsec-policy-isakmp-server-10] security acl 3100
[RouterB-ipsec-policy-isakmp-server-10] quit
```

此时分别在两端 IPSec 网关上执行 **display ipsec policy** 命令可查看 IPSec 安全策略的配置信息。在 RouterA 上执行 **display ipsec policy** 命令的输出如图 3-12 所示。（与前面的配置一致）。

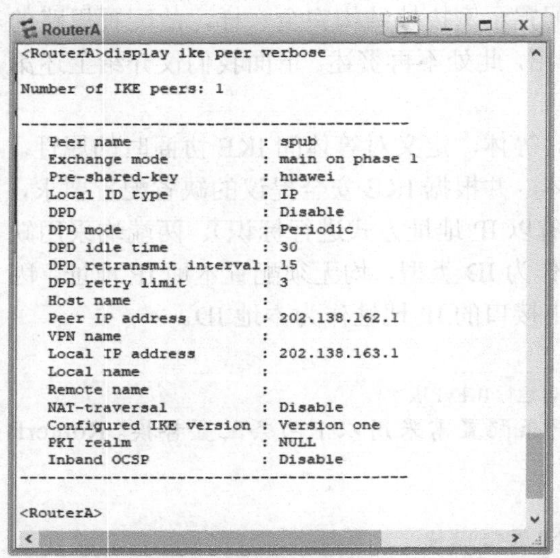

图 3-11　在 RouterA 上执行 **display ike peer** 命令的输出

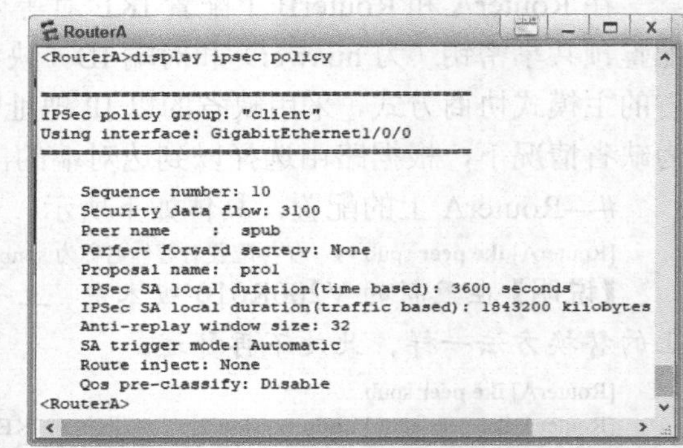

图 3-12　在 RouterA 上执行 **display ipsec policy** 命令的输出

第⑥项是在两 IPSsec 网关公网接口上应用各自的安全策略组，使通过这些接口发送的兴趣流可以被 IPSec 保护。

#---RouterA 上的配置，具体如下所示。

```
[RouterA] interface gigabitethernet 1/0/0
[RouterA-GigabitEthernet1/0/0] ipsec policy client
[RouterA-GigabitEthernet1/0/0] quit
```

#---RouterB 上的配置，具体如下所示。

```
[RouterB] interface gigabitethernet 1/0/0
[RouterB-GigabitEthernet1/0/0] ipsec policy server
[RouterB-GigabitEthernet1/0/0] quit
```

3. 配置结果验证

以上配置完成后，我们可以进行以下系列配置结果验证。

① 在分支机构主机 PC A 执行 **ping** 操作，发现可以 Ping 通位于公司总部网络的主机 PC B，PC A 成功 ping 通 PC B 的结果如图 3-13 所示。在 RouterA 或 RouterB 上执行 **display ipsec statistics esp** 命令可以看到 PC A 与 PC B 之间通信的数据是被加密的。在 RouterA 上执行 **display ipsec statistics esp** 命令的输出如图 3-14 所示。

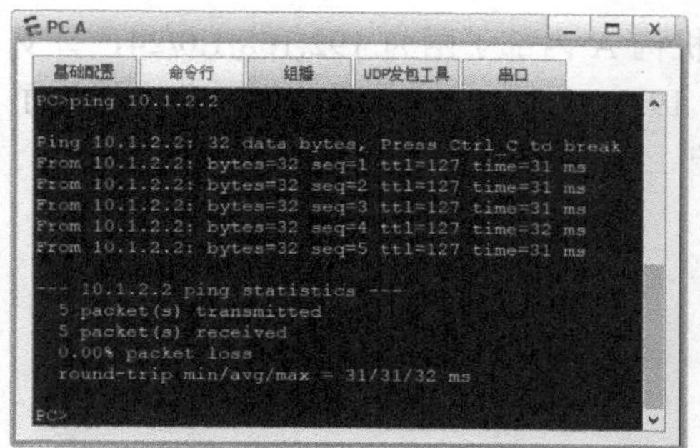

图 3-13　PC A 成功 ping 通 PC B 的结果

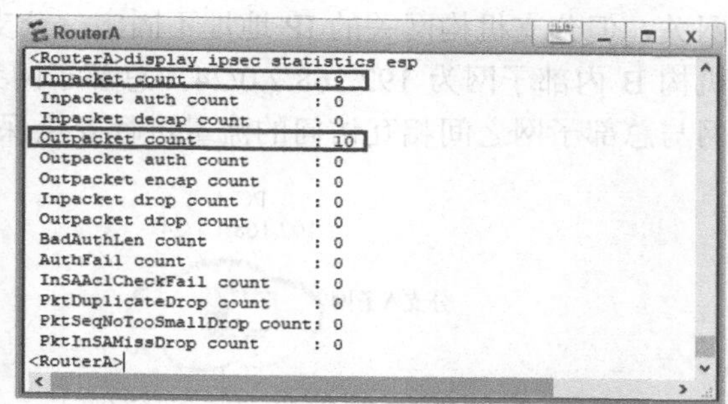

图 3-14　在 RouterA 上执行 **display ipsec statistics esp** 命令的输出

② 在两端 IPSec 网关上执行 **display ike sa** 命令可查看由 IKE 协商建立的 SA 信息。在 RouterA 上建立的 SA 如图 3-15 所示，其中 Conn-ID 字段为 SA 标识符；Peer 字段表示 SA 对等体的 IP 地址，如果 SA 未建立成功，此项目内容显示为 0.0.0.0，此处已正确显示对端 IP 地址，所以证明已成功建立 SA。另外，在 Phase 字段中的“1”表示 IKEv1 第一阶段，建立 IKE SA；“2”表示第二阶段，建立 IPSec SA。我们能看到这两个阶段建立的 SA，这样可以证明本示例中 IKE 协商成功，IPSec 隧道也建立成功。

③ 在两端 IPSec 网关上执行 **display ipsec sa** 命令可以查看所生成的 IPSec SA 相关信息。在 RouterA 上执行 **display ipsec sa** 命令的输出如图 3-16 所示。

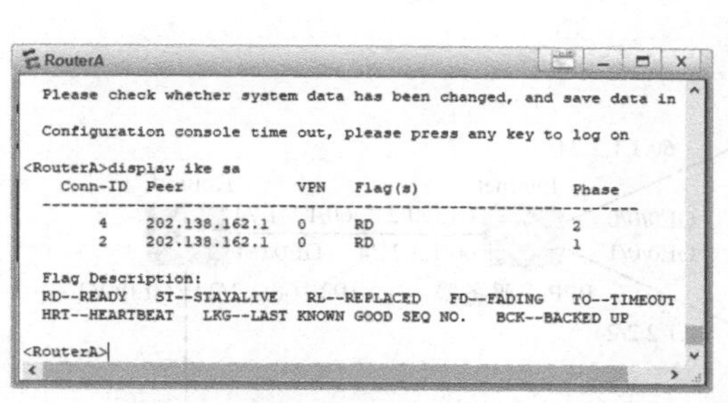

图 3-15　在 RouterA 上建立的 SA

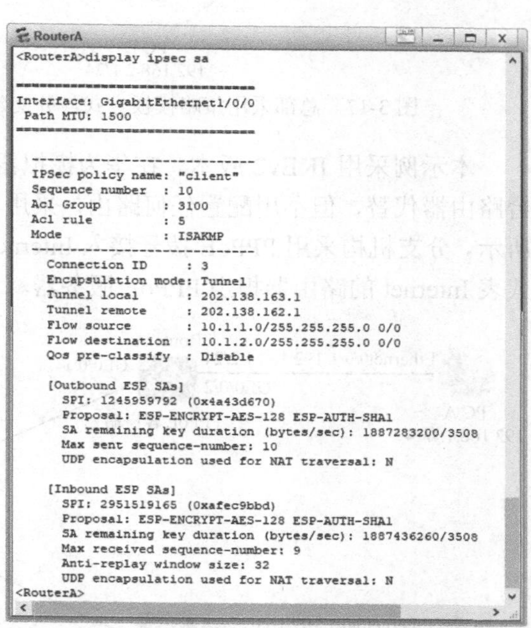

图 3-16　在 RouterA 上执行 **display ipsec sa** 命令的输出

3.9.2　总部采用策略模板方式与分支建立多条 IPSec 隧道配置示例

如图 3-17 所示，RouterA 和 RouterB 为公司两分支机构网关，RouterC 为公司总部网关，但分支机构网关的 IP 地址不固定。分支机构 A 内部子网为 192.168.1.0/24，分支机构 B 内部子网为 192.168.2.0/24，总部子网为 192.168.3.0/24。公司希望对分支机构子网与总部子网之间相互访问的流量进行安全保护。

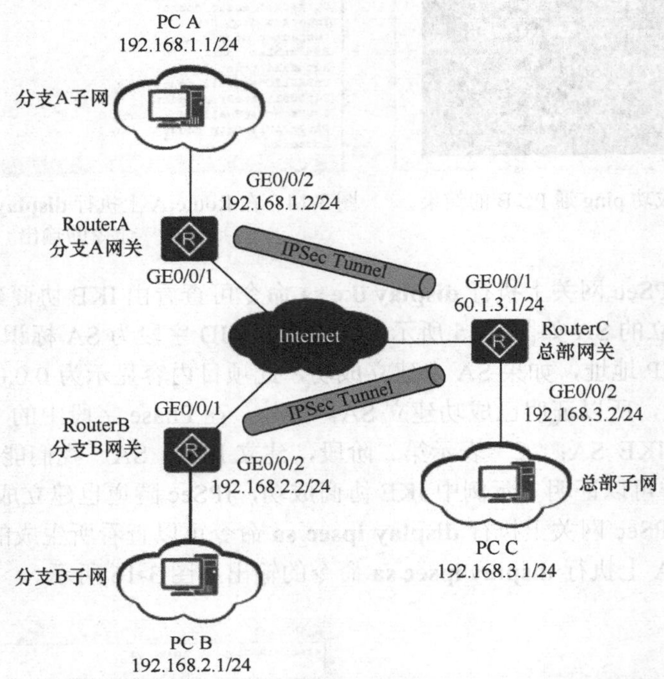

图 3-17　总部采用策略模板方式与分支建立多条 IPSec 隧道配置示例的拓扑结构

本示例采用 IKEv2 版本。在华为模拟器做本实验时，拓扑结构中的 Internet 可用一台路由器代替，但不用配置任何路由，采用华为模拟器做本实验时的拓扑结构如图 3-18 所示。分支机构采用 PPPoE 拨号接入 Internet，分支机构 IPSec 网关担当 PPPoE 客户端，代表 Internet 的路由器担当 PPPoE 服务器。

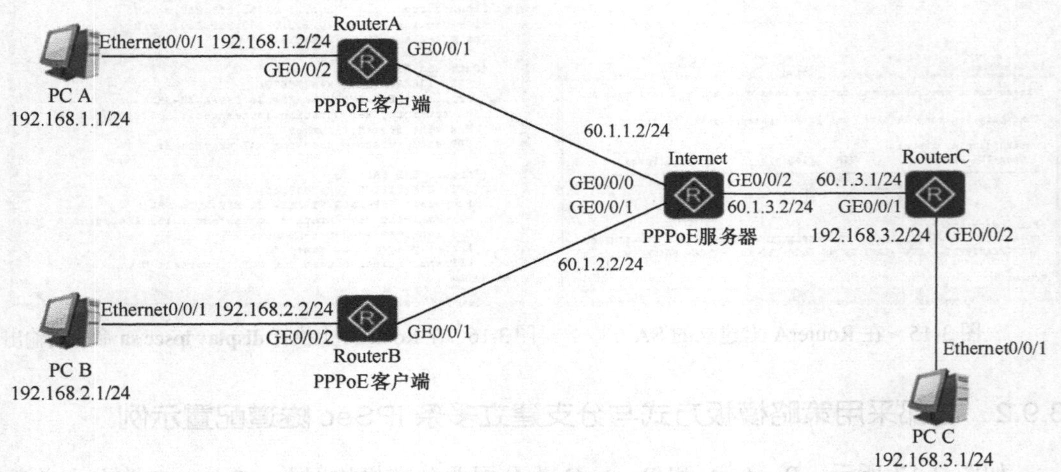

图 3-18　采用华为模拟器做本实验时的拓扑结构

1. 基本配置思路分析

本示例中，总部要与多个分支机构建立 IPSec 隧道，并且分支机构所用的 Internet 接入方式不是固定公网的 IP 地址分配方式。这两项基本特性都决定了在公司总部采用安全策略模板方式来建立 IPSec 安全策略。一方面，采用策略模板创建安全策略，可以减少公司总部 IPSec 设备为连接多个分支机构 IPSec 设备的配置工作量，因为在策略模板中许多参数可以直接接受发起方的参数配置。另一方面，在本示例中明确提到分支机构的网关 IP 地址不固定，这样在总部网关上就无法固定指定分支机构网关的 IP 地址，所以总部 IPsec 网关只能作为响应方，采用策略模板的方式来创建安全策略。

按照图 3-18 所示拓扑结构，本示例基本配置思路如下（IKE 安全提议仍采用缺省配置）。

① 配置各设备接口的 IP 地址，并在 IPSec 网关上配置到达对端 IPSec 网关，及对端内网的静态路由。

② 在两分支机构 IPSec 网关上配置 PPPoE 客户端，在 Internet 路由器上配置 PPPoE 服务器，不进行身份验证（根据需要也可以配置身份验证）。

③ 在两分支机构 IPSec 网关上配置 ACL，定义分支机构到达总部网络的保护数据流。因为分支机构 IPSec 网关的 IP 地址不固定，在总部上采用策略模板方式来创建安全策略，所以在总部 IPSec 网关上无须配置定义到达分支机构的保护数据流。

④ 在各 IPSec 网关上配置 IPSec 安全提议，定义 IPSec 所采用的保护方法。

⑤ 在各 IPSec 网关上配置 IKE 对等体，定义对等体间 IKE 协商时的属性。

本示例中分支机构 IPSec 网关的公网的 IP 地址不固定，所以需要采用名称（不能采用 IP 地址，V200R008 版本后需采用 FQDN 格式）与公司总部 IPSec 网关进行身份验证。本示例采用缺省的 IKE 安全提议，故无须配置 IKE 安全提议。

⑥ 在各 IPSec 网关上创建 IPSec 安全策略，确定对何种数据流采取何种保护方法。其中，RouterA 和 RouterB 均采用 ISAKMP 方式创建安全策略，RouterC 采用策略模板方式创建安全策略（无须配置两分支机构网关的 IP 地址和名称）。

⑦ 在各 IPSec 网关的公网接口（分支机构中是 PPPoE Dialer 拨号接口）上应用安全策略组，使通过这些接口发送的兴趣流可以被 IPSec 保护。

2. 具体配置步骤

① 配置各设备接口的 IP 地址，及分支机构公网、私网与总部公网、私网互访的静态路由。

#---RouterA 上的配置。

RouterA 上的公网接口为 Dialer 接口，IP 地址由担当 PPPoE 服务器的 Internet 路由器分配，无须手工配置。RouterA 到总部公网、私网的静态路由的下一跳 IP 地址为 60.1.1.2（图 3-18 中 Internet 路由器 GE0/0/0 接口的 IP 地址），具体如下所示。

```
<Huawei> system-view
[Huawei] sysname RouterA
[RouterA] interface gigabitethernet 0/0/2
[RouterA-GigabitEthernet0/0/2] ip address 192.168.1.2 255.255.255.0
[RouterA-GigabitEthernet0/0/2] quit
[RouterA] ip route-static 60.1.3.1 32 60.1.1.2
[RouterA] ip route-static 192.168.3.0 24 60.1.1.2
```

【说明】也可以采用以下方式来配置 RouterA 到达总部公网、私网的静态路由，即以

PPPoE Dialer1 拨号接口作为出接口，此时无须指定下一跳 IP 地址。RouterB 上的配置相同，具体如下所示。

```
[RouterA] ip route-static 60.1.3.1 32 dialer1
[RouterA] ip route-static 192.168.3.0 24 dialer1
```

#---RouterB 上的配置。

RouterB 上的公网接口为 Dialer 接口，IP 地址由担当 PPPoE 服务器的 Internet 路由器分配，无须手工配置。RouterB 到总部公网、私网的静态路由的下一跳 IP 地址为 60.1.2.2（图 3-18 中 Internet 路由器 GE0/0/1 接口的 IP 地址），具体如下所示。

```
<Huawei> system-view
[Huawei] sysname RouterB
[RouterB] interface gigabitethernet 0/0/2
[RouterB-GigabitEthernet0/0/2] ip address 192.168.2.2 255.255.255.0
[RouterB-GigabitEthernet0/0/2] quit
[RouterB] ip route-static 60.1.3.1 32 60.1.2.2
[RouterB] ip route-static 192.168.3.0 24 60.1.2.2
```

#---Internet 路由器上的配置。

仅需配置接口 IP 地址，无须配置路由，具体如下所示。

```
<Huawei> system-view
[Huawei] sysname Internet
[Internet] interface gigabitethernet 0/0/0
[Internet-GigabitEthernet0/0/0] ip address 60.1.1.2 255.255.255.0
[Internet-GigabitEthernet0/0/0] quit
[Internet] interface gigabitethernet 0/0/1
[Internet-GigabitEthernet0/0/1] ip address 60.1.2.2 255.255.255.0
[Internet-GigabitEthernet0/0/1] quit
[Internet] interface gigabitethernet 0/0/2
[Internet-GigabitEthernet0/0/2] ip address 60.1.3.2 255.255.255.0
[Internet-GigabitEthernet0/0/2] quit
```

#--- RouterC 上的配置。

在 RouterC 上需要配置到两分支机构公网、私网的静态路由，下一跳 IP 地址为 60.1.3.2（图 3-18 中 Internet 路由器 GE0/0/2 接口的 IP 地址）。但因为两分支机构网关公网接口的 IP 地址不固定，所以到达两分支机构的公网路由只能采用缺省静态路由进行配置，具体如下所示。

```
<Huawei> system-view
[Huawei] sysname RouterC
[RouterC] interface gigabitethernet 0/0/1
[RouterC-GigabitEthernet0/0/1] ip address 60.1.3.1 255.255.255.0
[RouterC-GigabitEthernet0/0/1] quit
[RouterC] interface gigabitethernet 0/0/2
[RouterC-GigabitEthernet0/0/2] ip address 192.168.3.2 255.255.255.0
[RouterC-GigabitEthernet0/0/2] quit
[RouterC] ip route-static 0.0.0.0 0 60.1.3.2   #---到达分支机构所连接的两公网的缺省静态路由
[RouterC] ip route-static 192.168.1.0 24 60.1.3.2     #---到达分支机构 A 内部子网的静态路由
[RouterC] ip route-static 192.168.2.0 24 60.1.3.2     #---到达分支机构 B 内部子网的静态路由
```

PC A、PC B 和 PC C 主机的 IP 地址和网关配置略。

② 配置 PPPoE 客户端和 PPPoE 服务器（不进行身份认证）。

#---RouterA 上的配置。

在 RouterA 上配置 PPPoE 客户端，具体如下所示。

```
[RouterA] interface Dialer1
[RouterA-Dialer1] ip address ppp-negotiate    #---采用 IP 地址协商方式由 PPPoE 服务器分配
[RouterA-Dialer1] dialer user userA    #---使能共享 DCC
[RouterA-Dialer1] dialer bundle 1   #---配置捆绑号，用于与对应的物理拨号接口进行捆绑
[RouterA-Dialer1] quit
[RouterA] interface GigabitEthernet0/0/1
[RouterA-GigabitEthernet0/0/1] pppoe-client dial-bundle-number 1   #---捆绑物理拨号接口，使能 PPPoE 客户端功能
[RouterA-GigabitEthernet0/0/1] quit
```

#---RouterB 上的配置。

在 RouterB 上配置 PPPoE 客户端，具体如下所示。

```
[RouterB] interface Dialer1
[RouterB-Dialer1] ip address ppp-negotiate
[RouterB-Dialer1] dialer user userB
[RouterB-Dialer1] dialer bundle 1
[RouterB-Dialer1] quit
[RouterB] interface GigabitEthernet0/0/1
[RouterB-GigabitEthernet0/0/1] pppoe-client dial-bundle-number 1
[RouterB-GigabitEthernet0/0/1] quit
```

#---Internet 路由器上的配置。

在 Internet 路由器上配置 PPPoE 服务器，配置 IP 地址池，为分支机构的 PPPoE 客户端动态分配 IP 地址，具体如下所示。

```
[Internet] ip pool poolA
[Internet-ip-pool-poolA] gateway-list 60.1.1.2
[Internet-ip-pool-poolA] network 60.1.1.0 mask 255.255.255.0
[Internet-ip-pool-poolA] quit
[Internet] ip pool poolB
[Internet-ip-pool-poolB] gateway-list 60.1.2.2
[Internet-ip-pool-poolB] network 60.1.2.0 mask 255.255.255.0
[Internet-ip-pool-poolB] quit
[Internet] interface Virtual-Template1
[Internet-Virtual-Template1] remote address pool poolA
[Internet-Virtual-Template1] ip address 60.1.1.2 255.255.255.0
[Internet-Virtual-Template1] quit
[Internet] interface Virtual-Template2
[Internet-Virtual-Template2] remote address pool poolB
[Internet-Virtual-Template2] ip address 60.1.2.2 255.255.255.0
[Internet-Virtual-Template2] quit
[Internet] interface GigabitEthernet0/0/0
[Internet-GigabitEthernet0/0/0] pppoe-server bind Virtual-Template 1   #---在连接分支机构一的物理接口使能 PPPoE
服务器功能
[Internet-GigabitEthernet0/0/0] quit
[Internet] interface GigabitEthernet0/0/1
[Internet-GigabitEthernet0/0/1] pppoe-server bind Virtual-Template 2
[Internet-GigabitEthernet0/0/1] quit
```

此时可在 PPPoE 客户端上执行 **display pppoe-client session summary** 命令查看建立的 PPPoE 会话状态，PPPoE 客户端 RouterA 上建立的 PPPoE 会话如图 3-19 所示；在 PPPoE 服务器上执行 **display pppoe-server session all** 命令查看建立的 PPPoE 会话状态，PPPoE 服务器 Internet 路由器上建立的 PPPoE 会话如图 3-20 所示。从图 3-20 中我们可以看出，它们的状态均为 Up，表示 PPPoE 会员成功建立。

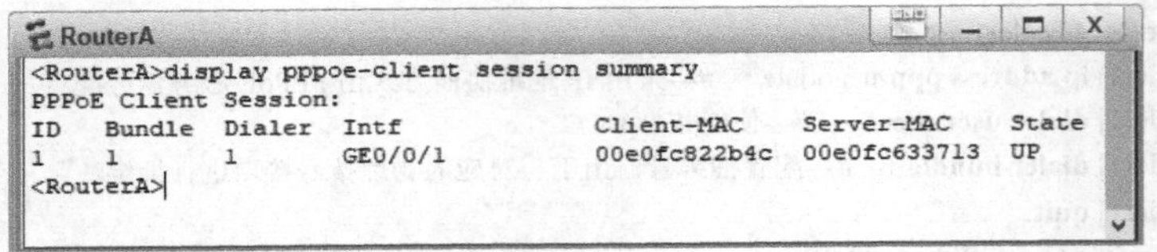
```
<RouterA>display pppoe-client session summary
PPPoE Client Session:
ID   Bundle  Dialer  Intf          Client-MAC    Server-MAC    State
1    1       1       GE0/0/1       00e0fc822b4c  00e0fc633713  UP
<RouterA>
```

图 3-19　PPPoE 客户端 RouterA 上建立的 PPPoE 会话

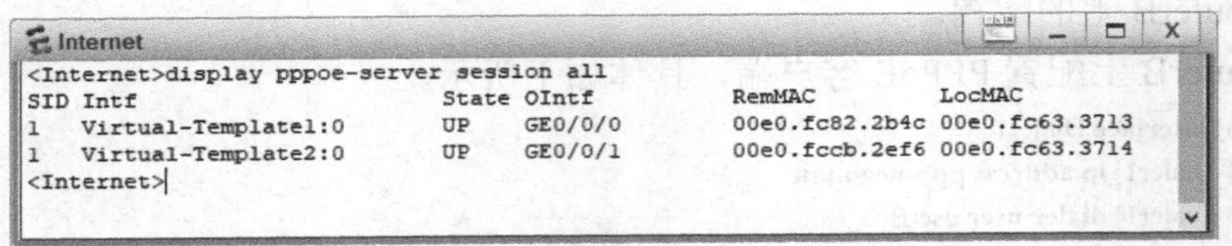
```
<Internet>display pppoe-server session all
SID Intf                    State OIntf      RemMAC          LocMAC
1   Virtual-Template1:0     UP    GE0/0/0    00e0.fc82.2b4c 00e0.fc63.3713
1   Virtual-Template2:0     UP    GE0/0/1    00e0.fccb.2ef6 00e0.fc63.3714
<Internet>
```

图 3-20　PPPoE 服务器 Internet 路由器上建立的 PPPoE 会话

也可在 PPPoE 客户端的 RouterA 和 RouterB 上分别执行 **display interface** dialer 1 命令，查看这两个 Dialer 接口从 PPPoE 服务器上分配到的 IP 地址（分别如图 3-21 所示和如图 3-22 所示），以进一步验证 PPPoE 配置的正确性。

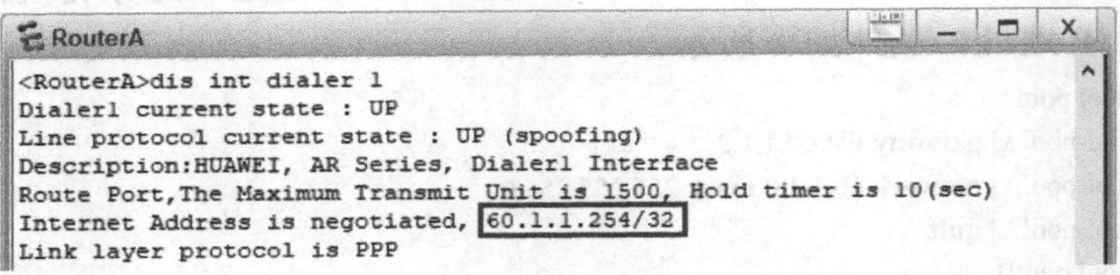
```
<RouterA>dis int dialer 1
Dialer1 current state : UP
Line protocol current state : UP (spoofing)
Description:HUAWEI, AR Series, Dialer1 Interface
Route Port,The Maximum Transmit Unit is 1500, Hold timer is 10(sec)
Internet Address is negotiated, 60.1.1.254/32
Link layer protocol is PPP
```

图 3-21　RouterA 上 Dialer1 接口分配的 IP 地址

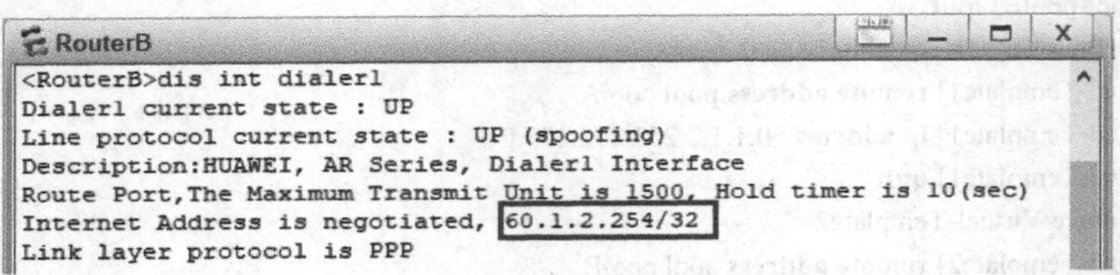
```
<RouterB>dis int dialer1
Dialer1 current state : UP
Line protocol current state : UP (spoofing)
Description:HUAWEI, AR Series, Dialer1 Interface
Route Port,The Maximum Transmit Unit is 1500, Hold timer is 10(sec)
Internet Address is negotiated, 60.1.2.254/32
Link layer protocol is PPP
```

图 3-22　RouterB 上 Diale1r 接口分配的 IP 地址

③ 在 RouterA 和 RouterB 上分别配置 ACL，定义各自要保护的数据流。

这是对分支机构内网与总部内网之间的通信中需要保护的数据流的定义。由于本示例在总部网关上采用的是用策略模板来创建安全策略，所以在总部网关上可不配置定义需要保护的数据流的 ACL（当然也可以配置）。

#---RouterA 上的配置。

创建一个高级 ACL，定义由分支机构 A 内部子网 192.168.1.0/24 到达总部子网 192.168.3.0/24 的数据流，具体如下所示。

```
[RouterA] acl number 3002
[RouterA-acl-adv-3002] rule permit ip source 192.168.1.0 0.0.0.255 destination 192.168.3.0 0.0.0.255
[RouterA-acl-adv-3002] quit
```

#---RouterB 上的配置。

创建一个高级 ACL，定义由分支机构 B 内部子网 192.168.2.0/24 到达总部子网

192.168.3.0/24 的数据流，具体如下所示。

```
[RouterB] acl number 3002
[RouterB-acl-adv-3002] rule permit ip source 192.168.2.0 0.0.0.255 destination 192.168.3.0 0.0.0.255
[RouterB-acl-adv-3002] quit
```

④ 在各 IPSec 网关上配置 IPSec 安全提议。

本示例中各 IPSec 网关上配置的 IPSec 安全提议可只创建安全提议，其中的参数可以直接采用缺省值，具体如下所示。

```
[RouterA] ipsec proposal pro1
[RouterA-ipsec-proposal-pro1] quit

[RouterB] ipsec proposal pro1
[RouterB-ipsec-proposal-pro1] quit

[RouterC] ipsec proposal pro1
[RouterC-ipsec-proposal-pro1] quit
```

此时在各 IPSec 网关上执行 **display ipsec proposal** 命令会显示所配置的 IPSec 安全提议信息，RouterA 上的 IPSec 提议配置如图 3-23 所示，它显示当前 VRP 版本中的 IPSec 安全提议的缺省配置。

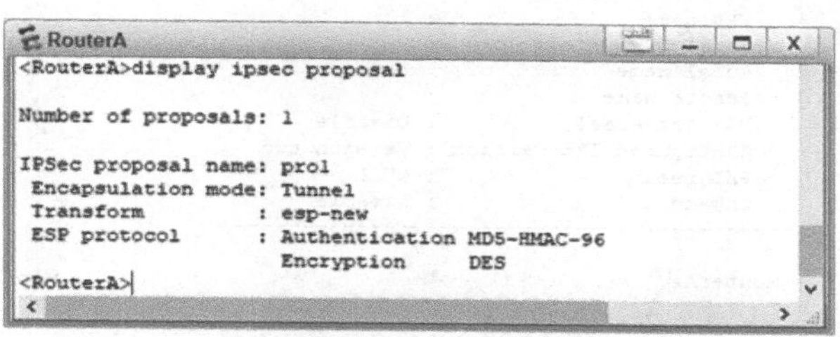

图 3-23　RouterA 上的 IPSec 提议配置

⑤ 在各 IPSec 网关上配置 IKE 对等体，采用 IKEv2 版本来配置。

本示例中，公司总部网关 RouterC 被固定作为 IKE 协商响应方，且采用策略模方式创建安全策略，所以无须配置 **remote-address** 命令。另外，因为采用了缺省的 IKE 安全提议，采用预共享密钥认证方式，所以需要在各网关上配置相同（也可以把分支机构 A 与公司总部的预共享密钥和分支机构 B 与公司总部的预共享密钥配置不同）的共享密钥。其他可选配置均采用缺省配置。

#---RouterA 上的配置，具体如下所示。

```
[RouterA] ike peer rut1 v2    #---配置对等体名称为 rtu1，运行 IKEv2 版本
```

【说明】在最新的 V200R010 版本中，上一条配置需采用以下两条配置替换。RouterB 和 RouterC 上的替换方法一样，此处不再赘述。

```
[RouterA] ike peer rut1
[RouterA-ike-peer-rut1] undo version 1    #---取消对 IKEv1 版本的支持
[RouterA-ike-peer-rut1] pre-shared-key simple huawei    #---配置预共享密钥为 huawei
[RouterA-ike-peer-rut1] remote-address 60.1.3.1    #---指定对端 IP 地址，RouterC 的公网接口 IP 地址为 60.1.3.1
[RouterA-ike-peer-rut1] quit
```

#---RouterB 上的配置，具体如下所示。

```
[RouterB] ike peer rut1 v2
[RouterB-ike-peer-rut1] pre-shared-key simple huawei
```

```
[RouterB-ike-peer-rut1] remote-address 60.1.3.1
[RouterB-ike-peer-rut1] quit
```

#---RouterC 上的配置，具体如下所示，此处无须配置远端 IP 地址。

```
[RouterC] ike peer rut1 v2
[RouterC-ike-peer-rut1] pre-shared-key simple huawei
[RouterC-ike-peer-rut1] quit
```

此时分别在各 IPSec 网关上执行 **display ike peer** 命令可查看 IKE 对等体配置信息。在 RouterA 上执行 **display ike peer** 命令的输出如图 3-24 所示（与前面的配置一致）。

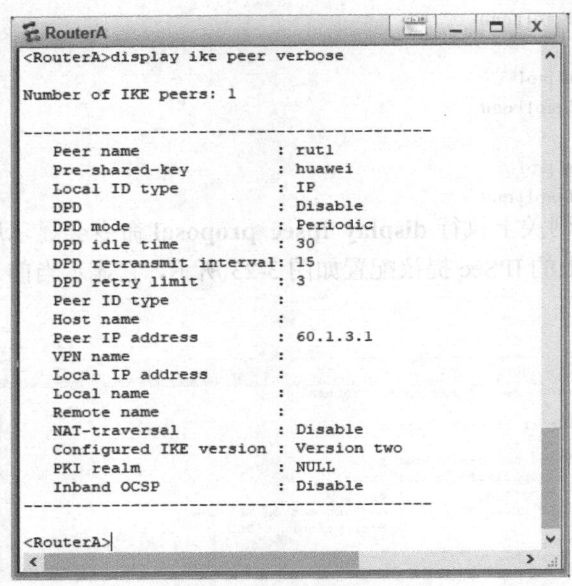

图 3-24 在 RouterA 上执行 **display ike peer** 命令的输出

⑥ 在各 IPSec 网关上创建安全策略，其中 RouterA 和 RouterB 采用 ISAKMP 方式创建安全策略，RouterC 采用策略模板方式创建安全策略。

#---分支机构 IPSec 网关上的配置。

在两分支机构 RouterA 和 RouterB 上配置安全策略，指定引用前面配置的 IPSec 安全提议、定义需要保护的数据流的 ACL 和 IKE 对等体，具体如下所示。

```
[RouterA] ipsec policy policy1 10 isakmp   #---采用 ISAKMP 方式创建名为 policy1，序列号为 10 的安全策略
[RouterA-ipsec-policy-isakmp-policy1-10] ike-peer rut1   #---指定对等名称为 rut1
[RouterA-ipsec-policy-isakmp-policy1-10] proposal pro1 #---指定引用的 IPSec 安全提议名称为 pro1
[RouterA-ipsec-policy-isakmp-policy1-10] security acl 3002 #---指定引用 ACL 3002
[RouterA-ipsec-policy-isakmp-policy1-10] quit

[RouterB] ipsec policy policy1 10 isakmp
[RouterB-ipsec-policy-isakmp-policy1-10] ike-peer rut1
[RouterB-ipsec-policy-isakmp-policy1-10] proposal pro1
[RouterB-ipsec-policy-isakmp-policy1-10] security acl 3002
[RouterB-ipsec-policy-isakmp-policy1-10] quit
```

#---在总部 IPSec 网关上的配置。

在总部 RouterC 上配置策略模板，引用 IKE 对等体、IPSec 安全提议，然后在安全策略中引用该策略模板，具体如下所示。

```
[RouterC] ipsec policy-template server 10     #---创建名为 server，序列号为 10 的安全策略模板
[RouterC-ipsec-policy-templet-use1-10] ike-peer rut1
[RouterC-ipsec-policy-templet-use1-10] proposal pro1
[RouterC-ipsec-policy-templet-use1-10] quit
[RouterC] ipsec policy policy1 10 isakmp template server   #---创建一个名为 policy1，序列号为 10 的安全策略，并指定引用前面创建的名为 server 的安全策略模板
```

此时在 RouterA 和 RouterB 上执行 **display ipsec policy** 命令可查看所配置的 IPSec 安全策略信息，在 RouterA 上执行 **display ipsec policy** 命令的输出如图 3-25 所示（与上面的配置一致）。

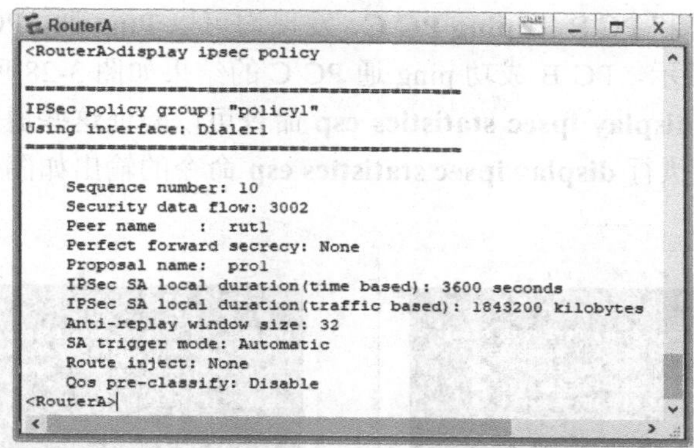

图 3-25 在 RouterA 上执行 **display ipsec policy** 命令的输出

在 RouterC 上执行 **display ipsec policy-template** 命令会显示所配置的策略模板信息，RouterC 上创建的策略模板配置信息如图 3-26 所示。输出信息中主要显示：策略模板序号（Sequence number）、对等体名称（Peer name）、PFD 特性（Perfect forward secrecy）、IPSec 安全提议名称（Proposal name）、基于时间和基于流量的 SA 生存周期、重放窗口大小（Anti-replay window size）、路由注入功能（Route inject）、原始报文信息预提取功能（Qos pre-classify）的启用情况。

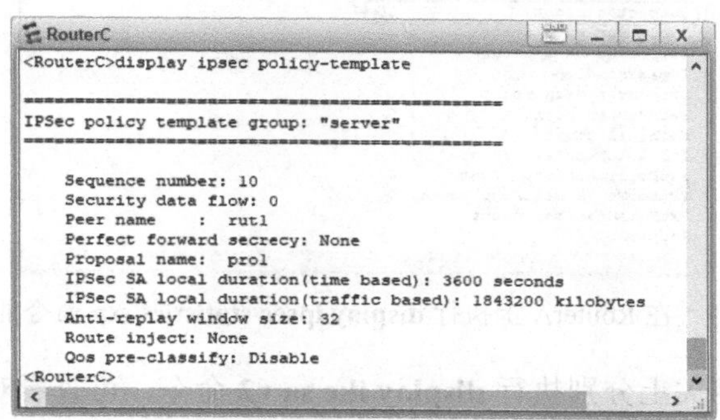

图 3-26 RouterC 上创建的策略模板配置信息

⑦ 在各 IPSec 网关的公网接口（RouterA 和 RouterB 上为 Dilaer1 拨号接口）上应用各自的 IPSec 安全策略，使通过这些接口发送的兴趣流可以被 IPSec 保护，具体如下所示。

```
[RouterA] interface dialer1
[RouterA-Dialer1] ipsec policy policy1
[RouterA-Dialer1] quit
```

```
[RouterB] interface dialer1
[RouterB- Dialer1] ipsec policy policy1
[RouterB- Dialer1] quit

[RouterC] interface gigabitethernet 0/0/1
[RouterC-GigabitEthernet0/0/1] ipsec policy policy1
[RouterC-GigabitEthernet0/0/1] quit
```

3. 配置结果验证

以上配置完成后，我们可进行以下系列配置结果验证。

① 分别在 PC A 和 PC B 上 **ping PC C**，发现均可以 Ping 通，PC A 成功 ping 通 PC C 的结果如图 3-27 所示，PC B 成功 ping 通 PC C 的结果如图 3-28 所示。在 RouterA 和 RouterB 上分别执行 **display ipsec statistics esp** 命令可以验证这些通信的数据已被 IPSec 加密，在 RouterA 上执行 **display ipsec statistics esp** 命令的输出如图 3-29 所示。

图 3-27 PC A 成功 ping 通 PC C 的结果

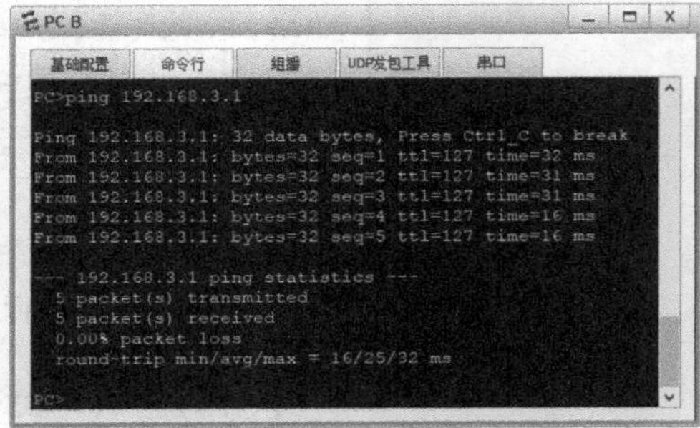

图 3-28 PC B 成功 ping 通 PC C 的结果

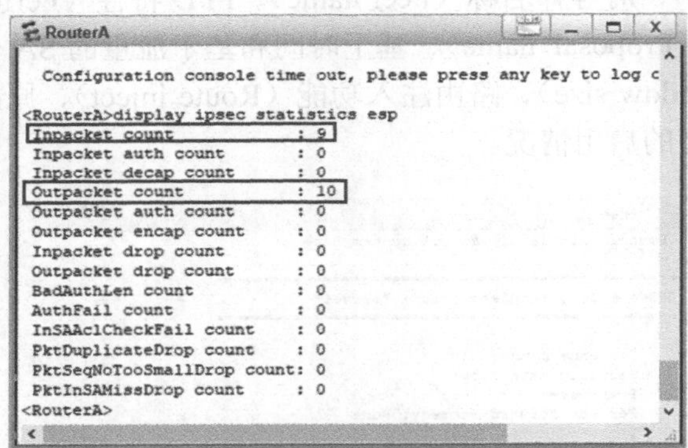

图 3-29 在 RouterA 上执行 **display ipsec statistics esp** 命令的输出

② 在各 IPSec 网关上分别执行 **display ike sa v2** 命令，可查看对应的 IKE SA 信息，从中我们可以看出两分支机构与公司总部的 IPSec 网关上都已分别成功建立了 IKE SA 和 IPSec SA。在 RouterA 上执行 **display ike sa v2** 命令后的输出如图 3-30 所示，在 RouterC 上执行 **display ike sa v2** 命令后的输出如图 3-31 所示。

③ 在各 IPSec 网关上分别执行 **display ipsec sa** 命令可查看所生成的 IPSec SA 信息。在 RouterA 上执行 **display ipsec sa** 命令的输出如图 3-32 所示。

通过以上验证，证明本示例配置成功。

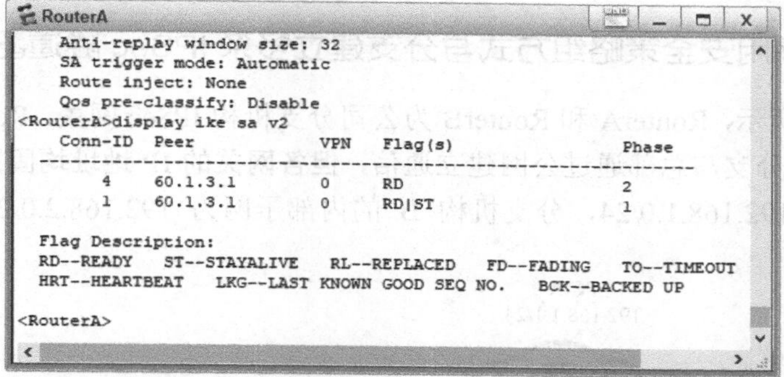

```
RouterA
  Anti-replay window size: 32
  SA trigger mode: Automatic
  Route inject: None
  Qos pre-classify: Disable
<RouterA>display ike sa v2
  Conn-ID  Peer            VPN    Flag(s)              Phase
  ---------------------------------------------------------------
      4    60.1.3.1         0     RD                    2
      1    60.1.3.1         0     RD|ST                 1

 Flag Description:
 RD--READY   ST--STAYALIVE   RL--REPLACED   FD--FADING   TO--TIMEOUT
 HRT--HEARTBEAT   LKG--LAST KNOWN GOOD SEQ NO.   BCK--BACKED UP

<RouterA>
```

图 3-30　在 RouterA 上执行 **display ike sa v2** 命令后的输出

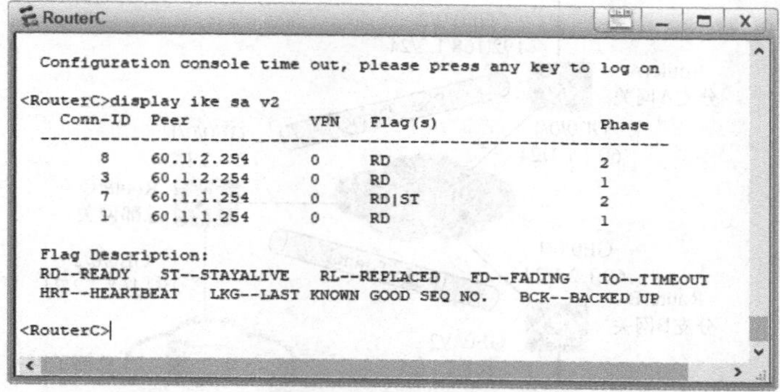

```
RouterC
 Configuration console time out, please press any key to log on

<RouterC>display ike sa v2
  Conn-ID  Peer            VPN    Flag(s)              Phase
  ---------------------------------------------------------------
      8    60.1.2.254       0     RD                    2
      3    60.1.2.254       0     RD                    1
      7    60.1.1.254       0     RD|ST                 2
      1    60.1.1.254       0     RD                    1

 Flag Description:
 RD--READY   ST--STAYALIVE   RL--REPLACED   FD--FADING   TO--TIMEOUT
 HRT--HEARTBEAT   LKG--LAST KNOWN GOOD SEQ NO.   BCK--BACKED UP

<RouterC>
```

图 3-31　在 RouterC 上执行 **display ike sa v2** 命令后的输出

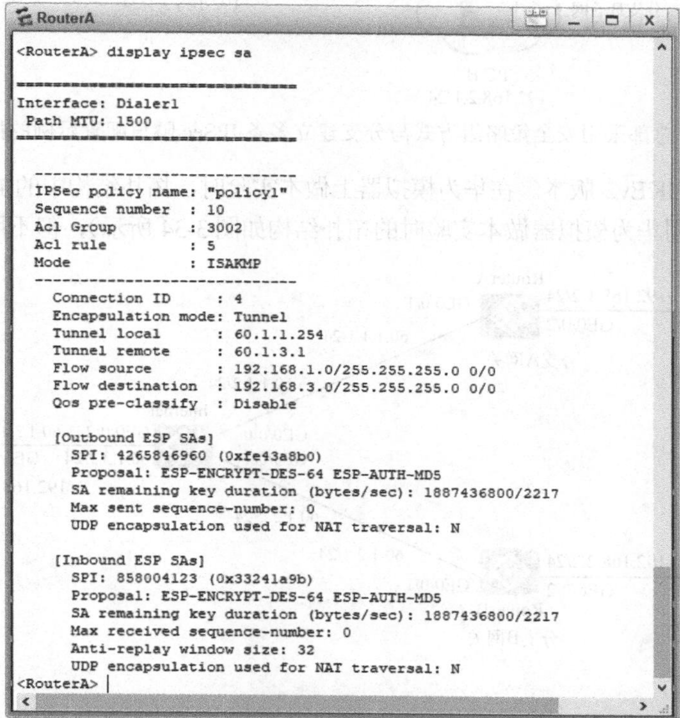

```
RouterA
<RouterA> display ipsec sa

===============================
Interface: Dialer1
 Path MTU: 1500
===============================

  -----------------------------
  IPSec policy name: "policy1"
  Sequence number  : 10
  Acl Group        : 3002
  Acl rule         : 5
  Mode             : ISAKMP
  -----------------------------
    Connection ID     : 4
    Encapsulation mode: Tunnel
    Tunnel local      : 60.1.1.254
    Tunnel remote     : 60.1.3.1
    Flow source       : 192.168.1.0/255.255.255.0 0/0
    Flow destination  : 192.168.3.0/255.255.255.0 0/0
    Qos pre-classify  : Disable

    [Outbound ESP SAs]
      SPI: 4265846960 (0xfe43a8b0)
      Proposal: ESP-ENCRYPT-DES-64 ESP-AUTH-MD5
      SA remaining key duration (bytes/sec): 1887436800/2217
      Max sent sequence-number: 0
      UDP encapsulation used for NAT traversal: N

    [Inbound ESP SAs]
      SPI: 858004123 (0x33241a9b)
      Proposal: ESP-ENCRYPT-DES-64 ESP-AUTH-MD5
      SA remaining key duration (bytes/sec): 1887436800/2217
      Max received sequence-number: 0
      Anti-replay window size: 32
      UDP encapsulation used for NAT traversal: N
<RouterA>
```

图 3-32　在 RouterA 上执行 **display ipsec sa** 命令的输出

3.9.3 总部采用安全策略组方式与分支建立多条 IPSec 隧道配置示例

如图 3-33 所示，RouterA 和 RouterB 为公司分支机构 IPSec 网关，RouterC 为公司总部 IPSec 网关，分支与总部通过公网建立通信，**但各网关的 IP 地址均固定**。分支机构 A 的内部子网为 192.168.1.0/24，分支机构 B 的内部子网为 192.168.2.0/24，总部子网为 192.168.3.0/24。

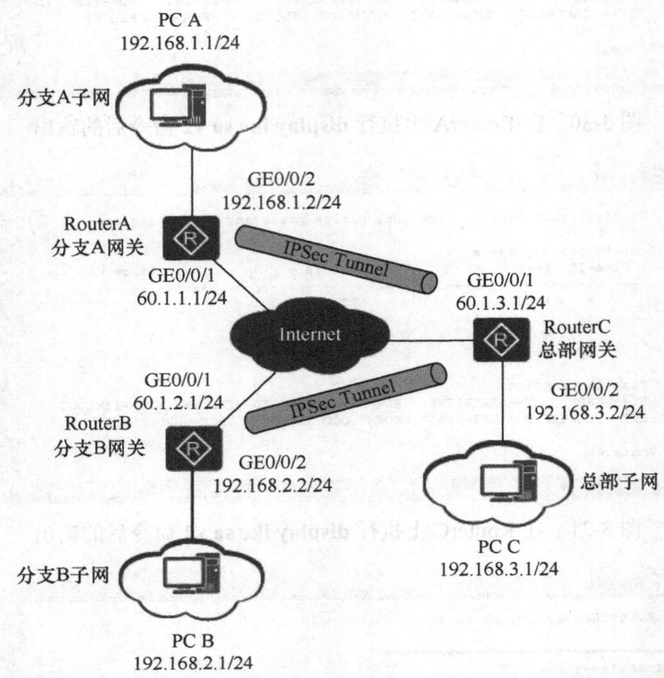

图 3-33 总部采用安全策略组方式与分支建立多条 IPSec 隧道配置示例的拓扑结构

本示例采用 IKEv2 版本。在华为模拟器上做本实验时，拓扑结构中的 Internet 可用一台路由器代替（采用华为模拟器做本实验时的拓扑结构如图 3-34 所示），但不用配置任何路由。

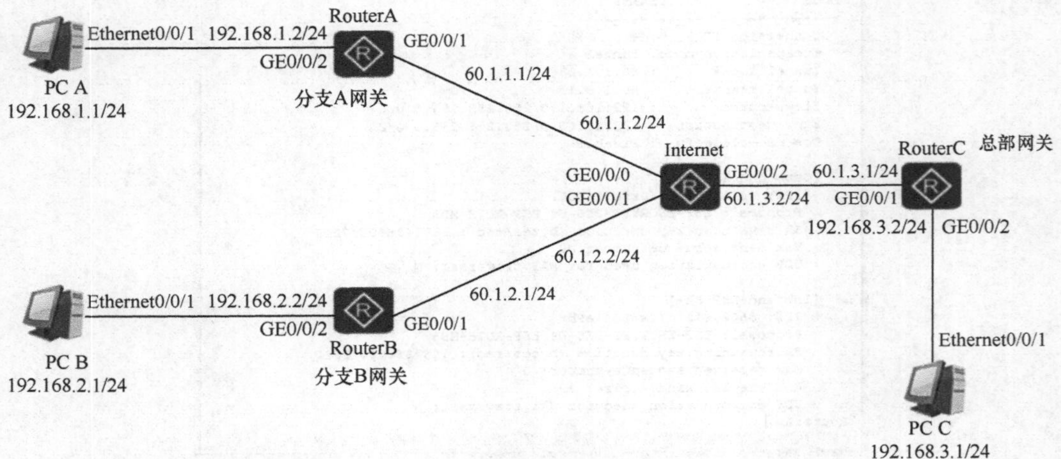

图 3-34 采用华为模拟器做本实验时的拓扑结构

1. 基本配置思路分析

本示列总体与 3.9.2 节介绍的示例在要求上相差不多，不同的是本示例中的分支机构 IPSec 网关的公网 IP 地址是固定的，所以在总部也可以采用安全策略组的方式与多个分支机构网关建立多条 IPSec 隧道。

分支机构 IPSec 网关的公网 IP 地址是固定的，总部 IPSec 网关可指定分支机构网关的 IP 地址，部署安全策略组即可向各分支机构网关发起 IPSec 协商或接入各分支机构网关发起的 IPSec 协商，从而完成多条 IPSec 隧道的建立。

按照图 3-34 所示的拓扑结构，本示例的基本配置思路如下。

① 配置各网关设备内/外网接口的 IP 地址，及分支机构公网、私网与总部公网、私网互访的静态路由。

② 在各 IPSec 网关上配置 ACL，以定义需要 IPSec 保护的数据流。

本示例中分支机构网关和总部网关的公网 IP 地址都是固定的，所以可以分别 ACL 来定义需要保护的数据流。

③ 在各 IPSec 网关上配置 IPSec 安全提议，即定义 IPSec 所采用的保护方法。

【说明】本示例中的 IKE 安全提议全部采用缺省，故不需要配置。

④ 配置 IKE 对等体，定义对等体间 IKE 协商时的属性。

本示例中因为各 IPSec 网关的公网 IP 地址都是固定的，所以均可采用 ISAKMP 方式创建安全策略，且都需要配置远端 IP 地址。

⑤ 在 RouterA 和 RouterB 上分别创建安全策略，确定对何种数据流（通过引用定义需要保护数据流的 ACL 实现）采取何种保护方法（通过引用 IPSec 安全提议实现）。在 RouterC 上创建安全策略组，分别确定对 RouterA 与 RouterC、RouterB 与 RouterC 之间需要保护的数据流采取何种保护方法。

⑥ 在各网关公网物理接口上应用安全策略或安全策略组，使通过这些接口发送的兴趣流被 IPSec 保护。

2. 具体配置步骤

① 配置各网关设备内/外网接口的 IP 地址，及分支机构公网、私网与总部公网、私网互访的静态路由。

#---RouterA 上的配置。

在 RouterA 上配置到达总部公网、私网的静态路由，下一跳 IP 地址为 60.1.1.2（图 3-34 中 Internet 路由器 GE0/0/0 接口的 IP 地址），具体如下所示。

```
<Huawei> system-view
[Huawei] sysname RouterA
[RouterA] interface gigabitethernet 0/0/1
[RouterA-GigabitEthernet0/0/1] ip address 60.1.1.1 255.255.255.0
[RouterA-GigabitEthernet0/0/1] quit
[RouterA] interface gigabitethernet 0/0/2
[RouterA-GigabitEthernet0/0/2] ip address 192.168.1.2 255.255.255.0
[RouterA-GigabitEthernet0/0/2] quit
[RouterA] ip route-static 60.1.3.1 32 60.1.1.2
[RouterA] ip route-static 192.168.3.0 24 60.1.1.2
```

#---RouterB 上的配置。

在 RouterB 上配置到总部公网、私网的静态路由，下一跳 IP 地址为 60.1.2.2（图 3-34

中 Internet 路由器 GE0/0/1 接口的 IP 地址），具体如下所示。

```
<Huawei> system-view
[Huawei] sysname RouterB
[RouterB] interface gigabitethernet 0/0/1
[RouterB-GigabitEthernet0/0/1] ip address 60.1.2.1 255.255.255.0
[RouterB-GigabitEthernet0/0/1] quit
[RouterB] interface gigabitethernet 0/0/2
[RouterB-GigabitEthernet0/0/2] ip address 192.168.2.2 255.255.255.0
[RouterB-GigabitEthernet0/0/2] quit
[RouterB] ip route-static 60.1.3.1 32 60.1.2.2
[RouterB] ip route-static 192.168.3.0 24 60.1.2.2
```

#---Internet 路由器上的配置，如下所示，无须配置任何路由。

```
<Huawei> system-view
[Huawei] sysname Internet
[Internet] interface gigabitethernet 0/0/0
[Internet-GigabitEthernet0/0/0] ip address 60.1.1.2 255.255.255.0
[Internet-GigabitEthernet0/0/0] quit
[Internet] interface gigabitethernet 0/0/1
[Internet-GigabitEthernet0/0/1] ip address 60.1.2.2 255.255.255.0
[Internet-GigabitEthernet0/0/1] quit
[Internet] interface gigabitethernet 0/0/2
[Internet-GigabitEthernet0/0/2] ip address 60.1.3.2 255.255.255.0
[Internet-GigabitEthernet0/0/2] quit
```

#---RouterC 上的配置。

在 RouterC 上配置到达两分支机构公网、私网的静态路由，下一跳 IP 地址为 60.1.3.2（图 3-34 中 Internet 路由器 GE0/0/2 接口的 IP 地址），具体如下所示。

```
<Huawei> system-view
[Huawei] sysname RouterC
[RouterC] interface gigabitethernet 0/0/1
[RouterC-GigabitEthernet0/0/1] ip address 60.1.3.1 255.255.255.0
[RouterC-GigabitEthernet0/0/1] quit
[RouterC] interface gigabitethernet 0/0/2
[RouterC-GigabitEthernet0/0/2] ip address 192.168.3.2 255.255.255.0
[RouterC-GigabitEthernet0/0/2] quit
[RouterC] ip route-static 60.1.1.1 32 60.1.3.2   #---到达分支 A RouterA 公网接口的主机静态路由
[RouterC] ip route-static 60.1.2.1 32 60.1.3.2   #---到达分支 B RouterB 公网接口的主机静态路由
[RouterC] ip route-static 192.168.1.0 24 60.1.3.2   #---到达分支 A 私网的静态路由
[RouterC] ip route-static 192.168.2.0 24 60.1.3.2   #---到达分支 B 私网的静态路由
```

PC A、PC B 和 PC C 主机的 IP 地址和网关配置略。

② 在各 IPSec 网关上配置 ACL，定义各自要保护的数据流。

#---RouterA 上的配置。

创建一个高级 ACL，定义从分支机构 A 子网 192.168.1.0/24 到达公司总部子网 192.168.3.0/24 的数据流，具体如下所示。

```
[RouterA] acl number 3002
[RouterA-acl-adv-3002] rule permit ip source 192.168.1.0 0.0.0.255 destination 192.168.3.0 0.0.0.255
[RouterA-acl-adv-3002] quit
```

#---RouterB 上的配置。

创建一个高级 ACL，定义从分支机构 B 子网 192.168.2.0/24 到达公司总部子网 192.168.3.0/24 的数据流，具体如下所示。

```
[RouterB] acl number 3002
[RouterB-acl-adv-3002] rule permit ip source 192.168.2.0 0.0.0.255 destination 192.168.3.0 0.0.0.255
[RouterB-acl-adv-3002] quit
```

#---RouterC 上的配置。

创建两个高级 ACL，分别定义从公司总部子网 192.168.3.0/24 分别到达分支机构 A 子网 192.168.1.0/24 和分支机构 B 子网 192.168.2.0/24 的数据流，具体如下所示。

```
[RouterC] acl number 3002
[RouterC-acl-adv-3002] rule permit ip source 192.168.3.0 0.0.0.255 destination 192.168.1.0 0.0.0.255
[RouterC-acl-adv-3002] quit
[RouterC] acl number 3003
[RouterC-acl-adv-3003] rule permit ip source 192.168.3.0 0.0.0.255 destination 192.168.2.0 0.0.0.255
[RouterC-acl-adv-3003] quit
```

③ 在各 IPSec 网关上创建 IPSec 安全提议。

本示例中各网关上配置的 IPSec 安全提议只需创建安全提议，其中的参数直接采用缺省值，具体如下所示。

```
[RouterA] ipsec proposal pro1
[RouterA-ipsec-proposal-pro1] quit
[RouterB] ipsec proposal pro1
[RouterB-ipsec-proposal-pro1] quit
[RouterC] ipsec proposal pro1
[RouterC-ipsec-proposal-pro1] quit
```

此时在各 IPSec 网关上执行 **display ipsec proposal** 命令可查看配置的 IPSec 安全提议信息。在 RouterA 上执行 **display ipsec proposal** 命令的输出如图 3-35 所示（都是缺省配置）。

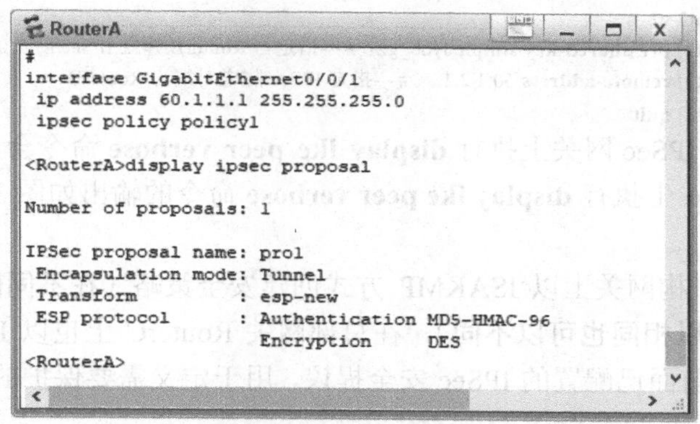

图 3-35　在 RouterA 上执行 **display ipsec proposal** 命令的输出

④ 在各 IPSec 网关上配置 IKE 对等体。

因为都采用了缺省的 IKE 安全提议配置，在认证方法上都采用了预共享密钥认证方法，所以需要在 RouterA 与 RouterC，及 RouterB 与 RouterC 建立 IPSec 隧道两端的各组对等体上配置相同的共享密钥。

现假设 RouterA 与 RouterC 的 IPSec 隧道两端对等体上配置的共享密钥为 huawei，RouterB 与 RouterC 的 IPSec 隧道两端对等体上配置的共享密钥为 lycb_gz。

因为本示例中各 IPSec 网关均采用 ISAKMP 方式创建安全策略，所以各网关均需配置远端 IP 地址，采用 IKEv2 版本，其他可选配置均采用缺省配置。但在总部网关 RouterC 上会为两分支机构创建名称不同的对等体（**但两分支机构网关上配置的对等体名称可以相同也可以不同**），最终使总部网关创建一个安全策略组（即本示例中要包括两个安全策略）。

现假设在 RouterA 上创建的对等体名称为 rut1，指向 RouterC；在 RouterB 上创建的对等体名称为 rut2，也指向 RouterC；在 RouterC 上创建两个对等体，名称分别为 rut1、rut2（也可以是其他名称），分别指向 RouterA 和 RouterB。

#---RouterA 上的配置，具体如下所示。

```
[RouterA] ike peer rut1 v2    #---配置对等体名称为 rut1，运行 IKEv2 版本
```

【说明】在最新的 V200R010 版本中，上一条配置需采用以下两条配置替换。RouterB 和 RouterC 上的替换方法一样，此处不再赘述。

```
[RouterA] ike peer rut1
[RouterA-ike-peer-rut1] undo version 1    #---取消对 IKEv1 版本的支持
[RouterA-ike-peer-rut1] pre-shared-key simple huawei   #---指定与 RouterC 建立 IPSec 隧道的明文共享密钥为 huawei
[RouterA-ike-peer-rut1] remote-address 60.1.3.1    #---指定 IPSec 隧道对端为 RouterC
[RouterA-ike-peer-rut1] quit
```

---RouterB 上的配置，具体如下所示。

```
[RouterB] ike peer rut2 v2
[RouterB-ike-peer-rut2] pre-shared-key simple lycb_gz   #---指定与 RouterC 建立 IPSec 隧道的明文共享密钥为 lycb_gz
[RouterB-ike-peer-rut2] remote-address 60.1.3.1    #---指定 IPSec 隧道对端为 RouterC
[RouterB-ike-peer-rut2] quit
```

---RouterC 上的配置，具体如下所示。

```
[RouterC] ike peer rut1 v2
[RouterC-ike-peer-rut1] pre-shared-key simple huawei   #---指定与 RouterA 建立 IPSec 隧道的明文共享密钥为 huawei
[RouterC-ike-peer-rut1] remote-address 60.1.1.1    #---指定 IPSec 隧道对端为 RouterA
[RouterC-ike-peer-rut1] quit
[RouterC] ike peer rut2 v2
[RouterC-ike-peer-rut2] pre-shared-key simple lycb_gz   #---指定与 RouterB 建立 IPSec 隧道的明文共享密钥为 lycb_gz
[RouterC-ike-peer-rut2] remote-address 60.1.2.1    #---指定 IPSec 隧道对端为 RouterB
[RouterC-ike-peer-rut2] quit
```

此时分别在各 IPSec 网关上执行 **display ike peer verbose** 命令会显示所配置的对等体信息。在 RouterA 上执行 **display ike peer verbose** 命令的输出如图 3-36 所示（与前面的配置一致）。

⑤ 在两分支机构网关上以 ISAKMP 方式创建安全策略（**在不同网关上创建的安全策略名称和序号可以相同也可以不同**），在总部网关 RouterC 上也以 ISAKMP 方式创建安全策略组，引用前面已配置的 IPSec 安全提议，用于定义需要保护的数据流的 ACL 和 IKE 对等体。

#---RouterA 上的配置，具体如下所示。

```
[RouterA] ipsec policy policy1 10 isakmp
[RouterA-ipsec-policy-isakmp-policy1-10] ike-peer rut1
[RouterA-ipsec-policy-isakmp-policy1-10] proposal pro1
[RouterA-ipsec-policy-isakmp-policy1-10] security acl 3002
[RouterA-ipsec-policy-isakmp-policy1-10] quit
```

#---RouterB 上的配置，具体如下所示。

```
[RouterB] ipsec policy policy1 10 isakmp
[RouterB-ipsec-policy-isakmp-policy1-10] ike-peer rut2
[RouterB-ipsec-policy-isakmp-policy1-10] proposal pro1
[RouterB-ipsec-policy-isakmp-policy1-10] security acl 3002
[RouterB-ipsec-policy-isakmp-policy1-10] quit
```

#---RouterC 上的配置，具体如下所示。

```
[RouterC] ipsec policy policy1 10 isakmp
[RouterC-ipsec-policy-isakmp-policy1-10] ike-peer rut1
[RouterC-ipsec-policy-isakmp-policy1-10] proposal pro1
[RouterC-ipsec-policy-isakmp-policy1-10] security acl 3002
[RouterC-ipsec-policy-isakmp-policy1-10] quit
[RouterC] ipsec policy policy1 11 isakmp
[RouterC-ipsec-policy-isakmp-policy1-11] ike-peer rut2
[RouterC-ipsec-policy-isakmp-policy1-11] proposal pro1
[RouterC-ipsec-policy-isakmp-policy1-11] security acl 3003
[RouterC-ipsec-policy-isakmp-policy1-11] quit
```

此时分别在各 IPSec 网关上执行 **display ipsec policy** 命令可查看所配置的 IPSec 安全策略信息。在 RouterA 上执行 **display ipsec policy** 命令的输出如图 3-37 所示（与前面的配置一致）。

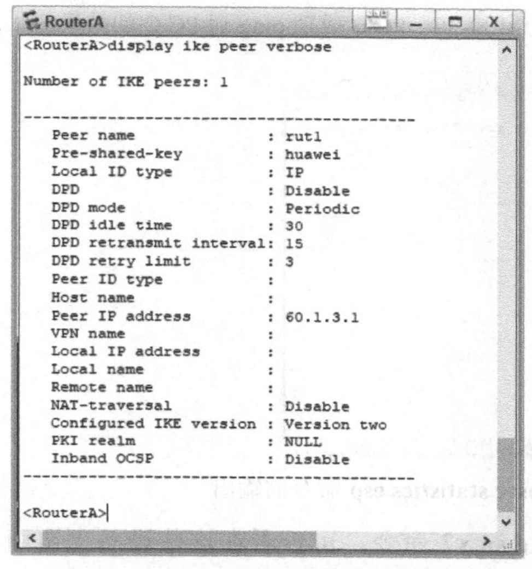

图 3-36　在 RouterA 上执行 **display ike peer verbose** 命令的输出

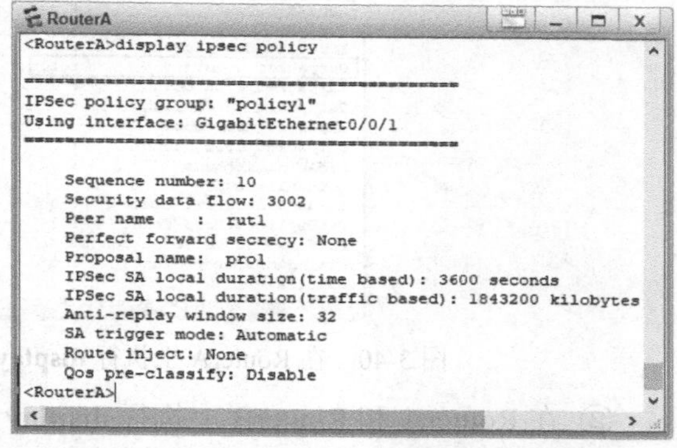

图 3-37　在 RouterA 上执行 **display ipsec policy** 命令的输出

⑥ 在各 IPSec 网关的公网接口上应用各自的安全策略或安全策略组，使通过这些接口发送的兴趣流被 IPSec 保护，具体如下所示。

```
[RouterA] interface gigabitethernet 0/0/1
[RouterA-GigabitEthernet0/0/1] ipsec policy policy1
[RouterA-GigabitEthernet0/0/1] quit

[RouterB] interface gigabitethernet 0/0/1
[RouterB-GigabitEthernet0/0/1] ipsec policy policy1
[RouterB-GigabitEthernet0/0/1] quit

[RouterC] interface gigabitethernet 0/0/1
[RouterC-GigabitEthernet0/0/1] ipsec policy policy1
[RouterC-GigabitEthernet0/0/1] quit
```

3. 配置结果验证

以上配置完成后，我们可进行以下系列配置结果验证。

① 分别在 PC A 和 PC B 上 ping PC C，发现均可以 ping 通，PC A 成功 ping 通 PC C

的结果如图 3-38 所示，PC B 成功 ping 通 PC C 的结果如图 3-39 所示。在 RouterA 和 RouterB 上执行 **display ipsec statistics esp** 命令可以验证这些通信的数据已被 IPSec 加密，在 RouterA 上执行 **display ipsec statistics esp** 命令的输出如图 3-40 所示。

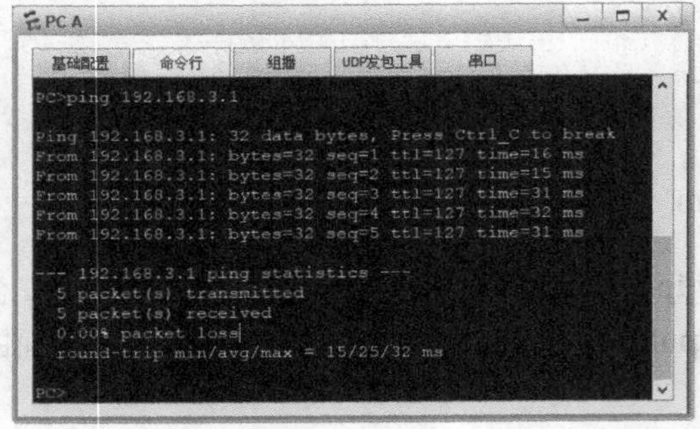

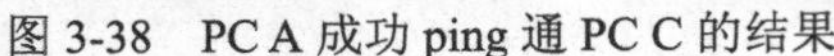
图 3-38 PC A 成功 ping 通 PC C 的结果

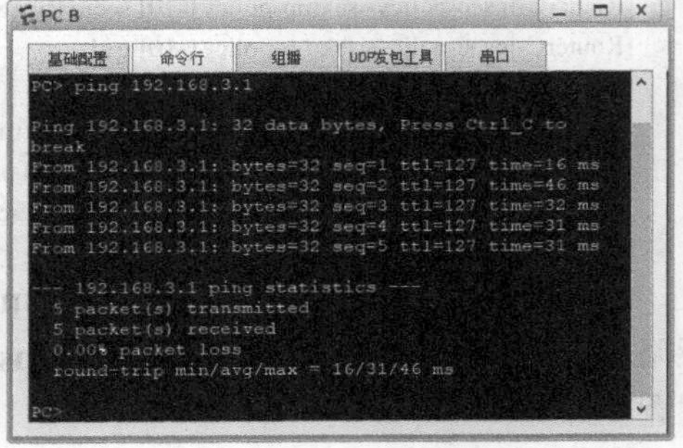

图 3-39 PC B 成功 ping 通 PC C 的结果

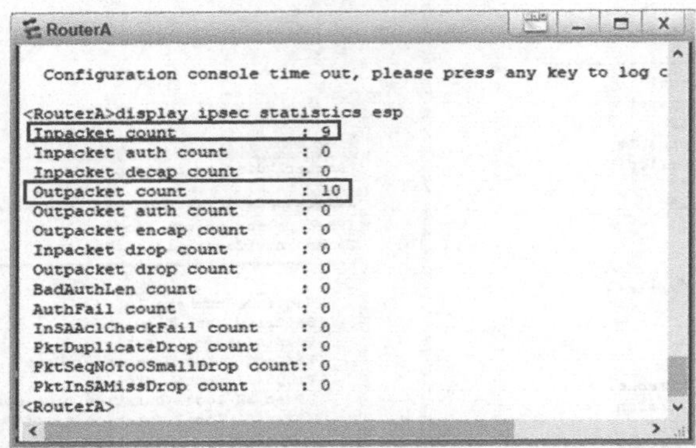

图 3-40 在 RouterA 上执行 **display ipsec statistics esp** 命令的输出

② 在 RouterA 和 RouterB 上执行 **display ike sa v2** 命令，可查看在这些设备上协商生成的 SA 信息。在 RouterA 上执行 **display ike sa v2** 命令的输出如图 3-41 所示，从图中我们可以看出已成功建立了 IKE SA 和 IPSec SA。

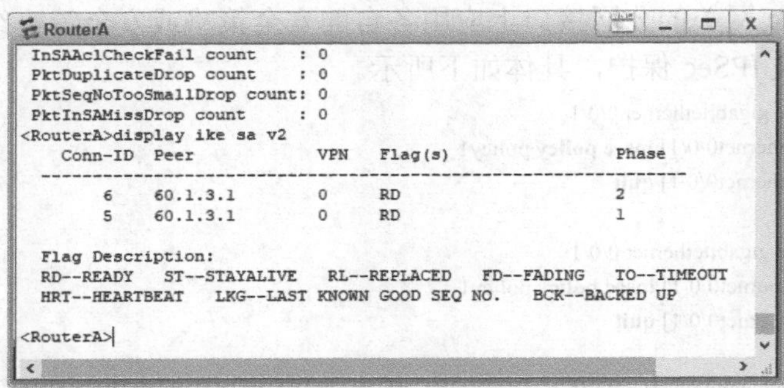

图 3-41 在 RouterA 上执行 **display ike sa v2** 命令的输出

③ 在各 IPSec 网关上执行 **display ipsec sa** 命令查看所建立的 IPSec SA 信息。在 RouterC 上执行 **display ipsec sa** 命令的输出如图 3-42 所示，其中显示了总部 IPSec 网关上分别与两分支机构建立的两对 IPSec SA 信息。

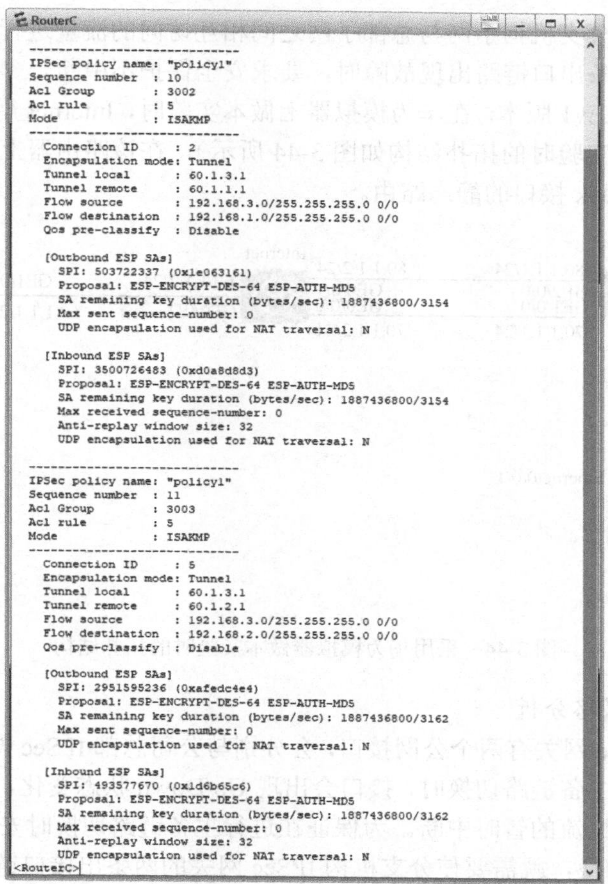

```
RouterC
-----------------------------
IPSec policy name: "policy1"
Sequence number   : 10
Acl Group         : 3002
Acl rule          : 5
Mode              : ISAKMP
-----------------------------
  Connection ID     : 2
  Encapsulation mode: Tunnel
  Tunnel local      : 60.1.3.1
  Tunnel remote     : 60.1.1.1
  Flow source       : 192.168.3.0/255.255.255.0 0/0
  Flow destination  : 192.168.1.0/255.255.255.0 0/0
  Qos pre-classify  : Disable

  [Outbound ESP SAs]
    SPI: 503722337 (0x1e063161)
    Proposal: ESP-ENCRYPT-DES-64 ESP-AUTH-MD5
    SA remaining key duration (bytes/sec): 1887436800/3154
    Max sent sequence-number: 0
    UDP encapsulation used for NAT traversal: N

  [Inbound ESP SAs]
    SPI: 3500726483 (0xd0a8d8d3)
    Proposal: ESP-ENCRYPT-DES-64 ESP-AUTH-MD5
    SA remaining key duration (bytes/sec): 1887436800/3154
    Max received sequence-number: 0
    Anti-replay window size: 32
    UDP encapsulation used for NAT traversal: N

-----------------------------
IPSec policy name: "policy1"
Sequence number   : 11
Acl Group         : 3003
Acl rule          : 5
Mode              : ISAKMP
-----------------------------
  Connection ID     : 5
  Encapsulation mode: Tunnel
  Tunnel local      : 60.1.3.1
  Tunnel remote     : 60.1.2.1
  Flow source       : 192.168.3.0/255.255.255.0 0/0
  Flow destination  : 192.168.2.0/255.255.255.0 0/0
  Qos pre-classify  : Disable

  [Outbound ESP SAs]
    SPI: 2951595236 (0xafedc4e4)
    Proposal: ESP-ENCRYPT-DES-64 ESP-AUTH-MD5
    SA remaining key duration (bytes/sec): 1887436800/3162
    Max sent sequence-number: 0
    UDP encapsulation used for NAT traversal: N

  [Inbound ESP SAs]
    SPI: 493577670 (0x1d6b65c6)
    Proposal: ESP-ENCRYPT-DES-64 ESP-AUTH-MD5
    SA remaining key duration (bytes/sec): 1887436800/3162
    Max received sequence-number: 0
    Anti-replay window size: 32
    UDP encapsulation used for NAT traversal: N
<RouterC>
```

图 3-42　在 RouterC 上执行 **display ipsec sa** 命令的输出

通过以上验证，证明本示例配置成功。

3.9.4　分支采用多链路共享功能与总部建立 IPSec 隧道配置示例

如图 3-43 所示，RouterA 为公司分支机构网关，RouterB 为公司总部网关，但分支机构采用两条出口链路互为备份或者负载分担，与总部通过公网建立通信。分支机构子网为 10.1.1.0/24，总部子网为 10.1.2.0/24。

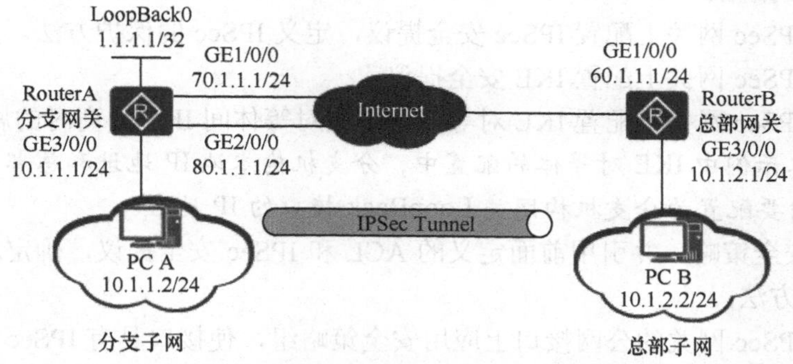

图 3-43　分支采用多链路共享功能与总部建立 IPSec 隧道示例的拓扑结构

现公司希望对分支机构子网与总部子网之间相互访问的流量进行安全保护，并且若主备链路切换或某条出口链路出现故障时，要求安全保护不中断。

本示例采用 IKEv1 版本。在华为模拟器上做本实验时，Internet 用一路由器代表（采用华为模拟器做本实验时的拓扑结构如图 3-44 所示），在该路由器上需配置到达用于多链路共享的 LoopBack 接口的静态路由。

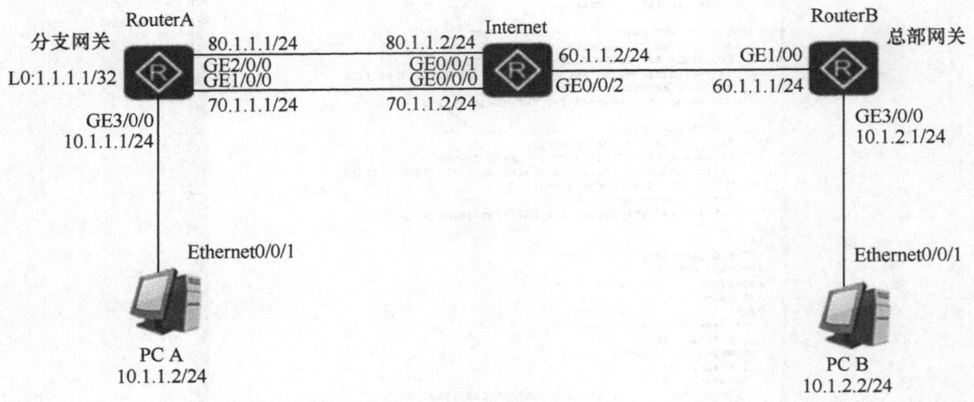

图 3-44　采用华为模拟器做本实验时的拓扑结构

1. 基本配置思路分析

分支机构 IPSec 网关有两个公网接口，会分别与公司总部 IPSec 网关协商生成 IPSec SA。这样一来，在主备链路切换时，接口会出现 Up/Down 状态变化，需要重新进行 IKE 协商，从而导致数据流的暂时中断。为保证在进行主备链路切换时安全保护不中断，实现 IPSec SA 平滑切换，就需要使分支机构 IPSec 网关的两条出接口链路与总部 IPSec 网关协商只有一个共享的 IPSec SA。为此，不能利用分支机构 IPSec 网关两个公网接口来分别与总部网关配置对等体，只能使用一个 LoopBack 接口与总部网关建立 IPSec 隧道，最终使其两条出口链路与总部网关协商只有一个共享的 IPSec SA。

按照图 3-44 所示的拓扑结构，本示例的基本配置思路如下。

① 配置各网关设备内/外网接口的 IP 地址，及分支机构公网、私网与总部公网、私网互访的静态路由。

② 在两 IPSec 网关上配置高级 ACL，以定义分支机构子网与总部子网通信时需要 IPSec 保护的数据流。

③ 在两 IPSec 网关上配置 IPSec 安全提议，定义 IPSec 的保护方法。

④ 在两 IPSec 网关上配置 IKE 安全提议。

⑤ 在两 IPSec 网关上配置 IKE 对等体，定义对等体间 IKE 协商时的属性。

【注意】 本示例中 IKE 对等体的配置中，分支机构本地 IP 地址和总部网关上配置的远端 IP 地址均要配置为分支机构网关 LoopBack 接口的 IP 地址。

⑥ 配置安全策略，并引用前面定义的 ACL 和 IPSec 安全提议，确定对何种数据流采取何种保护方法。

⑦ 在两 IPSec 网关的公网接口上应用安全策略组，使接口具有 IPSec 的保护功能。其中在分支机构网关上的安全策略组在应用前需要使用 **ipsec policy** *policy-name* **shared**

local-interface loopback *interface-number* 命令将其设置为多链路共享（具体参见第2章2.3.6节相关内容），然后在分支机构的两个公网接口上分别应用安全策略组。

2. 具体配置步骤

① 配置各网关设备内/外网接口的IP地址，及分支机构公网、私网与总部公网、私网互访的静态路由。要创建一个用于多链路共享的LoopBack接口，并配置IP地址（**必须是公网IP地址**）。

#---RouterA上的配置。

在RouterA上要同时创建用于多链路共享同一个IPSec安全策略的Loopback0接口，并配置通过两条不同链路到达总部公网、私网的静态路由（优先级要配置不同，以实现主备备份），RouterA的两条链路的下一跳IP地址分别为70.1.1.2和80.1.1.2（分别对应图3-44中Internet路由器的GE0/0/0接口和GE0/0/1接口的IP地址），具体如下所示。

```
<Huawei> system-view
[Huawei] sysname RouterA
[RouterA] interface gigabitethernet 1/0/0
[RouterA-GigabitEthernet1/0/0] ip address 70.1.1.1 255.255.255.0
[RouterA-GigabitEthernet1/0/0] quit
[RouterA] interface gigabitethernet 2/0/0
[RouterA-GigabitEthernet2/0/0] ip address 80.1.1.1 255.255.255.0
[RouterA-GigabitEthernet2/0/0] quit
[RouterA] interface gigabitethernet 3/0/0
[RouterA-GigabitEthernet3/0/0] ip address 10.1.1.1 255.255.255.0
[RouterA-GigabitEthernet3/0/0] quit
[RouterA] interface loopback 0
[RouterA-LoopBack0] ip address 1.1.1.1 255.255.255.255
[RouterA-LoopBack0] quit
[RouterA] ip route-static 10.1.2.0 24 70.1.1.2 preference 10   #---配置从GE1/0/0接口对应链路到达总部私网的静态路由，为主路由
[RouterA] ip route-static 10.1.2.0 24 80.1.1.2 preference 20   #---配置从GE2/0/0接口对应链路到达总部私网的静态路由，为备份路由
[RouterA] ip route-static 60.1.1.1 32 70.1.1.2 preference 10   #---配置从GE1/0/0接口对应链路到达总部公网的静态路由，为主路由
[RouterA] ip route-static 60.1.1.1 32 80.1.1.2 preference 20   #---配置从GE2/0/0接口对应链路到达总部公网的静态路由，为备份路由
```

#---RouterB上的配置。

在RouterB上配置到达分支机构上各公网、私网、LoopBack0接口的静态路由，下一跳IP地址为60.1.1.2（图3-44中Internet路由器的GE0/0/2接口的IP地址），具体如下所示。

```
<Huawei> system-view
[Huawei] sysname RouterB
[RouterB] interface gigabitethernet 1/0/0
[RouterB-GigabitEthernet1/0/0] ip address 60.1.1.1 255.255.255.0
[RouterB-GigabitEthernet1/0/0] quit
[RouterB] interface gigabitethernet 3/0/0
[RouterB-GigabitEthernet3/0/0] ip address 10.1.2.1 255.255.255.0
[RouterB-GigabitEthernet3/0/0] quit
[RouterB] ip route-static 1.1.1.1 32 60.1.1.2   #---到达LoopBack0接口的静态路由
[RouterB] ip route-static 10.1.1.0 24 60.1.1.2   #---到达分支机构私网的静态路由
[RouterB] ip route-static 70.1.1.1 32 60.1.1.2   #---到达RouterA GE1/0/0接口的静态路由
[RouterB] ip route-static 80.1.1.1 32 60.1.1.2   #---到达RouterA GE2/0/0接口的静态路由
```

#---Internet 路由器上的配置。

要在 Internet 路由器上配置通过两条不同路径、不同优先级，到达分支机构 LoopBack0 接口的公网静态路由，具体如下所示。

```
<Huawei> system-view
[Huawei] sysname Internet
[Internet] interface gigabitethernet 0/0/0
[Internet-GigabitEthernet0/0/0] ip address 80.1.1.2 255.255.255.0
[Internet-GigabitEthernet0/0/0] quit
[Internet] interface gigabitethernet 0/0/1
[Internet-GigabitEthernet0/0/1] ip address 70.1.1.2 255.255.255.0
[Internet-GigabitEthernet0/0/1] quit
[Internet] interface gigabitethernet 0/0/2
[Internet-GigabitEthernet0/0/2] ip address 60.1.1.2 255.255.255.0
[Internet-GigabitEthernet0/0/2] quit
[Internet] ip route-static 1.1.1.1 255.255.255.255 70.1.1.1 preference 10
[Internet] ip route-static 1.1.1.1 255.255.255.255 80.1.1.1 preference 20
```

PCA 和 PCB 主机的 IP 地址和网关配置略。

② 在两 IPSec 网关上分别创建 ACL，并定义各自要保护的数据流。

#---RouterA 上的配置。

创建一个高级 ACL，定义由分支机构子网 10.1.1.0/24 到达总部子网 10.1.2.0/24 的数据流，具体如下所示。

```
[RouterA] acl number 3101
[RouterA-acl-adv-3101] rule permit ip source 10.1.1.0 0.0.0.255 destination 10.1.2.0 0.0.0.255
[RouterA-acl-adv-3101] quit
```

#---RouterB 上的配置

创建一个高级 ACL，定义由总部子网 10.1.2.0/24 到达分支机构子网 10.1.1.0/24 的数据流，具体如下所示。

```
[RouterB] acl number 3101
[RouterB-acl-adv-3101] rule permit ip source 10.1.2.0 0.0.0.255 destination 10.1.1.0 0.0.0.255
[RouterB-acl-adv-3101] quit
```

③ 在两 IPSec 网关上分别创建 IPSec 安全提议（假设名称均为 prop，也可以不同），并使用 ESP 安全协议，其认证算法为 SHA2-256，加密算法为 AES-128，具体如下所示。

```
[RouterA] ipsec proposal prop
[RouterA-ipsec-proposal-prop] esp authentication-algorithm sha2-256
[RouterA-ipsec-proposal-prop] esp encryption-algorithm aes-128
[RouterA-ipsec-proposal-prop] quit
[RouterB] ipsec proposal prop
[RouterB-ipsec-proposal-prop] esp authentication-algorithm sha2-256
[RouterB-ipsec-proposal-prop] esp encryption-algorithm aes-128
[RouterB-ipsec-proposal-prop] quit
```

④ 在两 IPSec 网关上分别创建 IKE 安全提议（序号均为 5，也可以不同），其认证算法为 SHA2-256，加密算法为 AES-128，DH 为 group14，具体如下所示。

```
[RouterA] ike proposal 5
[RouterA-ike-proposal-5] authentication-algorithm sha2-256
[RouterA-ike-proposal-5] encryption-algorithm aes-128
[RouterA-ike-proposal-5] dh group14
[RouterA-ike-proposal-5] quit
[RouterB] ike proposal 5
[RouterB-ike-proposal-5] authentication-algorithm sha2-256
```

```
[RouterB-ike-proposal-5] encryption-algorithm aes-128
[RouterB-ike-proposal-5] dh group14
[RouterB-ike-proposal-5] quit
```

⑤ 在两 IPSec 网关上分别配置 IKE 对等体（此处名称均为 rut，也可以不同），假设采用 IKEv2 版本。

因为 IKE 提议中的认证方法采用缺省值，所以采用的是预共享密钥认证方法，需要配置预共享密钥（假设为 huawei，两端的配置必须一致）。另外，在总部网关 RouterB 上配置的"远端 IP 地址"必须是分支机构网关 RouterA 上创建的用于多链路共享 IPSec 安全策略的 Loopback0 接口的 IP 地址。

#---RouterA 上的配置。

创建 IKEv2 对等体，并引用前面创建的 IKE 安全提议，配置预共享密钥和远端 IP 地址，具体如下所示。

```
[RouterA] ike peer rut v2     #---配置对等体名称为 rtu，运行 IKEv2 版本
```

【说明】在最新的 V200R010 版本中，上一条配置需采用以下两条配置替换。RouterB 上的替换方法一样，此处不再赘述。

```
[RouterA] ike peer rut
[RouterA-ike-peer-rut] undo version 1     #---取消对 IKEv1 版本的支持
[RouterA-ike-peer-rut] ike-proposal 5
[RouterA-ike-peer-rut] pre-shared-key simple huawei
[RouterA-ike-peer-rut] remote-address 60.1.1.1
[RouterA-ike-peer-rut] quit
```

#---RouterB 上的配置。

创建 IKEv2 对等体，并引用前面创建的 IKE 安全提议，配置预共享密钥和远端 IP 地址，具体如下所示。

```
[RouterB] ike peer rut v2
[RouterB-ike-peer-rut] ike-proposal 5
[RouterB-ike-peer-rut] pre-shared-key simple huawei
[RouterB-ike-peer-rut] remote-address 1.1.1.1     #---为分支机构 Loopback0 接口的 IP 地址
[RouterB-ike-peer-rut] quit
```

⑥ 在两个 IPSec 网关上分别创建安全策略，引用前面创建的 IPSec 安全提议、IKE 对等体和用于定义需要保护的数据流的 ACL。

#---RouterA 上的配置，具体如下所示。

```
[RouterA] ipsec policy policy1 10 isakmp
[RouterA-ipsec-policy-isakmp-policy1-10] ike-peer rut
[RouterA-ipsec-policy-isakmp-policy1-10] proposal prop
[RouterA-ipsec-policy-isakmp-policy1-10] security acl 3101
[RouterA-ipsec-policy-isakmp-policy1-10] quit
```

#---RouterB 上的配置，具体如下所示。

```
[RouterB] ipsec policy policy1 10 isakmp
[RouterB-ipsec-policy-isakmp-policy1-10] ike-peer rut
[RouterB-ipsec-policy-isakmp-policy1-10] proposal prop
[RouterB-ipsec-policy-isakmp-policy1-10] security acl 3101
[RouterB-ipsec-policy-isakmp-policy1-10] quit
```

⑦ 在两个 IPSec 网关的各公网出接口上应用各自的安全策略，使通过这些接口向外发送的兴趣流能被 IPSec 保护。

#---RouterA 上的配置。

配置多链路共享 IPSec 安全策略，并分别在两个公网物理接口上引用前面创建的安全策略，具体如下所示。

```
[RouterA] ipsec policy policy1 shared local-interface loopback 0  #---配置安全策略组 policy1 对应的 IPSec 隧道为多链路共享
[RouterA] interface gigabitethernet 1/0/0
[RouterA-GigabitEthernet1/0/0] ipsec policy policy1
[RouterA-GigabitEthernet1/0/0] quit
[RouterA] interface gigabitethernet 2/0/0
[RouterA-GigabitEthernet2/0/0] ipsec policy policy1
[RouterA-GigabitEthernet2/0/0] quit
```

#---RouterB 上的配置，具体如下所示。

```
[RouterB] interface gigabitethernet 1/0/0
[RouterB-GigabitEthernet1/0/0] ipsec policy policy1
[RouterB-GigabitEthernet1/0/0] quit
```

3. 配置结果验证

以上配置完成后，我们可以进行以下系列配置结果验证。

① 在分支机构子网的主机 PC A 上执行 **ping** 操作可以 ping 通位于总部子网的主机 PC B，PC A 成功 ping 通 PC B 的结果如图 3-45 所示。在 RouterA 上执行 **display ipsec statistics esp** 命令，我们可以看到与总部的 ICMP 通信数据是被加密的，在 RouterA 上执行 **display ipsec statistics esp** 命令的输出如图 3-46 所示。

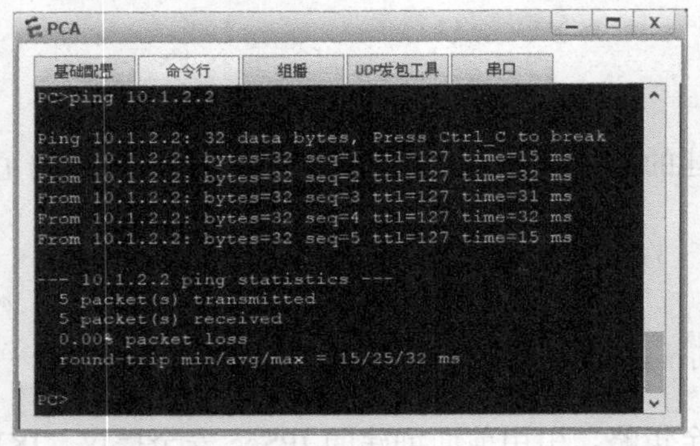

图 3-45　PC A 成功 ping 通 PC B 的结果

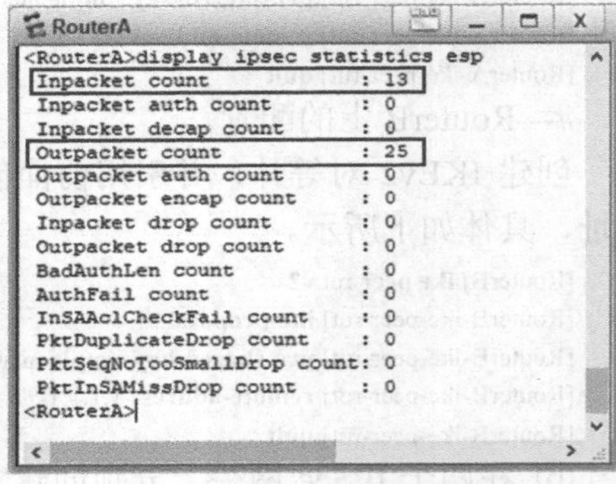

图 3-46　在 RouterA 上执行 **display ipsec statistics esp** 命令的输出

② 在 RouterA 上执行 **display ike sa** 命令，可看到两个阶段的 SA 均已建立成功，表明 IPSec 隧道建立成功，在 RouterA 上执行 **display ike sa** 命令的输出如图 3-47 所示。

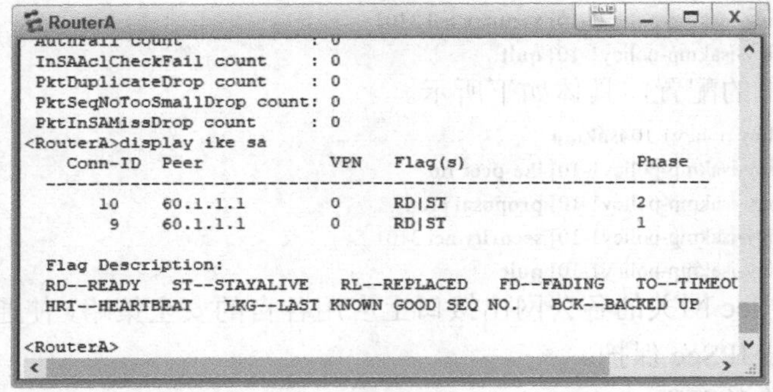

图 3-47　在 RouterA 上执行 **display ike sa** 命令的输出

③ 在 RouterA 和 RouterB 上执行 **display ipsec sa** 命令会显示所配置的 IPSec SA 信息，在 RouterA 上执行 **display ipsec sa** 命令的输出如图 3-48 所示。从图中我们可以看到 RouterA 上建立的 IPSec SA 完整信息。

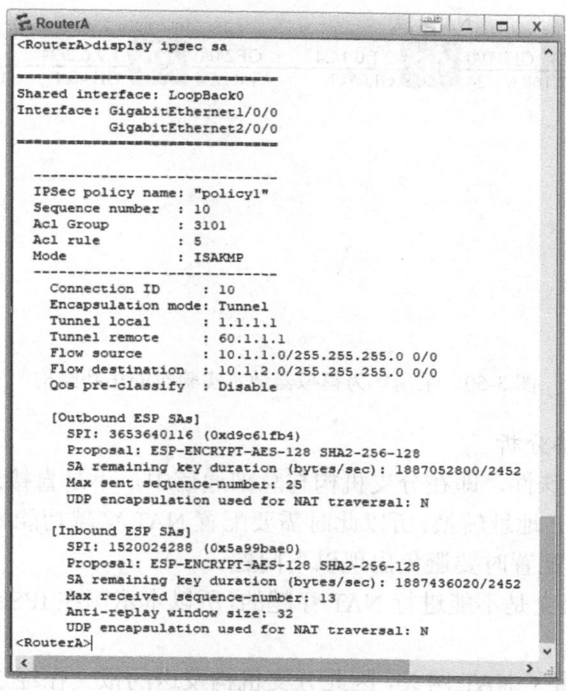

```
<RouterA>display ipsec sa

===============================
Shared interface: LoopBack0
Interface: GigabitEthernet1/0/0
           GigabitEthernet2/0/0
===============================

  -----------------------------
  IPSec policy name: "policy1"
  Sequence number  : 10
  Acl Group        : 3101
  Acl rule         : 5
  Mode             : ISAKMP
  -----------------------------
    Connection ID     : 10
    Encapsulation mode: Tunnel
    Tunnel local      : 1.1.1.1
    Tunnel remote     : 60.1.1.1
    Flow source       : 10.1.1.0/255.255.255.0 0/0
    Flow destination  : 10.1.2.0/255.255.255.0 0/0
    Qos pre-classify  : Disable

    [Outbound ESP SAs]
      SPI: 3653640116 (0xd9c61fb4)
      Proposal: ESP-ENCRYPT-AES-128 SHA2-256-128
      SA remaining key duration (bytes/sec): 1887052800/2452
      Max sent sequence-number: 25
      UDP encapsulation used for NAT traversal: N

    [Inbound ESP SAs]
      SPI: 1520024288 (0x5a99bae0)
      Proposal: ESP-ENCRYPT-AES-128 SHA2-256-128
      SA remaining key duration (bytes/sec): 1887436020/2452
      Max received sequence-number: 13
      Anti-replay window size: 32
      UDP encapsulation used for NAT traversal: N
<RouterA>
```

图 3-48　在 RouterA 上执行 **display ipsec sa** 命令的输出

通过以上验证，证明本示例配置成功。

3.9.5 建立 NAT 穿越功能的 IPSec 隧道配置示例

如图 3-49 所示，在分支机构端，公网网关不是 RouterA，而是一个 NAT 设备，即分支机构通过 NAT 网关接入 Internet。现在希望分支机构所连接的内部子网能与公司总部所连接的内部子网进行安全通信。分支机构 RouterA 所连接的内部子网为 2.0.0.2/24，公司总部 RouterB 所连接的内部子网为 1.0.0.2/24。

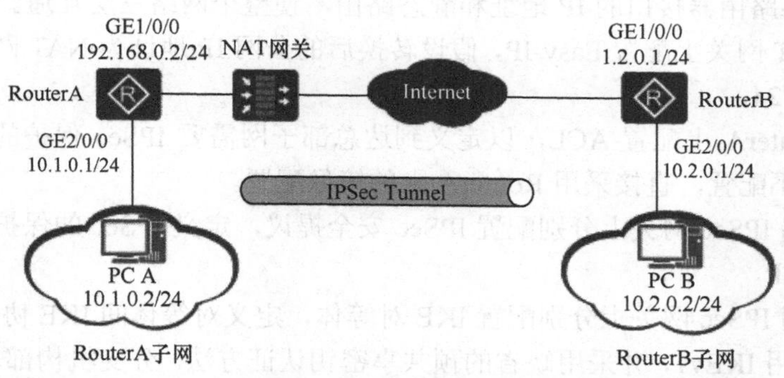

图 3-49　建立 NAT 穿越功能的 IPSec 隧道配置示例的拓扑结构

本示例采用 IKEv1 版本。在华为模拟器上做本实验时，NAT 网关和 Internet 均用路由器代表，采用华为模拟器做本实验时的拓扑结构如图 3-50 所示。此时，我们需要在 NAT 网关上配置一些必要的路由和网络地址转换，NAT 此处采用 Easy-IP 方式。

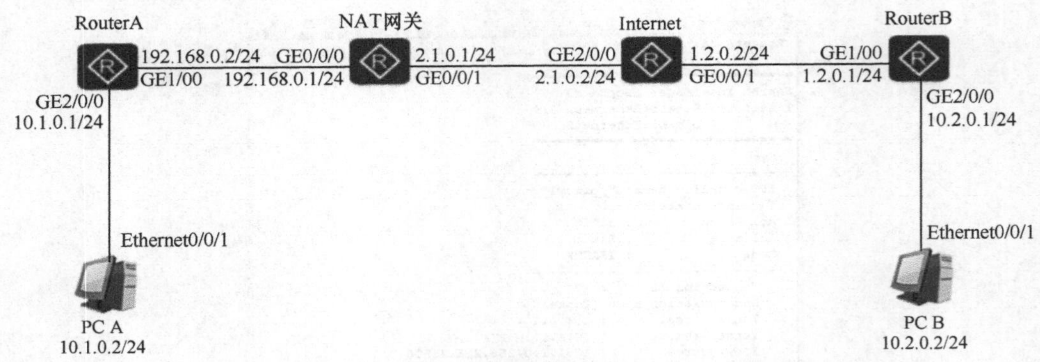

图 3-50 采用华为模拟器做本实验时的拓扑结构

1. 基本配置思路分析

本示例有一个特殊性，即在分支机构与总部通信中，不是直接进行，而是先要经过一个 NAT 设备进行 IP 地址转换，所以此时需要配置 NAT 穿越功能才能建立 IPSec 隧道。也正如此，本示例在配置时要避免出现以下问题。

① AH 协议的报文是不能进行 NAT 穿越的，所以本示例在 IPSec 安全提议中只能选择 ESP 安全协议。

② 分支机构部署了 NAT 网关，因此分支机构发送的报文在经过 NAT 网关时，源 IP 地址会发生变化，故本示例分支机构端总是作为发起方，采用 ISAKMP 方式建立安全策略，总部网关端总是作为响应方，采用策略模板方式来创建安全策略。在总部网关端无须配置定义需要保护的数据流的 ACL。

③ 在 IKE 对等体配置方面，同样是由于分支机构部署在 NAT 网关后面，导致其发送的数据报文源 IP 地址发生了改变，因此在采用预共享密钥认证方式下，**不能再以 IP 地址来作为身份标识**，而要以名称或域名方式进行标识。采用 IKEv1 时，第一阶段只能采用野蛮模式。

按照图 3-50 所示的拓扑结构，本示例的基本配置思路如下。

① 配置各路由器接口的 IP 地址和静态路由，使整个网络三层互通。

② 在 NAT 网关上配置 Easy-IP，假设转换后的公网 IP 地址为 NAT 网关公网接口的 IP 地址 2.1.0.1/24。

③ 在 RouterA 上配置 ACL，以定义到达总部子网需要 IPSec 保护的数据流。在总部 RouterB 可不配置，直接采用 RouterA 上的镜像配置。

④ 在两端 IPSec 网关上分别配置 IPSec 安全提议，定义 IPSec 的保护方法，但安全协议只能是 ESP。

⑤ 在两端 IPSec 网关上分别配置 IKE 对等体，定义对等体间 IKE 协商时的属性。

本示例采用 IKEv1，并采用缺省的预共享密钥认证方法。分支机构部署在 NAT 网关后面，导致其发送的数据报文源 IP 地址发生改变，因此不能再以 IP 地址作为身份标识，而要采用名称或域名作为 ID 类型。**当 ID 类型为名称或域名类型时只能选择野蛮模式进行 IKEv1 SA 协商。**

⑥ 在两端 IPSec 网关上分别配置 IPSec 安全策略，确定对何种数据流采取何种保护方法。其中 RouterB 采用策略模板方式创建安全策略，使其固定作为响应方，因为此时可以看作分支机构网关的 IP 地址不固定。

⑦ 在两端 IPSec 网关的公网侧接口上应用以上创建的安全策略组，使得从这些接口发送的兴趣流可被 IPSec 保护。

2. 具体配置步骤

① 配置各路由器接口的 IP 地址和静态路由，使个网络三层互通。

#---RouterA 上的配置。

在 RouterA 上要配置到公司总部的缺省路由，下一跳 IP 地址为 192.168.0.1（图 3-50 中 NAT 网关的 GE0/0/0 接口的 IP 地址），具体如下所示。

```
<Huawei> system-view
[Huawei] sysname RouterA
[RouterA] interface gigabitethernet 1/0/0
[RouterA-GigabitEthernet1/0/0] ip address 192.168.0.2 255.255.255.0
[RouterA-GigabitEthernet1/0/0] quit
[RouterA] interface gigabitethernet 2/0/0
[RouterA-GigabitEthernet2/0/0] ip address 10.1.0.1 255.255.255.0
[RouterA-GigabitEthernet2/0/0] quit
[RouterA] ip route-static 0.0.0.0 0.0.0.0 192.168.0.1
```

#---RouterB 上的配置。

在 RouterB 上要配置到分支机构连接的静态路由，下一跳 IP 地址为 1.2.0.2（图 3-50 中 Internet 路由器的 GE0/0/1 接口的 IP 地址），具体如下所示。

```
<Huawei> system-view
[Huawei] sysname RouterB
[RouterB] interface gigabitethernet 1/0/0
[RouterB-GigabitEthernet1/0/0] ip address 1.2.0.1 255.255.255.0
[RouterB-GigabitEthernet1/0/0] quit
[RouterB] interface gigabitethernet 2/0/0
[RouterB-GigabitEthernet2/0/0] ip address 10.2.0.1 255.255.255.0
[RouterB-GigabitEthernet2/0/0] quit
[RouterB] ip route-static 2.0.0.0 24 1.2.0.2
[RouterB] ip route-static 192.168.0.0 24 1.2.0.2
```

#---NAT 网关上的配置。

在 NAT 网关上要配置到公司总部公网的静态路由，无须配置到达公司总部私网的静态路由，因为私网 IP 报文在 NAT 网关上已经过了 IPSec 重封装，私网 IP 报文已作为数据部分，具体如下所示。

```
<Huawei> system-view
[Huawei] sysname NAT
[NAT] interface gigabitethernet 0/0/0
[NAT-GigabitEthernet0/0/0] ip address 192.168.0.1 255.255.255.0
[NAT-GigabitEthernet0/0/0] quit
[NAT] interface gigabitethernet 0/0/1
[NAT-GigabitEthernet0/0/1] ip address 2.1.0.1 255.255.255.0
[NAT-GigabitEthernet0/0/1] quit
[NAT] ip route-static 1.2.0.0 24 2.1.0.2
```

#---Internet 路由器上的配置（无须配置任何路由），具体如下所示。

```
<Huawei> system-view
[Huawei] sysname Internet
[Internet] interface gigabitethernet 0/0/0
[Internet-GigabitEthernet0/0/0] ip address 2.1.0.2 255.255.255.0
[Internet-GigabitEthernet0/0/0] quit
[Internet] interface gigabitethernet 0/0/1
[Internet-GigabitEthernet0/0/1] ip address 1.2.0.2 255.255.255.0
[Internet-GigabitEthernet0/0/1] quit
```

PC A 和 PC B 主机的 IP 地址和网关配置略。

② 在 NAT 网关上配置 Easy-IP，分支机构私网用户发送的 IP 报文中的私网源 IP 地址转换后的公网 IP 地址为其出接口 GE0/0/1 接口的 IP 地址 2.1.0.1。但转换前的源 IP 地址不是分支机构所连接的私网的 IP 地址，而是在 RouterA 进行 IPSec 重封装后的 GE1/0/0 接口的 IP 地址，具体如下所示。

```
[NAT] acl 2001
[NAT-acl-basic-2001] rule permit source 192.168.0.2 0.0.0.0
[NAT-acl-basic-2001] quit
[NAT] interface gigabitethernet 0/0/1
[NAT-GigabitEthernet0/0/1] nat outbound 2001
```

③ 在 RouterA 上配置 ACL，定义由分支机构子网 10.1.0.0/24 到达总部子网 10.2.0.0/24 的数据流，具体如下所示。因为总部网关是采用策略模板来创建安全策略的，所以可不配置用于定义兴趣流的 ACL。

```
[RouterA] acl number 3101
[RouterA-acl-adv-3101] rule permit ip source 10.1.0.0 0.0.0.255 destination 10.2.0.0 0.0.0.255
[RouterA-acl-adv-3101] quit
```

④ 在两端 IPSec 网关上分别创建 IPSec 安全提议，具体如下所示。因为缺省的安全提议配置即可满足本示例需求，所以在创建安全提议后可以直接采用缺省配置。

```
[RouterA] ipsec proposal pro1
[RouterA-ipsec-proposal-pro1] quit

[RouterB] ipsec proposal pro1
[RouterB-ipsec-proposal-pro1] quit
```

以上配置完成后，可分别在 RouterA 和 RouterB 上执行 **display ipsec proposal** 命令查看 IPSec 安全提议配置信息。在 RouterA 上执行 **display ipsec proposal** 命令的输出如图 3-51 所示（显示的都是缺省配置）。

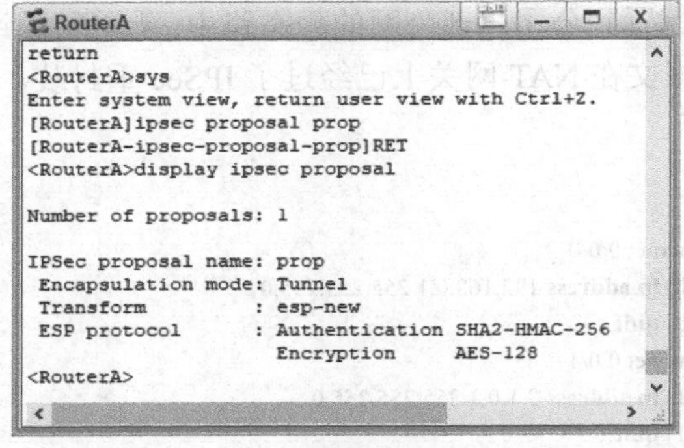

图 3-51 在 RouterA 上执行 **display ipsec proposal** 命令的输出

⑤ 在两端 IPSec 网关上分别配置 IKE 对等体。注意，**此处要采用名称作为 ID 类型，而且分支机构还要明确指定总部网关的 IP 地址。两端配置的 IKEv1 SA 的协商模式必须为野蛮模式，启用 NAT 穿越功能，使得 ESP 报文可以通过 NAT 网关。**

#---RouterA 上的配置，具体如下所示。

```
[RouterA] ike local-name rta
[RouterA] ike peer rta v1
```

【说明】在最新的 V200R010 版本中，以上两条配置需采用以下 3 条配置替换。RouterB 上的替换方法一样，此处不再赘述。

```
[RouterA] ike local-name rta
[RouterA] ike peer rta
[RouterA-ike-peer-rta]undo version 2
[RouterA-ike-peer-rta] exchange-mode aggressive #---配置 IKEv1 第一阶段的协商模式为野蛮模式
[RouterA-ike-peer-rta] pre-shared-key simple huawei     #---配置共享密钥为 huawei
[RouterA-ike-peer-rta] local-id-type name   #---配置对等体 ID 类型为名称
[RouterB-ike-peer-rta] remote-address 1.2.0.1    #---标识总部网关的 IP 地址
[RouterA-ike-peer-rta] remote-name rtb   #---标识总部网关的名称
[RouterA-ike-peer-rta] nat traversal   #---启用 NAT 穿越功能。
[RouterA-ike-peer-rta] quit
```

#---RouterB 上的配置，具体如下所示。

```
[RouterB] ike local-name rtb
[RouterB] ike peer rtb v1
[RouterB-ike-peer-rtb] exchange-mode aggressive
[RouterB-ike-peer-rtb] pre-shared-key simple huawei
[RouterB-ike-peer-rtb] local-id-type name
[RouterB-ike-peer-rtb] remote-name rta
[RouterB-ike-peer-rtb] nat traversal
[RouterB-ike-peer-rtb] quit
```

此时分别在 RouterA 和 RouterB 上执行 **display ike peer** 命令会显示所配置的指定的 IKE 对等体信息。在 RouterA 上执行 **display ike peer** 命令的输出如图 3-52 所示，从图中我们可以看出，其中的配置与我们前面的配置是一致的。

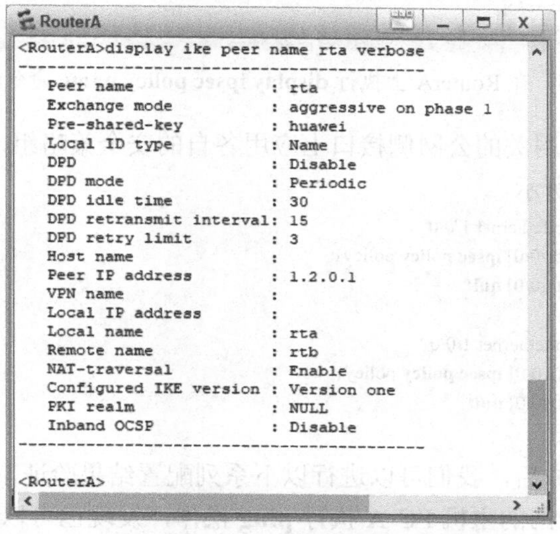

图 3-52　在 RouterA 上执行 **display ike peer** 命令的输出

⑥ 在两端 IPSec 网关上分别创建 IPSec 安全策略，引用前面创建的 IKE 对等体，用于定义需要保护的数据流的 ACL（仅分支机构端需要）和 IPSec 安全提议。分支机构端采用 ISAKMP 方式创建，总部采用策略模板方式创建。

#---RouterA 上的配置，具体如下所示。

```
[RouterA] ipsec policy policy1 10 isakmp
[RouterA-ipsec-policy-isakmp-policy1-10] security acl 3101
[RouterA-ipsec-policy-isakmp-policy1-10] ike-peer rta
[RouterA-ipsec-policy-isakmp-policy1-10] proposal pro1
[RouterA-ipsec-policy-isakmp-policy1-10] quit
```

#---RouterB 上的配置，具体如下所示。

```
[RouterB] ipsec policy-template temp1 10
[RouterB-ipsec-policy-templet-temp1-10] ike-peer rtb
[RouterB-ipsec-policy-templet-temp1-10] proposal pro1
[RouterB-ipsec-policy-templet-temp1-10] quit
[RouterB] ipsec policy policy1 10 isakmp template temp1 #---以引用策略模板的方式创建安全策略
```

以上配置完成后，我们分别在两端的 IPSec 网关上执行 **display ipsec policy name** 命令来查看所配置的 IPSec 安全策略信息。在 RouterA 上执行 **display ipsec policy name** 命令的输出如图 3-53 所示，从图中我们可以看出，其中的配置与我们前面的配置是一致的。

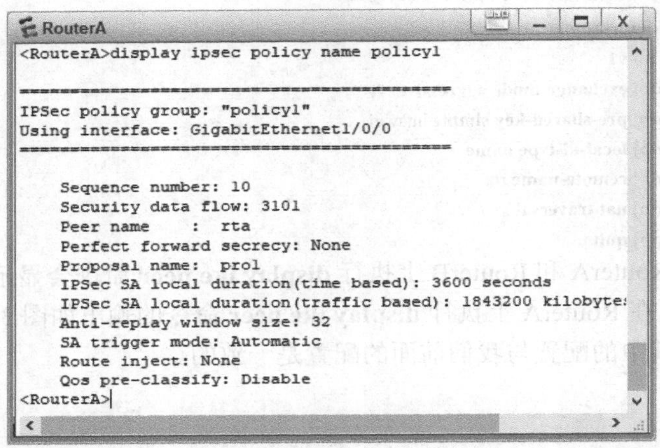

图 3-53 在 RouterA 上执行 **display ipsec policy name** 命令的输出

⑦ 在两端 IPSec 网关的公网侧接口上应用各自的安全策略组，使接口具有 IPSec 的保护功能，具体如下所示。

```
[RouterA] interface gigabitethernet 1/0/0
[RouterA-GigabitEthernet1/0/0] ipsec policy policy1
[RouterA-GigabitEthernet1/0/0] quit

[RouterB] interface gigabitethernet 1/0/0
[RouterB-GigabitEthernet1/0/0] ipsec policy policy1
[RouterB-GigabitEthernet1/0/0] quit
```

3. 配置结果验证

以上全部配置完成后，我们可以进行以下系列配置结果验证。

① 在分支机构子网的主机 PC A 执行 **ping** 操作，发现已可以 ping 通位于总部子网的主机 PC B，PC A 成功 ping 通 PC B 的结果如图 3-54 所示。在 RouterA 上执行 **display**

ipsec statistics esp 命令，我们可以看到与总部的 ICMP 通信数据是被加密的。在 RouterA 上执行 **display ipsec statistics esp** 命令的输出如图 3-55 所示。

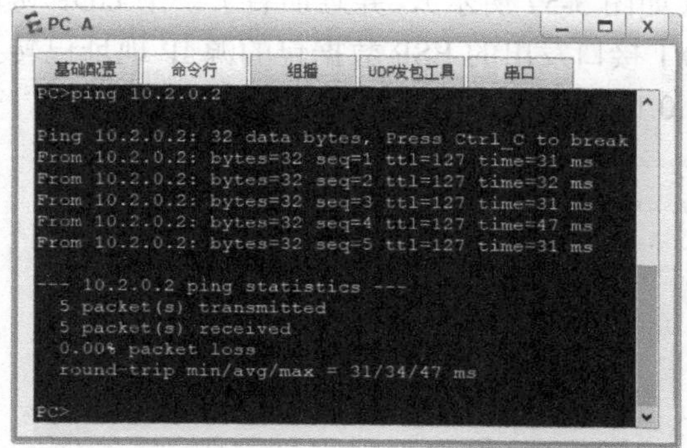

图 3-54　PC A 成功 ping 通 PC B 的结果

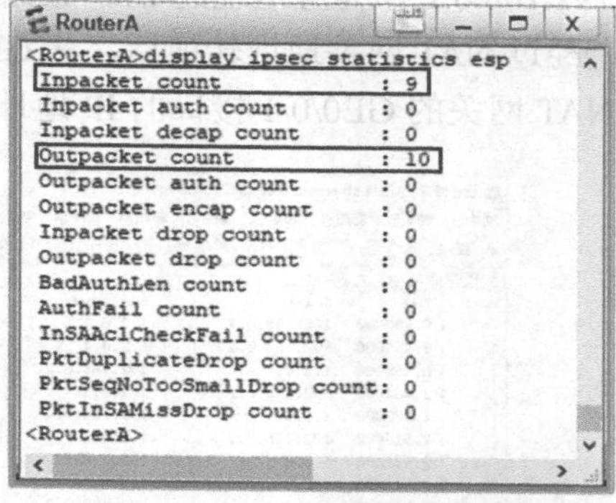

图 3-55　在 RouterA 上执行 **display ipsec statistics esp** 命令的输出

② 在 RouterA 和 RouterB 上分别执行 **display ike sa**、**display ipsec sa** 命令查看所生成的 SA 及 IPSec 信息。在 RouterA 上执行 **display ike sa**、**display ipsec sa** 命令的输出如图 3-56 所示，从图中我们可以看出，在 RouterA 上已成功建立 IKE SA 和 IPSec SA。

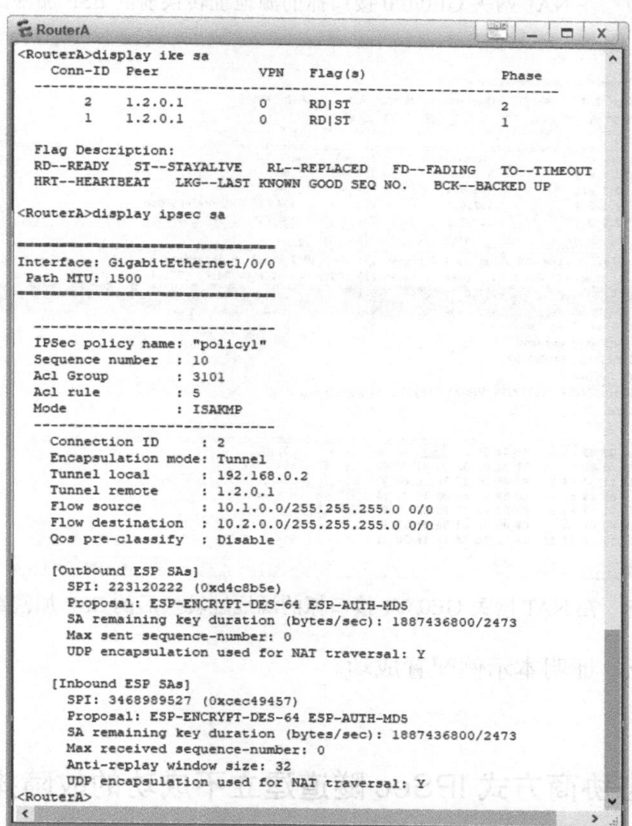

图 3-56　在 RouterA 上执行 **display ike sa**、**display ipsec sa** 命令的输出

③ 分别在 NAT 网关的 GE0/0/0 接口和 GE0/0/1 接口上抓包，我们会发现在没有经过 NAT 前，从 GE0/0/0 接口进入 NAT 网关的数据包是 RouterA 的 GE1/0/0 接口的 IP 地址 192.168.0.2 作为源地址的 ESP 数据包（如图 3-57 所示），并且加装了一个 UDP 协议头，经过 NAT 网关地址转换后，从 GE0/0/1 接口发出的 ESP 数据包的源 IP 地址已转换为 NAT 网关的 GE0/0/1 接口的 IP 地址 2.1.0.1（如图 3-58 所示）。

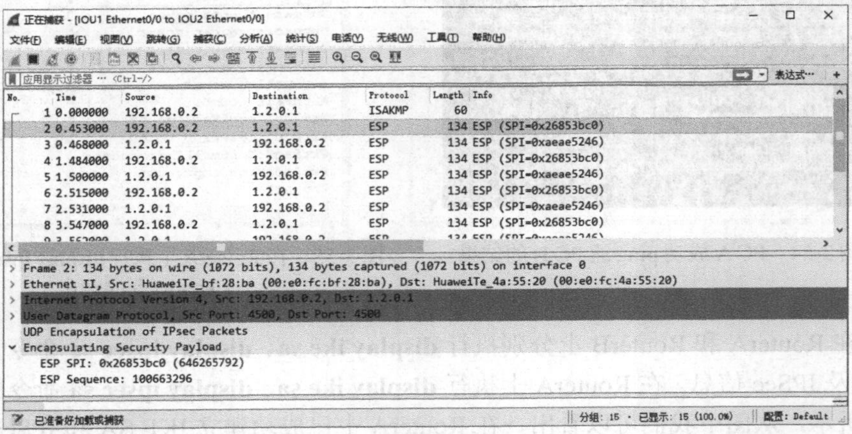

图 3-57 在 NAT 网关 GE0/0/0 接口抓的源地址转换前的 ESP 加密数据包

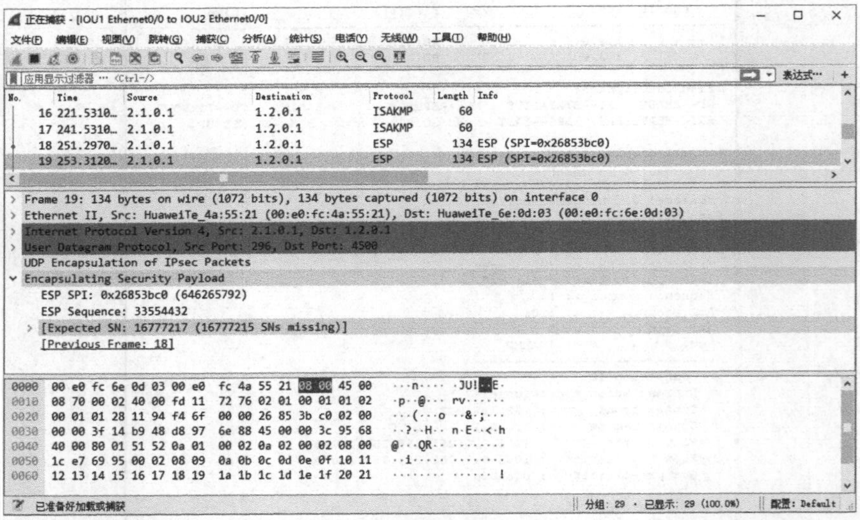

图 3-58 在 NAT 网关 GE0/0/1 接口抓的源地址转换后的 ESP 加密数据包

通过以上验证，证明本示例配置成功。

3.10 IKE 动态协商方式 IPSec 隧道建立不成功的故障排除

我们在前文中已提到，在 IPSec VPN 方案的部署中，也主要存在两种可能的故障情形：一种是 IPSec 隧道建立不成功，另一种是虽然 IPSec 隧道建立成功了，但两端仍不能通信。第二种情形的原因为：在 IKE 动态协商方式中与手工方式一样，故可直接参见第 2 章 2.4.2 节分析。在此仅介绍在 IKE 动态协商方式，IPSec 隧道建立不成功的故障排除思路。

在 IKE 动态协商建立 IPSec 隧道的情形下（包括采用 ISAKMP 方式和策略模板方式建立 IPSec 隧道这两种情形），因为建立 SA 的参数大多不是固定的，需要通过两端协商，及依据两端生成的 Cookie 值共同决定，所以影响 IPSec 隧道建立的因素比较多。

另外，在 IKE 动态协商方式建立 IPSec 隧道的情形下，SA 有两种，一种是 IKE 协议第一阶段要协商生成的一个 IKE SA，另一种是 IKE 协议第二阶段要成生的一对 IPSsec SA。当然只有成功完成了第一阶段，才可能进入第二阶段，进而最终完成 IPSec 隧道的建立。要判断 IPSec 隧道是否已建立成功，我们可以通过在 IPSec 设备上执行 **display ike sa** 命令查看是否生成 IKE SA 和 IPSec SA，具体如下所示，如果第二阶段有 IPSec SA，证明隧道建立成功，否则建立不成功。

```
<Huawei> display ike sa
    Conn-ID  Peer          VPN   Flag(s)      Phase
  ---------------------------------------------------------------
    13118    10.1.3.2      0     RD           2   #---这是第二阶段生成的 IPSec SA
    12390    10.1.3.2      0     RD           1   #---这是第一阶段生成的 IKE SA

  Flag Description:
  RD--READY   ST--STAYALIVE   RL--REPLACED   FD--FADING   TO--TIMEOUT
```

显然，有时不能在执行 **display ike sa** 命令后见到 IKE SA 和 IPSec SA，或只见到 IKE SA，却没有 IPSec SA，这表示 IKE 第一、二阶段协商不成功。下面我们分别介绍其中可能的原因和基本的故障排除思路。

3.10.1　第一阶段 IKE SA 建立不成功的故障排除

如果在执行完 **display ike sa** 命令后发现连第一阶段的 IKE SA 信息都没见到，则表明第一阶段的 IKE SA 没建立成功，第二阶段的 IPSec SA 也没有建立成功，此时可以确定是 IKE 安全提议或 IKE 对等体方面的配置出了问题，因为这两方面的配置才是影响 IKE SA 建立的因素，我们可按以下思路来排查原因。

（1）两端的 IKE 安全提议配置不一致

IKE 安全提议与前面介绍的 IPSec 安全提议不一样，可以不创建，因系统存在一个优先级最低，参数为缺省配置的 IKE 安全提议。如果两端都不创建，没问题（都采用缺省配置时参数配置肯定是一致的），但是只要有一端新建了 IKE 安全提议，则必须保证两端的 IKE 安全提议参数配置完全一致（除 SA 的生存周期配置），即协商双方具有相同的加密算法、认证方法、认证算法和 DH 组。

可在两端的 IPSec 设备上执行 **display ike proposal** 命令查看设备上配置的 IKE 安全提议配置，查看两端的参数配置是否一致（除 SA duration 参数），具体如下所示。

```
<Huawei> display ike proposal

Number of IKE Proposals: 1
```

```
------------------------------------------
  IKE Proposal: 1
    Authentication method        : pre-shared
    Authentication algorithm     : SHA1
    Encryption algorithm         : DES-CBC
    DH group                     : MODP-1536
    SA duration                  : 86400
    PRF                          : PRF-AES-XCBC-128
```

（2）IKE 对等体配置不符合要求

在 IKE 对等体配置方面，出错的原因可能有以下几种。

① 所选择的 IKE 版本不一致（一端为 v1，另一端为 v2）。

② 所选择的认证方法不一致（必须同时选择 pre-shared key、rsa-signature key、digital-envelope 其中的一种），但 digital-envelope（数字信封）认证方法只在 IKEv1 的主模式协商过程中支持，IKEv1 野蛮模式和 IKEv2 不支持。

③ 采用预共享密钥认证方法时两端的共享密钥不一致。

④ IKEv1 阶段 1 协商模式（**main** 或者 **aggressive**）配置不一致或错误。如果发起方的 IP 地址不固定或者无法预知（如采用 PPPoE 拨号接入 Internet 时），而此时双方都希望采用预共享密钥验证方法来创建 IKE SA，则只能采用野蛮模式。

⑤ 发起方没有通过 **remote-address** { *ip-address* | *host-name* }命令指定对端 IP 地址或名称，或者所配置的 IP 地址与对端通过 **local-address** *address* 命令配置的 IP 地址不一致。若采用策略模板方式建立 IPSec 隧道，则无须配置 **remote-address** 命令。

⑥ 采用 IKEv1 版本时，两端通过 **local-id-type** { **dn** | **ip** | **name** }命令配置的本地 ID 类型不一致，或者当 **local-id-type** 命令配置采用名称（**name**）ID 类型时，发起方没有或者没正确通过 **remote-name** *name* 命令指定对端名称。**当采用主模式时，对等体 ID 类型只能是 IP 类型。**

⑦ 在 IKEv2 版本中，没有通过 **peer-id-type** { **dn** | **ip** | **name**}命令配置对端 ID 类型，或没有正确配置对端的 ID。也可能是因为本端配置的 **local-id-type** 没有与对端配置的 **peer-id-type** 匹配。

【注意】当响应方采用策略模板建立 IPSec 隧道时，两端的 ID 类型必须为名称类型，即在发起方仍需要通过 **remote-address** *ip-address* 命令指定对端的 IP 地址，但在响应方无须通过此命令指定发起方的 IP 地址。当选择数字证书认证方法时，对等体 ID 类型只能是 **dn** 类型。

在两端 IPSec 设备上分别执行 **display ike peer verbose** 命令，我们可以看到详细的 IKE 对等体配置，即可发现问题。以下为执行该命令的示例。

```
<Huawei> display ike peer verbose
Number of IKE peers: 1

------------------------------------------
    Peer name                    : rut1
    Exchange mode                : aggressive on phase 1
    Pre-shared-key               : huawei
    Proposal                     : 5
    Local ID type                : IP
    DPD                          : Enable
```

```
    DPD mode                : Periodic
    DPD idle time           : 30
    DPD retransmit interval: 15
    DPD retry limit         : 3
    Host name               :
    Peer IP address         : 60.1.1.2
    VPN name                : vpn1
    Local IP address        : 70.1.1.2
    Local name              : peer
    Remote name             : rut2
    NAT-traversal           : Disable
    DPD request message     : 0
    DPD Ack message         : 0
    DPD fail time           : 0
    Configured IKE version : Version one
    Service-scheme name     : schemetest
    PKI realm               : NULL
    Inband OCSP             : Disable
    Resource ACL number     : 3000
-----------------------------------------
```

（3）没有正确配置 NAT 穿越

这是专门针对 IPSec 设备的公网侧前面连接有 NAT 设备的情形下而分析的。此时出现故障的原因有以下几个方面。

① 两端 IPSec 设备上没有同时启用 NAT 穿越功能。

新版本的 VRP 系统缺省已启用 NAT 穿越功能，因此必须在两端同时启用 NAT 穿越功能。

② IPSec 安全提议的安全协议没有选择 ESP。

要实现 NAT 穿越，在 IPSec 安全提议时的安全协议必须选择 ESP 协议。

③ 对等体类型配置不正确。

当 IKE 对等体中引用的 IKE 安全提议使用的是预共享密钥或数字证书认证方法时，**NAT 穿越只支持 Name 类型的协商**，即本端只能通过 **local-id-type name** 命令配置本地 ID 类型为 name，对端只能通过 **peer-id-type name** 命令配置对端 ID 类型为 name。

④ 防火墙阻止了 UDP 500 的通信。

在 IPSec NAT 穿越中，需要在 ESP 报文中新增一个 UDP 协议头，其中的源端口和目的 UDP 端口均为 500，故如果在两端 IPSec 设备间启用了防火墙功能，就需要在这些防火墙设备上允许 UDP 500 通过。两端主机可不用配置，因为新增的 UDP 头在到达对端 IPSec 设备时会自动去掉。

3.10.2 第二阶段 IPSec SA 建立不成功的故障排除

如果在执行了 **display ike sa** 命令后发现有第一阶段的 IKE SA 信息，但没有第二阶段的 IPSec SA 信息，则检查负责第二阶段 IPSec SA 建立的 IPSec 安全提议、安全策略、用于定义需要保护数据流的 ACL，及安全策略应用这 4 个方面。我们可按以下思路来排查。

（1）两端的 IPSec 安全提议没创建或者配置不一致

必须手工创建一个 IPSec 安全提议，因为缺省情况下，系统没有配置 IPSec 安全提议，但里面的参数可以不配置，因为它们都有缺省取值。我们在两端的 IPSec 设备上执行 **display ipsec proposal** 命令可查看是否创建 IPSec 安全提议。如果都有创建，还要看两端所创建的安全提议中的参数配置是否完全一致。以下是执行 **display ipsec proposal** 命令后的输出示例。

```
<Huawei> display ipsec proposal

Number of proposals: 1

IPsec proposal name: jiang
 Encapsulation mode: Tunnel
 Transform          : esp-new
 ESP protocol       : Authentication SHA1-HMAC-96
                      Encryption      DES
```

（2）安全策略配置不符合要求

在 ISAKMP 方式建立 IPSec 隧道情形下，因为安全策略的配置不正确而导致 IPSec SA 建立不成功的主要原因可能有以下几个方面。

① 创建的安全策略类型不正确，要执行 **ipsec policy** *policy-name seq-number* **isakmp** 命令创建。

② 没有正确引用用于定义需要保护的数据流的 ACL，或者没有正确引用对应的 IPSec 安全提议、IKE 对等体。

③ 当安全策略实际绑定的接口 IP 地址不固定或无法预知时，没有执行 **tunnel local** *ip-address* 命令指定设备上的其他接口（如 LoopBack 接口）的 IP 地址作为 IPSec 隧道的本端 IP 地址，或者没有执行 **tunnel local binding-interface** 命令指定该接口的 IP 地址作为 IPSec 隧道的本端 IP 地址。

④ 当安全策略实际绑定的接口配置了多个 IP 地址时，没有执行 **tunnel local** *ip-address* 命令指定其中一个 IP 地址作为 IPSec 隧道的本端 IP 地址，或者没有执行 **tunnel local binding-interface** 命令指定该接口的主地址为本端地址。

⑤ PFS 功能配置不一致，因为在 ISAKMP 安全策略配置方式中，本端和对端的 PFS 功能要么同时不启用，要么配置完全一致（如果是 IKEv2 版本，则两端的 DH 配置可以不一样），否则 IPSec SA 协商会失败。

可在两端 IPSec 设备上执行 **display ipsec policy** 命令查看各自的安全策略配置，查看是否符合上述要求。以下为执行该命令的示例。

```
[Huawei] display ipsec policy name policy1
 ===========================================
 IPSec policy group: "policy1"
 Shared interface: LoopBack0
 Using interface: GigabitEthernet0/0/1
                  GigabitEthernet0/0/2
                  GigabitEthernet0/0/3
                  GigabitEthernet0/0/4
 ===========================================
     Sequence number: 10
     Security data flow: 3000
     Peer name      :   rut2
     Perfect forward secrecy: None
```

```
Proposal name:   prop1
IPSec SA local duration(time based): 3600 seconds
IPSec SA local duration(traffic based): 1843200 kilobytes
Anti-replay window size         : 32
SA trigger mode: Automatic
Route inject: None
Qos pre-classify: Enable
```

（3）两端定义的需要保护的数据流不匹配

具体介绍参见第 2 章 2.4.1 节对应内容。

另外，在 IKE 动态协商方式中还支持 NAT 穿越，此时如果出现两端私网不通还可能是因为定义需要 IPSec 保护的数据流存在错误，或者与 NAT 定义的数据流重叠（可以使用 **display acl all** 命令查看 ACL 的匹配情况）。如果和 NAT 定义的数据流存在重叠，则可以通过以下方式进行处理。

① NAT 引用的 ACL 规则 **deny** 目的 IP 地址是 IPSec 引用的 ACL 规则中的目的 IP 地址，避免把 IPSec 保护的数据流进行 NAT。

② IPSec 引用的 ACL 规则需要匹配经过 NAT 后的 IP 地址。

【说明】在 NAT 中重新配置 **deny** 规则后，建议先执行 **reset session all** 命令或 **reset nat session all** 命令，让流表重新建立，避免错误 NAT 表项残留。

（4）安全策略应用的接口错误，或者接口有问题

具体介绍参见第 2 章 2.4.1 节对应内容。

【注意】如果采用策略模板方式建立 IPSec 隧道，则在安全策略中所引用的策略模板名称不能与安全策略名称相同，否则 IPSec SA 建立不成功。

第4章 基于Tunnel接口和Efficient VPN策略的IPSec VPN配置与管理

本章主要内容

4.1 配置采用 Tunnel 接口方式建立 IPSec 隧道
4.2 Efficient VPN 策略基础
4.3 配置采用 Efficient VPN 策略建立 IPSec 隧道

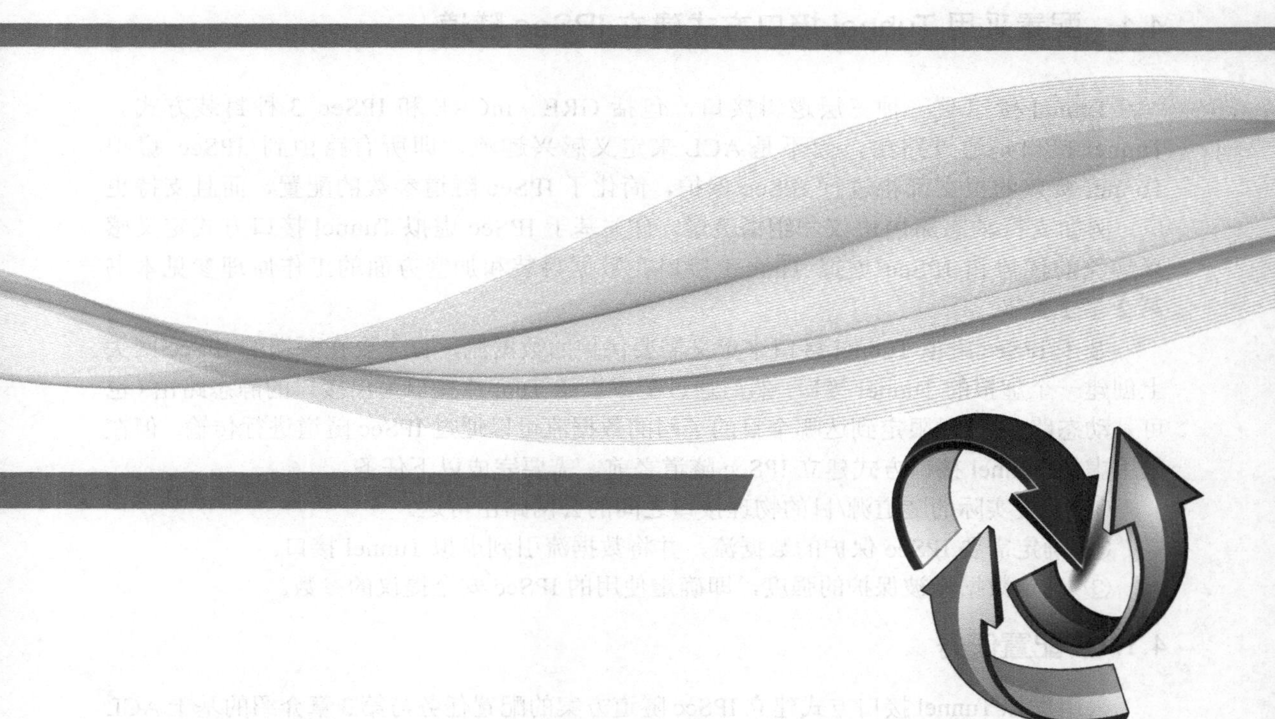

本章主要介绍基于 Tunnel 接口方式和基于 Efficient VPN 策略建立 IPSec 隧道的具体配置与管理方法。这两种部署方案中，都要用到本书第 3 章中介绍的 IKE 协议，通过 IKE 协议动态协商方式建立 IPSec 隧道。但这两种部署方案在配置上与 ACL 方式 IKE 动态协商建立 IPSec 隧道方案有较大区别。

4.1 配置采用 Tunnel 接口方式建立 IPSec 隧道

Tunnel 接口是一种三层逻辑接口，包括 GRE、mGRE 和 IPSec 3 种封装方式。Tunnel 接口是通过路由，而不是 ACL 来定义感兴趣流，即所有路由到 IPSec 虚拟 Tunnel 接口的报文都将进行 IPSec 保护，简化了 IPSec 隧道参数的配置，而且支持更广，例如支持动态路由协议和**组播流量**。有关基于 IPSec 虚拟 Tunnel 接口方式定义感兴趣流的优势和 IPSec 虚拟 Tunnel 接口在数据封装和加密方面的工作原理参见本书第 2 章 2.2 节。

基于 IPSec 虚拟 Tunnel 接口来定义需要保护的数据流，首先要在两端的 IPSec 网关上创建一个虚拟的 Tunnel 接口，然后通过配置以该 Tunnel 接口为出接口的静态路由（也可是动态路由），以限定到达哪个目的子网的数据流可以通过 IPSec 隧道进行传输。但在采用虚拟 Tunnel 接口方式建立 IPSec 隧道之前，需要完成以下任务。

① 实现实际的隧道源/目的物理接口之间的公网路由可达。

② 确定需要 IPSec 保护的数据流，并将数据流引到虚拟 Tunnel 接口。

③ 确定数据流被保护的强度，即确定使用的 IPSec 安全提议的参数。

4.1.1 配置任务

采用虚拟 Tunnel 接口方式建立 IPSec 隧道方案的配置任务与第 3 章介绍的基于 ACL 方式 IKE 动态协商建立 IPSec 隧道的配置任务相似，它们都要依靠 IKE 协议在两端协商建立 IKE SA 和 IPSec SA，主要不同体现在两个方面：一是在需要保护数据的定义方面，采用虚拟 Tunnel 接口方式建立 IPSec 隧道方案是通过配置以 Tunnel 接口作为出接口的路由来指定，而不是通过 ACL 来过滤；二是这里配置的是 IPSec 安全框架，而不是 IPSec 安全策略，尽管两者在许多方面相同或相似。

以下是采用虚拟 Tunnel 接口方式建立 IPSec 隧道方案所涉及的配置任务。

1）创建 IPSec 安全提议

IPSec 安全提议指定了 IPSec 使用的安全协议（AH 或 ESP）、认证/加密算法，以及数据的封装模式。**但采用虚拟 Tunnel 接口方式建立 IPSec 隧道方案仅支持隧道模式**，两端的配置必须一样。其他配置方法仍与第 2 章中手工方式下 IPSec 安全提议的配置方法一样。

2）配置 IPSec 安全框架

其实“IPSec 安全框架”总体上可以被看成是 IPSec 安全策略，主要区别如下。

（1）标识不同

IPSec 安全框架仅由名称唯一标识，一个安全框架仅对应一组安全参数，能唯一匹配；IPSec 安全策略是由名称和序号共同标识的，可以形成一个同名称、不同序号的多组安全策略，即安全策略组，可以按优先级从高到低依次匹配。

（2）配置方式不同

IPSec 安全框架只能通过 IKE 协商方式配置，**不支持手工方式**，而 IPSec 安全策略同时支持手工方式和 IKE 协商方式配置。

（3）数据流定义方式不同

IPSec 安全框架不支持通过 ACL 来定义需要保护的数据流，仅支持通过 Tunnel 接口转发来定义需要保护的数据流。

（4）可建立的隧道数不同

在一个 IPSec 虚拟 Tunnel 接口下应用 IPSec 安全框架后只能建立一条 IPSec 隧道，并对所有路由进入该 Tunnel 接口的数据流进行 IPSec 保护。

采用 IPSec 安全框架虽然简化了 IPSec 安全策略管理的复杂度，但也使这种方案缺乏灵活性，不能针对特定类型（例如不同源/目的 IP 地址、不同上层协议类型等）的数据流采用不同的保护方案。如果要连接多个对等体的话，需要创建新的虚拟 Tunnel 接口重新配置。而采用 IPSec 安全策略组应用到公网物理接口时，可在该接口下建立多条 IPSec 隧道，当有用户流量经该接口转发时，IPSec 会根据各个安全策略来为每一条隧道中传输的数据进行筛选。

3）（可选）配置可选功能

在虚拟隧道接口方式建立 IPSec 隧道的方案中也支持一些可选功能的配置，有些功能还是该方案特有支持的。

4）（可选）定义 IKE 安全提议

这是一项可选配置任务，其配置方法与基于 ACL 方式 IKE 协商建立 IPSec 隧道情形下的 IKE 安全提议配置方法是一样的，具体配置方法参见第 3 章 3.4 节。通常可直接采用缺省参数配置，甚至连 IKE 安全提议也不用新建，因为系统有一个缺省的 IKE 安全提议。

5）配置 IKE 对等体

这项配置任务的配置方法与基于 ACL 方式 IKE 协商建立 IPSec 隧道情形下的 IKE 对等体的配置方法相似，**但是安全框架引用的 IKE 对等体无须指定本地地址（local-address）和远端地址（remote-address）**，因为安全框架进行 IKE 协商时，选用的本地地址和远端地址分别都是通过 IPSec 虚拟 Tunnel 接口下的“源 IP 地址”和“目的 IP 地址”参数指定的。其他参数的配置方法参见第 3 章 3.5 节。

6）配置 IPSec 虚拟 Tunnel 接口或虚拟隧道模板接口

在基于 Tunnel 接口建立 IPSec 隧道的应用中，IPSec 网关上需创建并配置虚拟 Tunnel 接口或虚拟隧道模板接口。但采用虚拟隧道模板接口时不能发起 IKE 协商，只能作为协商响应方接受对端的协商请求，一般用于总部 IPSec 网关配置。

下面仅就以上第 2）、3）、6）项配置任务的具体配置方法进行介绍。

4.1.2　配置 IPSec 安全框架

IPSec 安全框架定义了对数据流的保护方法（类似 IPSec 安全策略的作用，配置方法也基本一样），例如使用的 IPSec 安全提议、用于自动协商 SA 所需要的 IKE 协商参数、SA 的生存周期，以及 PFS 特性，具体配置步骤见表 4-1。

【说明】 因为 IPSec 安全框架仅以名称标识，一个 IPSec 安全框架下只能配置一套安全参数，所以为了确保两端能 IKE 协商成功，本端和对端在 IPSec 安全框架中的所有参数配置必须匹配。然后在虚拟 Tunnel 接口上应用所配置的 IPSec 安全框架，以采用虚拟 Tunnel 接口方式建立 IPSec 隧道。

表 4-1 配置 IPSec 安全框架的步骤

步骤	命令	说明
1	**system-view**	进入系统视图
2	**ipsec profile** *profile-name* 例如：[Huawei] **ipsec profile** profile1	创建安全框架，并进入安全框架视图。参数 *profile-name* 用来指定安全框架名称，字符串格式，长度是 1～12，**区分大小写**，字符串中不能包含“？”和空格。**一个安全框架只能应用在一个 Tunnel 接口上**。 缺省情况下，系统没有安全框架存在，可用 **undo ipsec profile** *profile-name* 删除指定的安全框架
3	**proposal** *proposal-name* 例如：[Huawei-ipsec-profile-profile1] **proposal** prop1	在安全框架中引用已配置的 IPSec 安全提议。**所引用的 IPSec 安全提议名的封装模式只能是隧道模式，这需要在 IPSec 安全提议中指定**。 缺省情况下，安全框架没有引用 IPSec 安全提议，可用 **undo proposal** [*proposal-name*]命令删除已引用的 IPSec 安全提议
4	**ike-peer** *peer-name* 例如：[Huawei-ipsec-profile-profile1] **ike-peer** mypeer	在安全框架中引用已配置的 IKE 对等体。 【注意】IPSec 安全框架引用的 IKE 对等体不需要通过 **tunnel local** 命令指定本地地址，因为 IPSec 安全框架进行 IKE 协商时，选用的本地地址是通过 IPSec 虚拟 Tunnel 接口的源 IP 地址指定的。 采用 IPSec 安全框架时，IKE 协商使用的对端地址优先选用 IPSec 虚拟 Tunnel 接口下 **destination** 命令配置，只有在 IPSec 隧道接口下没有配置 **destination** 命令时，才会使用 IKE 对等体下的 **remote-address** 命令配置。**remote-address** 命令和 **destination** 命令同时配置时，必须确保两者配置的 IP 地址一致，否则会导致 IKE 协商失败。如果要 IKE 对等体冗余，则不能在 IPSec 虚拟隧道接口下配置 **destination** 命令，而要在安全框架引用的 IKE 对等体中配置 **remote-address** 命令。 缺省情况下，IPSec 安全框架没有引用 IKE 对等体，可用 **undo ike-peer** 命令删除引用的 IKE 对等体
5	**match ike-identity** *identity-name* 例如：[Huawei-ipsec-profile-profile1] **match ike-identity** identity1	（可选）引用身份过滤集。参数 *dentity-name* 用于指定身份过滤集名称，必须是一个已通过 **ike identity** *identity-name* 命令创建的身份过滤集，参见第 3 章 3.6.3 节。在一个身份过滤集中包括 IKE 协商时的本端名称、DN、IP 地址等，指定符合条件的发起方接入，避免其他非法方与设备建立 IPSec 隧道，提高了安全性。 缺省情况下，系统没有引用身份过滤集，**undo match ike-identity** 命令删除引用的身份过滤集
6	**pfs** { **dh-group1** | **dh-group2** | **dh-group5** | **dh-group14** | **dh-group19** | **dh-group20** | **dh-group21**} 例如：[Huawei-ipsec-profile-profile1] **pfs dh-group1**	（可选）配置本端发起协商时使用的 PFS 特性。该命令用于本端发起协商时，在 IKEv1 阶段 2 或 IKEv2 创建子 SA 交换的协商中进行一次附加的 DH 交换，生成新的 IPSec SA，以保证 IPSec SA 密钥的安全，以提高通信的安全性。 【注意】如果本端指定了 PFS，对端在发起协商时必须是 PFS 交换，且本端和对端指定的 DH 组必须一致，否则协商会失败。 缺省情况下，本端发起协商时没有使用 PFS 特性，可用 **undo pfs** 命令取消的 PFS 使用

4.1.3　配置可选功能

在采用虚拟 Tunnel 接口方式建立 IPSec 隧道的应用中，可选配置的扩展主要包括以下这几个方面。

① 配置 IPSec SA 的生存周期，参见第 3 章 3.8.1 节。

② 配置抗重放功能，参见第 3 章 3.8.2 节。

③ 配置 IPSec 先分片后加密功能，参见第 2 章 2.3.6 节。

④ 配置 IPSec 反查功能，参见第 2 章 2.3.6 节。

⑤ 配置 IPSec 报文的 QoS 功能，参见第 3 章 3.8.4 节。

⑥ 配置子网路由信息的请求/推送/接收功能。

下面仅介绍在采用虚拟隧道接口方式建立 IPSec 隧道中特有的“配置子网路由信息的请求/推送/接收功能”。**该功能只 IKEv2 支持**。

当分支机构与公司总部采用虚拟 Tunnel 接口方式建立 IPSec 隧道，未配置子网路由信息的请求/推送/接收功能时，需要配置静态或动态路由，将需要 IPSec 保护的数据流引入 Tunnel 接口。此时如果对端网络发生变动，则本端需要修改对应的路由配置使其 IPSec 保护不被中断；如果增加一个分支机构与公司总部建立 IPSec 隧道，则总部网关需要增加去往对应分支机构的路由。

配置子网路由信息的请求/推送/接收功能后，只需定义本端需要 IPSec 保护的子网地址，将本端子网信息推送给对端设备，就可在对端设备自动生成对应的路由。当对端网络发生变动时，本端无须修改对应的路由配置；当增加一个分支机构与总部建立 IPSec 隧道时，总部网关也无须增加去往新分支的路由。

子网路由信息的请求/推送/接收功能有以下两种配置方案：

① 配置子网路由信息请求功能；

② 配置子网路由信息推送和接收功能。

1. 配置子网路由信息请求功能

子网路由信息请求功能是一种被动式子网路由信息推送功能，即只有当收到对端的请求后，本端才把自己的子网路由信息向对端推送。在本端配置了子网路由信息的请求功能后，对端不用配置子网路由信息的推送功能，在收到请求后就会直接将本端的子网路由信息推送过去，本端收到对端推送的子网路由信息后会自动生成到达对端子网的新路由。

如果分支机构子网地址段发生变化，或者新增了一个分支机构与公司总部的连接，只需要在公司总部 IPSec 网关上配置子网路由信息请求功能，向分支机构发送子网路由信息请求，分支机构就会自动向公司总部 IPSec 网关推送更新的子网路由信息（**不需要在分支机构 IPSec 网关上配置子网路由信息推送功能**）。公司总部 IPSec 网关收到分支机构推送的子网路由信息后，会自动生成新的分支机构子网路由信息，不需要在公司总部 IPSec 网关上配置到达该分支机构新的子网路由。

在需要获取对端子网路由信息的一端要配置子网路由信息请求功能，**在发生了子网路由信息变化的一端**要配置本地子网路由信息，收到对端发来的子网路由信息请求后就会直接向对端推送本地子网路由信息，具体配置步骤见表 4-2。

表 4-2　子网路由信息请求功能的配置步骤

步骤	命令	说明
1	**system-view**	进入系统视图
在需要获取对端子网路由信息的一端（通常是总部）配置子网路由信息请求功能		
2	**ike peer** *peer-name* 例如：[Huawei] **ike peer** peer1	进入 IKE 对等体视图
3	**undo version** 1 例如：[Huawei-ike-peer-peer1] **undo version** 1	取消对 IKEv1 版本的支持，因为子网路由信息的请求/推送/接收功能仅支持 IKEv2 版本
4	**config-exchange request** 例如：[Huawei-ike-peer-peer1] **config-exchange set request**	使能向对端请求子网路由信息的功能。 缺省情况下，系统不请求对端子网路由信息，可用 **undo config-exchange** 命令恢复缺省配置
5	**route accept** [**preference** *preference-number*] [**tag** *tag-value*] 例如：[Huawei-ike-peer-peer1] **route accept preference** 20 **tag** 256	根据接收的对端子网路由信息生成路由，并定义生成路由的优先级和 tag 值。如果本端需要接收对端推送的子网路由，必须配置该命令。 ① **preference** *preference-number*：可选参数，定义接收对端子网路由后，生成路由的优先级，整数形式，取值是 1～255。 ② **tag** *tag-value*：可选参数，定义接收对端子网路由后，生成路由的 tag 值，整数形式，取值是 1～4294967295。 缺省情况下，系统不会将接收的对端子网路由信息生成路由，可用 **undo route accept** 命令万利为缺省配置
在发生了子网路由信息变化的一端（通常是分支）配置本地子网路由信息，收到子网路由信息请求后直接推送		
2	**aaa**	进入 AAA 视图
3	**service-scheme** *service-scheme-name* 例如：[Huawei-aaa] **service-scheme** srvscheme1	创建一个业务方案，并进入业务方案视图。 缺省情况下，设备中没有配置业务方案，可用 **undo service-scheme** *service-scheme-name* 命令删除一个业务方案
4	**route set acl** *acl-number* 例如：[Huawei-aaa-service-svcscheme1] **route set acl** 3000	配置本端子网信息，该 ACL 是高级 ACL，其中的源 IP 地址和目的 IP 地址字段定义了由本端子网到达对端子网的 IP 地址信息（**当子网信息发生变化时，要及时修改 ACL 规则配置**）。通过本命令可以将 ACL 中配置的源 IP 地址推送给对端，用于生成子网路由信息
5	**route set interface** 例如：[Huawei-aaa-service-svcscheme1] **route set interface**	配置推送给对端的绑定 IPSec 的接口（是连接内部子网的接口）IP 地址（对应以上 ACL 所定义的源地址网段），用于识别 IPSec 端点所对应的子网。如果不配置本命令，即使 IPSec 隧道建立成功，子网路由信息推送成功，IPSec 流量也无法互通。 缺省情况下，未配置推送给对端的绑定 IPSec 的接口 IP 地址，可用 **undo route set interface** 命令恢复缺省配置

2. 配置子网路由信息推送和接收功能

子网路由信息推送和接收功能是发生子网路由信息变化的一端主动向对端推送，而不是像前面介绍的子网路由信息请求功能在接收了对端发来的子网路由信息请求后被动推送，即不用对端发送请求。

子网路由信息推送与接收功能必须在两端 IPSec 网关上成对配置，即当本端配置了子网路由信息推送功能时，对端需要配置子网路由信息的接收功能，才能实现单向的子网路由信息的推送功能，具体配置步骤见表 4-3。要实现分支机构与公司总部之间双向的子网路由信息推送功能，需要两端同时配置子网路由信息的推送和接收功能。

表 4-3　子网路由信息推送和接收功能的配置步骤

步骤	命令	说明
1	**system-view**	进入系统视图
	在发生了子网路由信息变化的一端配置本地子网路由信息和子网路由信息推送功能	
2	按表 4-2 中的步骤在发生了子网路由信息变化的一端配置本地子网路由信息	
3	**quit**	返回 AAA 视图
4	**quit**	返回系统视图
5	**ike peer** *peer-name* 例如：[Huawei] **ike peer** peer1	进入 IKE 对等体视图
6	**undo version** 1 例如：[Huawei-ike-peer-peer1] **undo version** 1	取消对 IKEv1 版本的支持，因为子网路由信息的请求/推送/接收功能仅支持 IKEv2 版本
7	**service-scheme** *service-scheme-name* 例如：[Huawei-ike-peer-peer1] **service-scheme** service	配置 IKE 对等体引用的 AAA 业务方案。 缺省情况下，IKE 对等体未引用业务方案，可用 **undo service-scheme** 命令删除 IKE 对等体引用的业务方
8	**config-exchange set send** 例如：[Huawei-ike-peer-peer1] **config-exchange set send**	使能推送本端子网路由信息的功能。 缺省情况下，系统既不具有子网路由信息的接收功能，也不具有子网路由信息的推送功能，可用 **undo config-exchange set send** 命令去使能子网路由信息推送功能
	在需要获取对端子网路由信息的一端配置子网路由信息接收功能	
2	**ike peer** *peer-name* 例如：[Huawei] **ike peer** peer1	进入 IKE 对等体视图
3	**undo version** 1 例如：[Huawei-ike-peer-peer1] **undo version** 1	取消对 IKEv1 版本的支持，因为子网路由信息的请求/推送/接收功能仅支持 IKEv2 版本
4	**config-exchange set accept** 例如：[Huawei-ike-peer-peer1] **config-exchange set accept**	使能接收对端子网路由信息的功能。 缺省情况下，系统不接收对端子网路由信息，可用 **undo config-exchange set accept** 命令去使能子网路由信息接收功能
5	**route accept** [**preference** *preference-number*] [**tag** *tag-value*] 例如：[Huawei-ike-peer-peer1] **route accept preference** 20 **tag** 256	根据接收的对端子网路由信息生成路由，并定义生成路由的优先级和 tag 值。参见表 4-2 中对应命令介绍

4.1.4　配置 IPSec 虚拟隧道/隧道模板接口

虚拟隧道接口（即 Tunnel 接口）针对所封装的协议类型分为 GRE、mGRE 或 IPSec

的逻辑接口（**本章基于 Tunnel 接口 IPSec VPN 方案要选择 IPSec 协议封装**），都可提供 IPSec 保护功能，采用 IPSec 对报文进行封装。它建立在 IKE 协商的基础上，通过配置虚拟隧道接口，并在虚拟隧道接口视图下应用 IPSec 安全框架使得 IPSec 隧道建立。IPSec 的 Tunnel 接口的 IP 地址可以手工配置，也可以通过 IKEv2 协商动态申请，后者在大规模分支接入总部的场景中，可减少分支设备的配置和维护工作量。

虚拟隧道模板接口 Tunnel-Template 与虚拟隧道接口类似，主要用于实现分支与总部之间子网路由资源的推送/接收功能，**不能以虚拟隧道模板接口作为出接口配置到达对端的路由。但配置了虚拟隧道模板接口的一端不能发起 IKE 协商，只能作为 IKE 协商响应方接受对端的协商请求**，一般用于总部网关配置。每增加一个分支网关接入，总部网关会动态生成一个虚拟 Tunnel 接口。**而且如果在 Tunnel-Template 接口下应用 IPSec 安全框架，那么 IPSec 安全框架引用的 IKE 对等体只能是 IKEv2 版本。**

Tunnel 接口的具体配置步骤见表 4-4，虚拟隧道模板接口的配置步骤见表 4-5。

表 4-4 Tunnel 接口的具体配置步骤

步骤	命令	说明
1	**system-view**	进入系统视图
2	**interface tunnel** *interface-number* 例如：[Huawei] **interface tunnel** 0/0/1	进入 Tunnel 接口视图。 Tunnel 接口编号只具有本地意义，隧道两端配置的 Tunnel 接口编号可以不同
3	**tunnel-protocol** { **gre** [**p2mp**] | **ipsec** } 例如：[Huawei-Tunnel0/0/1] **tunnel-protocol ipsec**	配置 Tunnel 接口的封装模式。 ① **gre**：二选一选项，配置 Tunnel 接口的隧道协议为 GRE，通过 Tunnel 接口实现 GRE over IPSec 功能，除了可以传输单播数据，还可以传输组播数据。先对数据进行 GRE 封装，再对 GRE 封装后的报文进行 IPSec 加密，完成对数据安全可靠的传输，参见本书第 6 章。 ② **p2mp**：可选项，配置 Tunnel 接口的隧道协议是 mGRE，通过 Tunnel 接口实现 DSVPN 功能，参见本书第 7 章。 ③ **ipsec**：二选一选项，配置 Tunnel 接口的隧道协议为 IPSec，通过 Tunnel 接口建立 IPSec 隧道，保证在 Internet 上传输单播数据的安全保密性。本章的基于 Tunnel 接口的 IPSec VPN 方案要选择此选项。 【注意】必须先指定隧道协议后才能进行隧道的源地址及其他参数的配置，修改隧道封装模式会删除该隧道下已配置的相关参数。 缺省情况下，Tunnel 接口的隧道协议为 none，即不进行任何协议封装，可用 **undo tunnel-protocol** 命令恢复缺省配置
4	**ip address** *ip-address* { *mask* | *mask-length* } [**sub**] 例如：[Huawei-Tunnel0/0/1] **ip address** 192.168.16.1 255.255.255.0	（二选一）配置 Tunnel 接口的 IPv4 私网地址，**通常是私网 IP 地址**，但它并不是作为经过重封装后数据包的源 IP 地址（重封装后数据包的源 IP 地址是本表第 5 步指定的源 IP 地址）
	ip address ike-negotiated 例如：[Huawei-Tunnel0/0/1] **ip address ike-negotiated**	（二选一）配置通过 IKEv2 协商为 Tunnel 接口申请 IPv4 地址，**仅针对 IPSec 类型的 Tunnel 接口**

续表

步骤	命令	说明
5	**source** { [**vpn-instance** *vpn-instance-name*] *source-ip-address* | *interface-type interface-number* } 例如：[Huawei-Tunnel0/0/1] **source** loopback 0	配置 Tunnel 接口的源 IP 地址或源接口。在 IPSec 应用中，Tunnel 接口的源 IP 地址和下一步将要配置的目的 IP 地址其实也就是 IPSec 隧道两端公网侧接口（既可以是物理接口，也可以是 VT 逻辑接口）的 IP 地址。 创建 Tunnel 接口后，需要运行此命令为 Tunnel 接口配置源 IP 地址，此地址将作为 IKE 协商时本端身份的标识。指定的 Tunnel 接口源地址是封装的报文实际出口 IP 地址。 ① *vpn-instance-name*：可选参数，指定 Tunnel 接口所属的 VPN 实例。必须已通过执行 **ip vpn-instance** *vpn-instance-name* 命令创建 VPN 实例，并通过 **route-distinguisher** *route-distinguisher* 命令配置 VPN 实例 IPv4 地址族的 RD（路由标识符）。仅当 Tunnel 为点到点的 GRE 模式和 IPSec 模式时才可以指定本参数。 ② *source-ip-address*：二选一参数，指定隧道源 IP 地址。 ③ *interface-type interface-number*：二选一参数，指定隧道源接口类型和接口编号。 【注意】如果 Tunnel 接口的源地址为某接口动态获取的 IP 地址，建议配置本命令时指定为源接口，避免当该地址变化时影响 IPSec 配置恢复。 缺省情况下，系统不指定隧道的源 IP 地址或源接口，可用 **undo source** 命令删除配置的 Tunnel 源 IP 地址或源接口
6	**destination** *dest-ip-address* 例如：[Huawei-Tunnel0/0/1] **destination** 192.1.1.1	（可选）配置 Tunnel 接口的目的 IP 地址，也就是对端 IPSec 设备的公网侧接口（可以是物理接口，也可是 VT 逻辑接口）IP 地址。 【注意】当没有配置 IPSec 虚拟隧道接口的目的地址时，可使用 IPSec 安全框架下引用的 IKE 对等体下配置的远端地址主动发起协商。当 IPSec 虚拟隧道接口下的目的地址和 IKE 对等体下的远端地址均没有配置时，本端只能被动接受对端发起的协商。 缺省情况下，没有配置 Tunnel 接口的目的 IP 地址，可用 **undo destination** 命令删除 Tunnel 接口的目的 IP 地址
7	**tunnel pathmtu enable** 例如：[Huawei-Tunnel0/0/1] **tunnel pathmtu enable**	（可选）使能 IPSec 隧道的路径 MTU 值学习功能。该命令只支持 Tunnel 接口的封装模式设置为 IPSec 或 GRE 模式，并且只对配置了 **destination** 命令的 Tunnel 接口有效。 正常情况下，IPSec 隧道建立成功后，本端向对端发送的 IPSec 报文超过 IPSec 隧道中间路径 MTU 值时，IPSec 报文被丢弃，同时本端将接收到 ICMP 不可达消息。通过本命令配置，使设备利用 ICMP 不可达消息中包含的下一跳网络的 MTU 值和对应 SA 的 SPI 值学习路径 MTU 值，自动调整接口的 MTU 值为适合值，以使 IPSec 报文被正常转发。 【注意】如果网络中存在防火墙设备，防火墙会阻断 ICMP 报文，该功能不生效。如果设备使能了 NAT 穿越功能，NAT 穿越改变了 IPSec 报文格式，无法正确识别对应 SA 的 SPI 值，该功能也不生效。 缺省情况下，系统未使能 IPSec 隧道的路径 MTU 值学习功能，可用 **undo tunnel pathmtu enable** 命令恢复缺省配置

续表

步骤	命令	说明
8	**ipsec profile** *profile-name* 例如：[Huawei-Tunnel0/0/1] **ipsec profile** profile1	在 Tunnel 接口上应用 IPSec 安全框架，使其具有 IPSec 的保护功能。 缺省情况下，Tunnel 接口上没有应用安全框架，可用 **undo ipsec profile** 命令在接口上取消应用的安全框架。 【注意】一个 Tunnel 接口只能应用一个安全框架。一个安全框架也只能应用到一个 Tunnel 接口上。当取消应用在 Tunnel 接口上的 IPSec 安全框架后，Tunnel 接口将不再具有 IPSec 的保护功能
9	**standby interface** *interface-type interface-number* [*priority*] 例如：[Huawei-Tunnel0/0/1] **standby interface** Tunnel0/0/2	（可选）配置主 Tunnel 接口的备份 Tunnel 接口，并配置其优先级。备份接口优先级为整数形式，取值为 0～255，**值越大优先级越高**，缺省值为 0。 **一个主接口最多可以配置三个备份接口**。一个备份接口同时只能为一个主接口提供备份。主接口不能配置为其他接口的备份接口，备份接口也不能配置成其他接口的主接口。为了提高网络的可靠性，公司总部通常提供两台及两台以上设备供分支机构网关接入。当采用 Tunnel 接口方式建立 IPSec 隧道时，支持为分支机构网关配置备份的 Tunnel 接口，并应用 IPSec 安全框架，实现 Tunnel 接口方式 IPSec 隧道的主备链路功能。同时，还需配置 heartbeat 或对等体存活（DPD）检测机制，使得主隧道发生故障时主备 Tunnel 能够快速发生切换。 缺省情况下，系统无备份 Tunnel 接口，可用 **undo standby interface** *interface-type interface-number* 命令删除主接口上指定的备份 Tunnel 接口

表 4-5　虚拟隧道模板接口的配置步骤

步骤	命令	说明
1	**system-view**	进入系统视图
2	**interface tunnel-template** *interface-number* 例如：[Huawei] **interface tunnel-template** 1	创建并进入 Tunnel-Template 接口视图，Tunnel-Template 接口的编号为整数形式，取值为 0～63。 缺省情况下，系统没有创建 Tunnel-Template 接口，可用 **undo interface tunnel-template** 命令删除 Tunnel-Template 接口
3	**ip address** *ip-address* { *mask* | *mask-length* } [**sub**] 例如：[Huawei-Tunnel-Template1] **ip address** 192.168.16.1 255.255.255.0	（二选一）配置 Tunnel-Template 接口的 IPv4 私网地址，通常是私网 IP 地址
	ip address unnumbered interface *interface-type interface-number* 例如：[Huawei-Tunnel-Template1] **ip address unnumbered interface** loopback0	（二选一）配置 Tunnel-Template 接口借用其他接口的 IP 地址
4	**tunnel-protocol ipsec** 例如：[Huawei-Tunnel-Template1] **tunnel-protocol ipsec**	配置 Tunnel-Template 接口的封装模式为 IPSec 方式。 缺省情况下，Tunnel 接口的隧道协议为 none，即不进行任何协议封装，可用 **undo tunnel-protocol** 命令恢复缺省配置

续表

步骤	命令	说明
5	**source** { [**vpn-instance** *vpn-instance-name*] *source-ip-address* | *interface-type interface-number* } 例如：[Huawei-Tunnel-Template1] **source** 110.10.1.1	配置 Tunnel-Template 接口的源 IP 地址或源接口。其他说明参见表 4-4 中的第 5 步
6	**tunnel pathmtu enable** 例如：[Huawei-Tunnel-Template1] **tunnel pathmtu enable**	（可选）使能 IPSec 隧道的路径 MTU 值学习功能。其他说明参见表 4-4 中的第 7 步
7	**ipsec profile** *profile-name* 例如：[Huawei-Tunnel-Template1] **ipsec profile** profile1	在 Tunnel-Template 接口上应用 IPSec 安全框架，使其具有 IPSec 的保护功能。**一个 Tunnel-Template 接口只能应用一个 IPSec 安全框架。一个 IPSec 安全框架也只能应用到一个 Tunnel-Template 接口上。** 缺省情况下，Tunnel-Template 接口上没有应用安全框架，可用 **undo ipsec profile** 命令在接口上取消应用的安全框架

【注意】在配置好 Tunnel 接口或虚拟隧道模板接口后，要注意以下几个方面。

① 修改 Tunnel 接口下的 **source** 或 **destination** 命令配置会导致接口下应用的 IPSec 安全框架被清除，需要重新在接口下应用 IPSec 安全框架。

② 修改 Tunnel 接口下的 **tunnel-protocol** 命令配置会导致接口下应用的 IPSec 安全策略组被清除，需要重新在接口下应用 IPSec 安全策略组。

③ 修改 Tunnel-Template 接口下的 **source** 命令配置会导致接口下应用的 IPSec 安全框架被清除，需要重新在接口下应用 IPSec 安全框架。

④ 如果要阻止 IPSec 协商，在 Tunnel 接口下执行 **shutdown** 命令无效，必须在该 Tunnel 接口对应的物理接口下执行 **shutdown** 命令。

4.1.5　基于 Tunnel 接口建立 IPSec 隧道的配置示例

基于 Tunnel 接口建立 IPSec 隧道的配置示例如图 4-1 所示，RouterA 为公司分支网关，RouterB 为公司总部网关，分支与总部通过公网建立通信。分支子网为 10.1.1.0/24，总部子网为 10.1.2.0/24。现公司希望对分支子网与总部子网之间相互访问的流量进行安全保护。

本示例采用 IKEv1 协议。在华为模拟器上做本实验时，Internet 可用一路由器代表，无须配置任何路由，拓扑结构如图 4-2 所示。

1．基本配置思路分析

由于分支和总部网络经常发生变动，所以本示例采用基于虚拟 Tunnel 接口方式建立 IPSec 隧道，对 Tunnel 接口下的所有流量进行保护，无须使用 ACL 定义需要保护的数据流。根据 4.1.1 节介绍的配置任务，再结合本示例实际需求可得出本示例基本配置思路如下。

① 配置各物理接口的 IP 地址，以及到达对端公网的静态路由，保证两端 IPSec 网关的路由可达。

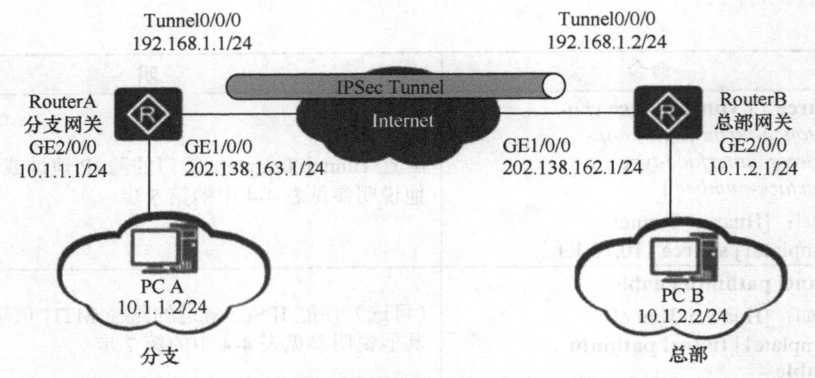

图 4-1　基于 Tunnel 接口建立 IPSec 隧道的配置示例

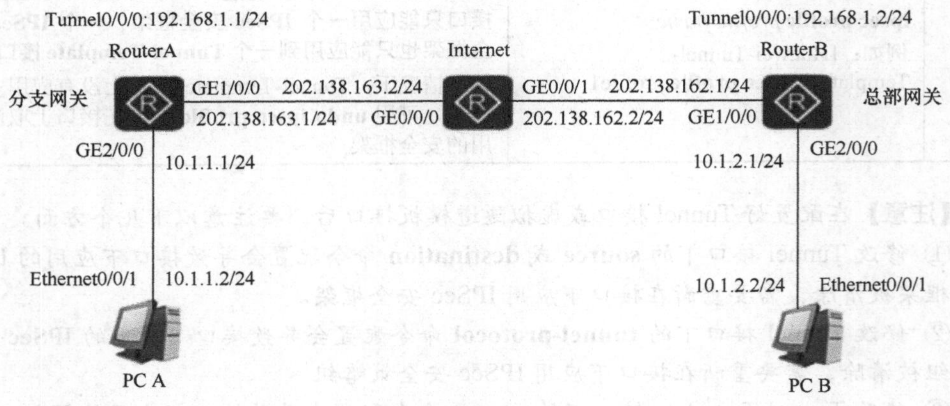

图 4-2　拓扑结构

【说明】这里之所以只提到到达对端公网的路由，是因为到达对端私网的路由将在后面通过配置以 Tunnel 接口为出接口的静态路由中指定。

② 在两端 IPSec 网关上配置 IPSec 安全提议，定义 IPSec 的保护方法。两端的 IPSec 安全提议参数配置必须一致。**但所支持的封装模式只能是隧道模式，而不能是传输模式。**

③ 在两端 IPSec 网关上配置 IKE 对等体，定义对等体间 IKE 协商时的属性。但在基于虚拟 Tunnel 接口建立 IPSec 隧道方案中，无须配置本端 IP 地址和远端 IP 地址，因为此时系统会自动以 Tunnel 接口配置的源 IP 地址和目的 IP 地址作为本端和对端 IP 地址。

【说明】本示例直接采用缺省 IKE 安全提议。

④ 在两端 IPSec 网关上配置安全框架，并引用前面所创建的安全提议和 IKE 对等体，确定对何种数据流采取何种保护方法。

⑤ 在两端 IPSec 网关的 Tunnel 接口上应用 IPSec 安全框架，使接口具有 IPSec 的保护功能。

⑥ 在两端 IPSec 网关上配置以本地 Tunnel 接口为出接口的静态路由，将需要 IPSec 保护的数据流引入到 Tunnel 接口。

2. 具体配置步骤

以下按照图 4-2 所示拓扑结构介绍具体的配置方法。

① 配置各物理接口的 IP 地址和到达对端公网的静态路由，保证两端 IPSec 网关的路由可达。

#---RouterA 上的配置如下所示。

在 RouterA 上配置到对端公网的静态路由，此处假设到对端的下一跳 IP 地址为 202.138.163.2（图 4-2 中 Internet 路由器 GE0/0/0 接口 IP 地址）。

```
<Huawei> system-view
[Huawei] sysname RouterA
[RouterA] interface gigabitethernet 1/0/0
[RouterA-GigabitEthernet1/0/0] ip address 202.138.163.1 255.255.255.0
[RouterA-GigabitEthernet1/0/0] quit
[RouterA] interface gigabitethernet 2/0/0
```

#---RouterA 上的配置如下所示。

```
[RouterA-GigabitEthernet2/0/0] ip address 10.1.1.1 255.255.255.0
[RouterA-GigabitEthernet2/0/0] quit
[RouterA] ip route-static 202.138.162.0 24 202.138.163.2
```

#---RouterB 上的配置如下所示。

在 RouterB 上配置到对端公网的静态路由，此处假设到对端下一跳 IP 地址为 202.138.162.2（图 4-2 中 Internet 路由器 GE0/0/1 接口 IP 地址）。

```
<Huawei> system-view
[Huawei] sysname RouterB
[RouterB] interface gigabitethernet 1/0/0
[RouterB-GigabitEthernet1/0/0] ip address 202.138.162.1 255.255.255.0
[RouterB-GigabitEthernet1/0/0] quit
[RouterB] interface gigabitethernet 2/0/0
[RouterB-GigabitEthernet2/0/0] ip address 10.1.2.1 255.255.255.0
[RouterB-GigabitEthernet2/0/0] quit
[RouterB] ip route-static 202.138.163.0 24 202.138.162.2
```

#---Internet 路由器上的配置如下所示。

```
<Huawei> system-view
[Huawei] sysname Internet
[Internet] interface gigabitethernet 0/0/0
[Internet-GigabitEthernet0/0/0] ip address 202.138.163.2 255.255.255.0
[Internet-GigabitEthernet0/0/0] quit
Internet] interface gigabitethernet 0/0/1
[Internet-GigabitEthernet0/0/1] ip address 202.138.162.2 255.255.255.0
[Internet-GigabitEthernet0/0/1] quit
```

PC A 和 PC B 主机的 IP 地址和网关配置略。

② 在两端 IPSec 网关上配置 IPSec 安全提议。

假设此处只创建 IPSec 安全提议（名称假设均为 pro1，两端的 IPSec 安全提议名称也可以不同），其中的参数配置都采用缺省值（缺省配置采用的是隧道封装模式，可以满足基于 Tunnel 接口建立 IPSec 隧道情形的要求），如下所示。

```
[RouterA] ipsec proposal pro1
[RouterA-ipsec-proposal-pro1] quit

[RouterB] ipsec proposal pro1
[RouterB-ipsec-proposal-pro1] quit
```

此时分别在两 IPSec 网关上执行 **display ipsec proposal** 命令可查看 IPSec 安全提议的配置的信息。

③ 在两端 IPSec 网关上配置 IKE 对等体。

因为本示例采用了系统缺省的 IKE 安全提议，所以其认证方法为预共享密钥，这就要求在两端的 IPSec 设备上配置相同的共享密钥（假设为 huawei），采用 IKEv1 版本，本地和对端 ID 类型均为 IP 地址可不配置，因为缺省就是 IP 地址类型。

#---RouterA 上的配置如下所示。

```
[RouterA] ike peer spub v1
```

【说明】在最新的 V200R010 版本中，以上一条配置需采用两条配置替换，如下所示。RouterB 上的替换方法一样，不再赘述。

```
[RouterA] ike peer spub
[RouterA-ike-peer-spub] undo version 2    #---取消对 IKEv2 版本的支持
[RouterA-ike-peer-spub] pre-shared-key simple huawei
[RouterA-ike-peer-spub] quit
```

#--- RouterB 上的配置如下所示。

```
[RouterB] ike peer spua v1
[RouterB-ike-peer-spua] pre-shared-key simple huawei
[RouterB-ike-peer-spua] quit
```

以上配置完成后，在两端 IPSec 网关上执行 **display ike peer verbose** 命令查看所配置的 IKE 对等体信息。在 RouterA 上执行 **display ike peer verbose** 命令的输出如图 4-3 所示。

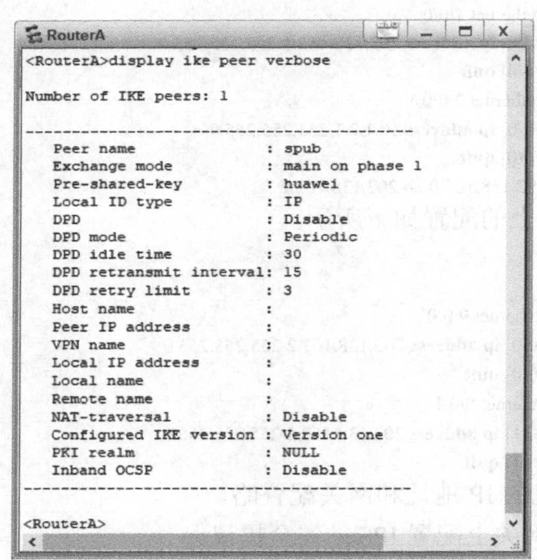

```
<RouterA>display ike peer verbose

Number of IKE peers: 1

-----------------------------------------------
   Peer name                : spub
   Exchange mode            : main on phase 1
   Pre-shared-key           : huawei
   Local ID type            : IP
   DPD                      : Disable
   DPD mode                 : Periodic
   DPD idle time            : 30
   DPD retransmit interval: 15
   DPD retry limit          : 3
   Host name                :
   Peer IP address          :
   VPN name                 :
   Local IP address         :
   Local name               :
   Remote name              :
   NAT-traversal            : Disable
   Configured IKE version   : Version one
   PKI realm                : NULL
   Inband OCSP              : Disable
-----------------------------------------------

<RouterA>
```

图 4-3 在 RouterA 上执行 **display ike peer verbose** 命令的输出

④ 在两端 IPSec 网关上创建 IPSec 安全框架（两个设备上配置的安全框架名称可以一样，也可以不一样），只需调用前面创建的 IPSec 安全提议、IKE 对等体，其他可选配置保留缺省配置即可。

#---RouterA 上的配置如下所示。

```
[RouterA] ipsec profile profile1
[RouterA-ipsec-profile-profile1] proposal pro1
[RouterA-ipsec-profile-profile1] ike-peer spub
[RouterA-ipsec-profile-profile1] quit
```

#---RouterB 上的配置如下所示。

```
[RouterB] ipsec profile profile1
[RouterB-ipsec-profile-profile1] proposal pro1
[RouterB-ipsec-profile-profile1] ike-peer spua
[RouterB-ipsec-profile-profile1] quit
```

⑤ 在两端 IPSec 网关上创建 Tunnel 接口，配置 IP 地址（**通常配置一个私网 IP 地址**），并封装为 IPSec 模式，然后配置它的源/目的 IP 地址（两端 Tunnel 接口的源/目的 IP 地址配置是镜像的）作为重封装后 IP 报文的源/目的 IP 地址，并应用前面配置的安全框架。

#---RouterA 上的配置如下所示。

```
[RouterA] interface tunnel 0/0/0
[RouterA-Tunnel0/0/0] ip address 192.168.1.1 255.255.255.0  #---配置 Tunnel 接口 IP 地址
[RouterA-Tunnel0/0/0] tunnel-protocol ipsec  #---配置 Tunnel 接口为 IPSec 封装模式
[RouterA-Tunnel0/0/0] source 202.138.163.1  #---指定本端 IPSec 设备 RouterA 的公网接口 IP 地址作为隧道源 IP 地址，与对端设备所配置的隧道目的 IP 地址一致
[RouterA-Tunnel0/0/0] destination 202.138.162.1  #---指定对端 IPSec 设备 RouterB 的公网接口 IP 地址作为隧道目的 IP 地址，与对端设备所配置的隧道源 IP 地址一致
[RouterA-Tunnel0/0/0] ipsec profile profile1  #---在 Tunnel 接口上应用前面配置的安全框架
[RouterA-Tunnel0/0/0] quit
```

#---RouterB 上的配置如下所示。

```
[RouterB] interface tunnel 0/0/0
[RouterB-Tunnel0/0/0] ip address 192.168.1.2 255.255.255.0
[RouterB-Tunnel0/0/0] tunnel-protocol ipsec
[RouterB-Tunnel0/0/0] source 202.138.162.1
[RouterB-Tunnel0/0/0] destination 202.138.163.1
[RouterB-Tunnel0/0/0] ipsec profile profile1
[RouterB-Tunnel0/0/0] quit
```

此时在两端 IPSec 网关上执行 **display ipsec profile** 命令可查看所创建的 IPSec 安全框架配置信息。在 RouterA 上执行 **display ipsec profile** 命令的输出如图 4-4 所示。

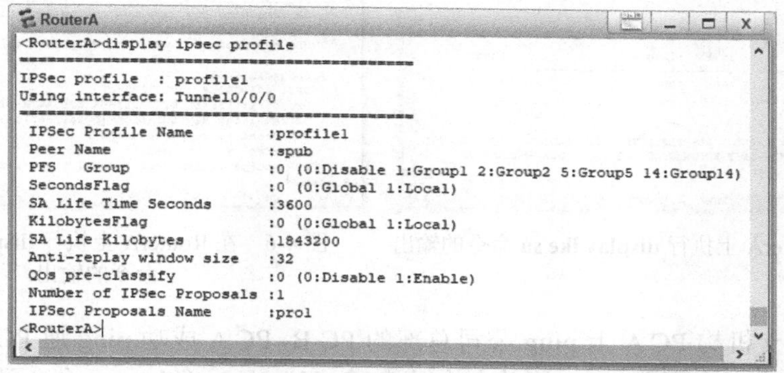

```
<RouterA>display ipsec profile
===========================================
IPSec profile   : profile1
Using interface: Tunnel0/0/0
===========================================
 IPSec Profile Name          :profile1
 Peer Name                   :spub
 PFS   Group                 :0 (0:Disable 1:Group1 2:Group2 5:Group5 14:Group14)
 SecondsFlag                 :0 (0:Global 1:Local)
 SA Life Time Seconds        :3600
 KilobytesFlag               :0 (0:Global 1:Local)
 SA Life Kilobytes           :1843200
 Anti-replay window size     :32
 Qos pre-classify            :0 (0:Disable 1:Enable)
 Number of IPSec Proposals   :1
 IPSec Proposals Name        :pro1
<RouterA>
```

图 4-4 在 RouterA 上执行 **display ipsec profile** 命令的输出

⑥ 配置以 Tunnel 接口为出接口的静态路由，将需要 IPSec 保护的数据流引到 Tunnel 接口上发。因为 Tunnel 接口是运行 PPP 协议的，在静态路由配置中可以仅指定出接口，

而不用指定下一跳 IP 地址。

#---RouterA 上的配置如下所示。

在 RouterA 上配置**以本地 Tunnel 接口为出接口**，到达公司总部所连接私网 10.1.2.0/24 的静态路由，相当于指定了凡是到达公司总部所连接的私网的数据流都采用该 Tunnel 接口转发。

```
[RouterA] ip route-static 10.1.2.0 255.255.255.0 tunnel 0/0/0
```

#---RouterB 上的配置如下所示。

在 RouterB 上配置**以本地 Tunnel 接口为出接口**，到达分支机构所连接私网 10.1.1.0/24 的静态路由，相当于指定了凡是到达分支机构所连接的私网的数据流都采用该 Tunnel 接口转发。

```
[RouterB] ip route-static 10.1.1.0 255.255.255.0 tunnel 0/0/0
```

3．配置结果验证

以上配置完成后，可进行以下系列配置结果验证。

① 在两端 IPSec 网关上执行 **display ike sa** 命令，查看两端设备上此时已建立的 IKE SA 和 IPSec SA 信息，验证配置结果，在 RouterA 上执行 **display ike sa** 命令的输出如图 4-5 所示，从中可以看出，已成功建立了 IKE 两个阶段的 IKE SA 和 IPSec SA。还可以执行 **display ipsec sa** 命令查看最终建立的 IPSec SA 信息，在 RouterA 上执行 **display ike sa** 命令的输出如图 4-6 所示，从图中我们可以看到所建立的 IPSec SA 的详细参数信息。

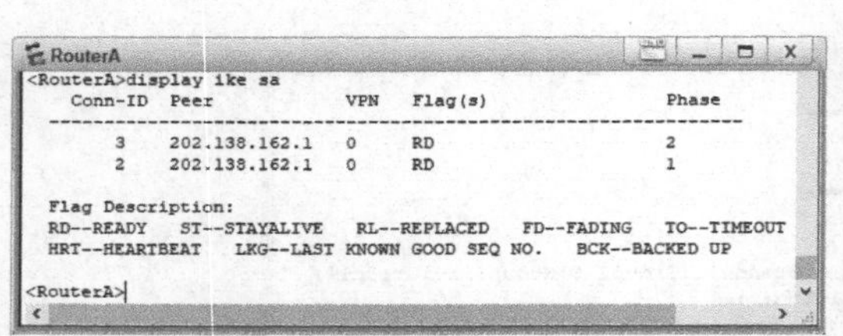

图 4-5 在 RouterA 上执行 **display ike sa** 命令的输出

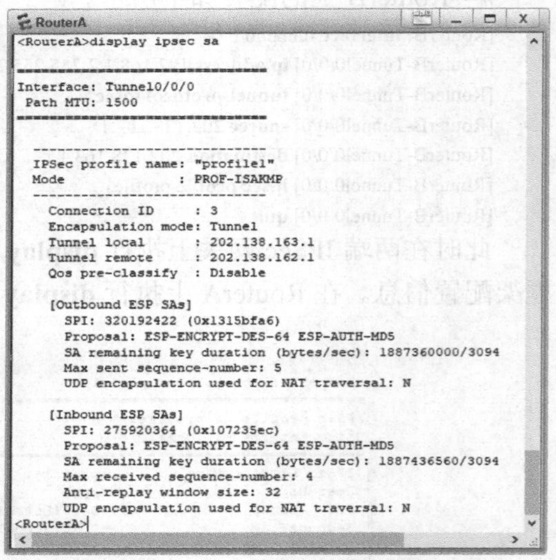

图 4-6 在 RouterA 上执行 **display ipsec sa** 命令的输出

② 在分支机构 PC A 上 ping 公司总部的 PC B，PC A 成功 ping 通 PC B 的结果如图 4-7 所示。此时在两端 IPSec 网关上执行 **display ipsec statistics esp** 命令可以看到 PC A 和 PC B 之间通信数据已经过了 IPSec 加密。在 RouterA 上执行 **display ipsec statistics esp** 命令的输出如图 4-8 所示。

通过以上步骤，证明本示例配置正确，结果是成功的。

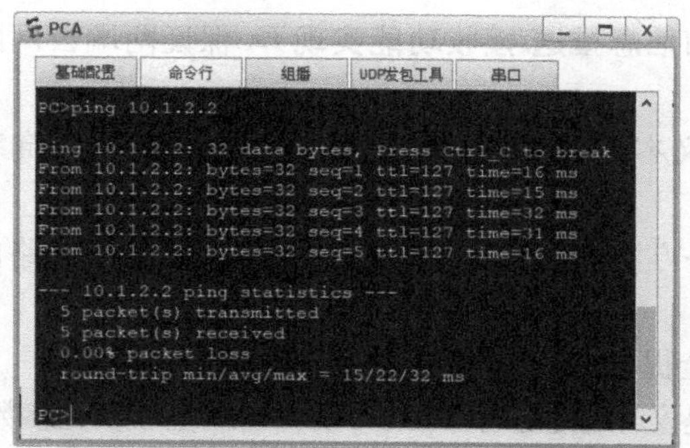

图 4-7 PC A 成功 ping 通 PC B 的结果

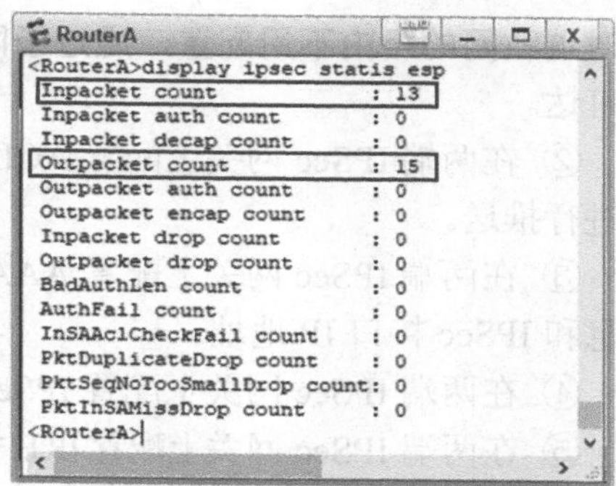

图 4-8 在 RouterA 上执行 **display ipsec statistics esp** 命令的输出

4.1.6 基于虚拟隧道模板接口建立 IPSec 隧道的配置示例

基于虚拟隧道模板接口建立 IPSec 隧道的配置示例的拓扑结构如图 4-9 所示，分支机构与公司总部要通过公网建立通信，但分支机构子网和公司总部子网经常发生变动。企业希望对分支机构与公司总部之间相互访问的流量进行安全保护，并且 IPSec 配置不随网络的变动而受影响。

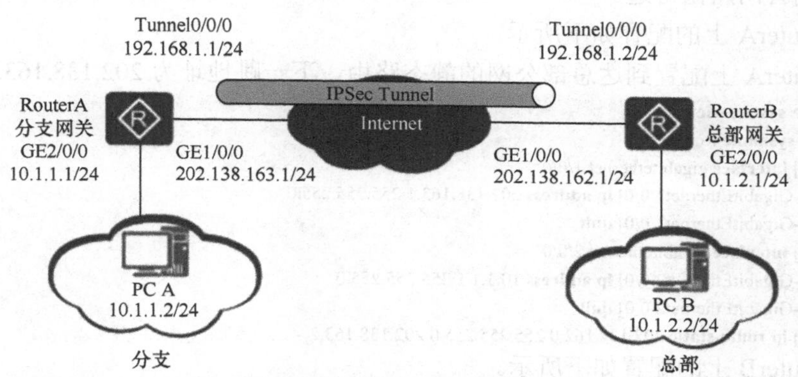

图 4-9 基于虚拟隧道模板接口建立 IPSec 隧道的配置示例的拓扑结构

1. 基本配置思路分析

本示例的最大的一个特点是分支机构和公司总部子网经常发生变化，如果采用路由来配置子网路由，可能会经常进行改动。此时可采用基于虚拟隧道模板接口方式来建立 IPSec 隧道，在公司总部 IPSec 网关上创建虚拟隧道模板接口（**在分支机构 IPSec 网关上仍要创建 Tunnel 接口，因为使用虚拟隧道模板接口应用 IPSec 安全框架时只能作为响应方**），通过子网路由信息的推送/接收功能来实现两端相互学习对端的子网路由的配置方式更为简便，这样两端只需要定义本端需要 IPSec 保护的子网信息和 Tunnel 接口或隧道模板接口即可。

因为本示例要采用虚拟隧道模板接口和子网路由信息推送/接收功能，所以只能采用 IKEv2 版本，基本配置思路如下（**本实验不能在华为模拟器上进行**）。

① 配置各设备接口 IP 地址，在两端 IPSec 网关上配置到达对端公网的静态路由（**到**

达对端私网的路由不用配置，通过子网路由信息推送/接收功能实现），保证两端公网路由可达。

② 在两端 IPSec 网关上配置 ACL，定义本端需要 IPSec 保护的子网信息，用于向对端进行推送。

③ 在两端 IPSec 网关上配置 AAA 业务方案，定义本端需要向对端推送的子网路由信息和 IPSec 接口 IP 地址。

④ 在两端 IPSec 网关上配置 IPSec 安全提议，定义 IPSec 的保护方法。

⑤ 在两端 IPSec 网关上配置 IKE 安全提议，确定进行 IKE SA 协商时的基本安全参数。

⑥ 在两端 IPSec 网关上配置 IKE 对等体，定义对等体间 IKE 协商时的属性，包括配置子网路由信息推送和接收功能，用以学习对端子网路由。

⑦ 在两端 IPSec 网关上配置安全框架，并引用安全提议和 IKE 对等体，确定对哪些数据流采取哪种保护方法。

⑧ 在公司总部 IPSec 网关 Tunnel-Template 接口上应用安全框架，在分支机构 IPSec 网关 Tunnel 接口上应用安全框架，使接口具有 IPSec 的保护功能。

2. 具体配置步骤

① 配置各设备接口 IP 地址，在两端 IPSec 网关上配置到达对端公网的静态路由，以保证两端公网路由可达。

#---RouterA 上的配置如下所示。

在 RouterA 上配置到达总部公网的静态路由，下一跳地址为 202.138.163.2。

```
<Huawei> system-view
[Huawei] sysname RouterA
[RouterA] interface gigabitethernet 1/0/0
[RouterA-GigabitEthernet1/0/0] ip address 202.138.163.1 255.255.255.0
[RouterA-GigabitEthernet1/0/0] quit
[RouterA] interface gigabitethernet 2/0/0
[RouterA-GigabitEthernet2/0/0] ip address 10.1.1.1 255.255.255.0
[RouterA-GigabitEthernet2/0/0] quit
[RouterA] ip route-static 202.138.162.0 255.255.255.0 202.138.163.2
```

#---RouterB 上的配置如下所示。

在 RouterB 上配置到达分支公网的静态路由，下一跳地址为 202.138.162.2。

```
<Huawei> system-view
[Huawei] sysname RouterB
[RouterB] interface gigabitethernet 1/0/0
[RouterB-GigabitEthernet1/0/0] ip address 202.138.162.1 255.255.255.0
[RouterB-GigabitEthernet1/0/0] quit
[RouterB] interface gigabitethernet 2/0/0
[RouterB-GigabitEthernet2/0/0] ip address 10.1.2.1 255.255.255.0
[RouterB-GigabitEthernet2/0/0] quit
[RouterB] ip route-static 202.138.163.0 255.255.255.0 202.138.162.2
```

PC A 和 PC B 主机的 IP 地址和网关配置略。

② 在两端 IPSec 网关上配置基本或高级 ACL，定义本端需要 IPSec 保护的子网信息（此处的 ACL 是用来配置下面要推送的 AAA 业务方案，**不是用来定义感兴流**）。因为分支机构子网和总部子网都是变化的，所以仅需指定本地源 IP 地址段。

#---RouterA 上的配置如下所示。

```
[RouterA] acl number 3001
[RouterA-acl-adv-3001] rule permit ip source 10.1.1.0 0.0.0.255
[RouterA-acl-adv-3001] quit
```

#---RouterB 上的配置如下所示。

```
[RouterB] acl number 3001
[RouterB-acl-adv-3001] rule permit ip source 10.1.2.0 0.0.0.255
[RouterB-acl-adv-3001] quit
```

③ 在两端 IPSec 网关上配置 AAA 业务方案，定义本端需要 IPSec 推送的子网路由信息。

#---RouterA 上的配置如下所示。

```
[RouterA] aaa
[RouterA-aaa] service-scheme schemetest
[RouterA-aaa-service-schemetest] route set acl 3001   #---指定要推送的本地子网信息
[RouterA-aaa-service-schemetest] route set interface   #---绑定本地 IPSec 接口 IP 地址
[RouterA-aaa-service-schemetest] quit
[RouterA-aaa] quit
```

#---RouterB 上的配置如下所示。

```
[RouterB] aaa
[RouterB-aaa] service-scheme schemetest
[RouterB-aaa-service-schemetest] route set acl 3001
[RouterB-aaa-service-schemetest] route set interface
[RouterB-aaa-service-schemetest] quit
[RouterB-aaa] quit
```

④ 在两端 IPSec 网关上创建 IPSec 安全提议。此处采用的 ESP 认证算法为 SHA2-256，ESP 加密算法为 AES-128，其他参数采用缺省配置。

#---RouterA 上的配置如下所示。

```
[RouterA] ipsec proposal prop1
[RouterA-ipsec-proposal-prop1] esp authentication-algorithm sha2-256
[RouterA-ipsec-proposal-prop1] esp encryption-algorithm aes-128
[RouterA-ipsec-proposal-prop1] quit
```

#---RouterB 上的配置如下所示。

```
[RouterB] ipsec proposal prop1
[RouterB-ipsec-proposal-prop1] esp authentication-algorithm sha2-256
[RouterB-ipsec-proposal-prop1] esp encryption-algorithm aes-128
[RouterB-ipsec-proposal-prop1] quit
```

以上配置完成后，在两端 IPSec 网关上执行 **display ipsec proposal** 命令可查看所配置的 IPSec 安全提议信息。

⑤ 在两端 IPSec 网关上配置 IKE 安全提议。新创建一个序号为 5 的 IKE 安全提议，认证算法为 SHA2-256，加密算法为 AES-128，DH 为 group14，其他参数采用缺省配置。

#---RouterA 上的配置如下所示。

```
[RouterA] ike proposal 5
[RouterA-ike-proposal-5] authentication-algorithm sha2-256
[RouterA-ike-proposal-5] encryption-algorithm aes-128
[RouterA-ike-proposal-5] dh group14
[RouterA-ike-proposal-5] quit
```

#---RouterB 上的配置如下所示。

```
[RouterB] ike proposal 5
[RouterB-ike-proposal-5] authentication-algorithm sha2-256
[RouterB-ike-proposal-5] encryption-algorithm aes-128
```

```
[RouterB-ike-proposal-5] dh group14
[RouterB-ike-proposal-5] quit
```

⑥ 在两端 IPSec 网关上配置 IKE 对等体（**子网路由信息推送功能必须采用 IKEv2 版本**），引用前面配置的 IKE 安全提议，配置预共享密钥（两端要一致），同时两端均配置子网路由信息推送/接收功能。

#---RouterA 上的配置如下所示。

```
[RouterA] ike peer peer2
[RouterA-ike-peer-peer2] undo version 1   #---取消对 IKEv1 版本的支持
[RouterA-ike-peer-peer2] ike-proposal 5   #---引用前面配置的 IKE 安全提议
[RouterA-ike-peer-peer2] pre-shared-key cipher Huawei@1234   #---配置密文预共享密钥
[RouterA-ike-peer-peer2] service-scheme schemetest   #---引用前面配置的 AAA 方案
[RouterA-ike-peer-peer2] config-exchange set accept   #---使能接收对端子网路由信息功能
[RouterA-ike-peer-peer2] config-exchange set send #---使能本端发送子网路由信息功能
[RouterA-ike-peer-peer2] route accept #---根据接收的对端子网路由信息生成路由
[RouterA-ike-peer-peer2] quit
```

#---RouterB 上的配置如下所示。

```
[RouterB] ike peer peer2
[RouterB-ike-peer-peer2] undo version 1
[RouterB-ike-peer-peer2] ike-proposal 5
[RouterB-ike-peer-peer2] pre-shared-key cipher Huawei@1234
[RouterB-ike-peer-peer2] service-scheme schemetest
[RouterB-ike-peer-peer2] config-exchange set accept
[RouterB-ike-peer-peer2] config-exchange set send
[RouterB-ike-peer-peer2] route accept
[RouterB-ike-peer-peer2] quit
```

⑦ 在两端 IPSec 网关上创建 IPSec 安全框架，引用前面配置的 IPSec 安全提议和 IKE 对等体。

#---RouterA 上的配置如下所示。

```
[RouterA] ipsec profile profile1
[RouterA-ipsec-profile-profile1] proposal prop1
[RouterA-ipsec-profile-profile1] ike-peer peer2
[RouterA-ipsec-profile-profile1] quit
```

#---RouterB 上的配置如下所示。

```
[RouterB] ipsec profile profile1
[RouterB-ipsec-profile-profile1] proposal prop1
[RouterB-ipsec-profile-profile1] ike-peer peer2
[RouterB-ipsec-profile-profile1] quit
```

⑧ 在 RouterA 的 Tunnel 接口和 RouterB 的 Tunnel-template 接口上应用各自配置的 IPSec 安全框架。同时配置 IP 地址、IPSec 封装、隧道源接口、目的 IP 地址（Tunnel-template 接口上不能配置）等参数。

#---RouterA 上的配置如下所示。

```
[RouterA] interface tunnel 0/0/0
[RouterA-Tunnel0/0/0] ip address 192.168.1.1 255.255.255.0
[RouterA-Tunnel0/0/0] tunnel-protocol ipsec
[RouterA-Tunnel0/0/0] source gigabitethernet1/0/0
[RouterA-Tunnel0/0/0] destination 202.138.162.1
[RouterA-Tunnel0/0/0] ipsec profile profile1
[RouterA-Tunnel0/0/0] quit
```

#---RouterB 上的配置如下所示。

```
[RouterB] interface tunnel-template 0
[RouterB-Tunnel-Template0] ip address 192.168.1.2 255.255.255.255
[RouterB-Tunnel-Template0] tunnel-protocol ipsec
[RouterB-Tunnel-Template0] source gigabitethernet1/0/0
[RouterB-Tunnel-Template0] ipsec profile profile1
[RouterB-Tunnel-Template0] quit
```

以上配置完成后，在两端 IPSec 网关上执行 **display ipsec profile** 命令可查看所配置的 IPSec 安全框架信息。

3. 配置结果验证

以上配置完成后，我们可以进行以下系列配置结果验证。

① 在两端 IPSec 网关上执行 **display ike sa** 命令查看最终建立的 IKE SA 和 IPSec SA 信息。在 RouterA 上执行该命令的输出如下，从中我们可以看出，RouterA 上已成功建立了 IKE 两个协商阶段的 IKE SA 和 IPSec SA。

```
[RouterA] display ike sa
    Conn-ID  Peer            VPN   Flag(s)              Phase
  ---------------------------------------------------------------
       12    202.138.162.1    0     RD|ST                v2:2
       11    202.138.162.1    0     RD|ST                v2:1

  Number of SA entries   : 2

  Number of SA entries of all cpu : 2

  Flag Description:
  RD--READY   ST--STAYALIVE   RL--REPLACED   FD--FADING   TO--TIMEOUT
  HRT--HEARTBEAT   LKG--LAST KNOWN GOOD SEQ NO.   BCK--BACKED Up
  M--ACTIVE   S--STANDBY   A--ALONE   NEG--NEGOTIATING
```

② 在两端 IPSec 网关上执行 **display ip routing-table** 命令，可查看通过子网路由信息推送和接收功能生成的对端子网路由，如下所示，从中我们可以看到两端均已成功学习到对方的子网路由。此时 PC A 和 PC B 可以互通了。

```
[RouterA] display ip routing-table
Route Flags: R - relay, D - download to fib
------------------------------------------------------------------------------
Routing Tables: Public
         Destinations : 16        Routes : 16

Destination/Mask    Proto   Pre  Cost      Flags NextHop         Interface

      10.1.2.0/24   Unr     0    0           D   192.168.1.2     Tunnel0/0/0

[RouterB] display ip routing-table
Route Flags: R - relay, D - download to fib
------------------------------------------------------------------------------
Routing Tables: Public
         Destinations : 16        Routes : 16

Destination/Mask    Proto   Pre  Cost      Flags NextHop         Interface

      10.1.1.0/24   Unr     62   0          RD   192.168.1.1     Tunnel-Template0
```

通过以上步骤，证明本示例配置正确，结果是成功的。

4.2 Efficient VPN 策略基础

两个对等体之间要建立 IPSec 隧道，如果采用基于 ACL 或者基于虚拟 Tunnel 接口方式建立 IPSec 隧道，则均必须在两个对等体上做大量的 IPSec 配置，包括配置 IKE 协商认证算法、IKE 协商加密算法、Diffie-Hellman、IPSec Proposal 等。在包含数百个站点的大型网络场景中，各分支机构 IPSec 网关上的 IPSec 配置将非常复杂。这就是本节将要介绍的 Efficient VPN 方案的引入背景，因为在 Efficient VPN 中主要的配置集中在企业总部网关上，分支上需要做的配置将非常少，这大大减少了分支 IPSec 网关上的配置工作量，降低了分支机构的配置难度。

【注意】 Efficient VPN 功能的使用需要得到华为 License 授权，需要购买对应系列产品的安全业务增值包，缺省情况下，设备的 Efficient VPN 功能受限无法使用。

4.2.1 Efficient VPN 简介

Efficient VPN 采用客户/服务（Client/Server）结构，分支机构 IPSec 网关为 Client，也称 Remote 端，公司总部 IPSec 网关称为 Server 端。在这种 Efficient VPN 策略中，Remote 端仅需配置接入 Server 端的 IP 地址、预共享密钥等 IPSec 隧道这些极少数必配参数，而像 IKE 协商认证算法、IKE 协商加密算法、IPSec Proposal 等大部分 IPSec VPN 参数可以在 Server 端进行预定义。Remote 端发起 IPSec 隧道协商建立时，Remote 端将所支持的 IKE 协商认证能力、IKE 协商认证的加解密能力、IPSec Proposal 等参数全部发往 Server 端，Server 端根据管理员预配置的 IPSec 隧道参数与 Remote 端上报的 IPSec 能力数据协商建立 IPSec 隧道。这样，在 Efficient VPN Remote 端，管理员所做的配置就非常少，从而简化了 IPSec 配置。

Efficient VPN 策略也是需要使用 IKE 协议在两端 IPSec 设备间协商建立 IKE SA 和 IPSec SA，只不过这种建立方式是将 IPSec 及其他相应配置集中在 Server 端，Remote 端只需配置好基本的参数。当 Remote 端发起协商时，Server 端会将 IPSec 的相关属性及其他网络资源“推送”给 Remote 端，最终在两端建立 IPSec 隧道。在这种 IPSec 隧道建立方式中，**分支机构总是作为发起方，企业总部总是作为响应方**，主要配置集中在企业总部，简化了分支机构网关的 IPSec 和其他网络资源的配置和维护。

在采用 Efficient VPN 策略 IPSec 隧道建立方式中，Remote 端要配置 Efficient VPN 策略，Server 端要配置策略模板（**即采用策略模板方式建立 IPSec 安全策略**），以适应不同分支机构用户采用不同 Efficient VPN 策略的接入需求。

4.2.2 Efficient VPN 的运行模式

目前在华为 AR G3 系列路由器的 IPSec Efficient VPN 中支持以下 4 种运行模式。

1. Client 模式

在 Client 运行模式中，Remote 端子网和 Server 端子网没有统一规划，可能有重叠。此时 Remote 端会向 Server 端申请一个 IP 地址（**Server 端要配置 DHCP 服务器，可以**

在 Server 端 IPSec 网关上配置，也可以在 Server 端其他设备上配置）。从 Server 端获取这个 IP 地址后，Remote 端 IPSec 网关会自动创建一个 LoopBack 接口并分配这个申请到的 IP 地址。这个 IP 地址是用于为 Remote 客户端通过 NAT/端口地址转换（Port Address Translation，PAT）功能，把 Remote 端子网用户访问 Server 端子网 IP 报文中的私网 IP 地址转全部换成这个申请到的 IP 地址，实现分支机构用户对企业总部资源的访问。

【经验提示】 在 Client 模式中，分支机构下的所有用户都共享一个 IP 地址进行 PAT 地址转换（是一对多的地址转换方式），而且每个用户最终分配的传输层端口号不是固定的。这也使在 Client 模式中仅可以由分支用户主动向企业总部用户发起单向访问，而不能由企业总部用户主动向分支用户发起访问。因为来自企业总部的报文在到达分支机构 IPSec 网关时无法确定最终要转换的目的主机 IP 地址。

Client 模式的 Efficient VPN 基本结构如图 4-10 所示（**Remote 端出差员工的 IP 地址与 Server 端子网有重叠**），一般用于出差员工或小的分支机构通过私网接入总部网络。因为在这种运行模式中，Remote 端所有用户访问企业总部子网时都需要经过 PAT 地址、端口转换，需要消耗设备上的额外资源。

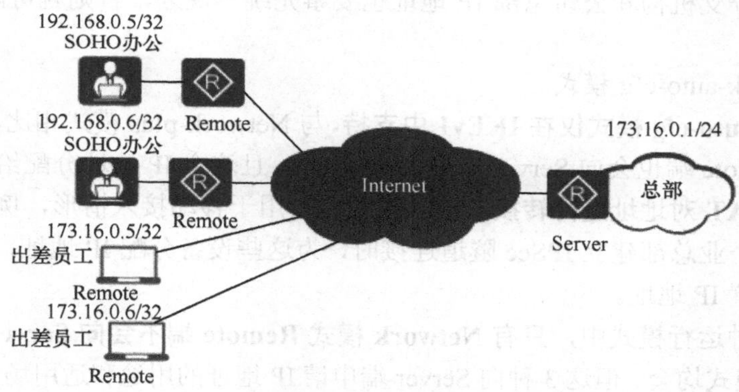

图 4-10　Client 模式的 Efficient VPN 基本结构

如果出差员工是通过软件（例如华为 EVPN 客户端）连接企业总部子网，软件会在用户的 PC 端上建立一个虚拟网卡，而且会为该虚拟网卡分配从 Server 端申请的 IP 地址，也会使用这个 IP 地址与 Server 端连接。

Client 运行模式支持 Server 端的 DNS 服务器地址、WINS 服务器地址的请求和推送。而且 Client 模式无须考虑 Remote 端与 Server 端，或其他 Remote 端下挂用户 IP 地址的冲突问题，因为用户在访问企业总部时的 IP 地址都将转换成同一个 IP 地址（但使用的传输层端口不一样）。

2. Network 模式

在 Network 模式中，**Remote 不会向 Server 申请 IP 地址，也不会自动启用 NAT/PAT 功能**，而是直接使用 Remote 端用户原有 IP 地址访问 Server 端资源。

Network 模式一般用于分支机构和公司总部 IP 地址已统一规划的场景，两端子网不会有重叠。Network 模式的基本结构如图 4-11 所示，但 Network 模式也支持 DNS 服务器地址、WINS 服务器地址的请求和推送，这部分功能与 Client 模式保持一致。

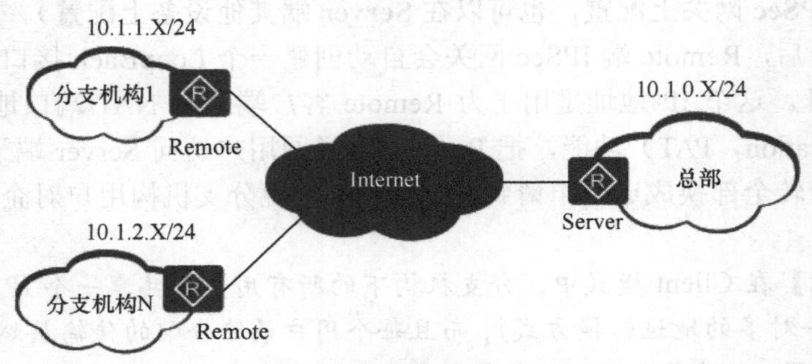

图 4-11　Network 模式的基本结构

3. Network-plus 模式

与 Network 模式相比，在 Network-plus 模式中，Remote 端还是会向 Server 端申请 IP 地址。从 Server 端获取这个 IP 地址后，Remote 端 IPSec 网关也会自动创建一个 Loopback 接口并分配这个申请到的 IP 地址。**但这个申请到的 IP 地址仅用于公司总部对分支机构进行 Ping、Telnet 等管理维护，不分配给用户主机，Remote 端也不自动启用 NAT 功能。** 很显然，这时分支机构和公司总部 IP 地址也要事先统一规划，否则就可能造成 IP 地址冲突。

4. Network-auto-cfg 模式

Network-auto-cfg 模式仅在 IKEv1 中支持，与 Network-plus 模式相比，Network-auto-cfg 模式中 Remote 端也会向 Server 端申请 IP 地址，且这个 IP 地址分配给用户，**不会自动启动 NAT/PAT 对地址进行转换。** 这种模式主要用于移动接入情形，例如在使用手机或平板电脑与企业总部建立 IPSec 隧道连接时，为这些设备分配 IP 地址，因为这些设备原来并没有配置 IP 地址。

在以上 4 种运行模式中，**只有 Network 模式 Remote 端不会向 Server 端申请 IP 地址**，其他 3 种模式均会。但这 3 种向 Server 端申请 IP 地址的用途和适用场景不完全相同，具体说明如下。

① Client 模式 Remote 端向 Server 端申请的 IP 地址分配给了**在 Remote 端自动创建的 LoopBack 接口**，作为 Remote 端子网用户访问 Server 端资源，**IP 报文进行** NAT/PAT 后的 IP 地址，适用于 Remote 端和 Server 端子网可能存在重叠的情形。

② Network-plus 模式 Remote 端向 Server 端申请的 IP 地址分配给了**在 Remote 端自动创建的 LoopBack 接口**，但这个 IP 地址仅用于 Server 端对 Remote 端进行维护管理，不会用于 Remote 端子网用户访问 Server 端资源时 IP 报文中的 IP 报文中 IP 地址转换，适用于 Remote 端和 Server 端子网不存在重叠的情形。

③ Network-auto-cfg 模式 Remote 端向 Server 端申请的 IP 地址直接分配给了在 Remote 端的子网用户，**在 Remote 端不会自动创建 LoopBack 接口，也不会自动启用 NAT/PAT 进行 IP 地址转换**，适用于 Remote 端没有分配 IP 地址的移动用户接入场景。

④ **Network-auto-cfg 模式只在 IKEv1 中支持**，其他 3 种模式在 IKEv1 和 IKEv2 版本中支持。

Server 端除了可以向 Remote 端推送 DNS 域名、DNS 服务器地址、WINS 服务器地址等网络资源，还可将使用 ACL 定义的公司总部子网信息推送给 Remote 端，以限定允许分支子网用户访问的公司总部子网，报文中目的 IP 地址不在这个 ACL 定义范围内的分支子网流量将不会经过 IPSec 隧道，而是采用正常 Internet 访问方式，**但 Network-auto-cfg 运行模式不支持 ACL 推送。**

4.3　配置采用 Efficient VPN 策略建立 IPSec 隧道

在 Efficient VPN 中把 IPSec 隧道分成了 Remote 端和 Server 端，Remote 端配置 Efficient VPN 策略，Server 端配置策略模板，以建立 IPSec 隧道。IPSec 及其他相关配置主要集中在 Server 端（公司总部网关），Remote 端（分支机构网关）只需要配置好基本参数。

4.3.1　配置任务

在采用 Efficient VPN 策略建立 IPSec 隧道的方案中，主要 IPSec 配置是在 Server 端，因此 Remote 端和 Server 端各自所需配置的参数存在较大区别，下面分别介绍。

1. Remote 端配置任务

Remote 端仅需配置接入 Server 端的 IP 地址、预共享密钥等 IPSec 隧道必配参数。这些参数配置总体分为两个部分：IPSec 基本参数和 IPSec 可选参数，它们都是在 Efficient VPN 策略视图下配置的。

① IPSec 基本参数：创建 Efficient VPN 策略、指定 Efficient VPN 的运行模式、接入 Server 端的 IP 地址、预共享密钥或数字证书等。

② IPSec 可选参数：主要包括认证方法（只能是预共享密钥认证或数字签名认证）、本地 ID 类型、IPSec 隧道的本地地址，远端 IID、原始报文信息提取、PFS、抗重放窗口大小等。**这些可选参数在 Remote 端和 Server 端均可配置，如果只在一端配置，那么以一端配置的为准；如果在两端都配置，那么两端需要配置相同的参数才能协商成功。**

2. Server 端的配置任务

Server 端参数配置分为两个部分：网络资源参数和 IPSec 参数。网络资源参数包括 IP 地址、域名、DNS 服务器地址、WINS 服务器地址等，Server 端可以通过 IPSec 隧道将配置的网络资源参数推送给 Remote 端。IPSec 参数必须采用策略模板方式建立 SA，包括 IPSec 安全提议、IKE 安全提议、IKE 对等体等。

在 Remote 端和 Server 端**系统视图下**均可配置以下可选扩展功能，在同时配置时，两端的配置必须保持一致。

① 配置 IPSec 反查功能。

② 配置 IPSec 先分片后加密功能。

③ 配置全局 IPSec SA 的生存周期。

④ 配置抗重放功能。

另外，在 Server 端系统视图下还可配置“配置保护相同数据流的新用户快速接入总部功能”。

在采用 Efficient VPN 策略建立 IPSec 隧道之前，需完成以下任务。

① 实现源接口和目的接口之间路由可达。

② 确定 IKE 协商的发起方和响应方，发起方为 Remote 端，响应方为 Server 端。

③ 确定需要 IPSec 保护的数据流。

④ 确定数据流被保护的强度，即确定使用的 IPSec 安全提议的参数。

4.3.2 配置 Remote 端 IPSec 基本参数

IPSec 基本参数是必须要配置的参数，具体配置步骤见表 4-6。

表 4-6 Remote 端 IPSec 基本参数的配置步骤

<table>
<tr><th>步骤</th><th>命令</th><th colspan="2">说明</th></tr>
<tr><td>1</td><td>system-view</td><td colspan="2">进入系统视图</td></tr>
<tr><td rowspan="3">2</td><td>ipsec efficient-vpn efficient-vpn-name mode client
例如：[Huawei] ipsec efficient-vpn vpn1 mode client</td><td colspan="2">（三选一）创建 Client 模式 IPSec Efficient VPN 策略，并进入 Efficient VPN 策略视图。参数 efficient-vpn-name 指定 Efficient VPN 策略的名称，字符串格式，长度是 1～12，区分大小写，不能包含“？”和空格。Client 模式中 Remote 端以向总部申请一个 IP 的地址与 Server 端建立 IPSec 隧道。
因为在 Client 模式中，分支机构发往公司总部报文中的源 IP 地址为分支机构 IPSec 网关向公司总部 IPSec 网关申请的 IP 地址，所以不需要通过引用 ACL 来过滤报文的源 IP 地址。
缺省情况下，系统没有配置 Efficient VPN 策略，可用 undo ipsec efficient-vpn efficient-vpn-name 命令删除指定的 Efficient VPN 策略</td></tr>
<tr><td>ipsec efficient-vpn efficient-vpn-name mode { network | network-plus }
例如：[Huawei] ipsec efficient-vpn vpn1 mode network</td><td rowspan="2">（三选一）创建 Network 模式或者 Network-plus 模式的 IPSec Efficient VPN 策略，并引用 ACL</td><td>创建 Network 或 Network-plus 模式 IPSec Efficient VPN 策略，并进入 Efficient VPN 策略视图。
Network 模式中 Remote 端不会向 Server 端申请 IP 地址，而是用原有 IP 地址与总部建立 IPSec 隧道，也不会自动启用 NAT 功能。
与 Network 模式相比，Network-plus 模式中 Remote 端会向 Server 端申请 IP 地址，但获取的 IP 地址只用于总部对分支进行 ping、Telnet 等管理维护，Remote 端不自动启用 NAT 功能</td></tr>
<tr><td>security acl acl-number
例如：[Huawei-ipsec-efficient-vpn-vpn1] security acl 3101</td><td>在 Efficient VPN 策略中引用的高级 ACL，rule 规则只可以匹配 IP 报文。该命令用于通过 ACL 方式来指定需要 IPSec 保护的数据流。实际应用中，首先需要通过配置 ACL 的规则定义数据流，再在 IPSec 策略中引用该 ACL，从而起到保护该数据流的作用</td></tr>
</table>

续表

步骤	命令	说明
2	**ipsec efficient-vpn** *efficient-vpn-name* **mode network-auto-cfg** 例如：[Huawei] **ipsec efficient-vpn** vpn1 **mode mode network-auto-cfg**	（三选一）创建 Network-auto-cfg 模式 IPSec Efficient VPN 策略，并进入 Efficient VPN 策略视图。**Network-auto-cfg 模式只在 IKEv1 中支持**，因为在 Network-auto-cfg 模式下，Remote 端用户使用的 IP 地址是由 Server 端分配的，所以也不需要通过引用 ACL 来过滤报文的源 IP 地址
3	**remote-address** { *ip-address* | *host-name* } { **v1** | **v2** } 例如：[Huawei-ipsec-efficient-vpn-vpn1] **remote-address** 10.1.2.1 **v1**	配置 IKE 协商时的远端 IP 地址或域名。为了提高网络的可靠性，总部提供两台设备供分支网关（Remote 端）接入。分支网关上可以配置 2 个远端 IKE 对等体的地址或域名，分支网关首先采用第一个地址或域名与总部网关建立 IKE 连接，若第一个 IKE 连接建立失败，采用第二个地址或域名建立 IKE 连接。但必须保证配置的 2 个 remote-address 类型和使用 IKE 版本必须都一致。 如果配置的对端地址是域名，则可以通过以下两种方式获取对端的 IP 地址。 ① 静态方式：用户手工配置域名和 IP 地址的对应关系。 ② 动态方式：通过 DNS 域名服务器解析获取对端的 IP 地址
4	**pre-shared-key** { **simple** | **cipher** } *key* 例如：[Huawei-ipsec-efficient-vpn-vpn1] **pre-shared-key cipher** huawei	（二选一）配置采用预共享密钥认证时，IKE 对等体与对端共享的预共享密钥。**两端的预共享密钥配置必须一致**。 ① **simple**：二选一选项，配置明文密码类型。可以键入明文密码，查看配置文件时以明文方式显式密码。 ② **cipher**：二选一选项，配置密文密码类型。可以键入明文或密文密码，但在查看配置文件时均以密文方式显式密码。 ③ *key*：指定对等体 IKE 协商所采用的预共享密钥，字符串格式，不支持空格，区分大小写，明文时输入为 1～128，密文时输入为 48～188。当输入的字符串两端使用双引号时，可在字符串中输入空格。 缺省情况下，系统使用 pre-shared key 认证方法，但没有配置对等体 IKE 协商采用预共享密钥认证时所使用的预共享密钥，可用 **undo pre-shared-key** 命令删除对等体 IKE 协商采用预共享密钥认证时所使用的预共享密钥
	pki realm *realm-name* 例如：[Huawei-ipsec-efficient-vpn-vpn1] **pki realm** test1	（二选一）配置认证方法为 RSA 数字签名时，获取数字证书 配置采用数字证书认证时，Efficient VPN 策略的数字证书所属的 PKI 域（已通过 **pki realm realm-name** 命令配置），字符串类型，取值是 1～15，**区分大小写**，字符串中不能包含“？”和空格。根据 PKI 域下的配置信息获取本端的 CA 证书和设备证书。此时要在 Efficient VPN 策略视图下配置 **authentication-method rsa-signature** 命令，参见表 4-7 第 3 步。 缺省情况下，IKE 对等体或 Efficient VPN 策略的数字证书没有指定 PKI 域，可通过 **undo pki realm realm-name** 命令取消指定 Efficient VPN 策略的数字证书所属的 PKI 域

续表

步骤	命令	说明	
4	**inband ocsp** 例如：[Huawei-ipsec-efficient-vpn-vpn1] **inband ocsp**	（二选一）配置认证方法为RSA数字签名时，获取数字证书	（可选）配置 IKEv2 采用 RSA 签名认证时本端使用对端发送的 OCSP 验证结果检查对端证书有效性。 在 IKEv2 采用 RSA 签名认证场景中，使用 OCSP 方式检查证书有效性，如果 OCSP 服务器位于公司总部的私网中，分支机构无法与 OCSP 服务器直接通信来检查公司总部证书的有效性。此时，可以在分支机构上执行本命令，通过 IKEv2 协议获取公司总部的 OCSP 验证结果。分支机构收到公司总部通过 IKEv2 协议发来的 OCSP 验证结果后，使用收到的 OCSP 验证结果来检查总部证书的有效性。如果 OCSP 验证结果为有效，则该证书有效，身份验证通过，可以继续协商建立 IPSec 隧道。 在同时配置 **inband crl** 命令时，OCSP 和 CRL 方式必须都检查证书有效性通过后，证书才有效。 缺省情况下，IKEv2 采用 RSA 签名认证时未配置设备使用对端发送的 OCSP 验证结果检查对端证书有效性，可用 **undo inband ocsp** 命令恢复为缺省情况
	inband crl 例如：[Huawei-ipsec-efficient-vpn-vpn1] **inband crl**		（可选）配置 IKEv2 采用 RSA 签名认证时本端使用对端发送的 CRL 检查对端证书有效性。 在 IKEv2 采用 RSA 签名认证场景中，使用 CRL 方式检查证书有效性，如果 CA 服务器位于公司总部的私网中，分支机构无法与 CA 服务器直接通信来获取 CRL，造成分支机构无法使用最新的 CRL 检查公司总部证书的有效性。此时，可以在分支机构上执行命令 **inband crl**，通过 IKEv2 协议获取公司总部的 CRL。分支机构收到公司总部通过 IKEv2 协议发来的 CRL 后，使用收到的 CRL 来检查总部证书的有效性，如果该证书不在 CRL 中，则该证书有效，身份验证通过，可以继续协商建立 IPSec 隧道。 同时配置 **inband ocsp** 命令时，OCSP 和 CRL 方式必须都检查证书有效性通过后，证书才有效。 缺省情况下，IKEv2 采用 RSA 签名认证时未配置设备使用对端发送的 CRL 检查对端证书有效性，可用 **undo inband crl** 命令恢复缺省配置
5	**dh** { **group1** | **group2** | **group5** | **group14** | **group19** | **group20** | **group21** }	（可选）配置 IKE 密钥协商时采用的 DH 组。DH 密钥交换组安全级别由高到低的顺序是 group21 > group20 > group19 > group14 > group5 > group2 > group1。	
	例如：[Huawei-ipsec-efficient-vpn-vpn1] **dh group2**	缺省情况下，IKE 密钥协商时采用的 DH 组为 group14，可用 **undo dh** 命令恢复为缺省值	

续表

步骤	命令	说明
6	**quit**	返回系统视图
7	**interface** *interface-type interface-number* 例如：[Huawei] **interface** Ethernet 1/0/0	进入接口视图。此接口为本端公网物理接口
8	**ipsec efficient-vpn** *efficient-vpn-name* 例如：[Huawei-Ethernet1/0/0] **ipsec efficient-vpn** vpn1	在以上接口上应用前面创建的 Efficient VPN 策略，**除 Remote 端多出口链路场景，Efficient VPN 只支持 Remote 端绑定一个 Efficient VPN 策略**

4.3.3 配置 Remote 端 IPSec 可选参数

在 Remote 端 Efficient VPN 策略视图下 IPSec 可选参数的配置步骤见表 4-7。各参数配置没有先后次序之分，且均为可选配置。

表 4-7 在 Remote 端 Efficient VPN 策略视图下 IPSec 可选参数的配置步骤

步骤	命令	说明
1	**system-view**	进入系统视图
2	**ipsec efficient-vpn** *efficient-vpn-name* [**mode** { **client** | **network** | **network-plus** | **network-auto-cfg** }] 例如：[Huawei] **ipsec efficient-vpn** vpn1 **mode client**	进入对应模式的 Efficient VPN 策略视图，其他参见表 4-6 中系统第 2 步说明
3	**authentication-method** { **pre-share** | **rsa-signature** } 例如：[Huawei-ipsec-efficient-vpn-vpn1] **authentication-method pre-share**	配置 IKE 安全联盟协商时使用的认证方法。 ① **pre-share**：二选一选项，指定认证方法为 pre-shared key（即预共享密钥）认证。 ② **rsa-signature**：二选一选项，指定认证方法为 rsa-signature key（即数字证书，或称 RSA 签名）认证。 缺省情况下，IKE 安全联盟协商使用的认证方法为 pre-shared key，可用 **undo authentication-method** 命令恢复缺省配置
4	**local-id-type** { **dn** | **ip** | **key-id** | **fqdn** | **user-fqdn** } 例如：[Huawei-ipsec-efficient-vpn-vpn1] **local-id-type fqdn**	配置 IKE 协商时本地 ID 类型。 ① **dn**：多选一选项，指 IKE 协商时本地 ID 类型为可识别名称 DN 形式。此时只能采用 RSA 数字签名认证方法。 ② **ip**：多选一选项，指 IKE 协商时本地 ID 类型为 IP 地址。 ③ **key-id**：多选一选项，指定 IKE 协商时本地 ID 类型为 key-id 形式。当与思科设备相连时必须选择本选项，同时也必须通过下一步骤中配置的 **service-scheme** 命令指定引用思科设备的业务方案。 ④ **fqdn**：多选一选项，指定 IKE 协商时本地 ID 类型为完整名称形式（有域时必须带上域名）。 ⑤ **user-fqdn**：多选一选项，指定 IKE 协商时本地 ID 类型为用户域名形式。

续表

步骤	命令	说明
4	**local-id-type** { **dn** | **ip** | **key-id** | **fqdn** | **user-fqdn** } 例如：[Huawei-ipsec-efficient-vpn-vpn1] **local-id-type fqdn**	在 IKEv1 版本中，采用预共享密钥认证方法时，本端配置的本地 ID 与对端配置的远端 ID 保持一致（**ID 类型无须一致**）；在 IKEv2 版本中，要求本端配置的本地 ID 类型/本地 ID 与对端配置的远端 ID 类型/远端 ID 保持一致，但本地 **local-id-type** 命令的配置要匹配对端 **peer-id-type** 命令的配置一致。采用 RSA 签名认证方法时，要求本端配置的远端 ID 类型/远端 ID 要与对端本地证书中相应字段一致。 缺省情况下，IKE 协商时本端 ID 类型为 IP 地址形式，可用 **undo local-id-type** 命令恢复为缺省设置
5	**service-scheme** *service-scheme-name* 例如：[Huawei-ipsec-efficient-vpn-vpn1] **service-scheme** service	配置 Efficient VPN 策略中 Server 端配置的业务方案（**注意，不是本地配置的业务方案**），以获取授权；同时必须在上一步的 **local-id-type** 命令中选择 **key-id** 选项，否则配置不生效。若是以 Server 端引用的业务方案来获取授权，则无须配置此步骤。 当 Server 端配置了 **aaa authorization** 命令来采用 AAA RADIUS 服务器授权时，可以用 **service-scheme** 命令指定 Server 端配置的 AAA 域。 缺省情况下，系统未引用业务方案，可用 **undo service-scheme** 命令删除 IKE 对等体引用的业务方案
6	**sim-based-username type** { **imei** | **imsi** } **password** *password*	配置 Remote 端向 RADIUS 服务器进行认证的用户名类型，**仅在 Network-auto-cfg 模式下生效**。 ① **imei**：二选一选项，指定用户名类型为国际移动设备标识 IMEI（International Mobile Equipment Identity）。 ② **imsi**：二选一选项，指定用户名类型为国际移动用户识别码 IMSI（International Mobile Subscriber Identity）。 ③ **password** *password*：指定 Remote 端向 RADIUS 服务器进行认证的用户密码，区分大小写，不支持"？"和空格，password 可以是长度是 9～32 的显式密码，也可以是长度是 48～68 位的密文密码。 当 Remote 端与 Server 端建立 IKE SA 时，需要通过 RADIUS 服务器进行认证和授权时，设备需要将用户名和密码信息发送给 RADIUS 服务器，此时可根据本命令配置的用户名类型获取相应的用户名。 缺省情况下，系统没有配置 Remote 端向 RADIUS 服务器进行认证的用户名和密码，**undo sim-based-username** 命令用来删除 Remote 端向 RADIUS 服务器进行认证的用户名和密码
7	**dpd msg** { **seq-hash-notify** | **seq-notify-hash** } 例如：[Huawei-ipsec-efficient-vpn-vpn1] **dpd msg seq-hash-notify**	配置 DPD 报文中的载荷顺序，参见本书第 3 章 3.6.2 节表 3-9 第 3 步说明
8	**tunnel local** *ip-address* 例如：[Huawei-ipsec-efficient-vpn-vpn1] **tunnel local** 10.1.1.1	配置 IPSec 隧道的本地 IP 地址，用于配置 IPSec 隧道的起点，一般无须配置，SA 协商时会根据路由选择 IPSec 隧道的本端地址。

续表

步骤	命令	说明
8	**tunnel local** *ip-address* 例如：[Huawei-ipsec-efficient-vpn-vpn1] **tunnel local** 10.1.1.1	【注意】当 Efficient VPN 策略实际绑定的接口 IP 地址不固定或无法预知时，可以执行本命令指定设备上的其他接口（例如 LoopBack 接口）的 IP 地址作为 IPSec 隧道的本地 IP 地址；当本端与对端存在等价路由时，可以执行本命令来指定 IPSec 隧道的本地 IP 地址，使 IPSec 报文从指定接口出去。 缺省情况下，系统没有配置 IPSec 隧道的本端地址，可用 **undo tunnel local** 命令删除 IPSec 隧道的本端地址
9	**remote-id** *id* 例如：[Huawei--ipsec-efficient-vpn-vpn1] **remote-name** VRP31	配置 IKE 协商时的远端 ID 值，字符串格式，长度是 1～255，区分大小写，不支持空格，支持特殊字符（如!、@、#、$、%等），区分大小写。字符串内容可以是 DN、FQDN、USER-FQDN。 缺省情况下，系统没有配置 IKE 协商时对端 ID，可用 **undo remote-id** 命令取消上述配置
10	**sa binding vpn-instance** *vpn-instance-name* 例如：[Huawei-ipsec-efficient-vpn-vpn1] **sa binding vpn-instance** vpna	指定 IPSec 隧道绑定的 VPN 实例。通过配置该功能指定隧道对端所属的 VPN，从而知道报文的发送接口，并将报文发送出去，可以实现 IPSec 的 VPN 多实例连接。 缺省情况下，IPSec 隧道没有绑定 VPN 实例，可用 **undo sa binding vpn-instance** 命令删除 IPSec 隧道绑定的 VPN 实例
11	**qos group** *qos-group-value* 例如：[Huawei-ipsec-efficient-vpn-vpn1] **qos group** 10	配置 IPSec 报文所属的 QoS 组，整数形式，取值是 1～99。与下一步的原始报文信息进行预提取组配置属于二选一配置，参见第 3 章 3.8.4 节
12	**qos pre-classify** 例如：[Huawei-ipsec-efficient-vpn-vpn1] **qos pre-classify**	配置对原始报文信息进行预提取，与上一步的 IPSec 报文所属的 QoS 组配置属于二选一配置，参见第 3 章 3.8.4 节
13	**pfs** { **dh-group1** | **dh-group2** | **dh-group5** | **dh-group14** | **dh-group19** | **dh-group20** | **dh-group21** } 例如：[Huawei-ipsec-efficient-vpn-vpn1] **pfs dh-group1**	设置本端发起协商时使用的 PFS 特性。 缺省情况下，本端发起协商时没有使用 PFS 特性，可用 **undo pfs** 命令配置 IPSec 隧道本端在协商时不使用 PFS 特性
14	**anti-replay window** *window-size* 例如：[Huawei-ipsec-efficient-vpn-vpn1] **anti-replay window** 256	配置 IPSec 抗重放窗口的大小，参见第 3 章 3.8.2 节

4.3.4 配置 Server 端网络资源参数

Server 端网络资源参数的配置步骤见表 4-8。

表 4-8　Server 端网络资源参数的配置步骤

步骤	命令	说明
1	**system-view**	进入系统视图
配置全局 IP 地址池，为 Remote 端推送建立 IPSec 隧道使用的 IP 地址（Client 模式、Network-plus，或者 Network-auto-cfg 模式必选）		

续表

<table>
<tr><th>步骤</th><th>命令</th><th>说明</th></tr>
<tr><td>2</td><td>ip pool ip-pool-name
例如：[Huawei] ip pool abc</td><td>创建一个全局地址池。参数 ip-pool-name 用来指定地址池名称，字符串形式，不支持空格，长度是 1～64，可以设定为包含数字、字母和下划线“_”或“.”的组合。
缺省情况下，没有创建全局地址池，可用 undo ip pool ip-pool-name 命令删除创建的全局地址池，但如果全局地址池的 IP 地址正在使用，不能删除该全局地址池</td></tr>
<tr><td>3</td><td>network ip-address [mask { mask | mask-length }]
例如：[Huawei-ip-pool-abc] network 192.1.1.0 mask 24</td><td>配置全局地址池下可分配的网段地址。
① ip-address：指定网络地址段，是一个网络地址。
② mask：二选一可选参数，指定 IP 地址池的网络掩码，不指定该参数时，使用对应地址段的自然掩码。
③ mask-length：二选一可选参数，指定网络的掩码长度，不指定该参数时，使用对应地址段自然掩码对应的掩码长度。
每个 IP 地址池只能配置一个网段，如果系统需要多网段 IP 地址，则需要配置多个地址池。
缺省情况下，系统未配置全局地址池下动态分配的 IP 地址，可用 undo network 命令删除地址池中的网段地址，但如果该地址池的 IP 地址已经使用，则不能删除该地址池</td></tr>
<tr><td>4</td><td>gateway-list ip-address &<1-8>
例如：[Huawei-ip-pool-abc] gateway-list 1.1.1.1</td><td>配置全局地址池下的出口网关 IP 地址（必须与 IP 地址池中的 IP 地址在同一 IP 网段），最多配置 8 个。
用户请求地址上线时，DHCP Server 给用户分配 IP 地址同时分配客户端的出口网关地址信息。Server 端配置了网关地址后，客户端会获取到该网关地址，并自动生成到该网关地址的缺省路由。
缺省情况下，未配置出口网关地址，可用 undo gateway-list { ip-address | all } 命令删除已配置的出口网关地址</td></tr>
<tr><td>5</td><td>quit</td><td>返回系统视图</td></tr>
<tr><td colspan="3">在 AAA 业务方案下配置要推送的资源</td></tr>
<tr><td>6</td><td>aaa</td><td>进入 AAA 视图</td></tr>
<tr><td>7</td><td>service-scheme service-scheme-name
例如：[Huawei-aaa] service-scheme srvscheme1</td><td>创建一个业务方案，并进入业务方案视图。参数 service-scheme-name 用来指定业务方案的名称，字符串形式，不支持空格，长度是 1～32，区分大小写，且不能包含以下字符："\"、"/"、":"、"<"、">"、"|"、"@"、"'"、"%"、"*"、"""、"?"。
缺省情况下，设备中没有配置业务方案，可用 undo service-scheme service-scheme-name 命令删除指定业务方案</td></tr>
<tr><td>8</td><td>ip-pool pool-name [move-to new-position]
例如：[Huawei-aaa-service-svcscheme1] ip-pool pool1</td><td>（可选）设置 AAA 业务方案下的 IP 地址池，对业务方案下用户使用的 IP 地址进行限制。
① pool-name：指定全局 IP 地址池名称，该 IP 地址池就是前面创建的全局地址池。当 Remote 端配置采用 Client 模式、Network-plus 或者 Network-auto-cfg 模式时需要配置。
② move-to new-position：可选项，指定移动业务方案下已配置的地址池的位置信息。该参数取值与域下已配置的地址池数相关（比如域下已配置 10 个地址池，则该参数取值为 1～10），最大取值为 1～16。
缺省情况下，业务方案没有设置任何地址池可用 undo ip-pool [pool-name] 命令删除业务方案下所有或指定的地址池</td></tr>
</table>

续表

步骤	命令	说明
9	**auto-update url** *url-string* **version** *version-number* 例如：[Huawei-aaa-service-svcscheme1] **auto-update url** ftp://huawei:huawei2012@10.10.10.1/test **version** 1	（可选）配置业务方案下的统一资源定位符（Unified Resocrce Location，URL）路径及版本号，用于 Server 端推送 URL 路径，提供含有版本文件、补丁文件和配置文件的服务器的路径，供 Remote 端下载，实现分支设备的自动升级。 ① *url-string*：指定 URL 路径，字符串形式，区分大小写，长度是 1～208。 ② *version-number*：指定版本号，整数形式，取值是 1～4294967294。 缺省情况下，业务方案没有配置 URL 路径及版本号，可用 **undo auto-update url** 命令删除业务方案下的 URL 路径及版本号
10	**dns-name** *domain-name* 例如：[Huawei-aaa-service-svcscheme1] **dns-name** huawei.com	（可选）配置业务方案使用的 DNS 域名，字符串形式，区分大小写，长度是 1～255，例如 huawei.com。 缺省情况下，业务方案没有配置 DNS 缺省域名，可用 **undo dns-name** 命令删除业务方案下的 DNS 缺省域名
11	**dns** *ip-address* [**secondary**] 例如：[Huawei-aaa-service-svcscheme1] **dns** 10.10.10.1	（可选）配置业务方案使用的主/备 DNS 服务器。 缺省情况下，业务方案没有配置主/备 DNS 服务器，可用 **undo dns** [*ip-address*]命令删除业务方案下的主/备 DNS 服务器
12	**wins** *ip-address* [**secondary**] 例如：[Huawei-aaa-service-svcscheme1] **wins** 1.1.1.2	（可选）配置业务方案使用的主/备 WINS 服务器。 缺省情况下，业务方案没有配置主/备 DNS 服务器，可用 **undo wins** [*ip-address*]命令删除业务方案下的主/备 WINS 服务器

4.3.5 配置 Server 端 IPSec 参数

Server 端要采用策略模板方式配置完整的 IPSec 参数，包括以下几个部分，但具体的配置方法均在本书前面章节中有详细介绍。

1. 配置 IPSec 安全提议

Efficient VPN 策略中，IPSec 安全提议只支持报文的封装形式为隧道模式，IPSec 安全提议只支持 ESP 安全协议，并且认证算法不支持 SM3 算法，加密算法不支持 SM1 算法。但在使用 IKEv1 版本时，IPSec 支持不认证和不加密功能；使用 IKEv2 版本时，IPSec 不支持、不认证和不加密功能，具体配置方法参见本书第 2 章 2.3.4 节。

2. 配置 IKE 安全提议

Efficient VPN 策略中 IKE 安全提议的具体配置方法参见本书第 3 章 3.4 节。

3. 配置 IKE 对等体

在 Efficient VPN 策略中，使用 IKEv1 版本时，协商模式必须设置为 aggressive（野蛮模式）。Server 端还可在 IKEv1（**IKEv2 版本不支持**）版本的对等体视图下通过 **resource acl** *acl-number* 命令实现 ACL 推送功能，将使用 ACL 定义的总部子网路由信息推送给 Remote 端，限定了允许分支子网访问的总部子网，目的地不在 ACL 定义的网络信息内的分支子网流量将不会经过 IPSec 隧道。但 Network-auto-cfg 模式不支持 ACL 推送。

在 Efficient VPN 策略中，IKE 对等体下通过执行 **service-scheme** 命令绑定已创建的 AAA 业务方案，实现业务方案中配置的 IP 地址、域名、DNS 服务器地址、WINS 服务器地址等网络资源的推送。

在 Efficient VPN 策略中，IKE 对等体下可通过执行 **aaa authorization** [**domain** *domain-name*] 命令配置采用 AAA RADIUS 服务器授权。如果指定了 **domain** 参数，则用该域去获取授权，否则以 Remote 端携带过来的域（该域名通过 **service-scheme** 命令在 Efficient VPN 策略视图下配置）去获取授权。一旦在 IKE 对等体下配置了 **aaa authorization** 命令，Server 端配置的 **service-scheme** 命令则不生效。

配置 IKE 对等体的详细步骤请参见本书第 3 章 3.5 节。

4. 采用策略模板方式配置安全策略

采用策略模板方式配置安全策略的详细步骤请参见本书第 3 章 3.7.2 节。

5. 在接口上应用指定的安全策略组

在接口上应用指定的安全策略组的详细步骤请参见本书第 2 章 2.3.7 节。

4.3.6 Efficient VPN Client 模式建立 IPSec 隧道的配置示例

RouterA 为企业远程小型分支机构 IPSec 网关，RouterB 为公司总部 IPSec 网关，分支机构与公司总部通过公网建立通信，公司总部与分支机构子网没有做统一规划（可能存在重叠），且经常发生变化。假设当前分支机构子网为 10.1.1.0/24，公司总部子网为 10.1.2.0/24。配置示例拓扑结构如图 4-12 所示。

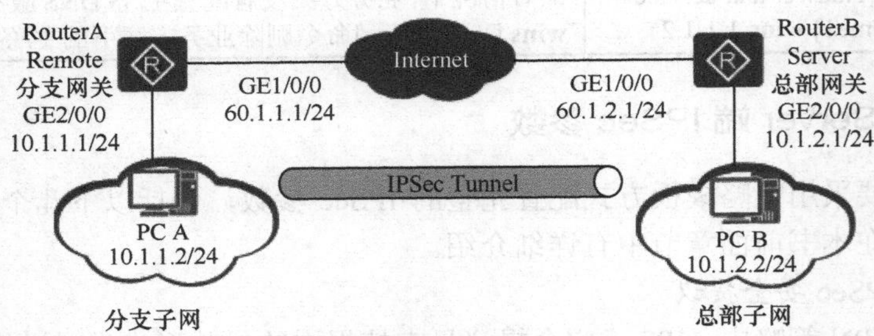

图 4-12　配置示例拓扑结构

现企业希望对分支机构子网与公司总部子网之间相互访问的流量进行安全保护，并且分支机构网关配置能够尽量简单，同时希望分支机构可以向公司总部申请 DNS 域名、DNS 服务器地址和 WINS 服务器地址供分支机构用户子网使用。

本示例采用 IKEv2 版本。在用华为模拟器做本实验时，Internet 可用一台路由器代替，但不用配置任何路由。采用华为模拟器做本实验时的拓扑结构如图 4-13 所示。

1. 基本配置思路分析

本示例中分支机构子网与公司总部子网没能规划，可能存在重叠，根据本章前面介绍的 Efficient VPN 的 4 种运行模式的特点可知，需要使用 Client 运行模式。此时需要在公司总部网络中配置 DHCP 服务器，为分支机构 IPSec 网关上自动创建的 Loopback 接口分配 IP 地址，将其作为分支机构子网用户 IP 报文源 IP 地址 NAT 地址转换后的 IP 地址，以避免与公司总部子网 IP 地址相冲突。

DHCP 服务器既可以在公司总部 IPSec 网关上配置，也可以在公司总部网络中其他设备上配置，本示例采用公司总部 IPSec 网关上配置。同时在公司总部 IPSec 网关配置向分支机构推送DNS域名、DNS服务器地址和WINS服务器地址，提供给分支机构子网使用。本示例的基本配置思路如下。

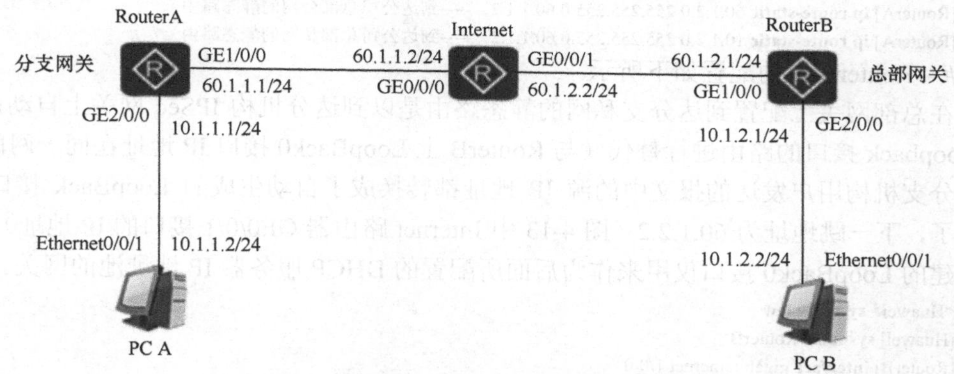

图4-13　采用华为模拟器做本实验时的拓扑结构

① 在各设备上配置各接口的IP地址，并且在两端IPSec网关上配置到达对端公网、私网（**分支机构的私网以自动创建的Loopback接口IP地址所在网段代替**）的静态路由，保证路由可达。

② 在RouterB上配置IP地址池，为分支机构上自动创建的Loopback接口分配IP地址，用于对分支机构用户访问公司总部子网的IP报文源IP地址进行转换。

③ 在RouterB上配置IPSec安全策略，包括IPSec安全提议、IKE安全提议、IKE对等体、采用策略模板创建安全策略，最后在公网接口上应用安全策略。

另外，在Efficient VPN Client模式中，公司总部需要向分支机构推送网络资源参数，因此还需要配置用于推送的AAA业务方案，包括所需的IP地址池、DNS域名、DNS服务器地址和WINS服务器地址。

【经验提示】因为分支机构上的许多IPSec参数都是由总部推送的，所以在配置分支机构的Efficient VPN策略前要配置好公司总部的IPSec参数。

④ 在RouterA上配置Efficient VPN策略，采用Client模式配置Efficient VPN策略，指定对端的公网IP地址和IPSec隧道认证的预共享密钥，最后在公网接口上应用Efficient VPN策略，作为协商发起方与RouterB建立IPSec隧道。

2. 具体配置步骤

以下按照图4-13所示拓扑结构介绍具体的配置步骤。

① 在各设备上配置各接口的IP地址，并且在两端IPSec网关上配置到达对端公网、私网的静态路由。

#---RouterA上的配置如下所示。

在RouterA上配置到达公司总部公网、私网的静态路由，下一跳地址为60.1.1.2（图4-13中Internet路由器GE0/0/0接口的IP地址）。

```
<Huawei> system-view
[Huawei] sysname RouterA
[RouterA] interface gigabitethernet 1/0/0
[RouterA-GigabitEthernet1/0/0] ip address 60.1.1.1 255.255.255.0
[RouterA-GigabitEthernet1/0/0] quit
```

```
[RouterA] interface gigabitethernet 2/0/0
[RouterA-GigabitEthernet2/0/0] ip address 10.1.1.1 255.255.255.0
[RouterA-GigabitEthernet2/0/0] quit
[RouterA] ip route-static 60.1.2.0 255.255.255.0 60.1.1.2  #---到达公司总部公网的静态路由
[RouterA] ip route-static 10.1.2.0 255.255.255.0 60.1.1.2  #---到达公司总部私网的静态路由
```

#---RouterB 上的配置如下所示。

在总部网关上配置到达分支私网的静态路由是以到达分机构 IPSec 网关上自动创建的 Loopback 接口的路由进行替代（与 RouterB 上 LoopBack0 接口 IP 地址在同一网段），因为分支机构用户发送的报文中的源 IP 地址都转换成了自动生成的 LoopBack 接口 IP 地址了，下一跳地址为 60.1.2.2（图 4-13 中 Internet 路由器 GE0/0/1 接口的 IP 地址）。此处创建的 LoopBack0 接口仅用来作为后面所配置的 DHCP 服务器 IP 地址池的网关。

```
<Huawei> system-view
[Huawei] sysname RouterB
[RouterB] interface gigabitethernet 1/0/0
[RouterB-GigabitEthernet1/0/0] ip address 60.1.2.1 255.255.255.0
[RouterB-GigabitEthernet1/0/0] quit
[RouterB] interface gigabitethernet 2/0/0
[RouterB-GigabitEthernet2/0/0] ip address 10.1.2.1 255.255.255.0
[RouterB-GigabitEthernet2/0/0] quit
[RouterB] interface loopback0
[RouterB-Loopback0] ip address 100.1.1.1 255.255.255.0
[RouterB-Loopback0] quit
[RouterB] ip route-static 60.1.1.0 255.255.255.0 60.1.2.2  #---到达分支机构公网的静态路由
[RouterB] ip route-static 100.1.1.0 255.255.255.0 60.1.2.2  #---到达分支机构子网用户转换后的 IP 网段（即 RouterB 上
LoopBack0 接口 IP 地址所在网段）的静态路由
```

#---Internet 路由器上的配置如下。

在 Internet 路由器上配置接口 IP 地址，无须配置到达分支机构私网、公网、LoopBack 接口，以及公司总部的公网和私网所在网段的路由，因为经过 Internet 路由器的 ESP 报文中的目的 IP 地址都是分支机构、公司总部的公网接口 IP 地址，而 Internet 路由器又与分支机构、公司总部的公网接口直接相连。

```
<Huawei> system-view
[Huawei] sysname Internet
[Internet] interface gigabitethernet 0/0/0
[Internet-GigabitEthernet0/0/0] ip address 60.1.1.2 255.255.255.0
[Internet-GigabitEthernet0/0/0] quit
[Internet] interface gigabitethernet 0/0/1
[Internet-GigabitEthernet0/0/1] ip address 60.1.2.2 255.255.255.0
[Internet-GigabitEthernet0/0/1] quit
```

PC A 和 PC B 主机的 IP 地址和网关配置略。

② 在 RouterB 上配置 IP 地址池，用于向分支机构自动创建的 Loopback 接口分配 IP 地址。IP 地址池为 100.1.1.0/24，网关为上一步在总部 IPSec 网关 RouterB 上创建的 LoopBack0 接口的 IP 地址，如下所示。

```
[RouterB] ip pool pool1
[RouterB-ip-pool-pool1] network 100.1.1.0 mask 24
[RouterB-ip-pool-pool1] gateway-list 100.1.1.1
```

③ 配置 RouterB 作为 IPSec 隧道协商响应方，采用策略模板方式创建 IPSec 安全策略，同时配置需要向分支机构推送的 AAA 业务方案。

#---配置 AAA 业务方案，向分支机构推送相关资源属性。

在 Client 模式中，总部需要向分支推送用于 PAT 地址转换的 IP 地址池，另外还可根据实际需求选择推送、DNS 域名（假设为 lycb.com）、主/从 DNS 服务器地址（假设分别为 2.2.2.2 和 2.2.2.3）和主/从 WINS 服务器地址（假设分别为 3.3.3.2 和 3.3.3.3），如下所示。

```
[RouterB] aaa
[RouterB-aaa] service-scheme schemetest
[RouterB-aaa-service-schemetest] ip pool pool1   #---引用前面配置的 IP 地址池
[RouterB-aaa-service-schemetest] dns-name lycb.com
[RouterB-aaa-service-schemetest] dns 2.2.2.2
[RouterB-aaa-service-schemetest] dns 2.2.2.3 secondary
[RouterB-aaa-service-schemetest] wins 3.3.3.2
[RouterB-aaa-service-schemetest] wins 3.3.3.3 secondary
[RouterB-aaa-service-schemetest] quit
[RouterB-aaa] quit
```

#---配置 IKE 安全提议如下所示。

此处，IKE 安全提议中指定采用 SHA2-256 认证算法、AES-128 加密算法、group2 的 DH 组，其他参数采用缺省值（包括认证方法也采用缺省的预共享密钥认证方法）。

```
[RouterB] ike proposal 5
[RouterB-ike-proposal-5] dh group2
[RouterB-ike-proposal-5] authentication-algorithm sha2-256   #---在用华为模拟器中做实验时不支持本算法，可采用 SHA1
[RouterB-ike-proposal-5] encryption-algorithm aes-128   #---在华为模拟器中做实验时不支持本算法，可采用 3DES-CBC
[RouterB-ike-proposal-5] quit
```

#---配置 IKE 对等体如下所示。

在 IKE 对等体中采用 IKEv2 版本，配置的预共享认证密钥为 huawei，并将前面配置的 AAA 业务方案绑定在 IKE 对等体中。

```
[RouterB] ike peer rut3 v2
```

【说明】*在最新的 V200R010 版本中，上一条配置需采用如下所示两条配置替换。*

```
[RouterB] ike peer rut3
[RouterB-ike-peer-rut3] undo version v1
[RouterB-ike-peer-rut3] pre-shared-key cipher huawei   #---配置 IPSec 隧道认证的预共享密钥
[RouterB-ike-peer-rut3] ike-proposal 5 #---引用前面配置的 IKE 安全提议
[RouterB-ike-peer-rut3] service-scheme schemetest   #---引用前面配置的 AAA 业务方案
[RouterB-ike-peer-rut3] quit
```

#---配置 IPSec 安全提议如下所示。

在 IPSec 安全提议中指定 ESP 认证算法为 SHA2-256，ESP 加密算法为 AES-128，其他参数采用缺省配置。

```
[RouterB] ipsec proposal prop1
[RouterB-ipsec-proposal-prop1] esp authentication-algorithm sha2-256 #---在用华为模拟器中做实验时不支持本算法，可采用 SHA1
[RouterB-ipsec-proposal-prop1] esp encryption-algorithm aes-128 #---在用华为模拟器中做实验时不支持本算法，可采用 3DES
[RouterB-ipsec-proposal-prop1] quit
```

#---使用策略模板配置并应用 IPSec 安全策略如下所示。

创建策略模板，并引用前面配置好的 IKE 对等体、IPSec 安全提议，并基于策略模板创建 ISAKMP 安全策略，然后在总部网关公网接口上应用。

```
[RouterB] ipsec policy-template temp1 10
[RouterB-ipsec-policy-templet-temp1-10] ike-peer rut3   #---引用前面配置的 IKE 对等体
[RouterB-ipsec-policy-templet-temp1-10] proposal prop1   #---引用前面配置的 IPSec 安全提议
```

```
[RouterB-ipsec-policy-templet-temp1-10] quit
[RouterB] ipsec policy policy1 10 isakmp template temp1 #---基于策略模板创建 ISAKMP 安全策略
[RouterB] interface gigabitethernet 1/0/0
[RouterB-GigabitEthernet1/0/0] ipsec policy policy1
[RouterB-GigabitEthernet1/0/0] quit
```

④ 在 RouterA 上采用 Client 方式配置 Efficient VPN 策略。

#---配置 Efficient VPN 的模式为 Client 模式，并指定 IKE 协商时的对端地址和预共享密钥，如下所示。

```
[RouterA] ipsec efficient-vpn evpn mode client
[RouterA-ipsec-efficient-vpn-evpn] remote-address 60.1.2.1 v2
[RouterA-ipsec-efficient-vpn-evpn] pre-shared-key cipher huawei
[RouterA-ipsec-efficient-vpn-evpn] quit
```

#---在公网接口上应用 Efficient VPN 策略如下所示。

```
[RouterA] interface gigabitethernet 1/0/0
[RouterA-GigabitEthernet1/0/0] ipsec efficient-vpn evpn
[RouterA-GigabitEthernet1/0/0] quit
```

3. 配置结果验证

以上配置完成后，我们可以进行以下系列配置的结果验证。

① 在分支机构子网 PC A 上 **ping** PC B，可以互通，PC A ping 通 PC B 的结果如图 4-14 所示。在两端 IPSec 网关上执行 **display ipsec statistics esp** 命令可看到 PC A 与 PC B 通信时的报文经过 ESP 加密。在 RouterA 上执行 **display ike sa** 命令的输出如图 4-15 所示。

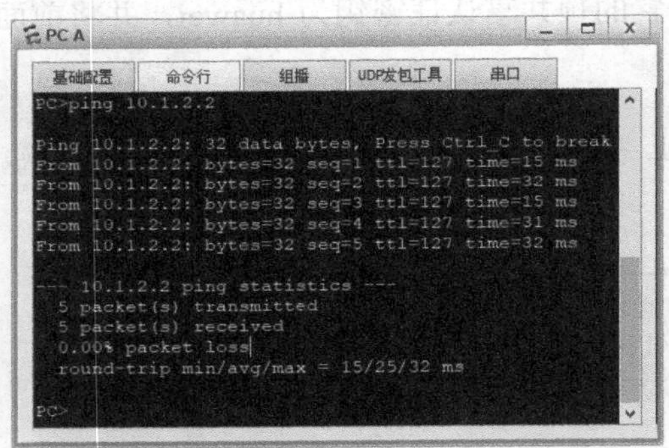

图 4-14 PC A ping 通 PC B 的结果

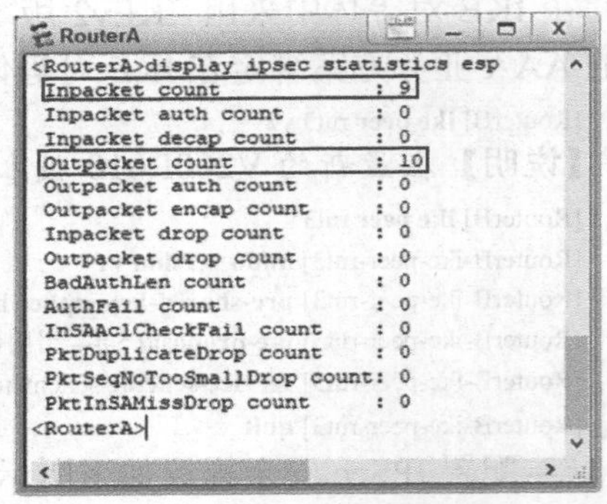

图 4-15 在 RouterA 上执行 **display ike sa** 命令的输出

② 在两端 IPSec 网关上执行 **display ike sa v2** 命令可查看在 IKE 协商中建立的 IKE SA 和 IPSec SA；执行 **display ipsec sa** 命令可查看 IPSec SA 参数信息。在 RouterA 上执行 **display ike sa v2** 和 **display ipsec sa** 命令的输出如图 4-16 所示。

③ 在 RouterA 上执行 **display interface brief** 命令，可看到自动创建了一个 LoopBack100 接口，并且呈 Up 状态；执行 **display interface** loopback100 命令，我们可以看到已从公司总部的 IP 地址池中自动分配了一个在 100.1.1.0/24 网段的 IP 地址 100.1.1.254，如图 4-17 所示。这个 IP 地址是作为分支机构下所有用户要与公司总部子网通信时经 PAT 后的 IP 地址。

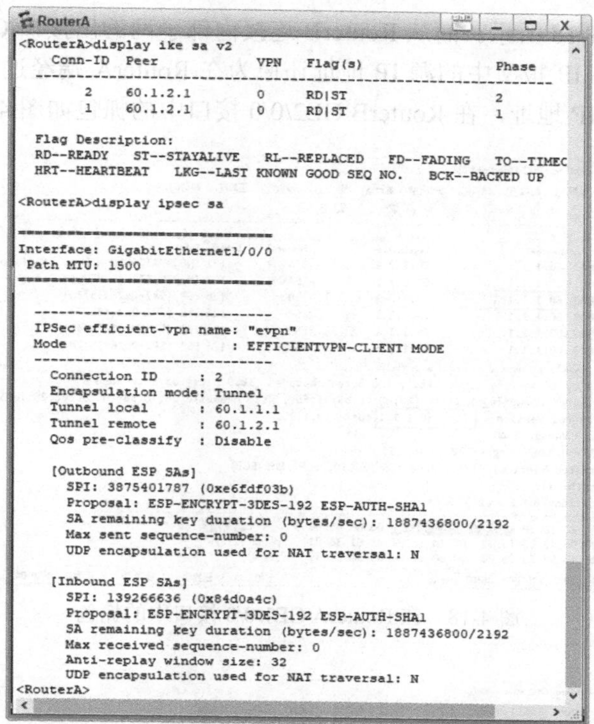

图 4-16　在 RouterA 上执行 **display ike sa v2** 和 **display ipsec sa** 命令的输出

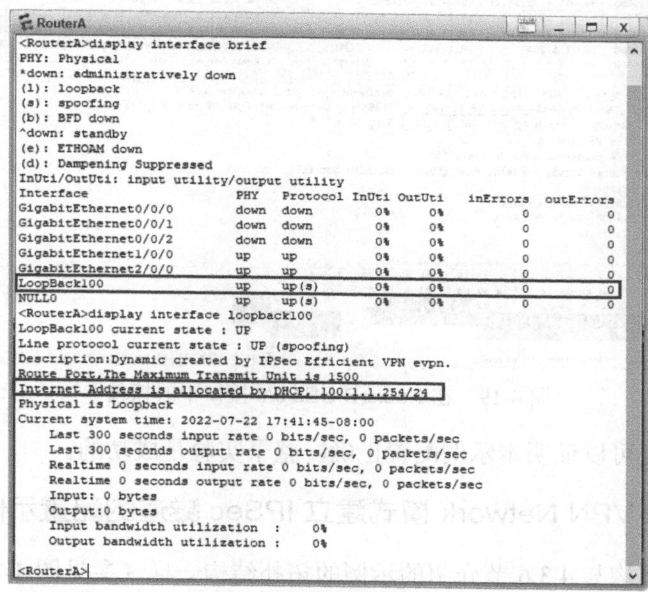

图 4-17　在 RouterA 上自动创建的 LoopBack100 接口及所分配的 IP 地址

④ 在 PC A ping PC B 时，分别在 RouterA 的 GE1/0/0 接口和 RouterB 的 GE2/0/0 接口抓包，会发现 PC A 访问 PC B 时，经过 RouterA 的公网出接口的 GE1/0/0 的 IPSec 封装后，IP 报文中的源 IP 地址变为 GE1/0/0 接口的 IP 地址 60.1.1.1，在 RouterA GE1/0/0

接口中的抓包如图 4-18 所示。而从 RouterB 连接内部子网的出接口 GE2/0/0 发出时，已经过 IPSec 解封装，IP 报文中的源 IP 地址还原为在 RouterA 端经过 LoopBack100 接口 NAT 地址转换后的 IP 地址，在 RouterB GE2/0/0 接口中的抓包如图 4-19 所示。

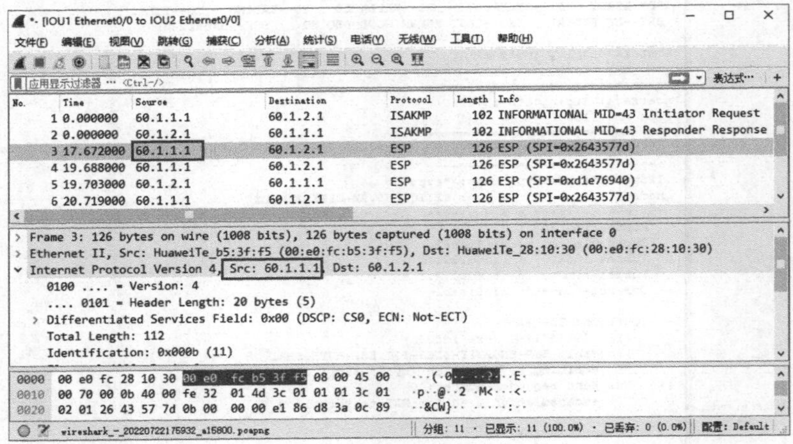

图 4-18 在 RouterA GE1/0/0 接口中的抓包

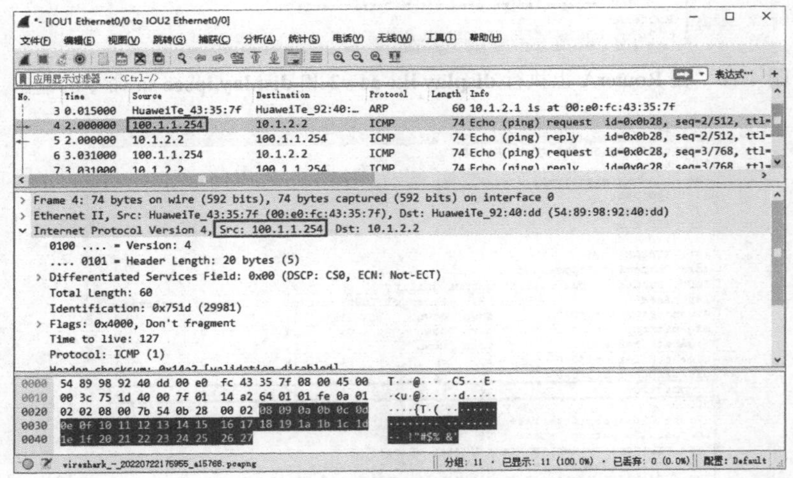

图 4-19 在 RouterB GE2/0/0 接口中的抓包

通过以上验证可以证明本示例配置正确，整个实验是成功的。

4.3.7 Efficient VPN Network 模式建立 IPSec 隧道的配置示例

本示例拓扑结构与 4.3.6 节介绍的示例的拓扑结构一样（参见图 4-12）。本示例中，公司总部子网与分支机构子网已统一规划，分支子网为 10.1.1.0/24，总部子网为 10.1.2.0/24。现希望对分支机构子网与公司总部子网之间相互访问的流量进行安全保护，并且分支网关配置能够尽量简单。同时分支机构还要向公司总部申请 DNS 域名、DNS 服务器地址和 WINS 服务器地址，提供给分支机构子网用户使用。

本示例 IKE 采用 v2 版本。在用华为模拟器做本实验时，Internet 可用一台路由器代替（拓扑图参见图 4-13），但不用配置任何路由。

1. 基本配置思路分析

本示例中，分支机构子网与公司总部子网经过了统一规划，所以不存在 IP 地址段重叠的问题。此时可在分支网关与总部网关之间采用 Efficient VPN Network 模式建立一个 IPSec 隧道来实施安全保护。在 Efficient VPN Network 模式下，分支机构不会向公司总部申请 IP 地址，分支机构子网用户直接使用原有 IP 地址与公司总部子网建立 IPSec 隧道。因此，本示例中的分支机构和公司总部的配置相比上节介绍的 Client 模式配置示例中的配置更简单，基本配置思路如下。

① 在两端 IPSec 网关上配置各接口的 IP 地址，以及到达对端公网、私网的静态路由，保证两端路由可达。

② 在 RouterB 上配置要推送的资源属性，包括所需的 DNS 域名、DNS 服务器地址和 WINS 服务器地址。

③ RouterB 作为 IPSec 隧道协商响应方，采用策略模板方式与 RouterA 建立 IPSec 隧道，包括全面的 IPSec 参数配置，例如 IPSec 安全提议、IKE 安全提议、IKE 对等体、基于策略模板创建的安全策略等。

④ 在 RouterA 上采用 Network 模式配置 Efficient VPN 策略，作为协商发起方与 RouterB 建立 IPSec 隧道，只需指定 Efficient VPN Network 的运行模式、Server 端的公网 IP 地址、IPSec 隧道认证的预共享密钥。

2. 具体配置步骤

① 在两端 IPSec 网关上配置各接口的 IP 地址，以及到达对端公网、私网的静态路由，保证两端路由可达。

本步的配置与 4.3.6 节第①步的配置基本一样，只是在公司总部 IPSec 网关 RouterB 上配置到达分支机构静态路由时，不是配置到达分支机构自动创建（实际上本示例在分支机构上也不会自动创建）的 Loopback 接口所在网段的路由，而是直接到达分支机构子网的私网路由（当然到达分支机构公网的路由也必须配置），具体如下。

```
[RouterB] ip route-static 10.1.1.0 255.255.255.0 60.1.2.2    #---到达分支机构子网的私网路由
```

另外，本示例在 RouterB 上也不用创建 Loopback 接口，因为不需要配置 IP 地址池，其他配置参见 4.3.6 节第①步的配置。

② 在 RouterB 上创建 AAA 业务方案，配置要推送的资源属性，例如 DNS 域名（假设为 lycb.com）、主/从 DNS 服务器地址（假设分别为 2.2.2.2 和 2.2.2.3）和主/从 WINS 服务器地址（假设分别为 3.3.3.2 和 3.3.3.3）。

本步的配置与 4.3.6 节介绍的配置示例第③步中 AAA 业务方案的配置完全一样，参见即可。

③ 在 RouterB 上配置策略模板方式的安全策略，作为协商响应方与 RouterA 建立 IPSec 隧道。

本步的配置与 4.3.6 节介绍的配置示例第③步中对应的 IKE 安全提议、IKE 对等体、IPSec 安全提议和策略模板方式安全策略的配置完全一样，参见即可。

④ 在 RouterA 上采用 Network 模式配置 Efficient VPN 策略，作为协商发起方与 RouterB 建立 IPSec 隧道。因为在 Network 模式中，分支子网用户直接采用原始 IP 地址

与总部子网通信，所以需要通过 ACL 来定义需要保护的数据流。

#---配置 ACL 如下所示，定义由子网 10.1.1.0/24 到达子网 10.1.2.0/24 的数据流。

```
[RouterA] acl number 3001
[RouterA-acl-adv-3001] rule 1 permit ip source 10.1.1.2 0.0.0.255 destination 10.1.2.2 0.0.0.255
```

#---配置 Efficient VPN 的模式为 Network，并在模式视图下引用 ACL、指定 IKE 协商时的对端地址和预共享密钥，如下所示。

```
[RouterA] ipsec efficient-vpn evpn mode network
[RouterA-ipsec-efficient-vpn-evpn] security acl 3001
[RouterA-ipsec-efficient-vpn-evpn] remote-address 60.1.2.1 v2
[RouterA-ipsec-efficient-vpn-evpn] pre-shared-key simple huawei
[RouterA-ipsec-efficient-vpn-evpn] quit
```

在公网接口上应用 Efficient VPN 如下所示。

```
[RouterA] interface gigabitethernet 1/0/0
[RouterA-GigabitEthernet1/0/0] ipsec efficient-vpn evpn
```

3. 配置结果验证

以上配置完成后，可以进行以下系列配置结果验证。

① 在主机 PC A 上 ping PC B，可以互通，PC A ping 通 PC B 的结果如图 4-20 所示；在两端 IPSec 网关上执行 **display ipsec statistics esp** 命令可以查看经过 ESP 加密的数据包统计信息，在 RouterA 上执行 **display ipsec statistics esp** 命令的输出如图 4-21 所示。

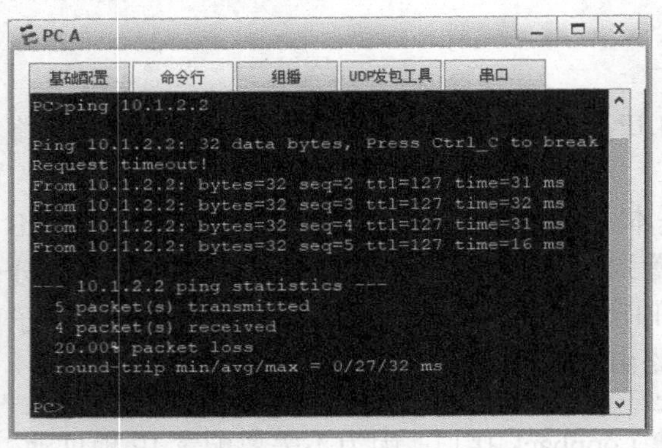

图 4-20　PC A ping 通 PC B 的结果

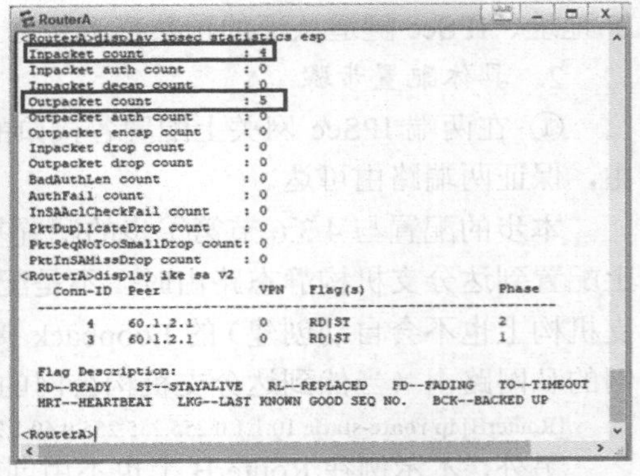

图 4-21　在 RouterA 上执行 **display ipsec statistics esp** 命令的输出

② 在两端 IPSec 网关上执行 **display ike sa v2** 命令可查看建立 IKE SAT IPSec SA 信息；执行 **display ipsec sa** 命令可查看建议的 IPSec SA 参数信息。在 RouterA 上执行 **display ike sa v2** 和 **display ipsec sa** 命令的输出如图 4-22 所示。

③ 在 RouterA 上（**只能在 Remote 端**）执行 **display ipsec efficient-vpn** 命令查看 Efficient VPN 策略配置信息，如图 4-23 所示。从中我们可以看到，Remote 端 RouterA 已从 Server 端 RouterB 上接收到所推送的资源信息，例如 DNS 域、DNS 主/从服务器 IP 地址、WINS 主/从服务器 IP 地址等。当出现故障时可通过该命令检查分支端的 Efficient VPN 策略配置是否正确。

通过以上步骤，证明本示例配置正确，结果是成功的。

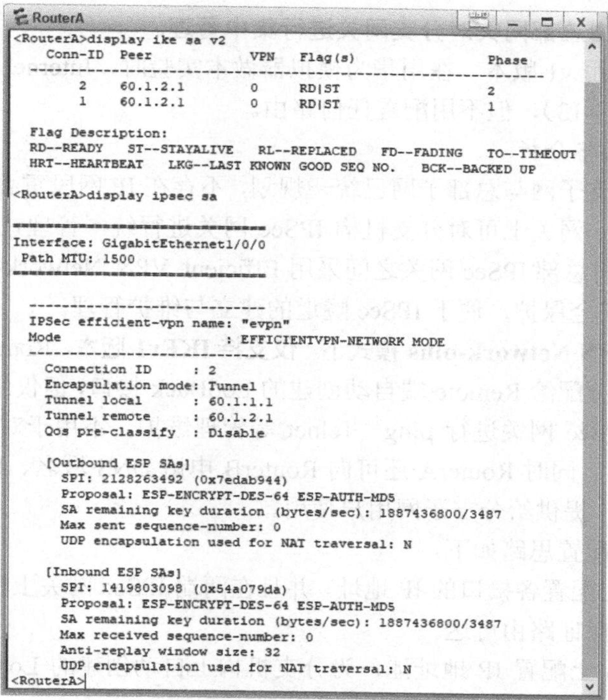

```
<RouterA>display ike sa v2
   Conn-ID  Peer            VPN   Flag(s)                 Phase
  ----------------------------------------------------------------
      2     60.1.2.1        0     RD|ST                   2
      1     60.1.2.1        0     RD|ST                   1

  Flag Description:
  RD--READY   ST--STAYALIVE   RL--REPLACED   FD--FADING   TO--TIMEOUT
  HRT--HEARTBEAT   LKG--LAST KNOWN GOOD SEQ NO.   BCK--BACKED UP
<RouterA>display ipsec sa

===============================
Interface: GigabitEthernet1/0/0
 Path MTU: 1500
===============================

  -----------------------------
  IPSec efficient-vpn name: "evpn"
  Mode                 : EFFICIENTVPN-NETWORK MODE
  -----------------------------
    Connection ID      : 2
    Encapsulation mode: Tunnel
    Tunnel local       : 60.1.1.1
    Tunnel remote      : 60.1.2.1
    Qos pre-classify   : Disable

    [Outbound ESP SAs]
      SPI: 2128263492 (0x7edab944)
      Proposal: ESP-ENCRYPT-DES-64 ESP-AUTH-MD5
      SA remaining key duration (bytes/sec): 1887436800/3487
      Max sent sequence-number: 0
      UDP encapsulation used for NAT traversal: N

    [Inbound ESP SAs]
      SPI: 1419803098 (0x54a079da)
      Proposal: ESP-ENCRYPT-DES-64 ESP-AUTH-MD5
      SA remaining key duration (bytes/sec): 1887436800/3487
      Max received sequence-number: 0
      Anti-replay window size: 32
      UDP encapsulation used for NAT traversal: N
<RouterA>
```

图 4-22　在 RouterA 上执行 **display ike sa v2** 和 **display ipsec sa** 命令的输出

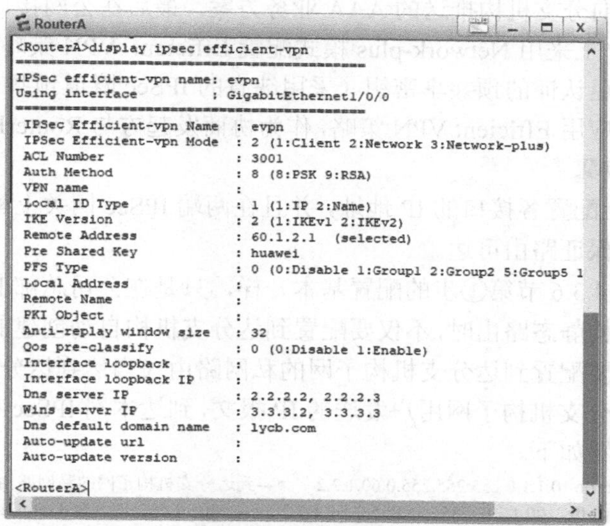

```
<RouterA>display ipsec efficient-vpn
=====================================
IPSec efficient-vpn name: evpn
Using interface         : GigabitEthernet1/0/0
=====================================
 IPSec Efficient-vpn Name    : evpn
 IPSec Efficient-vpn Mode    : 2 (1:Client 2:Network 3:Network-plus)
 ACL Number                  : 3001
 Auth Method                 : 8 (8:PSK 9:RSA)
 VPN name                    :
 Local ID Type               : 1 (1:IP 2:Name)
 IKE Version                 : 2 (1:IKEv1 2:IKEv2)
 Remote Address              : 60.1.2.1  (selected)
 Pre Shared Key              : huawei
 PFS Type                    : 0 (0:Disable 1:Group1 2:Group2 5:Group5 1
 Local Address               :
 Remote Name                 :
 PKI Object                  :
 Anti-replay window size     : 32
 Qos pre-classify            : 0 (0:Disable 1:Enable)
 Interface loopback          :
 Interface loopback IP       :
 Dns server IP               : 2.2.2.2, 2.2.2.3
 Wins server IP              : 3.3.3.2, 3.3.3.3
 Dns default domain name     : lycb.com
 Auto-update url             :
 Auto-update version         :

<RouterA>
```

图 4-23　在 RouterA 上执行 **display ipsec efficient-vpn** 命令的输出

4.3.8　Efficient VPN Network-plus 方式建立 IPSec 隧道的配置示例

本示例拓扑结构与 4.3.6 节介绍的示例的拓扑结构一样，参见图 4-12。本示例中，公司总部子网与分支机构子网已统一规划，分支子网为 10.1.1.0/24，总部子网为 10.1.2.0/24。现公司希望对分支子网与总部子网之间相互访问的流量进行安全保护，分支网关配置能够尽量简单，**并且可由总部网关对分支网关进行集中管理。**

本示例 IKE 采用 v1 版本。在用华为模拟器做本实验时，Internet 可用一台路由器代替（拓扑图参见图 4-13），但不用配置任何路由。

1．基本配置思路分析

本示例中的分支子网与总部子网已统一规划，不存在 IP 网段重叠的问题。但公司希望在公司总部 IPSec 网关上可对分支机构 IPSec 网关进行统一管理，因此可以在分支机构 IPSec 网关与公司总部 IPSec 网关之间采用 Efficient VPN Network-plus 模式建立一个 IPSec 隧道来实施安全保护，便于 IPSec 隧道的建立与维护管理。

在 Efficient VPN Network-plus 模式下，仅支持 IKEv1 版本，RouterA 也要向 RouterB 申请一个 IP 地址，分配给 Remote 端自动创建的 LooBack 接口，但仅用于公司总部 IPSec 网关对分支机构 IPSec 网关进行 ping、Telnet 等管理维护，不用于对分支机构子网用户进行 PAT 地址转换。同时 RouterA 还可向 RouterB 申请 DNS 域名、DNS 服务器地址和 WINS 服务器地址，提供给分支子网用户使用。

本示例的基本配置思路如下。

① 在各设备上配置各接口的 IP 地址，并且在两端 IPSec 网关上配置到达对端公网、私网的静态路由，保证路由可达。

② 在 RouterB 上配置 IP 地址池，为分支机构上自动创建的 Loopback 接口分配 IP 地址，该 IP 地址用于对 RouterA 进行管理。

③ 配置 RouterB 作为 IPSec 隧道协商响应方，采用策略模板方式创建 IPSec 安全策略，同时配置需要向分支机构推送的 AAA 业务方案，最后在公网接口上应用安全策略。

④ 在 RouterA 上采用 Network-plus 模式配置 Efficient VPN 策略，指定对端的公网 IP 地址和 IPSec 隧道认证的预共享密钥（采用缺省的 IPSec 隧道预共享密钥认证方法），最后在公网接口上应用 Efficient VPN 策略，作为协商发起方与 RouterB 建立 IPSec 隧道。

2．具体配置步骤

① 在各设备上配置各接口的 IP 地址，并且在两端 IPSec 网关上配置到达对端公网、私网的静态路由，保证路由可达。

本步的配置与 4.3.6 节第①步的配置基本一样，只是在公司总部 IPSec 网关 RouterB 上配置到达分支机构静态路由时，不仅要配置到达分支机构自动创建的 Loopback 接口所在网段的路由，还要配置到达分支机构子网的私网路由（当然到达分支机构公网的路由也必须配置），因为分支机构子网用户发送的 IP 报文，到达本端 IPSec 网关后不进行 NAT 地址转换，具体配置如下。

```
[RouterB] ip route-static 10.1.1.0 255.255.255.0 60.1.2.2    #---到达分支机构子网的私网路由
[RouterB] ip route-static 100.1.1.0 255.255.255.0 60.1.2.2  #---到达分支自动创建 LoopBack 接口所在网段（也即在
RouterB 上创建的 LoopBack0 接口 IP 地址对应的网段）的静态路由
```

② 在 RouterB 上配置 IP 地址池，用于为分支动态分配一个用于建立 IPSec 隧道的 IP 地址（仅用于总部对分支设备的管理）。IP 地址池为 100.1.1.0/24，网关是上一步在 RouterB 上创建的 Loopback0 接口 IP 地址。

本步的配置与 4.3.6 节第②步的配置一样，参见即可。

③ 配置 RouterB 作为 IPSec 隧道协商响应方，采用策略模板方式创建 IPSec 安全策略，同时配置需要向分支机构推送的 AAA 业务方案，最后在公网接口上应用安全策略。

本步的配置与 4.3.6 节第③步的配置一样，参见即可。

④ 在 RouterA 上采用 Network-plus 模式配置 Efficient VPN 策略，作为协商发起方与 RouterB 建立 IPSec 隧道。因为本示例分支机构不采用总部分配的 IP 地址进行 PAT，而是直接采用原始 IP 地址与总部子网通信，所以需要在 Efficient VPN 策略中向总部推送需要 IPSec 保护的数据流。

#---配置 ACL 如下所示，定义由分支子网 10.1.1.0/24 到达总部子网 10.1.2.0/24 的数据流。

```
[RouterA] acl number 3001
[RouterA-acl-adv-3001] rule 1 permit ip source 10.1.1.0 0.0.0.255 destination 10.1.2.0 0.0.0.255
[RouterA-acl-adv-3001] quit
```

#---配置 Efficient VPN 的模式为 Network-plus，并在模式视图下引用 ACL、指定 IKE 协商时的对端公网 IP 地址和采用预共享密钥认证方法时的预共享密钥（两端配置必须一致），如下所示。

```
[RouterA] ipsec efficient-vpn evpn mode network-plus
[RouterA-ipsec-efficient-vpn-evpn] security acl 3001
[RouterA-ipsec-efficient-vpn-evpn] remote-address 60.1.2.1 v1
[RouterA-ipsec-efficient-vpn-evpn] pre-shared-key simple huawei
[RouterA-ipsec-efficient-vpn-evpn] quit
```

#---在接口上应用 Efficient VPN，如下所示。

```
[RouterA] interface gigabitethernet 1/0/0
[RouterA-GigabitEthernet1/0/0] ipsec efficient-vpn evpn
```

3. 配置结果验证

以上配置完成后，可进行以下实验结果验证。

① 在 PC A 上 **ping** PC B，可以互通，PC A ping 通 PC B 的结果如图 4-24 所示。在两个设备上执行 **display ipsec statistics esp** 命令可以查看 PC A 访问 PC B 时经过 ESP 加密和数据包统计信息，在 RouterA 上执行 **display ipsec statistics esp** 命令的输出如图 4-25 所示。

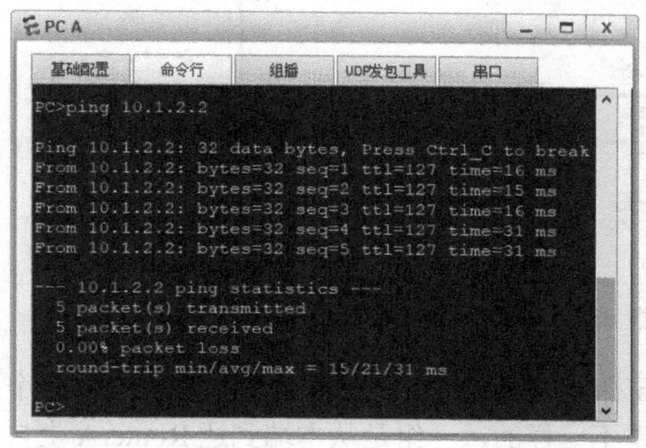

图 4-24　PC A ping 通 PC B 的结果

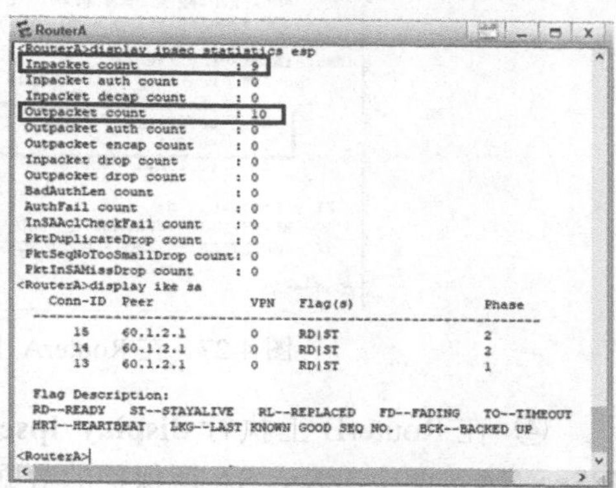

图 4-25　在 RouterA 上执行 **display ipsec statistics esp** 命令的输出

② 在 RouterA 上执行 **display interface brief** 命令，可看到自动创建了一个 LoopBack100 接口，并且呈 Up 状态；执行 **display interface** loopback100 命令，可以看到已从公司总部的 IP 地址池中自动分配了一个在 100.1.1.0 /24 网段的 IP 地址 100.1.1.254，如图 4-26 所示。

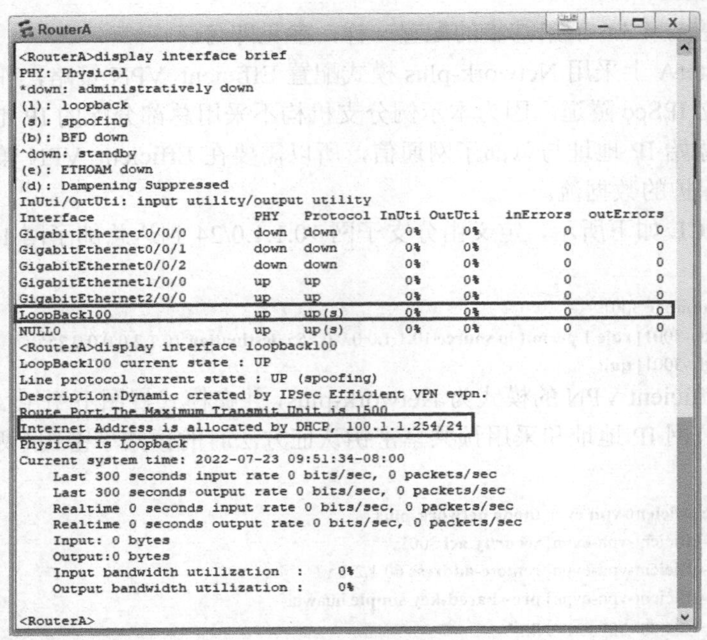

图 4-26　在 RouterA 上自动创建的 LoopBack100 接口及所分配的 IP 地址

③ 在两端 IPSec 网关上执行 **display ike sa** 命令可查看所建立的 IKE SA 和 IPSec SA 信息。因为 Server 端要向 Remote 端 Loopback 接口分配一个用于分支机构设备管理的 IP 地址，会新建一个 IPSec 连接，用于总部网关管理分支机构网关，所以有两个 IPSec SA，保护两组数据流。在 RouterA 上执行 **display ike sa** 命令的输出如图 4-27 所示。

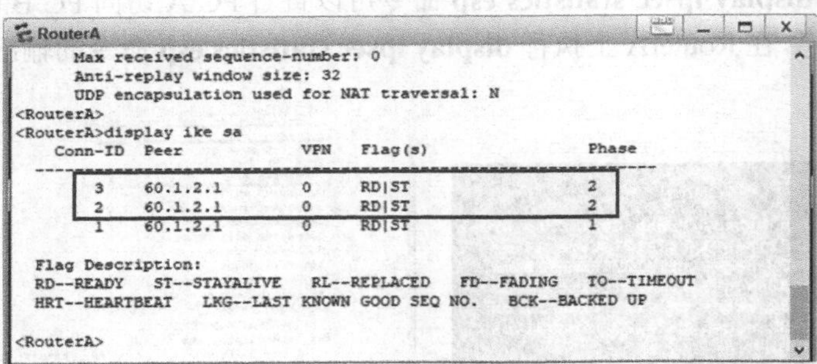

图 4-27　在 RouterA 上执行 **display ike sa** 命令的输出

④ 在 RouterB 上执行 **display ipsec sa** 命令可所到它与分支机构端也建立了两个 IPSec SA。两个 IPSec SA 所保护的数据流是不一样的，一组是从本端到达 RouterA 上自动创建的 Loopback100 接口的数据流，另一组是从本端子网 10.1.2.0/24 到达分支机构子网 10.1.1.0/24 网段的数据流，在 RouterA 上执行 **display ipsec sa** 命令的输出如图 4-28 所示。

⑤ 在 RouterA 上执行 **display ipsec efficient-vpn** 命令显示 Efficient VPN 策略的配置信息从中可以看到，Remote 端 RouterA 已从 Server 端 RouterB 上接收到所推送的资源信息，例如 DNS 域、DNS 主/从服务器 IP 地址、WINS 主/从服务器 IP 地址等，在 RouterA 上执行 **display ipsec efficient-vpn** 命令的输出如图 4-29 所示。

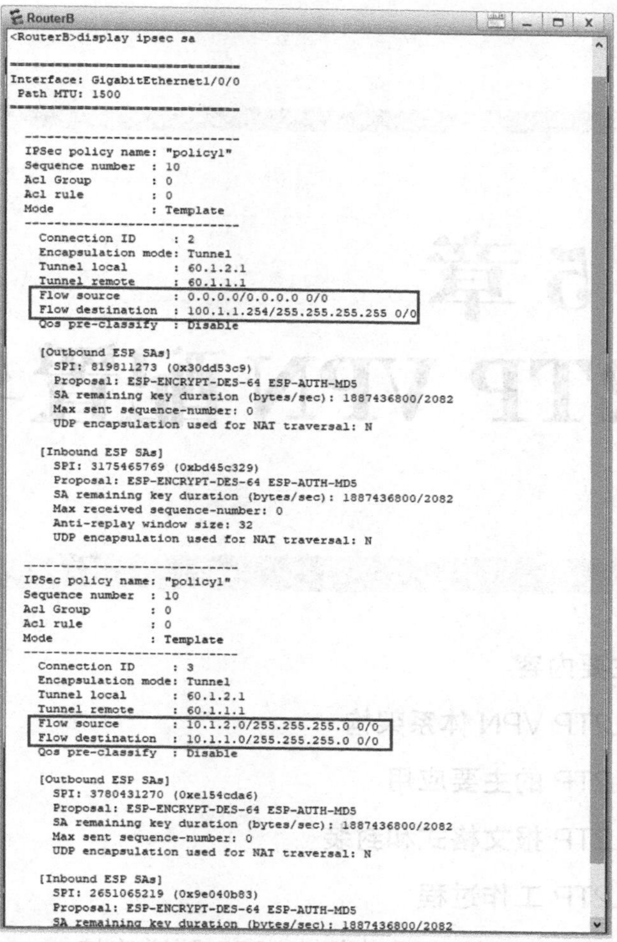

图 4-28　在 RouterA 上执行 **display ipsec sa** 命令的输出

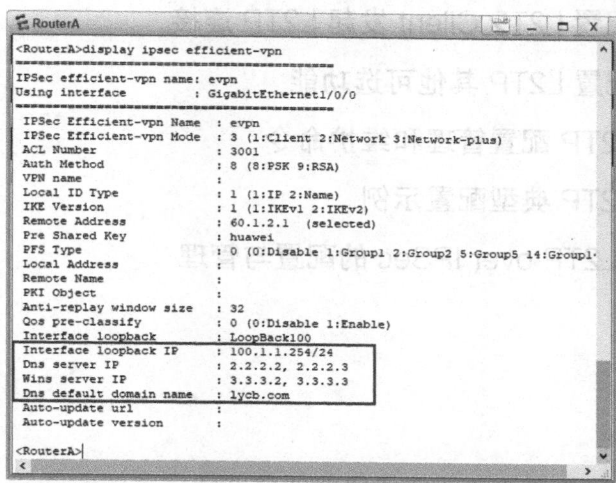

图 4-29　在 RouterA 上执行 **display ipsec efficient-vpn** 命令的输出

通过以上步骤，证明本示例配置正确，结果是成功的。

第5章 L2TP VPN配置与管理

本章主要内容

5.1　L2TP VPN 体系架构

5.2　L2TP 的主要应用

5.3　L2TP 报文格式和封装

5.4　L2TP 工作过程

5.5　配置 LAC 接入呼叫发起 L2TP 隧道连接

5.6　配置 L2TP Client 发起 L2TP 连接

5.7　配置 L2TP 其他可选功能

5.8　L2TP 配置管理和维护命令

5.9　L2TP 典型配置示例

5.10　L2TP over IPSec 的配置与管理

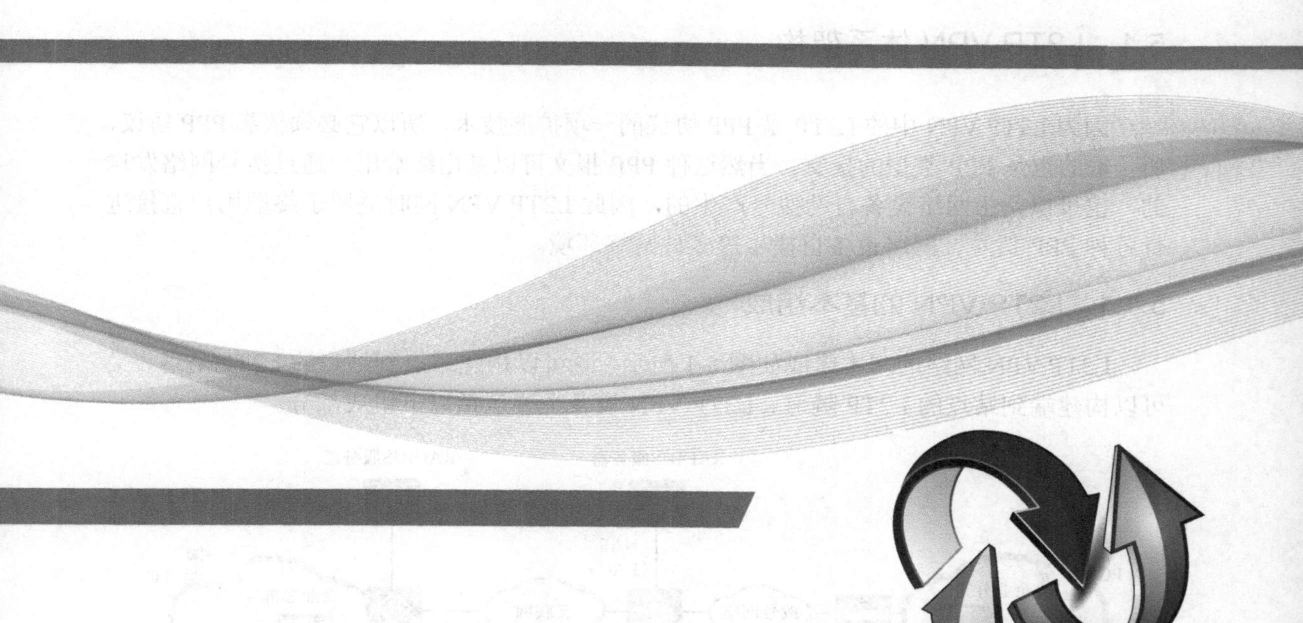

L2TP 是虚拟专有拨号网络（Virtual Private Dial Network，VPDN）隧道协议的一种，是 PPP 在应用层的一种扩展应用（即 L2TP 是一种应用层协议），是远程拨号用户接入公司总部网络的一种重要 VPN 技术。L2TP 通过拨号网络，基于 PPP 的协商，建立企业分支机构用户到公司总部的隧道，使远程用户可以接入公司总部。PPPoE 技术的出现扩展了 L2TP 的应用范围，使用户可以通过以太网络连接 Internet，建立远程移动办公人员到公司总部的 L2TP 隧道。

本章将对华为设备支持的各种 L2TP VPN 技术原理，以及各种应用情形的具体配置方法做一个全面、深入的介绍。但 L2TP VPN 解决方案在通信安全保障方面存在一些不足，例如不能为隧道中传输的数据提供加密保障，在用户身份认证方面，L2TP 也只是采取静态密码认证方式。正因如此，在 L2TP VPN 通信中还可与 IPSec 技术结合，通过 IPSec 为 L2TP VPN 提供进一步的安全保证，这就是本章最后将要介绍的 L2TP over IPSec 解决方案。

5.1 L2TP VPN 体系架构

因为 L2TP VPN 中的 L2TP 是 PPP 协议的一项扩展技术，所以它必须依靠 PPP 协议，所传输的也是 PPP 类型的报文。当然这种 PPP 报文可以是由终端用户通过拨号网络发送的，也可以是由网络设备自动拨号产生的，因此 L2TP VPN 同时适用于终端用户直接进行各种 PPP 拨号、网络设备自拨号等多种网络环境。

5.1.1 L2TP VPN 的基本组成

L2TP VPN 网络的基本组成如图 5-1 所示，既可以构建站点到站点的 L2TP 隧道，又可以构建端到站点的 L2TP 隧道。L2TP VPN 设备主要包括以下组成部分。

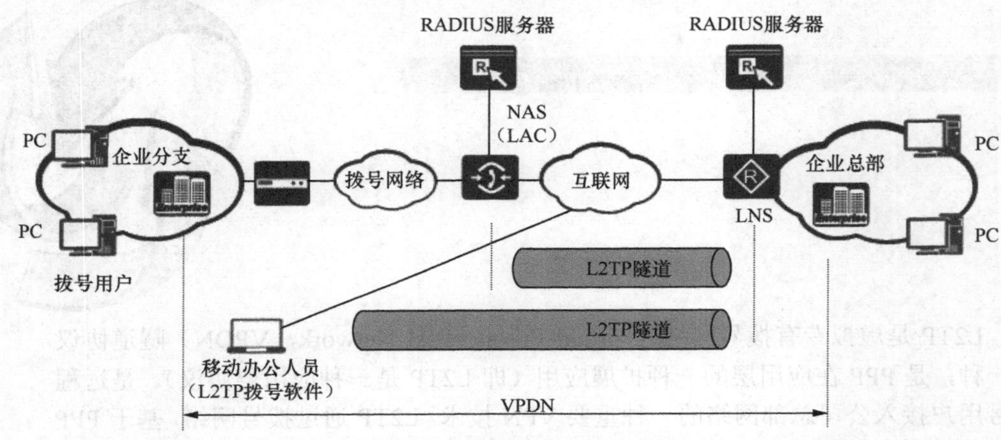

图 5-1 L2TP VPN 网络的基本组成

1）PPP 终端

PPP 终端（或称“拨号用户”）是指发起拨号，将数据封装为 PPP 类型的设备，通常是一个可执行 PPP 或者 PPPoE 拨号用户的主机或私有网络中支持 L2TP 自拨号的一台网络设备，例如华为 AR G3 系列路由器。

2）NAS

网络接入服务器（Network Access Server，NAS）主要由 ISP 维护，连接拨号网络，是距离 PPP 终端地理位置最近的接入点。NAS 用于传统的拨号网络中，为远程拨号用户提供 VPDN 服务，与公司总部建立隧道连接。

3）LAC

L2TP 访问集中器（L2TP Access Concentrator，L2TP LAC）是网络中同时具有 PPP 和 L2TP 协议处理能力的设备。LAC 根据 PPP 报文中所携带的用户名或者域名信息，与 LNS 建立 L2TP 隧道连接，将 PPP 协商延展到 LNS。

LAC 可以与同一个 LNS 发起建立多条 L2TP 隧道，以使不同用户间通信的数据流之间相互隔离，即一个 LAC 可以承载多条 VPDN 连接，LAC 在 LNS 和 PPP 终端之间传递数据。即 LAC 从 PPP 终端收到报文后进行 L2TP 封装发送至 LNS，从 LNS 收到报文后进行解封装并发送至 PPP 终端。

根据不同网络场景，LAC 可以由不同设备担当，具体将在下节介绍。

4）LNS

L2TP 网络服务器（Network Server，LNS）也是同时具有 PPP 和 L2TP 协议处理能力的设备，通常位于公司总部网络的边缘，作为公司总部网络的外部网关设备。对于 L2TP 协商，LNS 是 LAC 的对端设备，即 LAC 和 LNS 建立了 L2TP 隧道；对于 PPP 会话，LNS 是 PPP 会话的逻辑终止端点，即 PPP 终端和 LNS 建立了一条点到点的虚拟链路。必要时，LNS 还兼有网络地址转换（NAT）功能，对公司总部网络内的私有 IP 地址与公网 IP 地址进行转换。

【说明】 *在 LAC 和 LNS 上，如果不采用本地用户身份认证方式，则还要部署用于用户身份认证的远程 RADIUS 服务器。*

5.1.2　LAC 位置的几种情形

L2TP 隧道是建立在 LAC 与 LNS 之间，但担当 LAC 角色的设备，以及所处的网络位置又因为不同应用场景有所不同，最终实现站点到站点（Site-to-Site）的远程网络互联，例如企业分支机构网络与公司总部网络的互联，或远程 PC（例如移动办公用户）与公司总部网络的端到站点（End-to-Site）互联。

1）PPP 的 Site-to-Site 网络连接

当企业分支机构中的远程终端采用传统的 PPP 拨号（例如普通 Modem 拨号或者 ISDN 拨号）接入 Internet，然后再通过 P2TP 实现企业分支机构与公司总部网络站点到站点（Site-to-Site）连接时，LAC 就是 ISP 为企业用户提供的 NAS，传统拨号场景中的 LAC 位置如图 5-2 所示。即此时，LAC 与 NAS 是一台设备，LAC 也位于 ISP 网络中，所构建的是 LAC（NAS）到 LNS 之间的 Site-to-Site（站点到站点）L2TP 隧道。

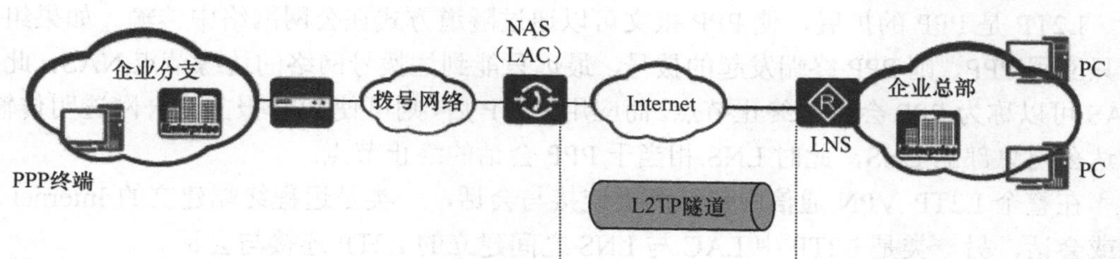

图 5-2　传统拨号场景中的 LAC 位置

2）PPPoE 的 Site-to-Site 网络连接

当企业分支机构网络中，为 PPP 终端配备了网关设备，而且网关设备同时又作为 PPPoE 服务器和 LAC，位于分支机构网络边缘，在 PPPoE 拨号场景中 LAC 的位置示意如图 5-3 所示。此时所构建的也是 LAC（PPPoE 服务器）到 LNS 之间的 Site-to-Site（站点到站点）L2TP 隧道。从分支机构 PPPoE 服务器的 Internet 接入并不需要进行 PPPoE 拨号，而是直接采用以太网连接（如光纤以太网），部署 PPPoE 目的纯粹是为了终端用户在通过以太网链路连接公司总部网络中产生 PPP 报文，因为 L2TP 只能对 PPP 报文进行封装。

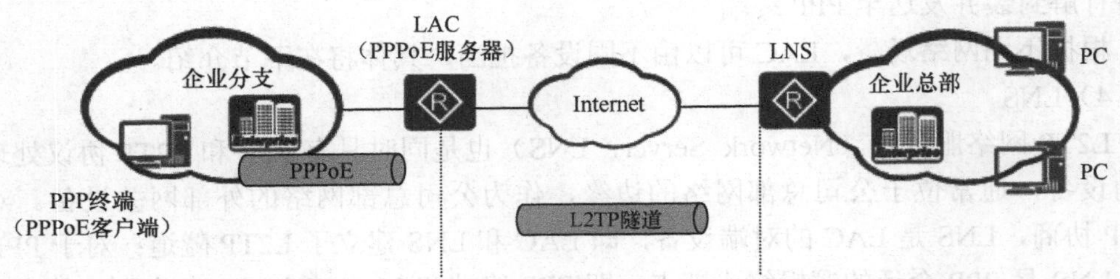

图 5-3 在 PPPoE 拨号场景中 LAC 的位置示意

3）远程终端的 End-to-Site 连接

当出差人员使用 PC 终端通过 PPP 或者 PPPoE 接入 Internet，然后再通过 L2TP 与公司总部网络连接时，要在 PC 终端上安装 L2TP 拨号软件，此时 PC 终端就为 LAC。此时所构建的是 LAC（PC 终端）到 LNS 之间的 End-to-Site（端到站点）L2TP 隧道，在终端接入场景中 LAC 的位置示意如图 5-4 所示。

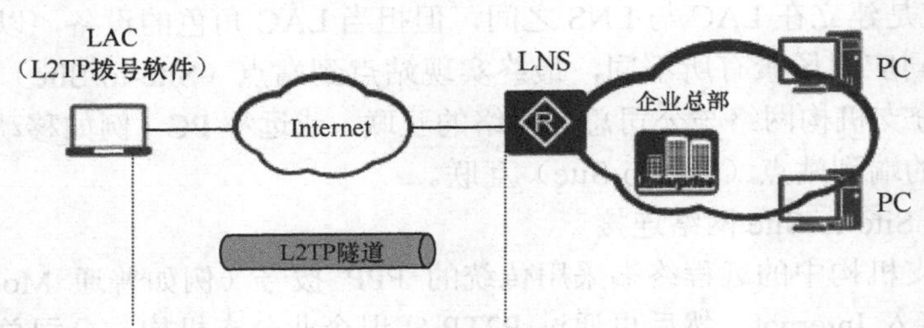

图 5-4 在终端接入场景中 LAC 的位置示意

5.1.3 L2TP 消息、隧道和会话

L2TP 是 PPP 的扩展，使 PPP 报文可以通过隧道方式在公网网络中传输。如果组网中只应用 PPP，则 PPP 终端发起的拨号，最远只能到达拨号网络的边缘节点 NAS，此时 NAS 可以称为 PPP 会话的终止节点。而应用 L2TP 后，则可使 PPP 报文在公网透明传输，到达公司总部的 LNS，此时 LNS 相当于 PPP 会话的终止节点。

在整个 L2TP VPN 通信中包括两类连接与会话，一类是远程终端建立的 Internet 连接或会话，另一类是 L2TP 中 LAC 与 LNS 之间建立的 L2TP 连接与会话。

1. L2TP 消息类型

L2TP 协议定义了以下两种消息。

① 控制消息：用于 L2TP 隧道和 L2TP 会话的建立、维护和拆除。L2TP 控制消息封装在 L2TP 报头内。

尽管 L2TP 控制消息也是采用 UDP 传输层协议进行传输，但在 L2TP 控制消息的传输过程中，使用了“消息丢失重传”和“定时检测隧道连通性”等机制，可保证控制消息传输的可靠性，并且还支持流量控制和拥塞控制。

② 数据消息：对用户 PPP 数据进行 L2TP 协议重封装后的消息，是在原始的 PPP 数据帧前面加装 L2TP 协议头。

L2TP 数据消息报头与 L2TP 控制消息报头格式不一样，有关 L2TP 控制消息和数据消息的详细封装格式参见本书第 1 章 1.3.3 节。

2. L2TP 隧道和会话

L2TP 隧道是 LAC 和 LNS 之间的一条虚拟点到点连接，在这条 L2TP 隧道内传输包括对应的控制消息和数据消息。L2TP 传输 PPP 报文前，需要建立 L2TP 隧道连接和会话连接。

1）建立 L2TP 隧道连接

LAC 收到远程用户的 PPP 协商请求时，LAC 向 LNS 发起 L2TP 隧道请求。LAC 和 LNS 之间通过 L2TP 的控制消息，协商隧道 ID、隧道认证等内容，协商成功后则建立起一条 L2TP 隧道，由隧道 ID 进行标识。

L2TP 协议使用 UDP 端口 1701，**但这个端口号仅用于初始隧道的建立**。L2TP 隧道发起方任选一个空闲端口（通常是大于 1024 后的随机 UDP 端口）向接收方的 UDP 1701 端口（即目的端口为 UDP 1701）发送请求报文；接收方收到报文后，也任选一个大于 1024 的空闲 UDP 端口，向发起方发送报文时所选定的端口回送应答报文。至此，双方的传输层端口已选定，并在隧道连通的时间内不再改变。

2）建立 L2TP 会话连接

如果 L2TP 隧道已存在，则在 LAC 和 LNS 之间通过 L2TP 控制消息，协商会话 ID 等内容。会话中携带了 LAC 的 LCP 协商信息和用户认证信息，LNS 对收到的信息认证通过后，则通知 LAC 会话建立成功。L2TP 会话连接由会话 ID 进行标识。

L2TP 会话建立成功后，PPP 终端将数据报文发送至 LAC，LAC 根据 L2TP 隧道和会话 ID 等信息，进行 L2TP 报文封装，并发送到 LNS。LNS 收到数据报文后进行 L2TP 解封装处理，根据路由转发表发送至目的主机，完成报文的传输。

在一对 LAC 和 LNS 之间可以建立多条 L2TP 隧道，每条隧道可以承载一个或多个 L2TP 会话。L2TP 会话发生在隧道连接成功之后，L2TP 会话表示承载在隧道连接中的一个 PPP 会话过程。当远程终端系统和 LNS 之间建立 PPP 会话时，LAC 和 LNS 之间将建立与其对应的 L2TP 会话。属于该 PPP 会话的数据通过对应 L2TP 会话所在的 L2TP 隧道传输。

5.2 L2TP 的主要应用

L2TP 的主要应用于以下几个方面。

① 远程拨号用户发起 L2TP 隧道连接。

② LAC 接入拨号请求发起 L2TP 隧道连接。

③ LAC 接入 PPPoE 用户发起 L2TP 隧道连接。

④ LAC Client 发起 L2TP 隧道连接。

⑤ LAC 接入多域用户发起 L2TP 隧道连接。

1. 远程拨号用户发起 L2TP 隧道连接

远程拨号用户发起 L2TP 隧道连接是指发起 L2TP 连接请求的是远程终端拨号用户，

因此本应用适用于企业移动办公员工访问公司网络的情形。此时的 LAC 就是终端用户主机，建立的是端到站点的 L2TP 隧道连接。

移动办公员工的地理位置经常发生移动，当需要随时与公司总部网络通信，并访问公司总部内网资源时，可将公司总部网关部署为 LNS。移动办公员工在 PC 终端（先要已成功接入互联网）上使用 L2TP 拨号软件，则可以在移动办公员工和公司总部网关之间建立虚拟的点到点连接。同时 LNS 还可以对接入用户进行身份验证，并为远程终端用户分配公司总部网络的私有 IP 地址，实现对公司总部网络内部资源的访问。如果部署 ACL，则还可以管理接入用户的访问权限。

远程拨号用户发起 L2TP 隧道连接的基本组网示意如图 5-5 所示。

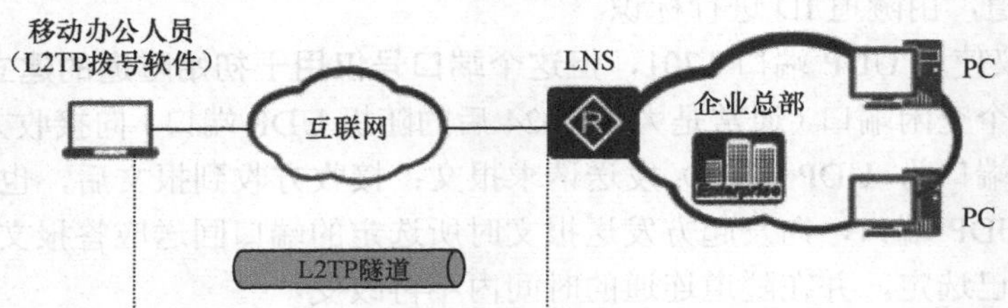

图 5-5　远程拨号用户发起 L2TP 隧道连接的基本组网示意

在这种端到站点的 L2TP 应用中，为了确保出差用户与公司总部网络通信的安全性，还可以与 IPSec 技术结合，因为 L2TP 无法为报文传输提供加密保护。此时，在出差用户的 PC 终端上运行 L2TP 拨号软件担当 LAC 角色，发送的数据数据报文将先进行 L2TP 封装，再进行 IPSec 封装，发往公司总部网络，最后在公司总部网关部署 IPSec 策略。IPSec 功能会对所有源 IP 地址为 LAC、目的 IP 地址为 LNS 的报文进行保护，提高了 L2TP 通信的安全性。

2. LAC 接入拨号请求发起 L2TP 隧道连接

LAC 接入拨号请求发起 L2TP 隧道连接是指 LAC 接收到终端用户通过传统拨号方式访问公司总部的 PPP 报文时，触发向公司总部的 LNS 发送建立 L2TP 隧道的请求。当公司总部在其他城市设有分支机构，而且分支机构位于传统的 PSTN 或 ISDN 网络，要实现分支机构网络与公司总部网络互联时，就需要采取如图 5-6 所示的 L2TP 网络结构，属于站点到站点的 L2TP 隧道连接。此时分支机构需要向 ISP 申请 L2TP 服务，ISP 将 NAS 配置为 LAC，以实现将分支机构用户的拨号连接通过互联网延展到公司总部网络 LNS。企业将总部的网关配置为 LNS，为分支机构用户提供接入服务，实现分支机构用户和公司总部网关之间的 VPDN 连接。

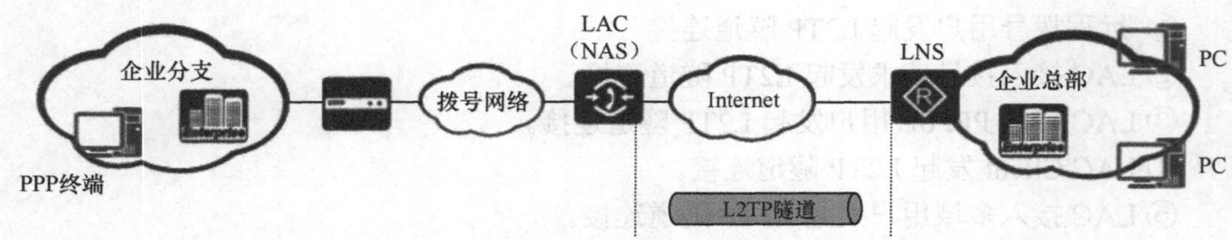

图 5-6　LAC 接入拨号请求发起 L2TP 隧道连接的组网示意

3. LAC 接入 PPPoE 用户发起 L2TP 隧道连接

LAC 接入 PPPoE 用户发起 L2TP 隧道连接应用与上一应用类似，都是用于实现分支机构网络与公司总部网络的站点到站点 L2TP 隧道连接，LAC 接入 PPPoE 用户发起 L2TP 隧道连接的组网示意如图 5-7 所示。不同的是此处的分支机构采用**以太网络接入**（例如各种光纤以太网接入，无须拨号）互联网。为此需要使用 PPPoE 拨号软件将用户终端设备部署为 PPPoE 客户端，而分支机构网关作为 PPPoE 服务器和 LAC，使分支机构用户仍可以发送 PPP 报文，触发分支机构网关 LAC 与总部网关 LNS 建立 L2TP 隧道。

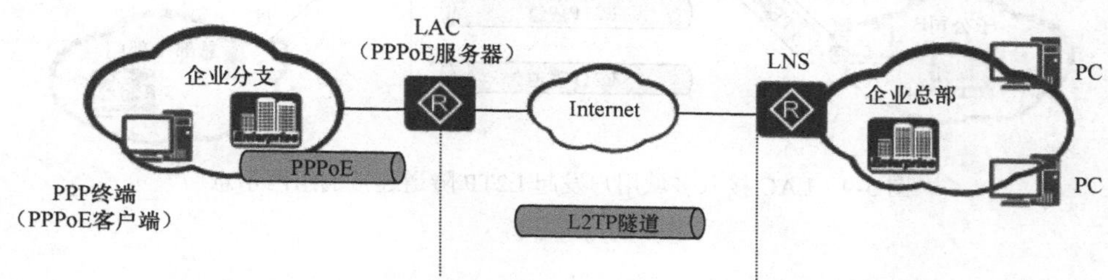

图 5-7　LAC 接入 PPPoE 用户发起 L2TP 隧道连接的组网示意

4. L2TP Client 发起 L2TP 隧道连接

在 L2TP Client 发起 L2TP 隧道连接应用中，企业分支机构也是采用以太网接入互联网，但公司总部允许分支机构的任意用户接入，**只对分支机构网关进行认证（不对远程终端用户进行认证）**，L2TP Client 发起 L2TP 隧道连接的组网示意如图 5-8 所示。

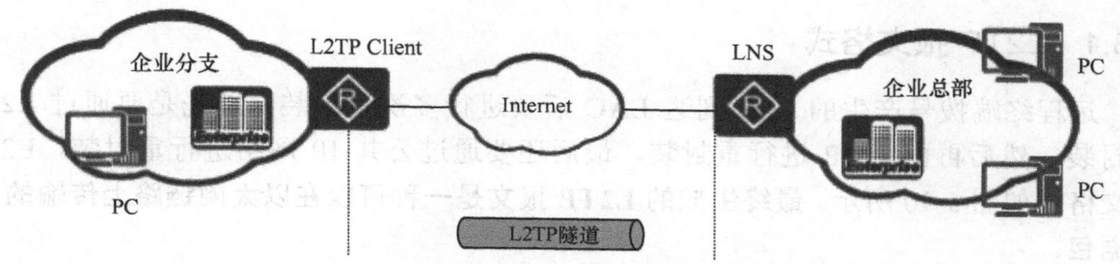

图 5-8　L2TP Client 发起 L2TP 隧道连接的组网示意

此时总部网关部署为 LNS，分支网关部署为 L2TP Client，并在分支网关主动发起虚拟拨号（属于 LAC 自发起模式），触发到总部 LNS 的 L2TP 隧道连接。通过 L2TP Client 的方式，在 L2TP Client 和 LNS 之间建立虚拟的点到点连接，分支用户的 IP 报文到达 L2TP Client 后路由转发到虚拟拨号接口（VT 接口），报文送至 LNS 后经路由转发到达目的主机。

5. LAC 接入多域用户发起 L2TP 隧道连接

公司总部和旗下子公司有业务往来，不同的子公司需要访问总部的不同部门，总部为不同子公司的员工提供接入服务，使用 L2TP 功能和子公司建立 VPDN 连接。因接入用户较多，可以配置子公司的网关设备按照域名判断接入用户是否为 VPDN 用户，以简化 VPDN 的部署。子公司之间使用不同的 L2TP 隧道，获取不同网段的 IP 地址。子公司用户发起到总部的连接时，因为源地址和目的地址都由总部分配，所以总部可以配置 ACL 实现对子公司访问权限的管理，LAC 接入多域用户发起 L2TP 隧道连接的组网示意如图 5-9 所示。

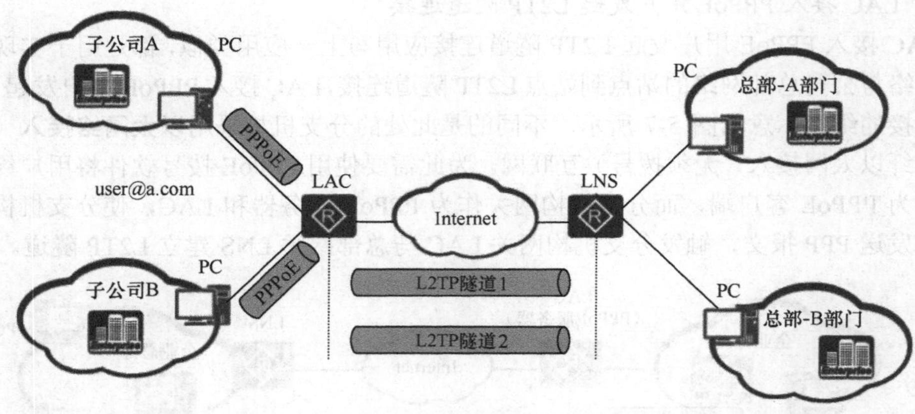

图 5-9　LAC 接入多域用户发起 L2TP 隧道连接的组网示意

5.3　L2TP 报文格式和封装

在 L2TP VPN 通信中，除了前文中介绍的 L2TP Client 发起 L2TP 隧道连接应用的情形，其他情形中的 LAC 在收到来自远程终端发来的 PPP（或 PPPoE）数据帧后，需要经过 L2TP 再次封装后才能通过 L2TP 隧道最终传输到远程的 LNS 设备。

5.3.1　L2TP 报文格式

远程终端拨号产生的 PPP 到达 LAC 后要进行多次重封装。首先是要通过 L2TP 重封装，然后再由 UDP 进行重封装，最后还要通过公共 IP 网络进行重封装，L2TP 报文格式如图 5-10 所示。**最终生成的 L2TP 报文是一种可以在以太网链路上传输的 IP 数据包。**

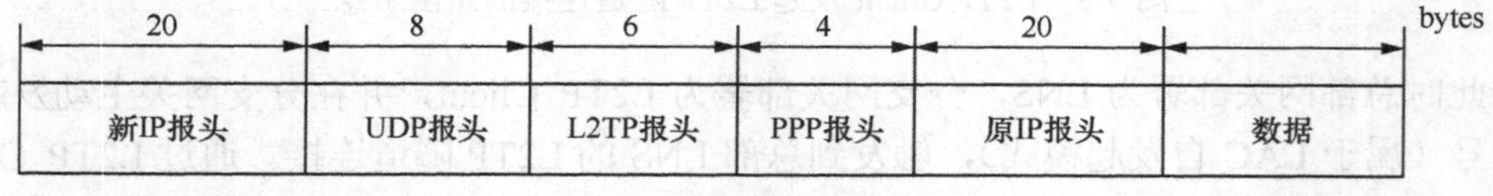

图 5-10　L2TP 报文格式

从图 5-10 中我们可以看出，经过多次重封装后，在 L2TP 隧道中传输的 L2TP 报文比原始的 PPP 报文多出 34 个字节（如果需要携带序列号信息，则比原始的 PPP 报文多出 38 个字节），即 20 字节新的 IP 报头、8 字节 UDP 报头、6 字节的 L2TP 报头。经过这样多次重封装后，最终的 L2TP 报文长度可能会超出接口的 MTU 值，而 L2TP 本身不支持报文分片功能，所以需要设备支持对 IP 报文的分片功能。当 L2TP 数据包长度超出发送接口的 MTU 值时，在发送接口进行 IP 报文分片处理，接收端对收到 IP 分片报文进行还原，重组为 L2TP 报文。

有关 L2TP 报头在本书第 1 章 1.3.3 节有详细介绍，在此不再赘述。

5.3.2　L2TP 报文封装

L2TP 报文的封装流程如图 5-11 所示，逆向传输时进行的是一系列对应的解封装过程。下面对其中的各关键节点的封装原理进行说明。

【说明】在 L2TP Client 发起 L2TP 隧道连接情形中，终端用户与 LAC 之间采用以太网连接（非拨号接入方式），不进行图中在分支机构终端用户与 LAC 之间的 PPP 封装过程。但此时在 LAC 上同样会对自产生的 IP 报文进行 PPP 封装，因为这种情形的 LAC 不会接收远程终端用户发来的 PPP 报文，而是 LAC 自己产生的。

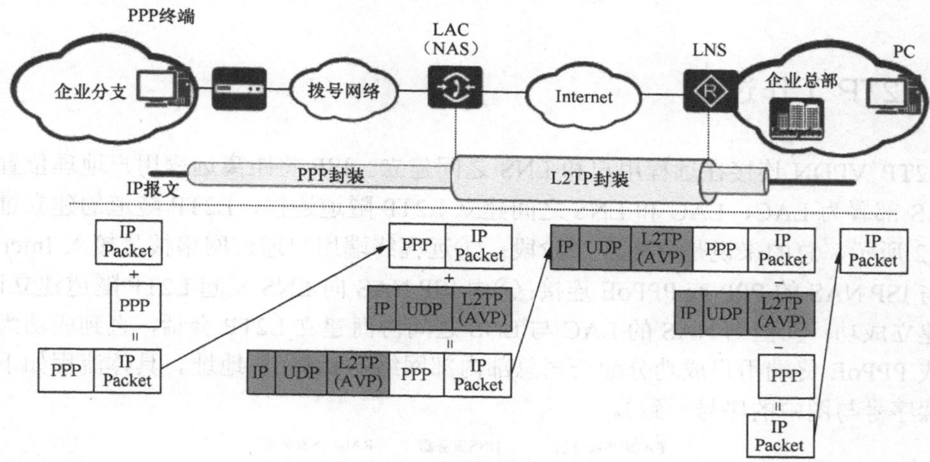

图 5-11　L2TP 报文的封装流程

① PPP 终端：终端用户的网络应用 IP 报文在数据链路层进行 PPP 协议封装（或同时要进行 PPPoE 封装，加装 PPPoE 报头），形成 PPP（或 PPPoE，下同，不再另外声明）报文后发送报文。

② LAC：LAC 在收到 PPP 报文后，根据报文携带的用户名或者域名判断接入用户是否为 VPDN 用户。

- 如果是 VPDN 用户，则对 PPP 报文进行 L2TP 重封装，然后再根据 LAC 上配置的 LNS 公网 IP 地址对 L2TP 报文分别进行 UDP 和 IP 重封装。封装后的报文最外层 IP 报头中的源 IP 地址为 LAC 连接公网的接口的 IP 地址，目的 IP 地址为 LNS 连接公网的接口的 IP 地址，**经过公网路由转发到达 LNS**。
- 如果不是 VPDN 用户，则 LAC 对所收到 PPP 报文进行 PPP 解封装，此时 LAC 为 PPP 会话的终止节点，是属于普通的 PPP 通信，访问 Internet。

③ LNS：当 LNS 收到 LAC 发来的 L2TP 报文后，依次解除外层的 IP 封装、UDP 封装、L2TP 封装、PPP 封装，得到原始 IP 数据报文。根据原始 IP 报文中的目的 IP 地址（是由 LNS 分配的私网 IP 地址），查找本地私网路由表使报文达到公司总部的目的主机。

公司总部响应分支机构用户时，响应报文到达 LNS 后查找路由表，再根据转发接口（即 LNS 连接公网的接口）进行 L2TP 重封装处理。重封装的过程和与 LAC 向 LNS 发送 L2TP 报文的重封装过程一致，依次添加 L2TP、UDP 和 IP（公网 IP 地址）报头。**根据 LNS 配置的到达 LAC 的公网路由转发到 LAC**，然后再进行 L2TP 报文的解封装。这个解封装过程也与在 LNS 向目的主机发送数据时所进行的解封装过程一样，依次去掉前面所添加的协议头。

【经验提示】在由拨号用户发起的 L2TP 连接应用情形（包括 5.2 节介绍的前 3 种应用情形，又可统称"LAC 接入呼叫发起 L2TP 隧道连接"）中，**在 LAC 和 LNS 上都需要配置到达对端的公网路由**。拨号用户到达 LNS 端子网（私网）的报文是 L2TP 隧道中通过 LNS 上配置的 IP 地址池分配的 IP 地址和网关（LNS 上的 VT 接口 IP 地址）指定的路径来转发。LNS 端用户到达 LAC 子网（私网）的响应报文是通过以 LNS 上配置的 VT 接口为出接口的静态路由来转发。

5.4 L2TP 工作过程

L2TP VPDN 连接在远程用户和 LNS 之间建立。ISP 将距离远程用户地理位置最近的 NAS 部署为 LAC，LAC 和 LNS 之间建立 L2TP 隧道连接，L2TP 隧道的建立过程如图 5-12 所示，总的来说是分为 3 个阶段：①远程终端用户通过网络拨号接入 Internet，建立与 ISP NAS 的 PPP 或 PPPoE 连接；②由 ISP NAS 向 LNS 发起 L2TP 隧道建立请求，直到建立成功；③担当 NAS 的 LAC 与 LNS 之间协商建立 L2TP 会话，直到成功为远程 PPP 或 PPPoE 终端用户成功分配公司总部内部网络的私有 IP 地址。具体流程如下（以下步骤序号与图中的序号一致）。

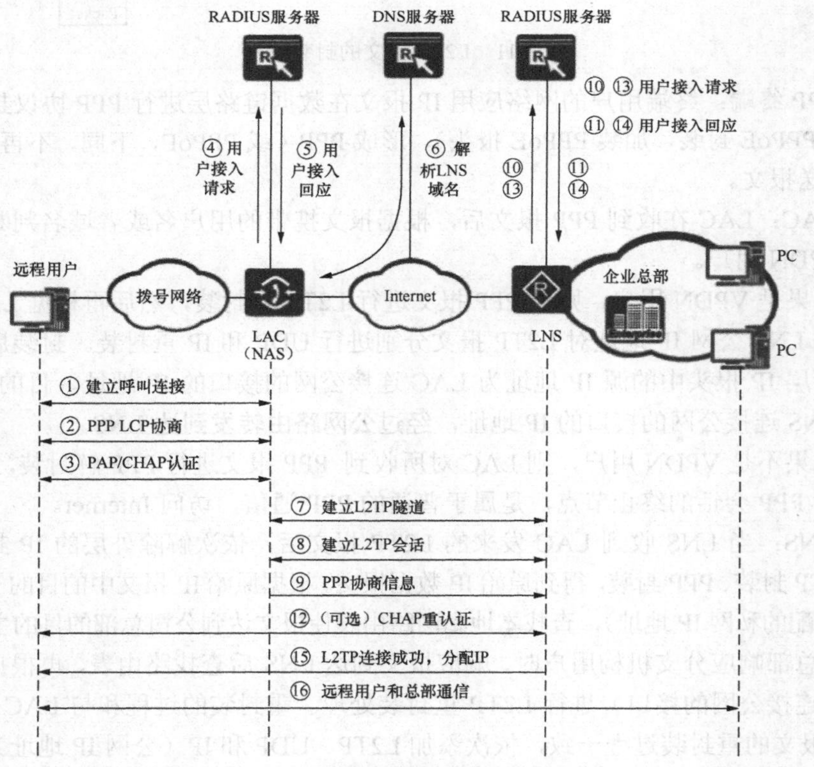

图 5-12 L2TP 隧道的建立过程

【说明】在 L2TP Client 发起 L2TP 隧道连接情形中，无远程用户与 LAC 之间的 PPP 呼叫、协商和认证过程，即没有图中第①～第⑤步过程，其他过程与图中一样。在此种应用情形下，L2TP VPDN 连接请求不是由远程用户拨号发起，而是由 LAC 自发起。

1. PPP 或 PPPoE 连接建立阶段

① 首先是由远程终端系统向位于 ISP 的 NAS（也即 LAC）发起 PPP 或者 PPPoE 呼叫，请求建立 PPP 或 PPPoE 连接。

② LAC 在收到远程终端的连接建立请求后，进行 PPP LCP（链路控制协议）协商，包括远程终端向 LAC 发送的用于 PPP 连接建立的用户认证信息。

③ LAC 根据收到来自远程终端发来的用户认证信息对远程终端主机进行 PAP 或 CHAP 认证（根据配置的认证模式选择）。

④ 如果 PPP 认证不是由 NAS（LAC）设备本地进行的，则 NAS 会将远程终端提交的认证信息（用户名、密码）发送给远程的 RADIUS 服务器进行认证。

⑤ NAS 或 RADIUS 服务器返回最终的 PPP 认证结果，如果是由 RADIUS 服务器进行认证，则认证结果还会由 NAS 设备转发给远程终端。

2. L2TP 隧道建立阶段

⑥ 通过 PPP 认证后，当 LAC 指定 LNS 为域名时，LAC 检查该 LNS 域名是否解析，如果未解析则根据域名向 DNS 服务器请求解析对应的 IP。如果 LNS 的 IP 地址解析成功，则触发建立隧道过程；否则用户上线失败。

⑦ LAC 根据用户名或用户所属 ISP 域判断该用户是否为 L2TP 用户（根据在 LAC 上的用户服务类型配置确定）。如果是，则 LAC 会向 LNS 发送 L2TP 隧道建立请求报文。如果配置了隧道验证功能，验证通过后，LAC 和 LNS 之间就可成功建立一条 L2TP 隧道。

3. L2TP 会话建立阶段

L2TP 隧道成功建立后还需要在 LAC 与 LNS 之间建立 L2TP 会话，用于最终的用户数据传输。

⑧ LAC 和 LNS 之间在建立的 L2TP 隧道上协商建立 L2TP 会话，用于承载在隧道连接中的一个 PPP 会话过程。

⑨ LNS 处理在会话连接中收到来自 LAC 的 PPP 协商信息，包括对远程接入用户进行认证。

⑩ 如果 LAC 和 LNS 之间配置采用 RADIUS 服务器认证，则 LNS 将接入请求信息发送给 RADIUS 服务器进行认证。

⑪ RADIUS 服务器认证通过则返回响应信息。如果 RADIUS 服务器上为该用户配置了 Frame-IP、Frame-Route 属性或者指定了地址池名称，响应报文中会携带该 Frame-IP、Frame-Route 或指定的地址池名称。

⑫ LNS 根据配置选择是否对远程终端用户进行 PPP CHAP 重认证，即在 LNS 端完成二次认证。

⑬ 如果需要在 LNS 端对远程终端用户进行 CHAP 重认证，则 LNS 将二次认证信息发送给 RADIUS 服务器进行认证。

⑭ RADIUS 服务器认证通过则返回响应信息。

⑮ LNS 处理 RADIUS 服务器发来的响应报文中携带的信息，保存分配给该用户的 Frame-IP、Frame-Route 或者指定的地址池名称。此时，LAC 与 LNS 之间的 L2TP 会话连接成功，并正式通过所配置的地址池为远程用户分配 IP 地址和网关。

⑯ 远程用户通过分配的 LNS 端私网 IP 地址和网关访问公司总部资源。

【说明】选择执行第⑫步时，需要执行第⑬和第⑭步，否则不需要执行。

5.5 配置 LAC 接入呼叫发起 L2TP 隧道连接

本节所介绍的配置方法同时适用于 5.2 节所介绍的：远程拨号用户发起 L2TP 隧道连接、LAC 接入拨号请求发起 L2TP 隧道连接和 LAC 接入 PPPoE 用户发起 L2TP 隧道连接 3 种应用情形。此时，**LAC 的 L2TP 隧道连接请求都是由远程用户发送的 PPP 报文触发的**。当然，在配置细节上这 3 种应用的具体配置方法稍微有些不同。

在配置 L2TP 之前，需要完成 LAC 和 LNS 的 Internet 接入，且两端有相互到达对端公网的路由。在 AR G3 系列路由器中，有关 L2TP 的一些功能和参数都有缺省配置，了解这些缺省配置对正确配置设备的 LAC 或 LNS 角色功能非常重要。AR G3 系列路由器的 L2TP 功能缺省配置见表 5-1。

表 5-1 AR G3 系列路由器的 L2TP 功能缺省配置

功能或参数	缺省值
l2tp enable	未使能 L2TP 功能
tunnel authentication	使能 L2TP 隧道认证功能
tunnel password	无隧道认证字，即没有配置隧道认证的共享密钥
tunnel name	隧道名称和设备名称相同
tunnel avp-hidden	未使能 AVP 参数加密功能
mandatory-chap	未使能 CHAP 强制认证功能
mandatory-lcp	未使能 LCP 重协商功能
tunnel timer hello	Hello 报文每隔 60 秒发送一次

5.5.1 配置任务

在配置 LAC 接入呼叫发起 L2TP 隧道连接的任务中，LAC 的配置任务见表 5-2，LNS 的配置任务见表 5-3。

表 5-2 LAC 的配置任务

配置任务	配置步骤	说明
配置 AAA 认证，用于对接入用户认证（与拨用户账户一致）（二选一）	配置本地认证	在 LAC 设备本地保存用户名、密码和服务类型，认证接入的用户信息
	配置远程认证	配置 RADIUS 服务器参数，在远程 RADIUS 服务器上保存用户名、密码和用户类型，认证接入的用户信息

续表

配置任务	配置步骤	说明
配置LAC发起L2TP连接	使能L2TP	全局使能L2TP
	（可选）配置PPP协商（**仅当远程用户采用PPPoE拨号方式连接LAC时需要配置**）	① 创建虚拟接口模板（VT接口），绑定用户侧的物理接口，配置PPP认证方式为PAP或者CHAP，认证拨号接入用户，**但VT接口不能配置IP地址** ② **配置用户侧物理接口IP地址**，绑定VT接口使能PPPoE服务器功能
	配置L2TP组	配置L2TP参数，包括隧道名称、隧道密码、LNS公网IP地址、VPDN用户ISP域名或完整用户名。还可以配置AVP参数加密、主备LNS、Hello报文时间

表5-3 LNS的配置任务

配置任务	配置步骤	说明
AAA认证，用于对接入用户进行认证（与拨用户账户一致）（二选一）	配置本地认证	在本地保存用户名、密码和类型，认证接入的用户信息。如果配置了LCP重协商或者CHAP强制认证功能，也用于对远程用户进行二次认证
	配置远程认证	配置RADIUS服务器参数，在远程RADIUS服务器上保存用户名、密码和用户类型，认证接入的用户信息。如果配置了LCP重协商或者CHAP强制认证功能，也用于对远程用户进行二次认证
配置LNS响应L2TP连接	使能L2TP	全局使能L2TP，这是前提
	配置IP地址池	（可选）认证通过后，为远程用户动态分配IP地址。**如果为远程用户配置静态IP地址，则不需要此步骤**
	配置PPP协商	① 在虚拟接口模板（VT接口）上配置PPP认证方式为PAP或者CHAP，认证接入用户，和LAC保持一致。 ② 配置VT接口的IP地址，作为L2TP隧道的私网网关IP地址。**而LAC连接用户侧的PPPoE VT接口上不能配置IP地址。** ③ 如果要为远程用户动态分配IP地址，则还要绑定IP地址池。 ④ 如果配置CHAP强制认证功能，则PPP认证方式必须为CHAP
	配置L2TP组	配置L2TP参数，包括隧道名称、隧道密码、绑定VT接口编号和LAC的隧道名称。还可以配置AVP参数加密、Hello报文时间

在LNS端还要配置以VT接口为出接口，到达LAC所连子网的静态路由。

5.5.2 配置AAA认证

在“LAC接入呼叫发起L2TP隧道连接”应用中，除“远程拨号用户发起的L2TP隧道连接”（此时终端用户主机担当LAC），其他情形的LAC和LNS都需要配置AAA认证功能。**LAC和LNS上的AAA认证功能均用于对远程终端用户进行认证，因此两端配置的认证账户信息和认证方式必须一致。**

AAA 提供了认证、授权和计费 3 种安全功能，用于管理接入用户，保证安全的连接请求。LAC 和 LNS 可配置 AAA 的本地认证或者远程认证功能，远程 AAA 认证需要配置 RADIUS 服务器。

LAC 可通过检查终端用户的用户名或者 ISP 域名，判断是否要为该远程用户建立到达 LNS 的 L2TP 隧道，主要依据是为用户所配置支持的 PPP 服务类型。

① 用户名：采用“用户名”认证时，适用于接入用户少，对用户单独管理，每个接入用户都会独占一条 L2TP 隧道。

如果根据用户名检查远程用户，则设备可使用缺省的 **default** 域和 **default** 认证方案，其中 **default** 认证方案使用缺省的 **local** 认证方式，即本地认证。

② ISP 域名：采用“ISP 域名”认证时，适用于接入多个用户，对同一类用户集中管理，具有相同 ISP 域名的用户共用一条 L2TP 隧道，从网络开销方面来讲更加经济。

如果根据 ISP 域名称检查远程用户，则需要配置 ISP 域及域所使用的认证方案。对于不同分支机构采用不同的 ISP 域。VRP 系统也存在两个缺省的 ISP 域 default（用于普通用户）和 default_admin（用于管理员），如果没有进入具体的 ISP 域下配置，则需要直接采用这两个缺省的 ISP 域。

本地 AAA 认证方案的具体配置步骤见表 5-4，使用设备本地配置的用户账户信息进接入用户进行认证；远程 AAA 认证方案的具体配置步骤见表 5-5，使用远程 RADIUS 服务器（需要事先配置好 RADIUS 服务器及相关路由）上配置的用户账户信息对接入用户进行认证。

表 5-4　本地 AAA 认证方案的具体配置步骤

<table>
<tr><th>步骤</th><th colspan="2">命令</th><th>说明</th></tr>
<tr><td>1</td><td colspan="2">system-view</td><td>进入系统视图</td></tr>
<tr><td>2</td><td colspan="2">aaa
例如：[Huawei] aaaa</td><td>进入 AAA 视图</td></tr>
<tr><td rowspan="2">3</td><td rowspan="2">authentication-scheme authentication-scheme-name
例如：[Huawei-aaa] authentication-scheme scheme0</td><td rowspan="4">配置认证方案</td><td>（可选）创建认证方案，并进入认证方案视图。参数 authentication-scheme-name 用来指定认证方案名称，字符串形式，不支持空格，长度是 1～32，区分大小写，且不能包含以下字符：“\”“/”“:”“<”“>”“|”“@”“"”“%”“*”“?”。如果直接采用缺省的“default”认证方案，则不用执行此步骤。</td></tr>
<tr><td>设备缺省存在名称为 default 的认证方案，其认证方式为本地认证，可用 undo authentication-scheme scheme-name 命令删除认证方案</td></tr>
<tr><td>4</td><td>authentication-mode local
例如：[Huawei-aa-authen-scheme0] authentication-mode local</td><td>（可选）配置认证方式为 local，即本地认证。缺省情况下，认证方式为 local，即本地认证方式，可用 undo authentication-mode 命令恢复当前认证方案使用的认证模式为缺省认证模式</td></tr>
<tr><td>5</td><td>quit</td><td>退回到 AAA 视图</td></tr>
</table>

续表

<table>
<tr><th>步骤</th><th colspan="2">命令</th><th>说明</th></tr>
<tr><td>6</td><td>domain domain-name
例如：[Huawei-aaa] domain dm1</td><td rowspan="3">配置域</td><td>（可选）创建用户域，并进入 ISP 域视图。参数 domain-name 用来指定 ISP 域名，字符串形式，不支持空格，长度是 1～64，区分大小写，且不能包含以下字符："-""*""?"""。
缺省情况下，设备上存在名为"default"和"default_admin"两个域。可以修改这两个域下的配置（但是不能删除这两个域）。
①"default"用于普通接入用户的域，缺省情况下处于激活状态，使用缺省的认证方案和计费方案。
②"default_admin"用于管理员的域，缺省情况下处于激活状态，使用缺省的认证方案和计费方案。
如果直接采用"default"或"default_admin"域（例如直接根据用户进行认证时），则不用执行此步骤。在一台设备最多可以配置 32 个域，包括 default 域和 default_admin 域。当有多个分支机构时，必须以 ISP 域名进行区分，因此必须为不同分支机构用户创建不同的 ISP 域。
可用 undo domain domain-name 命令删除指定的认证域</td></tr>
<tr><td>7</td><td>authentication-scheme authentication-scheme-name
例如：[Huawei-aaa-domain-dm1] authentication-scheme scheme0</td><td>为前面新创建的 ISP 域或所选择的缺省 ISP 域指定要采用的认证方案。命令参数说明参见本表第 3 步</td></tr>
<tr><td>8</td><td>quit</td><td>退回到 AAA 视图</td></tr>
<tr><td>9</td><td>local-user user-name password cipher password
例如：[Huawei-aaa] local-user winda password cipher 123456</td><td>配置本地用户信息</td><td>创建并配置本地用户名和密码，作为 VPDN 用户信息保存在设备中，用于验证接入的远程用户。
① user-name：指定要创建的用户账户名，字符串形式，不支持空格，区分大小写，长度是 1～64。格式"user@domain"，domain 就是指定前面创建的 ISP 域名，以标识该用户所属的 ISP 域。查询与修改时可以使用通配符"*"，例如*@isp、user@*、*@*。
② password：指定本地用户登录密码，字符串形式，区分大小写，字符串中不能包含"？"和空格。cipher 表示对用户口令采用可逆算法进行了加密。密码可以是长度既可以是 6～128 位的明文密码，也可以是长度是 32～200 位的密文密码。
【说明】如果用户名中带域名分隔符，例如@，则认为@前面的部分是用户名，后面部分是 ISP 域名。如果没有@，则整个字符串为用户名，ISP 域为缺省域 default 或 default_admin。
如果是创建新用户，建议在创建用户的同时设置密码，否则设备会自动为该用户指定一个缺省的密码 admin@huawei.com</td></tr>
</table>

续表

步骤	命令		说明
9	**local-user** *user-name* **password cipher** *password* 例如：[Huawei-aaa] **local-user** winda **password cipher** 123456	配置本地用户信息	缺省情况下，系统中存在一个名称为“admin”的本地用户，该用户的密码为“Admin@huawei”，采用不可逆算法加密，用户级别为 15 级，服务类型为 http，可用 **undo local-user** *user-name* 命令删除指定的用户
10	**local-user** *user-name* **service-type ppp** 例如：[Huawei-aaa] **local-user** winda **service-type ppp**	配置本地用户信息	配置本地用户类型，L2TP 基于 PPP 协商，需要指定用户类型为 **ppp**。 缺省情况下，本地用户关闭所有的接入类型，可用 **undo local-user** *user-name* **service-type** 命令恢复为缺省配置

表 5-5　远程 AAA 认证方案的具体配置步骤

步骤	命令		说明
1	**system-view**		进入系统视图
2	**radius-server template** *template-name* 例如：[Huawei] **radius-server template** template1	配置 RADIUS 服务器参数	创建 RADIUS 服务器模板，并进入 RADIUS 服务器模板视图，用于配置 RADIUS 服务器的参数，并用于远程接入用户所属 ISP 域调用。参数 *template-name* 用来指定 RADIUS 服务器模板的名称，字符串形式，长度是 1～32。不支持空格，**区分大小写**。 缺省情况下，设备上存在一个名为“default”的 RADIUS 服务器模板，**只能修改，不能删除**，可用 **undo radius-server template** *template-name* 命令删除一个指定的 RADIUS 服务器模板
3	**radius-server authentication** *ip-address port* 例如：[Huawei-radius-template1] **radius-server authentication** 10.163.155.13 1812	配置 RADIUS 服务器参数	配置 RADIUS 认证服务器的 IP 地址和端口号。 ① *ip-address*：指定用于对远程用户进行身份认证的 RADIUS 服务器的 IPv4 地址（必须保证设备与 RADIUS 服务器之间路由可达）。 ② *port*：指定 RADIUS 认证服务器的端口号，整数形式，取值是 1～65535。 缺省情况下，未配置 RADIUS 认证服务器，可用 **undo radius-server authentication** *ip-address* [*port*] 命令删除 RADIUS 认证服务器
4	**radius-server accounting** *ip-address port* 例如：[Huawei-radius-template1] **radius-server authentication** 10.163.155.13 1813	配置 RADIUS 服务器参数	（可选）配置 RADIUS 计费服务器的 IP 地址和端口号。 缺省情况下，未配置 RADIUS 计费服务器，可用 **undo radius-server accounting** *ip-address* [*port*] 命令删除 RADIUS 计费服务器
5	**radius-server shared-key cipher** *key-string* 例如：[Huawei-radius-template1] **radius-server shared-key cipher** hello	配置 RADIUS 服务器参数	（可选）配置和 RADIUS 服务器连接时的共享密钥。 ① **cipher**：表示以密文方式显示共享密钥。 ② *key-string*：指定共享密钥，字符串形式，不支持空格、单引号和问号，**区分大小写**。共享密钥既可以是长度为 1～128 位的明文形式，也可以是长度为 48、68、88、108、128、148、168 或 188 位的密文形式。 缺省情况下，RADIUS 共享密钥是 huawei，采用密文形式显示，可用 **undo radius-server shared-key** 命令恢复 RADIUS 服务器的共享密钥为缺省值（huawei）

续表

<table>
<tr><th>步骤</th><th colspan="2">命令</th><th>说明</th></tr>
<tr><td>6</td><td>quit</td><td></td><td>退回到系统视图</td></tr>
<tr><td>7</td><td>aaa
例如：[Huawei] aaaa</td><td></td><td>进入 AAA 视图</td></tr>
<tr><td>8</td><td>authentication-scheme authentication-scheme-name
例如：[Huawei-aaa] authentication-scheme scheme0</td><td rowspan="8">配置认证、计费方案</td><td>创建认证方案，并进入认证方案视图。必须创建，以指定采用 RADIUS 认证方案。参见表 5-4 的第 3 步</td></tr>
<tr><td>9</td><td>authentication-mode radius
例如：[Huawei-aa-authen-scheme0] authentication-mode radius</td><td>配置以上认证方案的认证方式为 radius，即采用 RADIUS 服务器认证方案。
缺省情况下，认证方式为 local，即本地认证方式，可用 undo authentication-mode 命令恢复为缺省认证模式</td></tr>
<tr><td>10</td><td>quit</td><td>返回 AAA 视图</td></tr>
<tr><td>11</td><td>accounting-scheme accounting-scheme-name
例如：[Huawei-aaa] accounting-scheme account1</td><td>（可选）创建计费方案，并进入计费方案视图。参数用来指定新创建的计费方案名称，字符串形式，区分大小写，长度是 1～32，不支持空格，不能配置为“-”或“--”，且不能包含字符“/”“\”“:”“*”“?”“"”“<”“>”“|”“@”“'”“%”。
缺省情况下，设备中有一个计费方案 default，只能修改，不能删除，可用 undo accounting-scheme accounting-scheme-name 命令删除计费方案</td></tr>
<tr><td>12</td><td>accounting-mode radius
例如：[Huawei-aaa-accounting- account1] accounting-mode radius</td><td>（可选）配置计费模式为 RADIUS 计费。
缺省情况下，计费模式采用不计费模式 none，可用 undo accounting-mode 命令恢复为缺省配置</td></tr>
<tr><td>13</td><td>accounting start-fail { online | offline }
例如：[Huawei-aaa-accounting-account1] accounting start-fail online</td><td>（可选）配置开始计费失败策略。
① offline：二选一选项，指定开始计费失败策略为：如果开始计费失败，拒绝用户上线。
② online：二选一选项，指定开始计费失败策略为：如果开始计费失败，允许用户上线。
缺省情况下，如果初始计费失败，拒绝用户上线，可用 undo accounting start-fail 命令恢复为缺省配置</td></tr>
<tr><td>14</td><td>accounting realtime interval
例如：[Huawei-aaa-accounting-account1] accounting realtime 10</td><td>（可选）使能实时计费并设置计费间隔，整数形式，取值是 0～65535，单位是分钟。0 表示不使能实时计费。
缺省值是 0，设备按时长计费，可用 undo accounting realtime 命令去使能实时计费功能</td></tr>
<tr><td>15</td><td>accounting interim-fail [max-times times] { online | offline }
例如：[Huawei-aaa] accounting interim-fail 5 offline</td><td>（可选）配置允许的实时计费请求最大无响应次数，以及实时计费失败后采取的策略。
① max-times times：指定允许实时计费请求最大无响应次数，整数形式，取值是 1～255。缺省值是 3。当实时计费请求最大无响应次数达到此最大值时，如果下一次计费请求仍然没有响应，设备认为计费失败，对付费用户采用实时计费失败策略。</td></tr>
</table>

续表

步骤	命令		说明
15	**accounting interim-fail** [**max-times** *times*] { **online** | **offline** } 例如：[Huawei-aaa] **accounting interim-fail** 5 **offline**	配置认证、计费方案	② **online**：二选一选项，指定实时计费失败后采取的策略为 online，即如果实时计费失败，允许用户在线。 ③ **offline**：二选一选项，指定实时计费失败后采取的策略为 offline，即如果实时计费失败，使用户下线。 缺省情况下，允许的实时计费请求最大无响应次数为 3 次，实时计费失败后允许用户在线，可用 **undo accounting interim-fail** 命令恢复缺省配置
16	**quit**		退回到 AAA 视图
17	**domain** *domain-name* 例如：[Huawei-aaa] **domain** dm1	配置 ISP 域	创建并进入指定的 ISP 域视图，可以是缺省的 default 或 default_admin ISP 域。参见表 5-4 中的第 6 步
18	**authentication-scheme** *authentication-scheme-name* 例如：[Huawei-aaa-domain-dm1] **authentication-scheme** scheme0		为以上 ISP 域指定所采用的 RADIUS 认证方案（调用第 7 步创建的认证方案）。必须配置，以指定在特定的 ISP 域中采用 RADIUS 认证方案。参数说明参见表 5-4 中的第 3 步。 缺省情况下，“default”域使用名为“radius”的认证方案，“default_admin”域使用名为“default”的认证方案，其他域使用名为“radius”的认证方案，可用 **undo authentication-scheme** 命令恢复为缺省配置
19	**radius-server** *template-name* 例如：[Huawei-aaa-domain-dm1] **radius-server** template1		为以上 ISP 域指定所使用的 RADIUS 服务器模板。该模板为前面第 2 步创建的 RADIUS 服务器模板。 缺省情况下，用户创建域和默认“default”域下绑定了名为“default”的 RADIUS 服务器模板，默认“default_admin”域下没有绑定 RADIUS 服务器模板，可用 **undo radius-server** 命令删除域的 RADIUS 服务器模板
20	**accounting-scheme** *accounting-scheme-name* 例如：[Huawei-aaa-domain-dm1] **accounting-scheme** account1		（可选）为以上 ISP 域指定所使用的计费方案。该方案为前面在第 11 步中配置的计费方案。 缺省情况下，域使用名为“default”的计费方案。“default”计费方案的策略为：计费模式为不计费，关闭实时计费开关
21	**statistic enable** 例如：[Huawei-aaa-domain-dm1] **statistic enable**		（可选）如果使用流量计费，需要在域下开启流量统计功能。 缺省情况下，域的流量统计功能处于未使能状态，可用 **undo statistic enable** 命令去使能域用户的流量统计功能

5.5.3 配置 LAC

LAC 在用户侧（可以位于分支机构侧 ISP 网络中，也可位于分支机构网络边缘）接入用户的呼叫请求，并和用户进行 PPP 协商；同时配置 L2TP 参数，根据接入用户的名称或者 ISP 域，发起到 LNS 的 L2TP 连接。LAC 的具体配置步骤见表 5-6，**但在远程拨号用户发起 L2TP 隧道连接应用情形中，无须配置本项配置任务，只需在 L2TP 拨号软件上进行相关的认证配置，但要与 LNS 端的认证配置一致。**

【注意】配置注意事项如下。

① 在 LAC 接入 PPPoE 用户发起 L2TP 隧道连接应用中，远程拨号用户上配置的认证方式应和 LAC 用户侧 VT 接口上配置的认证方式保持一致。

② 在 LAC 接入 PPPoE 用户发起 L2TP 隧道连接应用中，**LAC 上的 VT 接口不要配置 IP 地址，所绑定的物理接口需要配置 IP 地址，但无特定地址要求。**

③ L2TP 缺省情况下使能隧道认证功能，但没有配置认证的共享密钥。如果使用隧道认证功能，则配置认证共享密钥，且 LAC 和 LNS 保持一致；如果不使用隧道认证功能，则 LAC 和 LNS 都需要使用 **undo tunnel authentication** 命令去使能隧道认证功能。

表 5-6　LAC 的具体配置步骤

步骤	命令		说明
1	**system-view**		进入系统视图
2	**l2tp enable** 例如：[Huawei] **l2tp enable**		全局使能 L2TP 功能。只有使用本命令，L2TP 功能才能使用。如果禁止 L2TP，则即使完成了 L2TP 的配置，设备也不会提供 L2TP 功能。 缺省情况下，L2TP 功能未使能，可用 **undo l2tp enable** 命令恢复缺省配置
3	**interface virtual-template** *vt-number* 例如：[Huawei] **interface virtual-template** 10	（可选）配置用户侧接口（仅当远程接入用户采用 PPPoE 拨号时需要配置）	创建 VT 虚拟接口模板，并进入虚拟模板视图。参数 *vt-number* 用来指定虚拟接口模板的编号，整数形式，取值是 0～1023。 【说明】PPP、ATM、以太网等二层协议之间不能直接互相承载，需要通过虚拟访问接口 VA（Virtual-Access）进行通信。当二层协议之间需要通信时，VA 接口由系统自动创建，用户不能创建和配置 VA 接口，只能通过配置虚拟接口模板 VT（Virtual-Template）的属性来配置 VA 接口。VT 只是系统配置 VA 时使用的模板。 作为远程用户的 PPPoE 服务接口，还需要通过以下步骤定义 PPP 协商的参数。**但一个 VT 接口不能同时被 PPPoE 业务和 L2TP 业务使用。** 可用 **undo interface virtual-template** *vt-number* 命令删除指定虚拟接口模板，删除 VT 后，所有由其生成的 VA 接口都会被自动删除
4	**ppp authentication-mode** { **pap** | **chap** } 例如：[Huawei-Virtual-Template10] **ppp authentication-mode chap**		配置以上 VT 虚拟接口模板的 PPP 认证方式为 **pap** 或者 **chap**，对远程用户进行认证。执行本命令前，请确保接口封装的链路层协议为 PPP，但 VT 接口缺省运行的就是 PPP，所以不需要另外配置。 ① PAP 为两次握手认证，口令为明文。 ② CHAP 为三次握手认证，口令为密文。 LAC 和 LNS 的认证方式应保持一致。 缺省情况下，本端设备对对端设备不进行认证，可用 **undo ppp authentication-mode** 命令恢复缺省情况

续表

步骤	命令		说明
5	**mtu** *size* 例如：[Huawei-Virtual-Template10] **mtu** 1200	（可选）配置用户侧接口（仅当远程接入用户采用 PPPoE 拨号时需要配置）	（可选）配置接口的最大传输单元值，整数形式，取值为 128～1500，单位为字节。 当与友商设备对接时，为了避免出现数据报文在其物理出接口进行分片后友商设备无法重组等对接失败问题，建议为 VT 虚拟接口配置 MTU 值，取值必须不大于 L2TP 报文的物理出接口 MTU 值（默认 1500 字节）减去 L2TP 报文封装头长度（携带序列号信息时为 42 字节，否则为 38 字节）。例如，默认情况下 L2TP 报文的物理出接口 MTU 值为 1500，L2TP 报文封装头长度为 42，则该步骤中参数 *size* 取值必须不大于 1458。 为了避免出现数据报文在 VT 接口进行分片后，在其物理出接口再次进行分片，影响设备性能，**建议在 VT 虚拟接口配置 MTU 值时，取值为 1400～1450。** 【注意】配置本命令后，需要重启设备才会生效，**因为 VT 接口不支持重启操作。** 缺省情况下，接口的最大传输单位值为 1500 字节，可用 **undo mtu** 命令恢复为缺省值
6	**quit**		返回到系统视图
7	**interface** *interface-type interface-number* 例如：[Huawei] **interface** gigabitethernet 1/0/1		（可选）进入 LAC 设备连接远程用户侧的物理接口视图。 【注意】需要先为该物理接口配置 IP 地址，但**对具体的 IP 地址无要求**，目的仅使该接口的三层协议模块生效
8	**pppoe-server bind virtual-template** *vt-number* 例如：[Huawei-GigabitEthernet1/0/1] **pppoe-server bind virtual-template** 10		（可选）配置以上物理接口作为 PPPoE 服务器，绑定前面创建的 VT 接口，以使在以太网接口上启用 PPPoE。 【说明】**一个物理接口上只能绑定一个 VT 接口。**在配置到达远程用户网络的静态路由时，要以该 VT 接口作为出接口。 将指定的 VT 接口绑定到物理接口上后，设备会把 VT 接口的轮询时间间隔设置为 30 秒，心跳报文的重传次数设置为 2，即心跳超时时间为 60～90 秒，避免心跳报文发送过快，影响设备性能
9	**quit**		返回到系统视图
10	**l2tp-group** *group-number* 例如：[Huawei] **l2tp-group** 2	配置L2TP组	创建 L2TP 组，并进入 L2TP 组视图。参数 *group-number* 用来指定 L2TP 组的编号，整数形式值因不同机型有所不同，具体参见对应产品手册。 一个 L2TP 组相当于 L2TP 隧道的一个端点，本端的 L2TP 组和对端的 L2TP 组共同建立了一条 L2TP 隧道。创建 L2TP 组的编号为 1 时，表示缺省 L2TP 组。**缺省 L2TP 组在配置为 LNS 时，可以不指定远端的隧道名称，表示允许接入任意 LAC 发起的 L2TP 连接请求。**

续表

步骤	命令		说明
10	**l2tp-group** *group-number* 例如：[Huawei] **l2tp-group** 2	配置L2TP组	缺省情况下，没有创建 L2TP 组，可用 **undo l2tp-group** *group-number* 命令删除指定的 L2TP 组，该组的所有配置信息也将被删除。但如果此 L2TP 组仍然存在建立的连接，则无法删除组。此时可在用户视图下使用命令 **reset l2tp tunnel** { **local-id** *local-id* | **peer-name** *peer-name* }，根据隧道 ID 或者远端隧道名称，手动强制断开 L2TP 连接，再删除 L2TP 组
11	**tunnel password** { **simple** | **cipher** } *password* 例如：[Huawei-l2tp2] **tunnel password simple** huawei	配置L2TP组	配置 L2TP 隧道的共享密钥，两端的配置要一致。 ① **simple**：二选一选项，指定以明文形式显示隧道认证的共享密钥。 ② **cipher**：二选一选项，指定以密文形式显示隧道认证的共享密钥。 ③ *password*：指定隧道认证的共享密钥，字符串形式，**区分大小写**，不能输入空格和问号等命令行专用字符：如果共享密钥形式是 **simple**，则 *password* 是明文密码，长度为 1～16；如果共享密钥形式是 **cipher**，则 *password* 既可以是明文形式，也可以是密文形式，视输入而定，明文密码是长度为 1～16 的字符串，密文密码长度只能是 24、32、48，并且是密文形式。 缺省情况下，L2TP 使能了隧道认证功能，隧道认证的共享密钥为空，可用 **undo tunnel password** 命令取消已配置的隧道认证的共享密钥
12	**tunnel name** *tunnel-name* 例如：[Huawei-l2tp2] **tunnel name** lycb	配置L2TP组	配置本端隧道名称，用于发起 L2TP 连接时，LNS 根据 LAC 的隧道名称接入。参数 *tunnel-name* 用来指定隧道本端的名称，字符串形式，**区分大小写**，长度是 1～30。 缺省情况下，如果未指定隧道名称，则设备名称作为隧道名称，可用 **undo tunnel name** 命令恢复为缺省值。 【说明】创建一个 L2TP 组时，本端隧道名称将被初始化成设备的主机名。如果要使用其他名称作为本端隧道名称，可以使用本命令。一台设备可以创建多个 L2TP 组，建立多条 L2TP 隧道，用户可以为每条隧道配置不同名称进行区分。**在 LNS 侧，需要根据 LAC 侧的隧道名称指定允许接入的隧道连接请求，所以建议在 LAC 侧配置隧道名称**

续表

步骤	命令		说明
13	**start l2tp ip** *ip-address* &<1-4> { **domain** *domain-name* | **fullusername** *user-name* | **interface** *interface-type interface-number* | **vpn-instance** *vpn-instance-name* **fullusername** *user-name* } 例如：[Huawei-l2tp2] **start l2tp ip** 202.38.168.1 **domain** lycb.com	配置L2TP组	（二选一）指定对端 LNS 的 IP 地址格式，本端作为 LAC 时发起呼叫的触发条件。 ① **ip** *ip-address*：指定 LNS 的 IP 地址，作为发送控制消息的目的 IP 地址，最多可配置 4 个 IP 地址，彼此形成备份 LNS，先配置的 IP 地址优先级高，按配置顺序逐渐降低。 ② **domain** *domain-name*：多选一参数，指定按用户的 ISP 域名（需要先创建）来触发 L2TP 连接请求，字符串形式，**区分大小写**，取值是 1～20。 ③ **fullusername** *user-name*：多选一参数，指定按用户全名来触发 L2TP 连接请求。字符串形式，**区分大小写**，取值是 1～64。 ④ **interface** *interface-type interface-number*：多选一参数，指定触发 L2TP 连接请求的接口。 ⑤ **vpn-instance** *vpn-instance-name*：指定 L2TP 连接使用的 IP 地址所属的 VPN 实例，字符串形式，**区分大小写**，取值是 1～31。 【说明】设备支持如下几种情况触发 L2TP 连接请求。 ① 根据用户域名称发起建立 L2TP 的连接请求。例如，用户所在公司的域名为 huawei.com，则可以指定包含 huawei.com 域名的用户为 VPDN 用户。 ② 根据用户全名发起建立 L2TP 的连接请求。例如，用户全名为 user@huawei.com，指定此用户名为 VPDN 用户，则只有此用户的呼叫可以触发建立 L2TP 连接。 ③ 根据指定的 VPN 实例如 VPN1 中查找到 LNS 的路由，只有查到可用路由后才可以发起 L2TP 连接。 ④ 根据接口名称发起建立 L2TP 的连接请求，将用户加入 MP 组。该功能用于 Multi-Chassis MP 场景。在该场景中，接入服务器既作为 LAC 设备也作为 LNS 设备。 缺省情况下，设备上没有配置触发条件，可用 **undo start** 命令删除指定的触发条件
	start l2tp host *hostname* { **domain** *domain-name* | **fullusername** *user-name* }		（二选一）指定对端 LNS 的域名格式，本端作为 LAC 时发起呼叫的触发条件。参数 **host** *hostname* 用来指定 LNS 的域名，其他参数说明参见本表前面的 **start l2tp ip** 命令

5.5.4 配置 LNS

LNS 位于公司总部网络边缘，并担当公司总部网关角色，需要配置 L2TP 参数，使其根据 LAC 的隧道名称，响应 LAC 发起的 L2TP 连接请求，并为 LAC 分配访问 LNS

端网络内部资源的 IP 地址。LNS 的具体配置步骤见表 5-7。

【注意】配置注意事项如下。

① LNS 在 VT 上配置 PPP 协商参数时，认证方式应和 LAC 上的配置保持一致。

② 如果 L2TP 组编号不为 1，则需要指定对端 LAC 的隧道名称。

③ L2TP 缺省情况下使能隧道认证功能，但没有配置认证的共享密钥。如果使用隧道认证功能，则配置认证共享密钥，且和 LAC 的配置保持一致；如果不使用隧道认证功能，则 LAC 和 LNS 都需要使用 **undo tunnel authentication** 命令去使能隧道认证功能。

④ 当使用 RADIUS 认证时，如果 RADIUS 服务器为用户配置了 Frame-IP、Frame-Route 属性，LNS 将 Frame-IP 和 Frame-Route 下发给拨号用户，不再从本地地址池分配地址（但是 Frame-IP 需要在本地地址池中）。

⑤ 当使用 RADIUS 认证时，如果 RADIUS 服务器为用户配置了 VPN 实例属性，LNS 上的 VT 接口不支持绑定 VPN 实例。

表 5-7　LNS 的具体配置步骤

步骤	命令		说明
1	**system-view**		进入系统视图
2	**l2tp enable** 例如：[Huawei] **l2tp enable**		全局使能 L2TP 功能
3	**ip pool** *ip-pool-name* 例如：[Huawei] **ip pool** pool1	配置 IP 地址池	（可选）创建一个全局 IP 地址池，并进入 IP 地址池视图，用于为远程用户分配地址。参数 *ip-pool-name* 用来指定地址池名称，字符串形式，不支持空格，长度是 1～64，可以设定为包含数字、字母、和特殊字符（例如“_”“-”或“.”）的组合，不能为“-”或“--”。**如果远程用户已经手工配置了与访问总部子网的网关 IP 地址在同一网段的静态 IP 地址，则无须配置地址池。** 【说明】如果需要给用户分配 DNS 服务器地址，则需要在 AAA 视力下使用 **service-scheme** *service-scheme-name* 命令创建 AAA 业务方案，然后在该业务方案视图下通过 **dns** *ip-address* [**secondary**]命令配置 DNS 服务器 IP 地址。 缺省情况下，没有创建全局地址池，可用 **undo ip pool** *ip-pool-name* 命令删除指定的全局地址池
4	**network** *ip-address* [**mask** { *mask* | *mask-length* }] 例如：[Huawei-ip-pool1] **network** 192.168.1.0 **mask** 24		为以上 IP 地址池配置 IPv4 地址段，作为远程用户的动态 IPv4 地址池，网段内的 IP 地址会从大到小依次分配。 ① *ip-address*：指定 IPv4 地址池的网络地址段，必须是网络地址。 ② *mask*：二选一可选参数，指定网段 IPv4 地址对应的子网掩码。 ③ *mask-length*：二选一可选参数，指定网段 IPv4 地址对应的子网掩码长度，整数形式，取值是 0～32。 【注意】当用户没有配置 **mask** 参数时，系统将使用自然网段掩码。每个 IP 地址池只能配置一个网段，该网段可配置为需求的任意网段。该命令配置的地址池不能大于 64K。

续表

<table>
<tr><th>步骤</th><th colspan="2">命令</th><th>说明</th></tr>
<tr><td>4</td><td>network ip-address [mask { mask | mask-length }]
例如：[Huawei-ip-pool1] network 192.168.1.0 mask 24</td><td rowspan="3">配置 IP 地址池</td><td>缺省情况下，系统未配置全局地址池下动态分配的 IP 地址，可用 undo network 命令删除 IP 地址</td></tr>
<tr><td>5</td><td>gateway-list ip-address &<1-8>
例如：[Huawei-ip-pool1] gateway-list 192.168.1.1</td><td>为以上 IP 地址池配置网关 IP 地址（最多配 8 个网关 IP 地址），分配给远程用户作为其访问总部私网的网关地址，即下面创建的 VT 接口 IPv4 地址。
缺省情况下，未配置地址池网关 IP 地址，可用 undo gateway-list { ip-address | all }命令删除已配置的所有或指定网关 IP 地址</td></tr>
<tr><td>6</td><td>quit</td><td>退回到系统视图</td></tr>
<tr><td>7</td><td>interface virtual-template vt-number
例如：[Huawei]interface virtual-template 1</td><td rowspan="6">配置 PPP 协商</td><td>创建 VT 口，并进入虚拟模板视图。此 VT 接口是作为远程用户访问公司总部子网的网关接口，接入远程用户的 L2TP 连接</td></tr>
<tr><td>8</td><td>ip address ip-address { mask | mask-length }
例如：[Huawei-Virtual-Template1] ip address 192.168.1.1 255.255.255.0</td><td>配置 VT 接口的私网 IPv4 地址，作为 IP 地址池中的网关 IP 地址</td></tr>
<tr><td>9</td><td>remote address { ip-address | pool pool-name }
例如：[Huawei-Virtual-Template1] remote address pool pool1</td><td>（可选）指定用于为远程用户静态分配的 IPv4 地址，或者为远程用户进行动态分配 IPv4 地址而调用的 IPv4 地址池。所分配的 IPv4 地址必须与 LNS 上配置的 VT 接口 IP 地址在同一 IP 网段。如果远程用户已经手工配置了正确的静态 IP 地址，则无须此步骤。
【说明】当多个用户采用相同的静态地址拨号时，如果 LNS 不采用强制地址分配方式，这些用户都可以显示上线，但不能保证用户业务正常。如果用户要求设备能够识别且只允许一个用户接入，需要保证用户规划的地址在地址池中并且在 VT 接口下配置 ppp ipcp remote-address forced 命令。
缺省情况下，本端不为对端分配 IP 地址，可用 undo remote address 命令用来恢复缺省值</td></tr>
<tr><td>10</td><td>ppp authentication-mode { pap | chap }
例如：[Huawei-Virtual-Template1] ppp authentication-mode chap</td><td>配置 VT 接口所采用的 PPP 认证方式为 pap 或者 chap，对远程用户进行认证。LNS 对接入用户的认证、以及 IP 地址分配工作是由 VT 接口负责的。LAC 和 LNS 上配置的认证方式应保持一致。
缺省情况下，本端设备对对端设备不进行认证，可用 undo ppp authentication-mode 命令恢复缺省情况</td></tr>
<tr><td>11</td><td>mtu size
例如：例如：[Huawei-Virtual-Template1] mtu 1400</td><td>配置接口的最大传输单元值，一定不大于 1458，其他说明参见表 5-6 的第 5 步</td></tr>
<tr><td>12</td><td>quit</td><td>退回到系统视图</td></tr>
</table>

续表

步骤	命令		说明
13	**l2tp-group** *group-number* 例如：[Huawei] **l2tp-group** 2		创建 L2TP 组，并进入 L2TP 组视图。用于配置 L2TP 连接参数，接入 LAC 发起的连接。具体参数说明参见 5.5.3 节表 5-6 中的第 10 步。 **当 L2TP 组编号为 1 时，可以配置为允许任意 LAC 接入**
14	**tunnel password** { **simple** | **cipher** } *password* 例如：[Huawei-l2tp2] **tunnel password simple** huawei		配置 L2TP 隧道认证的共享密钥，需要和 LAC 保持一致。参数说明参见 5.5.3 节表 5-6 中的第 11 步。 缺省情况下，L2TP 使能了隧道认证功能，未配置隧道认证的共享密钥
15	**tunnel name** *tunnel-name* 例如：[Huawei-l2tp2] **tunnel name** lycb		配置本端隧道名称（可与 LAC 端的隧道名称不一致），用于在响应 LAC 发起的 L2TP 连接时与 LAC 协商建立隧道的参数。参数说明参见 5.5.3 节表 5-6 中的第 12 步。 缺省情况下，如果未指定隧道名称，则设备名称作为隧道名称
16	**allow l2tp virtual-template** *virtual-template-number* [**remote** *remote-name* [**vpn-instance** *vpn-instance-name*]] 例如：[Huawei-l2tp2] **allow l2tp virtual-template** 1 **remote** lycb	配置 L2TP 组	配置 L2TP 组作为 LNS 侧，响应 LAC 发起的连接请求。 ① **virtual-template** *virtual-template-number*：指定 LNS 接入呼叫时所使用的 VT 虚拟接口模板及编号，整数形式，取值是 0～1023。 ② **remote** *remote-name*：可选，指定允许本端接入呼叫的远程隧道名称（需要与 LAC 端配置的隧道名称一致），字符串形式，区分大小写，长度是 1～30。**当本命令所在的 L2TP 组编号不为 1 时，则命令中必须指定对端的隧道名称。** ③ **vpn-instance** *vpn-instance-name*：可选项，指定 L2TP 连接使用的 IP 地址所属的 VPN 实例，字符串形式，区分大小写，长度是 1～31。 当 L2TP 组编号为 1，且不指定远程隧道名称时，表示采用缺省的 L2TP 组，允许接入任意对端发起的 L2TP 连接请求，不会检查 LAC 的隧道名称。当 LNS 不知道远程终端的隧道名称时，可使用此方式。 缺省情况下，不接入 L2TP 连接请求，可用 **undo allow** 命令取消接入 L2TP 连接请求

5.6　配置 L2TP Client 发起 L2TP 连接

在 L2TP Client 发起 L2TP 隧道连接应用中，担当 LAC 功能的设备称之为 L2TP Client，拓扑结构参见本章 5.2 节图 5-8。此时，终端用户不需要拨号，可以任意方式接入 L2TP Client，L2TP Client 使用虚拟拨号接口发起 PPP 会话，自动触发拨号功能向 LNS 发起 L2TP 连接，在 L2TP Client 和 LNS 之间建立虚拟的点到点连接。该连接方式中，

LNS 端允许分支机构的任意用户接入，只对分支网关 L2TP Client 进行认证。

在配置 L2TP 之前，也需完成以下任务。

① L2TP Client 和 LNS 的 Internet 的接入，且有相互到达对端的公网/私网路由（**注意，要同进配置到达对端的私网路由，以各自的 VT 接口为出接口**）。

② 分支用户和 L2TP Client 建立局域网连接，L2TP Client 作为网关。

5.6.1 配置任务

在配置 L2TP Client 接入呼叫发起 L2TP 连接的任务中，L2TP Client 的配置任务见表 5-8，LNS 的配置任务见表 5-9。

表 5-8 L2TP Client 的配置任务

配置任务	配置步骤	说明
配置 L2TP Client 发起 L2TP 连接	使能 L2TP	全局使能 L2TP
	配置 PPP 协商	① 创建 VT 接口，并配置拨号参数，作为虚拟拨号接口。 ② 配置 VT 接口的 IP 地址，使接口 IP 生效
	配置 L2TP 组	① 配置 L2TP 参数，包括隧道名称、隧道密码、LNS 地址、VPDN 用户名。 ② 还可以配置 AVP 参数加密、主备 LNS、Hello 报文时间

表 5-9 LNS 的配置任务

配置任务	配置步骤	说明
AAA 认证（二选一）	配置本地认证	在本地保存用户名、密码和类型，认证接入的用户信息。如果配置了 LCP 重协商或者 CHAP 强制认证功能，也用于对远程用户进行二次认证
	配置远程认证	配置 RADIUS 服务器参数，在 RADIUS 服务器上保存用户名、密码和用户类型，认证接入的用户信息。如果配置了 LCP 重协商或者 CHAP 强制认证功能，也用于对远程用户进行二次认证
配置 LNS 响应L2TP 连接	使能 L2TP	全局使能 L2TP
	配置 IP 地址池	认证通过后，可以为远程用户动态分配 IP 地址。如果为远程用户配置了与访问公司总部子网的网关 IP 地址在同一网段的静态 IP 地址，则无须此步骤
	配置 PPP 协商	① 创建 VT 接口，并配置 PPP 认证方式为 PAP 或者 CHAP，认证接入用户，要和 LAC 保持一致。 ② 为 VT 接口配置 IP 地址，作为 L2TP 隧道的私网网关地址。 ③ 如果为远程用户动态分配 IP 地址，则引入 IP 地址池。 ④ 如果配置 CHAP 强制认证功能，则 PPP 认证方式必须为 CHAP
	配置 L2TP 组	配置 L2TP 参数，包括隧道名称、隧道密码、绑定 VT 接口编号和 LAC 的隧道名称。还可以配置 AVP 参数加密、Hello 报文时间

【说明】对比 5.5.1 节可以发现，在 LAC 接入呼叫发起 L2TP 隧道连接应用中，LAC 端不需要创建用于与 LNS 建立 L2TP 连接的 VT 接口(在 LAC 接入 PPPoE 用户发起 L2TP 隧道连接中所创建的 VT 接口也只是用于与用户侧的物理接口绑定，使能 PPPoE 服务器功能，不是用来与 LNS 建立 L2TP 隧道连接的)，因为此时 L2TP 隧道连接请求是由远程

用户发起的，与 LNS 建立 L2TP 连接的是终端用户，LNS 也是对终端用户进行认证。**在 LAC 上要配置 AAA 认证，对远程用户进行认证。**

在 L2TP Client 发起 L2TP 隧道连接中，L2TP 隧道连接请求是由 L2TP Client 通过虚拟拨号接口（以太网接口不能发起 L2TP 拨号）发起的，所以**需要在 L2TP Client 上创建 VT 接口**，LNS 仅对 L2TP Client 进行认证，而不是对远程用户进行认证。**在 L2TP Client 上不需要配置 AAA 认证。**

因为表 5-9 所涉及的 LNS 具体配置步骤与 5.5.4 节表 5-7 的配置步骤一样，参见即可，5.6.2 节仅介绍在 L2TP Client 上配置 L2TP Client 发起 L2TP 连接的具体步骤。

5.6.2　配置 L2TP Client 拨号发起 L2TP 连接

在 L2TP Client 发起 L2TP 连接的应用中，因为 L2TP Client 不需要对接入用户进行认证，L2TP 隧道连接拨号也是由 L2TP Client 主动发起的，所以在 L2TP Client 上需要创建虚拟拨号接口，以实现自动拨号，并发起到 LNS 的 L2TP 连接，但不需要配置 AAA 认证功能，L2TP Client 拨号发起 L2TP 连接的配置步骤见表 5-10。

【注意】配置时请注意如下事项。

① L2TP Client 作为 PPP 拨号客户端，VT 接口的 IP 地址可以使用 PPP 协商从 LNS 自动获取，也可以手动指定静态 IP 地址。

② L2TP Client 上 VT 接口的拨号参数（用户名，密码，认证方式）需要和 LNS 配置保持一致。

③ L2TP 缺省情况下使能隧道认证功能，但未配置认证的共享密钥。如果使用隧道认证功能，则配置认证的共享密钥，且 L2TP Client 和 LNS 保持一致；如果不使用隧道认证功能，则 L2TP Client 和 LNS 同时去使能隧道认证功能。

表 5-10　L2TP Client 拨号发起 L2TP 连接的配置步骤

步骤	命令		说明
1	**system-view**		进入系统视图
2	**l2tp enable** 例如：[Huawei] **l2tp enable**		全局使能 L2TP 功能
3	**interface virtual-template** *vt-number* 例如：[Huawei] **interface virtual-template** 10	配置自拨号接口	创建 VT 接口，并进入虚拟模板视图
4	**ip address ppp-negotiate** 例如：[Huawei-Virtual-Template10] **ip address ppp-negotiate**		配置以上 VT 接口的 IP 地址为动态获取方式，由 LNS 分配 IP 地址。还可以选择使用以下两种方式，使接口 IP 生效。 ① 使用命令 **ip address** *ip-address* { *mask* | *mask-length* }，配置一个 IP 地址，使接口的 IP 生效。 ② 使用命令 **ip address unnumbered** *interface-type interface-number*，借用其他接口的 IP 地址。 缺省情况下，接口不通过 PPP 协商获取 IP 地址，可用 **undo ip address ppp-negotiate** 命令取消接口通过 PPP 协商获取 IP 地址

续表

步骤	命令		说明
5	**ppp pap local-user** *username* **password** { **cipher** | **simple** } *password* 例如：[Huawei-Virtual-Template10] **ppp pap local-user** winda **password simple** huawei	配置自拨号接口	当配置 VT 接口的 PPP 协商的认证方式为 **pap** 时，指定拨号的用户名称和密码。 如果指定认证方式使用 **chap** 时，则需要执行如下两条命令来进行本步配置： ① **ppp chap user** *username* ② **ppp chap password** { **cipher** | **simple** } *password*
6	**l2tp-auto-client enable** 例如：[Huawei-Virtual-Template10] **l2tp-auto-client enable**	配置自拨号接口	使能 LAC 自拨号功能，使 VT 接口作为 L2TP 客户端。 缺省情况下，设备未使能设备的拨号功能，可用 **undo l2tp-auto-client enable** 命令取消设备的拨号功能
7	**mtu** *size* 例如：[Huawei-Virtual-Template10] **mtu** 1200	配置自拨号接口	配置接口的最大传输单元值，具体参见 5.5.3 节表 5-6 的第 5 步说明
8	**quit**	配置自拨号接口	退回到系统视图
9	**l2tp-group** *group-number* 例如：[Huawei] **l2tp-group** 2	配置 L2TP 组	创建 L2TP 组，并进入 L2TP 组视图
10	**tunnel password** { **simple** | **cipher** } *password* 例如：[Huawei-l2tp2] **tunnel password simple** huawei	配置 L2TP 组	配置 L2TP 隧道的共享密钥，需要和 LNS 保持一致。其他说明参见 5.5.3 节表 5-6 的第 11 步
11	**tunnel name** *tunnel-name* 例如：[Huawei-l2tp2] **tunnel name** lycb	配置 L2TP 组	配置本端隧道名称，用于发起 L2TP 连接时，LNS 根据 L2TP Client 的隧道名称接入。其他说明参见 5.5.3 节表 5-6 的第 12 步
12	**start l2tp ip** *ip-address* & <1-4> { **domain** *domain-name* | **fullusername** *user-name* | **interface** *interface-type interface-number* | **vpn-instance** *vpn-instance-name* **fullusername** *user-name* } 例如：[Huawei-l2tp2] **start l2tp ip** 202.38.168.1 **domain** lycb.com	配置 L2TP 组	（二选一）指定对端 LNS 的 IP 地址格式，本端作为 L2TP Client 时发起呼叫的触发条件，参见 5.5.3 节表 5-6 的第 13 步说明
	start l2tp host *hostname* { **domain** *domain-name* | **fullusername** *user-name* }	配置 L2TP 组	（二选一）指定对端 LNS 的域名格式，本端作为 L2TP Client 时发起呼叫的触发条件，参见 5.5.3 节表 5-6 的第 13 步说明

5.7 配置 L2TP 其他可选功能

在各种 L2TP 隧道建立过程中，除了前面介绍的一些必选功能配置外，还可配置 L2TP 的可选功能，例如，LCP 重协商、强制 CHAP 认证、AVP 参数加密、主备 LNS、L2TP 隧道连通性检测等。但在配置这些 L2TP 可选功能之前，需要完成 L2TP 基本配置，满足在 LAC 和 LNS 之间建立 L2TP 连接。

1. 配置 LCP 重协商

在 LAC 接入呼叫发起 L2TP 隧道连接的应用中，LAC 需对接入用户进行认证，认证通过后又将认证信息发送给 LNS，再由 LNS 根据认证信息判断用户是否合法。此时，如果 LNS 不信任 LAC（在 LNS 端没有明确允许指定的 LAC 隧道建立请求通过），则需要对远程终端用户进行二次认证，此时需要使用 LCP 重协商功能，**使 LNS 直接与远程终端用户重新开始 PPP 协商（不再是与 LAC 进行 PPP 协商），协商成功后就可以建立 L2TP 连接**。

在 L2TP 组视图下执行 **mandatory-lcp** 命令启用 LCP 重协商功能。缺省情况下，未使能 LCP 协商功能，可用 **undo mandatory-lcp** 命令恢复缺省配置。

【注意】LCP 重协商和下面将要介绍的 CHAP 强制认证不能同时生效，LCP 重协商优先级高于 CHAP 强制认证，如果同时配置，则设备进行 LCP 重协商。另外，一些远程用户终端可能不支持进行第二次验证，这时 L2TP 使能了 LCP 重协商功能后，L2TP 连接会建立失败。

2. 配置强制 CHAP 认证

配置了强制 CHAP 认证功能后，LNS 只对远程终端用户进行 CHAP 认证。如果此时 LAC 使用了 PAP 的认证方式，就无法通过 LNS 的认证，不能建立 L2TP 会话。

在 L2TP 组视图执行 **mandatory-chap** 命令启用强制 CHAP 认证功能。缺省情况下，未使能 CHAP 强制认证功能，可用 **undo mandatory-chap** 命令恢复缺省配置。

如果 L2TP 组下同时配置了 CHAP 强制认证和 LCP 重协商功能，则 LCP 重协商功能生效，有着更高的优先级。

3. 配置主备 LNS

对可靠性要求较高的企业，在总部部署主备双网关，主备 LNS 示意如图 5-13 所示。当主网关故障时业务可切换到备份网关，此时需要在 LAC 上同时配置总部备份网关的 IP 地址，当 LAC 发起的 L2TP 连接请求无法到达主 LNS 时，按配置的顺序向第 2 个 LNS 地址发起 L2TP 连接请求。

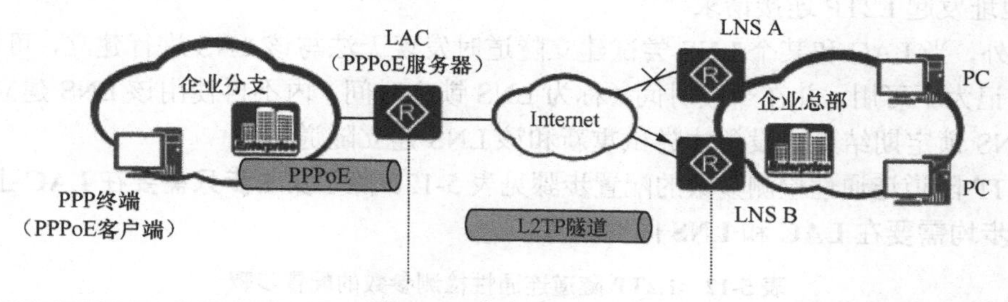

图 5-13　主备 LNS 示意

在 LAC 的 L2TP 视图下通过 **start l2tp ip** *ip-address* <1-4> { **domain** *domain-name* | **fullusername** *user-name* }命令配置主备 LNS，最多可配置 4 个 LNS 的 IP 地址，第一个为主 LNS 地址，其余都是备份 LNS 地址。

4. 配置 AVP 参数加密

L2TP 连接的建立是通过在 LAC 和 LNS 之间交换控制消息，而控制消息中则携带了各种 AVP（Attribute Value Pair，属性值对）参数，包含了用户名、密码等关键信息。此时通过部署 AVP 参数加密功能，在 L2TP 连接建立期间，对所传输的 AVP 参数加密，提高安全性。**但在部署 AVP 参数加密功能时，需要先在 LAC 和 LNS 端同时使能隧道验证功能，且隧道两端配置的认证共享密钥需要一致。**

AVP 参数加密功能的配置步骤见表 5-11。

表 5-11　AVP 参数加密功能的配置步骤

步骤	命令	说明
1	**system-view**	进入系统视图
2	**l2tp-group** *group-number* 例如：[Huawei] **l2tp-group** 1	进入 L2TP 组视图
3	**tunnel authentication** 例如：[Huawei-l2tp1] **tunnel authentication**	使能 L2TP 隧道认证功能，缺省已使能
4	**tunnel password** { **simple** | **cipher** } *password* 例如：[Huawei-l2tp-1] **tunnel password simple** huawei	配置隧道认证字，除了隧道认证，还可以用于加密 AVP 参数。参数说明请参见本章 5.5.3 节表 5-6 中的第 10 步
5	**tunnel avp-hidden** 例如：[Huawei-l2tp-1] **tunnel avp-hidden**	对 L2TP 报文中的 AVP 参数加密，提高安全性。缺省情况下，隧道采用明文方式传输 AVP 数据，**undo tunnel avp-hidden** 命令恢复为缺省配置

5. 配置 L2TP 隧道连通性检测

L2TP 的 Hello 报文用于检测 LAC 和 LNS 之间隧道的连通性。LAC 和 LNS 都可以定时向对方发送 Hello 报文，若在一段时间内未收到对端发来的 Hello 报文，则重复发送 Hello 报文。如果重复发送报文的次数超过 5 次，则断开 L2TP 隧道连接。企业可以根据实际需要，部署 Hello 报文的时间参数。

如果网络稳定，则可以加长 Hello 报文的发送时间间隔，减轻网络负担。如果网络不稳定，则可以减少 Hello 报文的发送时间间隔，以便能及时检测隧道的状态。如果 LAC 上配置了主备 LNS 地址，当使用 Hello 报文检测到隧道不通时，自动向配置的第 2 个 LNS 的 IP 地址发起 L2TP 连接请求。

另外，当 LAC 和某个 LNS 尝试建立隧道时发现无法与该 LNS 进行建立，可以将该 LNS 标记为不可用，并在一段时间（称为 LNS 锁定时间）内不再使用该 LNS 建立隧道。直到 LNS 锁定期结束，设备才尝试重新和该 LNS 建立隧道。

L2TP 隧道连通性检测参数的配置步骤见表 5-12。**除了第 5 步只需要在 LAC 上执行，其他各步均需要在 LAC 和 LNS 同时配置。**

表 5-12　L2TP 隧道连通性检测参数的配置步骤

步骤	命令	说明
1	**system-view**	进入系统视图
2	**l2tp-group** *group-number* 例如：[Huawei] **l2tp-group** 1	进入 L2TP 组视图
3	**tunnel timer hello** *interval* 例如：[Huawei-l2tp1] **tunnel timer hello** 100	配置 Hello 报文的发送时间间隔，整数形式，取值是 0～1000，单位是秒。如果取值为 0，则表示不发送 Hello 报文。缺省情况下，Hello 报文每隔 60 秒发送一次，可用 **undo tunnel timer hello** 命令恢复为缺省值

续表

步骤	命令	说明
4	**Quit**	返回系统视图
5	**l2tp aging** *time* 例如：[Huawei] **l2tp aging** 60	配置 LNS 锁定时间。参数 *time* 用来指定 LNS 锁定时间，整数形式，取值是 1～3600，单位为秒。 缺省情况下，LNS 锁定时间为 30 秒，可用 **undo l2tp aging** 命令恢复为缺省值

5.8 L2TP 配置管理和维护命令

在 L2TP 配置与运行维护中可使用表 5-13 中的命令进行维护和管理。

表 5-13　L2TP 配置管理和维护命令

命令	说明	
display l2tp tunnel [**tunnel-item** *tunnel-item* | **tunnel-name** *tunnel-name*]	查看本端和对端的 L2TP 隧道 ID、会话 ID，以及对端公网地址等信息	
display l2tp session[**destination-ip** *d-ip-address* | **session-item** *session-item* | **source-ip** *s-ip-address*]	查看本端和对端的 L2TP 会话 ID 信息，以及所属的本端隧道 ID	
display l2tp-group [*group-number*]	查看指定 L2TP 组的具体配置信息	
reset l2tp tunnel { **peer-name** *remote-name* | **local-id** *tunnel-id* }	根据本端隧道 ID 或者对端隧道名称，强制断开隧道连接	手动断开 L2TP 连接，强制断开 L2TP 隧道后，该隧道上的所有控制连接与会话连接也将被清除
reset l2tp session session-id *session-id*	根据本端会话 ID 强制断开会话连接	
display l2tp statistics tunnel [**local-id** *tunnel-id*]	查看 L2TP 报文的统计信息	
reset l2tp statistics tunnel [**local-id** *tunnel-id*]	重置 L2TP 报文的统计信息	

5.9 L2TP 典型配置示例

本节针对 L2TP 的几种典型应用场景向大家介绍一些具体配置示例的配置方法。

5.9.1 远程拨号用户发起 L2TP 隧道连接配置示例

远程拨号用户发起 L2TP 隧道连接示例如图 5-14 所示，公司出差员工的地理位置经常发生变动，并且随时需要和总部通信和访问总部内网资源。虽然出差员工直接通过互联网也可以访问总部网关，但总部网关无法对接入的用户进行辨别和管理，于是考虑出差员工在 PC 终端上使用 L2TP 拨号软件，和总部网关 LNS 之间建立虚拟的 L2TP 隧道连接。出差员工 PC 必须已成功接入互联网，但可以是任意接入的方式。

1. 基本配置思路分析

在本示例中，发起 L2TP 连接请求的是出差员工的 PC 主机，担当了 LAC 角色，所以本示例不需要配置 LAC，但需要在用户 PC 上安装 L2TP 拨号软件，可以是华为专用的 VPN Client 软件，也可以是 Wondows、Linux 系统自带的 L2TP 拨号连接功能。

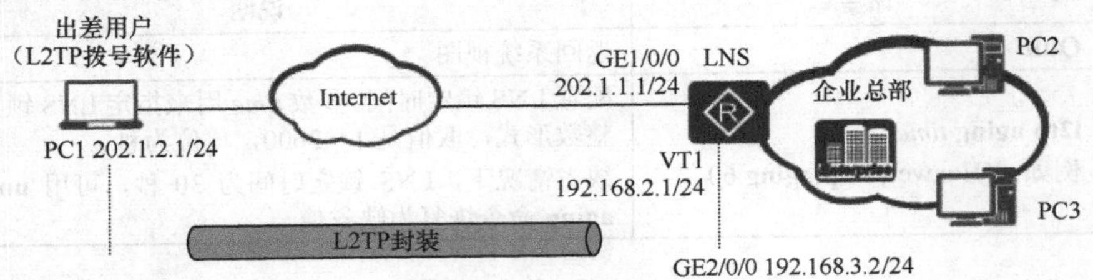

图 5-14 远程拨号用户发起 L2TP 隧道连接示例

本示例的配置包括个方面：一方面是配置公司总部网关设备作为 LNS，以响应移动办公员工的 L2TP 隧道建立请求；另一方面是在出差员工 PC 上安装、配置 L2TP 拨号软件。为了节省篇幅，本示例不介绍 L2TP 拨号软件的配置。

在 LNS 上需要进行的配置任务包括以下几项。

① 配置 LNS 设备接口 IP 地址及以从到达远程用户的公网/私网路由。

② 配置 AAA 认证功能，对远程 L2TP 拨号用户进行认证。

③ 全局使能 L2TP，这是配置其他 L2TP 功能的前提。

④ 创建并配置为远程 L2TP 拨号用户分配 IP 地址的 IP 地址池。

⑤ 创建并配置 VT 接口与远程用户进行的 PPP 参数协商。

⑥ 创建并配置 L2TP 组，指定隧道认证共享密钥，以及与远程用户建立 L2TP 隧道的 VT 接口。

2. 具体配置步骤

① 配置 LNS 设备接口 IP 地址及到达远程用户的公网/私网路由。因为出差用户使用的公网 IP 地址通常是 ISP 动态分配的，私网 IP 地址也是未知的，故，此处采用静态缺省路由配置，假设 LNS 所连接的 ISP 设备接口的 IP 地址为 202.1.1.2，如下所示。

```
<Huawei> system-view
[Huawei] sysname LNS
[LNS] interface gigabitethernet 1/0/0
[LNS-GigabitEthernet1/0/0] ip address 202.1.1.1 255.255.255.0
[LNS-GigabitEthernet1/0/0] quit
[LNS] ip route-static 0.0.0.0 0 202.1.1.2      #---配置到达远程用户端的缺省路由
```

② 配置 AAA 认证功能，对远程 L2TP 拨号用户进行身份认证。

本示例采用 AAA 本地认证方式。假设用户账户为 winda，密码为 lycb.com，用户账户必须支持 PPP 服务类型。**此处采用缺省 ISP 域 default，缺省的 default 认证方案（本地认证），所以不需要创建认证方案，也不需要指定所使用的 ISP 域**。代码如下所示。

```
[LNS] aaa
[LNS-aaa] local-user winda password cipher lycb.com
[LNS-aaa] local-user winda service-type ppp
[LNS-aaa] quit
```

③ 全局使能 L2TP 功能，代码如下所示。

```
[LNS] l2tp enable
```

④ 创建并配置为远程 L2TP 拨号用户分配 IP 地址的 IP 地址池。代码如下所示。

```
[LNS] ip pool lns
[LNS-ip-pool-lns] network 192.168.2.0 mask 24
```

```
[LNS-ip-pool-lns] gateway-list 192.168.2.1   #---LNS 连接总部子网的虚拟网关 VT 接口的 IP 地址
[LNS-ip-pool-lns] quit
```

⑤ 创建并配置 VT 接口，与远程用户进行的 PPP 参数协商。

在 VT 接口下指定对 L2TP 拨号用户进行认证（此处假设采用 CHAP 认证，**要与 L2TP 拨号软件上的配置一致**），为远程用户进行 IP 地址分配的 IP 地址池。代码如下所示。

```
[LNS] interface virtual-template 1
[LNS-Virtual-Template1] ip address 192.168.2.1 255.255.255.0
[LNS-Virtual-Template1] ppp authentication-mode chap   #---配置采用 chap 认证方式
[LNS-Virtual-Template1] remote address pool lns   #---调用前面创建的名为 lns 的 IP 地址池为远程拨入用户分配访问公司总部网络的私网 IP 地址
[LNS-Virtual-Template1] quit
```

⑥ 创建并配置 L2TP 组，指定隧道认证共享密钥，以及与远程用户建立 L2TP 隧道的 VT 接口。配置的隧道认证共享密钥为密文 Huawei（**要与 L2TP 拨号软件上的配置一致**）。如果远程用户的 L2TP 拨号软件上不支持隧道认证（如 Windows 7 系统），则可取消隧道认证功能。代码如下所示。

```
[LNS] l2tp-group 1
[LNS-l2tp1] tunnel authentication
[LNS-l2tp1] tunnel password cipher Huawei   #----配置 L2TP 隧道认证共享密钥为密文 Huawei
[LNS-l2tp1] allow l2tp virtual-template 1   #---配置 LNS 绑定 VT 接口
[LNS-l2tp1] quit
```

以上就是本示例的 LNS 端配置，终端用户的 L2TP 拨号配置参见所选用的拨号软件进行配置，此处略。配置好后，出差用户使用 PC 上安装的 L2TP 软件进行拨号，即可通过网关 VT 接口成功访问公司总部的内网资源。

5.9.2 LAC 接入 PPPoE 用户发起 L2TP 隧道连接配置示例

本示例中的分支机构是采用以太网直接接入互联网的（例如，光纤以太网接入），而不是采取传统拨号方式接入，LAC 接入 PPPoE 用户发起 L2TP 隧道连接配置示例如图 5-15 所示。现分支机构用户也需要和公司总部用户建立 VPDN 连接，在分支机构和公司总部之间部署 L2TP。

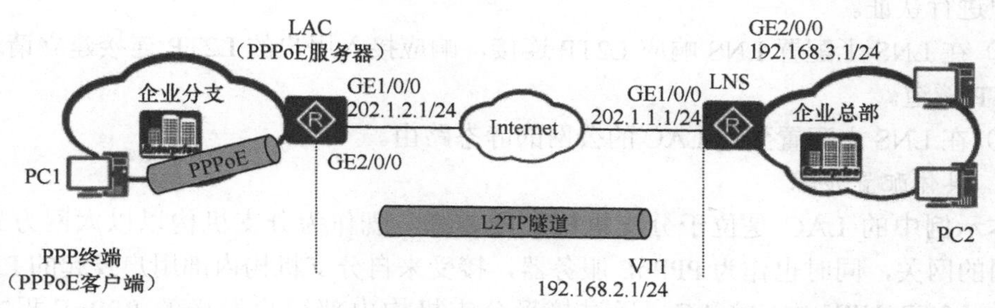

图 5-15 LAC 接入 PPPoE 用户发起 L2TP 隧道连接配置示例

在用华为模拟器做实验时，本示例中的 Internet 和 PPPoE 客户端均可用一台路由器代替，采用华为模拟器做本实验时的拓扑结构如图 5-16 所示。在 Internet 路由器上只需要配置接口 IP 地址，不需要配置任何路由，因为它与分支机构和公司总部网关都是直连的。

1. 基本配置思路分析

本示例 LAC 与分支机构内网采用以太网连接，LAC 接收不到内网用户的 PPP 报文，也就不能向公司总部 LNS 触发 L2TP 拨号连接，所以需要将分支机构的 LAC 同时部署为 PPPoE 服务器，使分支机构用户先通过 PPPoE 拨号接入 LAC，然后由 PPP 报文触发向 LNS 发起 L2TP 拨号连接。

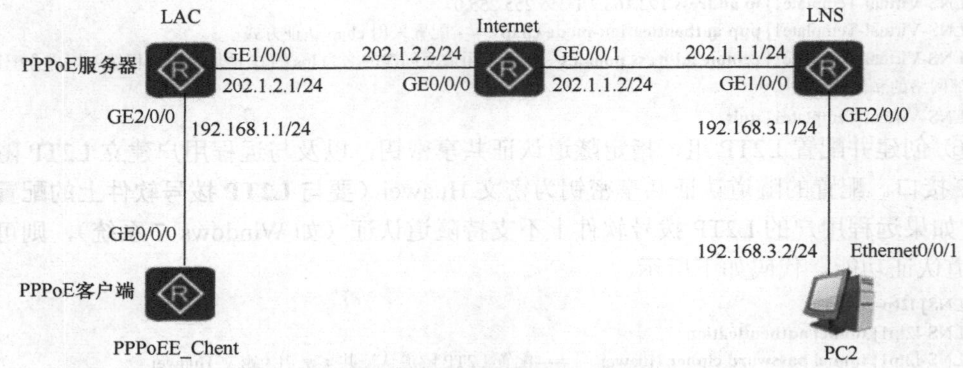

图 5-16 采用华为模拟器做本实验时的拓扑结构

本示例的基本配置思路如下（按照图 5-16 所示拓扑结构进行）。

① 在 PPPoE_Client 上配置 PPPoE 客户端，在 LAC 上配置 PPPoE 服务器，使用 CHAP 认证方式。同时配置互联网路由器接口 IP 地址。

② 配置 LAC 的 AAA 本地认证，创建相应的 PPPoE 拨号用户账户信息，以便对拨号用户的身份进行认证。

③ 配置 LAC 发起 L2TP 连接，为符合条件的用户建立到达总部的 L2TP 连接。

④ 在 LAC 上配置到达 LNS 的公网静态路由，以便指导从 LAC 发送的 L2TP 报文传输到 LNS。

⑤ 在 LNS 上配置 AAA 本地认证，创建与 LAC 上相同的用户账户信息，对拨号接入用户进行认证。

⑥ 在 LNS 上配置 LNS 响应 L2TP 连接，响应接入用户的 L2TP 连接建立请求，建立 L2TP 隧道。

⑦ 在 LNS 上配置到达 LAC 的公网的静态路由。

2. 具体配置步骤

本示例中的 LAC 是位于分支机构公网边缘，既作为分支机构以以太网方式接入互联网的网关，同时也作为 PPPoE 服务器，接受来自分支机构内部用户发起的 PPPoE，还作为 L2TP VPN 中的 LAC，通过接受分支机构内部用户发送的 PPPoE 报文触发到达 LNS 的 L2TP 拨号。下面仅就 PPPoE 服务器角色和 LAC 角色的配置步骤进行介绍。

① 在 PPPoE_Client 上配置 PPPoE 客户端，在 LAC 上配置 PPPoE 服务器。同时配置 Internet 路由器接口 IP 地址。

#---配置 PPPoE 客户端（以华为 AR G3 系列路由器担当）。物理拨号接口 GE0/0/0 上无须配置 IP 地址，逻辑拨号接口 Dialer1 是 LNS 通过协商方式分配 IP 地址。代码如

下所示。

```
[Huawei] sysname PPPoE_Client
[PPPoE_Client] acl 3001
[PPPoE_Client-acl-adv-3001] rule 5 permit ip destination 192.168.3.0 0.0.0.255 #---定义访问总部私网时触发 PPPoE 拨号的报文类型
[PPPoE_Client-acl-adv-3001] quit
[PPPoE_Client] dialer-rule
[PPPoE_Client-dialer-rule] dialer-rule 1 acl 3001
[PPPoE_Client-dialer-rule] quit
[PPPoE_Client] interface dialer 1
[PPPoE_Client-Dialer1] dialer user  winda
[PPPoE_Client-Dialer1] dialer bundle 1
[PPPoE_Client-Dialer1] ppp chap user winda
[PPPoE_Client-Dialer1] ppp chap password cipher  lycb.com
[PPPoE_Client-Dialer1] ip address ppp-negotiate
[PPPoE_Client-Dialer1] dialer-group 1  #---调用前面的拨号规则
[PPPoE_Client-Dialer1] quit
[PPPoE_Client] interface GigabitEthernet0/0/0
[PPPoE_Client-GigabitEthernet0/0/0] pppoe-client dial-bundle-number 1
[PPPoE_Client-GigabitEthernet0/0/0] quit
[PPPoE_Client] ip route-static 0.0.0.0 0 dialer1  #---配置一条以 Dialer1 接口为出接口、访问外部网络的默认路由
```

#---配置 PPPoE 服务器。

【说明】 此处要创建一个 VT 接口，**但不配置 IP 地址**，因为 LNS 的地址池不是给 LAC 上的 VT 接口分配 IP 地址，而是要给拨号用户的 Dialer 接口分配 IP 地址，所以此处的 VT 接口仅当二层使用。在用户侧连接的物理接口上使能 PPPoE 服务器功能，绑定此 VT 接口，**配置一个 IP 地址，但 IP 地址任意**（不能与网络其他网段冲突），仅用于使能物理接口的三层协议功能。

创建 VT 接口（**不配置 IP 地址，当二层接口使用**），采用 CHAP 认证方式，配置和分支机构 PPPoE 拨号用户进行 PPP 协商。代码如下所示。

```
<Huawei> system-view
[Huawei] sysname LAC
[LAC] interface virtual-template 1
[LAC-Virtual-Template1] ppp authentication-mode chap
[LAC-Virtual-Template1] quit
```

在连接用户侧的物理接口（**一定要配置 IP 地址，以便激活其三层功能**）上配置 PPPoE 服务器功能，绑定 VT 接口。代码如下所示。

```
[LAC] interface gigabitethernet 2/0/0
[LAC-GigabitEthernet2/0/0] ip address 192.168.1.1 255.255.255.0
[LAC-GigabitEthernet2/0/0] pppoe-server bind virtual-template 1
[LAC-GigabitEthernet2/0/0] quit
```

#---配置 Internet 路由器接口 IP 地址。代码如下所示。

```
[Internet] interface gigabitethernet 0/0/0
[Internet-GigabitEthernet0/0/0] ip address 202.1.2.2 255.255.255.0
[Internet-GigabitEthernet0/0/0] quit
[Internet] interface gigabitethernet 0/0/1
[Internet-GigabitEthernet0/0/1] ip address 202.1.1.2 255.255.255.0
[Internet-GigabitEthernet0/0/1] quit
```

② 配置 LAC 的 AAA 本地认证，对分机构 PPPoE 拨号用户进行认证。假设拨号用户名和密码分别为 winda、lycb.com。代码如下所示。

```
[LAC] aaa
[LAC-aaa] local-user winda password cipher lycb.com
[LAC-aaa] local-user winda service-type ppp
[LAC-aaa] quit
```

③ 配置 LAC 发起 L2TP 连接，为符合条件的用户建立到达总部的 L2TP 连接。

根据 5.5.1 节表 5-1 介绍的 LAC 配置任务，在 LAC 发起 L2TP 连接中需要使能 L2TP，创建 VT 接口以配置 PPP 协商，配置 L2TP 组这些配置任务。

#---使能 L2TP 服务，创建一个 L2TP 组。代码如下所示。

```
[LAC] l2tp enable
[LAC] l2tp-group 1
```

#---配置 LAC 本端隧道名称（假设为 lac）及指定 LNS 的公网 IP 地址，并以全用户名（远程用户 PPPoE 拨号用户名）发起 L2TP 连接请求。如有多个用户时，需要多次执行 **start l2tp ip fullusername** 命令。代码如下所示。

```
[LAC-l2tp1] tunnel name lac
[LAC-l2tp1] start l2tp ip 202.1.1.1 fullusername winda
```

#---启用隧道认证功能并设置隧道认证的共享密钥（假设为 huawei），和 LNS 端保持一致。代码如下所示。

```
[LAC-l2tp1] tunnel authentication
[LAC-l2tp1] tunnel password cipher huawei
[LAC-l2tp1] quit
```

④ 在 LAC 上配置到达 LNS 的公网静态路由（此处配置的是到达 LNS 公网接口的主机静态路由），以便指导从 LAC 发送的 L2TP 报文传输到 LNS。假设下一跳 IP 地址为 202.1.2.2（即图 5-16 中 GE0/0/0 接口的 IP 地址）。代码如下所示。

```
[LAC] interface gigabitethernet 1/0/0
[LAC-GigabitEthernet1/0/0] ip address 202.1.2.1 255.255.255.0
[LAC-GigabitEthernet1/0/0] quit
[LAC] ip route-static 202.1.1.1 32 202.1.2.2
```

⑤ 在 LNS 上配置 AAA 本地认证，创建与 LAC 上相同的本地用户账户信息，使用缺省的 ISP 域 default，缺省认证方案 default 的本地认证方案，对拨号接入用户进行认证。代码如下所示。

```
<Huawei> system-view
[Huawei] sysname LNS
[LNS] aaa
[LNS-aaa] local-user winda password cipher lycb.com
[LNS-aaa] local-user winda service-type ppp
[LNS-aaa] quit
```

⑥ 在 LNS 上配置 LNS 响应 L2TP 连接，响应接入用户的 L2TP 连接建立请求，建立 L2TP 隧道。

根据 5.5.1 节表 5-2 介绍的配置任务，在 LNS 端配置 LNS 响应 L2TP 连接时需要全局使能 L2TP，配置为远程拨号用户分配 IP 地址的 IP 地址池，创建 VT 接口，配置 PPP 协商和 L2TP 组。

#---配置 IP 地址池，用于为远程拨号用户分配访问公司总部网络的私网 IP 地址。网关 IP 地址为下面创建的 VT 接口的 IP 地址。代码如下所示。

```
[LNS] ip pool 1
[LNS-ip-pool-1] network 192.168.2.0 mask 24
[LNS-ip-pool-1] gateway-list 192.168.2.1
[LNS-ip-pool-1] quit
```

#---创建 VT 接口（**必须要配置 IP 地址**），配置 PPP 协商参数。代码如下所示。

```
[LNS] interface virtual-template 1
[LNS-Virtual-Template1] ip address 192.168.2.1 255.255.255.0
[LNS-Virtual-Template1] ppp authentication-mode chap
[LNS-Virtual-Template1] remote address pool 1   #---调用 IP 地址池为拨入用户分配 IP 地址
[LNS-Virtual-Template1] quit
```

#---使能 L2TP 服务，创建一个 L2TP 组。代码如下所示。

```
[LNS] l2tp enable
[LNS] l2tp-group 1
```

#---配置 LNS 本端隧道名称（假设为 lns），并指定 LAC 端配置的隧道名称，表示允许接受指定的对端隧道拨号请求（但本示例创建的是 L2TP 编号为 1，可以允许任意通过认证的用户接入）。如果要允许多个隧道的 L2TP 拨号请求，则要多次配置。代码如下所示。

```
[LNS-l2tp1] tunnel name lns
[LNS-l2tp1] allow l2tp virtual-template 1 remote lac
```

#---启用隧道认证功能并设置隧道认证的共享密钥（假设为 huawei），必须与 LAC 端的配置一致。代码如下所示。

```
[LNS-l2tp1] tunnel authentication
[LNS-l2tp1] tunnel password cipher huawei
[LNS-l2tp1] quit
```

⑦ 在 LNS 上配置到达 LAC 的公网的静态路由。

假设下一跳 IP 地址为 **202.1.1.2**（即图 5-16 中 GE0/0/1 接口的 IP 地址）。代码如下所示。

```
[LNS] interface gigabitethernet 1/0/0
[LNS-GigabitEthernet1/0/0] ip address 202.1.1.1 255.255.255.0
[LNS-GigabitEthernet1/0/0] quit
[LNS] interface gigabitethernet 2/0/0
[LNS-GigabitEthernet2/0/0] ip address 192.168.2.1 255.255.255.0
[LNS-GigabitEthernet2/0/0] quit
[LNS] ip route-static 202.1.2.1 32 202.1.1.2
```

PC2 的 IP 地址和网关配置略。

3. 配置结果验证

以上配置完成后，我们可以进行以下系列配置结果验证。

① 在 PPPoE 客户端上 ping 公司总部 PC192.168.3.2，触发 LAC 向 LNS 发送建立 L2TP VPN 的请求，此时可以 ping 通，PPPoE 客户端 ping 公司总部内网主机的结果如图 5-17 所示。在 PPPoE 客户端上执行命令 **display interface** dialer1 命令，会发现 Dialer1 接口上分配到 LNS 地址池中的一个 IP 地址，PPPoE 客户端 Dialer 接口上分配来自 LNS 地址池的 IP 地址如图 5-18 所示。

② 在 LAC 和 LNS 上执行 **display l2tp tunnel** 命令，即可查看到它们建立的 L2TP 隧道，分别如图 5-19 和图 5-20 所示。

```
<PPPoE_Client>ping 192.168.3.2
  PING 192.168.3.2: 56  data bytes, press CTRL_C to break
    Reply from 192.168.3.2: bytes=56 Sequence=1 ttl=127 time=40 ms
    Reply from 192.168.3.2: bytes=56 Sequence=2 ttl=127 time=30 ms
    Reply from 192.168.3.2: bytes=56 Sequence=3 ttl=127 time=30 ms
    Reply from 192.168.3.2: bytes=56 Sequence=4 ttl=127 time=30 ms
    Reply from 192.168.3.2: bytes=56 Sequence=5 ttl=127 time=30 ms

  --- 192.168.3.2 ping statistics ---
    5 packet(s) transmitted
    5 packet(s) received
    0.00% packet loss
    round-trip min/avg/max = 30/32/40 ms

<PPPoE_Client>
```

图 5-17　PPPoE 客户端 ping 公司总部内网主机的结果

```
<PPPoE_Client>dis int dialer 1
Dialer1 current state : UP
Line protocol current state : UP (spoofing)
Description:HUAWEI, AR Series, Dialer1 Interface
Route Port,The Maximum Transmit Unit is 1500, Hold timer is 10(sec)
Internet Address is negotiated, 192.168.2.254/32
Link layer protocol is PPP
LCP initial
Physical is Dialer
Current system time: 2021-03-18 15:05:16-08:00
    Last 300 seconds input rate 0 bits/sec, 0 packets/sec
    Last 300 seconds output rate 0 bits/sec, 0 packets/sec
    Realtime 0 seconds input rate 0 bits/sec, 0 packets/sec
    Realtime 0 seconds output rate 0 bits/sec, 0 packets/sec
    Input: 0 bytes
    Output:0 bytes
    Input bandwidth utilization  :    0%
    Output bandwidth utilization :    0%
Bound to Dialer1:0:
Dialer1:0 current state : UP ,
Line protocol current state : UP

Link layer protocol is PPP
LCP opened, IPCP opened
Packets statistics:
  Input packets:0,  0 bytes
  Output packets:5, 420 bytes
  FCS error packets:0
  Address error packets:0
  Control field control error packets:0

<PPPoE_Client>
```

图 5-18　PPPoE 客户端 Dialer 接口上分配来自 LNS 地址池的 IP 地址

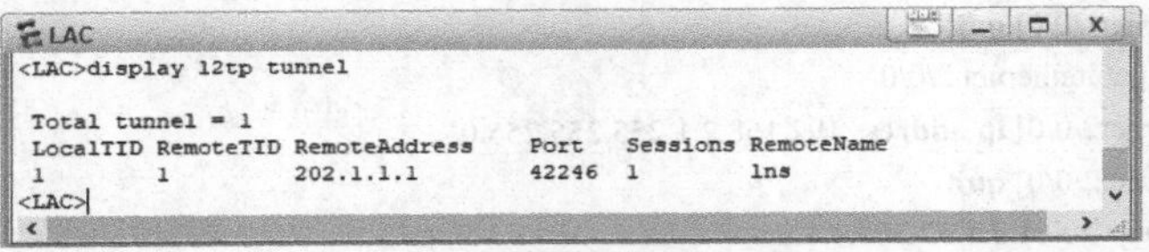

```
<LAC>display l2tp tunnel

 Total tunnel = 1
 LocalTID RemoteTID RemoteAddress     Port   Sessions RemoteName
 1        1         202.1.1.1         42246  1        lns
<LAC>
```

图 5-19　在 LAC 上执行 **display l2tp tunnel** 命令的输出

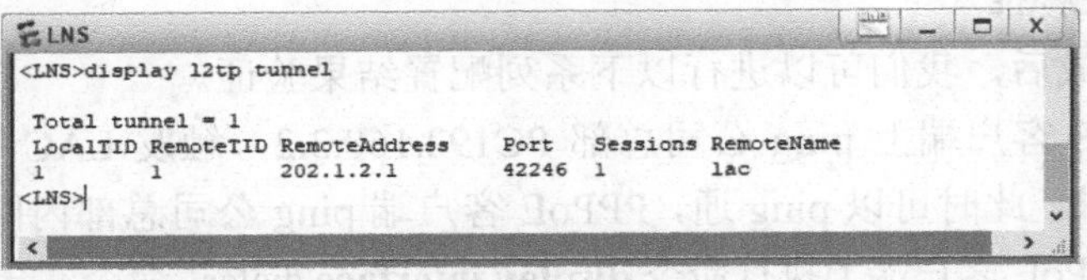

```
<LNS>display l2tp tunnel

 Total tunnel = 1
 LocalTID RemoteTID RemoteAddress     Port   Sessions RemoteName
 1        1         202.1.2.1         42246  1        lac
<LNS>
```

图 5-20　在 LNS 上执行 **display l2tp tunnel** 命令的输出

通过以上验证，可证明本示例配置是正确并且成功的。

5.9.3　L2TP Client 发起 L2TP 隧道连接配置示例

L2TP Client 发起 L2TP 隧道连接的拓扑结构如图 5-21 所示，公司总部在其他城市设有分支机构，且分支机构采用以太网方式接入Internet。现公司总部要为分支机构用户提供VPDN接入服务，且允许分支机构内的任意用户接入，LNS只需要对LAC进行身份认证。

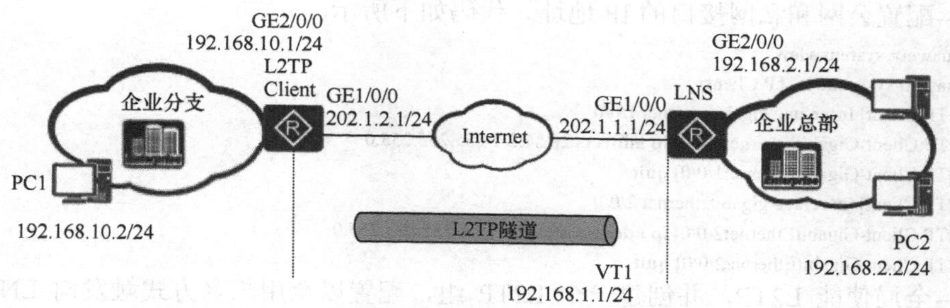

图5-21 L2TP Client发起L2TP隧道连接的拓扑结构

在用华为模拟器做实验时，Internet可用一台路由器代表，采用华为模拟器做本实验时的拓扑结构如图5-22所示。在Internet路由器上只需配置接口IP地址，无须配置任何路由，因为它与分支机构和公司总部网关都是直连的。

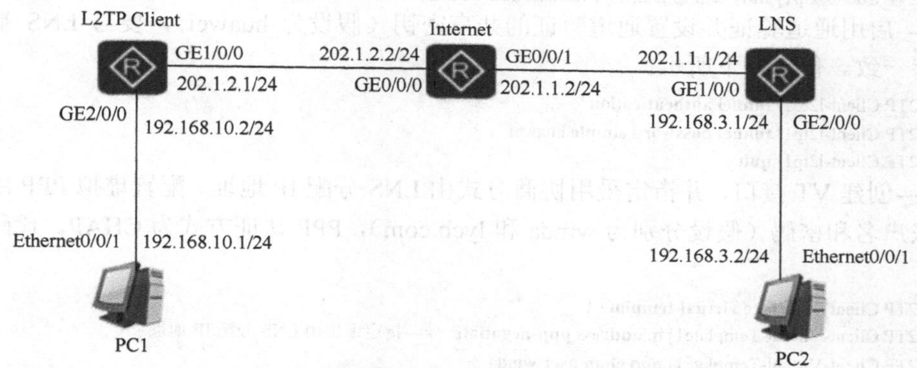

图5-22 采用华为模拟器做本实验时的拓扑结构

1. 基本配置思路分析

本示例中分支机构采用以太网方式接入Internet，无法通过终端用户的PPP报文触发L2TP连接请求，所以需要采用L2TP Client发起L2TP隧道连接方式来建立与LNS的L2TP VPN连接。

根据5.6节介绍的配置任务可得出本示例如下的基本配置思路（按照图5-22所示拓扑结构进行）。

① 在L2TP Client上配置发起L2TP连接，包括使能L2TP功能，配置PPP协商和L2TP组。同时配置互联网路由器的接口IP地址。

② 在L2TP Client上配置到达LNS端公网和私网的路由。

③ 在LNS上配置AAA认证功能，验证L2TP Client发送L2TP报文的用户。

④ 在LNS上配置响应L2TP连接，包括使能L2TP功能，配置IP地址池、配置VT接口和L2TP组等。

⑤ 在 LNS 上配置访问 L2TP Client 端的公网路由和私网路由。

2. 具体配置步骤

① 在 L2TP Client 上配置发起 L2TP 连接。

#---配置公网和私网接口的 IP 地址。代码如下所示。

```
<Huawei> system-view
[Huawei] sysname L2TP Client
[L2TP Client] interface gigabitethernet 1/0/0
[L2TP Client-GigabitEthernet1/0/0] ip address 202.1.2.1 255.255.255.0
[L2TP Client-GigabitEthernet1/0/0] quit
[L2TP Client] interface gigabitethernet 2/0/0
[L2TP Client-GigabitEthernet2/0/0] ip address 192.168.10.1 255.255.255.0
[L2TP Client GigabitEthernet2/0/0] quit
```

#---全局使能 L2TP，并创建一个 L2TP 组，配置以全用户名方式触发向 LNS 发起 L2TP 拨号的本地用户用户账户 winda（要与下面所创建的 PPP 用户账户名一致），建立到达 LNS 的 L2TP 连接。代码如下所示。

```
[L2TP Client] l2tp enable
[L2TP Client] l2tp-group 1
[L2TP Client-l2tp1] tunnel name lac   #---指定本端隧道名称
[L2TP Client-l2tp1] start l2tp ip 202.1.1.1 fullusername winda
```

#---启用通道验证并设置通道验证的共享密钥（假设为 huawei），要与 LNS 端的配置保持一致。代码如下所示。

```
[L2TP Client-l2tp1] tunnel authentication
[L2TP Client-l2tp1] tunnel password simple huawei
[L2TP Client-l2tp1] quit
```

#---创建 VT 接口，并指定采用协商方式由 LNS 分配 IP 地址。配置虚拟 PPP 用户的用户账户名和密码（假设分别为 winda 和 lycb.com），PPP 认证方式为 CHAP。代码如下所示。

```
[L2TP Client] interface virtual-template 1
[L2TP Client-Virtual-Template1] ip address ppp-negotiate   #---指定采用由 LNS 分配 IP 地址
[L2TP Client-Virtual-Template1] ppp chap user winda
[L2TP Client-Virtual-Template1] ppp chap password cipher lycb.com
[L2TP Client-Virtual-Template1] l2tp-auto-client enable   #---使能 L2TP 拨号功能
[L2TP Client-Virtual-Template1] quit
```

#---配置 Internet 路由器接口 IP 地址。代码如下所示。

```
[Internet] interface gigabitethernet 0/0/0
[Internet-GigabitEthernet0/0/0] ip address 202.1.2.2 255.255.255.0
[Internet-GigabitEthernet0/0/0] quit
[Internet] interface gigabitethernet 0/0/1
[Internet-GigabitEthernet0/0/1] ip address 202.1.1.2 255.255.255.0
[Internet-GigabitEthernet0/0/1] quit
```

② 在 L2TP Client 上配置到达 LNS 端公网和私网的路由。

公网路由的下一跳为 L2TP Client 对端设备的 IP 地址 202.1.2.2（图 5-22 中 Internet 路由器的 GE0/0/0 接口 IP 地址），私网路由要以本端 VT 接口为出接口。代码如下所示。

```
[L2TP Client] ip route-static 202.1.1.1 255.255.255.255 202.1.2.2
[L2TP Client] ip route-static 192.168.2.0 255.255.255.0 virtual-template 1
```

③ 在 LNS 上配置 AAA 认证功能。

#---配置 LNS 公网和私网接口的 IP 地址。代码如下所示。

```
<Huawei> system-view
[Huawei] sysname LNS
[LNS] interface gigabitEthernet 1/0/0
[LNS-GigabitEthernet1/0/0] ip address 202.1.1.1 255.255.255.0
[LNS-GigabitEthernet1/0/0] quit
[LNS] interface GigabitEthernet 2/0/0
[LNS-GigabitEthernet2/0/0] ip address 192.168.2.1 255.255.255.0
[LNS-GigabitEthernet2/0/0] quit
```

#---配置 LNS 的 AAA 认证。此处假设也采用缺省 ISP 域 default，缺省的 default 认证方案的本地认证方式。所配置的用户账户信息要与 LAC 上配置的 PPP 用户一致。代码如下所示。

```
[LNS] aaa
[LNS-aaa] local-user winda password cipher lycb.com
[LNS-aaa] local-user winda service-type ppp
[LNS-aaa] quit
```

④ 在 LNS 上配置响应 L2TP 连接。

#---配置 IP 地址池，为 LAC 的 VT 拨号接口分配与在 LNS 上配置的 VT 接口在同一个 IP 网段（192.168.2.0/24）的私网 IP 地址。代码如下所示。

```
[LNS] ip pool 1
[LNS-ip-pool-1] network 192.168.1.0 mask 24
[LNS-ip-pool-1] gateway-list 192.168.1.1
[LNS-ip-pool-1] quit
```

#---创建 VT 接口，并配置 PPP 协商等参数，包括配置用户认证方式、为 LAC 拨号接口分配 IP 地址的地址池，并配置 VT 接口 IP 地址，作为远程用户访问公司总部网络的网关。代码如下所示。

```
[LNS] interface virtual-template 1
[LNS-Virtual-Template1] ppp authentication-mode chap
[LNS-Virtual-Template1] remote address pool 1
[LNS-Virtual-Template1] ip address 192.168.1.1 255.255.255.0
[LNS-Virtual-Template1] quit
```

#---使能 L2TP 服务，创建一个 L2TP 组。同时配置 LNS 本端隧道名称，指定允许接受的对端 LAC 的隧道名称。还可根据需要启用隧道认证功能，并设置隧道认证的共享密钥（与 LAC 端的配置一致为 huawei）。代码如下所示。

```
[LNS] l2tp enable
[LNS] l2tp-group 1
[LNS-l2tp1] tunnel name lns
[LNS-l2tp1] allow l2tp virtual-template 1 remote lac
[LNS-l2tp1] tunnel authentication
[LNS-l2tp1] tunnel password simple huawei
[LNS-l2tp1] quit
```

⑤ 在 LNS 上配置访问 L2TP Client 端的公网路由和私网路由。

公网路由要以对端设备的 IP 地址 202.1.1.2（图 5-22 中 Internet 路由器的 GE0/0/1 接口 IP 地址）为下一跳，私网路由要以本端 VT 接口作为出接口。代码如下所示。

```
[LNS] ip route-static 202.1.2.1 255.255.255.255 202.1.1.2
[LNS] ip route-static 192.168.10.0 255.255.255.0 virtual-template 1
```

各 PC 的 IP 地址和网关配置略。

3. 配置结果验证

以上配置全部完成后，可以进行以下系列配置结果验证。

① 在 L2TP Client、LNS 上执行 **display l2tp tunnel** 命令，可以看到 L2TP 隧道及会话建立，在 L2TP Client 上执行 **display l2tp tunnel** 命令的输出如图 5-23 所示。

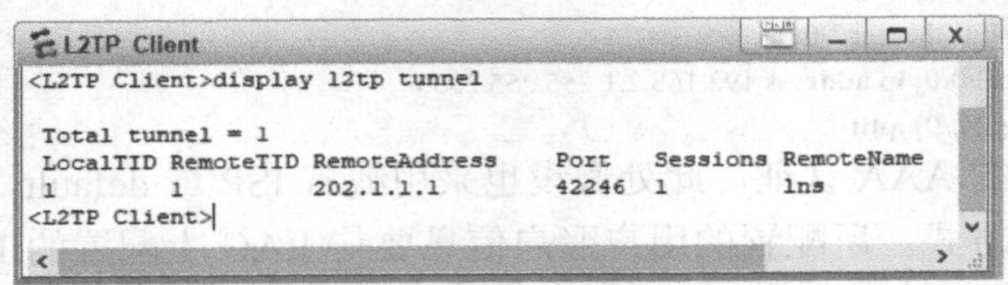

图 5-23　在 L2TP Client 上执行 **display l2tp tunnel** 命令的输出

② 在 PC1、PC2 之间进行 ping 操作，此时已互通，PC1 成功 ping 通 PC2 的结果如图 5-24 所示。

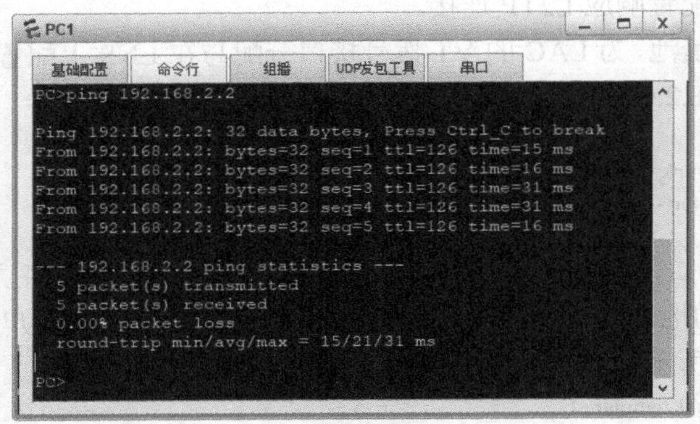

图 5-24　PC1 成功 ping 通 PC2 的结果

通过以上验证可证明，本示例的配置是正确的，实验成功。

5.9.4　多个 L2TP Client 发起 L2TP 隧道连接配置示例

多个 L2TP Client 发起 L2TP 隧道连接配置示例如图 5-25 所示，某公司总部需要与多个位于不同城市的分支机构建立 VPN 连接，且分支机构采用以太网接入。现要求总部为分支用户提供 VPDN 接入服务，允许分支内的任意用户接入，即 LNS 只需要对 LAC 进行身份认证。

在用华为模拟器做实验时，Internet 可用一台路由器代表，采用华为模拟器做本实验时的拓扑结构如图 5-26 所示。在 Internet 路由器上只需要配置接口 IP 地址，不需要配置任何路由，因为它与 2 个分支机构和公司总部网关都是直连的。

1. 基本配置思路分析

本示例中，分支机构都采用以太网部署，且允许分支机构内的任意用户接入，LNS 只需要对 LAC 进行身份认证，所以也属于 5.6 节介绍的“L2TP Client 发起 L2TP 连接”应用情形。此时，可以通过在 L2TP Client 上创建 VT 接口，配置虚拟拨号，在 L2TP Client 和 LNS 之间建立 L2TP 连接。

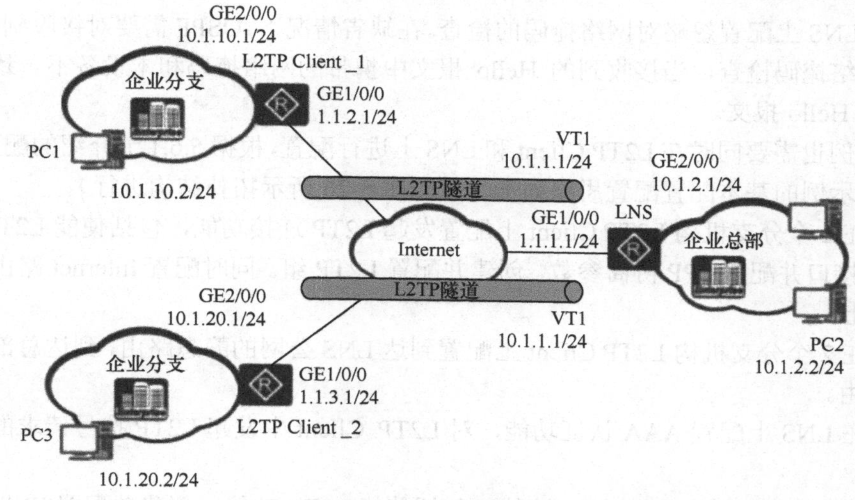

图 5-25 多个 L2TP Client 发起 L2TP 隧道连接配置示例

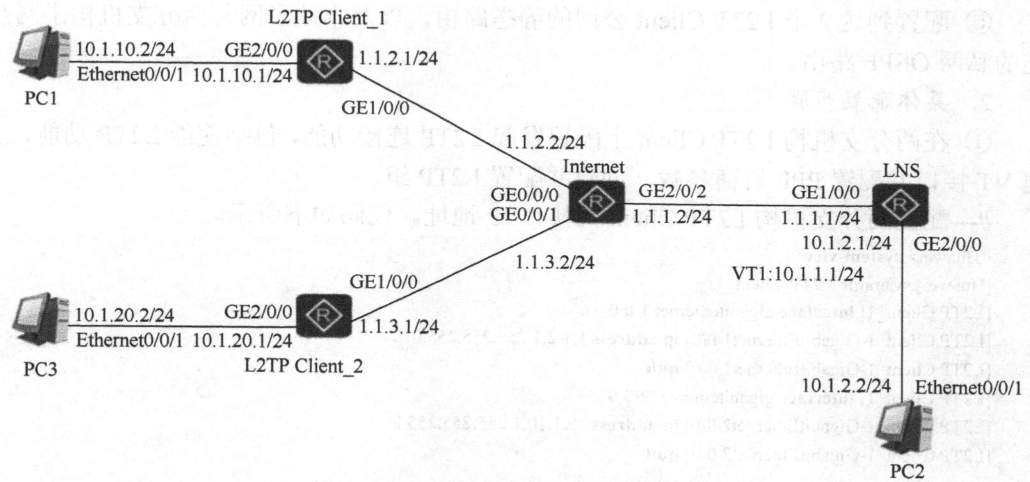

图 5-26 采用华为模拟器做本实验时的拓扑结构

本示例在配置方面要注意以下 4 个方面。

① 本示中公司总部的 LNS 要与多个分支机构建立 L2TP 隧道，公司总部 LNS 与各分支机构的 L2TP Client 之间是 P2MP（点对多点）关系。

② 在一对多的 L2TP 连接中，各分支机构与公司总部建立 L2TP 隧道时的用户认证凭据可以相同，也可以不同，**但隧道认证中的共享密钥必须一致**，因为在公司总部中只能配置一个统一的隧道认证共享密钥。

③ 为了使大家理解在实现分支机构子网与公司总部子网的路由除可以采用静态路由进行配置外，仍可以采用动态路由配置方式。本示例将采用 OSPF 协议。但要注意的是，此时必须把 OSPF 网络类型更改为 P2MP 类型。

④ 因为公司总部所连接的 2 个分支机构的 IP 地址不在同一个 IP 网段，为了能使公司总部创建的 VT 接口同时与两分支机构 VT 接口建立 P2MP OSPF 连接，需要在各 L2TP

Client 和 LNS 上配置忽略对网络掩码的检查。在缺省情况下，OSPF 需要对接收到的 Hello 报文做网络掩码检查，当接收到的 Hello 报文中携带的网络掩码和本设备不一致时，则丢弃这个 Hello 报文。

本示例也需要同时在 L2TP Client 和 LNS 上进行配置，根据 5.6.1 节介绍的配置任务，可得出本示例的基本配置配置思路如下（按照图 5-26 所示拓扑结构进行）。

① 在 2 个分支机构 L2TP Client 上配置发起 L2TP 连接功能，包括使能 L2TP 功能，创建 VT 接口并配置 PPP 协商参数，创建并配置 L2TP 组。同时配置 Internet 路由器的接口 IP 地址。

② 在 2 个分支机构 L2TP Client 上配置到达 LNS 公网的静态路由，到达总部私网的 OSPF 路由。

③ 在 LNS 上配置 AAA 认证功能，对 L2TP Client 中发起 L2TP 拨号请求的用户进行验证。

④ 在 LSN 上配置响应 L2TP 连接，包括使能 L2TP 功能，创建并配置 IP 地址池，创建 VT 接口并配置 PPP 协商参数，创建并配置 L2TP 组。

⑤ 配置到达 2 个 L2TP Client 公网的静态路由，以及本地子网与两分支机构子网互连的私网 OSPF 路由。

2. 具体配置步骤

① 在两分支机构 L2TP Client 上配置发起 L2TP 连接功能，包括使能 L2TP 功能，创建 VT 接口并配置 PPP 协商参数，创建并配置 L2TP 组。

#---配置两分支机构 L2TP Client 的接口 IP 地址。代码如下所示。

```
<Huawei> system-view
[Huawei] sysname L2TP Client_1
[L2TP Client_1] interface gigabitethernet 1/0/0
[L2TP Client_1-GigabitEthernet1/0/0] ip address 1.1.2.1 255.255.255.0
[L2TP Client_1-GigabitEthernet1/0/0] quit
[L2TP Client_1] interface gigabitethernet 2/0/0
[L2TP Client_1-GigabitEthernet2/0/0] ip address 10.1.10.1 255.255.255.0
[L2TP Client_1-GigabitEthernet2/0/0] quit

<Huawei> system-view
[Huawei] sysname L2TP Client_2
[L2TP Client_2] interface gigabitethernet 1/0/0
[L2TP Client_2-GigabitEthernet1/0/0] ip address 1.1.3.1 255.255.255.0
[L2TP Client_2-GigabitEthernet1/0/0] quit
[L2TP Client_2] interface gigabitethernet 2/0/0
[L2TP Client_2-GigabitEthernet2/0/0] ip address 10.1.20.1 255.255.255.0
[L2TP Client_2-GigabitEthernet2/0/0] quit
```

#---全局使能 L2TP，创建一个 L2TP 组并配置发起 L2TP 连接的用户名分别为 winda 和 lycb，隧道认证的共享密钥均为 huawei。代码如下所示。

```
[L2TP Client_1] l2tp enable
[L2TP Client_1] l2tp-group 1   #---创建一个 L2TP 拨号组 1
[L2TP Client_1-l2tp1] tunnel name   lac_1   #---指定本端隧道名为 lac_1
[L2TP Client_1-l2tp1] start l2tp ip 1.1.1.1 fullusername winda   #---指定以 winda 完整名称对 LSN 发起 L2TP 拨号连接请求
[L2TP Client_1-l2tp1] tunnel authentication   #---启用隧道认证功能
[L2TP Client_1-l2tp1] tunnel password cipher huawei   #---指定隧道认证的共享密钥为 huawei
[L2TP Client_1-l2tp1] quit
```

```
[L2TP Client_2] l2tp enable
[L2TP Client_2] l2tp-group 1
[L2TP Client_2-l2tp1] tunnel name lac_2
[L2TP Client_2-l2tp1] start l2tp ip 1.1.1.1 fullusername lycb
[L2TP Client_2-l2tp1] tunnel authentication
[L2TP Client_2-l2tp1] tunnel password cipher huawei
[L2TP Client_2-l2tp1] quit
```

#---创建 VT 接口并指定其 IP 地址由 LNS 端分配，采用 CHAP 认证（认证用户名要与前面 **start l2tp ip** 命令中的用户名配置一致），使能 L2TP 拨号功能。代码如下所示。

```
[L2TP Client_1] interface virtual-template 1
[L2TP Client_1-Virtual-Template1] ppp chap user winda
[L2TP Client_1-Virtual-Template1] ppp chap password cipher 1234@huawei  #---指定 winda 用户的认证密码为 1234@huawei
[L2TP Client_1-Virtual-Template1] ip address ppp-negotiate  #---指定 VT1 接口的 IP 地址由对端分配
[L2TP Client_1-Virtual-Template1] ospf p2mp-mask-ignore  #---指定在 P2MP 网络上忽略对网络掩码的检查
[L2TP Client_1-Virtual-Template1] l2tp-auto-client enable  #---启用触发自动 L2TP 拨号功能客户端功能
[L2TP Client_1-Virtual-Template1] quit

[L2TP Client_2] interface virtual-template 1
[L2TP Client_2-Virtual-Template1] ppp chap user lycb
[L2TP Client_2-Virtual-Template1] ppp chap password cipher 5678@huawei
[L2TP Client_2-Virtual-Template1] ip address ppp-negotiate
[L2TP Client_2-Virtual-Template1] ospf p2mp-mask-ignore
[L2TP Client_2-Virtual-Template1] l2tp-auto-client enable
[L2TP Client_2-Virtual-Template1] quit
```

【说明】 缺省情况下，OSPF 需要对接收到的 Hello 报文做网络掩码检查，当接收到的 Hello 报文中携带的网络掩码和本设备不一致时，则丢弃这个 Hello 报文。在 P2MP 网络上，当设备的掩码长度不一致时，使用 **ospf p2mp-mask-ignore** 命令忽略对 Hello 报文中网络掩码的检查，从而可以正常建立 OSPF 邻居关系。

#---配置 Internet 路由器接口 IP 地址。代码如下所示。

```
[Internet] interface gigabitethernet 0/0/0
[Internet-GigabitEthernet0/0/0] ip address 1.1.2.2 255.255.255.0
[Internet-GigabitEthernet0/0/0] quit
[Internet] interface gigabitethernet 0/0/1
[Internet-GigabitEthernet0/0/1] ip address 1.1.3.2 255.255.255.0
[Internet-GigabitEthernet0/0/1] quit
[Internet] interface gigabitethernet 0/0/2
[Internet-GigabitEthernet0/0/2] ip address 1.1.1.2 255.255.255.0
[Internet-GigabitEthernet0/0/2] quit
```

② 在两分支机构 L2TP Client 上配置到达 LNS 公网的静态路由，以及本地子网与公司总部子网互连的私网 OSPF 路由。假设下一跳 IP 地址分别为 1.1.2.2、1.1.3.2，对应图 5-26 中 Internet 路由器 GE0/0/0 和 GE0/0/1 接口的 IP 地址。两分支机构子网与公司总部子网是通过两端配置的 VT 接口互连的。代码如下所示。

```
[L2TP Client_1] ip route-static 1.1.1.1 255.255.255.255 1.1.2.2  #---到达 LNS 的公网静态路由
[L2TP Client_1] ospf 10
[L2TP Client_1-ospf-10] area 0
[L2TP Client_1-ospf-10-area-0.0.0.0] network 10.1.1.0 0.0.0.255  #---这是 VT1 接口从 LNSIP 地址池分配的 IP 地址所
对应的网段
[L2TP Client_1-ospf-10-area-0.0.0.0] network 10.1.10.0 0.0.0.255  #---这是本地子网网段
[L2TP Client_1-ospf-10-area-0.0.0.0] quit
```

```
[L2TP Client_1-ospf-10] quit

[L2TP Client_2] ip route-static 1.1.1.1 255.255.255.255 1.1.3.2
[L2TP Client_2] ospf 10
[L2TP Client_2-ospf-10] area 0
[L2TP Client_2-ospf-10-area-0.0.0.0] network 10.1.1.0 0.0.0.255
[L2TP Client_2-ospf-10-area-0.0.0.0] network 10.1.20.0 0.0.0.255
[L2TP Client_2-ospf-10-area-0.0.0.0] quit
[L2TP Client_2-ospf-10] quit
```

③ 在 LNS 上配置 AAA 认证功能，对 L2TP Client 中发起 L2TP 拨号请求的用户进行验证。

#---配置 LNS 的接口 IP 地址。代码如下所示。

```
<Huawei> system-view
[Huawei] sysname LNS
[LNS] interface gigabitethernet 1/0/0
[LNS-GigabitEthernet1/0/0] ip address 1.1.1.1 255.255.255.0
[LNS-GigabitEthernet1/0/0] quit
[LNS] interface gigabitethernet 2/0/0
[LNS-GigabitEthernet2/0/0] ip address 10.1.2.1 255.255.255.0
[LNS-GigabitEthernet2/0/0] quit
```

#---配置 AAA 认证，分别为 2 个分支机构创建两个用户：winda、lycb，密码分别为 1234@huawei、5678@huawei，与对应的 L2TP Client 上配置的 CHAP 认证凭据一致。代码如下所示。

```
[LNS] aaa
[LNS-aaa] local-user winda password cipher 1234@huawei
[LNS-aaa] local-user winda service-type ppp
[LNS-aaa] local-user lycb password cipher 5678@huawei
[LNS-aaa] local-user lycb service-type ppp
[LNS-aaa] quit
```

④ 在 LSN 上配置响应 L2TP 连接，包括使能 L2TP 功能，创建并配置 IP 地址池，创建 VT 接口并配置 PPP 协商参数，创建并配置 L2TP 组。

#---创建并配置 IP 地址池，用于为 2 个 L2TP Client 上的拨号 VT 接口分配 IP 地址。所分配的 IP 地址必须与 LNS 的 VT 接口的 IP 地址在同一网段，并且地址池的网关即 LNS 的 VT 接口 IP 地址。代码如下所示。

```
[LNS] ip pool 1
[LNS-ip-pool-1] network 10.1.1.0 mask 24
[LNS-ip-pool-1] gateway-list 10.1.1.1
[LNS-ip-pool-1] quit
```

#---创建并配置 VT 接口，包括认证方式、OSPF 类型（此处为 P2MP），绑定使用的 IP 地址池等。代码如下所示。

```
[LNS] interface virtual-template 1
[LNS-Virtual-Template1] ppp authentication-mode chap   #---指定采用 PPP CHAP 认证方式
[LNS-Virtual-Template1] remote address pool 1   #--指定为远程 PPP 用户分配 IP 地址所用的地址池为名为 1 的地址池
[LNS-Virtual-Template1] ip address 10.1.1.1 255.255.255.0
[LNS-Virtual-Template1] ospf network-type p2mp   #---指定 OSPF 的网络类型为 P2MP（一对多的 PPP 连接）
[LNS-Virtual-Template1] ospf p2mp-mask-ignore   #---指定忽略 IP 地址中的子网掩码检查
[LNS-Virtual-Template1] quit
```

#---创建并配置使能 L2TP 服务，创建一个 L2TP 组，配置本端隧道名，以及与两分支机构建立 L2TP 隧道的共享密钥（两个分支机构 LAC 必须使用相同的共享密钥与 LNS

建立 L2TP 隧道）。代码如下所示。

```
[LNS] l2tp enable
[LNS] l2tp-group 1   #--创建序号为 1 的 L2TP 组
[LNS-l2tp1] tunnel name lns
[LNS-l2tp1] allow l2tp virtual-template 1   #---指定允许 VT1 接口接入 L2TP 拨号请求
[LNS-l2tp1] tunnel authentication
[LNS-l2tp1] tunnel password cipher huawei
[LNS-l2tp1] quit
```

⑤ 在 LNS 上配置到达 2 个 L2TP Client 公网的静态路由，以及本地子网与 2 个分支机构子网互连的私网 OSPF 路由。下一跳 IP 地址为 1.1.1.2（图 5-26 中 Internet 路由器 GE0/0/2 接口的 IP 地址），以及本地子网的 OSPF 路由。代码如下所示。

```
[LNS] ip route-static 1.1.2.1 255.255.255.255 1.1.1.2
[LNS] ip route-static 1.1.3.1 255.255.255.255 1.1.1.2
[LNS] ospf 10
[LNS-ospf-10] area 0
[LNS-ospf-10-area-0.0.0.0] network 10.1.1.0 0.0.0.255   #---这是本地 VT1 接口 IP 地址对应的网段
[LNS-ospf-10-area-0.0.0.0] network 10.1.2.0 0.0.0.255   #---这是本地子网网段
[LNS-ospf-10-area-0.0.0.0] quit
[LNS-ospf-10] quit
```

各 PC 的 IP 地址和网关配置略。

3. 配置结果验证

以上配置完成后，可进行以下系列配置结果验证。

① 在 2 个 L2TP Client 或者 LNS 上执行 **display l2tp tunnel** 命令，可查看 L2TP 会话连接和所建立的 L2TP 隧道信息。在 L2TP Client_1 上执行 **display l2tp tunnel** 命令的输出如图 5-27 所示，从中我们可以看出 LNS 之间已成功建立了 L2TP 隧道；在 LNS 上执行 **display l2tp tunnel** 命令的输出如图 5-28 所示，从中我们可以看出它与两 L2TP Client 各已建立了一条 L2TP 隧道。

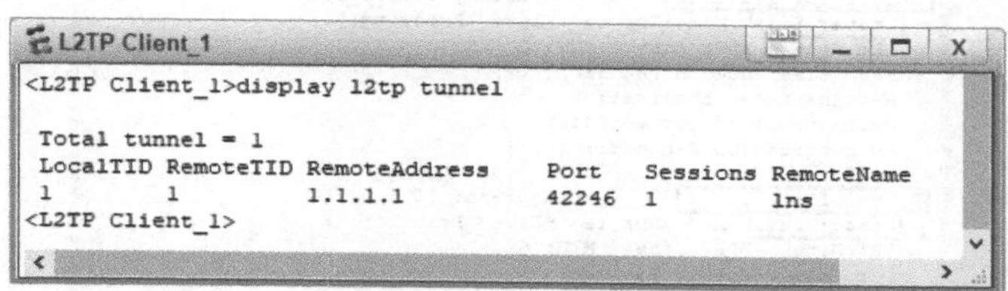

```
L2TP Client_1
<L2TP Client_1>display l2tp tunnel

 Total tunnel = 1
 LocalTID RemoteTID RemoteAddress     Port   Sessions RemoteName
 1        1         1.1.1.1           42246  1        lns
<L2TP Client_1>
```

图 5-27　在 L2TP Client_1 上执行 **display l2tp tunnel** 命令的输出

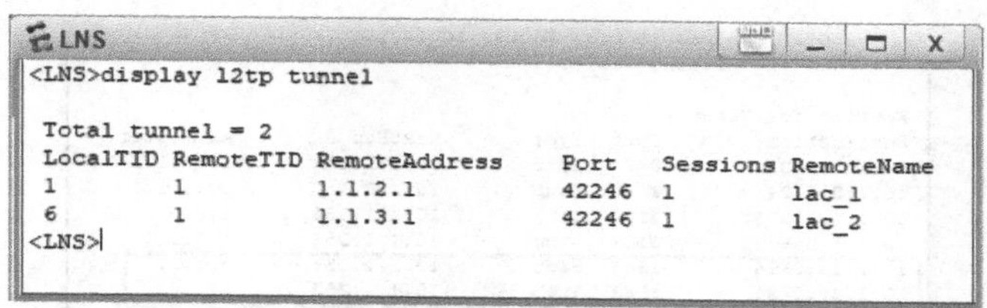

```
LNS
<LNS>display l2tp tunnel

 Total tunnel = 2
 LocalTID RemoteTID RemoteAddress     Port   Sessions RemoteName
 1        1         1.1.2.1           42246  1        lac_1
 6        1         1.1.3.1           42246  1        lac_2
<LNS>
```

图 5-28　在 LNS 上执行 **display l2tp tunnel** 命令的输出

② 在两 L2TP Client 上分别执行 **display interface** virtual 1 命令，可查看它们的 VT 接口从 LNS 上配置的 IP 地址池分配的 IP 地址。在 L2TP Client_1 上执行 **display interface**

virtual 1 命令的输出如图 5-29 所示。

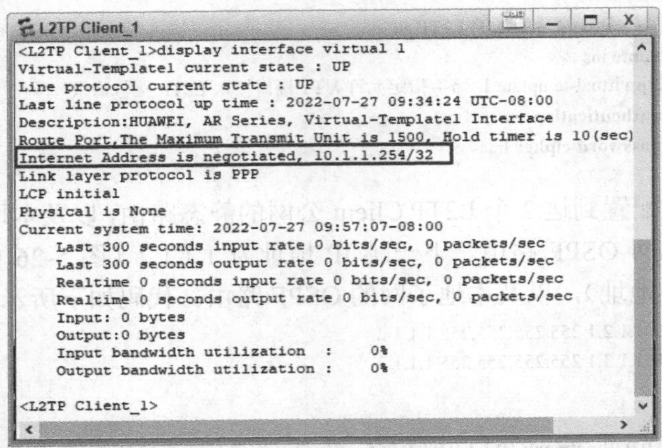

```
<L2TP Client_1>display interface virtual 1
Virtual-Template1 current state : UP
Line protocol current state : UP
Last line protocol up time : 2022-07-27 09:34:24 UTC-08:00
Description:HUAWEI, AR Series, Virtual-Template1 Interface
Route Port,The Maximum Transmit Unit is 1500, Hold timer is 10(sec)
Internet Address is negotiated, 10.1.1.254/32
Link layer protocol is PPP
LCP initial
Physical is None
Current system time: 2022-07-27 09:57:07-08:00
    Last 300 seconds input rate 0 bits/sec, 0 packets/sec
    Last 300 seconds output rate 0 bits/sec, 0 packets/sec
    Realtime 0 seconds input rate 0 bits/sec, 0 packets/sec
    Realtime 0 seconds output rate 0 bits/sec, 0 packets/sec
    Input: 0 bytes
    Output:0 bytes
    Input bandwidth utilization  :    0%
    Output bandwidth utilization :    0%

<L2TP Client_1>
```

图 5-29　在 L2TP Client_1 上执行 **display interface virtual 1** 命令的输出

③ 在 2 个 L2TP Client 和 LNS 上分别执行 **display ospf peer** 命令，可查看它们之间建立的 OSPF 邻居关系，执行 **display ospf routing** 命令可查看它们相互学习的 OSPF 路由。在 LNS 上执行 **display ospf peer** 和 **display ospf routing** 两命令的输出如图 5-30 所示，从中我们可以看出，LNS 成功与 2 个 L2TP Client 建立 OSPF 对等体关系，并成功学习 2 个分支机构子网的路由。

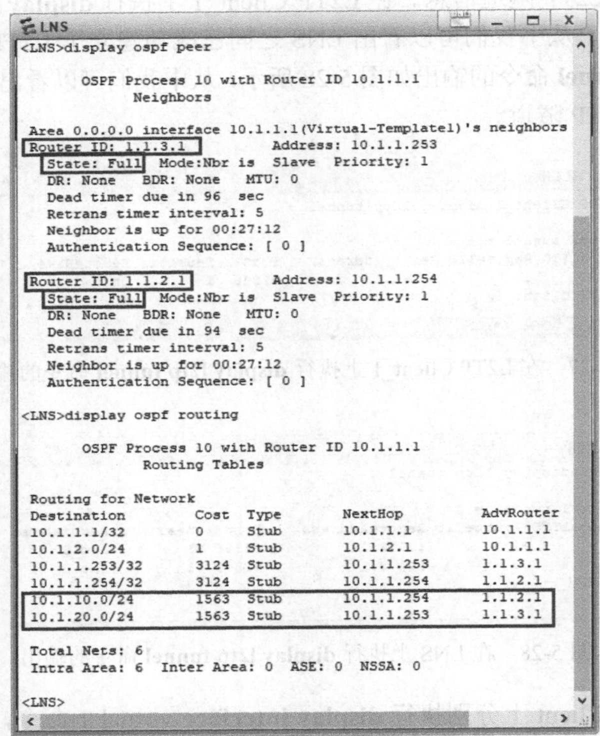

```
<LNS>display ospf peer

     OSPF Process 10 with Router ID 10.1.1.1
           Neighbors

 Area 0.0.0.0 interface 10.1.1.1(Virtual-Template1)'s neighbors
 Router ID: 1.1.3.1            Address: 10.1.1.253
   State: Full  Mode:Nbr is  Slave  Priority: 1
   DR: None   BDR: None   MTU: 0
   Dead timer due in 96  sec
   Retrans timer interval: 5
   Neighbor is up for 00:27:12
   Authentication Sequence: [ 0 ]

 Router ID: 1.1.2.1            Address: 10.1.1.254
   State: Full  Mode:Nbr is  Slave  Priority: 1
   DR: None   BDR: None   MTU: 0
   Dead timer due in 94  sec
   Retrans timer interval: 5
   Neighbor is up for 00:27:12
   Authentication Sequence: [ 0 ]

<LNS>display ospf routing

     OSPF Process 10 with Router ID 10.1.1.1
           Routing Tables

 Routing for Network
 Destination        Cost  Type    NextHop         AdvRouter
 10.1.1.1/32        0     Stub    10.1.1.1        10.1.1.1
 10.1.2.0/24        1     Stub    10.1.2.1        10.1.1.1
 10.1.1.253/32      3124  Stub    10.1.1.253      1.1.3.1
 10.1.1.254/32      3124  Stub    10.1.1.254      1.1.2.1
 10.1.10.0/24       1563  Stub    10.1.1.254      1.1.2.1
 10.1.20.0/24       1563  Stub    10.1.1.253      1.1.3.1

 Total Nets: 6
 Intra Area: 6  Inter Area: 0  ASE: 0  NSSA: 0

<LNS>
```

图 5-30　在 LNS 上执行 **display ospf peer** 和 **display ospf routing** 两命令的输出

④ 在 2 个分支机构子网主机 PC1、PC3 与公司总部子网主机 PC2 之间进行 ping 测试，结果均是互通的，PC2 成功 ping 通 PC1 和 PC3 的结果如图 5-31 所示。

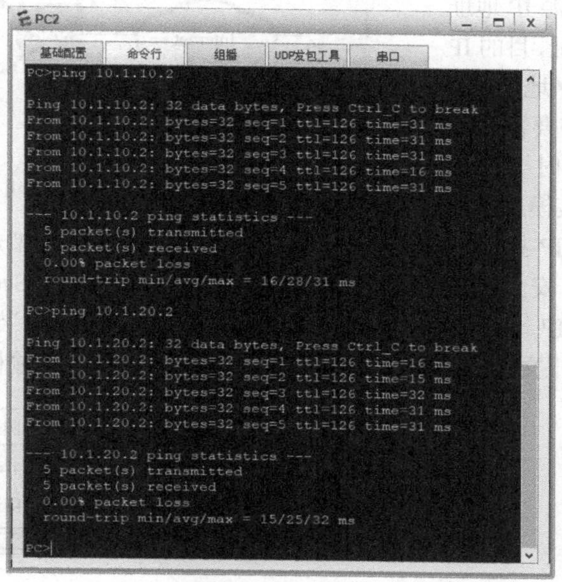

图 5-31　PC2 成功 ping 通 PC1 和 PC3 的结果

通过以上验证，证明本示例配置是正确的，实验是成功的。

5.10　L2TP over IPSec 的配置与管理

L2TP VPN 通信的安全性较差，只提供了静态密码式的用户身份认证和隧道认证，并没有为在隧道中传输的数据提供加密功能，这时就可以结合在本书前面已介绍的 IPSec 安全功能来实现，即 L2TP over IPSec 方案。

5.10.1　L2TP over IPSec 封装原理

L2TP over IPSec，即先用 L2TP 封装报文再用 IPSec 封装，这样可以综合 2 种 VPN 的优势，通过 L2TP 实现用户验证和 IP 地址分配，通过 IPSec 可保障通信的安全性。L2TP over IPSec 既可以用于分支机构接入公司总部，也可以用于移动办公员工接入公司总部。这种方式 IPSec 功能会对所有源地址为 LAC（如果是移动办公员工通过此方案接入公司总部的话，则 LAC 就是安装了 L2TP 拨号软件的用户主机）、目的地址为 LNS 的报文进行保护。

如果是出差员工采用 L2TP over IPSec 方案接入公司总部，则需要在移动办公用户的 PC 终端上运行 L2TP 拨号软件，将数据报**文先进行 L2TP 封装，再进行 IPSec 封装，**发往总部。在总部网关，部署 IPSec 策略，最终还原数据。L2TP over IPSec 方案的基本组网结构和数据封装次序如图 5-32 所示。IPSec 保护的是从 L2TP 的起点到 L2TP 的终点数据流。

我们通过 5.3.2 节的学习已经知道，在 L2TP 封装过程中会增加一个 IP 报头，其源 IP 地址为 LAC 的公网 IP 地址，目的 IP 地址为 LNS 的公网 IP 地址。封装好的 L2TP 报文需要再通过 IPSec 进行封装，此时要考虑 IPSec 的两种不同封装模式了，传输模式不会再新增 IP 报头，但隧道模式会再新增一个 IP 报头：增加的 IP 报头源地址为 IPSec 网关应用 IPSec 安全策略的接口公网 IP 地址，目的地址即 IPSec 对等体中应用 IPSec 安全策略的接口公网 IP 地址，L2TP over IPSec 数据报文封装和解封装流程如图 5-33 所示。所以隧道模式会导致报文长度更长，更容易导致分片，推荐采用传输模式 L2TP over IPSec。

出差用户
（L2TP+IPSec
拨号软件）
Internet
LNS
企业总部
PC
PC
L2TP封装
IPSec封装

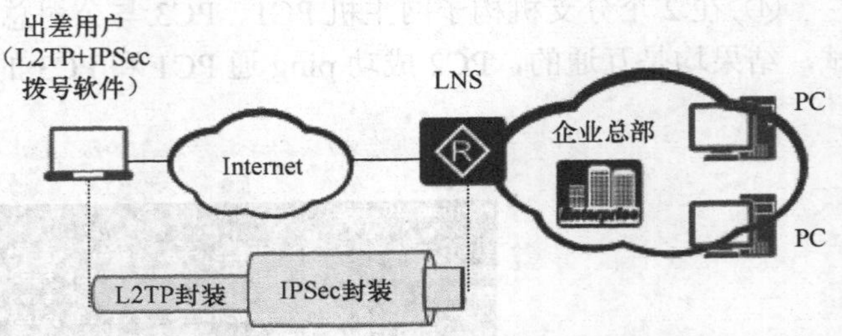

图 5-32 L2TP over IPSec 方案的基本组网结构和数据封装次序

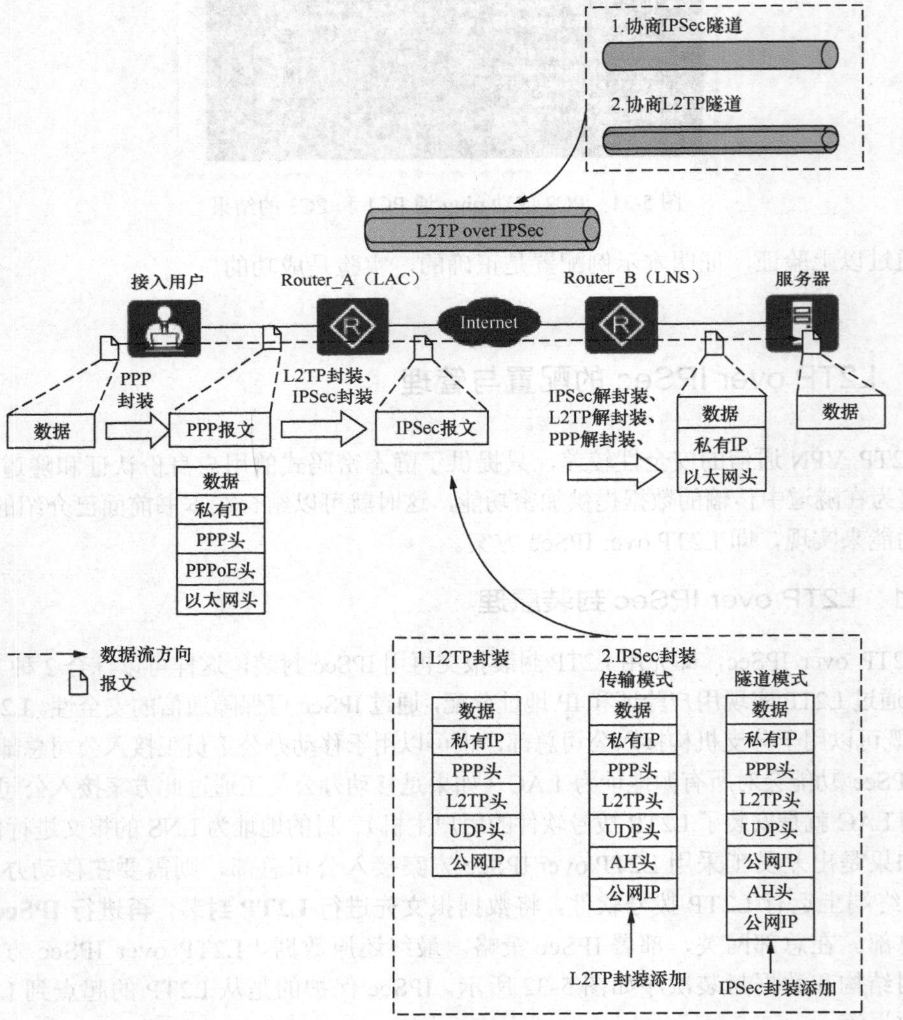

1.协商IPSec隧道
2.协商L2TP隧道
L2TP over IPSec
接入用户
Router_A（LAC）
Internet
Router_B（LNS）
服务器
PPP
封装
数据
PPP报文
L2TP封装、
IPSec封装
IPSec报文
IPSec解封装、
L2TP解封装、
PPP解封装
数据
私有IP
以太网头
数据
数据
私有IP
PPP头
PPPoE头
以太网头
数据流方向
报文
1.L2TP封装
数据
私有IP
PPP头
L2TP头
UDP头
公网IP
2.IPSec封装
传输模式
数据
私有IP
PPP头
L2TP头
UDP头
AH头
公网IP
隧道模式
数据
私有IP
PPP头
L2TP头
UDP头
公网IP
AH头
公网IP
L2TP封装添加
IPSec封装添加

图 5-33 L2TP over IPSec 数据报文封装和解封装流程

在出差用户远程接入总部网络的情形中，L2TP的LAC，以及IPSec的一个端点均为终端用户主机了，这里需要创建一个L2TP拨号连接，在VPN类型中要选择“使用IPSec的第二层隧道协议（L2TP/IPSec）”选项，Windows系统中主机中的L2TP over IPSec VPN类型选择如图5-34所示。

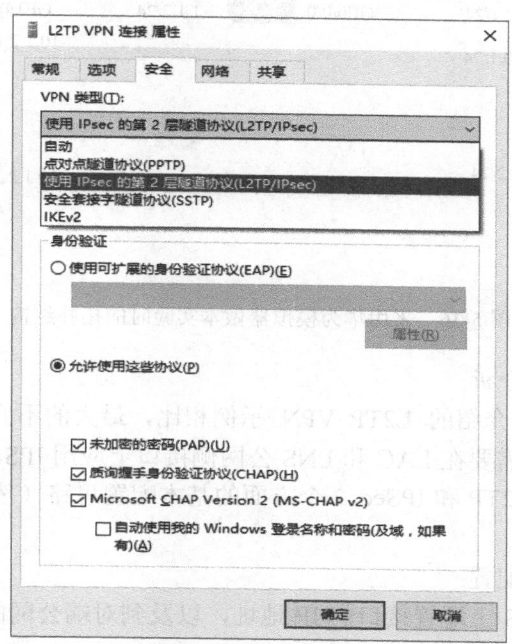

图5-34 Windows系统中主机中的L2TP over IPSec VPN类型选择

5.10.2 分支机构与总部通过L2TP over IPSec方式实现安全互通配置示例

分支机构与总部通过L2TP over IPSec方式实现安全互通配置示例如图5-35所示，LAC为企业分支机构网关，LNS为公司总部网关，分支通过LAC自拨号的方式与总部建立L2TP隧道实现互通。当前，企业希望通过L2TP隧道传输的业务进行安全保护，防止被窃取或篡改等。此时，可以配置L2TP over IPSec的方式来加密保护企业分支和总部的业务。

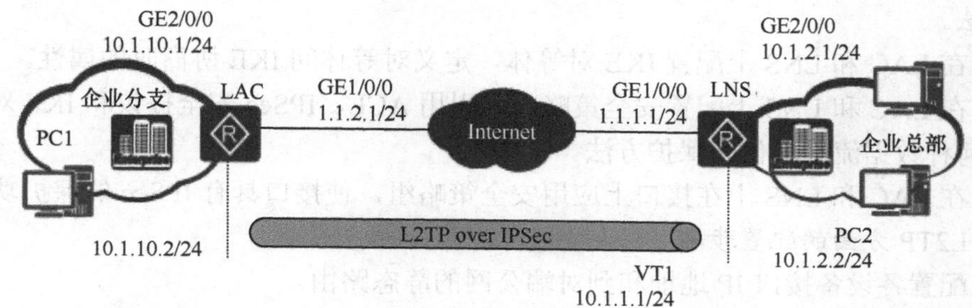

图5-35 分支机构与总部通过L2TP over IPSec方式实现安全互通配置示例

在用华为模拟器做实验时，Internet可用一台路由器代表，采用IKEv1，采用华为模拟器做本实验时的拓扑结构如图 5-36 所示。在 Internet 路由器上只需配置接口 IP 地址，不需要配置任何路由，因为它与分支机构和公司总部网关都是直连的。

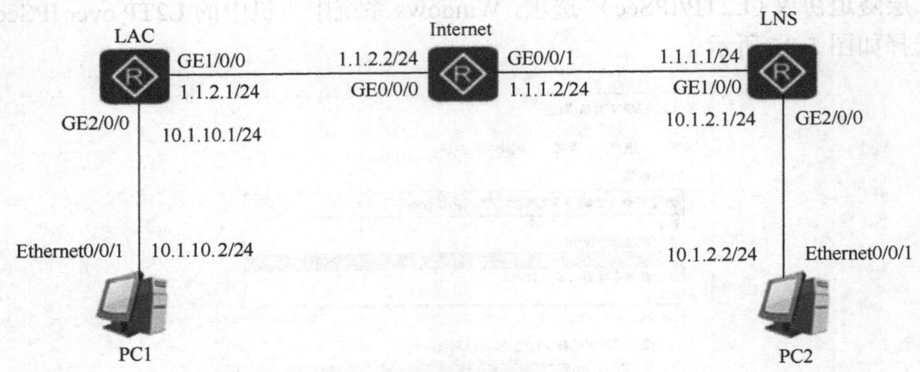

图 5-36 采用华为模拟器做本实验时的拓扑结构

1. 基本配置思路分析

本示例与本章前面介绍的 L2TP VPN 示例相比，最大的不同是同时结合 L2TP 和 IPSec 两项隧道技术，需要在 LAC 和 LNS 公网侧接口上应用 IPSec 策略。

以下是本示例在 L2TP 和 IPSec 2 个方面的基本配置思路（按照图 5-36 所示拓扑结构进行）。

（1）L2TP 方面的配置

① 在 LAC 和 LNS 上配置接口的 IP 地址，以及到对端公网的静态路由，保证两端路由可达。同时配置 Internet 路由器接口 IP 地址。

② 在 LAC 上配置 L2TP 功能，使能 LAC 的自拨号功能，PPP 用户通过 L2TP 隧道向总部发出接入请求，总部认证成功后建立隧道。

③ 在 LNS 上配置 L2TP 功能（包括用于为 LAC 端 VT 接口分配 IP 地址的 IP 地址池）及 PPP 用户，响应 LAC 的 L2TP 的拨号请求。

（2）IPSec 方面的配置

① 在 LAC 和 LNS 上配置 ACL，以定义需要由 IPSec 保护的两端子网通信的数据流。

② 在 LAC 和 LNS 上配置 IPSec 安全提议，定义 IPSec 的保护方法。采用共享密钥认证方法。

③ 在 LAC 和 LNS 上配置 IKE 对等体，定义对等体间 IKE 协商时的属性。

④ 在 LAC 和 LNS 上配置安全策略，并引用 ACL、IPSec 安全提议和 IKE 对等体，确定对何种数据流采取何种保护方法。

⑤ 在 LAC 和 LNS 上在接口上应用安全策略组，使接口具有 IPSec 的保护功能。

2. L2TP 方面的配置步骤

① 配置各设备接口 IP 地址和到对端公网的静态路由。

#---在 LAC 上配置各接口的 IP 地址。代码如下所示。

```
<Huawei> system-view
[Huawei] sysname LAC
```

```
[LAC] interface gigabitethernet 1/0/0
[LAC-GigabitEthernet1/0/0] ip address 1.1.2.1 255.255.255.0
[LAC-GigabitEthernet1/0/0] quit
[LAC] interface gigabitethernet 2/0/0
[LAC-GigabitEthernet2/0/0] ip address 10.1.10.1 255.255.255.0
[LAC-GigabitEthernet2/0/0] quit
```

#---配置 Internet 路由器接口 IP 地址。代码如下所示。

```
[Internet] interface gigabitethernet 0/0/0
[Internet-GigabitEthernet0/0/0] ip address 1.1.2.2 255.255.255.0
[Internet-GigabitEthernet0/0/0] quit
[Internet] interface gigabitethernet 0/0/1
[Internet-GigabitEthernet0/0/1] ip address 1.1.1.2 255.255.255.0
[Internet-GigabitEthernet0/0/1] quit
```

#---在 LAC 上配置到达 LNS 的公网路由。下一跳 IP 地址为 **1.1.2.2**（图 5-36 中的 Internet 路由器 GE0/0/0 接口的 IP 地址）。代码如下所示。

```
[LAC] ip route-static 1.1.1.1 32 1.1.2.2
```

#---在 LNS 上配置接口的 IP 地址。代码如下所示。

```
<Huawei> system-view
[Huawei] sysname LNS
[LNS] interface gigabitEthernet 1/0/0
[LNS-GigabitEthernet1/0/0] ip address 1.1.1.1 255.255.255.0
[LNS-GigabitEthernet1/0/0] quit
[LNS] interface gigabitEthernet 2/0/0
[LNS-GigabitEthernet2/0/0] ip address 10.1.2.1 255.255.255.0
[LNS-GigabitEthernet2/0/0] quit
```

#---在 LNS 上配置到达 LAC 的公网路。下一跳 IP 地址为 **1.1.1.2**（图 5-36 中的 Internet 路由器 GE0/0/1 接口的 IP 地址）。代码如下所示。

```
[LNS] ip route-static 1.1.2.1 32 1.1.1.2
```

② 配置 LAC 和 LNS 的 L2TP 功能。

#---在 LAC 上全局使能 L2TP，创建一个 L2TP 组并配置通过名为 winda 的用户建立到达 LNS 的 L2TP 连接（需要在 LNS 上配置相同的用户账户），隧道认证的共享密钥为 huawei（两端配置要一致）。代码如下所示。

```
[LAC] l2tp enable
[LAC] l2tp-group 1
[LAC-l2tp1] tunnel name lac    #---配置本端隧道名为 lac
[LAC-l2tp1] start l2tp ip 1.1.1.1 fullusername winda   #---配置允许以用户名 winda 向 LNS 发起 L2TP 拨号
[LAC-l2tp1] tunnel authentication   #---启用隧道认证功能
[LAC-l2tp1] tunnel password cipher huawei   #---配置隧道认证的共享密钥为 huawei
[LAC-l2tp1] quit
```

#---在 LAC 上创建用于向 LNS 发起 L2TP 拨号的 VT 接口，IP 地址为由对端自动分配，配置虚拟 PPP 用户的用户名和密码（用户名与发起 L2TP 虚拟拨号的用户名一样为 winda，密码为 1234@huawei），CHAP 认证方式，然后使能 LAC 的自拨号功能。代码如下所示。

```
[LAC] interface virtual-template 1
[LAC-Virtual-Template1] ppp chap user winda   #---指定 CHAP 认证用户账户名为 winda
[LAC-Virtual-Template1] ppp chap password cipher 1234@huawei   #---指定 CHAP 认证密码为 1234@huawei
[LAC-Virtual-Template1] ip address ppp-negotiate   #---配置虚拟模板接口采用 LNS 端自动分配
[LAC-Virtual-Template1] l2tp-auto-client enable   #---使能自动拨号功能
[LAC-Virtual-Template1] quit
```

#---在 LAC 上配置到达公司总部私网的路由（出接口为本地 VT 接口），使得企业分支用户与总部私网互通。代码如下所示。

```
[LAC] ip route-static 10.1.2.0 255.255.255.0 virtual-template 1
```

③ 在 LNS 上配置 AAA 认证，用户认证凭据与在 LAC 上指定用于 CHAP 认证的用户认证凭据是一样的。ISP 域采用系统缺省的 default 域。代码如下所示。

```
[LNS] aaa
[LNS-aaa] local-user winda password cipher 1234@huawei   #---创建用户账户 winda，指定其密码为 1234@huawei
[LNS-aaa] local-user winda service-type ppp   #---指定 winda 用户支持 PPP 服务，使它可以进行 PPP 认证
[LNS-aaa] quit
```

④ 在 LNS 上配置 LNS 的 IP 地址池，为 LAC 的拨号接口（VT 接口）分配 IP 地址。此 IP 地址池是与 LNS 上创建的 VT 接口的 IP 地址在同一个 IP 网段。代码如下所示。

```
[LNS] ip pool 1
[LNS-ip-pool-1] network 10.1.1.0 mask 24     #---指定 IP 地址池网段为 10.1.1.0/24
[LNS-ip-pool-1] gateway-list 10.1.1.1     #---指定地址池网关为 VT 接口
[LNS-ip-pool-1] quit
```

⑤ 在 LNS 上创建虚拟模板接口，配置 IP 地址及 PPP 协商等参数。代码如下所示。

```
[LNS] interface virtual-template 1
[LNS-Virtual-Template1] ip address 10.1.1.1 255.255.255.0   #---为 VT 接口配置 IP 地址
[LNS-Virtual-Template1] ppp authentication-mode chap   #---指定 VT 接口采用 CHAP 认证方式
[LNS-Virtual-Template1] remote address pool 1 #---调用前面创建的 IP 地址池为发起 L2TP 拨号的 LAC 的 VT 接口分配 IP 地址
[LNS-Virtual-Template1] quit
```

⑥ 在 LNS 上使能 L2TP 服务，创建一个 L2TP 组，配置 LNS 本端隧道名称及指定 LAC 的隧道名称、隧道认证密钥（要与 LAC 端配置的隧道共享密钥一致）。代码如下所示。

```
[LNS] l2tp enable
[LNS] l2tp-group 1
[LNS-l2tp1] tunnel name lns
[LNS-l2tp1] allow l2tp virtual-template 1 remote lac   #---指定允许 VT 接口接受来自 LAC 的 L2TP 拨号
[LNS-l2tp1] tunnel authentication
[LNS-l2tp1] tunnel password cipher huawei
[LNS-l2tp1] quit
```

⑦ 在 LNS 上配置私网静态路由（出接口为本地的 VT 接口），使得公司总部与企业分支机构私网互通。代码如下所示。

```
[LNS] ip route-static 10.1.10.0 255.255.255.0 virtual-template 1
```

各 PC 的 IP 地址和网关配置略。

3. IPSec 方面的配置

本示例采用 IKE 动态协商方式建立 IPSec 隧道，采用 IKEv1，主要包括创建用于定义需要保护的数据流的 ACL、IPSec 安全提议（其中，参数配置也可直接采用缺省配置），配置 IKE 对等体、IPSec 安全策略，最后在 LAC 和 LNS 的公网侧物理接口上应用所配置的安全策略。

① 在 LAC 和 LNS 上配置 ACL，定义各自要保护的数据流，为分支机构子网与公司总部子网之间的通信流。两端是镜像配置。代码如下所示。

```
[LAC] acl number 3101
[LAC-acl-adv-3101] rule permit ip source 1.1.2.0 0.0.0.255 destination 1.1.1.0 0.0.0.255
[LAC-acl-adv-3101] quit
```

```
[LNS] acl number 3101
[LNS-acl-adv-3101] rule permit ip source 1.1.1.0 0.0.0.255 destination 1.1.2.0 0.0.0.255
[LNS-acl-adv-3101] quit
```

② 在 LAC 和 LNS 上创建 IPSec 安全提议，名称假设均为 pro1（两端的 IPSec 安全提议名称可以不同）。假设采用的 ESP 认证算法为 SHA2-256，加密算法为 AES-128，其他参数均直接采用缺省配置。代码如下所示。

```
[LAC] ipsec proposal pro1   #---创建名为 pro1 的 IPSec 安全提议
[LAC-ipsec-proposal-pro1] esp authentication-algorithm sha2-256   #---指定 ESP 的认证算法为 SHA2-256
[LAC-ipsec-proposal-pro1] esp encryption-algorithm aes-128   #---指定 ESP 的加密算法为 AES-128
[LAC-ipsec-proposal-pro1] quit

[LNS] ipsec proposal pro1
[LNS-ipsec-proposal-pro1] esp authentication-algorithm sha2-256
[LNS-ipsec-proposal-pro1] esp encryption-algorithm aes-128
[LNS-ipsec-proposal-pro1] quit
```

③ 在 LAC 和 LNS 上配置 IKE 对等体。在配置 IKE 对等全前要创建好对应的 IKE 安全提议（也可不创建，直接采用缺省的 IKE 安全提议 default）。

#---在 LAC 上配置 IKE 安全提议。代码如下所示。

```
[LAC] ike proposal 5   #---创建序号为 5 的 IKE 安全提议
[LAC-ike-proposal-5] encryption-algorithm aes-128   #---指定加密算法为 AES-128
[LAC-ike-proposal-5] authentication-algorithm sha2-256   #---指定认证算法为 SHA2-256
[LAC-ike-proposal-5] dh group14   #---指定采用 group14 作为 DH 交换算法
[LAC-ike-proposal-5] quit
```

#---在 LAC 上配置 IKE 对等体，并根据默认配置，配置预共享密钥（假设为 Huawei@1234，两端配置必须一致）和对端 ID。假设 AR G3 路由器运行的 VRP 软件版本为 V200R008，此时缺省情况下 IKEv1 和 IKEv2 是同时启用的，现禁用 IKEv1。代码如下所示。

```
[LAC] ike peer spub v1   #---创建名为 spub 的 IKEv1 对等体
```

【说明】 在最新的 V200R010 版本中，上一条配置需采用以下两条配置替换。LNS 上的替换方法一样，不再赘述。

```
[LAC] ike peer spub
[LAC-ike-peer-spub] undo version 2   #---取消对 IKEv2 版本的支持
[LAC-ike-peer-spub] ike-proposal 5   #---引用前面创建的 IKE 安全提议 5
[LAC-ike-peer-spub] pre-shared-key cipher Huawei@1234   #---指定 IPSec 隧道共享密钥为 Huawei@1234，两端的配置必须一致。但可与 L2TP 隧道共享密钥一样，也可不一样
[LAC-ike-peer-spub] remote-address 1.1.1.1   #---指定对等体地址为 1.1.1.1，即 LNS 的公网侧接口 IP 地址
[LAC-ike-peer-spub] quit
```

#---在 LNS 上配置 IKE 安全提议。代码如下所示。

```
[LNS] ike proposal 5
[LNS-ike-proposal-5] encryption-algorithm aes-128
[LNS-ike-proposal-5] authentication-algorithm sha2-256
[LNS-ike-proposal-5] dh group14
[LNS-ike-proposal-5] quit
```

#---在 LNS 上配置 IKE 对等体，并根据默认配置，配置预共享密钥和对端 ID。代码如下所示。

```
[LNS] ike peer spua v1
[LNS-ike-peer-spua] ike-proposal 5
[LNS-ike-peer-spua] pre-shared-key cipher Huawei@1234
```

```
[LNS-ike-peer-spua] remote-address 1.1.2.1
[LNS-ike-peer-spua] quit
```

④ 在 LAC 和 LNS 上创建 ISAKMP 方式的安全策略。

#---在 LAC 上配置 IKE 动态协商方式安全策略。代码如下所示。

```
[LAC] ipsec policy client 10 isakmp   #---创建名为 client，序号为 10 的 ISAKMP 安全策略
[LAC-ipsec-policy-isakmp-client-10] ike-peer spub   #---引用前面创建的 IKE 对等体 spub
[LAC-ipsec-policy-isakmp-client-10] proposal pro1   #---引用前面创建的 IPSec 安全提议 pro1
[LAC-ipsec-policy-isakmp-client-10] security acl 3101 #---引用前面创建的 ACL 3001
[LAC-ipsec-policy-isakmp-client-10] quit
```

#---在 LNS 上配置 IKE 动态协商方式安全策略。代码如下所示。

```
[LNS] ipsec policy server 10 isakmp
[LNS-ipsec-policy-isakmp-server-10] ike-peer spua
[LNS-ipsec-policy-isakmp-server-10] proposal pro1
[LNS-ipsec-policy-isakmp-server-10] security acl 3101
[LNS-ipsec-policy-isakmp-server-10] quit
```

⑤ 在 LAC 和 LNS 公网接口上应用各自创建的安全策略组，使接口具有 IPSec 的保护功能。代码如下所示。

```
[LAC] interface gigabitethernet 1/0/0
[LAC-GigabitEthernet1/0/0] ipsec policy client
[LAC-GigabitEthernet1/0/0] quit
[LNS] interface gigabitethernet 1/0/0
[LNS-GigabitEthernet1/0/0] ipsec policy server
[LNS-GigabitEthernet1/0/0] quit
```

4. 配置结果验证

以上配置完成后，可进行以下系列配置结构验证。

① 在分支机构主机 PC1 上 ping 位于公司总部的主机 PC2，已可以接通，PC1 成功 ping 通 PC2 的结果如图 5-37 所示。在 LAC 或 LNS 上执行 **display ipsec statistics esp** 命令可发现 PC1 和 PC2 之间通信的数据已经过 ESP 加密，在 LAC 上执行 **display ipsec statistics esp** 命令的输出如图 5-38 所示。

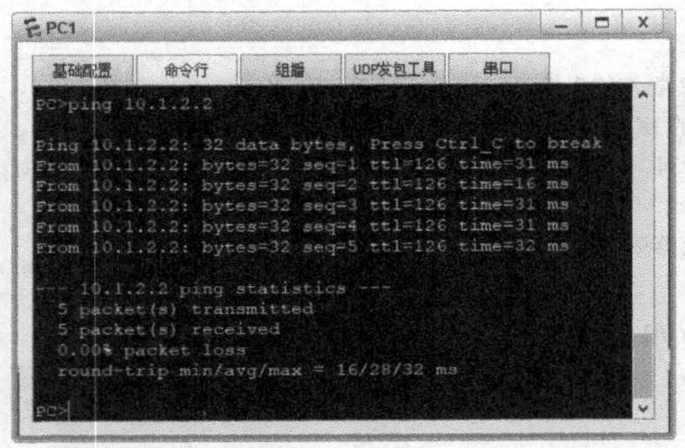

图 5-37　PC1 成功 ping 通 PC2 的结果

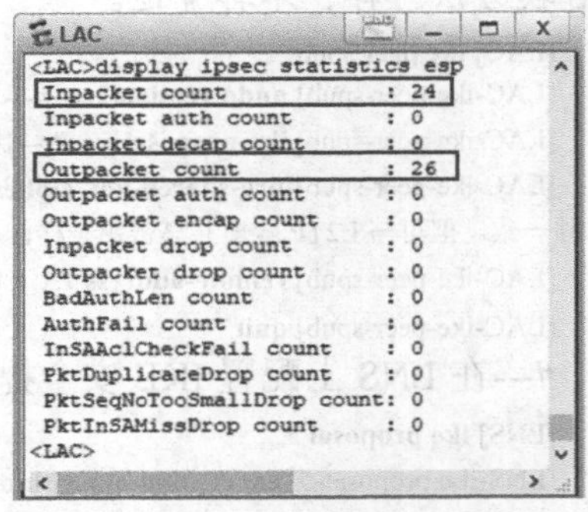

图 5-38　在 LAC 上执行 **display ipsec statistics esp** 命令的输出

② 在 LAC 或 LNS 上执行 **display ike sa** 命令可以查看当前由 IKE 建立的安全联盟。在 LAC 上执行 **display ike sa** 命令的输出如图 5-39 所示，从中我们可以看出已成功建立了两个阶段的 IKE SA 和 IPSec SA。

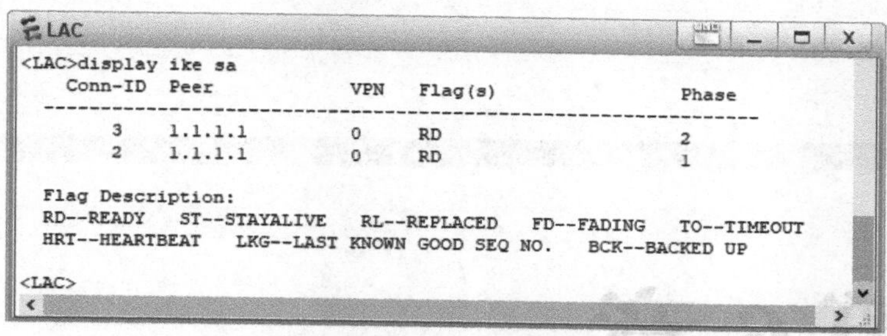

图 5-39 在 LAC 上执行 **display ike sa** 命令的输出

③ 在 LAC 或者 LNS 上执行 **display l2tp tunnel** 命令，可看到它们之间已功能建立 L2TP 隧道及会话。在 LAC 上执行 **display l2tp tunnel** 命令的输出如图 5-40 所示。

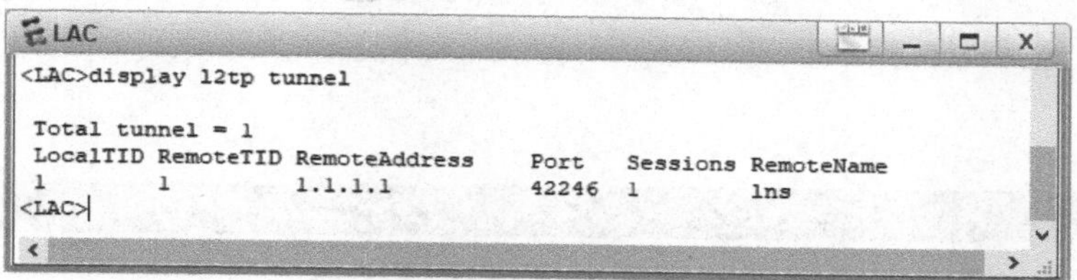

图 5-40 在 LAC 上执行 **display l2tp tunnel** 命令的输出

通过以上验证，证明本示例配置是正确的，实验是成功的。

第 6 章 GRE VPN 配置与管理

本章主要内容

6.1 GRE VPN 基础和工作原理

6.2 GRE 的主要应用场景

6.3 GRE VPN 配置与管理

6.4 典型配置示例

6.5 GRE 典型故障排除

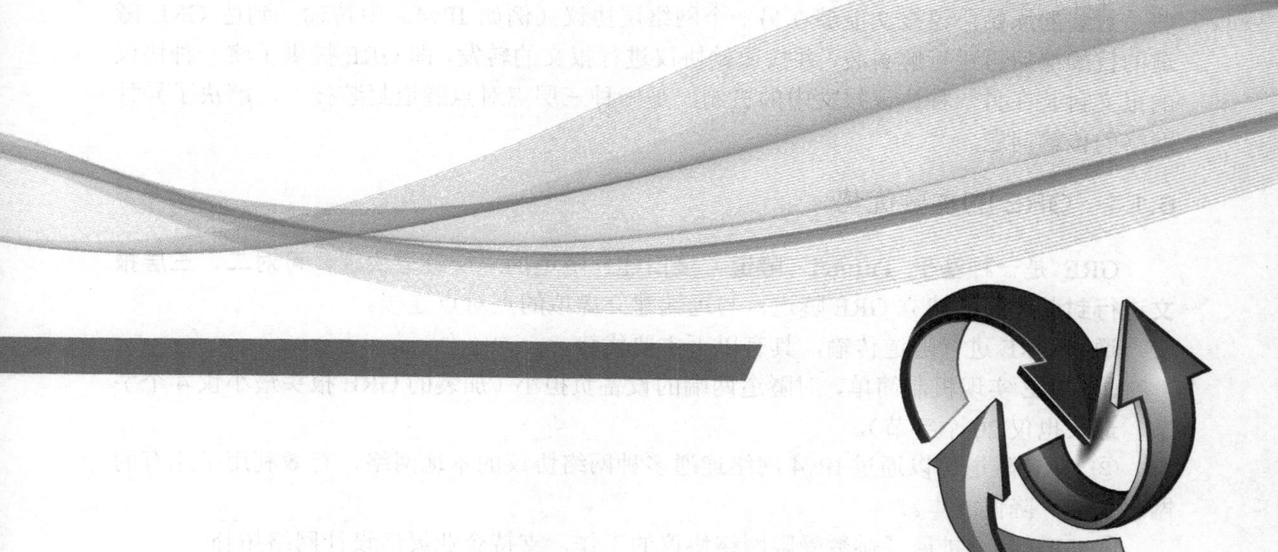

本章将介绍 GRE 的基础知识和工作原理，包括 GRE 报文格式、报文封装和解封装原理、安全机制和隧道链路检测机制，GRE 的一些典型应用场景及 GRE VPN 配置与管理方法。本章最后将介绍在 GRE VPN 的部署过程中可能出现的一些典型故障的排除方法。

6.1 GRE VPN 基础和工作原理

GRE 可以对多种网络层协议（例如 IPX、ATM、IPv6 等）的报文进行重封装，使这些被封装的原始协议报文能够在另一个网络层协议（例如 IPv4）中传输，到达 GRE 隧道的目的端后再进行解封装，并按原始协议进行报文的转发，即 GRE 提供了将一种协议的报文封装在另一种协议报文中的机制，是一种三层点对点隧道封装技术，解决了异种网络的传输问题。

6.1.1 GRE 的主要优势

GRE 是一种**基于 Tunnel（隧道）接口**建立隧道的三层隧道协议，**可对二、三层报文进行封装**，通过建立 GRE 隧道，与远端建立虚拟的点对点连接。

通过 GRE 进行隧道传输，具有以下主要优势。

① GRE 实现机制简单，对隧道两端的设备负担小（加装的 GRE 报头最小仅 4 个字节，最长也仅 20 个字节）。

② GRE 隧道可以通过 IPv4 网络连通多种网络协议的本地网络，有效利用了原有的网络架构，降低成本。

③ GRE 隧道扩展了跳数受限网络协议的工作，支持企业灵活设计网络拓扑。

④ **GRE 隧道可以封装组播数据**，构建组播 VPN 传输，且与 IPSec 结合使用时还可以保证语音、视频等组播业务的安全。

⑤ GRE 隧道支持使能 MPLS LDP（Label Distribution Protocol，标签分发协议），使用 GRE 隧道承载 MPLS LDP 报文，建立 LDP LSP，实现 MPLS 骨干网的互通。

⑥ GRE 隧道可将不连续的子网连接起来，用于组建 VPN，实现企业总部和分支间安全的连接，这是 GRE VPN 的典型应用。

从以上可以看出，GRE 的最大特点是**同时支持对单播、组播和广播报文**的封装和传输。但 GRE VPN 的主要适用于有固定公网 IP 地址的站点到站点（例如分支机构与企业总部，分支机构之间）连接，不很适用于移动办公用户接入企业网络的情形。另外，GRE 隧道协议不提供身份认证和数据加密功能，仅可提供简单的诸如校验和，或关键字数据验证方式，安全性较差。

【说明】GRE 可以构建两种类型隧道，一种是本章使用的点对点 GRE 隧道，即 p-pGRE 隧道（通常称为 GRE 隧道），一个 GRE 隧道接口只能与一个对端建立一条 GRE 隧道；另一种是第 7 章介绍的 DSVPN 中使用的点对多点 GRE 隧道，即 mGRE 隧道，此时一个 mGRE 隧道接口可与多个对端建立多条 GRE 隧道。

6.1.2 GRE 报文格式

运行 GRE 的设备，在收到报文后会对其进行重封装，生成 GRE 报文。在新生成的 GRE 报文中，**不仅会新增一个 GRE 报头，还会在最外层新增一个传输协议头**（如传输网络是 IP 网络的话，就会新增一个 IP 报头）。

GRE 报文结构如图 6-1 所示（传输协议头在最外面），各层说明如下。

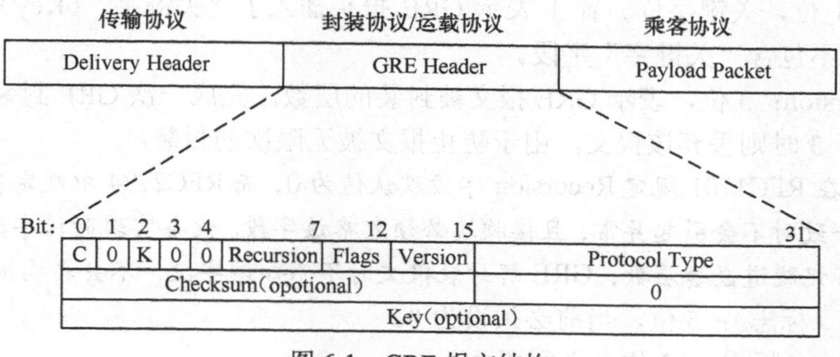

图 6-1　GRE 报文结构

【说明】图 6-1 是普通 GRE 报头格式，同时适用于本章介绍的 GRE VPN 和下章将要介绍的 DSVPN 报文封装。还有一种适用于 PPTP VPN 中的增强型 GRE 报头，详细格式参见本书第 1 章介绍。

① 乘客协议：封装前的报文称为净荷，而封装前报文的协议称为乘客协议，如 IPv4、IPv6、IPX 等。

② 封装协议：也称为运载协议，此处的封装协议就是 GRE 协议，会生成一个 GRE Header（报头）。

③ 传输协议：负责对封装后的报文进行转发的协议称为传输协议，也就是传输网络的协议类型。通常是指 IPv4 和 IPv6，所以根据传输协议的不同，可以分为 GRE over IPv4 和 GRE over IPv6 两种隧道模式。本书仅介绍 GRE over IPv4。

设备收到一个用户 IP 数据报文后，如果发现该报文是要经过 GRE 隧道接口转发的（通过配置定义），则首先使用 GRE 封装协议对这个 IP 报文进行 GRE 封装，即把乘客协议报文进行了“包装”，加上了一个 GRE 报头后成为 GRE 报文；然后再在封装好的 GRE 报文最外层添加一个新的 IP 报头，指导报文在隧道中转发。新 IP 报头中的源 IP 地址和目的 IP 地址分别为 GRE 隧道两端所绑定的目的 IP 地址，即两端公网 IP 地址，并在“协议”字段中指示数据报文的协议类型为 GRE（对应的协议号为 47），以便接收端可识别该报文为 GRE 报文，进行相应的 GRE 解封装。图 6-2 是把 IPX 数据包通过 GRE 封装后在 IPv4 网络中传输时的报文封装格式。

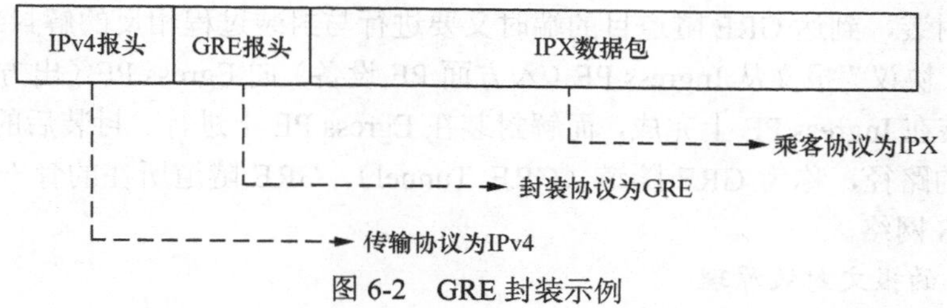

图 6-2　GRE 封装示例

图 6-1 中的 GRE 报头各字段解释如下。

① C：1 位，校验和验证位。置 1 表示 GRE 报头插入了“校验和”字段；置 0 表示

GRE 头不包含“校验和”字段。

② 目前 GRE 报头不包含源路由字段，所以 Bit 1、Bit 3 和 Bit 4 都置为 0。

③ K：1 位，关键字位。置 1 表示 GRE 报头插入了“关键字”（Key）字段，置 0 表示 GRE 头不包含“关键字”字段。

④ Recursion：3 位，表示 GRE 报文被封装的层数。完成一次 GRE 封装后将该字段值加 1，大于 3 时则丢弃该报文，用于防止报文被无限次的封装。

【说明】在 RFC1701 规定 Recursion 字段默认值为 0，而 RFC2784 中规定当发送和接受端该字段不一致时不会引起异常，且接收端必须忽略该字段。设备实现时该字段仅在加封装报文时用作标记隧道嵌套层数，GRE 解封装报文时不感知该字段，不会影响报文的处理。

① Flags（标志）：5 位，当前必须设为 0。

② Version（版本）：3 位，必须置 0。

③ Protocol Type（协议类型）：16 位，标识乘客协议的协议类型，即原始数据报文所使用的网络层协议，如 IPv4、IPv6、IPX 等。常见的乘客协议为 IPv4，协议代码为 0800，Ethernet over GRE 协议的协议代码为 0x6558。

④ Checksum（校验和）：16 位，对 GRE 报头及其负载部分进行校验和检查的“校验和”字段。普通 GRE 中才有该字段，增强型 GRE 协议中无该字段。

⑤ Key（关键字）：可变长，关键字字段，对收到的报文进行验证。

6.1.3 GRE 的报文封装和解封装原理

GRE 最初要实现的是**两个相同协议网络**，通过中间的**不同协议网络**来连接的机制，GRE 的报文封装和解封装原理示意如图 6-3 所示。GRE 隧道两端所连接的网络的协议类型（“X 协议”）是相同的（如都是 IPX GRE 的报文封装和解封装原理示意），但与 GRE 隧道所在的骨干网的网络协议类型不同（如为 IPv4）。当然，GRE 同样可以应用在乘客协议和传输协议都相同的网络情形中，如都是 IPv4 网络。

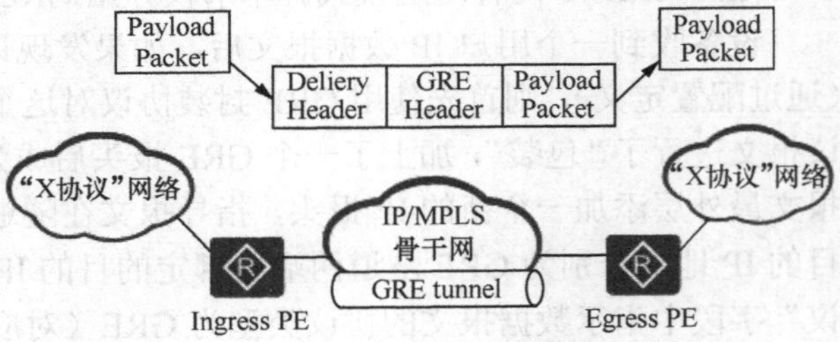

图 6-3 GRE 的报文封装和解封装原理示意

GRE 要实现报文可在异种网络中传输，就涉及报文在 GRE 隧道源端通过 GRE 对乘客协议（用“X 协议”代表）进行传输协议的封装，到达 GRE 隧道目的端时又要进行与封装过程相反的解封装过程。

如果“X 协议”报文从 Ingress PE（入方面 PE 设备）向 Egress PE（出方向 PE 设备）传输，则封装在 Ingress PE 上完成，而解封装在 Egress PE 上进行。封装后的数据报文在网络中传输的路径，称为 GRE 隧道（GRE Tunnel）。GRE 隧道所在的骨干网通常是 IP 网络或 MPLS 网络。

1. GRE 的报文封装原理

报文在 Ingress PE 上进行封装的基本流程如下。

① Ingress PE 从连接“X 网络协议”的接口接收到“X 协议”报文后，首先交由“X 协议”功能模块（如 IPX 模块）处理。

②“X 协议”根据报文头中的目的地址在路由表或转发表中查找出接口，确定如何转发此报文。如果发现出接口是 GRE Tunnel 接口，则对报文进行 GRE 封装，即添加 GRE 报头。

③ 如果骨干网协议为 IPv4，给报文加上 IPv4 报头。IPv4 报头的源 IPv4 地址就是隧道源 IPv4 地址，目的 IPv4 地址就是隧道目的 IPv4 地址，而“协议类型”是对应 GRE 的协议号值 47。

④ 经过 GRE 重封装后的报文会根据新增的 IPv4 报头的目的 IP 地址（即隧道目的地址），在骨干网路由表中查找相应的出接口（即隧道源 IP 地址对应的公网接口）并发送报文。之后，封装后的报文将在该骨干网中传输。

2. GRE 的报文解封装原理

报文在 Egress PE 上进行的解封装过程与封装过程正好相反。

① Egress PE 从 GRE Tunnel 接口收到报文后，分析 IPv4 报头发现报文的目的地址为本地设备，且协议类型为 GRE，则 Egress PE 去掉最外层 IP 报头后交给 GRE 处理。

② GRE 再将报文中的 GRE 报头去掉，还原出真正的原始“X 协议”报文，再交由“X 协议”根据路由对此数据报文进行后续的转发处理。

6.1.4 GRE 的安全机制

因为 GRE VPN 通信中的骨干网传输也是通过公共网络（如 Internet 或 MPLS 网络）进行的，所以也涉及数据传输的安全性问题。

GRE 本身提供两种基本的数据验证安全机制：①校验和验证；②识别关键字，但不提供用户身份验证和数据加密保护，所以它往往需要与 IPSec 结合，以 GRE over IPSec 方案来构建 GRE VPN。

1. 校验和验证

校验和验证是指对封装的报文进行端到端校验，防止报文在传输途中被非法篡改，是通过 GRE 报头中的 C 标识位进行的。

若 GRE 报文头中的 C 标志位置 1，则表示其中的“校验和”字段有效（参见图 6-1）。此时，发送方将对包括 GRE 报头和有效负载信息在内的整个 GRE 报文，利用 CRC（循环冗余校验）算法进行校验和计算，将计算结果填充在 GRE 报头的“校验和”字段中。接收方对接收到的报文采用相同的 CRC 算法计算校验和，并与所接收到的 GRE 报文中的 GRE 报头携带的“校验和”进行比较，如果一致则表示报文在传输过程中没有被篡改，可对报文进一步处理，否则丢弃。

【说明】因为 CRC 校验方式可以检查出多位错误（但不能纠错），所以其校验能力较强。

隧道两端可以根据实际应用的需要决定启用校验和或禁止校验和功能。如果本端配置了校验和而对端没有配置，则本端将不会对接收到的报文进行校验和检查，但对发送的报文计算校验和；相反，如果本端没有配置校验和而对端已配置，则本端将对从对端发来的报文进行校验和检查，但对发送的报文不计算校验和。

2. 识别关键字

识别关键字验证是指对源端发来的数据合法性进行校验，只接收并处理识别关键字与本端配置一致的 GRE 报文。通过这种弱安全机制，可以防止错误识别、接收其他地方来的报文。

RFC1701 中规定：若 GRE 报头中的 K 标志位为 1，则会在 GRE 报头中插入一个 4 个字节长 Key（关键字）字段（参见图 6-1），收发双方将进行识别关键字的验证。

关键字的作用是标志隧道中的流量，属于同一流量的报文使用相同的关键字。在报文解封装时，GRE 将基于关键字来识别属于相同流量的数据报文。只有 Tunnel 两端设置的识别关键字完全一致时才能通过验证，否则将报文丢弃。这里的“完全一致”是指两端都不设置识别关键字，或者两端都设置相同的关键字。

6.1.5 GRE 的 Keepalive 检测机制

由于 GRE 并不具备检测链路状态的功能，所以 GRE 建立的隧道也是一种无状态的隧道，即隧道的任何一端都不会维护它与对端的连接状态。此时如果对端 Tunnel 接口不可达，GRE 并不能及时中断隧道两端的连接，这样会造成源端仍会不断的向对端转发数据，而对端却因隧道不通而接收不到报文，由此就会形成数据空洞。

此时可以借助 GRE 的 Keepalive 检测功能来解决。Keepalive 检测功能可以通过周期性发向对端发送 Keepalive 报文（一种类似于动态路由协议中很小的 Hello 报文）检测隧道的连通状态。如果对端不可达，则会立即关闭本端隧道端口，避免因对端不可达而造成的数据丢失，有效防止数据空洞，保证数据传输的可靠性。

Keepalive 检测功能的实现过程如下。

① 当 GRE 隧道的源端使能 Keepalive 检测功能后，就创建一个定时器，周期性地向对端发送 Keepalive 探测报文，同时通过计数器进行不可达计数。每发送一个探测报文，不可达计数加 1。

② 对端每收到一个探测报文，就给源端发送一个响应报文。

③ 如果源端的不可达计数器值未达到预先设置的值就收到响应报文，就表明对端可达。如果源端的不可达计数器值到达预先设置的值时还没收到响应报文，就认为对端不可达。此时，源端将关闭隧道连接，但是隧道源接口（是指公网接口，不是 Tunnel 接口）仍会继续发送 Keepalive 报文，若某一时间发现对端可达，则本端源端口也会被激活，在两端重新建立隧道连接。

【说明】GRE Keepalive 检测功能是单向机制，即只要在隧道一端配置 Keepalive 功能，则整个 GRE 隧道就具备了 Keepalive 功能，而不要求隧道对端也配置 Keepalive 功能。隧道对端收到报文，如果是 Keepalive 探测报文，无论是否配置 Keepalive 功能，都会给源端发送一个响应报文。当然，两端都配置了 Keepalive 功能后，就会启用双向 Keepalive 报文发送功能，实现双向主动检测隧道通达性能力。

6.2 GRE 的主要应用场景

本节介绍 GRE 的主要应用场景，这些应用主要是依据 GRE 隧道的一些功能特性来实现的，都可以看成是 GRE 的一些具体应用。

1. 多协议本地网通过 GRE 隧道隔离传输

这是 GRE 隧道间的通信可相互隔离的特性的一种基本应用。多协议本地网通过 GRE

隧道隔离传输示意如图 6-4 所示，Term1 和 Term2 是运行 IPv6 的本地网，Term3 和 Term4 是运行 IPv4 的本地网，不同地域的子网间需要通过公共的 IPv4 网络互通。

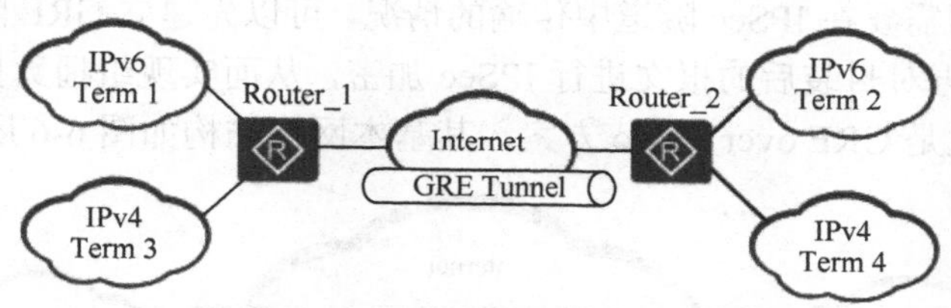

图 6-4　多协议本地网通过 GRE 隧道隔离传输示意

通过在 Router_1 和 Router_2 之间采用 GRE 封装的隧道，Term1 和 Term2、Term3 和 Term4 可以互不影响地保证通信，因为这两组通信是在不同的 GRE 隧道中进行的，彼此相互隔离。通过 GRE 隧道传输，不仅可以与底层的公共骨干网通信隔离，还可以使不同隧道中的通信相互隔离，更加安全。

2. 扩大跳数受限的网络工作

GRE 隧道与其他 VPN 隧道一样，具有逻辑意义上的直达性，尽管数据的转发仍然必须依靠公共网络中的设备一级级进行，但是由于报文进行了重封装，把原始报文中的一些协议特性进行了屏蔽，使得其中的一些参数不会在隧道传输过程中发生变化，如路由协议的 Cost。

通过 GRE 扩大网络工作范围的示意如图 6-5 所示，网络运行 IP，假设 IP 路由协议限制跳数为 255。如果两台 PC 之间的跳数超过 255，它们将无法通信。此时，如果要两台设备间直接建立 GRE 隧道，就可以隐藏设备之间的跳数，从而扩大网络的工作范围。如路由信息协议（Routing Information Protocol，RIP）路由的跳数为 16 时表示路由不可达，可以在两台设备上建立 GRE 隧道实现逻辑直连，使经过 GRE 隧道的 RIP 路由跳数减至 16 以下，保证路由可达。

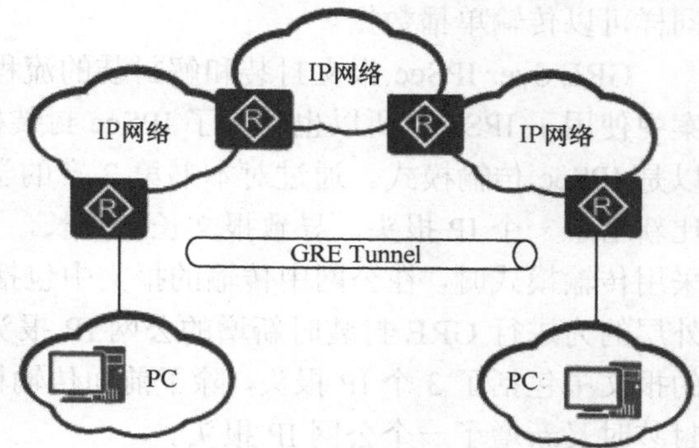

图 6-5　通过 GRE 扩大网络工作范围的示意

3. 与 IPSec 结合，保护组播/广播数据

GRE 不具有用户身份认证功能和数据加密功能，所以它的安全性较差。所以通常情况下，不单独使用 GRE 来建立 VPN 通信，需要结合 IPSec，因为 IPSec 具有强大的用户身份认证、数据完整性检查、数据加密和抗重放保护等安全功能，可以为在 GRE 隧道中传输的数据提供强大的安全保护。

虽然 IPSec 在安全性方面比 GRE 要强大许多，但是自身仍有其他的不足。在单纯的 IPSec VPN 应用中，**因为 IPSec 不支持多协议承载**，只能对单播数据进行加密，不能对组播、广播类型数据进行协议重封装，所以在 IPSec 隧道中是不能传输组播、广播数据的。而恰好是这一点，GRE 又具有独特的优势，**因为在 GRE 中可以承载多种协议报文**，可以对数据进行协议重封装（把承载协议报文封装成传输协议报文）。这样，当设备接收到组播、广播数据时，可以把这些数据作为 GRE 报文的负载（数据部分），然后再在前面加装一个单播 IP 报头，这样就可以通过单播方式在 GRE 隧道中传输组播或广播数据了，到了 GRE 隧道对端再还原为组播或广播数据就可以传输到目的主机上了。

对于组播数据需要在 IPSec 隧道中传输的情况，可以先建立 GRE 隧道，对组播数据进行 GRE 封装，再对封装后的报文进行 IPSec 加密，从而实现组播数据在 IPSec 隧道中的加密传输。这就是 GRE over IPSec 方案，其基本网络结构如图 6-6 所示。

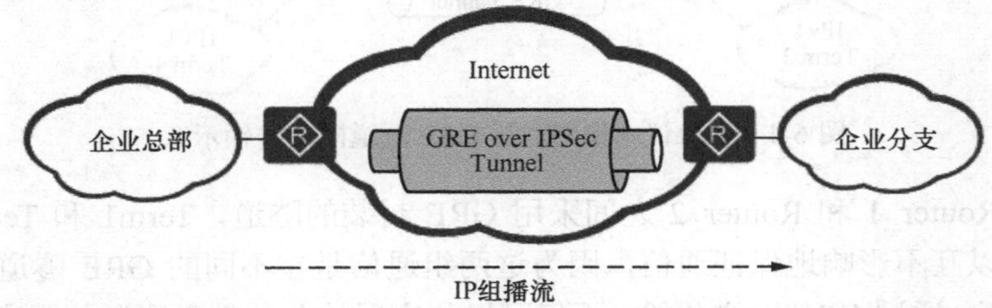

图 6-6　GRE over IPSec 基本网络结构示意图

GRE over IPSec 可利用 GRE 和 IPSec 的优势，通过 GRE 将组播、广播和非 IP 报文封装成普通的 IP 报文，然后再通过 IPSec 为封装后的 IP 报文提供安全的通信（即原始报文先要经过 GRE 封装，再经过 IPSec 封装），进而可以提供在总部和分支之间安全地传送广播、组播的业务，例如视频会议或动态路由协议消息等。当然，GRE over IPSec 同样可以传输单播数据。

GRE over IPSec 报文封装和解封装的流程如图 6-7 所示。因为在 GRE over IPSec 方案中使用了 IPSec，所以也就有了 IPSec 封装模式的选择，即可以是 IPSec 隧道模式也可以是 IPSec 传输模式。通过对本书第 2 章的学习我们已经知道，隧道模式与传输模式相比新增了一个 IP 报头，导致报文长度更长，更容易导致分片，所以推荐采用传输模式。采用传输模式时，在公网中传输的报文中包括了两个 IP 报头，里层的为原始私网 IP 头，外层的为进行 GRE 封装时新增的公网 IP 报头；当采用隧道传输模式时，在公网中传输的报文中包括了 3 个 IP 报头，除了前面传输模式中所具有的两个 IP 报头，在进行 IPSec 封装时又新增了一个公网 IP 报头。

当采用隧道模式时，在进行 IPSec 封装的过程中所增加的 IP 报头的源 IP 地址为 IPSec 网关应用 IPSec 安全策略的公网接口地址，目的 IP 地址为 IPSec 对等体中应用 IPSec 安全策略的公网接口地址。IPSec 需要保护的数据流为从 GRE 起点到 GRE 终点的数据流。GRE 封装过程中增加的 IP 报头的源 IP 地址为 GRE 隧道的源端 IP 地址（也是本端的公网 IP 地址），目的地址为 GRE 隧道的目的端 IP 地址（也是对端的公网 IP 地址），与 IPSec 封装时的源 IP 地址和目的 IP 地址一样。因此只要根据 GRE 隧道的源/目的 IP 地址来定义需要 IPsec 保护的数据流即可，不需要关注原始报文的源/目的 IP 地址，从而简化了 IPsec 的配置。

4. CE 采用 GRE 隧道接入 MPLS VPN

在 MPLS VPN 中，为了让用户端设备（Customer Edge，CE）接入 VPN 中，往往需要 CE 与 MPLS 骨干网的 PE（Provider Edge）设备之间有直接的物理链路，即在同一个网络中。在这样的组网中，需要在 PE 上将 VPN 与 CE 连接的物理接口进行关联。但实际组网中，并非所有的 CE 和 PE 都能用物理链路直接相连。例如，很多已经连接 Internet 或基于 IP 技术的骨干网上的机构，其 CE 和 PE 设备之间地理位置上相距甚远，不可能直接接入 MPLS 骨干网的 PE 设备上，CE 使用基于 IP 技术的骨干网接入 MPLS VPN 骨干网的情形如图 6-8 所示。这样就无法通过 Internet 或者是 IP 骨干网直接访问 MPLS VPN 内部的站点。

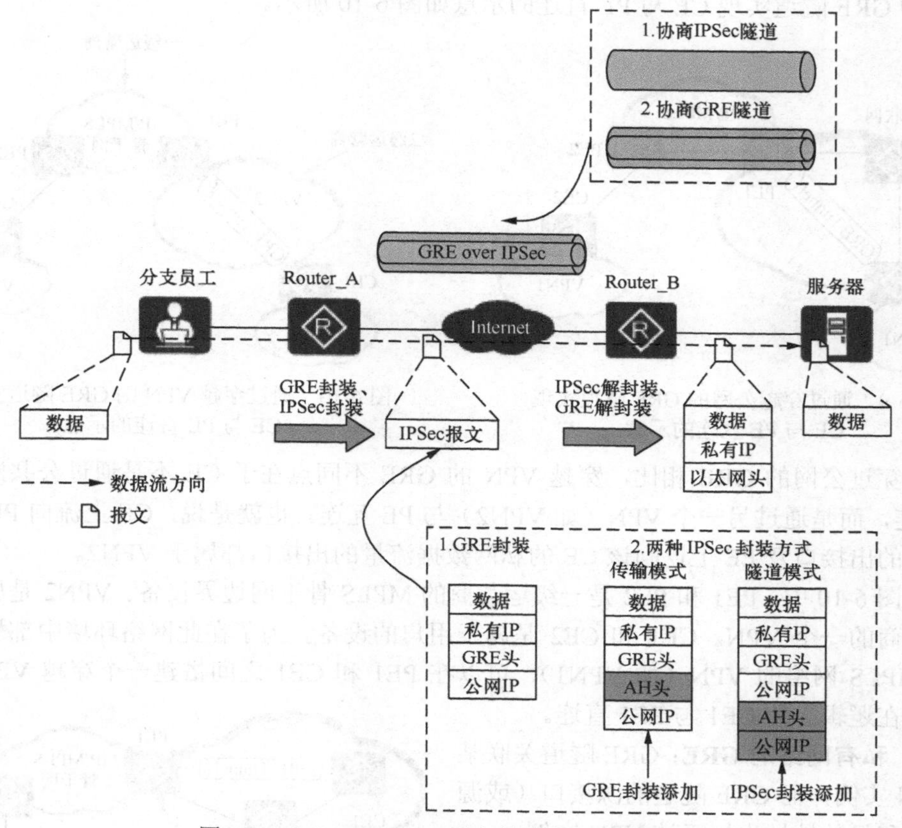

图 6-7　GRE over IPSec 报文封装和解封装的流程

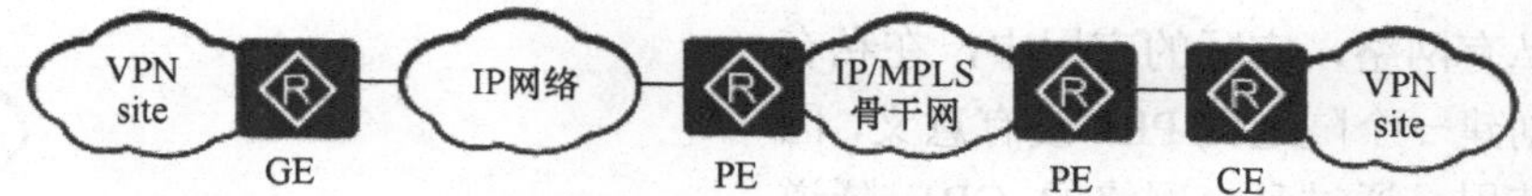

图 6-8　CE 使用基于 IP 技术的骨干网接入 MPLS VPN 骨干网的情形

为了让 CE 也能接入 MPLS VPN 中，可以考虑在 CE 和 PE 之间创建“逻辑上的直连”。也就是说，可以在 CE 和 PE 间利用公共网络或某私有网络相连，并在 CE 与 PE 之间创建 GRE 隧道。这样，可以看成 CE 和 PE 直连。在 PE 上将 VPN 与 PE-CE 之间的接口进行关联时，就可以把 GRE 隧道当作一个物理接口，在这个接口上进行 VPN 关联。

采用 GRE 隧道接入 MPLS VPN 时，GRE 的实现模式可按以下 3 种情形来划分。

① **穿过公网的 GRE**：GRE 隧道关联某个 VPN 实例，GRE 隧道的源地址和目的地址为公网地址，不属于该 VPN 实例，通过穿越公网的 GRE 隧道实现 CE 与 PE 直连的示意如图 6-9 所示。

在这种组网中，CE 和 PE 都需要有属于公网的接口，该接口需要使用公网 IP 地址。CE 的公网路由表中需要有到 PE 的路由，PE 公网路由表也需要有到 CE 的路由。

② **穿越 VPN 的 GRE**：GRE 隧道关联某个 VPN 实例（例如 VPN1），GRE 隧道的源接口绑定了另一个 VPN 实例（例如 VPN2），即 GRE 隧道需要穿越 VPN2，通过穿越 VPN 的 GRE 隧道实现 CE 与 PE 直连的示意如图 6-10 所示。

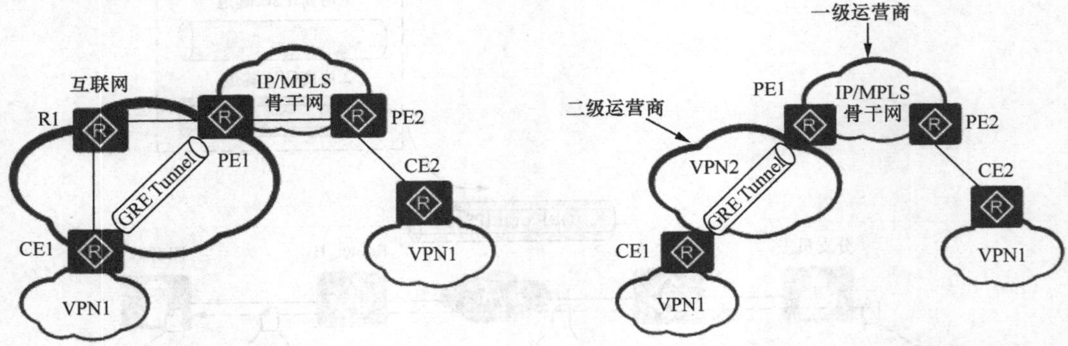

图 6-9 通过穿越公网的 GRE 隧道实现 CE 与 PE 直连的示意

图 6-10 通过穿越 VPN 的 GRE 隧道实现 CE 与 PE 直连的示意

与穿过公网的 GRE 相比，穿越 VPN 的 GRE 不同点在于 CE 不是通过公共网络与 PE 互连，而是通过另一个 VPN（如 VPN2）与 PE 互连。也就是说，CE 上流向 PE 的私网数据的出接口及 PE 上返回该 CE 的私网数据流量的出接口都属于 VPN2。

在图 6-10 中，PE1 和 PE2 是一级运营商的 MPLS 骨干网边界设备。VPN2 是属于二级运营商的一个 VPN。CE1 和 CE2 是属于用户的设备。为了在此网络环境中部署一个基于 MPLS 网络的 VPN（如 VPN1），可以在 PE1 和 CE1 之间搭建一个穿越 VPN2 的 GRE，在逻辑上使 CE1 与 PE1 直连。

③ **私有网络的 GRE**：GRE 隧道关联某个 VPN 实例，而 GRE 隧道的源接口（或源地址）和目的地址也属于该 VPN 实例。

在这种组网中，GRE 隧道的源和目的地址都属于私有网络，实际的应用中，在私有网络里再创建一个隧道到 PE，没有意义，因此不推荐使用。通过私有网络的 GRE 隧道实现 CE 与 PE 直连的示意如图 6-11 所示，应直接使用 R1 作为 CE 设备。

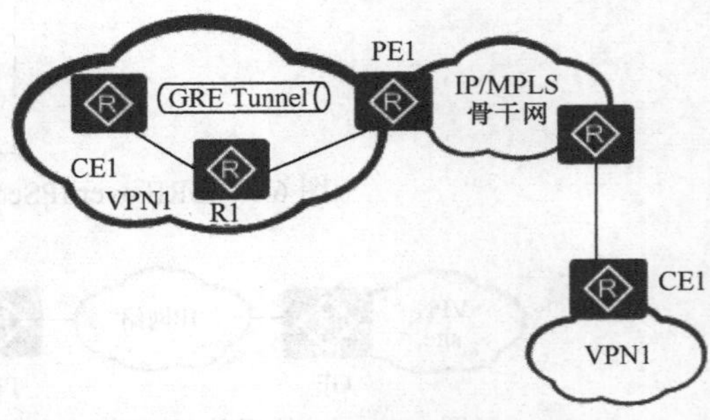

图 6-11 通过私有网络的 GRE 隧道实现 CE 与 PE 直连的示意

5. 通过 GRE 隧道组建 L2VPN 和 L3VPN

MPLS VPN 骨干网通常使用 LSP 作为公网隧道。如果骨干网的核心设备（P 设备）不具备 MPLS 功能，而边缘设备（PE 设备）具备 MPLS 功能，那么骨干网就不能使用 LSP 作为公网隧道。此时，骨干网可以使用 GRE 隧道替代 LSP，从而在骨干网提供三层或二层 VPN 解决方案。

LDP over GRE 技术通过在 GRE 隧道接口上使能 MPLS LDP，使用 GRE 隧道承载 MPLS LDP 报文，建立 LDP LSP。

P 设备都不支持 MPLS 时，LDP over GRE 应用于企业 L3VPN 或 L2VPN 组网示意如图 6-12 所示，企业在 PE1 和 PE2 之间部署 L2VPN 或者 L3VPN 业务，由于骨干网 P 设备可能未启用或不支持 MPLS，需要在 PE1 和 PE2 之间建立一条跨越 GRE 隧道的 LDP LSP。

如果只是部分 P 设备不支持 MPLS，如图 6-12 中的 P2 设备支持 MPLS，但 P1 设备不支持，此时可以通过在 PE1 和 P2 之间建立 GRE 隧道，从而建立一条跨越 GRE 隧道的 LDP LSP。

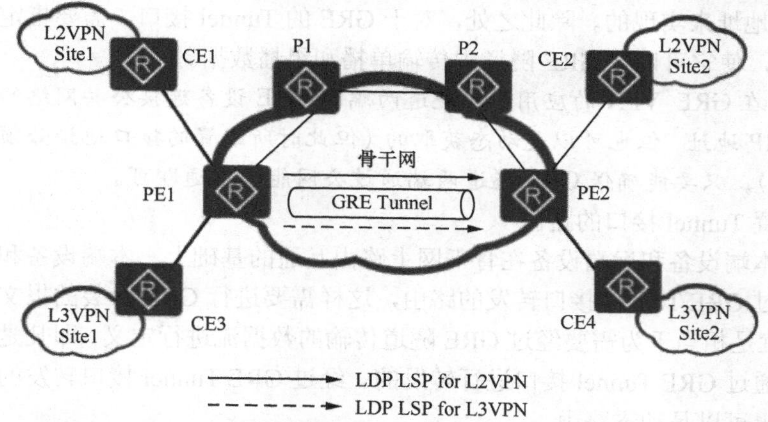

图 6-12 P 设备都不支持 MPLS 时，LDP over GRE 应用于企业 L3VPN 或 L2VPN 组网示意

6. Ethernet over GRE 的应用

Ethernet over GRE 的应用组网示意如图 6-13 所示，Router_1 和 Router_2 的 LAN 侧是以太网络，WAN 侧通过 IP 骨干网相连，二层以太报文就可以通过 GRE 隧道进行透明传送，实现端以太网的二层互连。

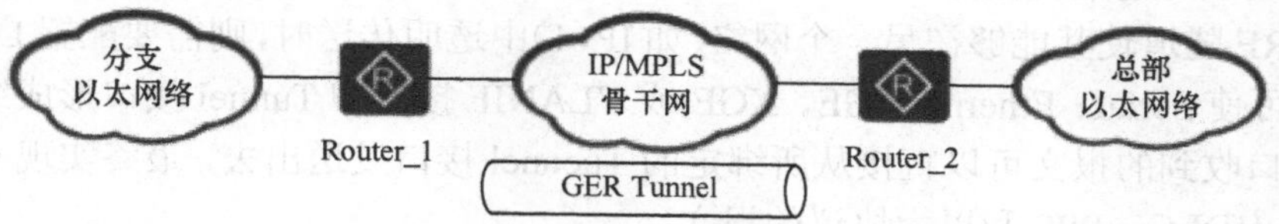

图 6-13 Ethernet over GRE 的应用组网示意

此时通过在 Router_1 和 Router_2 上分别配置 Ethernet over GRE 功能，物理以太网接口和 Tunnel 接口上分别绑定二层 VE 接口，实现 GRE 隧道对以太报文的承载。

6.3 GRE VPN 配置与管理

本章仅介绍在 IPv4 环境中的 GRE VPN 应用配置与管理方法。在配置 GRE 隧道之前，需要保证隧道源接口和目的接口之间的路由可达。

6.3.1 配置任务

GRE 的配置比较简单，一般情况下，可按照以下顺序来操作。对于可选步骤，请根据实际情况选择配置。只有当 FR、HDLC 或 PPP 的报文需要通过 GRE 隧道透明传送时，才需要配置 Link-bridge 功能，且不需要配置 Tunnel 接口的路由。

（1）配置 Tunnel 接口

GRE 隧道是通过隧道两端的 Tunnel 接口建立的，所以需要在隧道两端的设备上分别配置 GRE Tunnel 接口。GRE Tunnel 接口是三层逻辑接口，需要为它配置 IP 地址（通常是配置一个私网 IP 地址）才能使其 IP 生效。另外，逻辑的 Tunnel 接口需要与真正用于数据发送和接收的物理接口进行绑定，这是通过配置 Tunnel 接口的源 IP 地址或源接口、目的 IP 地址来实现的。除此之处，对于 GRE 的 Tunnel 接口，需要指定其封装协议类型为 GRE，使它可以在 GRE 隧道中传输单播和组播数据。

【注意】在 GRE VPN 的应用中，隧道两端的 GRE 设备连接公共网络的接口通常是配置固定的 IP 地址，但也可以是动态获取的（但此时所配置的接口地址必须是当前所获取的 IP 地址），只要能确保 GRE 隧道两端通过公网能够互通即可。

（2）配置 Tunnel 接口的路由

在保证本端设备和远端设备在骨干网上路由互通的基础上，本端设备和远端设备上必须存在经过 GRE Tunnel 接口转发的路由，这样需要进行 GRE 封装的报文才能正确转发。其实也就是相当于为需要经过 GRE 隧道传输的数据流进行定义，即凡是以此路由的数据流都是通过 GRE Tunnel 接口进行转发的。经过 GRE Tunnel 接口转发的路由可以是静态路由，也可以是动态路由。

【注意】当 FR、HDLC 或 PPP 的报文通过 GRE 隧道透明传送时，不需要配置 Tunnel 接口路由，因为此时是通过配置的下面将要介绍的 Link-bridge 功能来实现报文通过 Tunnel 接口转发。

（3）（可选）配置 Link-bridge 功能

这是一项可选配置任务。对于 FR、HDLC、PPP 或以太网协议的二层报文，用户希望通过 GRE 隧道使其能够在另一个网络（如 IPv4）中透明传送时，则需要配置 Link-bridge 功能。它可使 Serial、Ethernet、GE、XGE 或 VLANIF 接口和 Tunnel 接口形成绑定关系，在这些接口收到的报文可以直接从所绑定的 Tuennel 接口发送出去，最终实现 GRE 隧道承载 FR、HDLC、PPP 和以太协议的报文。

（4）（可选）配置 GRE 的安全机制

这也是一项可选配置任务。为了增强 GRE 隧道的安全性，可以对 GRE 隧道两端的 Tunnel 接口配置校验和功能和识别关键字，通过这种安全机制防止错误识别、接收来自其他地方来的报文。

（5）（可选）使能 GRE 的 Keepalive 检测功能

这也是一项可选配置任务，主要目的是通过发送 Keepalive 报文，能及时地检测到 GRE 隧道的连通性，以免造成数据丢失。

（6）（可选）配置 Ethernet over GRE 功能

对于以太网报文，用户希望通过 GRE 使其能够在另一个网络层协议（如 IPv4）中透明传送。此时，可以配置 Ethernet over GRE 功能。

从以上配置任务介绍可知，必须要进行的配置，总体来说是配置 GRE 隧道两端的 Tunnel 接口，包括 Tunnel 接口 IP 地址、封装协议类型（此处必须为 GRE）、绑定的源 IP 地址或源接口，对端的 IP 地址等基本参数配置，以及以 Tunnel 接口作为出接口的路由配置（可以是静态路由也可以是动态路由），或者指定 Tunnel 接口所要绑定的接口（仅适用于传输 PPP、HDLC、或以太网报文），以定义哪些用户数据流可以通过 GRE 隧道传输。

6.3.2　配置 Tunnel 接口

GRE 隧道是通过隧道两端的 Tunnel 接口建立的，所以需要在隧道两端的设备上分别配置 Tunnel 接口。对于 GRE 的 Tunnel 接口，需要指定其协议类型为 GRE、源地址或源接口、目的地址和 Tunnel 接口 IP 地址。我们以如图 6-14 所示的 GRE 网络结构为例介绍这 3 种地址（假设 Term 1 中的用户要发送数据到 Term 2 中的用户）。

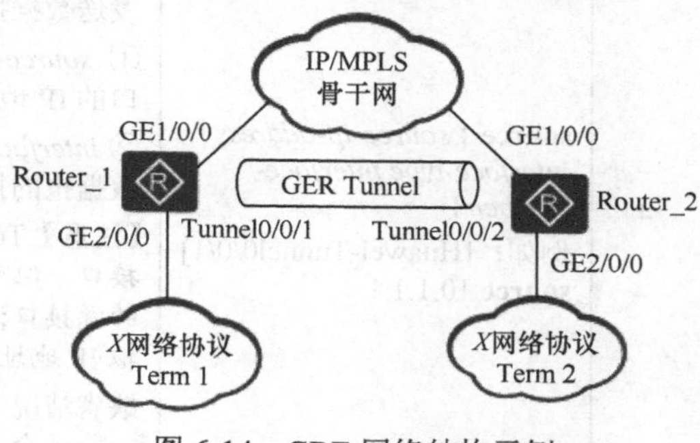

图 6-14　GRE 网络结构示例

① **Tunnel 的源 IP 地址或源接口**：实际发送报文的接口 IP 地址或接口。如图中 Router_1 的 GE1/0/0 接口的 IP 地址就是该路由器上 Tunnel 的源 IP 地址，该接口是 Tunnel 的源接口。

② **Tunnel 的目的 IP 地址**：实际接收报文的接口 IP 地址，是隧道对端实际接收报文的接口的 IP 地址（**不能指定目的接口，所以隧道两端连接公共网络的接口必须有静态 IP 地址**）。如图中 Router_2 的 GE1/0/0 接口的 IP 地址就是该路由器上 Tunnel 的目的 IP 地址，该接口就是 Tunnel 的目的接口。

【经验提示】 Tunnel 接口的源 IP 地址和目的 IP 地址都不是 Tunnel 接口上配置的 IP 地址，而是所绑定的接口的 IP 地址，通常是 GRE 设备直接连接公共网络的物理接口的 IP 地址，该接口也是真正用于发送和接收两远程子网通信报文的接口。

③ **Tunnel 接口 IP 地址**：为了在 Tunnel 接口上启用动态路由协议，或使用静态路由协议发布 Tunnel 接口（如图中的 Tunnel0/0/1 和 Tunnel0/0/2 接口），都需要为 Tunnel 接口分配 IP 地址。Tunnel 接口的 IP 地址可以不是公网地址，甚至可以借用其他接口的 IP 地址以节约 IP 地址。但是当 Tunnel 接口借用 IP 地址时，由于 Tunnel 接口本身没有 IP 地址，无法在此接口上启用动态路由协议，必须配置静态路由或路由协议先实现借用 IP 地址的互通性，才能实现 Tunnel 的互通。

GRE Tunnel 接口的配置步骤见表 6-1。

表 6-1　GRE Tunnel 接口的配置步骤

步骤	命令	说明
1	**system-view**	进入系统视图
2	**interface tunnel** *interface-number* 例如：[Huawei] **interface tunnel** 0/0/1	创建 Tunnel 接口，并进入 Tunnel 接口视图。Tunnel 接口的格式为“槽位号/卡号/端口号”，槽位号、卡号均为整数形式，取值与具体的 AR G3 系列路由器有关；端口号为整数形式。 【说明】Tunnel 接口编号只具有本地意义，隧道两端配置的 Tunnel 接口编号可以不同。 缺省情况下，系统未创建 Tunnel 接口，可用 **undo interface tunnel** *interface-number* 命令删除指定的 Tunnel 接口，但如果 Tunnel 正在被使用，删除后会影响使用该 Tunnel 的业务
3	**tunnel-protocol gre** 例如：[Huawei-Tunnel0/0/1] **tunnel-protocol gre**	配置 Tunnel 接口的隧道协议为 GRE。 缺省情况下，Tunnel 接口的隧道协议为 none，即不进行任何协议封装，可用 **undo tunnel-protocol** 命令恢复缺省配置

续表

步骤	命令	说明
4	**source** { *source-ip-address* | *interface-type interface-number* } 例如：[Huawei-Tunnel0/0/1] **source** 10.1.1.1	配置 Tunnel 的源地址或源接口，以实现源 Tunnel 接口与真正发送数据报文的接口进行绑定。 ① *source-ip-address*：二选一参数，指定真正发送数据报的接口的 IP 地址，通常是某物理接口的 IP 地址。 ② *interface-type interface-number*：二选一参数，指定真正发送数据报的接口，通常是某物理接口。 【注意】Tunnel 的源接口不能指定为自身 GRE 隧道的 Tunnel 接口，但可以指定为其他隧道的 Tunnel 接口作为本 GRE 隧道的源接口；Tunnel 的源 IP 地址可以配置为 VRRP 备份组的虚拟 IP 地址，但不可为 Bridge-if 接口。 缺省情况下，系统不指定隧道的源地址或源接口，可用 **undo source** 命令删除配置的 Tunnel 源地址或源接口
5	**destination** [**vpn-instance** *vpn-instance-name*] *dest-ip-address* 例如：[Huawei-Tunnel0/0/1] **destination** 1.1.1.1	配置 Tunnel 的目的地址，以实现目的 Tunnel 接口与真正接收数据报文的接口进行绑定。 ① *vpn-instance-name*：可选参数，指定隧道的目的地址所属的 VPN 实例的名称。如果 CE 设备通过 GRE 隧道连接到 PE，则 PE 上配置 Tunnel 的目的地址时，需要指定 VPN 实例，将 Tunnel 接口加入私网路由表。 ② *dest-ip-address*：指定直正接收数据报文的接口的 IP 地址，通常是某物理接口的 IP 地址。 缺省情况下，没有配置 Tunnel 接口的目的地址，可用 **undo destination** 命令删除 Tunnel 接口的目的地址
6	**tunnel route-via** *interface-type interface-number* { **mandatory** | **preferred** } 例如：[Huawei-Tunnel0/0/1] **tunnel route-via** GigabitEthernet 0/0/1 **mandatory**	（可选）指定 GRE 隧道的路由出接口。 ① *interface-type interface-number*：指定 GRE 隧道的路由出接口。 ② **mandatory**：二选一选项，严格按照指定的出接口转发流量，如果 GRE 隧道目的地址的路由出接口不包含指定的出接口时，隧道接口状态为 Down，不进行流量转发。 ③ **preferred**：二选一选项，优先按照指定的出接口转发流量，如果 GRE 隧道目的地址的路由出接口不包含指定的出接口时，则可以选择其他接口转发，隧道接口状态为 Up。 GRE 隧道封装后的报文将查找路由转发表进行转发时，如果通过 GRE 隧道到达目的 IP 地址存在等价路由，且存在多条目的 IP 地址相同的 GRE 隧道时，则这些 GRE 报文将以负载分担方式进行转发。此时某些 GRE 隧道封装后报文的实际出接口可能是另一个隧道的源 IP 地址对应的接口。如果又在该链路上下一跳设备配置了单播逆向路径转发（Unicast Reverse Path Forwarding，URPF）检测，则以报文的源 IP 地址做为目的 IP 地址，在转发表中查找源 IP 地址对应的接口是否与入接口匹配，可能会发现报文源 IP 地址对应的接口与报文的入接口不一致，则认为报文非法并丢弃。为了解决这个问题，可以配置本命令指定 GRE 隧道路由出接口，使报文严格或优先从隧道的源 IP 地址所在的出接口转发。 缺省情况下，未指定 GRE 隧道的路由出接口，可用 **undo tunnel route-via** *interface-type interface-number* { **mandatory** | **preferred** } 命令撤销为 GRE 隧道的路由指定的出接口

续表

步骤	命令	说明
7	**mtu** *mtu* 例如：[Huawei-Tunnel0/0/1] **mtu** 1492	（可选）配置 Tunnel 接口的 MTU，整数形式，单位为字节，取值为 128～9202。 如果改变 Tunnel 接口的 MTU 配置，需要先对接口执行 **shutdown** 命令，再执行 **undo shutdown** 命令将接口重启，以使设置生效。 缺省情况下，Tunnel 接口的 MTU 值为 1500 个字节，可用 **undo mtu** 命令恢复 Tunnel 接口 MTU 的缺省配置
8	**description** *text* 例如：[Huawei-Tunnel0/0/1] **description** This is a tunnel from 10.1.1.1 to 10.2.2.2	（可选）配置接口的描述信息，字符串形式，长度为 1～242，区分大小写，支持空格。 缺省情况下，Tunnel 接口默认描述信息为“HUAWEI, AR Series, Tunnel interface-number Interface”
9	**ip address** *ip-address* { *mask* | *mask-length* } [**sub**] 例如：[Huawei-Tunnel0/0/1] **ip address** 10.1.0.1 255.255.255.0	（二选一）配置 Tunnel 接口的主、从 IPv4 地址。 【注意】因为 Tunnel 接口运行的链路层协议为 PPP，而在串行链路中，两端的 IP 地址是可以在不同 IP 网段的，所以虚拟点对点连接的 GRE 隧道两端的 Tunnel 接口的 IP 地址可以不在同一个 IP 网段，也可实现路由畅通的。但通常是把它们的 IP 地址配置在同一个 IP 网段
	ip address unnumbered interface *interface-type interface-number* 例如：[Huawei-Tunnel0/0/1] **ip address unnumbered interface** loopback 0	（二选一）配置 Tunnel 接口借用其他接口的 IP 地址

6.3.3 配置 Tunnel 接口的路由

在 Tunnel 接口上配置路由的目的其实是为了定义需要由 Tunnel 接口转发的私网数据流。可以采用静态或动态路由配置方式，下面同样以图 6-14 为例介绍在配置 Tunnel 接口路由时的一些注意事项。

① 配置静态路由时，源端设备和目的端设备都需要配置：**此路由目的地址是报文进行 GRE 封装前的原始目的 IP 地址**，出接口是本端 Tunnel 接口。

② 配置动态路由协议时，在 Tunnel 接口和与 X 网络协议相连的入接口上都要使用相同动态路由协议。

例如在图 6-14 中，如果使用动态路由协议配置 Tunnel 接口的路由，则 Tunnel 接口和接入 X 网络协议的 GE2/0/0 接口上都需要配置动态路由协议，并且路由表中去往目的网段（Router_2 的 GE2/0/0 网段）路由的出接口是本端隧道接口 Tunnel0/0/1。

在实际配置过程中，Tunnel 接口路由和骨干网的路由需要采用不同类型的路由协议或者同类型路由协议的不同路由进程，避免用户报文通过物理接口转发，而不是通过 Tunnel 接口转发。

采用静态路由配置方式中，只需要在系统视图下通过 **ip route-static** *ip-address* { *mask* | *mask-length* } { *nexthop-address* | **tunnel** *interface-number* [*nexthop-address*] } [**description** *text*]命令配置即可。通常是只指定以本地 Tunnel 接口为出接口即可，不需要指定下一跳

IP 地址，因为 Tunnel 接口的链路层协议是 PPP。

采用动态路由配置方式时，可以采用包括 OSPF、RIP、IS-IS、BGP 等路由协议。

6.3.4 配置 Link-bridge 功能

本项配置仅适用于 FR、HDLC、PPP 或以太网协议的二层报文要通过 GRE 隧道传输时，起到链路桥接的作用。就是把 Serial、Ethernet、GE、XGE 或 VLANIF 接口和 Tunnel 接口形成绑定关系，使得从这些接口上的报文从 Tunnel 接口进行转发。

Link-bridge 功能的配置方法是在系统视图下通过 **link-bridge** *tag-id* **interface** *interface-type interface-number* **out-interface** *interface-type interface-number* [**untagged** | **tagged** *vlan id*] 命令，配置绑定设备入接口与出接口的功能，从绑定的入接口进入的报文会从绑定的出接口发出。

① *tag-id*：指定 Link-bridge 的 Tag ID 值，整数形式，取值为 1～65535。

② **interface** *interface-type interface-number*：指定 Link-bridge 的入接口，对于 FR、HDLC、PPP 报文，设备入接口只支持 Serial 接口；对于以太网报文，设备入接口只支持 Ethernet、GE、XGE 和 VLANIF 接口。

③ **out-interface** *interface-type interface-number*：指定 Link-bridge 的出接口，只支持 Tunnel 接口。

④ **untagged**：二选一可选项，指定以太网报文不携带 Tag 标记，仅适用于以太网报文。

⑤ **tagged** *vlan id*：二选一可选参数，指定以太网报文经隧道转发之前添加的 VLAN ID，整数形式，取值为 1～4094。

缺省情况下，系统没有绑定设备入接口与出接口，可用 **undo link-bridge** *tag-id* 命令删除指定链路桥接 ID 下配置的设备入接口与出接口的绑定关系。

【注意】在配置链路桥接功能时要注意以下几个方面。

① 配置本命令后，入接口为 Serial 接口时，协议状态显示为 Down，而且入接口上的网络层配置不生效，仅做桥接功能。

② 配置本命令后，绑定的入接口不支持 QoS 功能，但支持应用流策略、流量监管、流量统计、802.1p 和 DSCP 优先级映射功能。

③ 不同的 Link-bridge 需要配置不同的 Tag ID，**保持 Tag ID 全局唯一**。若配置相同会提示 Error 信息。

④ **一个物理接口只能配置一个 Link-bridge**，如果两个 Link-bridge 配置的接口一致，会提示 Error 信息。

⑤ **一个 Tunnel 接口只能配置一个 Link-bridge**，如果两个 Link-bridge 配置的接口一致，会提示 Error 信息。

⑥ 是否配置 UnTagged 模式表示在 GRE 隧道中的以太网报文是否保存 VLAN 标签。为了保证流量能在隧道中传输，用户可以根据自己组网需求来选择是否配置 UnTagged 模式。以太网报文在 GRE 隧道中的传输规则见表 6-2。

表 6-2　以太网报文在 GRE 隧道中的传输规则

接口类型	流量方向	默认处理（命令中不指定是否带 VLAN 标签）	携带 Tag 标记（命令中指定 tagged *vlan id* 参数）	不携带 Tag 标记（命令中指定 UnTagged 选项）
二层以太接口	从以太网接口到 Tunnel 接口	透明传送报文，不做特殊处理	添加外层 Tag，再发送	如果报文携带 Tag 标签，则剥离 Tag 再发送
	从 Tunnel 接口到以太网接口	透明传送报文，不做特殊处理	如果报文 Tag 与配置不一致，丢弃，否则剥离外层 Tag 再发送	透明传送报文，不做特殊处理
三层以太接口	从以太网接口到 Tunnel 接口	透明传送报文，不做特殊处理	添加外层 Tag，再发送	如果报文携带 Tag 标签，则剥离 Tag 再发送。
	从 Tunnel 接口到以太网接口	透明传送报文，不做特殊处理	报文 Tag 与配置不一致，丢弃，否则剥离外层 Tag 再发送	透明传送报文，不做特殊处理
VLANIF 接口	从 VLANIF 接口到 Tunnel 接口	如果报文携带的 VLAN ID 等于 PVID，则剥离 Tag；否则透明传送处理	添加外层 Tag 再发送	如果报文携带 Tag 标签，则剥离 Tag 再发送
	从 Tunnel 接口到 VLANIF 接口	报文中 VLAN ID 的值和 VLANIF 接口一致则发送，否则丢弃	报文 Tag 与配置不一致，丢弃，否则剥离外层 Tag 再发送	给报文打上 VLAN ID，再发送（VLAN ID 为 VLANIF 接口对应的 VLAN ID）
以太子接口	从以太网子接口到 Tunnel 接口	透明传送报文，不做特殊处理	添加外层 Tag 再发送	如果报文携带 Tag 标签，则剥离 Tag 再发送
	从 Tunnel 接口到以太网子接口	报文中 VLAN ID 的值和子接口的 Dot1q 或者 QinQ 终结 VLAN 一致则发送，否则丢弃	报文 Tag 与配置不一致，丢弃，否则剥离外层 Tag 再发送	给报文打上 VLAN ID，再发送（VLAN ID 为子接口对应的 Dot1q 或者 QinQ 终结的 VLAN ID）

6.3.5　配置 GRE 的安全机制

为了增强 GRE 隧道的安全性，可以对 GRE 隧道两端的 Tunnel 接口配置“校验和”或“识别关键字”功能，通过这种安全机制防止错误识别、接收其他地方来的报文。GRE 安全机制的配置步骤见表 6-3。

表 6-3　GRE 安全机制的配置步骤

步骤	命令	说明
1	**system-view**	进入系统视图
2	**interface tunnel** *interface-number* 例如：[Huawei] **interface tunnel** 0/0/1	创建 Tunnel 接口，并进入 Tunnel 接口视图

续表

步骤	命令	说明
3	**gre checksum** 例如：[Huawei-Tunnel0/0/1] **gre checksum**	使能 GRE 隧道的“校验和”功能，用于检测报文的完整性。 如果隧道的一端配置了校验和，本端将根据 GRE 报头及有效负载信息计算校验和。然后本端将包含“校验和”的报文发送给对端。对端对接收到的报文重新计算校验和，并与报文中携带的校验和比较：如果一致则对报文进一步处理；否则丢弃报文。 缺省情况下，未使能 Tunnel 的端到端校验和功能，可用 **undo gre checksum** 命令去使能 GRE 隧道的校验功能
4	**gre key** { **plain** *key-number* | [**cipher**] *plain-cipher-text* } 例如：[Huawei-Tunnel0/0/1] **gre key cipher** 1000	（可选）设置 GRE 隧道的识别关键字。 ① **plain** *key-number*：二选一参数，指定识别关键字显示为明文形式，整数形式，取值为 0～4294967295。识别关键字将以明文形式保存在配置文件中。 ② [**cipher**] *plain-cipher-text*：二选一参数，指定识别关键字显示为密文形式，可以输入整数形式的明文，取值为 0～4294967295；也可以输入 32 位或 48 位字符串长度的密文。使用 **cipher** 选项可将识别关键字加密保存，否则也是以明文方式保存密方式保存的。 若将多条 GRE 隧道配置为相同的源 IP 地址和目的 IP 地址，需要先配置本命令进行区分，否则会提示隧道配置冲突。本命令为覆盖式配置，后一次配置会覆盖前一次的配置。 缺省情况下，GRE 隧道没有设置识别关键字，可用 **undo gre key** 命令删除 GRE 隧道的识别关键字

6.3.6 使能 GRE 的 Keepalive 检测功能

使用 Keepalive 功能可以周期性地发送 Keepalive 探测报文给对端，及时检测隧道连通性。若对端可达，则本端会收到对端的回应报文；否则，收不到对端的回应报文，关闭隧道连接。

Keepalive 功能是单向的，只要在隧道一端配置即可，而不要求隧道对端也具备该功能。但为了使隧道两端都能检测对端是否可达，建议配置在隧道的两端。

在对应的 Tunnel 接口视图下通过 **keepalive** [**period** *period* [**retry-times** *retry-times*]] 命令使能 Keepalive 功能。

① **period** *period*：可选参数，指定发送 Keepalive 报文的定时器周期，整数形式，取值为 1～32767，单位是秒。缺省值是 5 秒。

② **retry-times** *retry-times*：可选参数，指定 Keepalive 报文重传的最大次数，整数形式，取值为 1～255。缺省值是 3。

本命令是覆盖式的，即后一次配置会覆盖前一次的配置。配置 Keepalive 功能后，可用 **display keepalive packets count** 命令查看 GRE 隧道接口发送给对端以及从对端接收的 Keepalive 报文的数量和 Keepalive 响应报文的数量。

缺省情况下，未使能 GRE 隧道的 Keepalive 功能，可用 **undo keepalive** 命令去使能 GRE 隧道的 Keepalive 功能。

6.3.7 配置 Ethernet over GRE 功能

对于以太网报文，用户希望通过 GRE 使其能够在另一个网络层协议（如 IPv4）中透明传送。此时，可以配置 Ethernet over GRE 功能，在设备 LAN 侧的物理以太网接口和 WAN 侧的 Tunnel 接口上分别绑定二层 VE 接口，从而 LAN 侧物理以太网接口收到的以太网报文通过设备两侧绑定的 VE 接口进行转发，从 WAN 侧 Tunnel 接口进行 GRE 封装后发送出去，最终实现以太网报文通过 GRE 隧道进行二层透明传送，实现远程以太网络的二层互连。Ethernet over GRE 的配置步骤见表 6-4。

表 6-4 Ethernet over GRE 的配置步骤

步骤	命令	说明
1	**system-view**	进入系统视图
2	**gre map virtual-ethernet forward-broadcast disable** 例如：[Huawei] **gre map virtual-ethernet forward-broadcast disable**	（可选）去使能同一 VLAN 内 VE 接口的广播、组播和未知单播报文的转发功能。**仅在 VE 接口绑定 WAN 侧 Tunnel 接口时选用。** 分支 CPE 向总部 CPE 发送报文过程中，在分支 CPE 无法获取总部 CPE 的 MAC 地址情况下，会向总部 CPE 上绑定到 Tunnel 接口的 VE 接口发送广播、组播或未知单播报文，VE 接口会将报文转发至同一 VLAN 的其他 CPE。此时会占用大量网络带宽，且会增加总部 CPE 的负担，可能造成正常报文被丢弃。为了避免这种情况，可以通过在总部 CPE 上配置本命令使 VE 接口不转发广播、组播和未知单播报文至同一 VLAN 的其他 CPE。 缺省情况下，同一 VLAN 内的 VE 接口的广播、组播和未知单播报文的转发功能处于使能状态，可用 **undo gre map virtual-ethernet forward-broadcast disable** 命令恢复缺省配置
3	**interface virtual-ethernet** *ve-number* [Huawei] **interface virtual-ethernet** 0/0/1	创建并进入虚拟以太网（VE）接口，虚拟以太网接口的编号格式为槽号/卡号/顺序号，**即使接口板上的卡不在位，也可以创建基于该子卡号的 VE 接口。** 可用 **undo interface virtual-ethernet** 命令删除指定的虚拟以太网接口，但如果该虚拟以太网接口和某物理接口建立了绑定关系，则需要先解除绑定关系，才能删除成功
4	**portswitch** 例如：[Huawei-Virtual-Ethernet0/0/1] **portswitch**	将 VE 接口从三层模式切换到二层模式，**但如果接口下有任何非属性配置存在，该命令都不能执行成功**。请先将接口下的非属性配置全部清除，然后再执行该命令进行二三层切换。 缺省情况下，VE 接口工作在三层模式，可用 **undo portswitch** 命令将 VE 接口从二层模式切换到三层模式
5	（可选）在二层 VE 接口下可以进行 VLAN 配置、QinQ 配置和 VLAN Mapping 配置	
6	**quit**	返回系统视图
7	**interface** *interface-type interface-number* 例如：[Huawei] **interface** gigabitethernet 0/0/2	（二选一）VE 接口绑定 LAN 侧物理接口时进入以太网接口视图
	interface tunnel *interface-number* 例如：[Huawei] **interface tunnel** 0/0/1	（二选一）VE 接口绑定 WAN 侧 Tunnel 接口时进入 Tunnel 接口视图
8	**map interface virtual-ethernet** *ve-number* 例如：[Huawei-GigabitEthernet0/0/2] **map interface virtual-ethernet** 0/0/1 或 [Huawei-Tunnel0/0/1] **map interface virtual-ethernet** 0/0/1	将二层 VE 接口绑定到 LAN 侧物理以太网接口或 WAN 侧 Tunnel 接口上。 缺省情况下，物理以太网接口、Tunnel 接口上没有绑定二层 VE 接口，可用 **undo map interface virtual-ethernet** *ve-number* 命令删除配置的绑定关系

6.3.8 GRE VPN 隧道管理与维护

本节集中介绍与 GRE 配置、隧道维护与管理有关的方法。

① **display interface tunnel** [*interface-number*]：查看 Tunnel 接口的工作状态。

② **display tunnel-info** { **tunnel-id** *tunnel-id* | **all** | **statistics** [**slots**] }：查看隧道信息。

③ **display ip routing-table**：查看 IPv4 路由表，到指定目的地址的路由出接口为 Tunnel 接口。

④ **ping -a** *source-ip-address host*：ping 对端的 Tunnel 接口地址，从本端 Tunnel 接口到对端 Tunnel 接口可以 ping 通。

⑤ **display keepalive packets count**：使能 Keepalive 功能后，在 Tunnel 接口视图下执行该命令，可查看该 GRE 隧道接口发送给对端以及从对端接收的 Keepalive 报文的数量和 Keepalive 响应报文的数量。

⑥ **display interface tunnel**：查看所有 Tunnel 接口的流量统计信息。但先要在对应 Tunnel 接口视图下执行 **statistic enable** { **inbound** | **outbound** }命令打开 Tunnel 接口的流量统计功能。

⑦ **reset counters interface tunnel** [*interface-number*]：重置 Tunnel 接口的报文收发统计信息。

6.4 典型配置示例

为了帮助大家加深对 GRE VPN 应用的理解，及对不同场景下的具体配置方法的掌握，本节将介绍几个在不同场景下应用 GRE VPN 的配置示例。

6.4.1 GRE 通过静态路由实现两个远程 IPv4 子网互联配置示例

如图 6-15 所示，RouterA、RouterB、RouterC 已通过 OSPF 实现 Internet 互通。RouterA 和 RouterC 是两企业分支机构的 Internet 网关，PC1 和 PC2 上运行 IPv4，分别代表两分支机构私网。现需要通过在 Internet 上建立 GRE 隧道，采用静态路由方式实现这两个远程的 IPv4 私网互通。

1. 基本配置思路分析

这是一种非常典型的 GRE VPN 应用，用于通过在互联网上建立 GRE 隧道实现两个异地的远程 IPv4 子网互通。此时要求隧道两端所连接的子网网关设备连接互联网的接口上分配有静态公网 IP 地址。

本示例要实现 PC1 和 PC2 通过公网互通，需要在 RouterA 和 RouterC 之间建立直连链路，部署 GRE 隧道，然后通过静态路由指定到达对端的报文通过 Tunnel 接口转发，PC1 和 PC2 就可以互相通信了，基本的配置思路如下。

① 配置各设备接口的 IP 地址。

② 在公网侧，所有路由器设备之间运行 OSPF 路由协议，实现设备间的路由互通。

③ 在 RouterA 和 RouterC 上分别创建 Tunnel 接口，配置 IP 地址和 GRE 封装协议，绑定公网物理接口 GE1/0/0 或者它们的 IP 地址，作为各自 GRE 隧道源 IP 地址或源接口，

同时指定到达隧道对端的目的 IP 地址。

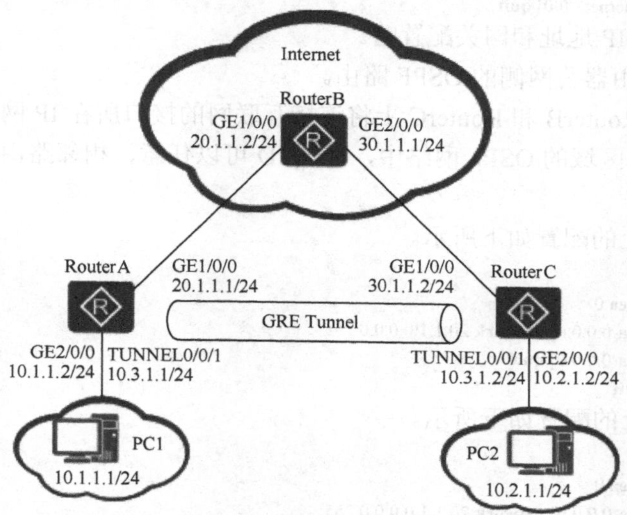

图 6-15 GRE 通过静态路由实现两个远程 IPv4 子网互联配置示例的拓扑结构

④ 在 RouterA 和 RouterC 上分别配置以本地 Tunnel 接口作为出接口的静态路由，以定义要通过 GRE 隧道转发的数据流，使 PC1 和 PC2 所代表的子网之间的流量通过 GRE 隧道传输，实现两子网互通。

2. 具体配置步骤

① 配置各设备接口的 IP 地址。

#---RouterA 上的配置如下所示。

```
<Huawei> system-view
[Huawei] sysname RouterA
[RouterA] interface gigabitethernet 1/0/0
[RouterA-GigabitEthernet1/0/0] ip address 20.1.1.1 255.255.255.0
[RouterA-GigabitEthernet1/0/0] quit
[RouterA] interface gigabitethernet 2/0/0
[RouterA-GigabitEthernet2/0/0] ip address 10.1.1.2 255.255.255.0
[RouterA-GigabitEthernet2/0/0] quit
```

#---RouterB 上的配置如下所示。

```
<Huawei> system-view
[Huawei] sysname RouterB
[RouterB] interface gigabitethernet 1/0/0
[RouterB-GigabitEthernet1/0/0] ip address 20.1.1.2 255.255.255.0
[RouterB-GigabitEthernet1/0/0] quit
[RouterB] interface gigabitethernet 2/0/0
[RouterB-GigabitEthernet2/0/0] ip address 30.1.1.1 255.255.255.0
[RouterB-GigabitEthernet2/0/0] quit
```

#---RouterC 上的配置如下所示。

```
<Huawei> system-view
[Huawei] sysname RouterC
[RouterC] interface gigabitethernet 1/0/0
[RouterC-GigabitEthernet1/0/0] ip address 30.1.1.2 255.255.255.0
[RouterC-GigabitEthernet1/0/0] quit
[RouterC] interface gigabitethernet 2/0/0
```

```
[RouterC-GigabitEthernet2/0/0] ip address 10.2.1.2 255.255.255.0
[RouterC-GigabitEthernet2/0/0] quit
```

PC1、PC2 的 IP 地址和网关配置略。

② 配置各路由器公网侧的 OSPF 路由。

在 RouterA、RouterB 和 RouterC 上将连接互联网的接口所在 IP 网段加入 OSPF 1 进程区域 0 中（在单区域的 OSPF 网络中，区域 ID 可以任意，相邻路由器上运行的 OSPF 进程也可以不同）。

#---RouterA 上的配置如下所示。

```
[RouterA] ospf 1
[RouterA-ospf-1] area 0
[RouterA-ospf-1-area-0.0.0.0] network 20.1.1.0 0.0.0.255
[RouterA-ospf-1-area-0.0.0.0] quit
[RouterA-ospf-1] quit
```

#---RouterB 上的配置如下所示。

```
[RouterB] ospf 1
[RouterB-ospf-1] area 0
[RouterB-ospf-1-area-0.0.0.0] network 20.1.1.0 0.0.0.255
[RouterB-ospf-1-area-0.0.0.0] network 30.1.1.0 0.0.0.255
[RouterB-ospf-1-area-0.0.0.0] quit
[RouterB-ospf-1] quit
```

#---RouterC 上的配置如下所示。

```
[RouterC] ospf 1
[RouterC-ospf-1] area 0
[RouterC-ospf-1-area-0.0.0.0] network 30.1.1.0 0.0.0.255
[RouterC-ospf-1-area-0.0.0.0] quit
[RouterC-ospf-1] quit
```

配置完成后，在 RouterA 和 RouterC 上执行 **display ip routing-table** 命令，可以看到它们能够学到去往对端接口网段地址的 OSPF 路由。在 RouterC 上执行 **display ip routing-table** 命令的输出如图 6-16 所示，从中我们可以看出，RouterC 已通过互联网学习到 RouterA 公网接口 IP 地址所在网段 20.1.1.0/24 的 OSPF 路由。

```
RouterC
<RouterC>display ip routing-table
Route Flags: R - relay, D - download to fib
------------------------------------------------------------------------------
Routing Tables: Public
         Destinations : 15       Routes : 15

Destination/Mask    Proto   Pre  Cost      Flags NextHop         Interface

      10.1.1.0/24   Static  60   0           D   10.3.1.2        Tunnel0/0/1
      10.2.1.0/24   Direct  0    0           D   10.2.1.2        GigabitEthernet
2/0/0
      10.2.1.2/32   Direct  0    0           D   127.0.0.1       GigabitEthernet
2/0/0
    10.2.1.255/32   Direct  0    0           D   127.0.0.1       GigabitEthernet
2/0/0
      10.3.1.0/24   Direct  0    0           D   10.3.1.2        Tunnel0/0/1
      10.3.1.2/32   Direct  0    0           D   127.0.0.1       Tunnel0/0/1
    10.3.1.255/32   Direct  0    0           D   127.0.0.1       Tunnel0/0/1
      20.1.1.0/24   OSPF    10   2           D   30.1.1.1        GigabitEthernet
1/0/0
      30.1.1.0/24   Direct  0    0           D   30.1.1.2        GigabitEthernet
1/0/0
      30.1.1.2/32   Direct  0    0           D   127.0.0.1       GigabitEthernet
1/0/0
    30.1.1.255/32   Direct  0    0           D   127.0.0.1       GigabitEthernet
1/0/0
```

图 6-16　在 RouterC 上执行 **display ip routing-table** 命令的输出

③ 在 RouterA 和 RouterC 上分别创建并配置 Tunnel 接口。

在所创建的 Tunnel 接口上配置 IP 地址（不能与其他接口的 IP 地址在同一个 IP 网段，通常用私网 IP 地址，且两端的 IP 地址可以不在同一网段），指定源 IP 地址和目的 IP 地址（分别为本端或对端发送、接收报文的实际物理接口的 IP 地址）。

#---RouterA 上的配置如下所示。

```
[RouterA] interface tunnel 0/0/1   #---创建 Tunnel 0/0/1 接口
[RouterA-Tunnel0/0/1] tunnel-protocol gre   #---指定封装协议为 GRE
[RouterA-Tunnel0/0/1] ip address 10.3.1.1 255.255.255.0   #---为 Tunnel 0/0/1 接口配置一个不同 IP 网段的私网 IP 地址
[RouterA-Tunnel0/0/1] source 20.1.1.1   #---指定隧道源 IP 地址，为本地设备的 GE1/0/0 接口的 IP 地址，也是本端隧道发送报文中的源 IP 地址
[RouterA-Tunnel0/0/1] destination 30.1.1.2   #---指定隧道目的 IP 地址，为 RouterC 的 GE1/0/0 接口的 IP 地址，也是本端隧道发送报文中的目的 IP 地址
[RouterA-Tunnel0/0/1] quit
```

#---RouterC 上的配置如下所示。

```
[RouterC] interface tunnel 0/0/1
[RouterC-Tunnel0/0/1] tunnel-protocol gre
[RouterC-Tunnel0/0/1] ip address 10.3.1.2 255.255.255.0
[RouterC-Tunnel0/0/1] source 30.1.1.2
[RouterC-Tunnel0/0/1] destination 20.1.1.1
[RouterC-Tunnel0/0/1] quit
```

配置完成后，RouterA 和 RouterC 上创建的 Tunnel 接口状态变为 Up，且两端的 Tunnel 接口之间可以 ping 通。此时直连的 GRE 隧道便成功建立。

④ 在 RouterA 和 RouterC 上配置到达对端私网（目的 IP 地址是对端所边内部子网的网络地址）的静态路由，以定义需要通过 GRE 隧道传输的数据流。因为 Tunnel 接口的链路层协议缺省为 PPP 类型，所以在所配置的静态路由中可以仅指定以本地 Tunnel 接口作为出接口，可以不指定下一跳 IP 地址，具体如下所示。

```
[RouterA] ip route-static 10.2.1.0 255.255.255.0 tunnel 0/0/1

[RouterC] ip route-static 10.1.1.0 255.255.255.0 tunnel 0/0/1
```

3. 配置结果验证

以上配置完成后，我们可进行以下系列配置结果验证。

① 在 RouterA 和 RouterC 上执行 **display ip routing-table** 命令，查看是否有去往对端内部子网的静态路由。在 RouterA 上执行 **display ip routing-table** 命令的输出如图 6-17 所示，我们可以看到已有到达对端 10.2.1.0/24 子网的静态路由，且以本地 Tunnel0/0/1 接口为出接口。

```
RouterA
[RouterA]display ip routing-table
Route Flags: R - relay, D - download to fib
------------------------------------------------------------------------------
Routing Tables: Public
         Destinations : 15        Routes : 15

Destination/Mask    Proto   Pre  Cost      Flags NextHop         Interface

      10.1.1.0/24   Direct  0    0           D   10.1.1.2        GigabitEthern
2/0/0
      10.1.1.2/32   Direct  0    0           D   127.0.0.1       GigabitEthern
2/0/0
    10.1.1.255/32   Direct  0    0           D   127.0.0.1       GigabitEthern
2/0/0
      10.2.1.0/24   Static  60   0           D   10.3.1.1        Tunnel0/0/1
      10.3.1.0/24   Direct  0    0           D   10.3.1.1        Tunnel0/0/1
      10.3.1.1/32   Direct  0    0           D   127.0.0.1       Tunnel0/0/1
    10.3.1.255/32   Direct  0    0           D   127.0.0.1       Tunnel0/0/1
      20.1.1.0/24   Direct  0    0           D   20.1.1.1        GigabitEthern
1/0/0
      20.1.1.1/32   Direct  0    0           D   127.0.0.1       GigabitEthern
1/0/0
    20.1.1.255/32   Direct  0    0           D   127.0.0.1       GigabitEthern
1/0/0
      30.1.1.0/24   OSPF    10   2           D   20.1.1.2        GigabitEthern
1/0/0
     127.0.0.0/8    Direct  0    0           D   127.0.0.1       InLoopBack0
     127.0.0.1/32   Direct  0    0           D   127.0.0.1       InLoopBack0
127.255.255.255/32  Direct  0    0           D   127.0.0.1       InLoopBack0
255.255.255.255/32  Direct  0    0           D   127.0.0.1       InLoopBack0

[RouterA]
```

图 6-17　在 RouterA 上执行 **display ip routing-table** 命令的输出

② 在 PC1 或 PC2 上执行 ping 测试，两个 PC 已可互通。PC1 成功 ping 通 PC2 的结果如图 6-18 所示。

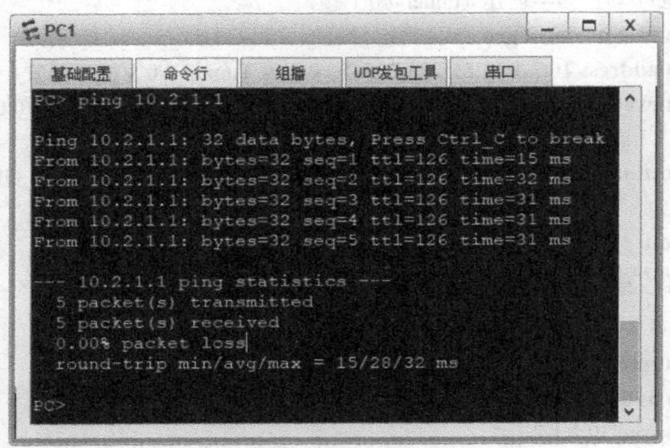

图 6-18　PC1 成功 ping 通 PC2 的结果

6.4.2　GRE 通过 OSPF 路由实现两个远程 IPv4 子网互联配置示例

本示例的拓扑结构与 6.4.1 节的图 6-15 相同，只是本示例中，RouterA、RouterB、RouterC 通过 OSPF 协议路由实现互联网互通。现要在互联网上建立 GRE 隧道，采用 OSPF 动态路由方式实现两个远程的 IPv4 私网互通，并且同时需要保证私网数据传输的可靠性。

1. 基本配置思路分析

本示例与上节介绍的示例有以下两个方面的区别。

① 通过 OSPF 路由定义需要通过 GRE 隧道转发的数据流。

② 为了实现数据传输的可靠性，还需在 GRE 隧道两端的 Tunnel 接口上使能 Keepalive 功能，以便能及时检测隧道链路状态。

本示例的基本配置思路如下。

① 配置各设备接口的 IP 地址。

② 在公网侧，所有路由器设备之间运行 OSPF 路由协议，实现设备间的路由互通。

③ 在 RouterA 和 RouterC 上分别创建 Tunnel 接口，配置 IP 地址和 GRE 封装协议，绑定公网物理接口 GE1/0/0 或者它们的 IP 地址，作为各自 GRE 隧道源 IP 地址或源接口，同时指定到达隧道对端的目的 IP 地址。

④ 在 RouterA 和 RouterC 上分别配置私网 OSPF 路由，以定义要通过 GRE 隧道转发的数据流，使 PC1 和 PC2 所代表的子网之间的流量通过 GRE 隧道传输，实现两子网互通。

⑤ 在 RouterA 和 RouterC 的 Tunnel 接口上分别使能 Keepalive 功能，以便两端都能及时检测到隧道链路状态，确保数据传输的可靠性。

以上配置任务中第①～③项配置任务的配置方法参见 6.4.1 节即可。

2. 具体配置步骤

④ 在 RouterA 和 RouterC 上分别配置私网 OSPF 路由。

此处要注意的是，私网 OSPF 路由的进程号不能与前面为公网侧配置的 OSPF 路由进程一致。前面在第②步中为公网侧配置的 OSPF 路由进程为 1，此处假设为 OSPF 路由进程为 2，区域 ID 任意。另外，此处要通告的是 Tunnel 接口及连接内部子网的 GE2/0/0 接口的 IP 地址所在网段。

#---RouterA 上的配置如下所示。

```
[RouterA] ospf 2
[RouterA-ospf-2] area 0
[RouterA-ospf-2-area-0.0.0.0] network 10.3.1.0 0.0.0.255    #---用于匹配 Tunnel 0/0/1 接口
[RouterA-ospf-2-area-0.0.0.0] network 10.1.1.0 0.0.0.255    #---用于匹配 GE2/0/0 接口
[RouterA-ospf-2-area-0.0.0.0] quit
[RouterA-ospf-2] quit
```

#---RouterC 上的配置如下所示。

```
[RouterC] ospf 2
[RouterC-ospf-2] area 0
[RouterC-ospf-2-area-0.0.0.0] network 10.3.1.0 0.0.0.255    #---用于匹配 Tunnel 0/0/1 接口
[RouterC-ospf-2-area-0.0.0.0] network 10.2.1.0 0.0.0.255    #---用于匹配 GE2/0/0 接口
[RouterC-ospf-2-area-0.0.0.0] quit
[RouterC-ospf-2] quit
```

⑤ 在 RouterA 和 RouterC 的 Tunnel 接口上分别使能 Keepalive 功能。

#---RouterA 上的配置如下所示。

```
[RouterA] interface tunnel 0/0/1
[RouterA-Tunnel0/0/1] keepalive   #---使能 Keepalive 功能
[RouterA-Tunnel0/0/1] quit
```

#---RouterC 上的配置如下所示。

```
[RouterC] interface tunnel 0/0/1
[RouterC-Tunnel0/0/1] keepalive
[RouterC-Tunnel0/0/1] quit
```

3. 配置结果验证

以上配置完成后，我们可以进行配置结果验证，步骤如下。

① 在 RouterA 和 RouterC 上执行 **display ip routing-table** 命令，可以看到有去往对端内部子网的 OSPF 路由，出接口为本端 Tunnel 接口，下一跳是对端 Tunnel 接口 IP 地址。在 RouterA 上执行 **display ip routing-table** 命令的输出如图 6-19 所示。

```
RouterA
<RouterA>display ip routing-table
Route Flags: R - relay, D - download to fib
------------------------------------------------------------------------------
Routing Tables: Public
         Destinations : 15        Routes : 15

Destination/Mask    Proto   Pre  Cost      Flags NextHop         Interface

      10.1.1.0/24   Direct  0    0           D   10.1.1.2        GigabitEthernet
2/0/0
      10.1.1.2/32   Direct  0    0           D   127.0.0.1       GigabitEthernet
2/0/0
    10.1.1.255/32   Direct  0    0           D   127.0.0.1       GigabitEthernet
2/0/0
      10.2.1.0/24   OSPF    10   1563        D   10.3.1.2        Tunnel0/0/1
      10.3.1.0/24   Direct  0    0           D   10.3.1.1        Tunnel0/0/1
      10.3.1.1/32   Direct  0    0           D   127.0.0.1       Tunnel0/0/1
    10.3.1.255/32   Direct  0    0           D   127.0.0.1       Tunnel0/0/1
      20.1.1.0/24   Direct  0    0           D   20.1.1.1        GigabitEthernet
1/0/0
      20.1.1.1/32   Direct  0    0           D   127.0.0.1       GigabitEthernet
1/0/0
    20.1.1.255/32   Direct  0    0           D   127.0.0.1       GigabitEthernet
1/0/0
      30.1.1.0/24   OSPF    10   2           D   20.1.1.2        GigabitEthernet
1/0/0
     127.0.0.0/8    Direct  0    0           D   127.0.0.1       InLoopBack0
     127.0.0.1/32   Direct  0    0           D   127.0.0.1       InLoopBack0
127.255.255.255/32  Direct  0    0           D   127.0.0.1       InLoopBack0
255.255.255.255/32  Direct  0    0           D   127.0.0.1       InLoopBack0

<RouterA>
```

图 6-19　在 RouterA 上执行 **display ip routing-table** 命令的输出

② 在 PC1 或 PC2 上执行 ping 测试，验证两 PC 已可互通，具体参见图 6-18。

6.4.3 GRE over IPSec 配置示例

GRE over IPSec 配置示例的拓扑结构如图 6-20 所示，RouterA 为企业分支网关，RouterB 为企业总部网关，分支与总部通过公网建立通信，包括组播通信。现企业希望对分支与总部之间相互访问的流量（包括组播数据）进行安全保护。由于组播数据无法直接应用 IPSec，所以要基于虚拟隧道接口方式建立 GRE over IPSec，对 Tunnel 接口下的流量进行保护。

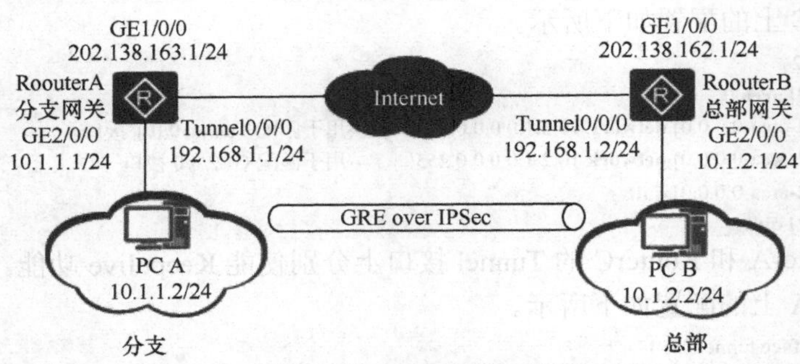

图 6-20　GRE over IPSec 配置示例的拓扑结构

本示例采用 IKEv1 进行 IPSec SA 协商。在用华为模拟器做本实验时，拓扑结构中的 Internet 可用一台路由器代替，但不用配置任何路由。采用华为模拟器做本实验时的拓扑结构如图 6-21 所示。

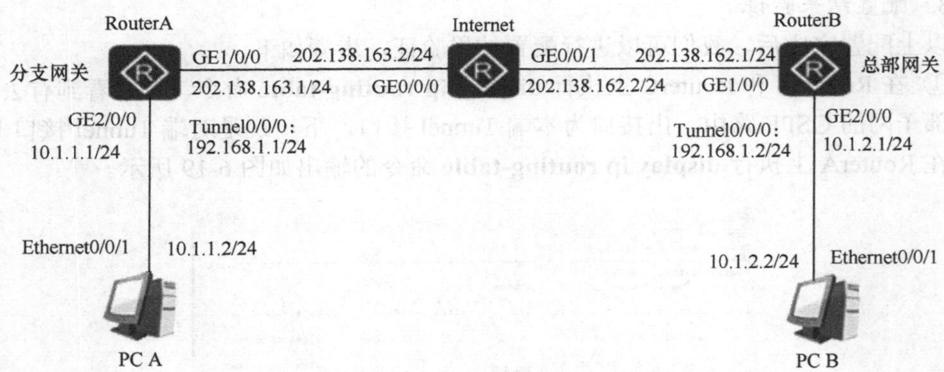

图 6-21　采用华为模拟器做本实验时的拓扑结构

1. 基本配置思路分析

本示例是 GRE 和 IPSec 两种隧道技术的结合应用，因为 GRE VPN 不能为在隧道中传输的数据提供加密保护，而 IPSec 技术正好可以弥补 GRE 的不足。

在 GRE over IPSec 中，在数据通过 GRE 隧道发送前先进行 GRE 封装，然后再进行 IPSec 封装，这样就可用 IPSec 的加密功能保护整个发送的 GRE 报文。也正因如此，本示例中需要在隧道两端的设备上同时配置 GRE 和 IPSec，需要通过隧道传输的数据流仍是由以 GRE Tunnel 接口为出接口的路由来定义的，最终的 IPSec 安全策略也必须在这个 GRE Tunnel 接口上应用。

在 GRE over IPSec 应用中，IPSec 需要保护的数据流是基于 GRE Tunnel 接口定义的，所以这里要在 Tunnel 接口上应用安全框架，而不能应用安全策略，而且，因为数据最终是通过 GRE 隧道的 Tunnel 接口转发的，所以 IPSec 的安全框架是直接应用到 GRE 封装的 Tunnel 接口上，而不需要再创建 IPSec 封装的 Tunnel 接口。

本示例的基本配置思路如下（按照图 6-21 所示拓扑结构进行）。

① 配置各设备物理接口的 IP 地址，以及分支机构与公司总部相互到达对端公网的静态路由。

② 在 RouterA 和 RouterB 上分别创建 GRE Tunnel 接口，配置 IP 地址、GRE 封装，指定隧道源 IP 地址和目的 IP 地址，同时配置 Internet 路由器接口 IP 地址。

③ 在 RouterA 和 RouterB 上分别配置 IPSec，定义 IPSec 的保护方法。假设采用 ESP 安全协议，认证算法为 SHA2-256，加密算法为 AES-128，其他参数均采用缺省配置。

④ 在 RouterA 和 RouterB 上分别配置 IKE 安全提议，其中认证算法采用 SHA2-256，加密算法采用 AES-128。DH 组为 group14，其他安全参数采用缺省配置。

⑤ 在 RouterA 和 RouterB 上分别配置 IKE 对等体，定义对等体间 IKE 协商时的属性，采用 IKEv1，引用前面配置的 IKE 安全提议，并配置 IPSec 中缺省采用的预共享密钥认证方法中所需的共享密钥认证（两端的配置要一致）。

⑥ 在 RouterA 和 RouterB 上分别配置安全框架，并引用前面配置的 IPSec 和 IKE 对等体。

⑦ 在 RouterA 和 RouterB 前面创建的 GRE Tunnel 接口上分别应用各自所配置的安全框架，使 Tunnel 接口具有 IPSec 的保护功能。

⑧ 在 RouterA 和 RouterB 上分别配置以本端 GRE Tunnel 接口为出接口到达对端私网的静态路由，将需要 IPSec 保护的数据流引到 GRE Tunnel 接口进行转发。

2. 具体配置步骤

① 配置各设备物理接口的 IP 地址，以及分支机构与公司总部相互到达对端公网的静态路由，同时配置 Internet 路由器接口 IP 地址。

#---RouterA 上的配置。

配置到达公司总部公网的静态路由，下一跳地址为 202.138.163.2（图 6-21 中 Internet 路由器 GE0/0/0 接口 IP 地址），如下所示。

```
<Huawei> system-view
[Huawei] sysname RouterA
[RouterA] interface gigabitethernet 1/0/0
[RouterA-GigabitEthernet1/0/0] ip address 202.138.163.1 255.255.255.0
[RouterA-GigabitEthernet1/0/0] quit
[RouterA] interface gigabitethernet 2/0/0
[RouterA-GigabitEthernet2/0/0] ip address 10.1.1.1 255.255.255.0
[RouterA-GigabitEthernet2/0/0] quit
[RouterA] ip route-static 202.138.162.0 255.255.255.0 202.138.163.2    #---到达对端公网的静态路由
```

#---RouterB 上的配置。

配置到达分支机构公网的静态路由，下一跳地址为 202.138.162.2（图 6-21 中的 Internet 路由器 GE0/0/1 接口 IP 地址），如下所示。

```
<Huawei> system-view
[Huawei] sysname RouterB
```

```
[RouterB] interface gigabitethernet 1/0/0
[RouterB-GigabitEthernet1/0/0] ip address 202.138.162.1 255.255.255.0
[RouterB-GigabitEthernet1/0/0] quit
[RouterB] interface gigabitethernet 2/0/0
[RouterB-GigabitEthernet2/0/0] ip address 10.1.2.1 255.255.255.0
[RouterB-GigabitEthernet2/0/0] quit
[RouterB] ip route-static 202.138.163.0 255.255.255.0 202.138.162.2
```

#---Internet 路由器接口 IP 地址配置如下所示。

```
<Huawei> system-view
[Huawei] sysname Internet
[Internet] interface gigabitethernet 0/0/0
[Internet-GigabitEthernet0/0/0] ip address 202.138.163.2 255.255.255.0
[Internet-GigabitEthernet0/0/0] quit
[Internet] interface gigabitethernet 0/0/1
[Internet-GigabitEthernet0/0/1] ip address 202.138.162.2 255.255.255.0
[Internet-GigabitEthernet0/0/1] quit
```

PC A 和 PC B 的 IP 地址和网关配置略。

② 在 RouterA 和 RouterB 上分别创建 GRE Tunnel 接口，并为其配置 IP 地址、GRE 封装，指定隧道源 IP 地址和目的 IP 地址。

#---RouterA 上的配置如下所示。

```
[RouterA] interface tunnel 0/0/0
[RouterA-Tunnel0/0/0] ip address 192.168.1.1 255.255.255.0
[RouterA-Tunnel0/0/0] tunnel-protocol gre
[RouterA-Tunnel0/0/0] source 202.138.163.1
[RouterA-Tunnel0/0/0] destination 202.138.162.1
[RouterA-Tunnel0/0/0] quit
```

#---RouterB 上的配置如下所示。

```
[RouterB] interface tunnel 0/0/0
[RouterB-Tunnel0/0/0] ip address 192.168.1.2 255.255.255.0
[RouterB-Tunnel0/0/0] tunnel-protocol gre
[RouterB-Tunnel0/0/0] source 202.138.162.1
[RouterB-Tunnel0/0/0] destination 202.138.163.1
[RouterB-Tunnel0/0/0] quit
```

③ 在 RouterA 和 RouterB 上分别配置 IPSec。假设所创建的 IPSec 名称均为 pro1（也可以不一样），认证算法为 SHA2-256，加密算法为 AES-128，其他参数保持缺省。

#---RouterA 上的配置如下所示。

```
[RouterA] ipsec proposal pro1
[RouterA-ipsec-proposal-pro1] esp authentication-algorithm sha2-256
[RouterA-ipsec-proposal-pro1] esp encryption-algorithm aes-128
[RouterA-ipsec-proposal-pro1] quit
```

#---RouterB 上的配置如下所示。

```
[RouterB] ipsec proposal pro1
[RouterB-ipsec-proposal-pro1] esp authentication-algorithm sha2-256
[RouterB-ipsec-proposal-pro1] esp encryption-algorithm aes-128
[RouterB-ipsec-proposal-pro1] quit
```

④ 在 RouterA 和 RouterB 上分别配置 IKE 安全提议。假设新创建的 IKE 安全提议序号均为 10（也可以不一样），认证算法为 SHA2-256，加密算法为 AES-128，DH 组为 2048 位的 group14，其他参数保持缺省。

#---RouterA 上的配置如下所示。

```
[RouterA] ike proposal 10
[RouterA-ike-proposal-10] authentication-algorithm sha2-256
[RouterA-ike-proposal-10] encryption-algorithm aes-128
[RouterA-ike-proposal-10] dh group14
[RouterA-ike-proposal-10] quit
```

#---RouterB 上的配置如下所示。

```
[RouterB] ike proposal 10
[RouterB-ike-proposal-10] authentication-algorithm sha2-256
[RouterB-ike-proposal-10] encryption-algorithm aes-128
[RouterB-ike-proposal-10] dh group14
[RouterB-ike-proposal-10] quit
```

⑤ 在 RouterA 和 RouterB 上分别配置 IKE 对等体，定义对等体间 IKE 协商时的属性，采用 IKEv1，引用前面配置的 IKE 安全提议，并配置 IPSec 中缺省采用的预共享密钥认证方法中所需的共享密钥认证（两端的配置要一致）。

#---RouterA 上的配置如下所示。

```
[RouterA] ike peer spub v1
```

【说明】在最新的 V200R010 版本中，上一条配置需采用以下两条配置替换。RouterB 上的替换方法一样，不再赘述。

```
[RouterA] ike peer spub
[RouterA-ike-peer-spub] undo version 2      #---取消对 IKEv2 版本的支持
[RouterA-ike-peer-spub] ike-proposal 10
[RouterA-ike-peer-spub] pre-shared-key cipher Huawei@1234
[RouterA-ike-peer-spub] quit
```

#---RouterB 上的配置如下所示。

```
[RouterB] ike peer spua v1
[RouterB-ike-peer-spua] ike-proposal 10
[RouterB-ike-peer-spua] pre-shared-key cipher Huawei@1234
[RouterB-ike-peer-spua] quit
```

⑥ 在 RouterA 和 RouterB 上分别配置安全框架，并引用前面配置的 IPSec 和 IKE 对等体。

#---RouterA 上的配置如下所示。

```
[RouterA] ipsec profile profile1
[RouterA-ipsec-profile-profile1] proposal pro1
[RouterA-ipsec-profile-profile1] ike-peer spub
[RouterA-ipsec-profile-profile1] quit
```

#---RouterB 上的配置如下所示。

```
[RouterB] ipsec profile profile1
[RouterB-ipsec-profile-profile1] proposal pro1
[RouterB-ipsec-profile-profile1] ike-peer spua
[RouterB-ipsec-profile-profile1] quit
```

⑦ 在 RouterA 和 RouterB 前面创建的 GRE Tunnel 接口上分别应用各自所配置的安全框架，使 Tunnel 接口具有 IPSec 的保护功能。

#---RouterA 上的配置如下所示。

```
[RouterA] interface tunnel 0/0/0
[RouterA-Tunnel0/0/0] ipsec profile profile1
[RouterA-Tunnel0/0/0] quit
```

#---RouterB 上的配置如下所示。

```
[RouterB] interface tunnel 0/0/0
[RouterB-Tunnel0/0/0] ipsec profile profile1
[RouterB-Tunnel0/0/0] quit
```

完成以上配置后，在 RouterA 和 RouterB 上执行 **display ipsec profile** 命令可查看 IPSec 安全框架配置信息。

⑧ 在 RouterA 和 RouterB 上分别配置以本端 GRE Tunnel 接口为出接口到达对端私网的静态路由，将需要 IPSec 保护的数据流引到 GRE Tunnel 接口进行转发。因为 Tunnel 接口缺省的链路层协议为 PPP，所以在静态路由中不需要指定下一跳 IP 地址，如下所示。

```
[RouterA] ip route-static 10.1.2.0 255.255.255.0 tunnel 0/0/0

[RouterB] ip route-static 10.1.1.0 255.255.255.0 tunnel 0/0/0
```

3. 配置结果验证

以上配置结束后，我们可进行以下系列配置结果验证。

① 分别在 RouterA 和 RouterB 上执行 **display ike sa** 命令可查看所建立的 IKE SA 和 IPSec SA 信息。在 RouterA 上执行 **display ike sa** 命令的输出如图 6-22 所示，从中我们可以看出，IKE 两个阶段的 SA 都已建立好。

图 6-22 在 RouterA 上执行 **display ike sa** 命令的输出

② 在分支机构主机 PC A 执行 **ping** 操作可以 ping 通位于公司总部网络的主机 PC B，PC A 成功 ping 通 PC B 的结果如图 6-23 所示。在 RouterA 或 RouterB 上执行 **display ipsec statistics esp** 命令可以查看 PC A 与 PC B 之间通信的数据是被加密的。在 RouterA 上执行 **display ipsec statistics esp** 命令的输出如图 6-24 所示。

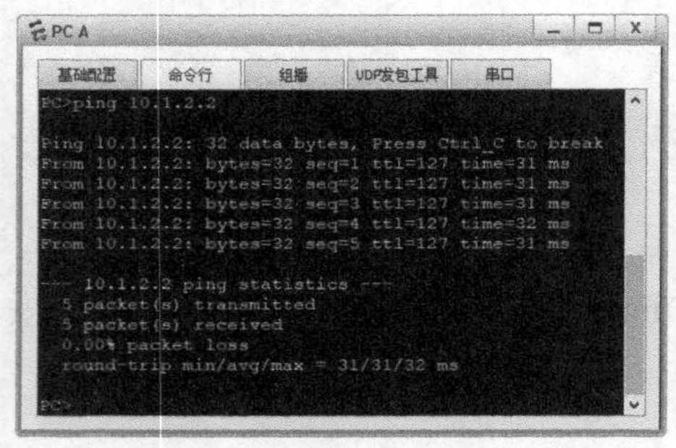

图 6-23 PC A 成功 ping 通 PC B 的结果

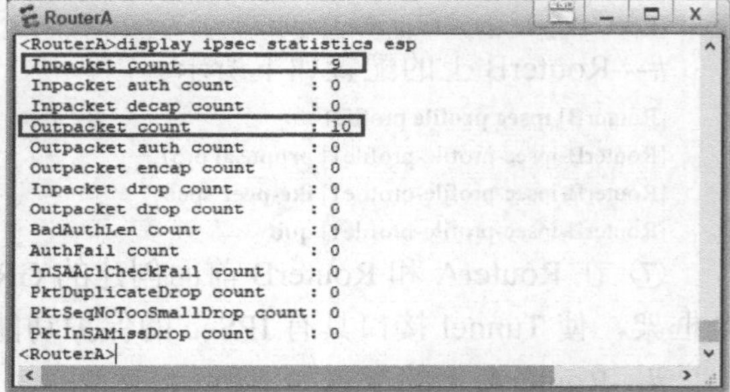

图 6-24 在 RouterA 上执行 **display ipsec statistics esp** 命令的输出

6.4.4 Ethernet over GRE 隧道配置示例

Ethernet over GRE 隧道配置示例的拓扑结构如图 6-25 所示，RouterA、RouterB 和

RouterC 使用 OSPF 协议路由实现公网三层互通。分支以太网内的 PC1 和 PC2 属于同一 IP 网段，现需要 PC1 和 PC2 通过公网实现二层互通。

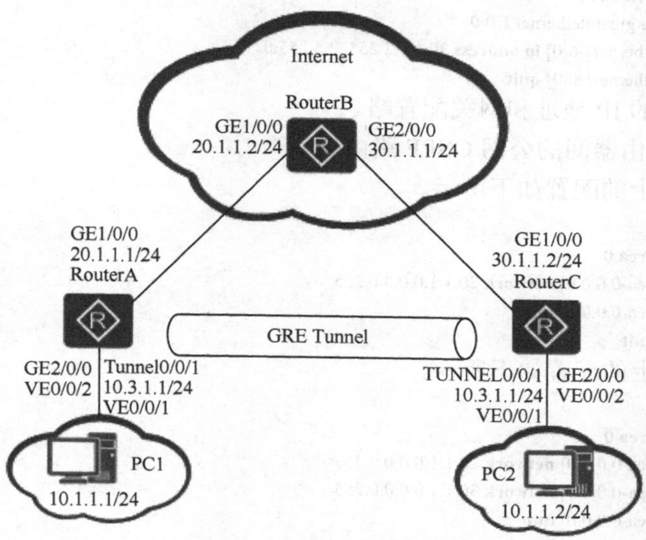

图 6-25　Ethernet over GRE 隧道配置示例的拓扑结构

1．基本配置思路分析

这是一个要实现远程二层以太网互连的应用，可以采用 Ethernet over GRE 方案来实现，基本配置思路如下（华为模拟器下部分命令不支持）。

① 配置各设备物理接口 IP 地址。

② 在所有路由器上配置通过 OSPF 路由协议实现公网侧的三层互通。

③ 在 RouterA 和 RouterC 上创建并配置 GRE Tunnel 接口，建立 GRE 隧道。

④ 在 RouterA 和 RouterC 上创建并配置 LAN 和 WAN 侧 VE 接口，使 PC1 和 PC2 之间的流量通过 GRE 隧道传输，实现 PC1 和 PC2 互通。

2．具体配置步骤

① 配置各设备物理接口 IP 地址。

#---RouterA 上的配置如下所示。

```
<Huawei> system-view
[Huawei] sysname RouterA
[RouterA] interface gigabitethernet 1/0/0
[RouterA-GigabitEthernet1/0/0] ip address 20.1.1.1 255.255.255.0
[RouterA-GigabitEthernet1/0/0] quit
```

#---RouterB 上的配置如下所示。

```
<Huawei> system-view
[Huawei] sysname RouterB
[RouterB] interface gigabitethernet 1/0/0
[RouterB-GigabitEthernet1/0/0] ip address 20.1.1.2 255.255.255.0
[RouterB-GigabitEthernet1/0/0] quit
[RouterB] interface gigabitethernet 2/0/0
[RouterB-GigabitEthernet2/0/0] ip address 30.1.1.1 255.255.255.0
[RouterB-GigabitEthernet2/0/0] quit
```

#---RouterC 上的配置如下所示。

```
<Huawei> system-view
[Huawei] sysname RouterC
[RouterC] interface gigabitethernet 1/0/0
[RouterC-GigabitEthernet1/0/0] ip address 30.1.1.2 255.255.255.0
[RouterC-GigabitEthernet1/0/0] quit
```

PC1 和 PC2 的 IP 地址和网关配置略。

② 配置各路由器间的公网 OSPF 路由。

#---RouterA 上的配置如下所示。

```
[RouterA] ospf 1
[RouterA-ospf-1] area 0
[RouterA-ospf-1-area-0.0.0.0] network 20.1.1.0 0.0.0.255
[RouterA-ospf-1-area-0.0.0.0] quit
[RouterA-ospf-1] quit
```

#---RouterB 上的配置如下所示。

```
[RouterB] ospf 1
[RouterB-ospf-1] area 0
[RouterB-ospf-1-area-0.0.0.0] network 20.1.1.0 0.0.0.255
[RouterB-ospf-1-area-0.0.0.0] network 30.1.1.0 0.0.0.255
[RouterB-ospf-1-area-0.0.0.0] quit
[RouterB-ospf-1] quit
```

#---RouterC 上的配置如下所示。

```
[RouterC] ospf 1
[RouterC-ospf-1] area 0
[RouterC-ospf-1-area-0.0.0.0] network 30.1.1.0 0.0.0.255
[RouterC-ospf-1-area-0.0.0.0] quit
[RouterC-ospf-1] quit
```

以上配置完成后，在 RouterA 和 RouterC 上执行 **display ip routing-table** 命令，可以看到它们能够学到去往对端公网接口 IP 地址所对应的 OSPF 路由。以下是 RouterA 在执行本命令的输出，如下所示。

```
[RouterA] display ip routing-table protocol ospf
<keyword conref="../commonterms/commonterms.xml#commonterms/route-flags"></keyword>
------------------------------------------------------------------------------
Public routing table : OSPF
         Destinations : 1          Routes : 1

OSPF routing table status : <Active>
         Destinations : 1          Routes : 1

Destination/Mask    Proto   Pre  Cost      Flags NextHop         Interface

      30.1.1.0/24   OSPF    10   2           D   20.1.1.2        GigabitEthernet1/0/0

OSPF routing table status : <Inactive>
         Destinations : 0          Routes : 0
```

③ 在 RouterA 和 RouterC 上创建并配置 GRE Tunnel 接口，建立 GRE 隧道。

#---RouterA 上的配置如下所示。

```
[RouterA] interface tunnel 0/0/1
[RouterA-Tunnel0/0/1] tunnel-protocol gre
[RouterA-Tunnel0/0/1] ip address 10.3.1.1 255.255.255.0
```

```
[RouterA-Tunnel0/0/1] source 20.1.1.1
[RouterA-Tunnel0/0/1] destination 30.1.1.2
[RouterA-Tunnel0/0/1] quit
```

#---RouterC 上的配置如下所示。

```
[RouterC] interface tunnel 0/0/1
[RouterC-Tunnel0/0/1] tunnel-protocol gre
[RouterC-Tunnel0/0/1] ip address 10.3.1.2 255.255.255.0
[RouterC-Tunnel0/0/1] source 30.1.1.2
[RouterC-Tunnel0/0/1] destination 20.1.1.1
[RouterC-Tunnel0/0/1] quit
```

以上配置完成后，Tunnel 接口状态变为 Up，RouterA 和 RouterB 上的 Tunnel 接口之间可以互相 ping 通。以下是在 RouterA 上以本端 Tunnel 接口 IP 地址为源 IP 地址 ping RouterC 上 Tunnel 接口 IP 地址的结果，如下所示。

```
[RouterA] ping -a 10.3.1.1 10.3.1.2
  PING 10.3.1.2: 56    data bytes, press CTRL_C to break
    Reply from 10.3.1.2: bytes=56 Sequence=1 ttl=255 time=1 ms
    Reply from 10.3.1.2: bytes=56 Sequence=2 ttl=255 time=1 ms
    Reply from 10.3.1.2: bytes=56 Sequence=3 ttl=255 time=1 ms
    Reply from 10.3.1.2: bytes=56 Sequence=4 ttl=255 time=1 ms
    Reply from 10.3.1.2: bytes=56 Sequence=5 ttl=255 time=1 ms

  --- 10.3.1.2 ping statistics ---
    5 packet(s) transmitted
    5 packet(s) received
    0.00% packet loss
    round-trip min/avg/max = 1/1/1 ms
```

④ 在 RouterA 和 RouterC 上创建并配置 LAN 和 WAN 侧 VE 接口，使 PC1 和 PC2 之间的流量通过 GRE 隧道传输，实现 PC1 和 PC2 互通。

创建并配置二层 VE 接口 VE0/0/2，并绑定到 LAN 侧物理以太网接口 GE2/0/0；创建并配置二层 VE 接口 VE0/0/1，并绑定到 WAN 侧 Tunnel 接口 Tunnel0/0/1。

假设 PC1 和 PC2 在各自内网中都加入了 VLAN 100，则 RouterA 和 RouterC 上绑定 LAN 侧 GE2/0/0 接口的二层 VE0/0/2 接口要加入 VLAN100，而绑定 WAN 侧的 Tunnel0/0/1 接口的 VE0/0/1 接口要允许 VLAN 100 的数据帧带标签通过。以下是 RouterA 上的配置，RouterC 上的配置与 RouterA 上的配置是对称的，参见即可。

```
[RouterA] vlan 100
[RouterA-vlan100] quit
[RouterA] interface virtual-ethernet 0/0/2
[RouterA-Virtual-Ethernet0/0/2] portswitch
[RouterA-Virtual-Ethernet0/0/2] port link-type access
[RouterA-Virtual-Ethernet0/0/2] port default vlan 100
[RouterA-Virtual-Ethernet0/0/2] quit
[RouterA] interface gigabitethernet 2/0/0
[RouterA-GigabitEthernet0/0/2] map interface virtual-ethernet 0/0/2
[RouterA-GigabitEthernet0/0/2] quit
[RouterA] interface virtual-ethernet 0/0/1
[RouterA-Virtual-Ethernet0/0/1] portswitch
[RouterA-Virtual-Ethernet0/0/1] port link-type trunk
[RouterA-Virtual-Ethernet0/0/1] port trunk allow-pass vlan 100
[RouterA-Virtual-Ethernet0/0/1] quit
```

```
[RouterA] interface tunnel 0/0/1
[RouterA-Tunnel0/0/1] map interface virtual-ethernet 0/0/1
[RouterA-Tunnel0/0/1] quit
```

通过以上配置，位于两端内部子网中的 PC1 与 PC2 可实现二层互通。

6.5 GRE 典型故障排除

GRE 的应用部署中可能出现的故障主要有两类：一类是两端的 Tunnel 接口 ping 不通，另一类是两端的 Tunnel 接口可以 ping 通，但两端私网用户不能互访。下面分别介绍它们的故障排除方法。

6.5.1 隧道两端 ping 不通的故障排除

这种故障现象体现为从一端的 GRE 设备上无法 ping 通对端 Tunnel 接口 IP 地址，这是因为 GRE 隧道没有建立成功。因为 GRE 隧道是基于 Tuunel 接口建立的，所以需要重点检查两端的 Tunnel 接口配置。

此时可以先通过在两端 GRE 设备执行 **display interface tunnel** 命令查看对应 Tunnel 接口的工作状态，也就是三层协议状态。正常情况下，Tunnel 接口的工作状态和链路层协议状态应均为 Up，如下所示。

```
<Huawei> display interface tunnel 0/0/1
Tunnel0/0/2 current state : Up
Line protocol current state : Up
……
```

当然，即使 Tunnel 接口的工作状态和链路层协议状态都 Up 了，还有可能因其他原因导致两端不能互通。下面分别进行分析。

1. 一端或两端 Tunnel 接口工作状态为 Down

如果 Tunnel 接口工作不正常，状态为 Down，那么依靠 Tunnel 接口建立的 GRE 隧道肯定建立不成功。但一般 Tunnel 接口的链路层协议会 Up，因为 Tunnel 接口是逻辑接口，不存在实际链路，只要配置有链路层协议，它的链路层协议状态就会 Up。缺省情况下，Tunnel 接口的链路层协议为 PPP，所以此时重点检查 Tunnel 接口的工作状态（即三层协议状态），如果通过在两端执行 **display interface tunnel** 命令后发现有一端或者两端的 Tunnel 接口工作状态为 Down，则可按以下思路来进行排除。

① 检查两端 Tunnel 接口的封装模式是否一致。

因为建立的是 GRE 隧道，所以使用的 Tunnel 接口的封装协议必须均为 GRE 模式（在第 4 章已介绍，Tunnel 接口还可以有 IPSec 或 P2MP 等其他模式）。可以在该 Tunnel 的接口视图下执行 **display this interface** 命令来检查两端 Tunnel 接口的封装模式是否均为 GRE。如果显示为“Tunnel protocol/transport GRE/IP”，则说明接口的封装模式为 GRE，是正确的。

如果两端的封装模式不全是 GRE，请在 Tunnel 接口视图下执行 **tunnel-protocol gre** 命令重新配置接口封装模式为 GRE。

【注意】重新配置 Tunnel 接口的封装协议后，原有的源和目的 IP 地址配置等将丢失，需要重新配置。

② 检查 Tunnel 接口配置是否正确。

如果检查发现两端的 Tunnel 接口封装模式相同，且均为 GRE 模式，则检查两端 Tunnel 接口是否配置了 IP 地址，是否配置了隧道的源 IP 地址（或源接口）和目的 IP 地址，而且两端的配置是否互为源 IP 地址和目的 IP 地址（也就是本端配置的源 IP 地址一定是对端配置的目的 IP 地址，本端配置的目的 IP 地址一定是对端配置的源 IP 地址）。因为如果两者不是互为源和目的 IP 地址，则不能共同建立一条隧道。

此时，可在 Tunnel 接口视图下执行 **display this** 命令来检查两端 Tunnel 接口的配置信息。如果在 Tunnel 接口的配置信息中，两端不是互为源 IP 地址和目的 IP 地址，则在 Tunnel 接口视图下，执行 **source** { *source-ip-address* | *interface-type interface-number* }和 **destination** *dest-ip-address* 命令重新配置。

③ 检查两端是否存在到达对端的公网路由。

如果两端的 Tunnel 接口已配置成互为源 IP 地址和目的 IP 地址，则要检查隧道的源 IP 地址和目的 IP 地址之间是否存在可达的公网路由。当然，如果 Tunnel 的源接口与目的接口之间是直连的，就不会存在路由的问题。

此时可执行 **display ip routing-table** 命令查看本地 IP 路由表，看是否到达对方公网接口（注意：不是 Tunnel 接口）所在 IP 网段的路由表项。如果到达了，再使用 **display fib** 命令查看转发表（FIB 表），看是否到达对方公网接口的转发表项，因为在路由表中有路由表项不一定表示在转发表中存在对应的转发项，而真正的数据转发依据的是转发表中的转发表项。如果源 IP 地址和目的 IP 地址之间不存在到达对方的路由，则根据需要配置到达对方公网的静态路由或者动态路由协议，使源 IP 地址和目的 IP 地址之间路由可达。

通过以上排除，两端的 Tunnel 接口的工作状态应该均为 Up，但仍不能保证两端的 Tunnel 接口一定可以互通。下面介绍这种情形的故障排除方法。

2. 两端 Tunnel 接口的网络层协议都 Up，但仍不能互通

这种情形下，已可以确定故障原因不再是以上所分析的 Tunnel 接口基础配置问题，这时就只有一种可能，那就是两端的 GRE Key 配置不一致。如果配置了 Tunnel 接口的识别关键字，就要确保隧道两端的这项配置保持一致，否则都采用缺省配置。

可在两端执行 **display interface tunnel** 命令检查两端 Tunnel 接口的 GRE Key 是否一致。正确的配置如下。

① 两端都不配置 GRE Key。

② 两端配置相同的 *key-number*。

6.5.2 隧道是通的，但两端私网不能互访的故障排除

这种故障现象表明，GRE 隧道虽然建立成功，但源端私网用户发送的数据没有成功通过隧道传输到对端私网中的目的主机，这时的故障原因为路由的配置问题，具体有以下 2 个方面的可能。

① 没有为私网中的数据报文配置经由 Tunnel 接口转发的路由。

在基于 Tunnel 接口的隧道建立方式下，数据流的定义就是通过配置以 Tunnel 接口

为出接口的路由来引导这些数据流进入隧道转发，如果没有配置相应的路由，则用户数据报文是不可能通过隧道来转发的。

这时我们可以通过在 GRE 设备上执行 **display ip routing-table** 命令查看本地 IP 路由表，看有没有到达对方私网的路由表项。如果有，再使用 **display fib** 命令查看转发表（FIB 表），看是否有到达对方私网的转发表项。如果没有，则根据需要选择静态或动态路由在两端配置到达对端私网的路由。如果采用的是静态路由配置方式，目的网段就是对端私网的 IP 网段，出接口是本端 GRE Tunnel 接口，可不用指定下一跳 IP 地址；如果采用的是动态路由配置方式，在进行路由通告时，私网所在网段和 Tunnel 接口 IP 地址所在网段的路由要在同一路由协议进程下配置。

当然，如果进入 GRE 设备的不是 IP 报文，而是 FR、PPP、以太网等二层报文，此时就需要在隧道两端配置好 Link-bridge 功能，把入接口与 Tunnel 接口绑定好。

② Tunnel 接口所在网段的路由没有与公网路由隔离。

如果公网和私网都采用相同的动态路由协议来配置路由，则此时要特别注意，所配置的 Tunnel 接口的 IP 地址一定不能包含在公网的动态路由协议中 **network** 命令所通告的内，特别是 RIP，因为它是采用自然网段进行通告的，否则 Tunnel 接口之间的数据转发也会通过公网路由进行，而不会通过 GRE 隧道进行，私网中用户发送的数据报文更不会通过 GRE 隧道传输。

第 7 章 DSVPN 配置与管理

本章主要内容

7.1 DSVPN 基础

7.2 DSVPN 的基本原理

7.3 DSVPN 配置与管理

7.4 DSVPN 的其他应用及配置

7.5 DSVPN 维护与管理命令

7.6 DSVPN 典型应用配置示例

7.7 DSVPN 典型故障排除

动态智能 VPN（Dynamic Smart Virtual Private Network，DSVPN）基于 GRE 隧道技术，所构建的是 GRE 隧道。但 DSVPN 创建的 Tunnel 接口封装模式是 mGRE（多点 GRE），可以实现一对多的 GRE 隧道构建，即一个 mGRE Tunnel 接口可以同时与多个对端建立 VPN 通信。

DSVPN 的另一个优势是在分支机构采用动态 IP 地址接入互联网时也可与企业总部、其他分支机构建立 VPN，非常实用。其中主要用到的技术为下一跳解析协议（Next Hop Resolution Protocol，NHRP），它可以动态解析下一跳 IP 地址。

本章将全面介绍 DSVPN 中的相关技术原理、各项配置任务的具体配置方法，及不同网络环境、不同应用情形、不同子网路由方案下的多个应用方案配置示例，以帮助大家加深对 DSVPN 技术原理和各项配置任务的具体配置方法的理解，供大家在实际工作应用中直接参考。

7.1 DSVPN 基础

现有的 VPN 组网方案中，一般采用 GRE、L2TP、IPSec 及 MPLS 等方式。但是这些 VPN 方案都存在一个共同的弊端，就是必须为每对 VPN 连接进行比较复杂的配置。当有较多网络（假设为 N 个）需要进行 VPN 连接时，就必须为 $N\times(N-1)/2$ 个 VPN 连接分别进行一一配置，设备配置和维护成本较高。

另外，当分支机构采用动态的公网 IP 地址接入互联网时，使用以上这些传统 VPN 方案时都存在一个问题，那就是分支机构之间无法直接通信，分支之间的数据转发必须通过总部网关进行，因为源分支无法动态获取直接到达目的分支子网的下一跳 IP 地址，没有直接到达对端分支的公网路由。

7.1.1 DSVPN 简介及主要优势

DSVPN 是一种智能化的 VPN 技术，它可在 Hub-Spoke 网络模型中（Hub 代表企业总部，Spoke 代表企业分支）的 Spoke 与 Hub 及 Spoke 与 Spoke 之间实现一对多的动态 VPN 建立。它通过 NHRP 和多点通用路由封装（multipoint Generic Routing Encapsulation，mGRE）技术解决了以上所说的传统 VPN 方案问题。

这里所说的“动态”包含两层含义：一方面是 DSVPN 网络中的 Spoke 可以采用动态 IP 分配方式接入公网（**Hub 必须以静态公网 IP 地址接入**），Hub 通过 NHRP 可以动态解析、获取 Spoke 动态的公网 IP 地址，解决无法事先获得通信对端分支公网 IP 地址的问题；另一方面使用 NHRP 的动态注册和解析功能，在新增 Spoke 时，不用在 Hub 及其他已有 Spoke 上做任何配置更改，只要在新增的 Spoke 上做简单配置即可，智能化地实现与 Hub 及其他 Spoke 的 VPN 通信，这不仅大大减少了配置工作量，也拓展了 VPN 应用的领域。

Hub-Spoke 结构 DSVPN 网络组网示意如图 7-1 所示，采用动态 IP 地址分配方式接入公网的 Spoke 网间也可直接通过公网建立 VPN。

DSVPN 还通过 mGRE 技术实现了通过一个 mGRE 隧道接口与多个对端建立多条 GRE 隧道，实现一对多的 GRE VPN 组网，简化了子网流量的管理及设备上 GRE 和 IPSec 的配置。

总体来说，DSVPN 可以带来以下好处。

（1）降低 VPN 网络构建成本

DSVPN 可以实现分支和总部机构，以及分支之间的动态全网 VPN 连接，且分支不需要单独购买静态的公网 IP 地址，节省企业开支。

（2）简化总部和分支配置

总部和分支上配置的隧道接口可从多个点对点 GRE 隧道接口变为一个点对多点的 mGRE 隧道接口。当为 DSVPN 网络添加新的分支时，企业网络管理员不需要更改总部或任何当前分支上的配置，只需要在新的分支进行配置，之后新的分支会自动向总部进行动态注册。

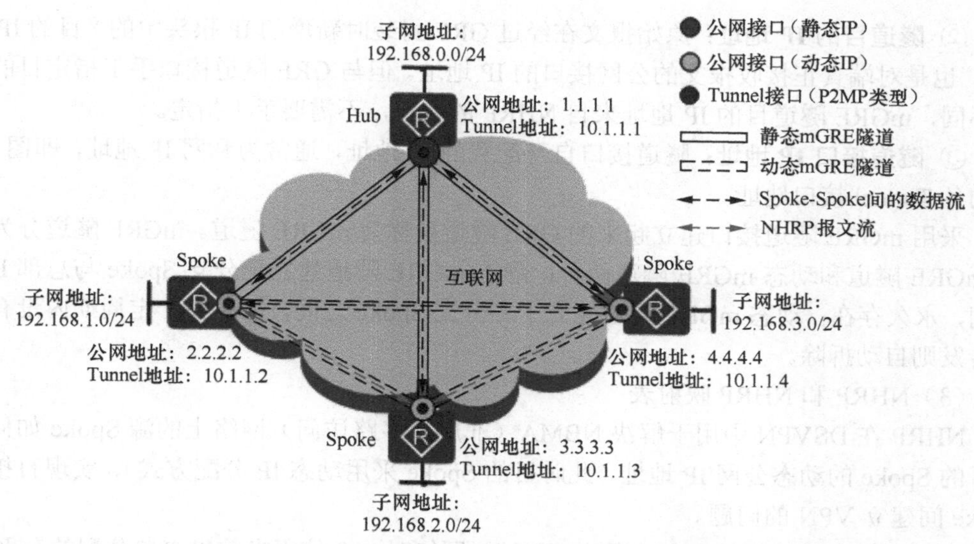

图 7-1　Hub-Spoke 结构 DSVPN 网络组网示意

（3）降低分支间数据传输时延和总部的负担

分支间可以直接动态构建 GRE 隧道，业务数据可以直接转发，不用再经过总部机构，降低了分支间数据转发的时延，提升了转发性能和效率，也减轻了总部设备的公网接入带宽和设备性能负担。

7.1.2　DSVPN 中的重要概念

如图 7-1 所示，企业通过公共网络将总部与地理位置不同的多个分支相连，Hub 使用静态的公网 IP 地址，Spoke 使用动态的公网 IP 地址。当源 Spoke 需要向目的 Spoke 发送数据报文时，源 Spoke 将通过与 Hub 之间的静态 mGRE 隧道交互 NHRP 获取目的 Spoke 的公网地址，最终实现与目的 Spoke 之间建立动态 mGRE 隧道。隧道建立完成后，Spoke 与 Spoke 之间的数据报文将通过该动态 mGRE 隧道直接发送给对方，不再经过总部 Hub 中转。

DSVPN 中涉及以下重要概念。

（1）DSVPN 节点

DSVPN 节点是配置了 DSVPN 功能的 VPN 网关设备，包括 Spoke 和 Hub 两种形态。Spoke 是指企业分支的网关设备，一般使用动态的公网 IP 地址；Hub 通常是企业总部的网关设备，是 DSVPN 的中心设备，接收 Spoke 的注册信息，既可使用静态的公网地址，也可使用域名注册。

（2）mGRE 和 mGRE 隧道接口

mGRE 是在 GRE 基础上发展而来的一种点对多点（P2MP）GRE 技术。mGRE 隧道接口是一种支持点对多点通信的逻辑接口，采用 mGRE 封装模式。

mGRE 隧道接口包括以下元素。

① **隧道源 IP 地址**：原始报文在经过 GRE 封装时新增的 IP 报头中的“源 IP 地址”，也是本端真正发送报文的公网接口的 IP 地址，即图 7-1 中的各公网 IP 地址。

② **隧道目的 IP 地址**：原始报文在经过 GRE 封装时新增的 IP 报头中的“目的 IP 地址”，也是对端真正接收报文的公网接口的 IP 地址。但与 GRE 隧道接口手工指定目的地址不同，mGRE 隧道目的 IP 地址来自 NHRP 的解析，不需要手工指定。

③ **隧道接口 IP 地址**：隧道接口自身配置的 IP 地址，通常为私网 IP 地址，即图 7-1 中的各 Tunnel 接口地址。

采用 mGRE 隧道接口建立起来的 GRE 隧道被称为 mGRE 隧道。mGRE 隧道分为静态 mGRE 隧道和动态 mGRE 隧道两种：静态 mGRE 隧道建立于分支 Spoke 与总部 Hub 之间，永久存在；动态 mGRE 隧道建立于各分支 Spoke 之间，如果在一定周期内没有流量转发则自动拆除。

（3）NHRP 和 NHRP 映射表

NHRP 在 DSVPN 中用于解决 NBMA（非广播多路访问）网络上的源 Spoke 如何获取目的 Spoke 的动态公网 IP 地址（此时目的 Spoke 采用动态 IP 分配方式），实现直接在 Spoke 间建立 VPN 的问题。

当动态接入互联网的 Spoke 接入 NBMA 网络时，会使用当前出接口分配的公网 IP 地址向 Hub 发送 NHRP 注册请求，Hub 在收到 Spoke 发来的注册请求后，根据这些请求信息创建或刷新对应的 NHRP 映射表项，即各 Spoke 的 mGRE Tunnel 接口 IP 地址与其公网接口当前公网 IP 地址之间的映射关系。同时，Hub 也接受源 Spoke 向其他 Spoke 发起的地址解析请求，可直接应答或转发解析请求到目的 Spoke，以便在源 Spoke 上创建和刷新目的 Spoke 的 NHRP 映射表项。

按照生成方式的不同，NHRP 映射表分为静态表项和动态表项两种。

① **静态表项**：由网络管理员手工配置。Spoke 要与 Hub 建立静态 mGRE 隧道，需要在 Spoke 上手工配置 Hub 的 Tunnel 接口 IP 地址和公网 IP 地址之间的静态 NHRP 映射表项。

② **动态表项**：由 NHRP 动态生成的表项。例如，Hub 通过 NHRP 注册报文提取各 Spoke 的 Tunnel 接口 IP 地址和公网 IP 地址而生成的 NHRP 映射表项，以及各 Spoke 通过 NHRP 解析报文提取对端 Spoke 的 Tunnel 地址/子网地址和公网 IP 地址而生成的 NHRP 映射表项。

7.2 DSVPN 的基本原理

mGRE 与 NHRP 技术的结合，最终实现了在 DSVPN 中分配动态公网 IP 地址的 Spoke 间动态建立 mGRE 隧道的目的。其基本原理是：当设备转发一个 IP 报文时，根据路由表获知 IP 报文并转发给到达下一跳的出接口（对端的 mGRE 隧道接口）的路径。然后 mGRE 协议根据本地 NHRP 映射表查找并获取该下一跳 IP 地址（对端的 mGRE 隧道接口 IP 地址）所映射的对端公网 IP 地址。最后对原始 IP 报文进行 mGRE 封装，加上新的 IP 报头，其中的目的 IP 地址就是对端的公网 IP 地址，这样 IP 报文就能向隧道对端发送，最终建立 mGRE 隧道。

7.2.1 mGRE 隧道建立的 3 个环节

NHRP 映射表和路由表是 mGRE 与 NHRP 结合，最终建立 mGRE 隧道的重要依据。如果一端分支有对端分支 Tunnel 接口 IP 地址或子网 IP 地址与其公网 IP 地址的 NHRP 映射表项，有到达对端分支子网的路由，那么这两个分支间就可以动态地建立 mGRE 隧道。也就是说，源分支要与目的分支动态建立 mGRE 隧道，必须要先建立基于目的分支的 Tunnel 接口 IP 地址或子网 IP 地址与其对应的公网 IP 地址之间的 NHRP 映射表项，同时还要有到达对端分支子网的路由。

【说明】源 Spoke 上所生成的基于目的 Spoke 的 NHRP 映射表项中的内容，在下面将要介绍的非 shortcut 方式和 shortcut 方式中有所不同，前者是目的 Spoke 的 Tunnel 接口 IP 地址与其公网 IP 地址的映射，后者是目的 Spoke 子网 IP 地址与其公网 IP 地址之间的映射。目的 Spoke 所生成的基于源 Spoke 的 NHRP 映射表项中的内容都是源 Spoke 的 Tunnel 接口 IP 地址与其公网 IP 地址的映射。

最初，分支 Spoke 只有一个静态配置的 NHRP 映射表（Hub 的 Tunnel 接口 IP 地址与 Hub 公网 IP 地址的映射），也只有到总部 Hub 的路由。因此，分支间此时还无法直接建立隧道，只能先借助 Hub 学习到分支间的路由，生成彼此 Tunnel 接口 IP 地址或子网 IP 地址及其对应的公网 IP 地址的 NHRP 映射表项。这个过程又主要包括以下 3 个环节。

1）建立 Spoke 与 Hub 之间的静态 mGRE 隧道

这一环节的目的是打通分支到分支报文转发的通道，使一端分支的报文可以借助 Hub 转发到另一端分支。DSVPN 在 Spoke 与 Hub 之间建立的 mGRE 隧道是一种静态隧道，无论 Spoke 与 Hub 间是否有流量经过，该隧道一直存在。

2）分支间路由学习

这一环节的目的是生成从一端分支到另一端分支的路由。它包括以下两种方式。

（1）分支间相互学习路由（非 shortcut 方式）

在非 shortcut 方式中，源分支到目的分支子网的路由下一跳为目的分支的 Tunnel 接口 IP 地址，每个分支需要学习并保存所有对端的路由信息。这种情况下，Spoke 会消耗大量的 CPU 和内存资源，对其路由表容量和性能有较高的要求。而在实际应用中，Spoke 的性能往往较低，能存放的路由数量有限。因此，这种路由学习方式只适用于网络节点较少、路由信息量小的中小型网络。

（2）分支路由汇聚到总部（shortcut 方式）

在 shortcut 方式中，源分支到目的分支子网的路由下一跳为总部的 Tunnel 接口 IP 地址，Spoke 只需存放到达 Hub 的路由。由于 Spoke 减少了自身的路由数量，所以该路由学习方式适用于网络规模大、分支较多的大型网络。

3）建立 Spoke 与 Spoke 之间的 mGRE 隧道

这一环节的目的是通过 Hub 建立用于分支间直接通信的通道。当一个分支向另一个分支转发数据报文时，如果源 Spoke 找不到目的 Spoke 的公网 IP 地址，则会触发源分支和目的分支间动态生成 Tunnel 接口 IP 地址或子网 IP 地址与其对应的公网 IP 地址的 NHRP 映射表项，建立 Spoke 与 Spoke 之间的 mGRE 隧道。这也是本章节后面在配置示例的配置结果验证中所介绍的，在 Spoke 间没有通信之前，分支之间相互没有对端的

NHRP 表项，而一旦有通信（如在配置示例中进行的 ping 测试），则会触发生成对端分支的动态 NHRP 表项，最终会在源分支和目的分支之间建立动态 mGRE 隧道。

Spoke 与 Spoke 之间的 mGRE 隧道建成后，分支间的数据报文即可通过该隧道直接转发，不再经过 Hub 中转。Spoke 与 Spoke 之间建立的 mGRE 隧道是一种动态隧道，当 Spoke 与 Spoke 之间有流量通过时，隧道会自动保持激活；但当一定周期内没有流量经过时，隧道又会自动拆除，直到下次有流量通过时再重建。

7.2.2 Spoke 与 Hub 之间 mGRE 隧道的建立流程

DSVPN 开始时，总部 Hub 的 NHRP 映射表是空表，分支 Spoke 有一个静态配置的、基于 Hub Tunnel 接口 IP 地址与其公网 IP 地址的 NHRP 映射表项。要建立 Spoke 与 Hub 之间的 mGRE 隧道，Hub 要生成各分支 Tunnel 接口 IP 地址/子网 IP 地址与其公网 IP 地址的 NHRP 映射表项，这要通过分支 Spoke 向总部 Hub 进行 NHRP 注册来实现，Spoke 到 Hub 的 mGRE 隧道建立流程如图 7-2 所示，具体说明如下（具体步骤对应图中的序号）。

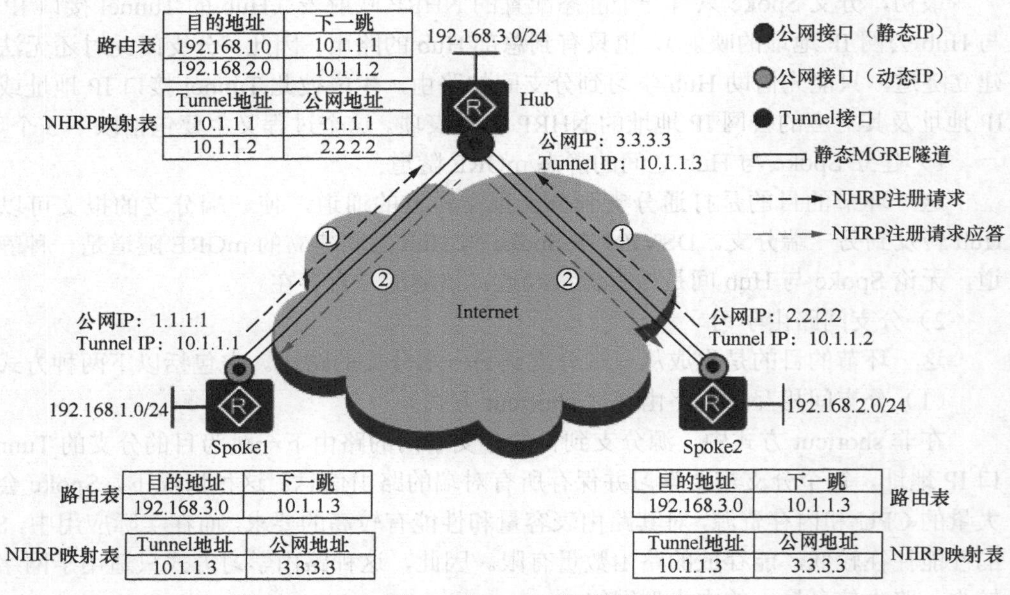

图 7-2 Spoke 到 Hub 的 mGRE 隧道建立流程

下面仅以 Spoke1 与 Hub 之间的静态 mGRE 隧道建立为例进行介绍。

① Spoke1 向 Hub 发送 NHRP 注册请求报文

在 Spoke1 上手工配置 Hub 的 Tunnel 接口 IP 地址和公网 IP 地址的静态 NHRP 映射表项后，Spoke1 就会定期向 Hub 发送 NHRP 注册请求报文。NHRP 注册请求报文经过 GRE 重封装后，新 IP 报头中的源 IP 地址是 Spoke1 的公网接口 IP 地址，目的 IP 地址是 Hub 的公网 IP 地址。NHRP 请求报文中携带了 Spoke1 的 Tunnel 接口 IP 地址（即 Source NBMA Address，源 NBMA 地址）和 Spoke1 的 Tunnel 接口所绑定的公网接口当前的公网 IP 地址（即源协议地址），Spoke1 发送 Hub 的 NHRP 注册请求报文如图 7-3 所示。

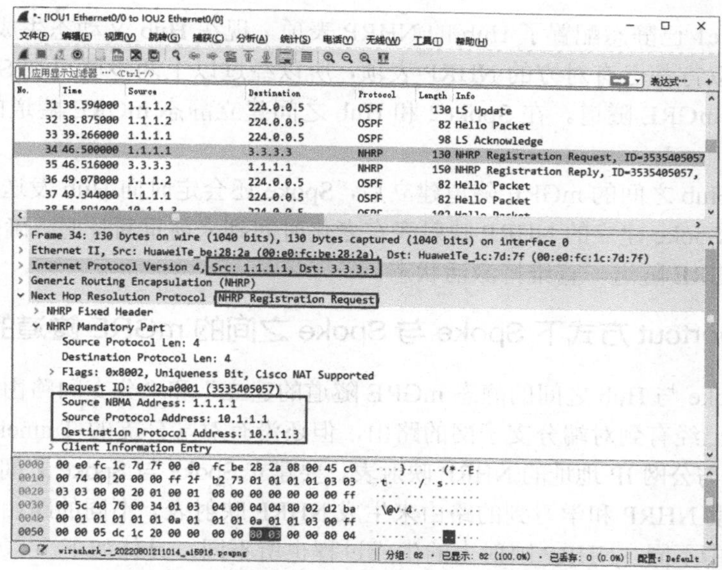

图 7-3 Spoke1 发送 Hub 的 NHRP 注册请求报文

② Hub 向 Spoke1 发送 NHRP 注册应答报文

Hub 收到来自 Spoke1 的 NHRP 注册请求报文后，提取 Spoke1 的 Tunnel 接口 IP 地址和公网 IP 地址，生成 Spoke1 的 NHRP 映射表项，同时向 Spoke1 发送 NHRP 注册应答报文。

NHRP 注册应答报文经过 GRE 重封装后，新 IP 报头的源 IP 地址是 Hub 的公网接口 IP 地址，目的 IP 地址是 Spoke1 的公网接口 IP 地址。但在 NHRP 注册应答报文中所携带的源 NBMA 地址、源协议地址，以及目的协议地址都与 Spoke1 发给 Hub 的 NHRP 注册请求报文中的一样，Hub 发给 Spoke1 的 NHRP 注册应答报文如图 7-4 所示。

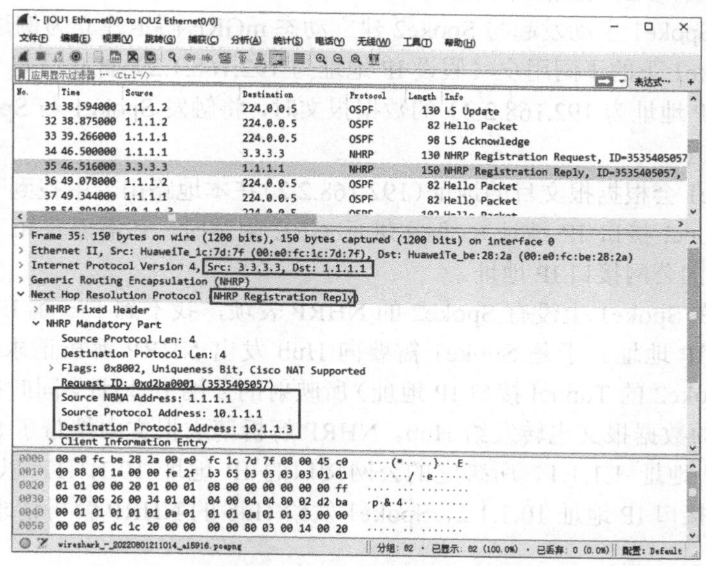

图 7-4 Hub 发给 Spoke1 的 NHRP 注册应答报文

因为 Spoke1 已静态配置了 Hub 的 NHRP 表项，现在 Hub 又动态生成了 Spoke1 的 NHRP 表项，双方都已有对方的 NHRP 表项，所以经过以上两步就可在 Spoke1 和 Hub 之间建立静态 mGRE 隧道。在 Spoke2 和 Hub 之间建立静态 mGRE 隧道的方法和以上一样。

Spoke 和 Hub 之间的 mGRE 隧道建立后，Spoke 还会定时向 Hub 发送注册消息，使 Hub 上原来为 Spoke 建立的 NHRP 映射表在老化时间到来前重新计时，确保分支与总部之间建立的 mGRE 隧道一直维持激活状态。

7.2.3 非 shortcut 方式下 Spoke 与 Spoke 之间的 mGRE 隧道的建立流程

经过“Spoke 与 Hub 之间的静态 mGRE 隧道的建立”和“分支间路由学习”两个环节后，各分支已经有到对端分支子网的路由，但还没有对端分支的 Tunnel 接口 IP 地址或子网 IP 地址与公网 IP 地址的 NHRP 映射表。要建立 Spoke 与 Spoke 之间的动态 mGRE 隧道，就要借助 NHRP 和学习到的路由来生成 NHRP 映射表。不同的路由学习方式，分支学习到的路由不同，NHRP 映射表的生成过程也所不同，具体如下。

① 在非 shortcut 方式下，源 Spoke 可以直接学习到目的 Spoke 的 Tunnel 接口 IP 地址。因此，源 Spoke 可以直接根据目的 Spoke 的 Tunnel 接口 IP 地址来查找对应的公网 IP 地址，生成目的 Spoke 的 Tunnel 接口 IP 地址与公网 IP 地址的 NHRP 映射表项。

② 在 shortcut 方式下，所有 Spoke 的路由下一跳全部都是 Hub 的 Tunnel 接口 IP 地址，源 Spoke 无法学习到目的 Spoke 的 Tunnel 接口 IP 地址。因此，源 Spoke 只能根据来自 Spoke 的报文中的目的 IP 地址（是对端 Spoke 的子网 IP 地址）来查找目的 Spoke 的公网 IP 地址，生成目的 Spoke 的子网 IP 地址与公网地址的 NHRP 映射表项，这一点与非 shortcut 方式下生成的 NHRP 映射表项是不一样的。

非 shortcut 方式下 Spoke1 与 Spoke2 之间 mGRE 隧道的建立流程如图 7-5 所示，具体说明如下（具体步骤对应图中的序号）。

下面仅以 Spoke1 主动发起与 Spoke2 建立动态 mGRE 隧道建立为例进行介绍。

① 当 Spoke1 下的子网用户（假设 IP 地址为 192.168.1.2）首次访问 Spoke2 下的子网用户（假设 IP 地址为 192.168.2.2）的数据报文时，将触发 Spoke1 与 Spoke2 之间建立动态 mGRE 隧道。

首先 Spoke1 会根据报文目的地址（192.168.2.2）在本地路由表中找到下一跳 10.1.1.2（Spoke2 的 Tunnel 接口 IP 地址），但在进行 GRE 封装时，还需要获知下一跳 IP 地址 10.1.1.2 所绑定的公网接口 IP 地址。

因为此时在 Spoke1 上没有 Spoke2 的 NHRP 表项，找不到下一跳 IP 地址 10.1.1.2 所对应的公网 IP 地址。于是 Spoke1 需要向 Hub 发出 NHRP 解析请求报文，请求解析 10.1.1.2（Spoke2 的 Tunnel 接口 IP 地址）所映射的公网 IP 地址，同时把访问 Spoke2 下面子网用户的数据报文也转发给 Hub。NHRP 解析请求报文中携带了 Spoke1 自己的 Tunnel 接口 IP 地址 1.1.1.1、所绑定的公网接口的 IP 地址 10.1.1.1，以及想要解析的 Spoke2 Tunnel 接口 IP 地址 10.1.1.2，Spoke1 发给 Hub 的 NHRP 解析请求报文如图 7-6 所示。

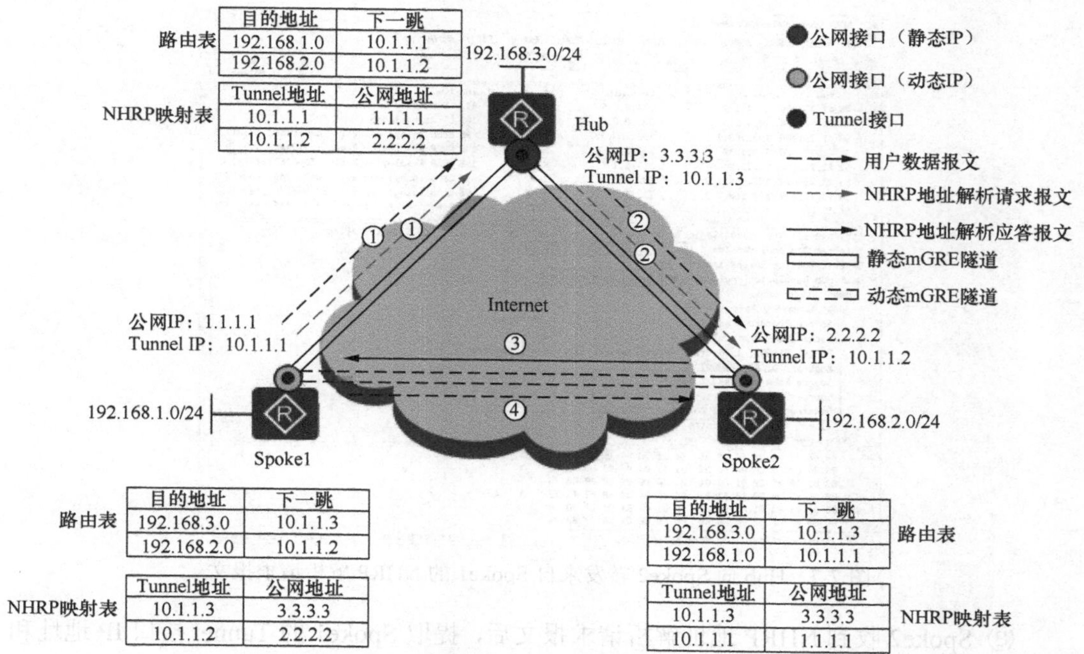

图 7-5 非 shortcut 方式下 Spoke1 与 Spoke2 之间 mGRE 隧道的建立流程

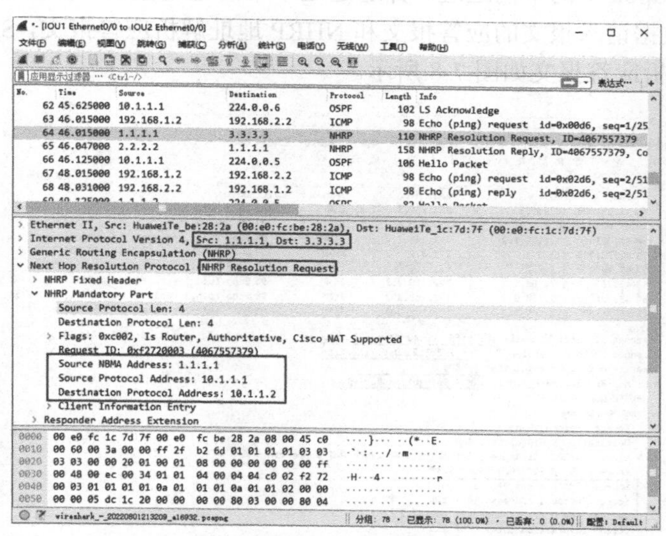

图 7-6 Spoke1 发给 Hub 的 NHRP 解析请求报文

② Hub 收到 Spoke1 发送的数据报文和 NHRP 地址解析请求报文并进行 GRE 解封装后，发现数据报文中的目的 IP 地址不是自己，要解析的 Tunnel 接口 IP 地址也不是自己的，都属于 Spoke2 端，于是经过 GRE 重封装后直接（不改变原始报文中的内容）将两个报文通过 Hub 与 Spoke2 间所建立的静态 mGRE 隧道转发给 Spoke2，Hub 向 Spoke2 转发来自 Spoke1 的 NHRP 解析请求报文如图 7-7 所示（NHRP 请求报文中的地址信息与图 7-6 完全一样）。

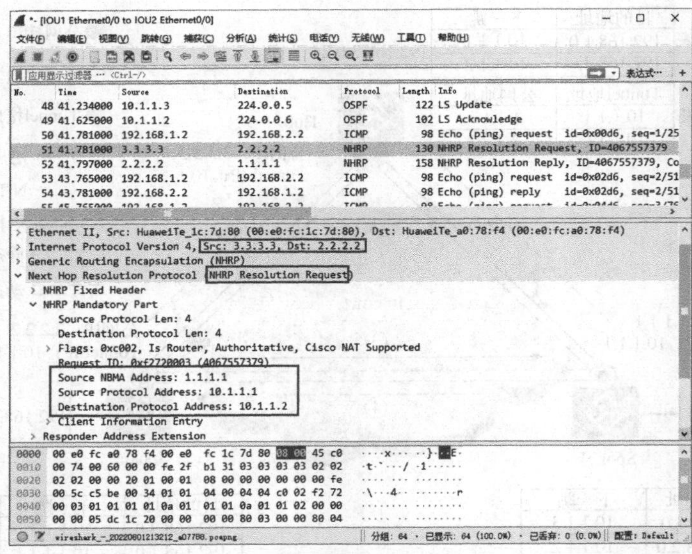

图 7-7 Hub 向 Spoke2 转发来自 Spoke1 的 NHRP 解析请求报文

③ Spoke2 收到 NHRP 地址解析请求报文后，提取 Spoke1 的 Tunnel 接口 IP 地址和公网 IP 地址，并添加它们之间映射（10.1.1.1—1.1.1.1）的 NHRP 映射表项。此时，Spoke2 就已建立了到达 Spoke1 的单向通道，并通过这个单向通道直接（不需要经过 Hub 中转）向 Spoke1 发送数据请求报文的应答报文和 NHRP 地址解析应答报文，Spoke2 向 Spoke1 发送的 NHRP 解析应答报文如图 7-8 所示。

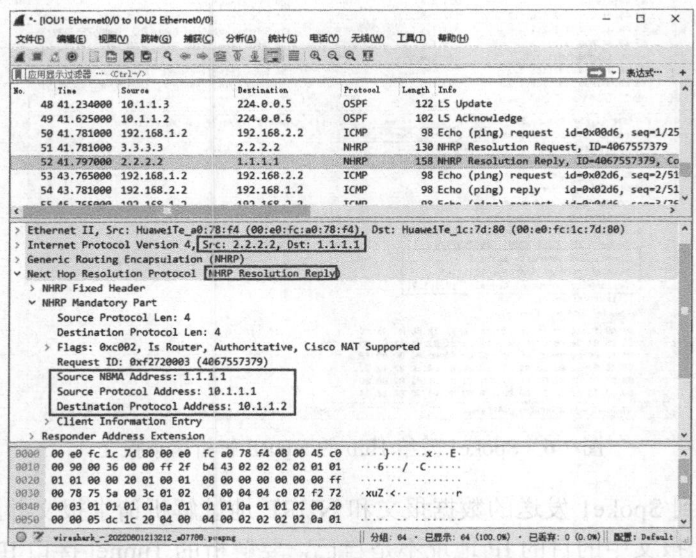

图 7-8 Spoke2 向 Spoke1 发送的 NHRP 解析应答报文

Spoke2 发送的 NHRP 应答报文中携带的地址信息仍与 Spoke1 发送的 NHRP 解析应答报文中携带的地址信息一样，包括了 Spoke2 的 Tunnel 接口 IP 地址 10.1.1.2（对比图 7-6），但从 IP 报头中的“源 IP 地址”字段中可以获取 Spoke2 的公网 IP 地址 2.2.2.2。

④ Spoke1 收到 NHRP 地址解析应答报文后，根据 NHRP 报文中的目的协议地址 10.1.1.2（即 Spoke2 的 Tunnel 接口 IP 地址），以及 IP 报头中的源 IP 地址 2.2.2.2（Spoke2 的公网 IP 地址），生成一个它们之间映射（10.1.1.2—2.2.2.2）的 Spoke2 动态 NHRP 映射表项。

此时，Spoke1 建立了到达 Spoke2 的单向通道。至此，Spoke1 与 Spoke2 之间的双向动态 mGRE 隧道随即建立。当 Spoke1 再次收到其下面子网用户发送给 Spoke2 的数据报文时，Spoke1 根据报文目的 IP 地址（192.168.2.2）在路由表中找到下一跳 10.1.1.2，再根据 10.1.1.2 在 NHRP 映射表中找到公网 IP 地址 2.2.2.2，即可按照公网 IP 地址 2.2.2.2 将此报文进行 mGRE 封装后直接发送给 Spoke2 下面子网中目的主机，不再经过总部 Hub。

7.2.4 shortcut 方式下 Spoke 与 Spoke 之间的 mGRE 隧道的建立流程

shortcut 方式下 Spoke1 与 Spoke2 之间的 mGRE 隧道的建立流程如图 7-9 所示，具体说明如下（具体步骤对应图中的序号）。

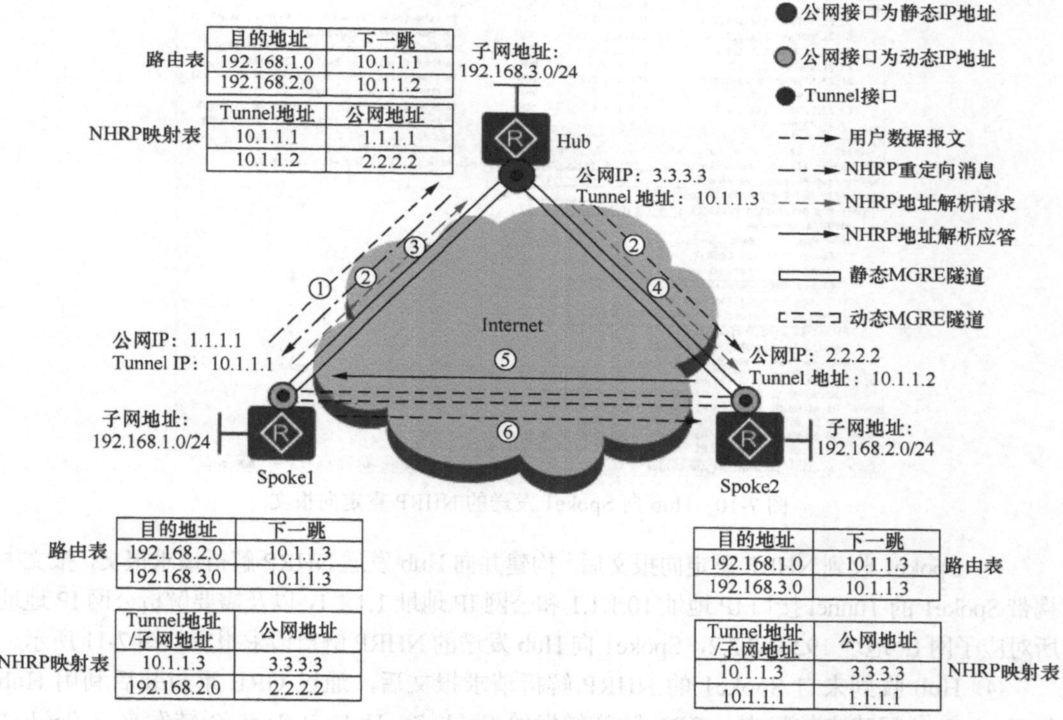

图 7-9 shortcut 方式下 Spoke1 与 Spoke2 之间的 mGRE 隧道的建立流程

下面也仅以 Spoke1 主动与 Spoke2 建立动态 mGRE 隧道为例进行介绍。

① 当 Spoke1 下的子网用户（假设 IP 地址为 192.168.1.2）首次访问 Spoke2 下的子网用户（假设 IP 地址为 192.168.2.2）的数据报文时，将触发 Spoke1 与 Spoke2 之间建立动态 mGRE 隧道。

Spoke1 收到其下子网用户发往 Spoke2 下子网用户的数据报文后，根据报文目的 IP

地址（192.168.2.2）在路由表中找到下一跳 10.1.1.3（Hub 的 Tunnel 接口 IP 地址，**shortcut 方式中，各 Spoke 只有以 Hub 为下一跳、到达其他节点子网的汇聚路由**），然后依据在 NHRP 映射表中找到下一跳对应的公网 IP 地址 3.3.3.3（Hub 的公网 IP 地址），对数据报文进行 GRE 重封装后发给 Hub。

② Hub 收到 Spoke1 转发的数据报文并解封装后，发现其 IP 地址不是自己的，而是 Spoke2 下面的子网用户的，于是通过再次经过 GRE 重封装后也把该数据报文直接通过 Hub 与 Spoke2 间的 mGRE 隧道转发给 Spoke2。

同时 Hub 检查发现原来 Spoke1 发送数据报文的 Tunnel 接口和由自己转发后的接收端（Spoke2）的 Tunnel 接口在同一个 NHRP 域中，于是就构建并向 Spoke1 发送 NHRP 重定向报文（NHRP Traffic Indication 报文），携带 Hub 的 Tunnel 接口 IP 地址 10.1.1.3 和公网 IP 地址 3.3.3.3，以及在源主机的 IP 地址 192.168.1.2，Hub 向 Spoke1 发送的 NHRP 重定向报文如图 7-10 所示。

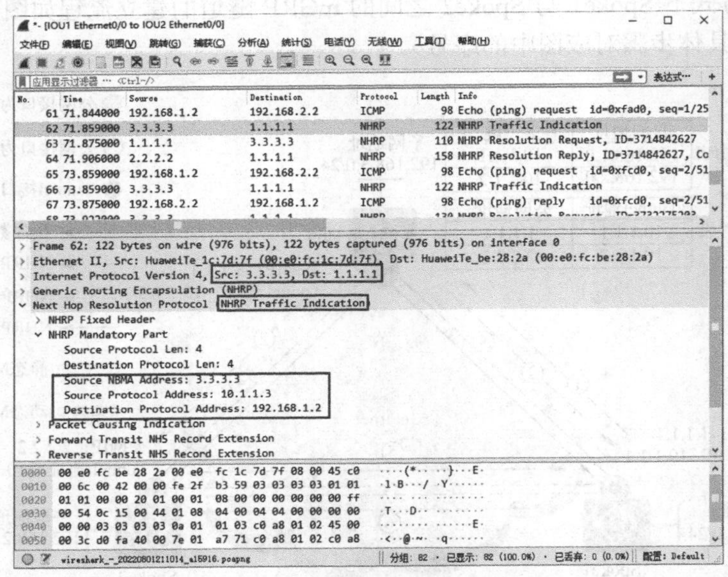

图 7-10 Hub 向 Spoke1 发送的 NHRP 重定向报文

③ Spoke1 收到 NHRP 重定向报文后，构建并向 Hub 发送 NHRP 解析请求报文，报文中携带 Spoke1 的 Tunnel 接口 IP 地址 10.1.1.1 和公网 IP 地址 1.1.1.1，以及需要解析公网 IP 地址所对应子网 IP 地址 192.168.2.2，Spoke1 向 Hub 发送的 NHRP 解析请求报文如图 7-11 所示。

④ Hub 收到来自 Spoke1 的 NHRP 解析请求报文后，通过 GRE 重封装后利用 Hub 与 Spoke2 之间建立的静态 mGRE 隧道转发给 Spoke2，Hub 向 Spoke2 转发来自 Spoke1 的 NHRP 解析请求报文如图 7-12 所示。其中的地址信息与 Sopke1 发给 Hub 的 NHRP 解析请求报文中的相同（对比图 7-11）。

⑤ Spoke2 收到由 Hub 转发的、来自 Spoke1 的 NHRP 地址解析请求报文后，提取 Spoke1 的 Tunnel 接口 IP 地址和公网 IP 地址，并添加它们之间映射关系的动态 NHRP 映射表项，至此由 Spoke2 到 Spoke1 的单向通道已建立。

*- [IOU1 Ethernet0/0 to IOU2 Ethernet0/0]
文件(F) 编辑(E) 视图(V) 跳转(G) 捕获(C) 分析(A) 统计(S) 电话(Y) 无线(W) 工具(T) 帮助(H)
应用显示过滤器 … <Ctrl-/>
表达式…
No. Time Source Destination Protocol Length Info
62 70.297000 192.168.1.2 192.168.2.2 ICMP 98 Echo (ping) request id=0xfad0, seq=1/25
63 70.329000 3.3.3.3 2.2.2.2 NHRP 130 NHRP Resolution Request, ID=3714842627
64 70.329000 2.2.2.2 1.1.1.1 NHRP 158 NHRP Resolution Reply, ID=3714842627, Co
65 72.297000 192.168.1.2 192.168.2.2 ICMP 98 Echo (ping) request id=0xfcd0, seq=2/51
66 72.313000 192.168.2.2 192.168.1.2 ICMP 98 Echo (ping) reply id=0xfcd0, seq=2/51
67 72.329000 3.3.3.3 2.2.2.2 NHRP 122 NHRP Traffic Indication
68 72.344000 2.2.2.2 3.3.3.3 NHRP 110 NHRP Resolution Request, ID=3732275203
Frame 64: 158 bytes on wire (1264 bits), 158 bytes captured (1264 bits) on interface 0
Ethernet II, Src: HuaweiTe_a0:78:f4 (00:e0:fc:a0:78:f4), Dst: HuaweiTe_1c:7d:80 (00:e0:fc:1c:7d:80)
Internet Protocol Version 4, Src: 2.2.2.2, Dst: 1.1.1.1
Generic Routing Encapsulation (NHRP)
Next Hop Resolution Protocol (NHRP Resolution Reply)
NHRP Fixed Header
NHRP Mandatory Part
Source Protocol Len: 4
Destination Protocol Len: 4
Flags: 0xc002, Is Router, Authoritative, Cisco NAT Supported
Request ID: 0xdd6c0003 (3714842627)
Source NBMA Address: 1.1.1.1
Source Protocol Address: 10.1.1.1
Destination Protocol Address: 192.168.2.2
Client Information Entry
0000 00 e0 fc 1c 7d 80 00 e0 fc a0 78 f4 08 00 45 c0
0010 00 90 00 38 00 00 ff 2f b4 41 02 02 02 02 01 01
0020 01 01 00 00 20 01 00 01 08 00 00 00 00 00 00 ff
0030 00 78 d2 c0 00 3c 01 02 04 00 04 04 c0 02 dd 6c
0040 00 03 01 01 01 01 0a 01 01 01 c0 a8 02 02 00 18
0050 00 00 05 dc 1c 20 04 00 04 00 02 02 02 02 0a 01
wireshark_-_20220801211021_a02336.pcapng
分组: 83 · 已显示: 83 (100.0%) · 已丢弃: 0 (0.0%)
配置: Default

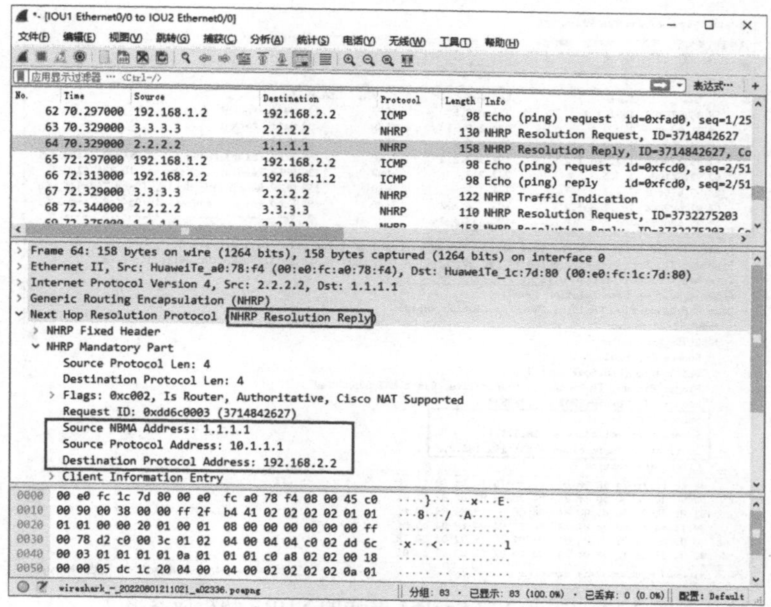

图 7-11 Spoke1 向 Hub 发送的 NHRP 解析请求报文

*- [IOU1 Ethernet0/0 to IOU2 Ethernet0/0]
文件(F) 编辑(E) 视图(V) 跳转(G) 捕获(C) 分析(A) 统计(S) 电话(Y) 无线(W) 工具(T) 帮助(H)
应用显示过滤器 … <Ctrl-/>
表达式…
No. Time Source Destination Protocol Length Info
58 86.078000 10.1.1.2 224.0.0.5 OSPF 106 Hello Packet
59 91.672000 2.2.2.1 224.0.0.5 OSPF 82 Hello Packet
60 94.766000 2.2.2.2 224.0.0.5 OSPF 82 Hello Packet
61 95.625000 192.168.1.2 192.168.2.2 ICMP 98 Echo (ping) request id=0x4de9, seq=1/25
62 95.641000 3.3.3.3 2.2.2.2 NHRP 130 NHRP Resolution Request, ID=3317628931
63 95.656000 2.2.2.2 1.1.1.1 NHRP 158 NHRP Resolution Reply, ID=3317628931, Co
64 97.609000 192.168.1.2 192.168.2.2 ICMP 98 Echo (ping) request id=0x4fe9, seq=2/51
Frame 62: 130 bytes on wire (1040 bits), 130 bytes captured (1040 bits) on interface 0
Ethernet II, Src: HuaweiTe_1c:7d:80 (00:e0:fc:1c:7d:80), Dst: HuaweiTe_a0:78:f4 (00:e0:fc:a0:78:f4)
Internet Protocol Version 4, Src: 3.3.3.3, Dst: 2.2.2.2
Generic Routing Encapsulation (NHRP)
Next Hop Resolution Protocol (NHRP Resolution Request)
NHRP Fixed Header
NHRP Mandatory Part
Source Protocol Len: 4
Destination Protocol Len: 4
Flags: 0xc002, Is Router, Authoritative, Cisco NAT Supported
Request ID: 0xc5bf0003 (3317628931)
Source NBMA Address: 1.1.1.1
Source Protocol Address: 10.1.1.1
Destination Protocol Address: 192.168.2.2
Client Information Entry
0000 00 e0 fc a0 78 f4 00 e0 fc 1c 7d 80 08 00 45 c0
0010 00 74 00 4a 00 00 fe 2f b1 47 03 03 03 03 02 02
0020 02 02 00 00 20 01 00 01 08 00 00 00 00 00 00 fe
0030 00 5c 3a ca 00 34 01 01 04 00 04 04 c0 02 c5 bf
0040 00 03 01 01 01 01 0a 01 01 01 c0 a8 02 02 00 00
0050 00 00 05 dc 1c 20 00 00 00 00 80 03 00 00 80 04
wireshark_-_20220802170554_a02800.pcapng
分组: 79 · 已显示: 79 (100.0%) · 已丢弃: 0 (0.0%)
配置: Default

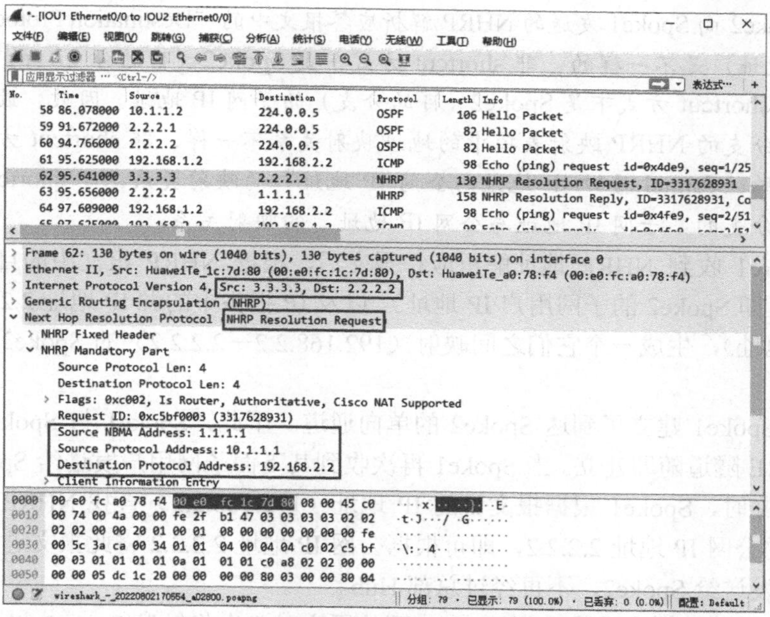

图 7-12 Hub 向 Spoke2 转发来自 Spoke1 的 NHRP 解析请求报文

然后通过这个单向通道直接（不需要经过 Hub 中转）向 Spoke1 发送数据请求报文的应答报文和 NHRP 地址解析应答报文。NHRP 报文内部的地址信息仍与 Spoke1 发送的 NHRP 解析应答报文中携带的地址信息一样，包括了 Spoke2 的子网用户 IP 地址 192.168.2.2，Spoke2 向 Spoke1 发送的 NHRP 解析应答报文如图 7-13 所示（对比图 7-12），但从 IP 报头中的“源 IP 地址”字段中可以获取到 Spoke2 的公网 IP 地址 2.2.2.2。

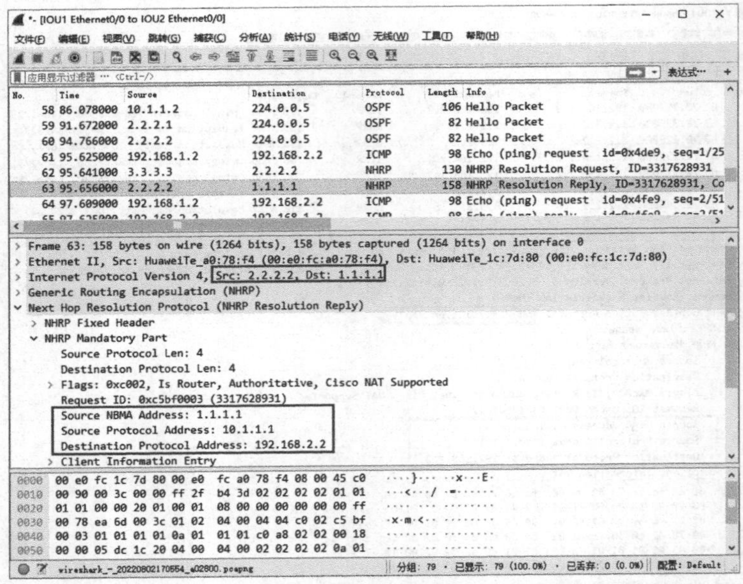

图 7-13　Spoke2 向 Spoke1 发送的 NHRP 解析应答报文

【说明】对比上节非 shortcut 方式下的图 7-8，以及本节 shortcut 方式下的图 7-13 可以发现，Spoke2 向 Spoke1 发送的 NHRP 解析应答报文中的“Destination Protocol Address”（目的协议地址）是不一样的，非 shortcut 方式下是 Spoke2（目的分支）的 Tunnel 接口 IP 地址，而 shortcut 方式下是 Spoke2（目的分支）的子网 IP 地址。因此，最终在源分支下建立目的分支的 NHRP 映射表项中的地址映射关系不一样，非 shortcut 方式下建立的是目的分支的“Tunnel 接口 IP 地址与公网 IP 地址”的映射关系，而 shortcut 方式下建立的是目的分支的“子网 IP 地址与公网 IP 地址”的映射关系。

⑥ Spoke1 收到 NHRP 地址解析应答报文后，根据 NHRP 报文中的目的协议地址 192.168.2.2（即 Spoke2 的子网用户 IP 地址），以及 IP 报头中的源 IP 地址 2.2.2.2（Spoke2 的公网 IP 地址），生成一个它们之间映射（192.168.2.2—2.2.2.2）的 Spoke2 动态 NHRP 映射表项。

此时，Spoke1 建立了到达 Spoke2 的单向通道。至此，Spoke1 与 Spoke2 之间的双向动态 mGRE 隧道随即建立。当 Spoke1 再次收到其下面子网用户发送给 Spoke2 子网用户的数据报文时，Spoke1 根据报文目的 IP 地址（192.168.2.2）查找 NHRP 映射表，找到 Spoke2 的公网 IP 地址 2.2.2.2，即可根据公网 IP 地址 2.2.2.2 将此报文进行 mGRE 重封装后直接发送给 Spoke2，不再经过总部 Hub。

当 Spoke2 下的用户首次访问 Spoke1 下的用户时，也将触发 Spoke2 与 Spoke1 之间建立动态 mGRE 隧道，其过程与上面的过程一样。最终都可以使两端 Spoke 生成以对端的 Tunnel 接口 IP 地址、子网 IP 地址和对端公网 IP 地址构建的 NHRP 表项。

对比 7.2.3 节和 7.2.4 节的介绍可知，在 shortcut 方式下，源 Spoke 中的 NHRP 映射表中会建立目的端 Spoke 下的子网地址和公网地址的映射关系，后续报文的发送直接可以通过查找 NHRP 映射表得到进行 GRE 封装时所需的对端的公网 IP 地址，而在非 shortcut 方式下，两端 Spoke 的 NHRP 映射表中均是建立了对端 Spoke 的 Tunnel 接口 IP 地址和公网 IP 地址的映射关系。发送数据时首先是在路由表中查找目的 IP 地址（对端的子网 IP 地址），得到对端 Spoke 的 Tunnel 接口 IP 地址，然后再根据该 Tunnel 接口 IP 地址在 NHRP 映射表中得到其映射的公网 IP 地址，才能最终对报文进行 GRE 封装，效率相对较低。

7.3 DSVPN 配置与管理

配置 DSVPN 可使分支与分支间能够动态获取对端的 IP 地址，实现分支间构建隧道进行直接 VPN 通信，当然更可以实现 Spoke 与 Hub 的 VPN 通信。在配置 DSVPN 之前，需要配置各节点设备公网路由可达。

7.3.1 配置任务

DSVPN 的配置中涉及几项配置任务，需要分别在总部 Hub 和分支 Spoke 上进行配置。其中“配置 IPSec 安全框架”仅用于 DSVPN over IPSec 场景。

（1）配置 mGRE

这项配置任务是围绕 mGRE Tunnel 接口进行的，包括该接口 IP 地址、mGRE 封装类型、mGRE 隧道源 IP 地址和隧道的识别关键字配置。

（2）配置路由

这里要根据本章前面介绍的非 shortcut 方式或 shortcut 方式下所需配置的路由采取静态或动态路由方式配置。

（3）配置 NHRP

NHRP 在 DSVPN 中用于解决公共网络上的源 Spoke 如何动态获取目的 Spoke 公网地址的问题。分支 Spoke 接入公网时，使用公网接口当前的公网 IP 地址向总部 Hub 发送 NHRP 注册请求进行注册，总部 Hub 根据这些请求信息，创建或刷新 NHRP 映射表。Spoke 间通过 NHRP 地址解析请求和应答，创建和刷新 NHRP 映射表。

Hub 上主要包括使能动态注册的分支加入 NHRP 组播成员表功能和 NHRP 重定向功能，还可选配置 DSVPN 域、NHRP 协商的认证字符串，NHRP 映射表项保持时长等参数。在 Spoke 上主要需配置 Hub 的 NHRP 映射表项，当采用 shortcut 方式时还要启用 nhrp shortcut 功能，可选配置包括 DSVPN 域、NHRP 协商的认证字符串、NHRP 注册间隔、NHRP 表项保持时长等参数。

（4）（可选）配置 IPSec 安全框架

IPSec 安全框架的配置主要涉及 IKE 安全提议、IKE 对等体的配置，创建 IPSec 安全框架，然后在 mGRE Tunnel 接口上应用安全框架。

7.3.2 配置 mGRE

为实现 DSVPN 功能，需要创建 Tunnel 接口并将其配置为 mGRE 类型。mGRE Tunnel 接口只需要配置隧道源 IP 地址或源接口，不需要指定隧道目的 IP 地址，这样可以实现一个 mGRE Tunnel 接口上建立多条 GRE 隧道，对应多个 GRE 对端。

mGRE Tunnel 接口的配置步骤见表 7-1。在 Spoke 和 Hub 上进行 mGRE 配置时均需按表 7-1 中的步骤进行。

表 7-1 mGRE Tunnel 接口的配置步骤

步骤	命令	说明
1	**system-view**	进入系统视图
2	**interface tunnel** *interface-number* 例如：[Huawei] **interface tunnel** 0/0/1	创建 Tunnel 接口，并进入 Tunnel 接口视图。Tunnel 接口的格式为“槽位号/卡号/端口号”，槽位号、卡号均为整数形式。 【说明】Tunnel 接口编号只具有本地意义，隧道两端配置的 Tunnel 接口编号可以不同。 缺省情况下，系统未创建 Tunnel 接口，可用 **undo interface tunnel** *interface-number* 命令删除指定的 Tunnel 接口，但如果 Tunnel 正在被使用，删除后会影响使用该 Tunnel 的业务
3	**ip address** *ip-address* { *mask* | *mask-length* } 例如：[Huawei-Tunnel0/0/1] **ip address** 10.1.1.1 24	配置 Tunnel 接口的 IP 地址，通常是分配私网 IP 地址
4	**tunnel-protocol** gre p2mp 例如：[Huawei-Tunnel0/0/1] **tunnel-protocol gre p2mp**	配置 Tunnel 接口的隧道协议为 mGRE。 【说明】必须先指定隧道协议后，才能进行后面步骤中的参数配置，修改隧道封装模式会删除该隧道下已配置的相关参数。 缺省情况下，Tunnel 接口的隧道协议为 none，即不进行任何协议封装，可用 **undo tunnel-protocol** 命令恢复缺省配置
5	**source** { [**vpn-instance** *vpn-instance-name*] *source-ip-address* | *interface-type interface-number* } 例如：[Huawei-Tunnel0/0/1] **source** loopback 0	设置隧道的源 IP 地址或源接口。 ① **vpn-instance** *vpn-instance-name*：可选参数，指定隧道的源地址所属的 VPN 实例的名称，必须是已存在的 VPN 实例。 ② *source-ip-address*：二选一参数，指定隧道的源 IP 地址。 ③ *interface-type interface-number*：二选一参数，指定隧道的源接口，通常是公网物理接口，也可以是其他接口。 **修改本命令的配置会删除 Tunnel 接口上的 IPSec 配置。** 缺省情况下，系统不指定隧道的源地址或源接口，可用 **undo source** 命令删除配置的 Tunnel 源地址或源接口
6	**gre key** { **plain** *key-number* | [**cipher**] *plain-cipher-text* } 例如：[Huawei-Tunnel0/0/1] **gre key cipher** 123456	（可选）设置 GRE 隧道的识别关键字。**当多个 mGRE 隧道接口使用了相同的源 IP 地址或源接口时，则必须在 mGRE 隧道接口配置隧道的识别关键字**，以便对端验证源端是否属于与自己属于同一 GRE 隧道，否则可以不配置本步骤。 ① **plain** *key-number*：二选一参数，指定识别关键字显示为明文形式（此时，识别关键字将以明文形式保存在配置文件中），整数形式，取值是 0～4294967295。 ② [**cipher**] *plain-cipher-text*：二选一参数，指定识别关键字显示为密文形式（此时，识别关键字将以密文形式保存在配置文件中），可以输入整数形式的明文，取值是 0～4294967295；也可以输入 32 位或 48 位字符串长度的密文。选择 **cipher** 可选时，识别关键字以密文保存。 只有 Tunnel 两端设置的识别关键字完全一致时才能通过验证，否则将报文丢弃。本命令为覆盖式配置，后一次配置会覆盖前一次配置。 缺省情况下，GRE 隧道没有设置识别关键字，可用 **undo gre key** 命令删除为 GRE 隧道所配置的识别关键字

7.3.3 配置路由

Spoke 和 Hub 上都必须存在经 mGRE Tunnel 接口转发的子网路由，这样通过 GRE 封装的源端用户数据报文才能正确地转发到目的端子网用户上。经过 mGRE Tunnel 接口转发的子网路由可以是静态路由，也可以是动态路由。

【注意】采用静态路由配置时一定要指定以对端 mGRE Tunnel 接口 IP 地址作为下一跳，而不能仅指定以本地 mGRE Tunnel 接口作为出接口，因为在进行报文 GRE 封装时，要根据路由中的下一跳 IP 地址找到所映射的公网 IP 地址。

DSVPN 支持以下两种路由学习方式。

① 非 shortcut 方式的分支间相互学习路由。

采用这种方式时，**源分支到目的分支子网的路由下一跳为目的分支的 Tunnel 接口 IP 地址**，每个分支需要学习到所有对端的路由信息。这种情况下，Spoke 会消耗大量的 CPU 和内存资源，对其路由表容量和性能有较高的要求。而在实际应用中，Spoke 的性能往往较低，能存放的路由数量有限。因此，这种路由部署方案只适用于网络节点较少、路由信息量小的中小型网络。

② shortcut 方式分支路由汇聚到总部。

采用这种方式时，**源分支到目的分支子网的路由下一跳均为总部的 Tunnel 接口 IP 地址，且到达其他分支子网的路由为汇聚路由**。由于 Spoke 减少了自身的路由数量，所以此方式适用于那些网络规模大、分支较多的大型网络。

上述两种路由学习方式均支持配置静态路由和动态路由协议来实现路由部署 DSVPN 支持 RIP、OSPF、BGP 3 种动态路由协议。采用动态路由配置时要注意的事项见表 7-2。

表 7-2 采用动态路由配置时要注意的事项

场景与路由协议	RIP	OSPF	BGP
非 shortcut 方式	总部 Hub 的 mGRE Tunnel 接口上使用 **undo rip split-horizon** 命令关闭水平分割（在 NBMA 网络中默认是关闭的），在系统视图下使用 **undo summary** 命令关闭自动路由聚合功能	总部 Hub 和分支 Spoke 的 OSPF 网络类型要通过 **ospf network-type broadcast** 命令配置成广播类型	总部 Hub 不能配置路由聚合
shortcut 方式	总部 Hub 的 mGRE Tunnel 接口上使用 **rip split-horizon** 命令开启水平分割（在 NBMA 网络中，缺省情况未使能水平分割功能），使用 **rip summary-address** *ip-address mask* 命令配置手动路由聚合功能（仅适用于 RIP-2 版本）	总部Hub和分支Spoke的 OSPF 网络类型要通过 **ospf network-type p2mp** 命令配置成点到多点型	总部 Hub 配置路由聚合（可以是无类的手动聚合，也可以是有类的自动聚合）

【经验提示】之所以在非 shortcut 方式中，使用 RIP 路由协议时要在 Hub 上的 mGRE Tunnel 接口上关闭水平分割功能和路由聚合功能，是因为在这种场景中，各端都通告了自己的 mGRE Tunnel 接口 IP 地址所在的网段和子网网段。而通常情况下，各设备上 mGRE Tunnel 接口的 IP 地址在同一 IP 网段，Hub 和 Spoke 所连接的内部子网也很有可能是连续子网，而 RIP 路由协议又仅能以自然网段进行网段通告。这样一来，各设备间通告的网段很可能有些是相同的（至少各设备 mGRE Tunnel 接口 IP 地址所在网段是一

样的）。如果开启水平分割功能，Hub 可能不会发送与源 Spoke 相同网段的路由信息，可能会阻止源 Spoke 通过 Hub 学习其他目的 Spoke 的路由。另外，因为在非 shortcut 方式中，需要学习对方的明细路由，而不是聚合路由，所以要在 Hub 上关闭路由聚合功能。

在 shortcut 方式下，因为 Spoke 仅配置指向 Hub 的汇聚路由，而且 Hub 向 Spoke 发布的也只是包括各 Spoke 所连子网在内的聚合路由（不是某子网的明细路由），所以为了尽可能避免 Hub 和 Spoke 间出现路由环路，建议在 Hub 上开启水平分割功能，同时启用路由聚合功能。

至于在非 shortcut 方式中，Hub 和 Spoke 的 mGRE Tunnel 接口在使用 OSPF 路由协议时要求 OSPF 网络为广播型的，这是因为在非 shortcut 方式中，各设备间都要相互学习路由。而在 shortcut 方式中，Hub 和 Spoke 的 mGRE Tunnel 接口在使用 OSPF 路由协议时要 OSPF 网络为 P2MP 型，这是因为在 shortcut 方式中，各 Spoke 的路由都是从 Hub 发布的汇聚路由学习到的，是点对多点学习方式。

在非 shortcut 方式中，使用 BGP 路由协议时不要路由聚合，原因与前面的类似，也是因为在这种场景下，各设备间都是直接进行明细路由学习，而不是汇聚路由。反之，在 shortcut 方式中，各 Spoke 仅从 Hub 中学习汇聚路由，所以要开启手动路由聚合功能。

7.3.4 配置 NHRP

在非 shortcut 方式和 shortcut 方式中，需要分别在 Spoke 和 Hub 上进行 NHRP 配置。Hub 上的 NHRP 配置步骤见表 7-3，必选配置只有允许动态注册的分支加入 NHRP 组播成员表这一项，**当采用 shortcut 方式时还要开启 NHRP 重定向功能**，其他均为可选配置。Spoke 上的 NHRP 配置步骤见表 7-4，必选配置只有配置 Hub NHRP 映射表项这一项，**当采用 shortcut 方式时还要开启 NHRP shortcut 功能**，其他均为可选配置。

表 7-3 Hub 上的 NHRP 配置步骤

步骤	命令	说明
1	**system-view**	进入系统视图
2	**interface tunnel** *interface-number* 例如：[Huawei] **interface tunnel** 0/0/1	进入 mGRE Tunnel 接口视图
3	**nhrp network-id** *number* 例如：[Huawei-Tunnel0/0/1] **nhrp network-id** 100	（可选）配置接口所属 DSVPN 域，整数形式，取值是 1～4294967295，在 Spoke 和 Hub 上均可配置。 **当需要将不同 mGRE Tunnel 接口划分到不同 NHRP 域进行隔离时**，可执行本命令来指定 mGRE Tunnel 接口所属的 NHRP 域。当设备转发 NHRP 报文时，通过判别出入 mGRE Tunnel 接口的 network-id 是否相同，限制 NHRP 报文的转发，从而限制 VPN 隧道的建立。修改 DSVPN 域后，设备上已学习到的 NHRP 对等体不会受到影响，已建立的 IPSec 隧道不会重建。 设备在转发 NHRP 报文时，如果出、入接口都是 mGRE Tunnel 接口，需判别它们的 network-id 配置是否相同。对于不同类型的 NHRP 报文，有以下影响。 ① **对于 NHRP 注册请求报文和注册请求应答报文，NHRP 模块不会进行转发**，对原有的 NHRP 注册流程不影响。

续表

步骤	命令	说明
3	**nhrp network-id** *number* 例如：[Huawei-Tunnel0/0/1] **nhrp network-id** 100	② 对于 NHRP 解析请求报文，NHRP 模块判别 NHRP 报文是否是过路报文，如果是过路 NHRP 报文且出、入 mGRE Tunnel 接口的 network-id 不同，**则终结该 NHRP 解析请求报文，向源端发 NHRP 解析请求响应报文。** ③ 对于 NHRP 解析请求应答报文、purge 请求报文、purge 请求应答报文和 Redirect（重定向）报文，NHRP 模块也判别这些 NHRP 报文是否是过路报文，**如果是过路 NHRP 报文且出、入 mGRE Tunnel 接口的 network-id 不同，则丢弃该报文。** 缺省情况下，接口所属 DSVPN 域为 0，可用 **undo nhrp network-id** 命令恢复为缺省值
4	**nhrp entry multicast dynamic** 例如：[Huawei-Tunnel0/0/1] **nhrp entry multicast dynamic**	**在总部 Hub 上配置**允许动态注册的分支加入 NHRP 组播成员表。 当分支节点间需要进行通信时，需要获得对方的路由信息，此时需在总部节点上执行本命令，使总部节点将注册的分支节点加入组播成员表。之后对分支节点发送过来的**路由信息组播报文**，总部节点对报文进行复制并根据组播成员表进行发送，这样可实现分支节点间路由信息的交互。 【说明】执行该命令之后，在分支节点数量庞大时，如果进行完全的路由信息的交换，对总部节点的 CPU 资源占用较大。此时可以通过配置 shortcut 方式 DSVPN 结合使用路由聚合功能来实现分支间的直接通信。 缺省情况下，没有配置动态注册的分支加入 NHRP 组播成员表，可用 **undo nhrp entry multicast dynamic** 命令使能将动态注册的分支加入 NHRP 组播成员表功能
5	**nhrp authentication** { **simple** *string* | **cipher** *cipher-string* } 例如：[Huawei-Tunnel0/0/1] **nhrp authentication cipher** huawei@1234	（可选）配置 NHRP 协商的认证字符串，在 Spoke 和 Hub 上均可配置。 ① **simple** *string*：二选一参数，指定 NHRP 协商的明文认证字符串，长度为 1～8，**区分大小写**，支持特殊字符，但字符串中不能包含“？”和空格。 ② **cipher** *cipher-string*：二选一参数，指定 NHRP 协商的密文认证字符串，明文形式时长度为 1～8，密文形式时长度为 48，**区分大小写**，支持特殊字符，但字符串中不能包含“？”和空格。 【说明】**总部节点和分支节点上的配置要一致**。执行本命令之后，分支节点向总部节点注册时，根据注册请求报文中的认证字符串来判定是否处理该注册报文。如果总部节点上配置的认证字符串与注册请求报文中的认证字符串一致，总部节点则会处理该分支的注册请求，否则总部节点不会处理该分支的注册请求。**如果分支上配置了认证字符串，但是总部节点上没有配置认证字符串，则不会进行认证字符串的认证。** 缺省情况下，没有配置 NHRP 协商的认证字符串，可用 **undo nhrp authentication** 命令删除 NHRP 协商的认证字符串
6	**nhrp entry holdtime seconds** *seconds* 例如：[Huawei-Tunnel0/0/1] **nhrp entry holdtime seconds** 1800	（可选）配置 NHRP 表项保持时长，取值是 5～31845，单位为秒，但不能小于在分支上通过 **nhrp registration interval** 命令设置的分支节点定时注册的间隔时间，在 Spoke 和 Hub 上均可配置。 【说明】该命令配置的老化时间为本端通告给对端、对端保留本地 NHRP 映射表项的时长。当出现网络异常等情况时，对端设备会根据设置的老化时间及时删除掉本地的 NHRP 映射表项；等到网络恢复后，分支节点会重新向总部节点注册新的 NHRP 映射表项。 缺省情况下，NHRP 表项保持时长为 7200 秒，可用 **undo nhrp entry holdtime** 命令恢复缺省配置

续表

步骤	命令	说明
7	**nhrp redirect** 例如：[Huawei-Tunnel0/0/1] **nhrp redirect**	（可选）使能 nhrp redirect（重定向）功能，**仅在 shortcut 方式下需要配置**。此时，在分支节点上需要同时使能 **nhrp shortcut** 功能（参见表 7-4 中的第 8 步）才能实现分支间建立隧道进行直接通信。 缺省情况下，未使能 **nhrp redirect** 功能，可用 **undo nhrp redirect** 命令使能 NHRP redirect 功能

表 7-4 Spoke 上的 NHRP 配置步骤

步骤	命令	说明
1	**system-view**	进入系统视图
2	**interface tunnel** *interface-number* 例如：[Huawei] **interface tunnel** 0/0/1	进入 mGRE Tunnel 接口视图
3	**nhrp network-id** *number* 例如：[Huawei-Tunnel0/0/1] **nhrp network-id** 100	（可选）配置接口所属 DSVPN 域，其他说明参见表 7-3 中的第 3 步，**两端的配置要一致**
4	**nhrp entry** *protocol-address* { *dns-name* | *nbma-address* } [**register**] [**track apn** *apn-name*] 例如：[Huawei-Tunnel0/0/1] **nhrp entry** 10.10.10.10 202.10.10.1 **register**	在本地 NHRP 映射表中添加 Hub 的静态 NHRP 映射表项。当配置 DSVPN 功能时，需使用该命令在分支节点上配置 Hub 的静态 NHRP 表项（Hub 的 mGRE Tunnel 接口 IP 地址与公网 IP 地址或者 mGRE Tunnel 接口 IP 地址与域名的映射关系）。而当分支节点向总部节点进行注册时，总部节点会**动态**生成本分支的 mGRE Tunnel 接口 IP 地址和公网 IP 地之间映射关系的动态 NHRP 映射表项。 ① *protocol-address*：指定 NHRP peer 的 mGRE Tunnel 接口 IP 地址。 ② *dns-name*：二选一参数，指定 NHRP peer 的域名，字符串格式，区分大小写，长度是 1～255。当 DNS 域名对应的 IP 地址发生变更时，静态的 NHRP peer 无法自动响应 IP 地址变化，管理员需手工重配置该 NHRP peer 或依次在该 mGRE Tunnel 接口下执行 **shutdown/undo shutdow** 命令。 ③ *nbma-address*：二选一参数，指定 NHRP peer 中的公网 IP 地址。 ④ **register**：可选项，启动分支节点向总部节点发起 NHRP 注册请求，使总部节点上生成关于本分支节点的 NHRP 映射表项。 ⑤ **track apn** *apn-name*：可选参数，指定将 NHRP peer 信息与 APN（接入点名称）模板关联，用于与移动 cellular 接口下配置的 APN 模板关联。如果将 NHRP peer 信息与 APN 关联，该表项的生效与 APN 状态有关。如果 APN 处于使用状态，则该 NHRP 映射表项生效，否则仅保存该表项的配置，但不生效。 缺省情况下，未在本地 NHRP 映射表中添加静态 NHRP peer 信息，可用 **undo nhrp entry** *protocol-address* { *dns-name* | *nbma-address* } [**register**] [**track apn** *apn-name*] 命令删除本地 NHRP 映射表中静态 NHRP peer 信息

续表

步骤	命令	说明
5	**nhrp registration no-unique** 例如：[Huawei-Tunnel0/0/1] **nhrp registration no-unique**	（可选）配置设备发送的 NHRP 报文携带 no-unique 标志，通知对端覆盖冲突的 NHRP 映射表项。 分支节点向总部节点 NHRP 注册时，总部节点会生成关于分支节点的动态 NHRP 映射表项。**在分支节点公网 IP 地址改变后重新**进行 NHRP 注册时，缺省情况下，分支发送的 NHRP 注册报文中不携带 no-unique 标志，这样总部收到该报文后不会覆盖冲突的分支节点的 NHRP 映射表项，并拒绝分支注册。若总部节点需要保存最新的分支节点信息，需要对冲突的 NHRP 映射表项进行覆盖，则需要在分支节点执行本命令。 缺省情况下，NHRP 注册时不覆盖冲突的 NHRP 映射表项，可用 **undo nhrp registration no-unique** 命令使能 NHRP 注册时覆盖冲突的 NHRP 映射表项功能
6	**nhrp authentication** { **simple** *string* | **cipher** *cipher-string* } 例如：[Huawei-Tunnel0/0/1] **nhrp authentication cipher** huawei@1234	（可选）配置 NHRP 协商的认证字符串。**如果总部 Hub 执行了该配置，分支 Spoke 必须执行该配置**。其他说明参见表 7-3 中的第 5 步
7	**nhrp entry holdtime seconds** *seconds* 例如：[Huawei-Tunnel0/0/1] **nhrp entry holdtime seconds** 1800	（可选）配置 NHRP 表项保持时长。其他说明参见表 7-3 中的第 6 步
8	**nhrp shortcut** 例如：[Huawei-Tunnel0/0/1] **nhrp shortcut**	（可选）使能 NHRP shortcut 功能，**仅当采用 shortcut 方式时才需要配置**。此时总部节点上需要使能 NHRP 重定向功能，参见表 7-3 中的第 7 步。 缺省情况下，未使能 NHRP shortcut 功能，可用 **undo nhrp shortcut** 命令使能 NHRP shortcut 功能

7.4　DSVPN 的其他应用及配置

在 DSVPN 技术下，还有一些特定场景的应用，例如，分支部署了 NAT 设备时，需要部署 DSVPN NAT 穿越，在分支与总部通信需要加密保护时，可部署 IPSec 安全框架，当总部存在双 Hub 时，还可部署双 Hub 主备备份或负载分担。

7.4.1　DSVPN NAT 穿越原理

DSVPN 通过 NAT 穿越构建 VPN 示意如图 7-14 所示，如果 Spoke 的私有网络是通过 NAT 设备与 Hub 连接，则需要在 Hub 与 Spoke、Spoke 与 Spoke 之间建立 DSVPN，连接时需要穿越 NAT，使分支间可跨越 NAT 设备直接通信。

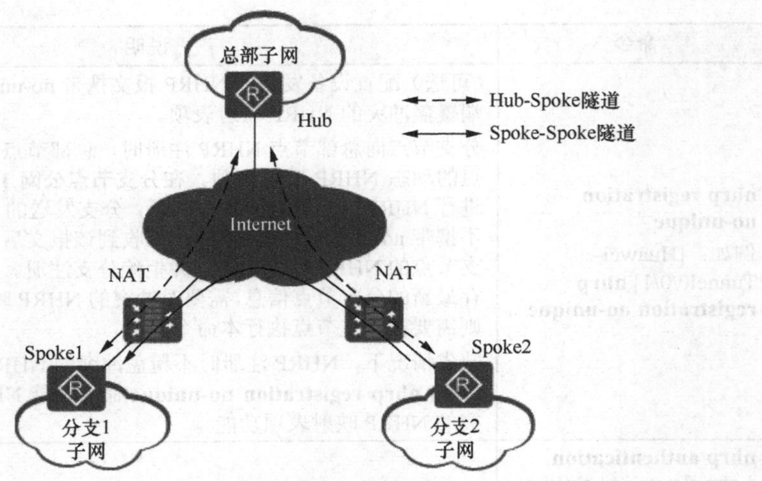

图 7-14 DSVPN 通过 NAT 穿越构建 VPN 示意

DSVPN NAT 穿越主要通过在 NHRP 注册应答报文、NHRP 解析请求/应答报文中的 NAT 扩展字段中填充分支，进行 NAT 前后的 IP 地址信息而实现，具体工作原理如下。

① 分支 Spoke 在向总部 Hub 注册，NHRP 注册请求报文的 IP 报头源 IP 地址字段是分支公网侧接口的原始（转换前）IP 地址（通常是私网 IP 地址）。而当 NHRP 注册请求报文通过 NAT 到达 Hub 后，Hub 的 NHRP 可感知分支路径中有 NAT 设备存在，于是在 NHRP 注册请求应答报文的 NAT 扩展字段中将分支 NAT 后的公网 IP 地址告知该分支 Spoke。

② 当源 Spoke 下次向目的 Spoke 发起 NHRP 解析请求报文时，携带源分支 NAT 前的 IP 地址和 NAT 转换后的公网 IP 地址告知目的 Spoke。

③ 目的 Spoke 向源 Spoke 返回 NHRP 解析应答报文时，也会携带目的分支 NAT 前的 IP 地址和 NAT 后的公网 IP 地址（同样是通过 Hub 发送的携带 NAT 扩展字段的 NHRP 注册请求应答报文获知）告知源 Spoke。

④ 当源分支和目的分支互相知道对端 NAT 前的 IP 地址和 NAT 后的公网 IP 地址后，就可以根据对方 NAT 后的公网 IP 地址（另一个 IP 地址，非 shortcut 方式是 Tunnel 接口 IP 地址，shortcut 方式是子网 IP 地址）建立动态 mGRE 隧道，实现分支间穿越 NAT 直接通信。

【说明】在配置 DSVPN NAT 穿越时要注意以下 4 个方面。

① DSVPN 不支持两个 Spoke 位于同一 NAT 设备，且 NAT 后 IP 地址相同的 NAT 穿越。因为 Spoke 最终要通过转换后的公网 IP 地址来建立 VPN，两端转换后的公网 IP 地址相同自然就不行了。

② DSVPN 不支持两个 Spoke 位于不同 NAT 设备之后，但可启用端口地址转换（Port Address Translation，PAT）功能的 NAT 穿越，因为每次通信时，经过 PAT 转换后的 IP 地址和传输层端口可能会发生变化。

③ NAT 设备必须配置为 NAT 服务器或静态 NAT，DSVPN 不支持 NAT outbound 的

NAT 穿越。

④ 在 DSVPN 中部署 IPSec 时，如果两个分支位于不同 NAT 设备之后或者总部位于 NAT 设备之后，则 IPSec 封装模式仅支持传输模式。

DSVPN NAT 穿越中没有特殊配置，仅需要按照静态 NAT 或 NAT 服务器模式配置即可。

7.4.2 DSVPN IPSec 保护原理及配置

DSVPN 采用 mGRE 隧道传输数据，但 mGRE 隧道不对数据加密，当企业需要对 Hub 和 Spoke，以及 Spoke 间传输的数据进行加密保护时，可以在部署 DSVPN 的同时使用 IPSec 安全框架，实现同时动态建立起 mGRE 隧道和 IPSec 隧道，对应 DSVPN over IPSec，DSVPN over IPSec 示意如图 7-15 所示。

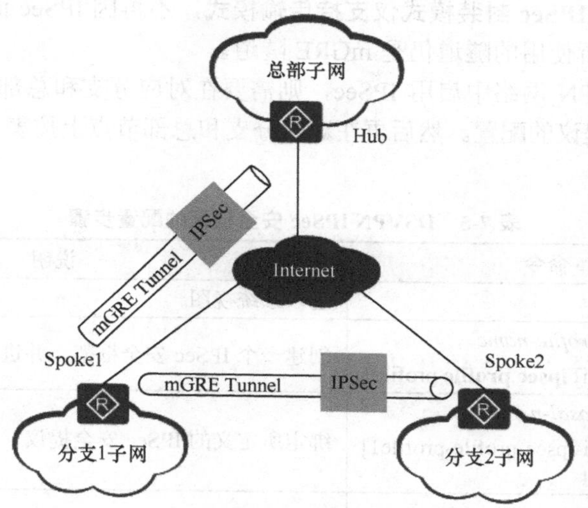

图 7-15 DSVPN over IPSec 示意

在总部 Hub 和分支 Spoke 配置 IPSec 安全框架并绑定于 mGRE Tunnel 接口，mGRE 隧道建立的同时会立即触发 IPSec 隧道建立，具体工作原理如下。

① 网络中的所有 Spoke 向 Hub 发起注册请求，同时 Spoke 会将在本地配置的 Hub NHRP peer 信息（主要需要 Hub 的公网 IP 地址）告知 IPSec 功能模块，触发 Spoke 和 Hub 的 IKE 模块进行 IPSec 隧道的协商。

② Hub 收到 Spoke 发来的 NHRP 注册请求报文后，记录 Spoke 的 mGRE Tunnel 接口的 IP 地址与其公网 IP 地址的映射关系，生成 Spoke 的动态 NHRP 映射表项，并向 Spoke 发送 NHRP 注册应答报文。

③ Spoke 间根据流量触发建立动态 mGRE 隧道。非 shortcut 方式和 shortcut 方式下建立动态 mGRE 隧道的流程有所不同，具体参见 7.2.3 节和 7.2.4 节。

④ 在 Spoke 间建立动态 mGRE 隧道时，IPSec 模块从通过前面建立 GRE 隧道时所获的对端 Spoke 的 NHRP peer 信息中得到对端 Spoke 的公网 IP 地址，根据该信息添加或删除 IPSec 对等体节点，触发 Spoke 间动态建立 IPSec 隧道。

⑤ Spoke 间的 IPSec 隧道建立成功后，后续数据转发根据 IP 报头中的“目的 IP 地址”在本地查找路由表。如果出接口类型是 mGRE Tunnel 接口，则根据路由下一跳查找 NHRP 映射表项，获取其对应的公网 IP 地址，然后再根据公网 IP 地址查找 IPSec SA，对报文进行 IPSec 加密后发送。

相较于传统 Hub-Spoke 组网的 IPSec 技术，DSVPN 与 IPSec 结合具有以下优势。

① 传统 IPSec 技术使用 ACL 识别待加密的单播流量，需进行复杂的 ACL 定义，配置和维护困难。而 DSVPN 中只需将 mGRE Tunnel 接口与 IPSec 安全框架绑定，不需要再定义复杂的 ACL，网络部署更加简单。

② 由于动态建立了分支间的 IPSec 隧道，分支 Spoke 间交互的 IPSec 数据不用通过总部 Hub 进行解密和加密操作，减少了数据传输时延。

在 DSVPN 中部署 IPSec 时，**如果两个分支位于不同 NAT 设备之后或者总部位于 NAT 设备之后，则 IPSec 封装模式仅支持传输模式**，不再因 IPSec 而再次新增 IP 报头，因为此时数据传输所使用的隧道仍是 mGRE 隧道。

如果要在 DSVPN 网络中启用 IPSec，则需要在对应分支和总部设备上完成 IKE 对等体和 IPSec 安全提议的配置。然后再在对应分支和总部节点上按表 7-5 配置 IPSec 安全框架。

表 7-5 DSVPN IPSec 安全框架的配置步骤

步骤	命令	说明
1	**system-view**	进入系统视图
2	**ipsec profile** *profile-name* 例如：[Huawei] **ipsec profile** profile1	创建一个 IPSec 安全框架，并进入安全框架视图
3	**proposal** *proposal-name* 例如：[Huawei-ipsec-profile-profile1] **proposal** prop1	绑定所定义的 IPSec 安全提议
4	**ike-peer** *peer-name* 例如：[Huawei-ipsec-profile-profile1] **ike-peer** peer1	绑定所配置的 IKE 对等体
5	**pfs** { **dh-group1** | **dh-group2** | **dh-group5** | **dh-group14** | **dh-group19** | **dh-group20** | **dh-group21** } 例如：[Huawei-ipsec-profile-profile1] dh-group2	（可选）设置协商时使用的 PFS 特性。 如果本端指定了 PFS，对端在发起协商时必须是 PFS 交换，且要求本端和对端指定的 DH 组必须一致，否则协商会失败。 缺省情况下，安全框架发起协商时没有使用 PFS 特性，可用 **undo pfs** 命令取消 PFS 特性配置
6	**quit**	返回系统视图
7	**interface tunnel** *interface-number* 例如：[Huawei] **interface tunnel** 0/0/1	进入 mGRE Tunnel 接口视图
8	**ipsec profile** *profile-name* 例如：[Huawei-Tunnel0/0/1] **ipsec profile** profile1	在以上 mGRE Tunnrl 接口上应用配置的 IPSec 安全框架。 缺省情况下，接口上没有应用 IPSec 安全框架，可用 **undo ipsec profile** 命令取消在以上 mGRE Tunnel 接口上应用 IPSec 安全框架

7.4.3 DSVPN 双 Hub 主备备份或负载分担原理及配置

部署 DSVPN 时，如果仅有一个 Hub，则所有的 Spoke 都与单一 Hub 相连。当 Hub 出现故障时，Spoke 间也将无法建立隧道进行直接通信。部署双 Hub 冗余备份，可以提升 DSVPN 网络的可靠性，双 Hub 主备备份组网示意如图 7-16 所示。

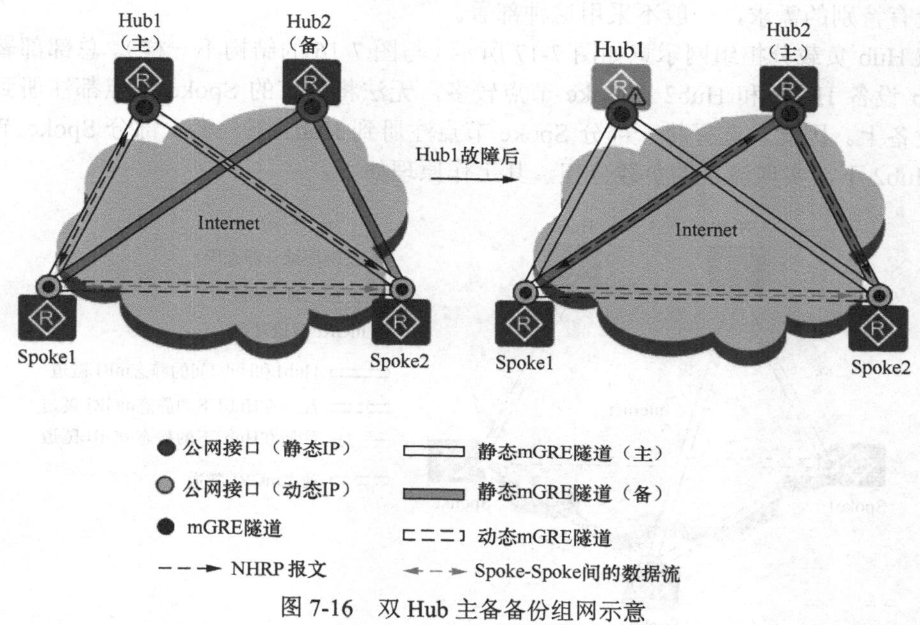

图 7-16 双 Hub 主备备份组网示意

双 Hub 既可以实现主备备份，也可以实现负载分担。使用 DSVPN 双 Hub 进行主备备份的工作原理如下。

① 所有分支 Spoke 同时向主用 Hub1 和备用 Hub2 注册，并分别与 Hub1 建立主用静态 mGRE 隧道、与 Hub2 建立备用静态 mGRE 隧道。

② 当分支间需要建立动态 mGRE 隧道时，源 Spoke 向 Hub 发送 NHRP 地址解析请求报文，具体向哪个 Hub 发送，要区分以下不同情形。

- 在 Hub1 和 Hub2 都正常运行的情况下，根据路由策略，Spoke 到 Hub1 的路由优先级较高，NHRP 解析请求报文将沿主用静态 mGRE 隧道发送到 Hub1，由 Hub1 将此解析报文转发至目的 Spoke。
- 当 Hub1 出现故障时，Spoke 到 Hub1 的路由优先级降低，NHRP 解析请求报文沿备用静态 mGRE 隧道发送到 Hub2，由 Hub2 将此解析报文转发至目的 Spoke。
- 当 Hub1 故障恢复后，各分支 Spoke 到 Hub1 的路由优先级又重新高于到 Hub2 的路由优先级，NHRP 解析请求报文重新交由 Hub1 转发。

③ 目的 Spoke 根据以上情形沿着相同路径向源 Spoke 回应 NHRP 解析响应报文，最终建立 Spoke 间的动态 mGRE 隧道。

此时，Hub 设备运行正常与否不会对各分支 Spoke 间的业务流产生影响。如果分支 Spoke 之间的动态 mGRE 隧道由于长时间没有流量经过被拆除，Spoke 之间通信时就需要重新建立动态 mGRE 隧道，Spoke 会重新根据路由优先级判断向哪个 Hub 发送 NHRP 解析请求报文。

由此可见，在双 Hub 备份的场景中，同一时刻只有一个 Hub 在工作，另一个总处于备份待命状态。仅当主用 Hub 出现故障时，备用 Hub 才临时起作用，当主用 Hub 故障恢复后，备份 Hub 又处于待命状态。总体来说，这种纯备份方式下 Hub 的利用率不高，如果没有特别的需求，一般不采用这种部署。

双 Hub 负载分担组网示意如图 7-17 所示（与图 7-16 的结构不一样）。总部部署了两台 Hub 设备 Hub1 和 Hub2。Spoke 节点较多，无法将所有的 Spoke 节点都注册到一台 Hub 设备上。因此，选择将一部分 Spoke 节点注册到 Hub1 下，另一部分 Spoke 节点注册到 Hub2 下，实现流量的负载分担，其工作原理如下。

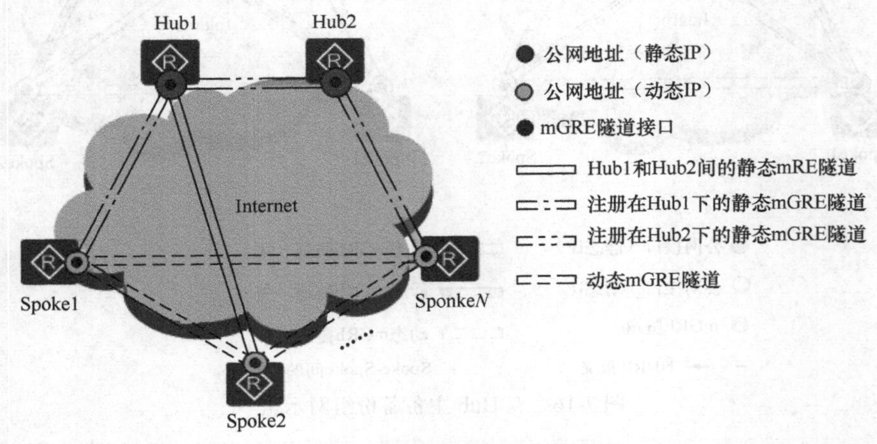

图 7-17 双 Hub 负载分担组网示意

① 源 Spoke1 将 NHRP 解析请求报文发送给 Hub1，请求目的 Spoke*N* 的公网地址。

② Hub1 将源 Spoke1 的 NHRP 解析请求报文通过 Hub1 与 Hub2 之间的静态 mGRE 隧道转发给 Hub2。

③ Hub2 将源 Spoke1 的 NHRP 解析请求报文转发给目的 Spoke*N*。

④ 目的 Spoke*N* 从报文中获取源 Spoke1 的公网地址，并向源 Spoke1 回应 NHRP 解析应答报文。

⑤ 源 Spoke1 从 NHRP 解析应答报文中获取目的 Spoke*N* 的公网地址，并与目的 Spoke*N* 建立动态 mGRE 隧道。

建立动态 mGRE 隧道后，两个不同 Hub 下的 Spoke 之间即可进行直接通信。

DSVPN 双 Hub 的主备备份和负载分担不需要特别的配置，通过其自身的工作原理即可实现。

7.5 DSVPN 维护与管理命令

完成 DSVPN 的所有配置后，可在任意视图下执行以下配置管理命令。

① **display nhrp peer**：查看本地设备上生成的 NHRP 映射表信息。

② **display nhrp peer maximum-history**：查看 NHRP 映射表项历史统计信息。

③ **display ipsec profile** [**brief** | **name** *profile-name*]：查看 IPSec 框架配置信息。

④ **display ipsec sa profile** *profile-name*：查看当前安全联盟的相关信息。

⑤ **display nhrp statistics interface tunnel** *interface-number*：显示 NHRP 统计信息。

在 DSVPN 运行的过程中，可在用户视图下根据需要执行以下维护命令。

① **reset nhrp statistics interface tunnel** *interface-number*：删除 mGRE Tunnel 接口下的 NHRP 报文统计信息。

② **reset nhrp peer maximum-history**：清除 NHRP 映射表项历史统计信息。

7.6　DSVPN 典型应用配置示例

通过前面的学习我们已经知道，DSVPN 有两种部署方式，即非 shortcut 方式和 shortcut 方式，另外，还支持多种子网路由配置方式，支持 IPSec、双 Hub、NAT 穿越等特性。本节将具体介绍一些不同场景下的应用配置案例，以帮助大家巩固前面所介绍的 DSVPN 各方面的技术原理和具体的配置与管理方法。

7.6.1　非 shortcut 方式 DSVPN（静态路由）配置示例

非 shortcut 方式 DSVPN（静态路由）配置示例的拓扑结构如图 7-18 所示。某中小企业有总部（Hub）和两个分支（Spoke1 和 Spoke2），分布在不同地域，总部采用专线方式接入公网，分支采用动态地址接入公网，且所连子网比较稳定（很少发生网段变化）。现在用户希望在实现分支与公司总部之间 VPN 互联的同时能够实现分支之间的 VPN 互联。

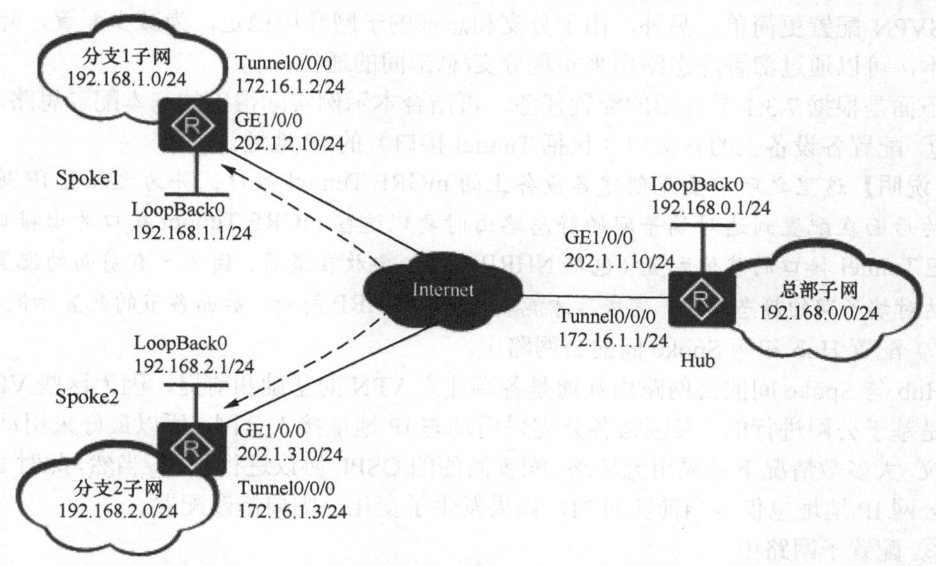

图 7-18　非 shortcut 方式 DSVPN（静态路由）配置示例的拓扑结构

采用华为模拟器做本实验时，Internet 可用一台路由器代表，并配置好接口 IP 地址和公网 OSPF 路由。LoopBack 接口可用连接的计算机代表。采用华为模拟器做本实验时的拓扑结构如图 7-19 所示。

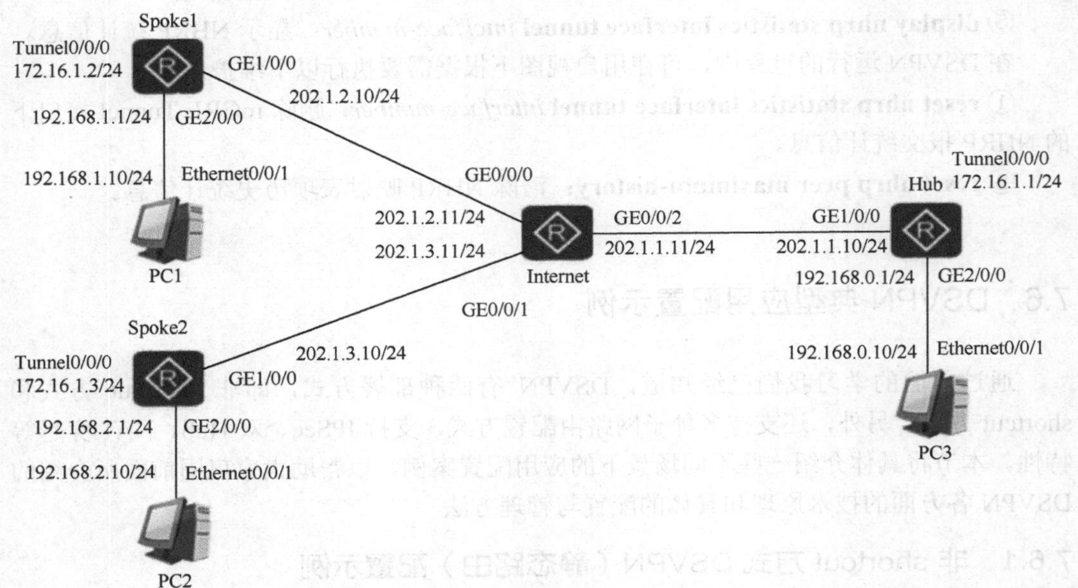

图 7-19 采用华为模拟器做本实验时的拓扑结构

1. 基本配置思路分析

分支是采用动态地址接入公网的，分支之间互相不知道对方的公网 IP 地址，因此可采用 DSVPN 来实现分支之间的 VPN 互联。但由于分支数量较少，采用非 shortcut 方式的 DSVPN 配置更简单。另外，由于分支和总部的子网环境稳定，为减少配置，降低维护成本，可以通过部署静态路由来实现分支/总部间的通信。

下面是根据 7.3.1 节介绍的配置任务，再结合本示例实际得出的基本配置思路。

① 配置各设备上的各接口（包括 Tunnel 接口）的 IP 地址。

【说明】这里之所以要先创建各设备上的 mGRE Tunnel 接口，并为之配置 IP 地址，是因为后面在配置到达对端子网的静态路由时要以这些 mGRE Tunnel 接口为出接口。但 mGRE Tunnel 接口的其他配置（包括 NHRP 配置）要放在最后，因为只有前面的配置（包括到达对端子网的静态路由）完成后才能成功进行 NHRP 解析。后面各节的配置示例同理。

② 配置 Hub 和两 Spoke 间的公网路由。

Hub 与 Spoke 间的公网路由互通是各端建立 VPN 的基础和前提，因为这些 VPN 通信都是基于公网进行的。又因为各分支采用动态 IP 地址接入公网，所以最好采用动态路由协议，大多数情况下是采用无环路、配置简便的 OSPF 协议进行配置。当然，此时 Spoke 上的公网 IP 地址也仅是当前实时的，如果发生了变化，则要修改配置。

③ 配置子网路由。

本示例中因为各子网比较稳定，可以使用简便的静态路由配置方式，下一跳均为对端设备的 mGRE Tunnel 接口 IP 地址。

④ 配置各设备上的 mGRE Tunnel 接口和 NHRP。

2. 具体配置步骤

下面按照图 7-19 进行配置，可直接在模拟器上实验。

① 配置各设备的各接口（包括 Tunnel 接口）IP 地址。

#---Hub 上的配置如下所示。

```
<Huawei> system-view
[Huawei] sysname Hub
[Hub] interface gigabitethernet 1/0/0
[Hub-GigabitEthernet1/0/0] ip address 202.1.1.10 255.255.255.0
[Hub-GigabitEthernet1/0/0] quit
[Hub] interface gigabitethernet 2/0/0
[Hub-GigabitEthernet2/0/0] ip address 192.168.0.1 255.255.255.0
[Hub-GigabitEthernet2/0/0] quit
[Hub] interface tunnel 0/0/0
[Hub-Tunnel0/0/0] ip address 172.16.1.1 255.255.255.0   #---配置本地 mGRE Tunnel 接口 IP 地址，通常整个 DSVPN 中的所有 mGRE Tunnel 接口 IP 地址都在同一 IP 网段
[Hub-Tunnel0/0/0] quit
```

#---Spoke1 上的配置如下所示。

```
<Huawei> system-view
[Huawei] sysname Spoke1
[Spoke1] interface gigabitethernet 1/0/0
[Spoke1-GigabitEthernet1/0/0] ip address 202.1.2.10 255.255.255.0
[Spoke1-GigabitEthernet1/0/0] quit
[Spoke1] interface gigabitethernet 2/0/0
[Spoke1-GigabitEthernet2/0/0] ip address 192.168.1.1 255.255.255.0
[Spoke1-GigabitEthernet2/0/0] quit
[Spoke1] interface tunnel 0/0/0
[Spoke1-Tunnel0/0/0] ip address 172.16.1.2 255.255.255.0
[Spoke1-Tunnel0/0/0] quit
```

#---Spoke2 上的配置如下所示。

```
<Huawei> system-view
[Huawei] sysname Spoke2
[Spoke2] interface gigabitethernet 1/0/0
[Spoke2-GigabitEthernet1/0/0] ip address 202.1.3.10 255.255.255.0
[Spoke2-GigabitEthernet1/0/0] quit
[Spoke2] interface gigabitethernet 2/0/0
[Spoke2-GigabitEthernet2/0/0] ip address 192.168.2.1 255.255.255.0
[Spoke2-GigabitEthernet2/0/0] quit
[Spoke2] interface tunnel 0/0/0
[Spoke2-Tunnel0/0/0] ip address 172.16.1.3 255.255.255.0
[Spoke2-Tunnel0/0/0] quit
```

#---Internet 路由器上的配置如下所示。

```
<Huawei> system-view
[Huawei] sysname Internet
[Internet] interface gigabitethernet 0/0/0
[Internet-GigabitEthernet0/0/0] ip address 202.1.2.11 255.255.255.0
[Internet-GigabitEthernet0/0/0] quit
[Internet] interface gigabitethernet 0/0/1
[Internet-GigabitEthernet0/0/1] ip address 202.1.3.11 255.255.255.0
[Internet-GigabitEthernet0/0/1] quit
```

```
[Internet] interface gigabitethernet 0/0/2
[Internet-GigabitEthernet0/0/2] ip address 202.1.1.11 255.255.255.0
[Internet-GigabitEthernet0/0/2] quit
```

各计算机的 IP 地址和网关配置略。

② 配置各设备之间公网路由。

此处采用 OSPF 路由协议，进程号为 2，区域 ID 为 1（单区域的 OSPF 网络，区域 ID 可以任意）。不同设备上的 OSPF 路由进程号可以不一致。Spoke 上的公网 IP 地址为 ISP 当前分配的 IP 地址，如果以后发生改变，则要重新配置。

#---Hub 上的配置如下所示。

```
[Hub] ospf 2
[Hub-ospf-2] area 0.0.0.1
[Hub-ospf-2-area-0.0.0.1] network 202.1.1.0 0.0.0.255    #---通告 Hub 公网接口所对应 IP 网段
[Hub-ospf-2-area-0.0.0.1] quit
[Hub-ospf-2] quit
```

#---Spoke1 上的配置如下所示。

```
[Spoke1] ospf 2
[Spoke1-ospf-2] area 0.0.0.1
[Spoke1-ospf-2-area-0.0.0.1] network 202.1.2.0 0.0.0.255
[Spoke1-ospf-2-area-0.0.0.1] quit
[Spoke1-ospf-2] quit
```

#---Spoke2 上的配置如下所示。

```
[Spoke2] ospf 2
[Spoke2-ospf-2] area 0.0.0.1
[Spoke2-ospf-2-area-0.0.0.1] network 202.1.3.0 0.0.0.255
[Spoke2-ospf-2-area-0.0.0.1] quit
[Spoke2-ospf-2] quit
```

#---Internet 路由器上的配置如下所示。

```
[Internet] ospf 2
[Internet -ospf-2] area 0.0.0.1
[Internet -ospf-2-area-0.0.0.1] network 202.1.1.0 0.0.0.255
[Internet -ospf-2-area-0.0.0.1] network 202.1.2.0 0.0.0.255
[Internet -ospf-2-area-0.0.0.1] network 202.1.3.0 0.0.0.255
[Internet -ospf-2-area-0.0.0.1] quit
[Internet -ospf-2] quit
```

③ 配置 Hub 和两个 Spoke 到达对端子网的静态路由，下一跳为对端设备配置的 mGRE Tunnel 接口 IP 地址。**此处再次强调一定要指定对端 mGRE Tunnel 接口 IP 地址作为下一跳，而不能仅指定本地 mGRE Tunnel 接口作为出接口，**尽管 mGRE Tunnel 接口的链路层协议是 PPP。

#---Hub 上的配置如下所示。

```
[Hub] ip route-static 192.168.1.0 255.255.255.0 172.16.1.2    #---到达 Spoke1 子网的静态路由
[Hub] ip route-static 192.168.2.0 255.255.255.0 172.16.1.3    #---到达 Spoke2 子网的静态路由
```

#---Spoke1 上的配置如下所示。

```
[Spoke1] ip route-static 192.168.0.0 255.255.255.0 172.16.1.1    #---到达 Hub 子网的静态路由
[Spoke1] ip route-static 192.168.2.0 255.255.255.0 172.16.1.3    #---到达 Spoke2 子网的静态路由
```

#---Spoke2 上的配置如下所示。

```
[Spoke2] ip route-static 192.168.0.0 255.255.255.0 172.16.1.1    #---到达 Hub 子网的静态路由
[Spoke2] ip route-static 192.168.1.0 255.255.255.0 172.16.1.2    #---到达 Spoke1 子网的静态路由
```

④ 配置各设备的 mGRE Tunnel 接口和 NHRP。

在 Hub 和 Spoke 上配置 mGRE Tunnel 接口在非 shortcut 方式下必选属性，包括 mGRE 封装、隧道源 IP 地址或源接口。另外在 Hub 的 mGRE Tunnel 接口上还要使能接收 Spoke 的 NHRP 组播动态注册功能，在 Spoke1 和 Spoke2 的 mGRE Tunnel 接口上还要分别配置 Hub 的静态 NHRP 映射表项。

#---Hub 上的配置如下所示。

```
[Hub] interface tunnel 0/0/0
[Hub-Tunnel0/0/0] tunnel-protocol gre p2mp   #---配置以上 Tunnel 接口为 mGRE 封装
[Hub-Tunnel0/0/0] source gigabitethernet 1/0/0   #---指定隧道源接口为公网接口
[Hub-Tunnel0/0/0] nhrp entry multicast dynamic   #---允许 Spoke 在 Hub 上进行组播动态注册
[Hub-Tunnel0/0/0] quit
```

#---Spoke1 上的配置如下所示。

```
[Spoke1] interface tunnel 0/0/0
[Spoke1-Tunnel0/0/0] tunnel-protocol gre p2mp
[Spoke1-Tunnel0/0/0] source gigabitethernet 1/0/0
[Spoke1-Tunnel0/0/0] nhrp entry 172.16.1.1 202.1.1.10 register   #---在 Spoke1 上静态配置 Hub 的 NHRP 映射表项，同时向 Hub 发起 NHRP 注册请求
[Spoke1-Tunnel0/0/0] quit
```

#---Spoke2 上的配置如下所示。

```
[Spoke2] interface tunnel 0/0/0
[Spoke2-Tunnel0/0/0] tunnel-protocol gre p2mp
[Spoke2-Tunnel0/0/0] source gigabitethernet 1/0/0
[Spoke2-Tunnel0/0/0] nhrp entry 172.16.1.1 202.1.1.10 register
[Spoke2-Tunnel0/0/0] quit
```

3. 配置结果验证

以上配置完成后，可以进行以下系列配置结果验证。

① 验证各设备上的 NHRP 映射表项。

在 Hub 上执行 **display nhrp peer all** 命令的输出如图 7-20 所示。此时会发现 Hub 上已有两个 Spoke 的动态 NHRP 映射表项，因为在前面两个 Spoke 的 Tunnel 接口配置中就已加了“**register**”选项，使能了 Spoke 向 Hub 进行 NHRP 组播动态注册功能。

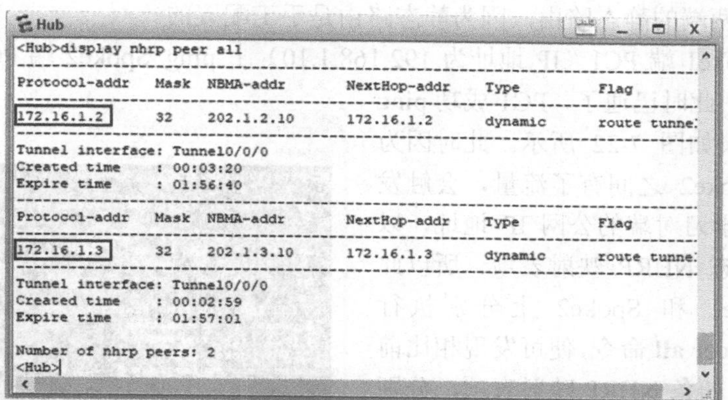

图 7-20 在 Hub 上执行 **display nhrp peer all** 命令的输出

【说明】NHRP 映射表项中的主要字段解释如下。

- Protocol-addr：协议地址，可以是表示 NHRP 对等体子网 IP 地址（shortcut 方式时）或 Tunnel 接口 IP 地址（非 shortcut 方式时）。
- NBMA-addr：NBMA 地址，是 NHRP 对等体的公网 IP 地址，也是 NHRP 对等体 Tunnel 接口中配置的源 IP 地址。
- Type：表示 NHRP 映射表项的类型，static 为静态 NHRP 映射表项；dynamic（**在新的 VRP 系统版本中为 registered**）为动态 NHRP 映射表项；local 为本端自己的 NHRP 映射表项；remote 为动态生成的对端 Tunnel 接口 IP 地址的映射表项；remote-network 为动态生成的对端子网 IP 地址的 NHRP 映射表项，仅当分支只存在到总部的汇聚路由时，源分支才可以动态学习到目的分支子网的 IP 地址信息。

分别在两个 Spoke 上执行 **display nhrp peer all** 命令查看它们的 NHRP 映射表项。此时会发现仅有 Hub 静态 NHRP 映射表项，**而没有预期中的对端 Spoke 的动态 NHRP 映射表项**，在 Spoke1 上执行 **display nhrp peer all** 命令的输出如图 7-21 所示。之所以两个 Spoke 间还没有相互建立对端的动态 NHRP 映射表项，是因为还没有流量触发 Spoke 的 NHRP 地址解析功能，还没有相互学习对方的公网 IP 地址。

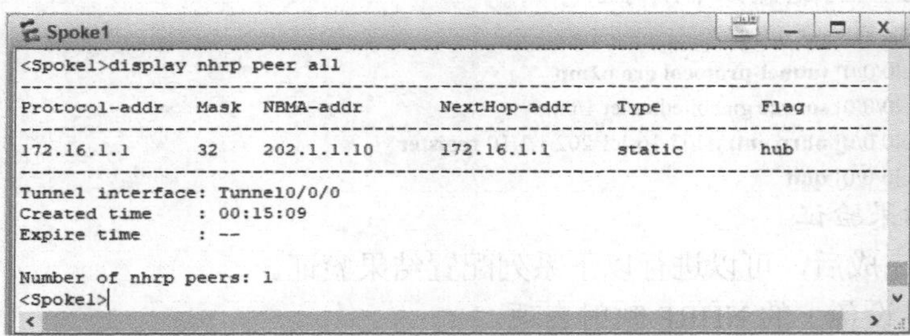

图 7-21 在 Spoke1 上执行 **display nhrp peer all** 命令的输出

② 验证各设备到达其他子网的静态路由。

在 Hub 或两个 Spoke 上执行 **display ip routing-table protocol static** 命令，会发现有相互到达其他两端的静态路由，因为静态路由是手工配置的。

③ 在 Spoke1 端 PC1（IP 地址为 192.168.1.10）上 ping Spoke2 端 PC2（IP 地址为 192.168.2.10），此时已通了，PC1 成功 ping 通 PC2 的结果如图 7-22 所示。此时因为 Spoke1 和 Spoke2 之间有了流量，会触发 Spoke 间相互学习对端的公网 IP 地址，以生成对端的动态 NHRP 映射表项。所以此时再在 Spoke1 和 Spoke2 上分别执行 **display nhrp peer all** 命令，便可发现相比前面图 7-20 多了两条 NHRP 映射表项，分别是本端和对端 Tunnel 接口的 NHRP 映射表项，在 Spoke1 上执行 **display nhrp peer all** 命令的输出如图 7-23 所示。

图 7-22 PC1 成功 ping 通 PC2 的结果

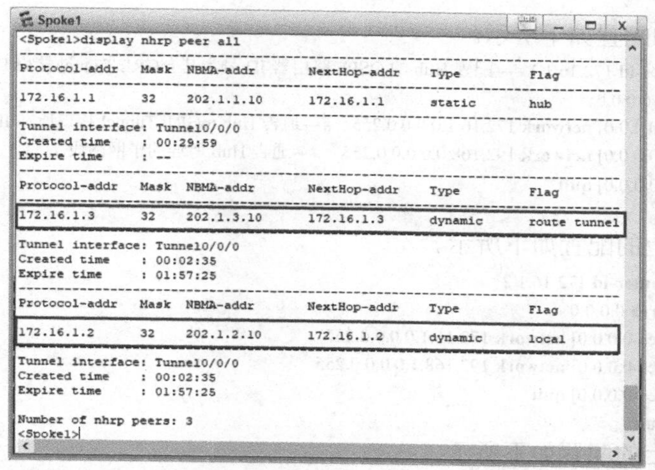

图 7-23　在 Spoke1 上执行 **display nhrp peer all** 命令的输出

通过以上验证，本示例配置是正确且成功的。

7.6.2　非 shortcut 方式 DSVPN（OSPF 协议）配置示例

本示例拓扑结构与上节介绍的配置示例的拓扑结构完全一样，参见图 7-18。企业现规划使用 OSPF 路由协议实现分支与总部之间子网的 VPN 互联，同时分支之间也能建立 VPN 互联。采用华为模拟器做本实验时，拓扑结构仍参见图 7-19。

1. 基本配置思路分析

本示例与上一示例类似，不同的只是本示例采用 OSPF 协议为各设备上 mGRE Tunnel 接口网段和所连子网网段进行路由通告。要注意的是，如果公网路由也采用 OSPF 协议来配置，则两处所采用的 OSPF 路由进程号不能一样。另外，由于在非 shortcut 方式下，各设备间要直接相互学习路由，所以要在各设备上配置 mGRE Tunnel 接口为 OSPF 广播类型。基本的配置思路如下。

① 配置各设备上的各接口（包括 Tunnel 接口）的 IP 地址。

② 配置 Hub 和两 Spoke 间的公网路由。此处采用 OSPF 路由协议来配置。

③ 采用 OSPF 路由协议通告包括本地 mGRE Tunnel 接口和本地子网在内的网段，所用 OSPF 路由进程与公网 OSPF 路由进程不一样。

④ 配置各设备上的 mGRE Tunnel 接口和 NHRP。

2. 具体配置步骤

下面按照图 7-19 进行配置，可直接在模拟器上实验。

因为本示例中各设备接口的 IP 地址及拓扑结构与 7.6.1 节介绍的配置示例完全一样，故第①、②项配置任务的配置方法参见 7.6.1 的介绍即可。下面仅介绍第③、④项配置任务的具体配置方法。

第③项：配置各子网的 OSPF 路由。

由于前面在配置各设备公网 OSPF 路由时使用的是 OSPF 2 进程，所以此处不能再使用 2 号进程。但对区域 ID 没限制（此处假设为区域 0）。另外，为了便于 OSPF 路由的管理，把各设备的 OSPF 路由器 ID 配置为各设备 mGRE Tunnel 接口 IP 地址。

#---Hub 上的配置如下所示。

```
[Hub] ospf 1 router-id 172.16.1.1 #---配置 Hub 的 OSPF 路由器 ID 号为其 mGRE Tunnel 接口 IP 地址
[Hub-ospf-1] area 0.0.0.0
[Hub-ospf-1-area-0.0.0.0] network 172.16.1.0 0.0.0.255   #---通告 Hub mGRE Tunnel 接口所在 IP 网段
[Hub-ospf-1-area-0.0.0.0] network 192.168.0.0 0.0.0.255   #---通告 Hub 所连的子网网段
[Hub-ospf-1-area-0.0.0.0] quit
[Hub-ospf-1] quit
```

#---Spoke1 上的配置如下所示。

```
[Spoke1] ospf 1 router-id 172.16.1.2
[Spoke1-ospf-1] area 0.0.0.0
[Spoke1-ospf-1-area-0.0.0.0] network 172.16.1.0 0.0.0.255
[Spoke1-ospf-1-area-0.0.0.0] network 192.168.1.0 0.0.0.255
[Spoke1-ospf-1-area-0.0.0.0] quit
[Spoke1-ospf-1] quit
```

#---Spoke2 上的配置如下所示。

```
[Spoke2] ospf 1 router-id 172.16.1.3
[Spoke2-ospf-1] area 0.0.0.0
[Spoke2-ospf-1-area-0.0.0.0] network 172.16.1.0 0.0.0.255
[Spoke2-ospf-1-area-0.0.0.0] network 192.168.2.0 0.0.0.255
[Spoke2-ospf-1-area-0.0.0.0] quit
[Spoke2-ospf-1] quit
```

第④项：配置 mGRE Tunnel 接口和 NHRP。

本示例的 mGRE Tunnel 接口和 NHRP 配置也与 7.6.1 节基本一样，只是本示例要把 mGRE Tunnel 接口配置为 broadcast 类型 OSPF 网络，以实现分支间路由相互学习，同时配置 Hub 上的 mGRE Tunnel 接口为 OSPF 广播网络中的 DR，DR 优先级值为 100，两 Spoke 上的 DR 优先级保持缺省值 1，DR 优先值越大，优先级越高。

#---Hub 上的配置如下所示。

```
[Hub] interface tunnel 0/0/0
[Hub-Tunnel0/0/0] tunnel-protocol gre p2mp
[Hub-Tunnel0/0/0] source gigabitethernet 1/0/0
[Hub-Tunnel0/0/0] nhrp entry multicast dynamic
[Hub-Tunnel0/0/0] ospf network-type broadcast   #---配置 Tunnel 接口为 OPSF 广播网络类型
[Hub-Tunnel0/0/0] ospf dr-priority 100   #---配置 mGRE Tunnel 接口的 DR 优先值为 100，三者中最高，最终使其成为广播 OSPF 网络中的 DR
[Hub-Tunnel0/0/0] quit
```

#---Spoke1 上的配置如下所示。

```
[Spoke1] interface tunnel 0/0/0
[Spoke1-Tunnel0/0/0] tunnel-protocol gre p2mp
[Spoke1-Tunnel0/0/0] source gigabitethernet 1/0/0
[Spoke1-Tunnel0/0/0] nhrp entry 172.16.1.1 202.1.1.10 register
[Spoke1-Tunnel0/0/0] ospf network-type broadcast
[Spoke1-Tunnel0/0/0] quit
```

#---Spoke2 上的配置如下所示。

```
[Spoke2] interface tunnel 0/0/0
[Spoke2-Tunnel0/0/0] tunnel-protocol gre p2mp
[Spoke2-Tunnel0/0/0] source gigabitethernet 1/0/0
[Spoke2-Tunnel0/0/0] nhrp entry 172.16.1.1 202.1.1.10 register
[Spoke2-Tunnel0/0/0] ospf network-type broadcast
[Spoke2-Tunnel0/0/0] quit
```

3. 配置结果验证

以上配置完成后，我们可以进行以下一系列配置结果验证。

① 验证各设备上的 NHRP peer 信息。

在 Hub 上执行 **display nhrp peer all** 命令，会发现 Hub 上已有 Spoke1 和 Spoke2 的 NHRP 映射表项注册信息，表明 Spoke1 和 Spoke2 已成功在 Hub 上动态注册了它们自己的 NHRP 映射表项了，参见图 7-20。因为在配置前面两个 Spoke 的 Tunnel 接口时就已加了 **"register"** 选项，启动了 Spoke 向 Hub 进行 NHRP peer 动态注册流程。

分别在两个 Spoke 上执行 **display nhrp peer all** 命令，会发现两个 Spoke 上均只能看到本地静态配置的 Hub NHRP 映射表项，而没有看到其他 Spoke 的 NHRP 映射表项，参见图 7-21。这是因为没有流量触发这些 Spoke 通过 NHRP 解析功能学习其他 Spoke 的 NHRP 映射表项。

② 验证各子网的 OSPF 路由信息。

在 Hub 上执行 **display ospf 1 routing** 命令，发现已有到达两个 Spoke 所连接的子网的明细 OSPF 路由，下一跳均为对端的 Tunnel 接口 IP 地址，在 Hub 上执行 **display ospf 1 routing** 命令的输出如图 7-24 所示。

```
Hub
<Hub>display ospf 1 routing

         OSPF Process 1 with Router ID 172.16.1.1
                 Routing Tables

 Routing for Network
 Destination        Cost  Type       NextHop         AdvRouter       Area
 172.16.1.0/24      1562  Transit    172.16.1.1      172.16.1.1      0.0.0.0
 192.168.0.0/24     1     Stub       192.168.0.1     172.16.1.1      0.0.0.0
 192.168.1.0/24     1563  Stub       172.16.1.2      172.16.1.2      0.0.0.0
 192.168.2.0/24     1563  Stub       172.16.1.3      172.16.1.3      0.0.0.0

 Total Nets: 4
 Intra Area: 4  Inter Area: 0  ASE: 0  NSSA: 0

<Hub>
```

图 7-24　在 Hub 上执行 **display ospf 1 routing** 命令的输出

分别在 Spoke1、Spoke2 上执行 **display ospf 1 routing** 命令，发现已有到达 Hub 子网及对端 Spoke 子网的明细路由，下一跳也均为对端的 Tunnel 接口 IP 地址，在 Spoke1 上执行 **display ospf 1 routing** 命令的输出如图 7-25 所示。

```
Spoke1
<Spoke1>display ospf 1 routing

         OSPF Process 1 with Router ID 172.16.1.2
                 Routing Tables

 Routing for Network
 Destination        Cost  Type       NextHop         AdvRouter       Area
 172.16.1.0/24      1562  Transit    172.16.1.2      172.16.1.2      0.0.0.0
 192.168.1.0/24     1     Stub       192.168.1.1     172.16.1.2      0.0.0.0
 192.168.0.0/24     1563  Stub       172.16.1.1      172.16.1.1      0.0.0.0
 192.168.2.0/24     1563  Stub       172.16.1.3      172.16.1.3      0.0.0.0

 Total Nets: 4
 Intra Area: 4  Inter Area: 0  ASE: 0  NSSA: 0

<Spoke1>
```

图 7-25　在 Spoke1 上执行 **display ospf 1 routing** 命令的输出

③ 在 Spoke1 端 PC1（IP 地址为 192.168.1.10）上 ping Spoke2 端 PC2（IP 地址为 192.168.2.10），此时已通，参见图 7-22。同时因为 Spoke1 和 Spoke2 之间有了流量，会触发 Spoke 间相互学习对端的公网 IP 地址，以动态生成对端的 NHRP 映射表项。所以

此时再在 Spoke1 和 Spoke2 上分别执行 **display nhrp peer all** 命令，便可发现相比前面图 7-20 多了两条 NHRP 映射表项，分别是本端和对端 Tunnel 接口的 NHRP 映射表项，参见图 7-23。

通过以上验证，本示例配置是正确且成功的。

7.6.3 非 shortcut 方式 DSVPN（BGP）配置示例

非 shortcut 方式 DSVPN（BGP）配置示例的拓扑结构如图 7-26 所示，某中小企业有总部（Hub）和两个分支（Spoke1 和 Spoke2），分布在不同地域并所属不同 AS 系统，且总部和分支的子网环境会经常出现变动。分支采用动态地址接入公网。企业现规划在 AS 域内使用 OSPF 路由协议，AS 域间使用 EBGP 路由协议，希望能够在实现分支与总部之间 VPN 互联的同时，分支之间也能建立 VPN 互联。

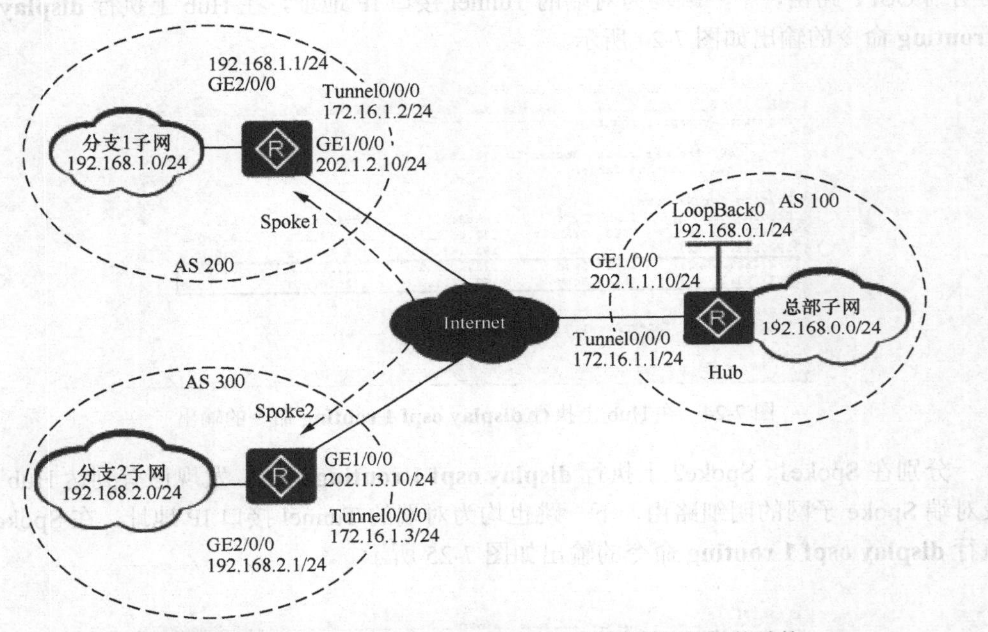

图 7-26 非 shortcut 方式 DSVPN（BGP）配置示例的拓扑结构

用华为模拟器做本实验时，Internet 可用一台路由器代表，配置好接口 IP 地址和公网 OSPF 路由。LoopBack 接口可以用连接的计算机代表，采用华为模拟器做本实验时的拓扑结构如图 7-27 所示。

1. 基本配置思路分析

首先要说明一点，这里所说的采用 BGP 路由是针对 Spoke 和 Hub 上所连接的子网之间互通的路由，不是指它们之间的公网路由，前面两节示例中所用的静态路由和 OSPF 路由也是这样的。对于公网路由，本示例仍采用 OSPF 路由。

由于本示例分支数量较少，采用非 shortcut 方式 DSVPN 更合适。本示例的特点是 Hub 和两个 Spoke 的子网分别位于不同 AS 系统，要实现子网间的 VPN 互联，必须依靠 EBGP 来实现 AS 系统间的路由互通，但在每个 AS 系统内部的子网仍可以采用 OSPF 协议配置，当然不能与公网路由中所采用的 OSPF 路由进程一致。

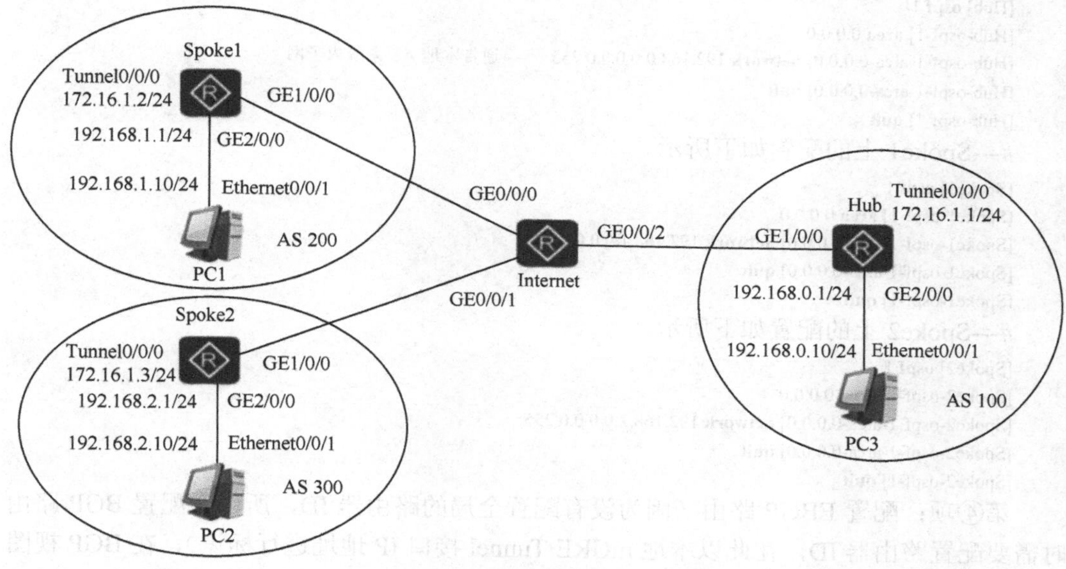

图 7-27 采用华为模拟器做本实验时的拓扑结构

在本示例中，**每个 AS 系统内部的 OSPF 路由只需要配置各自所连的子网，不包括各自的 mGRE Tunnel 接口所在网段**，因为此时这些 mGRE Tunnel 接口是担当其所在 AS 系统的 EBGP 对等体，是属于 EBGP 路由。

根据以上分析，可得出本示例的基本配置思路如下。

① 配置各设备上的各接口（包括 Tunnel 接口）的 IP 地址。

② 配置 Hub 和两个 Spoke 间的公网路由。此处采用 OSPF 路由协议来配置。

③ 配置 AS 系统内的各子网 OSPF 路由，但所用 OSPF 路由进程与公网 OSPF 路由进程不一样。

④ 在不同 AS 系统间采用 EBGP 互联，配置各设备上的 mGRE Tunnel 接口 IP 地址为所在 AS 的 EBGP 对等体。

⑤ 配置各设备上的 mGRE Tunnel 接口和 NHRP。

2. 具体配置步骤

下面按照图 7-27 进行配置，可直接在模拟器上实验。

因为本示例中各设备接口的 IP 地址及基本拓扑结构与 7.6.1 节介绍的配置示例完全一样，故第①、②项配置任务仍可参见 7.6.1 节的介绍。下面仅介绍后面 3 项配置任务的具体配置方法。

第③项：配置各 AS 系统内部的子网路由。

在各 AS 系统内，通过 OSPF 协议通告所连的各子网路由，但所采用的 OSPF 路由进程不能与公网中的 OSPF 路由进程一样（区域 ID 随意）。此处采用 1 号 OSPF 路由进程（公网 OSPF 路由中采用 2 号进程），区域 ID 为 0。但这里仅需要通告本地所连接的内部子网，不包括 mGRE Tunnel 接口对应的 IP 网段。

#---Hub 上的配置如下所示。

```
[Hub] ospf 1
[Hub-ospf-1] area 0.0.0.0
[Hub-ospf-1-area-0.0.0.0] network 192.168.0.0 0.0.0.255   #---通告本地 AS 系统内子网
[Hub-ospf-1-area-0.0.0.0] quit
[Hub-ospf-1] quit
```

#---Spoke1 上的配置如下所示。

```
[Spoke1] ospf 1
[Spoke1-ospf-1] area 0.0.0.0
[Spoke1-ospf-1-area-0.0.0.0] network 192.168.1.0 0.0.0.255
[Spoke1-ospf-1-area-0.0.0.0] quit
[Spoke1-ospf-1] quit
```

#---Spoke2 上的配置如下所示。

```
[Spoke2] ospf 1
[Spoke2-ospf-1] area 0.0.0.0
[Spoke2-ospf-1-area-0.0.0.0] network 192.168.2.0 0.0.0.255
[Spoke2-ospf-1-area-0.0.0.0] quit
[Spoke2-ospf-1] quit
```

第④项：配置 EBGP 路由（因为没有配置全局的路由器 ID，所以在配置 BGP 路由时需要配置路由器 ID，在此以本地 mGRE Tunnel 接口 IP 地址进行标识），在 BGP 视图下引入本地 AS 域内 OSPF 子网路由，并指出要建立 EBGP 连接的对等体。

#---Hub 上的配置如下所示。

Hub 上要配置的 EBGP 对等体有 Spoke1 和 Spoke2 两个，分属于 AS 200 和 AS 300，对等体 IP 地址分别为 Spoke1 和 Spoke2 的 mGRE Tunnel 接口 IP 地址。

```
[Hub] bgp 100   #---进入 AS 100 中
[Hub-bgp] router-id 172.16.1.1   #---配置以本地 mGRE Tunnel 接口 IP 地址作为本地路由器的路由器 ID
[Hub-bgp] import-route ospf 1   #---引入 OSPF 进程 1 的路由
[Hub-bgp] peer 172.16.1.2 as-number 200   #---指定 AS 200 对等体 IP 地址为 172.16.1.2
[Hub-bgp] peer 172.16.1.3 as-number 300   #---指定 AS 300 对等体 IP 地址为 172.16.1.3
[Hub-bgp] quit
```

#---Spoke1 上的配置如下所示。

Spoke1 上要配置的 EBGP 对等体有 Hub 和 Spoke2 两个，分属于 AS 100 和 AS 300，对等体 IP 地址分别为 Hub 和 Spoke2 的 mGRE Tunnel 接口 IP 地址。

```
[Spoke1] bgp 200
[Spoke1-bgp] router-id 172.16.1.2
[Spoke1-bgp] import-route ospf 1
[Spoke1-bgp] peer 172.16.1.1 as-number 100
[Spoke1-bgp] peer 172.16.1.3 as-number 300
[Spoke1-bgp] quit
```

#---Spoke2 上的配置如下所示。

Spoke2 上要配置的 EBGP 对等体有 Hub 和 Spoke1 两个，分属于 AS 100 和 AS 200，对等体 IP 地址分别为 Hub 和 Spoke1 的 mGRE Tunnel 接口 IP 地址。

```
[Spoke2] bgp 300
[Spoke2-bgp] router-id 172.16.1.3
[Spoke2-bgp] import-route ospf 1
[Spoke2-bgp] peer 172.16.1.1 as-number 100
[Spoke2-bgp] peer 172.16.1.2 as-number 200
[Spoke2-bgp] quit
```

第⑤项：配置 mGRE Tunnel 接口和 NHRP。

在 Hub 和 Spoke 上配置 mGRE Tunnel 接口，包括 mGRE 封装、隧道源 IP 地址或源接口。在 Hub 上使能接收 Spoke 的 NHRP 动态注册功能，在 Spoke1 和 Spoke2 上分别配置 Hub 的静态 NHRP 映射表项。

#---Hub 上的配置如下所示。

```
[Hub] interface tunnel 0/0/0
[Hub-Tunnel0/0/0] tunnel-protocol gre p2mp
[Hub-Tunnel0/0/0] source gigabitethernet 1/0/0
[Hub-Tunnel0/0/0] nhrp entry multicast dynamic
[Hub-Tunnel0/0/0] quit
```

#---Spoke1 上的配置如下所示。

```
[Spoke1] interface tunnel 0/0/0
[Spoke1-Tunnel0/0/0] tunnel-protocol gre p2mp
[Spoke1-Tunnel0/0/0] source gigabitethernet 1/0/0
[Spoke1-Tunnel0/0/0] nhrp entry 172.16.1.1 202.1.1.10 register
[Spoke1-Tunnel0/0/0] quit
```

#---Spoke2 上的配置如下所示。

```
[Spoke2] interface tunnel 0/0/0
[Spoke2-Tunnel0/0/0] tunnel-protocol gre p2mp
[Spoke2-Tunnel0/0/0] source gigabitethernet 1/0/0
[Spoke2-Tunnel0/0/0] nhrp entry 172.16.1.1 202.1.1.10 register
[Spoke2-Tunnel0/0/0] quit
```

3. 配置结果验证

以上配置完成后，我们可以进行以下系列配置结果验证。

①BGP 路由验证。

在 Hub 上执行 **display bgp routing-table** 命令，可以看到在 Hub 上除了本地子网的 192.168.0.0 网段路由，还学习到了两个 Spoke 上的子网路由，而且各自通过两条路径学习，其中一条是直接从对端学习，另一条是通过另一个间接 Spoke 学习，在 Hub 上执行 **display bgp routing-table** 命令的输出如图 7-28 所示。根据 AS-PATH 路径属性，最终会选择直接从对应 Spoke 应学习的那条路由为最优路由。

```
Hub
<Hub>display bgp routing-table

 BGP Local router ID is 172.16.1.1
 Status codes: * - valid, > - best, d - damped,
               h - history, i - internal, s - suppressed, S - Stale
               Origin : i - IGP, e - EGP, ? - incomplete


 Total Number of Routes: 5
      Network            NextHop        MED        LocPrf    PrefVal Path/Ogn

 *>   192.168.0.0        0.0.0.0         0                     0      ?
 *>   192.168.1.0        172.16.1.2      0                     0      200?
 *                       172.16.1.3                            0      300 200?
 *>   192.168.2.0        172.16.1.3      0                     0      300?
 *                       172.16.1.2                            0      200 300?
<Hub>
```

图 7-28　在 Hub 上执行 **display bgp routing-table** 命令的输出

分别在 Spoke1、Spoke2 上执行 **display bgp routing-table** 命令，可以发现它们之间已相互学习到了其他两端的子网路由，而且每端的路由也是包括了两条不同的学习路径。

根据 AS-PATH 路径属性，最终会选择直接从对端学习的那条路由为最优路由。在 Spoke1 上执行 **display bgp routing-table** 命令的输出如图 7-29 所示。

```
<Spoke1>display bgp routing-table

 BGP Local router ID is 172.16.1.2
 Status codes: * - valid, > - best, d - damped,
               h - history,  i - internal, s - suppressed, S - Stale
               Origin : i - IGP, e - EGP, ? - incomplete


 Total Number of Routes: 5
      Network            NextHop        MED        LocPrf    PrefVal Path/Ogn

 *>   192.168.0.0        172.16.1.1      0                    0      100?
 *                       172.16.1.3                           0      300 100?
 *>   192.168.1.0        0.0.0.0         0                    0      ?
 *>   192.168.2.0        172.16.1.3      0                    0      300?
 *                       172.16.1.1                           0      100 300?
<Spoke1>
```

图 7-29　在 Spoke1 上执行 **display bgp routing-table** 命令的输出

② 验证各设备上的 NHRP peer 信息。

在 Hub 上执行 **display nhrp peer all** 命令，发现 Hub 上已有 Spoke1 和 Spoke2 的动态 NHRP 映射表项，参见图 7-20。

分别在 Spoke1、Spoke2 上执行 **display nhrp peer all** 命令，会发现与 7.6.1 节采用静态路由，7.6.2 节采用 OSPF 配置子网路由不一样，此处采用 BGP 配置子网路由时，在 Spoke 间还没有用户数据通信时就已生成了对端的动态 NHRP 映射表项，而不仅有手工配置的 Hub 静态 NHRP 映射表项（参见图 7-21）。原因是 BGP EBGP 对等体在交互过程中会触发 Spoke 间 NHRP 信息交互，动态学习对方的 NHRP 映射表项，所以不需要再通过其他流量触发。在 Spoke1 上执行 **display nhrp peer all** 命令的输出如图 7-30 所示。

```
<Spoke1>display nhrp peer all
-------------------------------------------------------------------------------
Protocol-addr   Mask  NBMA-addr        NextHop-addr    Type         Flag
-------------------------------------------------------------------------------
172.16.1.1      32    202.1.1.10       172.16.1.1      static       hub
-------------------------------------------------------------------------------
Tunnel interface: Tunnel0/0/0
Created time    : 00:13:47
Expire time     : --
-------------------------------------------------------------------------------
Protocol-addr   Mask  NBMA-addr        NextHop-addr    Type         Flag
-------------------------------------------------------------------------------
172.16.1.3      32    202.1.3.10       172.16.1.3      dynamic      route tunnel
-------------------------------------------------------------------------------
Tunnel interface: Tunnel0/0/0
Created time    : 00:12:44
Expire time     : 01:47:19

Number of nhrp peers: 2
<Spoke1>
```

图 7-30 在 Spoke1 上执行 **display nhrp peer all** 命令的输出

③ 在 Spoke1 端 PC1（IP 地址为 192.168.1.10）上 ping Spoke2 端 PC2（IP 地址为 192.168.2.10），此时也已通了。此时再在两 Spoke 上执行 **display nhrp peer all** 命令，同样会见到如图 7-23 所示的 NHRP 映射表项。

通过以上验证，本示例配置是正确且成功的。

7.6.4　shortcut 方式 DSVPN（OSPF 协议）配置示例

本示例拓扑结构与 7.6.1 节中的图 7-18 一样，采用华为模拟器做本实验时，拓扑结构参见 7.6.1 节中的图 7-19。

本示例中某大型企业有总部（Hub）和多个分支（Spoke1、Spoke2 等，举例中仅使用两个分支），分布在不同地域，总部和分支的子网环境会经常出现变动。分支采用动态地址接入公网。企业规划使用 OSPF 路由协议，希望在实现分支与总部之间的 VPN 互联的同时，分支之间也能建立 VPN 互联。

1. 基本配置思路分析

本示例有个特点，就是总部连接的分支机构比较多，而且这些分支机构之间可能又都有相互访问的需求，所以采用 Shortcut 方式配置更简单，这样可使各分支设备上所需保存的路由表项更少，对设备的性能要求也更低。因为在 Shortcut 方式中，分支只需配置并保存以 Hub 为下一跳、到达其他子网的汇聚路由即可。

本示例各子网间要采用 OSPF 路由实现互通。此时有两个方面要注意：一是当公网路由配置也采用 OSPF 路由协议时，公网和私网中所采用的 OSPF 路由进程不能一样；二是 Hub 和 Spoke 的 mGRE Tunnel 接口的 OSPF 网络均要配置为 P2MP 类型。

本示例的基本配置思路如下。

① 配置各设备上的各接口（包括 Tunnel 接口）的 IP 地址。

② 配置 Hub 和两个 Spoke 间的公网路由。此处采用 OSPF 路由协议来配置。

③ 采用 OSPF 路由协议通告包括本地 mGRE Tunnel 接口和本地子网在内的网段，但路由进程不要与公网一样。

④ 配置各设备上的 mGRE Tunnel 接口和 NHRP。

2. 具体配置步骤

下面按照图 7-19 进行配置，可直接在模拟器上实验。

因为本示例中各设备接口的 IP 地址及基本拓扑结构与 7.6.1 节介绍的配置示例完全一样，故本示例中的第①、②项配置任务的具体配置仍可参见 7.6.1 节对应的配置。第③项配置任务又与 7.6.2 节第③项配置任务的配置完全一样，参见即可。下面仅介绍第④项配置任务的具体配置方法。

第④项：配置 mGRE Tunnel 接口和 NHRP。

在 Shortcut 方式中，**要把 Hub 和 Spoke mGRE Tunnel 接口的 OSPF 网络类型配置为 P2MP 类型（而不是非 Shortcut 方式下的广播类型）**。同时要在 Hub 上使能 NHRP Redirect 功能和 NHRP 动态注册功能；在 Spoke1 和 Spoke2 上要配置 Hub 的静态 NHRP 映射表项，并使能 NHRP Shortcut 功能。

#---Hub 上的配置如下所示。

```
[Hub] interface tunnel 0/0/0
[Hub-Tunnel0/0/0] tunnel-protocol gre p2mp
[Hub-Tunnel0/0/0] source gigabitethernet 1/0/0
[Hub-Tunnel0/0/0] nhrp entry multicast dynamic
[Hub-Tunnel0/0/0] ospf network-type p2mp   #---配置 Tunnel0/0/0 接口的 OSPF 网络类型为 P2MP
[Hub-Tunnel0/0/0] nhrp redirect   #---使能 NHRP 重定向功能
[Hub-Tunnel0/0/0] quit
```

#---Spoke1 上的配置如下所示。

```
[Spoke1] interface tunnel 0/0/0
[Spoke1-Tunnel0/0/0] tunnel-protocol gre p2mp
[Spoke1-Tunnel0/0/0] source gigabitethernet 1/0/0
[Spoke1-Tunnel0/0/0] nhrp entry 172.16.1.1 202.1.1.10 register
[Spoke1-Tunnel0/0/0] ospf network-type p2mp
[Spoke1-Tunnel0/0/0] nhrp shortcut
[Spoke1-Tunnel0/0/0] quit
```

#---Spoke2 上的配置如下所示。

```
[Spoke2] interface tunnel 0/0/0
[Spoke2-Tunnel0/0/0] tunnel-protocol gre p2mp
[Spoke2-Tunnel0/0/0] source gigabitethernet 1/0/0
[Spoke2-Tunnel0/0/0] nhrp entry 172.16.1.1 202.1.1.10 register
[Spoke2-Tunnel0/0/0] ospf network-type p2mp
[Spoke2-Tunnel0/0/0] nhrp shortcut
[Spoke2-Tunnel0/0/0] quit
```

3. 配置结果验证

以上配置完成后，可以进行以下系列配置结果验证。

① 验证各设备上的 NHRP peer 信息。

在 Hub 上执行 **display nhrp peer all** 命令，会发现 Hub 上已有 Spoke1 和 Spoke2 的 NHRP 映射表项注册信息，表明 Spoke1 和 Spoke2 已成功在 Hub 上动态注册成功了，参见图 7-20。因为在前面两 Spoke 的 Tunnel 接口的配置中就已加了"**register**"选项，启动了 Spoke 向 Hub 进行 NHRP peer 动态注册流程。

分别在 Spoke1、Spoke2 上执行 **display nhrp peer all** 命令，会发现此时两个 Spoke 上也只能看到 Hub 的静态 NHRP 映射表项。在 Spoke1 上执行本命令的输出参见图 7-21。

② 检查 OSPF 路由信息，包括公网和私网 OSPF 路由。

在 Hub 上执行 **display ospf 1 routing** 命令，从中可以看出有到达各 Spoke 子网的 OSPF 路由，参见图 7-24。

分别在 Spoke1、Spoke2 上执行 **display ospf 1 routing** 命令，也将发现均已学习到其他端的子网路由，而且下一跳均是 Hub 的 Tunnel0/0/0 接口 IP 地址 172.16.1.1，参见图 7-25。

③ 在 Spoke1 端 PC1（IP 地址为 192.168.1.10）上 ping Spoke2 端 PC2（IP 地址为 192.168.2.10），此时已通。通过 ping 操作，同时会触发 Spoke1 向 Spoke2 发送 NHRP 解析请求报文，最终使它们可以相互学习到对方的 NHRP 映射表项。

此时，再在两 Spoke 上执行 **display nhrp peer all** 命令查看本地的 NHRP 映射表项，会发现除了有原来配置的关于 Hub Tunnel 接口的静态 NHRP 映射表项和对端 Spoke 的 Tunnel 接口 IP 地址与公网 IP 地址之间的动态 NHRP 映射表项，还生成了源主机 IP 地址（192.168.1.10）和目的主机 IP 地址（192.168.2.10）的子网 IP 地址与公网 IP 地址间的动态 NHRP 映射表项（**一共 4 个表项**），这与非 shortcut 方式是不一样的。在 Spoke1 上执行 **display nhrp peer all** 命令的输出如图 7-31 所示。

通过以上验证，本示例配置是正确且成功的。

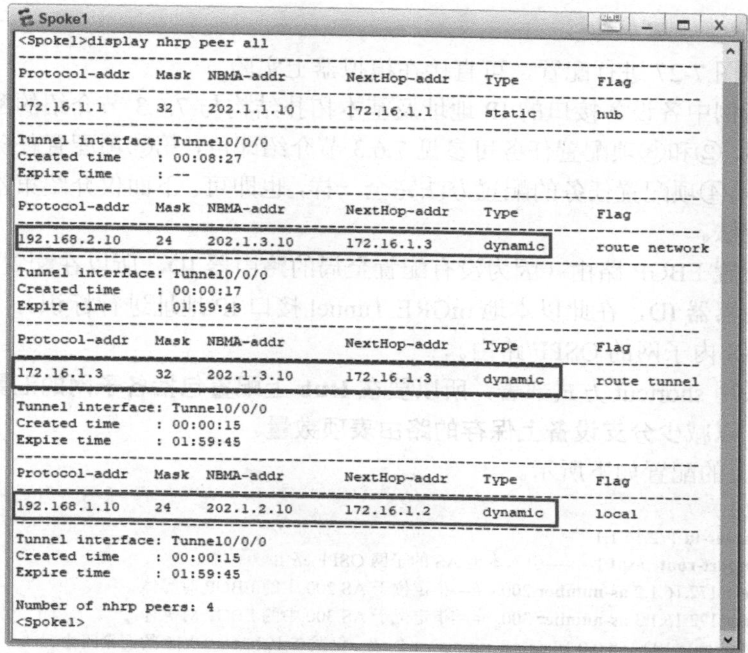

图 7-31 在 Spoke1 上执行 **display nhrp peer all** 命令的输出

7.6.5 shortcut 方式 DSVPN（BGP）配置示例

本示例拓扑结构参见 7.6.3 节中的图 7-26。如果采用华为模拟器做本实验，拓扑结构参见 7.6.3 节中的图 7-27。

本示例中某大型企业有总部（Hub）和多个分支（Spoke1、Spoke2 等，举例中仅使用两个分支），分布在不同地域并所属不同 AS 域，总部和分支的子网环境会经常出现变动。分支采用动态地址接入公网。企业规划 AS 域内部使用 OSPF 路由协议，AS 域间使用 EBGP 路由协议，希望能够在实现分支与总部之间的 VPN 互联的同时，分支之间也能建立 VPN 互联。

1. 基本配置思路分析

本示例的分析与 7.6.3 节基本一样，只是由于企业下面有多个分支机构，所以为了配置简单，采用 Shortcut 方式进行配置。**Hub 和 Spoke 的 mGRE Tunnel 接口的 OSPF 网络均要配置为 P2MP 类型，Hub 仅向 Spoke 通告子网聚合路由。**

本示例的基本配置思路如下。

① 配置各设备上的各接口（包括 Tunnel 接口）的 IP 地址。

② 配置 Hub 和两个 Spoke 间的公网路由。此处采用 OSPF 路由协议来配置。

③ 在每个 AS 系统内采用 OSPF 路由协议通告本地子网在内的网段，但所用 OSPF 路由进程与公网 OSPF 路由进程不一样。

④ 在不同 AS 系统间采用 EBGP 互联，引入本 AS 内部的子网 OSPF 路由，此时各设备上的 mGRE Tunnel 接口 IP 地址是所在 AS 的 EBGP 对等体。在 Hub 上还要配置包括各子网的 BGP 聚合路由。

⑤ 配置各设备上的 mGRE Tunnel 接口和 NHRP。

2. 具体配置步骤

下面按照图 7-27 进行配置，可直接在模拟器上实验。

因为本示例中各设备接口的 IP 地址及基本拓扑结构与 7.6.3 节介绍的配置示例完全一样，故第①、②和③项配置任务可参见 7.6.3 节介绍即可，第⑤项配置任务的具体配置与 7.6.4 节的第④项配置任务的配置方法完全一样，也即可。下面仅介绍第④项配置任务的具体配置方法。

第④项配置 EBGP 路由（因为没有配置全局的路由器 ID，所以在配置 BGP 路由时需要配置路由器器 ID，在此以本地 mGRE Tunnel 接口 IP 地址进行标识），在 BGP 视图下引入本地 AS 内子网的 OSPF 路由。

本示例采用 shortcut 方式部署，**所以要在 Hub 上配置包括各子网的汇聚路由，并抑制明细路由，以减少分支设备上保存的路由表项数量。**

#---Hub 上的配置如下所示。

```
[Hub] bgp 100
[Hub-bgp] router-id 172.16.1.1
[Hub-bgp] import-route ospf 1   #---引入本地 AS 的子网 OSPF 路由
[Hub-bgp] peer 172.16.1.2 as-number 200   #---指定位于 AS 200 中的 EBGP 对等体
[Hub-bgp] peer 172.16.1.3 as-number 300   #---指定位于 AS 300 中的 EBGP 对等体
[Hub-bgp] aggregate 192.168.0.0 16 detail-suppressed   #---仅发布 192.168.0.0/16 的汇聚路由
[Hub-bgp] quit
```

#---Spoke1 上的配置如下所示。不要配置与 Spoke2 建立 EBGP 对等体。

```
[Spoke1] bgp 200
[Spoke1-bgp] router-id 172.16.1.2
[Spoke1-bgp] import-route ospf 1
[Spoke1-bgp] peer 172.16.1.1 as-number 100
[Spoke1-bgp] quit
```

#---Spoke2 上的配置如下所示。不要配置与 Spoke1 建立 EBGP 对等体。

```
[Spoke2] bgp 300
[Spoke2-bgp] router-id 172.16.1.3
[Spoke2-bgp] import-route ospf 1
[Spoke2-bgp] peer 172.16.1.1 as-number 100
[Spoke2-bgp] quit
```

3. 配置结果验证

以上配置完成后，最后进行以下系列配置结果验证。

① 验证各 AS 间的子网 BGP 路由。

在 Hub 上执行 **display bgp routing-table** 命令，发现除了本地引入的 192.168.0.0/24 路由，以及本地配置的 192.168.0.0/16 的聚合路由，还学习到两个 Spoke 子网的明细路由，但均呈抑制状态（配置了聚合路由后，其中的子网路由不会向邻居进行通告），在 Hub 上执行 **display bgp routing-table** 命令的输出如图 7-32 所示。

分别在 Spoke1、Spoke2 上执行 **display bgp routing-table** 命令，发现除了本地引入的本地子网 192.168.1.0/24 路由，只学习到来自 Hub 的汇聚路由 192.168.0.0/16，在 Spoke1 上执行 **display bgp routing-table** 命令的输出如图 7-33 所示。

② 检查各设备的 NHRP 映射表项信息。

在 Hub 上执行 **display nhrp peer all** 命令，发现 Hub 上已有 Spoke1 和 Spoke2 的 NHRP 映射表项注册信息了，参见 7.6.1 节的图 7-20。

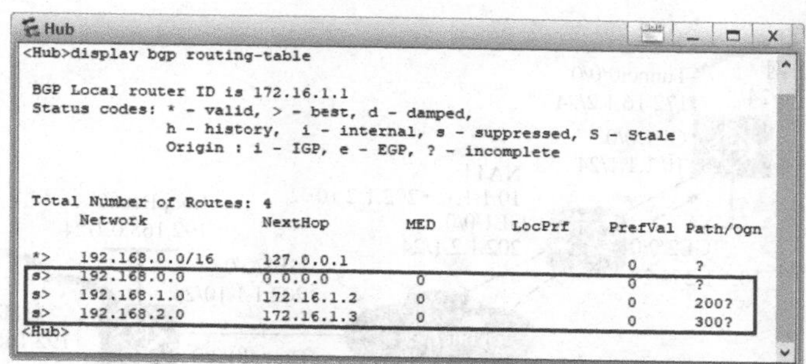

图 7-32 在 Hub 上执行 **display bgp routing-table** 命令的输出

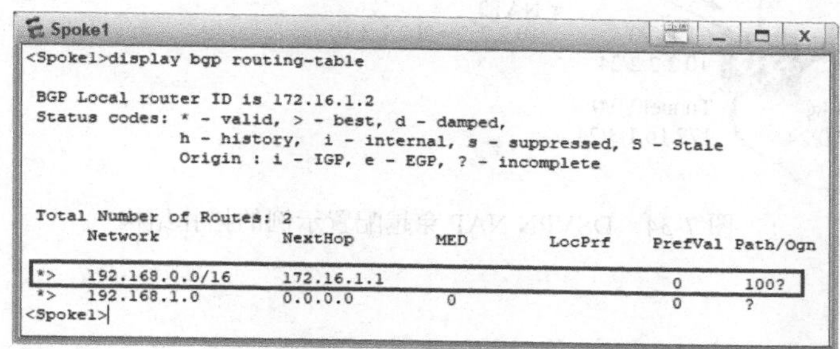

图 7-33 在 Spoke1 上执行 **display bgp routing-table** 命令的输出

分别在 Spoke1、Spoke2 上执行 **display nhrp peer all** 命令，发现均只有本地静态配置的 Hub NHRP 映射表项。在 Spoke1 上执行本命令的输出参见图 7-21。

③ 在 Spoke1 端 PC1（IP 地址为 192.168.1.10）上 ping Spoke2 端 PC2（IP 地址为 192.168.2.10），此时已通了。同时会触发 Spoke1 向 Spoke2 发送 NHRP 解析请求报文，最终使它们可以相互学习到对方的 NHRP 映射表项。

此时，再在两个 Spoke 上执行 **display nhrp peer all** 命令查看本地的 NHRP 映射表项，会发现除了有原来配置的关于 Hub Tunnel 接口的静态 NHRP 映射表项，还学习到其他 Spoke 的 mGRE Tunnel 接口的动态 NHRP peer，以及源主机和目的主机的动态 NHRP 映射表项（**一共 4 个表项**），参见图 7-31。

通过以上验证，本示例配置是正确且成功的。

7.6.6 DSVPN NAT 穿越配置示例

DSVPN NAT 穿越配置示例的拓扑结构如图 7-34 所示，某企业有总部（Hub）和多个分支（Spoke1、Spoke2 等，举例中仅使用两个分支），分布在不同地域，分支的子网环境会经常出现变动。分支也采用专线 Internet 连接，但是通过 NAT 设备进行地址转换后接入公网的。企业规划使用 OSPF 路由协议，希望能够在实现分支与总部之间的 VPN 互联的同时，分支之间也能建立 VPN 互联。

采用华为模拟器做本实验时，Internet 可用一台路由器代表，并配置好接口 IP 地址和公网 OSPF 路由。LoopBack 接口可用连接的计算机代表，采用华为模拟器做本实验时的拓扑结构如图 7-35 所示。

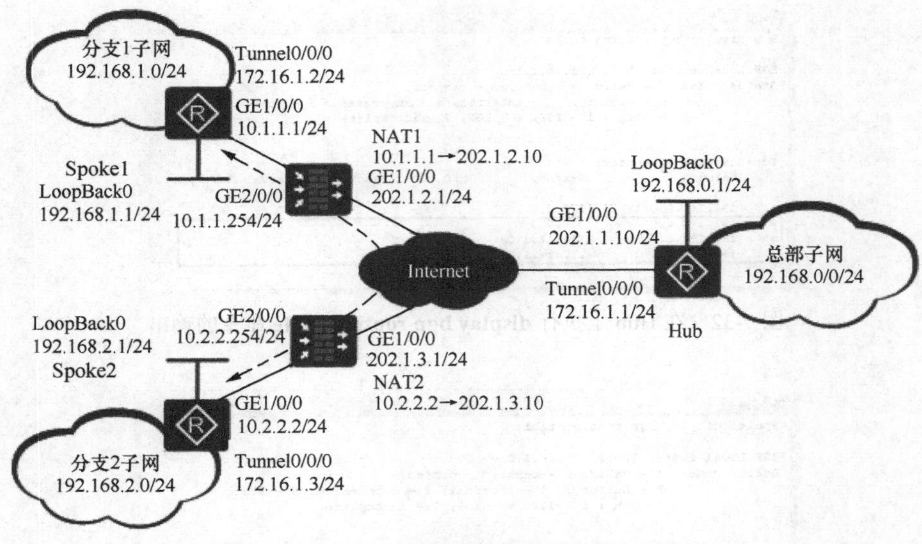

图 7-34　DSVPN NAT 穿越配置示例的拓扑结构

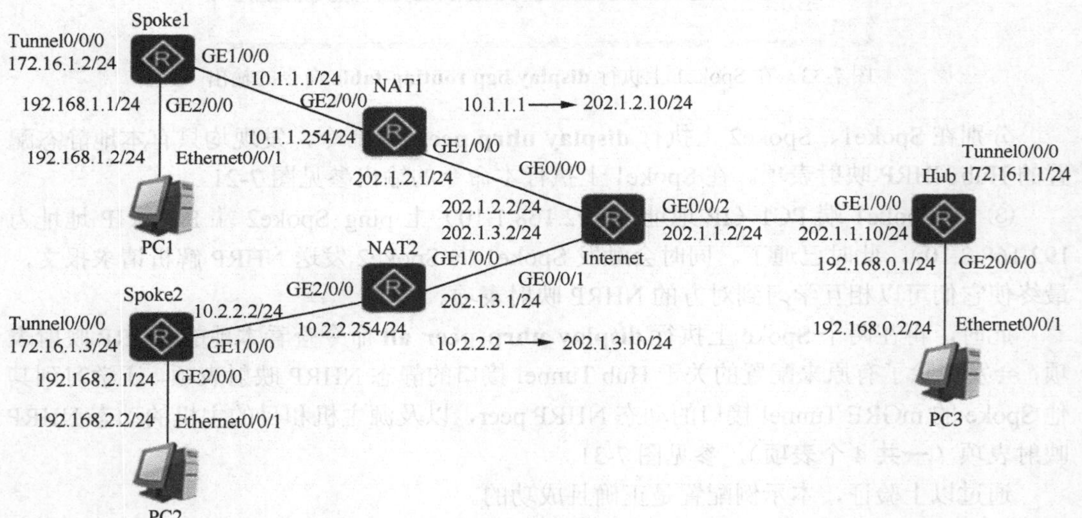

图 7-35　采用华为模拟器做本实验时的拓扑结构

1. 基本配置思路分析

在本示例中，由于各分支是通过 NAT 设备进行 IP 地址转换后接入公网的，分支之间互相不知道对方转换后的公网 IP 地址，因此必须部署 DSVPN NAT 穿越来实现分支之间的 VPN 互联。但要注意的是，DSVPN NAT 穿越仅支持 NAT Server 或 Static NAT 部署，不支持 PAT。假设 Spoke1 的公网侧接口 IP 地址 10.1.1.1（因为用户报文到达 Spoke1 时要进行 GRE 重封装，添加新的 IP 报头，源 IP 地址为公网接口 IP 地址）静态转换成 202.1.2.10/24，Spoke2 的公网侧接口 IP 地址 10.2.2.2 静态转换成 202.1.3.10/24。

另外，由于分支数量较多，因此采用 shortcut 方式的 DSVPN。由于分支和总部的子网环境经常出现变动，为简化维护，并根据企业网络规划选择部署 OSPF 路由协议来实现分支/总部间的通信。

本示例的基本配置思路如下。

① 配置各设备上的各接口（包括 Tunnel 接口和 NAT 设备接口）的 IP 地址。

② 配置 Hub 和两 Spoke 间的公网路由。此处采用 OSPF 路由协议来配置，但要包括两 Spoke 端的 NAT 设备在内的各公网侧接口网段。

③ 在各 NAT 上配置 NAT Server，各 Spoke 公网侧接口 IP 地址静态映射成对应的公网 IP 地址。

④ 采用 OSPF 路由协议通告包括本地 mGRE Tunnel 接口和本地子网在内的网段，但路由进程不可与公网一样。

⑤ 配置各设备上的 mGRE Tunnel 接口和 NHRP。

2. 基本配置步骤

下面按照图 7-34 进行配置，可直接在模拟器上实验。

① 配置各设备接口 IP 地址。

#---Hub 上的配置，如下所示。

```
<Huawei> system-view
[Huawei] sysname Hub
[Hub] interface gigabitethernet 1/0/0
[Hub-GigabitEthernet1/0/0] ip address 202.1.1.10 255.255.255.0
[Hub-GigabitEthernet1/0/0] quit
[Hub] interface gigabitethernet 2/0/0
[Hub-GigabitEthernet2/0/0] ip address 192.168.0.1 255.255.255.0
[Hub-GigabitEthernet2/0/0] quit
[Hub] interface tunnel 0/0/0
[Hub-Tunnel0/0/0] ip address 172.16.1.1 255.255.255.0
[Hub-Tunnel0/0/0] quit
```

#---Spoke1 上的配置，如下所示。

```
<Huawei> system-view
[Huawei] sysname Spoke1
[Spoke1] interface gigabitethernet 1/0/0
[Spoke1-GigabitEthernet1/0/0] ip address 10.1.1.1 255.255.255.0
[Spoke1-GigabitEthernet1/0/0] quit
[Spoke1] interface gigabitethernet 2/0/0
[Spoke1-GigabitEthernet2/0/0] ip address 192.168.1.1 255.255.255.0
[Spoke1-GigabitEthernet2/0/0] quit
[Spoke1] interface tunnel 0/0/0
[Spoke1-Tunnel0/0/0] ip address 172.16.1.2 255.255.255.0
[Spoke1-Tunnel0/0/0] quit
```

#---NAT1 上的配置，如下所示。

```
<Huawei> system-view
[Huawei] sysname NAT1
[NAT1] interface gigabitethernet 1/0/0
[NAT1-GigabitEthernet1/0/0] ip address 202.1.2.1 255.255.255.0
[NAT1-GigabitEthernet1/0/0] quit
[NAT1] interface gigabitethernet 2/0/0
[NAT1-GigabitEthernet2/0/0] ip address 10.1.1.254 255.255.255.0
[NAT1-GigabitEthernet2/0/0] quit
```

#---Spoke2 上的配置，如下所示。

```
<Huawei> system-view
[Huawei] sysname Spoke2
[Spoke2] interface gigabitethernet 1/0/0
[Spoke2-GigabitEthernet1/0/0] ip address 10.2.2.2 255.255.255.0
[Spoke2-GigabitEthernet1/0/0] quit
[Spoke2] interface gigabitethernet 2/0/0
[Spoke2-GigabitEthernet2/0/0] ip address 192.168.2.1 255.255.255.0
[Spoke2-GigabitEthernet2/0/0] quit
[Spoke2] interface tunnel 0/0/0
[Spoke2-Tunnel0/0/0] ip address 172.16.1.3 255.255.255.0
[Spoke2-Tunnel0/0/0] quit
```

#---NAT2 上的配置，如下所示。

```
<Huawei> system-view
[Huawei] sysname NAT2
[NAT2] interface gigabitethernet 1/0/0
[NAT2-GigabitEthernet1/0/0] ip address 202.1.3.1 255.255.255.0
[NAT2-GigabitEthernet1/0/0] quit
[NAT2] interface gigabitethernet 2/0/0
[NAT2-GigabitEthernet2/0/0] ip address 10.2.2.254 255.255.255.0
[NAT2-GigabitEthernet2/0/0] quit
```

#---Internet 路由器上的配置，如下所示。

```
<Huawei> system-view
[Huawei] sysname Internet
[Internet] interface gigabitethernet 0/0/0
[Internet-GigabitEthernet0/0/0] ip address 202.1.2.2 255.255.255.0
[Internet-GigabitEthernet0/0/0] quit
[Internet] interface gigabitethernet 0/0/1
[Internet-GigabitEthernet0/0/1] ip address 202.1.3.2 255.255.255.0
[Internet-GigabitEthernet0/0/1] quit
[Internet] interface gigabitethernet 0/0/2
[Internet-GigabitEthernet0/0/2] ip address 202.1.1.2 255.255.255.0
[Internet-GigabitEthernet0/0/2] quit
```

各计算机的 IP 地址和网关配置略。

② 配置各设备间公网路由。此时要把 Hub 和各 Spoke 公网侧接口，以及各 NAT 设备连接两端的接口所在网段都加入同一个 OSPF 路由进程（此处为 1 号进程）下的同一个区域（此处为区域 1）。

#---Hub 上的配置，如下所示。

```
[Hub] ospf 2
[Hub-ospf-2] area 0.0.0.1
[Hub-ospf-2-area-0.0.0.1] network 202.1.1.0 0.0.0.255
[Hub-ospf-2-area-0.0.0.1] quit
[Hub-ospf-2] quit
```

#---NAT1 上的配置，如下所示。

```
[NAT1] ospf 2
[NAT1] import-route unr    #---将 NAT 地址池中的公网 IP 地址路由发布到公网中
[NAT1-ospf-2] area 0.0.0.1
[NAT1-ospf-2-area-0.0.0.1] network 202.1.2.0 0.0.0.255
[NAT1-ospf-2-area-0.0.0.1] network 10.1.1.0 0.0.0.255
[NAT1-ospf-2-area-0.0.0.1] quit
[NAT1-ospf-2] quit
```

【经验提示】当存在NAT设备时，从外网发往内网的数据流的目的IP地址是NAT地址池的公网IP地址。外网设备转发这些回程流量时需要根据这些公网IP地址的转发表项进行转发，也就是说外网设备需要有到达这些公网IP地址的路由，这就要求NAT设备将NAT地址池的路由发布到外网。然而，NAT地址池的这些公网IP地址是由NAT设备动态分配的，不能静态配置。其实NAT设备在创建完NAT公网IP地址池后，便会生成一个NAT公网地址池UNR（用户网络路由）路由，只需要在动态路由协议中引入这条UNR路由即可，这就是**import-route unr**命令的作用。

本示例虽然要求两个Spoke静态映射某一个公网IP地址，但这个公网IP地址是随意的，要根据用户当时拥有的公网IP地址而定。

#---NAT2上的配置，如下所示。

```
[NAT2] ospf 2
[NAT2] import-route unr
[NAT2-ospf-2] area 0.0.0.1
[NAT2-ospf-2-area-0.0.0.1] network 202.1.3.0 0.0.0.255
[NAT2-ospf-2-area-0.0.0.1] network 10.2.2.0 0.0.0.255
[NAT2-ospf-2-area-0.0.0.1] quit
[NAT2-ospf-2] quit
```

#---Spoke1上的配置，如下所示。

```
[Spoke1] ospf 2
[Spoke1-ospf-2] area 0.0.0.1
[Spoke1-ospf-2-area-0.0.0.1] network 10.1.1.0 0.0.0.255
[Spoke1-ospf-2-area-0.0.0.1] quit
[Spoke1-ospf-2] quit
```

#---Spoke2上的配置，如下所示。

```
[Spoke2] ospf 2
[Spoke2-ospf-2] area 0.0.0.1
[Spoke2-ospf-2-area-0.0.0.1] network 10.2.2.0 0.0.0.255
[Spoke2-ospf-2-area-0.0.0.1] quit
[Spoke2-ospf-2] quit
```

#---Internet路由器上的配置，如下所示。

```
[Internet] ospf 2
[Internet-ospf-2] area 0.0.0.1
[Internet-ospf-2-area-0.0.0.1] network 202.1.1.0 0.0.0.255
[Internet-ospf-2-area-0.0.0.1] network 202.1.2.0 0.0.0.255
[Internet-ospf-2-area-0.0.0.1] network 202.1.3.0 0.0.0.255
[Internet-ospf-2-area-0.0.0.1] quit
[Internet-ospf-2] quit
```

③ 配置NAT Server。在NAT设备上配置好NAT Server的私网IP与公网IP地址映射。也可以采用静态NAT来配置。

#---NAT1上的配置，把Spoke1公网侧接口的私网IP地址10.1.1.1映射为公网IP地址202.1.2.10，如下所示。

```
[NAT1] interface gigabitethernet 1/0/0
[NAT1-GigabitEthernet1/0/0] nat server global 202.1.2.10 inside 10.1.1.1
```

#---NAT2上的配置，把Spoke2公网侧接口的私网IP地址10.2.2.2映射为公网IP地址202.1.3.10，如下所示。

```
[NAT2] interface gigabitethernet 1/0/0
[NAT2-GigabitEthernet1/0/0] nat server global 202.1.3.10 inside 10.2.2.2
```

④ 配置子网 OSPF 路由（进程号与公网 OSPF 路由的进程号要不同），包括 GRE Tunnel 接口网段和所连内部子网路由。

#---Hub 上的配置，如下所示。

```
[Hub] ospf 1 router-id 172.16.1.1
[Hub-ospf-1] area 0.0.0.0
[Hub-ospf-1-area-0.0.0.0] network 172.16.1.0 0.0.0.255
[Hub-ospf-1-area-0.0.0.0] network 192.168.0.0 0.0.0.255
[Hub-ospf-1-area-0.0.0.0] quit
[Hub-ospf-1] quit
```

#---Spoke1 上的配置，如下所示。

```
[Spoke1] ospf 1 router-id 172.16.1.2
[Spoke1-ospf-1] area 0.0.0.0
[Spoke1-ospf-1-area-0.0.0.0] network 172.16.1.0 0.0.0.255
[Spoke1-ospf-1-area-0.0.0.0] network 192.168.1.0 0.0.0.255
[Spoke1-ospf-1-area-0.0.0.0] quit
[Spoke1-ospf-1] quit
```

#---Spoke2 上的配置，如下所示。

```
[Spoke2] ospf 1 router-id 172.16.1.3
[Spoke2-ospf-1] area 0.0.0.0
[Spoke2-ospf-1-area-0.0.0.0] network 172.16.1.0 0.0.0.255
[Spoke2-ospf-1-area-0.0.0.0] network 192.168.2.0 0.0.0.255
[Spoke2-ospf-1-area-0.0.0.0] quit
[Spoke2-ospf-1] quit
```

⑤ 配置 mGRE Tunnel 接口和 NHRP。

在 shortcut 方式中，要把 Hub 和 Spoke mGRE Tunnel 接口的 OSPF 网络类型配置为 P2MP 类型，并且配置 Hub 的 mGRE Tunnel 接口的 DR 优先级最高，以实现统一由 Hub 对各 Spoke 间进行路由通告，Spoke（非 DR）间相互不进行路由通告。在 Hub 使能 NHRP Redirect 功能，使能接收 Spoke 的 NHRP 动态注册功能，配置最高的 DR 优先级值（此处为 100）；在 Spoke1 和 Spoke2 上分别配置 Hub 的静态 NHRP 映射表项，并使能 NHRP Shortcut 功能，配置最低的 DR 优先级值保持缺省。

#---Hub 上的配置，如下所示。

```
[Hub] interface tunnel 0/0/0
[Hub-Tunnel0/0/0] tunnel-protocol gre p2mp
[Hub-Tunnel0/0/0] source gigabitethernet 1/0/0
[Hub-Tunnel0/0/0] nhrp entry multicast dynamic
[Hub-Tunnel0/0/0] ospf network-type p2mp
[Hub-Tunnel0/0/0] ospf dr-priority 100
[Hub-Tunnel0/0/0] nhrp redirect
[Hub-Tunnel0/0/0] quit
```

#---Spoke1 上的配置，如下所示。

```
[Spoke1] interface tunnel 0/0/0
[Spoke1-Tunnel0/0/0] tunnel-protocol gre p2mp
[Spoke1-Tunnel0/0/0] source gigabitethernet 1/0/0
[Spoke1-Tunnel0/0/0] nhrp entry 172.16.1.1 202.1.1.10 register
[Spoke1-Tunnel0/0/0] ospf network-type p2mp
[Spoke1-Tunnel0/0/0] nhrp shortcut
[Spoke1-Tunnel0/0/0] quit
```

#---Spoke2 上的配置，如下所示。

```
[Spoke2] interface tunnel 0/0/0
[Spoke2-Tunnel0/0/0] tunnel-protocol gre p2mp
[Spoke2-Tunnel0/0/0] source gigabitethernet 1/0/0
[Spoke2-Tunnel0/0/0] nhrp entry 172.16.1.1 202.1.1.10 register
[Spoke2-Tunnel0/0/0] ospf network-type p2mp
[Spoke2-Tunnel0/0/0] nhrp shortcut
[Spoke2-Tunnel0/0/0] quit
```

3. 配置结果验证

以上配置完成后，最后进行以下系列配置结果验证。

① 检查各设备上的 NHRP 映射表项信息。

在 Hub 上执行 **display nhrp peer all** 命令，检查 Hub 上 Spoke1 和 Spoke2 的注册信息，结果发现均已注册成功，但 NHRP 映射表项中的公网 IP 地址是两 Spoke 经 NAT 后的公网 IP 地址。在 Hub 上执行 **display nhrp peer all** 命令的输出如图 7-36 所示。

```
<Hub>display nhrp peer all
-------------------------------------------------------------------------------
Protocol-addr   Mask  NBMA-addr      NextHop-addr    Type       Flag
-------------------------------------------------------------------------------
172.16.1.2      32    202.1.2.10     172.16.1.2      dynamic    route tunne
-------------------------------------------------------------------------------
Tunnel interface: Tunnel0/0/0
Before NAT NBMA-addr: 10.1.1.1
Created time     : 00:01:32
Expire time      : 01:58:28
-------------------------------------------------------------------------------
Protocol-addr   Mask  NBMA-addr      NextHop-addr    Type       Flag
-------------------------------------------------------------------------------
172.16.1.3      32    202.1.3.10     172.16.1.3      dynamic    route tunne
-------------------------------------------------------------------------------
Tunnel interface: Tunnel0/0/0
Before NAT NBMA-addr: 10.2.2.2
Created time     : 00:00:55
Expire time      : 01:59:05

Number of nhrp peers: 2
<Hub>
```

图 7-36 在 Hub 上执行 **display nhrp peer all** 命令的输出

分别在两 Spoke 上执行 **display nhrp peer all** 命令，检查两 Spoke 上的 NHRP 映射表项信息，结果发现均只有在各自本地静态配置的 Hub NHRP 映射表项。

② 检查各设备的子网路由配置。

在 Hub 上执行 **display ospf 1 routing** 命令，结果发现 Hub 上已成功学习到了各子网（包括各设备上 mGRE Tunnel 接口所在子网）的 OSPF 路由。在 Hub 上执行 **display ospf 1 routing** 命令的输出如图 7-37 所示。

```
<Hub>display ospf 1 routing

         OSPF Process 1 with Router ID 172.16.1.1
                 Routing Tables

 Routing for Network
 Destination        Cost  Type     NextHop         AdvRouter        Area
 172.16.1.1/32      0     Stub     172.16.1.1      172.16.1.1       0.0.0.0
 192.168.0.0/24     1     Stub     192.168.0.1     172.16.1.1       0.0.0.0
 172.16.1.2/32      1562  Stub     172.16.1.2      172.16.1.2       0.0.0.0
 172.16.1.3/32      1562  Stub     172.16.1.3      172.16.1.3       0.0.0.0
 192.168.1.0/24     1563  Stub     172.16.1.2      172.16.1.2       0.0.0.0
 192.168.2.0/24     1563  Stub     172.16.1.3      172.16.1.3       0.0.0.0

 Total Nets: 6
 Intra Area: 6  Inter Area: 0  ASE: 0  NSSA: 0

<Hub>
```

图 7-37 在 Hub 上执行 **display ospf 1 routing** 命令的输出

分别在两 Spoke 上执行 **display ospf 1 routing** 命令，结果发现两 Spoke 也均已学习到其他端子网，下一跳均为 Hub 的 mGRE Tunnel 接口 IP 地址，因为在 shortcut 方式中，各 Spoke 均只从 Hub 进行路由信息交换。在 Spoke1 上执行 **display ospf 1 routing** 命令的输出如图 3-38 所示。

```
Spoke1
<Spoke1>display ospf 1 routing

         OSPF Process 1 with Router ID 172.16.1.2
                 Routing Tables

 Routing for Network
 Destination        Cost  Type       NextHop         AdvRouter       Area
 172.16.1.2/32      0     Stub       172.16.1.2      172.16.1.2      0.0.0.0
 192.168.1.0/24     1     Stub       192.168.1.1     172.16.1.2      0.0.0.0
 172.16.1.1/32      1562  Stub       172.16.1.1      172.16.1.1      0.0.0.0
 172.16.1.3/32      3124  Stub       172.16.1.1      172.16.1.3      0.0.0.0
 192.168.0.0/24     1563  Stub       172.16.1.1      172.16.1.1      0.0.0.0
 192.168.2.0/24     3125  Stub       172.16.1.1      172.16.1.3      0.0.0.0

 Total Nets: 6
 Intra Area: 6  Inter Area: 0  ASE: 0  NSSA: 0

<Spoke1>
```

图 7-38　在 Spoke1 上执行 **display ospf 1 routing** 命令的输出

③ 在 PC1 上 ping PC2，结果是通的。ping 操作会触发 Spoke1 向 Spoke2 发送 NHRP 解析请求报文，最终使它们可以相互学习到对方的 NHRP 映射表项。

此时，再在两 Spoke 上执行 **display nhrp peer all** 命令查看本地的 NHRP 映射表项，会发现除了有原来配置的关于 Hub Tunnel 接口的静态 NHRP peer，还学习到其他 Spoke 的 mGRE Tunnel 接口的动态 NHRP peer，以及源主机和目的主机的动态 NHRP 映射表项（**共 4 个表项**），仅在 shortcut 方式下存在。在 Spoke1 上执行 **display nhrp peer all** 命令的输出如图 7-39 所示，除了静态的 Hub NHRP 映射表项，还有 Spoke2 的 Tunnel 接口、PC2，以及 PC1 自身的动态 NHRP 映射表项。

```
Spoke1
<Spoke1>display nhrp peer all
-------------------------------------------------------------------------------
Protocol-addr   Mask  NBMA-addr        NextHop-addr    Type       Flag
-------------------------------------------------------------------------------
172.16.1.1      32    202.1.1.10       172.16.1.1      static     hub
-------------------------------------------------------------------------------
Tunnel interface: Tunnel0/0/0
Created time    : 00:17:08
Expire time     : --
-------------------------------------------------------------------------------
Protocol-addr   Mask  NBMA-addr        NextHop-addr    Type       Flag
-------------------------------------------------------------------------------
192.168.2.2     24    202.1.3.10       172.16.1.3      dynamic    route netwo:
-------------------------------------------------------------------------------
Tunnel interface: Tunnel0/0/0
Before NAT NBMA-addr: 10.2.2.2
Created time    : 00:01:12
Expire time     : 01:58:48
-------------------------------------------------------------------------------
Protocol-addr   Mask  NBMA-addr        NextHop-addr    Type       Flag
-------------------------------------------------------------------------------
172.16.1.3      32    202.1.3.10       172.16.1.3      dynamic    route tunne:
-------------------------------------------------------------------------------
Tunnel interface: Tunnel0/0/0
Before NAT NBMA-addr: 10.2.2.2
Created time    : 00:01:10
Expire time     : 01:58:50
-------------------------------------------------------------------------------
Protocol-addr   Mask  NBMA-addr        NextHop-addr    Type       Flag
-------------------------------------------------------------------------------
192.168.1.2     24    10.1.1.1         172.16.1.2      dynamic    local
-------------------------------------------------------------------------------
Tunnel interface: Tunnel0/0/0
Created time    : 00:01:10
Expire time     : 01:58:50

Number of nhrp peers: 4
<Spoke1>
```

图 7-39　在 Spoke1 上执行 **display nhrp peer all** 命令的输出

通过以上验证，本示例配置是正确且成功的。

7.6.7 双 Hub DSVPN 配置示例

双 Hub DSVPN 配置示例的拓扑结构如图 7-40 所示。某大型企业有总部（Hub1 和 Hub2）和多个分支（Spoke1、Spoke2……举例中仅使用两个分支），分布在不同地域，总部和分支的子网环境会经常出现变动。分支采用动态地址接入公网。企业规划使用 OSPF 路由协议，希望能够实现分支之间的 VPN 互联，且 Hub1 作为主用 Hub，Hub2 作为备用 Hub，在 Hub1 故障时接管协议报文的转发，在 Hub1 故障恢复后继续冗余备份。

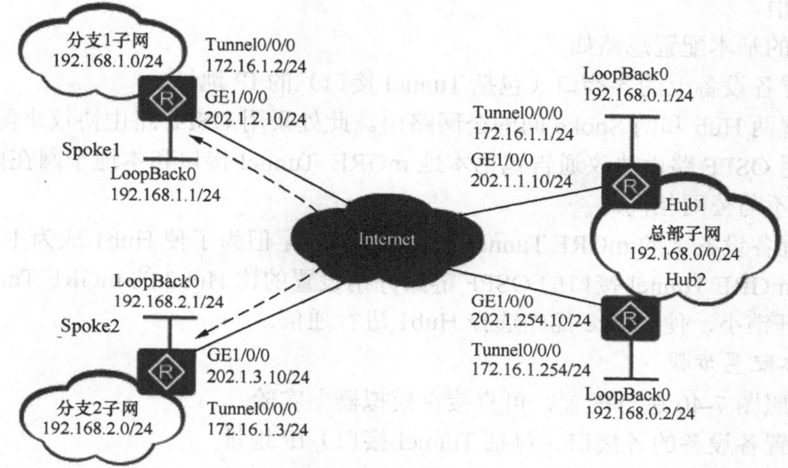

图 7-40　双 Hub sDSVPN 配置示例的拓扑结构

采用华为模拟器进行本实验时，Internet 可用一台路由器代表，并配置好接口 IP 地址和公网 OSPF 路由。LoopBack 接口可用连接计算机代表，拓扑结构如图 7-41 所示。

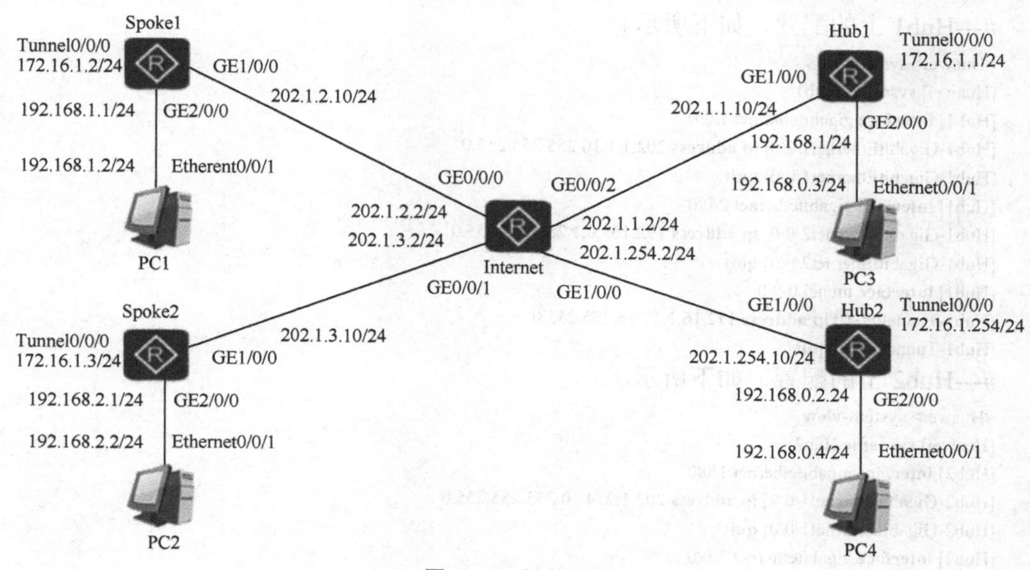

图 7-41　拓扑结构

1. 基本配置思路分析

本示例是双 Hub 相互冗余的 DSVPN 配置，其实总体与单 Hub 的配置差不多，不同的是要在各 Spoke 上同时为两个 Hub 配置静态 NHRP 映射表项，并发起 NHRP 注册请求，然后在各 Spoke 上配置到达 Hub1 比到达 Hub2 具有更高优先级的路由，实现以 Hub1 为主用 Hub，以 Hub2 为备用 Hub。**但要注意，两 Hub 的公网 IP 地址必须在不同的 IP 网段。**

由于分支数量较多，因此采用 shortcut 方式的 DSVPN。由于分支和总部的子网环境经常出现变动，为简化维护，并根据企业网络规划选择部署 OSPF 路由协议来实现分支/总部间的通信。

本示例的基本配置思路如下。

① 配置各设备上的各接口（包括 Tunnel 接口）的 IP 地址。

② 配置两 Hub 和两 Spoke 间的公网路由。此处采用 OSPF 路由协议来配置。

③ 采用 OSPF 路由协议通告包括本地 mGRE Tunnel 接口和本地子网在内的网段，但路由进程不与公网相同。

④ 配置各设备上的 mGRE Tunnel 接口和 NHRP。但为了使 Hub1 成为主用 Hub，要把 Hub1 的 mGRE Tunnel 接口的 OSPF 链路开销设置的比 Hub2 的 mGRE Tunnel 接口的 OSPF 链路开销小，使 Spoke 优先选择 Hub1 进行通信。

2. 具体配置步骤

下面按照图 7-40 进行配置，可直接在模拟器上实验。

（1）配置各设备的各接口（包括 Tunnel 接口）IP 地址

【经验提示】两 Hub 的公网 IP 地址不能在同一 IP 网段，否则当主 Hub 出现故障后，备用 Hub 只能进行数据转发，Spoke 间无法建立隧道，因为此时 Spoke 上仍然会保持原来到达主 Hub 公网 IP 地址对应的网段路由，仍将通过出现故障的主用 Hub 来尝试建立 VPN 隧道，最终造成 Spoke 的子网间无法建立 VPN 隧道，无法进行通信。

#---Hub1 上的配置，如下所示。

```
<Huawei> system-view
[Huawei] sysname Hub1
[Hub1] interface gigabitethernet 1/0/0
[Hub1-GigabitEthernet1/0/0] ip address 202.1.1.10 255.255.255.0
[Hub1-GigabitEthernet1/0/0] quit
[Hub1] interface gigabitethernet 2/0/0
[Hub1-GigabitEthernet2/0/0] ip address 192.168.0.1 255.255.255.0
[Hub1-GigabitEthernet2/0/0] quit
[Hub1] interface tunnel 0/0/0
[Hub1-Tunnel0/0/0] ip address 172.16.1.1 255.255.255.0
[Hub1-Tunnel0/0/0] quit
```

#---Hub2 上的配置，如下所示。

```
<Huawei> system-view
[Huawei] sysname Hub2
[Hub2] interface gigabitethernet 1/0/0
[Hub2-GigabitEthernet1/0/0] ip address 202.1.254.10 255.255.255.0
[Hub2-GigabitEthernet1/0/0] quit
[Hub2] interface gigabitethernet 2/0/0
[Hub2-GigabitEthernet2/0/0] ip address 192.168.0.2 255.255.255.0
```

```
[Hub2-GigabitEthernet2/0/0] quit
[Hub2] interface tunnel 0/0/0
[Hub2-Tunnel0/0/0] ip address 172.16.1.254 255.255.255.0
[Hub2-Tunnel0/0/0] quit
```

#---Spoke1 上的配置，如下所示。

```
<Huawei> system-view
[Huawei] sysname Spoke1
[Spoke1] interface gigabitethernet 1/0/0
[Spoke1-GigabitEthernet1/0/0] ip address 202.1.2.10 255.255.255.0
[Spoke1-GigabitEthernet1/0/0] quit
[Spoke1] interface gigabitethernet 2/0/0
[Spoke1-GigabitEthernet2/0/0] ip address 192.168.1.1 255.255.255.0
[Spoke1-GigabitEthernet2/0/0] quit
[Spoke1] interface tunnel 0/0/0
[Spoke1-Tunnel0/0/0] ip address 172.16.1.2 255.255.255.0
[Spoke1-Tunnel0/0/0] quit
```

#---Spoke2 上的配置，如下所示。

```
<Huawei> system-view
[Huawei] sysname Spoke2
[Spoke2] interface gigabitethernet 1/0/0
[Spoke2-GigabitEthernet1/0/0] ip address 202.1.3.10 255.255.255.0
[Spoke2-GigabitEthernet1/0/0] quit
[Spoke2] interface gigabitethernet 2/0/0
[Spoke2-GigabitEthernet2/0/0] ip address 192.168.2.1 255.255.255.0
[Spoke2-GigabitEthernet2/0/0] quit
[Spoke2] interface tunnel 0/0/0
[Spoke2-Tunnel0/0/0] ip address 172.16.1.3 255.255.255.0
[Spoke2-Tunnel0/0/0] quit
```

#---Internet 路由器上的配置，如下所示。

```
<Huawei> system-view
[Huawei] sysname Internet
[Internet] interface gigabitethernet 0/0/0
[Internet-GigabitEthernet0/0/0] ip address 202.1.2.2 255.255.255.0
[Internet-GigabitEthernet0/0/0] quit
[Internet] interface gigabitethernet 0/0/1
[Internet-GigabitEthernet0/0/1] ip address 202.1.3.2 255.255.255.0
[Internet-GigabitEthernet0/0/1] quit
[Internet] interface gigabitethernet 0/0/2
[Internet-GigabitEthernet0/0/2] ip address 202.1.1.2 255.255.255.0
[Internet-GigabitEthernet0/0/2] quit
[Internet] interface gigabitethernet 1/0/0
[Internet-GigabitEthernet1/0/0] ip address 202.1.254.2 255.255.255.0
[Internet-GigabitEthernet1/0/0] quit
```

各计算机的 IP 地址和网关配置略。

（2）配置各设备间的公网路由（此处采用 OSPF 路由协议）

#---Hub1 上的配置，如下所示。

```
[Hub1] ospf 2
[Hub1-ospf-2] area 0.0.0.1
[Hub1-ospf-2-area-0.0.0.1] network 202.1.1.0 0.0.0.255
[Hub1-ospf-2-area-0.0.0.1] quit
[Hub1-ospf-2] quit
```

#---Hub2 上的配置，如下所示。

```
[Hub2] ospf 2
[Hub2-ospf-2] area 0.0.0.1
[Hub2-ospf-2-area-0.0.0.1] network 202.1.254.0 0.0.0.255
[Hub2-ospf-2-area-0.0.0.1] quit
[Hub2-ospf-2] quit
```

#---Spoke1 上的配置，如下所示。

```
[Spoke1] ospf 2
[Spoke1-ospf-2] area 0.0.0.1
[Spoke1-ospf-2-area-0.0.0.1] network 202.1.2.0 0.0.0.255
[Spoke1-ospf-2-area-0.0.0.1] quit
[Spoke1-ospf-2] quit
```

#---Spoke2 上的配置，如下所示。

```
[Spoke2] ospf 2
[Spoke2-ospf-2] area 0.0.0.1
[Spoke2-ospf-2-area-0.0.0.1] network 202.1.3.0 0.0.0.255
[Spoke2-ospf-2-area-0.0.0.1] quit
[Spoke2-ospf-2] quit
```

#---Internet 路由器上的配置，如下所示。

```
[Internet] ospf 2
[Internet-ospf-2] area 0.0.0.1
[Internet-ospf-2-area-0.0.0.1] network 202.1.1.0 0.0.0.255
[Internet-ospf-2-area-0.0.0.1] network 202.1.2.0 0.0.0.255
[Internet-ospf-2-area-0.0.0.1] network 202.1.3.0 0.0.0.255
[Internet-ospf-2-area-0.0.0.1] network 202.1.254.0 0.0.0.255
[Internet-ospf-2-area-0.0.0.1] quit
[Internet-ospf-2] quit
```

（3）配置各子网路由

配置包括各设备上的 GRE Tunnel 接口所在网段及所连子网网段的 OSPF 路由，OSPF 路由进程号为 1。

#---Hub1 上的配置，如下所示。

```
[Hub1] ospf 1 router-id 172.16.1.1
[Hub1-ospf-1] area 0.0.0.0
[Hub1-ospf-1-area-0.0.0.0] network 172.16.1.0 0.0.0.255
[Hub1-ospf-1-area-0.0.0.0] network 192.168.0.0 0.0.0.255
[Hub1-ospf-1-area-0.0.0.0] quit
[Hub1-ospf-1] quit
```

#---Hub2 上的配置，如下所示。

```
[Hub2] ospf 1 router-id 172.16.1.254
[Hub2-ospf-1] area 0.0.0.0
[Hub2-ospf-1-area-0.0.0.0] network 172.16.1.0 0.0.0.255
[Hub2-ospf-1-area-0.0.0.0] network 192.168.0.0 0.0.0.255
[Hub2-ospf-1-area-0.0.0.0] quit
[Hub2-ospf-1] quit
```

#---Spoke1 上的配置，如下所示。

```
[Spoke1] ospf 1 router-id 172.16.1.2
[Spoke1-ospf-1] area 0.0.0.0
[Spoke1-ospf-1-area-0.0.0.0] network 172.16.1.0 0.0.0.255
[Spoke1-ospf-1-area-0.0.0.0] network 192.168.1.0 0.0.0.255
[Spoke1-ospf-1-area-0.0.0.0] quit
[Spoke1-ospf-1] quit
```

#---Spoke2 上的配置，如下所示。

```
[Spoke2] ospf 1 router-id 172.16.1.3
[Spoke2-ospf-1] area 0.0.0.0
[Spoke2-ospf-1-area-0.0.0.0] network 172.16.1.0 0.0.0.255
[Spoke2-ospf-1-area-0.0.0.0] network 192.168.2.0 0.0.0.255
[Spoke2-ospf-1-area-0.0.0.0] quit
[Spoke2-ospf-1] quit
```

（4）配置 mGRE Tunnel 接口和 NHRP

在 Hub 和 Spoke 上配置 OSPF 网络类型为 p2mp，以实现分支仅从总部学习路由。在 Hub1 和 Hub2 使能 NHRP Redirect 功能，配置 Hub1 的 mGRE Tunnel 接口的开销小于 Hub2 的 mGRE Tunnel 接口的开销，使 Spoke 优先选择 Hub1 进行 NHRP 解析。在 Spoke1 和 Spoke2 上分别配置 Hub1 和 Hub2 的静态 NHRP 映射表项，并使能 NHRP Shortcut 功能。

#---Hub1 上的配置，如下所示。

```
[Hub1] interface tunnel 0/0/0
[Hub1-Tunnel0/0/0] tunnel-protocol gre p2mp
[Hub1-Tunnel0/0/0] source gigabitethernet 1/0/0
[Hub1-Tunnel0/0/0] nhrp entry multicast dynamic
[Hub1-Tunnel0/0/0] ospf network-type p2mp
[Hub1-Tunnel0/0/0] ospf cost 1000   #---配置 mGRE Tunnel 接口的开销值为 1000，小于 Hub2 的
[Hub1-Tunnel0/0/0] nhrp redirect
[Hub1-Tunnel0/0/0] quit
```

#---Hub2 上的配置，如下所示。

```
[Hub2] interface tunnel 0/0/0
[Hub2-Tunnel0/0/0] tunnel-protocol gre p2mp
[Hub2-Tunnel0/0/0] source gigabitethernet 1/0/0
[Hub2-Tunnel0/0/0] nhrp entry multicast dynamic
[Hub2-Tunnel0/0/0] ospf network-type p2mp
[Hub2-Tunnel0/0/0] ospf cost 3000   #---配置 mGRE Tunnel 接口的开销值为 3000，大于 Hub2 的
[Hub2-Tunnel0/0/0] nhrp redirect
[Hub2-Tunnel0/0/0] quit
```

#---Spoke1 上的配置，如下所示。

```
[Spoke1] interface tunnel 0/0/0
[Spoke1-Tunnel0/0/0] tunnel-protocol gre p2mp
[Spoke1-Tunnel0/0/0] source gigabitethernet 1/0/0
[Spoke1-Tunnel0/0/0] nhrp entry 172.16.1.1 202.1.1.10 register
[Spoke1-Tunnel0/0/0] nhrp entry 172.16.1.254 202.1.254.10 register
[Spoke1-Tunnel0/0/0] ospf network-type p2mp
[Spoke1-Tunnel0/0/0] nhrp shortcut
[Spoke1-Tunnel0/0/0] nhrp registration interval 300   #---配置相邻两次 NHRP 注册的时间间隔为 300 秒，目的是尽快让 Sopke 重新学习故障之后的主用 Hub 路由
[Spoke1-Tunnel0/0/0] quit
```

#---在 Spoke2 上的配置，如下所示。

```
[Spoke2] interface tunnel 0/0/0
[Spoke2-Tunnel0/0/0] tunnel-protocol gre p2mp
[Spoke2-Tunnel0/0/0] source gigabitethernet 1/0/0
[Spoke2-Tunnel0/0/0] nhrp entry 172.16.1.1 202.1.1.10 register
[Spoke2-Tunnel0/0/0] nhrp entry 172.16.1.254 202.1.254.10 register
[Spoke2-Tunnel0/0/0] ospf network-type p2mp
[Spoke2-Tunnel0/0/0] nhrp shortcut
[Spoke2-Tunnel0/0/0] nhrp registration interval 300
[Spoke2-Tunnel0/0/0] quit
```

【说明】 在 Hub1 和 Hub2 配置不同的 ospf cost 值是为了让 Spoke 优先选择 Hub1 作为路由的下一跳。在 Hub1 从故障中恢复之后，只有等到 Spoke 再向其进行注册之后，才能重新进行 OSPF 协议报文交互，Spoke 也只有原有路由老化之后才会学习到 Hub1 的路由。为了让 Spoke 快速感知 Hub1，可以将 Spoke 的注册间隔调整到合适的值（默认注册间隔为 1800 秒）。

3. 配置结果验证

以上配置完成后，最后进行以下一系列配置结果的验证。

① 验证各设备上的 NHRP 映射表项信息。

分别在 Hub1、Hub2 上执行 **display nhrp peer all** 命令，检查两 Hub 上的 Spoke1 和 Spoke2 的注册信息，结果发现均已成功注册。在 Hub1 上执行 **display nhrp peer all** 命令的输出如图 7-42 所示，在 Hub2 上执行 **display nhrp peer all** 命令的输出如图 7-43 所示。

```
Hub1
-------------------------------------------------------------------------------
Protocol-addr   Mask  NBMA-addr     NextHop-addr    Type        Flag
-------------------------------------------------------------------------------
172.16.1.2      32    202.1.2.10    172.16.1.2      dynamic     route tunnel
-------------------------------------------------------------------------------
Tunnel interface: Tunnel0/0/0
Created time    : 00:02:18
Expire time     : 01:58:13
-------------------------------------------------------------------------------
Protocol-addr   Mask  NBMA-addr     NextHop-addr    Type        Flag
-------------------------------------------------------------------------------
172.16.1.3      32    202.1.3.10    172.16.1.3      dynamic     route tunnel
-------------------------------------------------------------------------------
Tunnel interface: Tunnel0/0/0
Created time    : 00:01:30
Expire time     : 01:58:46

Number of nhrp peers: 2
<Hub1>
```

图 7-42 在 Hub1 上执行 **display nhrp peer all** 命令的输出

```
Hub2
<Hub2>display nhrp peer all
-------------------------------------------------------------------------------
Protocol-addr   Mask  NBMA-addr     NextHop-addr    Type        Flag
-------------------------------------------------------------------------------
172.16.1.2      32    202.1.2.10    172.16.1.2      dynamic     route tunnel
-------------------------------------------------------------------------------
Tunnel interface: Tunnel0/0/0
Created time    : 00:02:14
Expire time     : 01:58:09
-------------------------------------------------------------------------------
Protocol-addr   Mask  NBMA-addr     NextHop-addr    Type        Flag
-------------------------------------------------------------------------------
172.16.1.3      32    202.1.3.10    172.16.1.3      dynamic     route tunnel
-------------------------------------------------------------------------------
Tunnel interface: Tunnel0/0/0
Created time    : 00:01:28
Expire time     : 01:58:43

Number of nhrp peers: 2
<Hub2>
```

图 7-43 在 Hub2 上执行 **display nhrp peer all** 命令的输出

分别在 Spoke1、Spoke2 上执行 **display nhrp peer all** 命令，此时也只有在本地为两 Hub 静态配置的 NHRP 映射表项。在 Spoke1 上执行 **display nhrp peer all** 命令的输出如图 7-44 所示。

② 检查各子网的 OSPF 路由信息。

分别在 Hub1、Hub2 上执行 **display ospf 1 routing** 命令，发现均已成功学习到了各子网（包括各 mGRE Tunnel 接口子网）OSPF 路由信息，但在 Hub2 上到达两 Spoke 子网的 OSPF 路由开销更大，在 Hub1 上执行 **display ospf 1 routing** 命令的输出如图 7-45 所示，在 Hub2 上执行 **display ospf 1 routing** 命令的输出如图 7-46 所示。

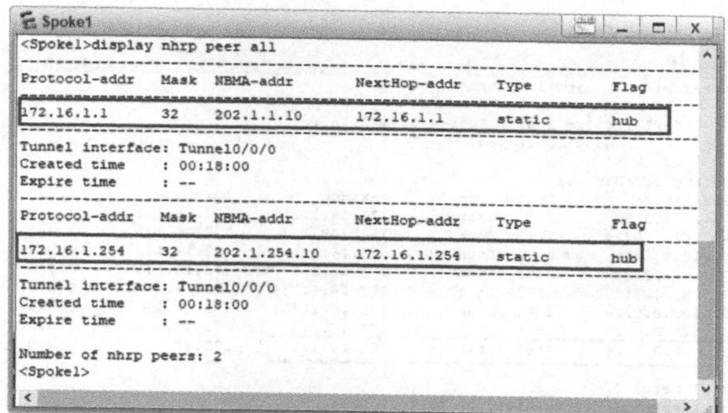

```
<Spoke1>display nhrp peer all
-------------------------------------------------------------------------------
Protocol-addr   Mask  NBMA-addr        NextHop-addr    Type        Flag
-------------------------------------------------------------------------------
172.16.1.1      32    202.1.1.10       172.16.1.1      static      hub
-------------------------------------------------------------------------------
Tunnel interface: Tunnel0/0/0
Created time     : 00:18:00
Expire time      : --
-------------------------------------------------------------------------------
Protocol-addr   Mask  NBMA-addr        NextHop-addr    Type        Flag
-------------------------------------------------------------------------------
172.16.1.254    32    202.1.254.10     172.16.1.254    static      hub
-------------------------------------------------------------------------------
Tunnel interface: Tunnel0/0/0
Created time     : 00:18:00
Expire time      : --

Number of nhrp peers: 2
<Spoke1>
```

图 7-44　在 Spoke1 上执行 **display nhrp peer all** 命令的输出

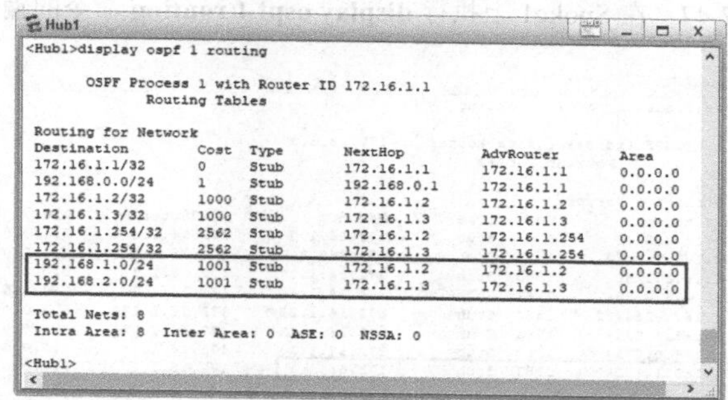

```
<Hub1>display ospf 1 routing

	 OSPF Process 1 with Router ID 172.16.1.1
		 Routing Tables

 Routing for Network
 Destination        Cost  Type       NextHop         AdvRouter       Area
 172.16.1.1/32      0     Stub       172.16.1.1      172.16.1.1      0.0.0.0
 192.168.0.0/24     1     Stub       192.168.0.1     172.16.1.1      0.0.0.0
 172.16.1.2/32      1000  Stub       172.16.1.2      172.16.1.2      0.0.0.0
 172.16.1.3/32      1000  Stub       172.16.1.3      172.16.1.3      0.0.0.0
 172.16.1.254/32    2562  Stub       172.16.1.2      172.16.1.254    0.0.0.0
 172.16.1.254/32    2562  Stub       172.16.1.3      172.16.1.254    0.0.0.0
 192.168.1.0/24     1001  Stub       172.16.1.2      172.16.1.2      0.0.0.0
 192.168.2.0/24     1001  Stub       172.16.1.3      172.16.1.3      0.0.0.0

 Total Nets: 8
 Intra Area: 8  Inter Area: 0  ASE: 0  NSSA: 0

<Hub1>
```

图 7-45　在 Hub1 上执行 **display ospf 1 routing** 命令的输出

```
<Hub2>display ospf 1 routing

	 OSPF Process 1 with Router ID 172.16.1.254
		 Routing Tables

 Routing for Network
 Destination        Cost  Type       NextHop         AdvRouter       Area
 172.16.1.254/32    0     Stub       172.16.1.254    172.16.1.254    0.0.0.0
 192.168.0.0/24     1     Stub       192.168.0.2     172.16.1.254    0.0.0.0
 172.16.1.1/32      4562  Stub       172.16.1.2      172.16.1.1      0.0.0.0
 172.16.1.1/32      4562  Stub       172.16.1.3      172.16.1.1      0.0.0.0
 172.16.1.2/32      3000  Stub       172.16.1.2      172.16.1.2      0.0.0.0
 172.16.1.3/32      3000  Stub       172.16.1.3      172.16.1.3      0.0.0.0
 192.168.1.0/24     3001  Stub       172.16.1.2      172.16.1.2      0.0.0.0
 192.168.2.0/24     3001  Stub       172.16.1.3      172.16.1.3      0.0.0.0

 Total Nets: 8
 Intra Area: 8  Inter Area: 0  ASE: 0  NSSA: 0

<Hub2>
```

图 7-46　在 Hub2 上执行 **display ospf 1 routing** 命令的输出

分别在 Spoke1、Spoke2 上执行 **display ospf 1 routing** 命令，发现也已有到达各子网的 OSPF 路由信息，**而且两 Spoke 间学习的路由下一跳均为 Hub1 的 mGRE Tunnel 接口 IP 地址**，证明此时 Hub1 上是主用 Hub，在 Spoke1 上执行 **display ospf 1 routing** 命令的输出如图 7-47 所示，在 Spoke2 上执行 **display ospf 1 routing** 命令的输出如图 7-48 所示。

③ 在 PC1（192.168.1.2）上 ping PC2（192.168.2.2），结果是通的。同时，通过在两个 Spoke 下子网用户主机之间的 ping 操作，会触发 Spoke1 向 Spoke2 发送 NHRP 解析请求报文，最终使它们可以相互学习到对方的 NHRP 映射表项。

此时，再在两 Spoke 上执行 **display nhrp peer all** 命令查看本地的 NHRP 映射表项，结果发现除了有各基于 mGRE Tunnel 接口的 NHRP 映射表项，多了两项源主机和目的主机对应的 NHRP 映射表项（共有 5 项）。在 Spoke1 上再次执行 **display nhrp peer all** 命令的输出如图 7-49 所示。

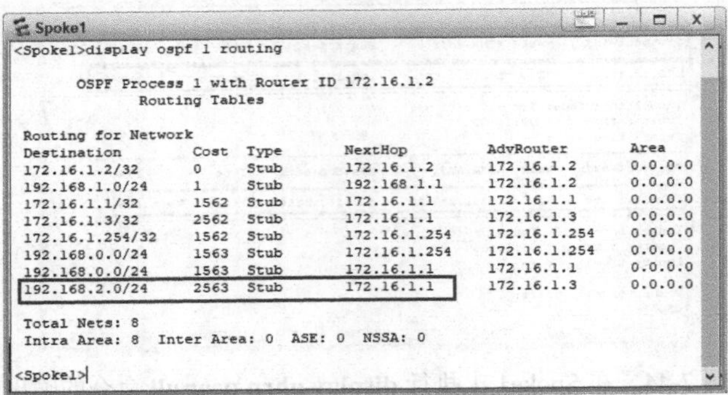

```
<Spoke1>display ospf 1 routing

        OSPF Process 1 with Router ID 172.16.1.2
                 Routing Tables

 Routing for Network
 Destination        Cost  Type       NextHop         AdvRouter       Area
 172.16.1.2/32      0     Stub       172.16.1.2      172.16.1.2      0.0.0.0
 192.168.1.0/24     1     Stub       192.168.1.1     172.16.1.2      0.0.0.0
 172.16.1.1/32      1562  Stub       172.16.1.1      172.16.1.1      0.0.0.0
 172.16.1.3/32      2562  Stub       172.16.1.1      172.16.1.3      0.0.0.0
 172.16.1.254/32    1562  Stub       172.16.1.254    172.16.1.254    0.0.0.0
 192.168.0.0/24     1563  Stub       172.16.1.254    172.16.1.254    0.0.0.0
 192.168.0.0/24     1563  Stub       172.16.1.1      172.16.1.1      0.0.0.0
 192.168.2.0/24     2563  Stub       172.16.1.1      172.16.1.3      0.0.0.0

 Total Nets: 8
 Intra Area: 8  Inter Area: 0  ASE: 0  NSSA: 0

<Spoke1>
```

图 7-47　在 Spoke1 上执行 **display ospf 1 routing** 命令的输出

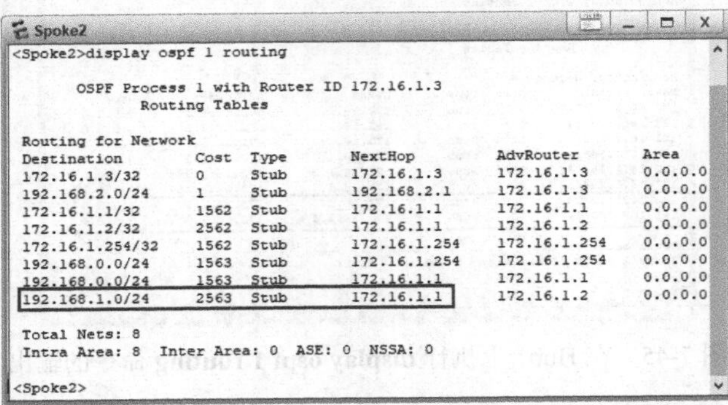

```
<Spoke2>display ospf 1 routing

        OSPF Process 1 with Router ID 172.16.1.3
                 Routing Tables

 Routing for Network
 Destination        Cost  Type       NextHop         AdvRouter       Area
 172.16.1.3/32      0     Stub       172.16.1.3      172.16.1.3      0.0.0.0
 192.168.2.0/24     1     Stub       192.168.2.1     172.16.1.3      0.0.0.0
 172.16.1.1/32      1562  Stub       172.16.1.1      172.16.1.1      0.0.0.0
 172.16.1.2/32      2562  Stub       172.16.1.1      172.16.1.2      0.0.0.0
 172.16.1.254/32    1562  Stub       172.16.1.254    172.16.1.254    0.0.0.0
 192.168.0.0/24     1563  Stub       172.16.1.254    172.16.1.254    0.0.0.0
 192.168.0.0/24     1563  Stub       172.16.1.1      172.16.1.1      0.0.0.0
 192.168.1.0/24     2563  Stub       172.16.1.1      172.16.1.2      0.0.0.0

 Total Nets: 8
 Intra Area: 8  Inter Area: 0  ASE: 0  NSSA: 0
<Spoke2>
```

图 7-48　在 Spoke2 上执行 **display ospf 1 routing** 命令的输出

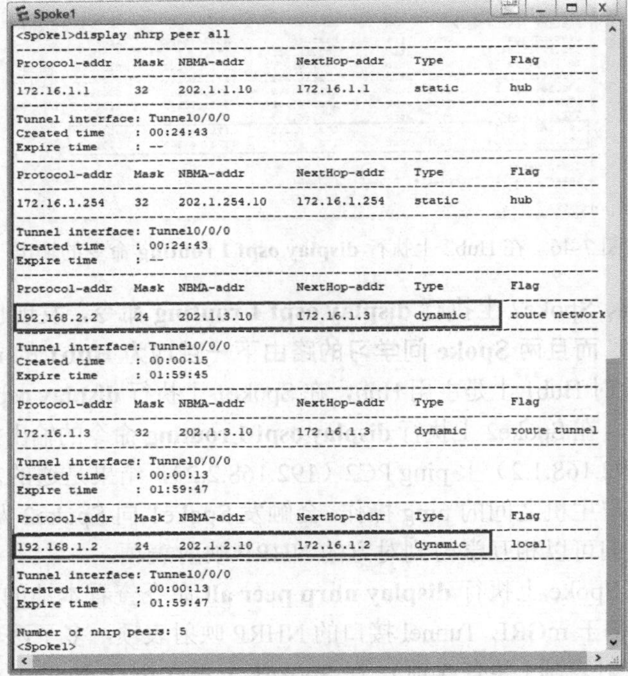

```
<Spoke1>display nhrp peer all
-------------------------------------------------------------------------------
Protocol-addr   Mask  NBMA-addr      NextHop-addr    Type       Flag
-------------------------------------------------------------------------------
172.16.1.1      32    202.1.1.10     172.16.1.1      static     hub
-------------------------------------------------------------------------------
Tunnel interface: Tunnel0/0/0
Created time    : 00:24:43
Expire time     : --
-------------------------------------------------------------------------------
Protocol-addr   Mask  NBMA-addr      NextHop-addr    Type       Flag
-------------------------------------------------------------------------------
172.16.1.254    32    202.1.254.10   172.16.1.254    static     hub
-------------------------------------------------------------------------------
Tunnel interface: Tunnel0/0/0
Created time    : 00:24:43
Expire time     : --
-------------------------------------------------------------------------------
Protocol-addr   Mask  NBMA-addr      NextHop-addr    Type       Flag
-------------------------------------------------------------------------------
192.168.2.2     24    202.1.3.10     172.16.1.3      dynamic    route network
-------------------------------------------------------------------------------
Tunnel interface: Tunnel0/0/0
Created time    : 00:00:15
Expire time     : 01:59:45
-------------------------------------------------------------------------------
Protocol-addr   Mask  NBMA-addr      NextHop-addr    Type       Flag
-------------------------------------------------------------------------------
172.16.1.3      32    202.1.3.10     172.16.1.3      dynamic    route tunnel
-------------------------------------------------------------------------------
Tunnel interface: Tunnel0/0/0
Created time    : 00:00:13
Expire time     : 01:59:47
-------------------------------------------------------------------------------
Protocol-addr   Mask  NBMA-addr      NextHop-addr    Type       Flag
-------------------------------------------------------------------------------
192.168.1.2     24    202.1.2.10     172.16.1.2      dynamic    local
-------------------------------------------------------------------------------
Tunnel interface: Tunnel0/0/0
Created time    : 00:00:13
Expire time     : 01:59:47

Number of nhrp peers: 5
<Spoke1>
```

图 7-49　在 Spoke1 上再次执行 **display nhrp peer all** 命令的输出

④ 验证 Hub2 的备份作用。

在 Hub1 上关闭公网物理接口 GE1/0/0，过段时间（OSPF 路由收敛需要一些时间）再次在两个 Spoke 上执行 **display ospf 1 routing** 命令，检查两 Spoke 间相互学习对端子网的 OSPF 路由表项，发现了下一跳变成 Hub2 的 mGRE Tunnel 接口 IP 地址（172.16.1.254），在 Spoke1 上再次执行 **display ospf 1 routing** 命令的输出如图 7-50 所示，在 Spoke2 上再次执行 **display ospf 1 routing** 命令的输出如图 7-51 所示。此时证明 Hub2 已经接管 Hub1 的工作，其备份作用得到了体现。

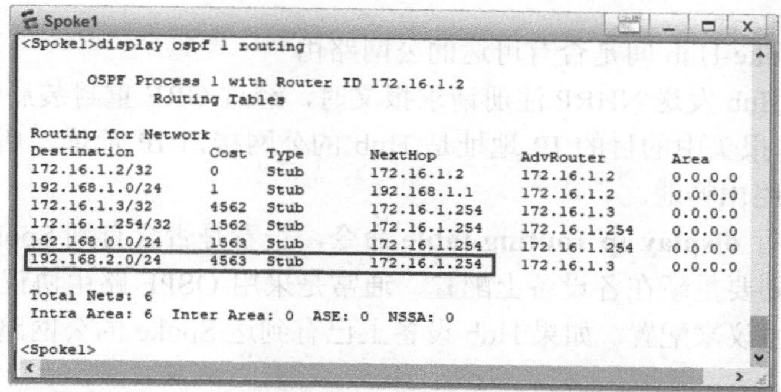
```
<Spoke1>display ospf 1 routing

         OSPF Process 1 with Router ID 172.16.1.2
                Routing Tables

 Routing for Network
 Destination        Cost  Type    NextHop         AdvRouter       Area
 172.16.1.2/32      0     Stub    172.16.1.2      172.16.1.2      0.0.0.0
 192.168.1.0/24     1     Stub    192.168.1.1     172.16.1.2      0.0.0.0
 172.16.1.3/32      4562  Stub    172.16.1.254    172.16.1.3      0.0.0.0
 172.16.1.254/32    1562  Stub    172.16.1.254    172.16.1.254    0.0.0.0
 192.168.0.0/24     1563  Stub    172.16.1.254    172.16.1.254    0.0.0.0
 192.168.2.0/24     4563  Stub    172.16.1.254    172.16.1.3      0.0.0.0

 Total Nets: 6
 Intra Area: 6  Inter Area: 0  ASE: 0  NSSA: 0

<Spoke1>
```

图 7-50 在 Spoke1 上再次执行 **display ospf 1 routing** 命令的输出

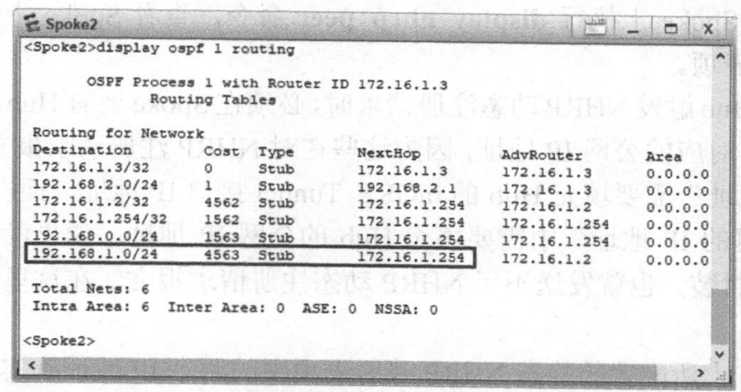
```
<Spoke2>display ospf 1 routing

         OSPF Process 1 with Router ID 172.16.1.3
                Routing Tables

 Routing for Network
 Destination        Cost  Type    NextHop         AdvRouter       Area
 172.16.1.3/32      0     Stub    172.16.1.3      172.16.1.3      0.0.0.0
 192.168.2.0/24     1     Stub    192.168.2.1     172.16.1.3      0.0.0.0
 172.16.1.2/32      4562  Stub    172.16.1.254    172.16.1.2      0.0.0.0
 172.16.1.254/32    1562  Stub    172.16.1.254    172.16.1.254    0.0.0.0
 192.168.0.0/24     1563  Stub    172.16.1.254    172.16.1.254    0.0.0.0
 192.168.1.0/24     4563  Stub    172.16.1.254    172.16.1.2      0.0.0.0

 Total Nets: 6
 Intra Area: 6  Inter Area: 0  ASE: 0  NSSA: 0

<Spoke2>
```

图 7-51 在 Spoke2 上再次执行 **display ospf 1 routing** 命令的输出

⑤ 先在两 Spoke 上执行 **undo nhrp peer** 命令来清除两 Spoke 上原来已经存在的动态 NHRP 映射表项（不会删除在 Spoke 上为 Hub 手工配置的静态 NHRP 映射表项）。然后再次执行 PC1 ping PC2 操作后，在两 Spoke 上再次执行 **display nhrp peer all** 命令也可分别看到源主机和目的主机的动态 NHRP 映射表项（参见图 7-49），表明通过 Hub2 也可以实现 Spoke 间的 VPN 通信。

通过以上验证，本示例配置是正确且成功的。

7.7 DSVPN 典型故障排除

最后介绍一些在 DSVPN 配置和维护过程中出现的一些典型的故障排除方法。

7.7.1 Spoke NHRP 注册失败的故障排除

如果在 Hub 上使用 **display nhrp peer** 命令查看 NHRP 映射表项时，发现没有 Spoke 的 mGRE Tunnel 接口 IP 地址与公网 IP 地址对应的 NHRP 映射表项，则表明 Spoke 的 NHRP 动态注册没有成功。此时一般有 3 种可能：一是 Spoke、Hub 间没有可达的公网路由，二是在 Spoke 上没有配置 Hub 的静态 NHRP 映射表项，三是 Hub 和 Spoke 上的认证配置不一致，或者 Spoke 上的静态 Hub 的静态 NHRP 映射表项配置错误。可按以下步骤来进行排查。

（1）检查 Spoke-Hub 间是否有可达的公网路由

在 Spoke 向 Hub 发送 NHRP 注册请求报文时，经过 GRE 重封装后的 NHRP 注册请求报文的外层 IP 报头中的目的 IP 地址是 Hub 的公网接口 IP 地址，所以要确保 Spoke 与 Hub 间的公网路由畅通。

在 Hub 上执行 **display ip routing-table** 命令，查看是否含有到 Spoke 的公网路由信息。如果没有，则要重新在各设备上配置，通常是采用 OSPF 路由协议配置，当然也可以采用其他路由协议来配置。如果 Hub 设备上已有到达 Spoke 的公网路由，则继续进行下一步的排查。

（2）检查各 Spoke 上是否配置有静态的 Hub NHRP 映射表项

此时可在各 Spoke 上执行 **display nhrp peer** 命令，查看 Spoke 上有无静态配置的 Hub NHRP 映射表项。

Spoke 在向 Hub 触发 NHRP 动态注册请求时，必须在 Spoke 要有 Hub 的 mGRE Tunnel 接口 IP 地址和其对应的公网 IP 地址，因为这些在对 NHRP 注册请求报文原始 IP 报文头中的“目的 IP 地址”需要填充 Hub 的 mGRE Tunnel 接口 IP 地址，而在 GRE 封装后新增 IP 报头的“目的 IP 地址”中需要填充 Hub 的公网 IP 地址。如果没有，自然不能对 NHRP 报文进行封装，也就发送不了 NHRP 动态注册请求报文。在这里要检查以下两个方面。

① 在 Spoke 上所配置的静态 NHRP 映射表项中的两个 IP 地址确实是 Hub 的，且顺序没有写错（前一个 IP 地址是 Hub 的 mGRE Tunnel 接口 IP 地址，后一个是 Hub 的公网 IP 地址）。

② 在为 Hub 配置静态 NHRP 映射表项的 **nhrp entry** 命令中指定了 register 选项，用于触发 Spoke 向 Hub 发起 NHRP 动态注册。同时在 Hub 上也要通过 **nhrp entry multicast dynamic** 命令使能将动态注册的分支加入 NHRP 组播成员表功能。

（3）检查 Hub 和 Spoke 的 NHRP 认证字配置是否一致

如果以上配置正确，则进一步查看 Hub 和 Spoke 的 NHRP 认证字符串配置是否一致。通常情况下是无须配置 NHRP 认证的，如果配置了，则在 Hub 和 Spoke 上的 **nhrp authentication** 命令中的认证字符串是否配置一致。如果 Hub 节点上配置的认证字符串与注册请求报文中的认证字符串不一致，则 Hub 节点不会处理该 Spoke 的注册请求；如果 Spoke 上配置了认证字符串但是 Hub 节点上没有配置认证字符串，则不会进行认证字符串的认证。

7.7.2 排除非 shortcut 方式 Spoke 间子网无法进行直接通信的故障

如果采用非 shortcut 方式配置 DSVPN 之后，发现 Spoke IP 路由表中仍没有以对方 mGRE Tunnel 接口 IP 地址为下一跳，到达对方子网的路由，Spoke 间无法通信。此时主要考虑以下两个方面的原因：一是各设备间的子网路由不通；二是 Spoke 间没有生成对端的 NHRP 映射表项。可按以下步骤进行排查。

（1）检查 Spoke 间是否正确学习了彼此的子网路由

在非 shortcut 方式中，各 Spoke 可以通过 Hub 相互学习到达对端子见网的路由，并且路由的下一跳是否为对端 Spoke 的 mGRE Tunnel 接口的 IP 地址。所以首先要确保在 Hub 上有到达各 Spoke 子网的路由。

① 在 Hub 上执行 **display ip routing-table** 命令，查看是否含有到达 Spoke 的子网路由信息。如果有，再在本端 Spoke 上执行 **display ip routing-table** 命令，查看是否含有到达对端 Spoke 的子网路由信息。

② 如果在 Hub-Spoke，或 Spoke 间没有到达对端子网的路由信息，则需要重新配置子网路由信息。通常是采用动态路由协议来配置，根据需要选择 RIP、OSPF，或 BGP 路由协议，但在非 shortcut 方式中，所通告的路由均为明细路由。

③ 如果 Hub-Spoke、Spoke 间有到达对端子网的路由信息，但到子网路由的下一跳不是对端的 mGRE Tunnel 接口的 IP 地址，也需要重新配置子网路由信息，将到子网路由的下一跳配置为对端的 Tunnel 地址。

当然，这种情形仅在采用静态路由配置时才有可能发生，因为采用动态路由协议时，只要通告了对应子网，以及本地的 mGRE Tunnel 接口所在子网（**采用 BGP 时不要包括**，因为此时 mGRE Tunnel 接口 IP 地址是作为 EBGP 对等体 IP 地址），则在非 shortcut 方式中，相互学习到的到达对端子网的路由下一跳肯定是对端的 mGRE Tunnel 接口的 IP 地址。

如果 Hub-Spoke、Spoke-Spoke 间含有到达子网的路由信息，并且子网路由的下一跳为对端的 Tunnel 地址，则继续执行以下检查步骤。

（2）检查 Hub 和 Spoke 上是否生成了对端 Spoke 的 NHRP 映射表项

在 Hub 和 Spoke 上分别执行 **display nhrp peer** 命令，查看本地的 NHRP 映射表信息。如果在 Hub 上未生成 Spoke 的 NHRP 映射表项，则参考前文中介绍的 Spoke 注册失败情形进行故障排查。如果在 Hub 上未生成 Spoke 的 NHRP 映射表项，而且各 Spoke 间已正确学习到了对端子网的路由信息，则 Spoke 间可以直接建立 VPN 进行通信。

7.7.3 排除 shortcut 方式 Spoke 间子网无法进行直接通信的故障

如果采用 shortcut 方式配置 DSVPN 后，Spoke 间子网仍无法进行通信。此时需要考虑以下两个方面的原因：一是各设备间的子网路由不通；二是 Spoke 间没有生成对端的 NHRP 映射表项。可按以下步骤进行排查。

（1）检查 Spoke 间是否有经过 Hub 相互到达对方子网的路由

在 shortcut 方式中，各 Spoke 间不能直接相互学习路由，而都是通过从 Hub 学习包含各子网的汇聚路由，以及 NHRP 解析过程达到学习对端子网路由的目的。

首先在 Hub 上执行 **display ip routing-table** 命令，查看是否含有到达 Spoke 子网的汇聚路由信息。如果有，再在本端 Spoke 上执行 **display ip routing-table** 命令，查看是否含有到对端 Spoke 子网的汇聚路由信息。

如果 Hub-Spoke，或 Spoke-Spoke 间没有含有到达某端子网的路由信息，则需要重新配置到达某端子网的路由信息。当然，采用不同路由协议的具体配置方法不一样。特别要注意的是，Hub 上所配置的子网汇聚路由要正确。

Spoke 可以学习到对端 Spoke 子网的汇聚路由信息，还不能说 Spoke 间可以正确学习对端的子网路由了，要检查所学习的子网路由的下一跳是否为总部的 mGRE Tunnel 接口 IP 地址，因为在 shortcut 方式中，各 Spoke 上只会保存一条指向 Hub 的 mGRE Tunnel 接口的汇聚路由，Spoke 间子网路由的学习都是通过 Hub 向它们发布的子网汇聚路由得到的。

如果 Spoke 已正确学习到了对端子网的汇聚路由信息，且路由的下一跳是总部的 mGRE Tunnel 接口 IP 地址，则继续进行下一步检查。

（2）检查 Hub 和 Spoke 上是否生成了对端 Spoke 的 NHRP 映射表项

在 Hub 和 Spoke 上，执行 **display nhrp peer** 命令查看 NHRP 映射表项信息，如果 Hub 上未生成 Spoke 的 NHRP 映射表项信息，则参考 7.7.1 节介绍的 Spoke 注册失败情形进行故障排查。

如果 Hub 上已生成 Spoke 的 NHRP 映射表项信息，则通过在 Spoke 上执行对端子网的 ping 操作，就可以触发 Spoke 间的 NHRP 解析请求，使 Spoke 间正确学习对端的 NHRP 映射表项。

第8章 PKI 配置与管理

本章主要内容

- 8.1 PKI 基础及工作原理
- 8.2 PKI 实体申请本地证书配置任务
- 8.3 申请本地证书的预配置
- 8.4 申请和更新本地证书
- 8.5 本地证书的下载和安装
- 8.6 验证 CA 证书和本地证书的有效性
- 8.7 配置证书扩展功能
- 8.8 PKI 典型配置示例
- 8.9 典型故障排除

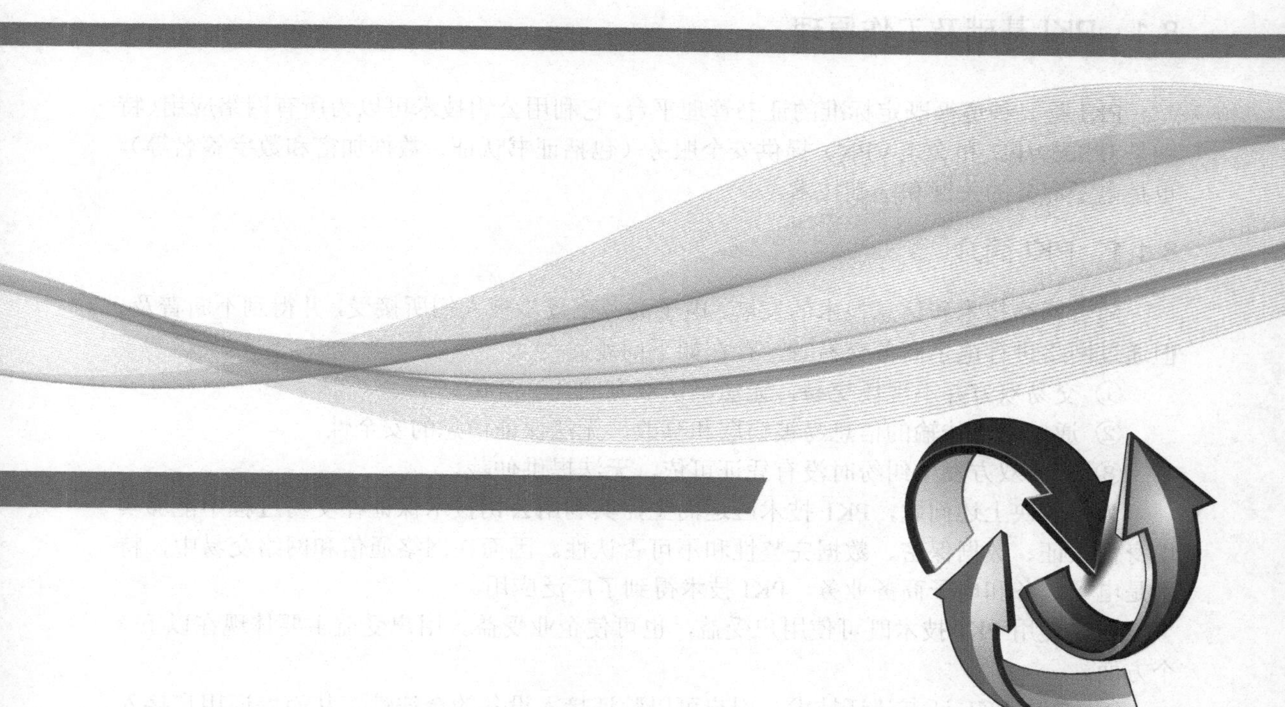

本章介绍的 SSL VPN 是一种基于数字证书认证的 VPN 技术。在 SSL VPN 网关上必须安装自己的本地数字证书，以供远程用户对其合法性进行认证。在用户终端上也可安装数据证书，利用证书中的密钥进行数据加密、数字签名和数字信封应用，提供一整套安全保障系统。数字证书是 PKI 中的主体，整个数字证书的注册、安装、更新和验证都是基于 PKI 平台进行的，所以本章先介绍了 PKI 方面的技术原理以及相关功能的配置方法。

PKI 的核心任务是从证书颁布机构（CA）获得用户终端或网络设备申请的本地证书，可以在 IPSec VPN、SSL VPN 等方案中使用。本章围绕本地证书的申请（注册）、下载、安装和验证等全部流程介绍它们的具体配置方法，为设备或终端主机获取本地证书。同时，本章介绍了几种典型场景下的本地证书申请的配置示例，本章最后介绍了一些在本地证书申请过程中可能出现的典型故障的排除方法。

8.1 PKI 基础及工作原理

PKI 是一种遵循既定标准的证书管理平台。它利用公钥技术可以为所有网络应用（特别是 IPSec VPN 和 SSL VPN）提供安全服务（包括证书认证、数据加密和数字签名等），也是电子商务的关键和基础技术。

8.1.1 PKI 简介

随着网络技术和信息技术的发展，电子商务已逐步被人们所接受，并得到不断普及。但通过网络进行电子商务交易时，存在如下问题。

① 交易双方并不现场交易，无法确认双方的合法身份。

② 通过网络传输的信息易被窃取和篡改，无法保证信息的安全性。

③ 交易双方发生纠纷时没有凭证可依，无法提供仲裁。

为了解决上述问题，PKI 技术应运而生，其利用公钥技术保证在交易过程中能够实现身份认证、数据保密、数据完整性和不可否认性。因而在网络通信和网络交易中，特别是电子政务和电子商务业务，PKI 技术得到了广泛应用。

通过使用 PKI 技术既可使用户受益，也可使企业受益。用户受益主要体现在以下 3 个方面。

① 通过 PKI 证书认证技术，用户可以验证接入设备的合法性，从而保证用户接入安全、合法的网络中。

② PKI 加密技术可以保证网络中传输的数据的安全性，数据不会被篡改和窥探。

③ PKI 签名技术可以保证数据的私密性，未授权的设备和用户无法查看该数据。

企业受益主要体现在以下两个方面。

① 企业可以防止非法用户接入企业网络中。

② 企业分支之间可以建立安全通道，从而保证企业数据的安全性。

8.1.2 PKI 体系架构

PKI 体系架构如图 8-1 所示，包括终端实体、证书认证机构、证书注册机构和证书/CRL 存储库 4 个部分。

（1）终端实体（End Entity，EE）

终端实体也称为 PKI 实体，是 PKI 产品或服务的最终使用者，可以是个人、组织、设备（例如路由器、防火墙）或计算机（用户主机）中运行的进程。

（2）认证机构

CA 是一个用于颁发并管理数字证书的可信实体，是 PKI 的信任基础。它是一种权威性、可信任性和公正性的第三方机构，通常由服务器充当。CA 的作用是检查数字证书申请注册或持有者身份的合法性，并向证书申请者签发数字证书（在证书上进行数字签名），以防证书被伪造或篡改，同时对自己所颁发的数字证书进行管理。

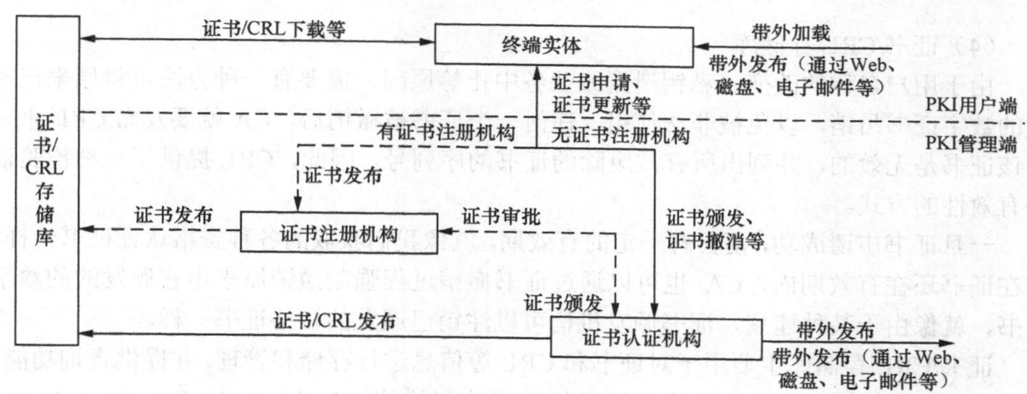

图 8-1　PKI 体系架构

整个 CA 系统可以是单级结构，即整个 CA 系统仅一个 CA 服务器，也可以是多级结构，即整个 CA 系统由多个不同层次的 CA 服务器构成。如果 CA 系统是多级结构，最顶级的 CA 称之为根 CA。在多级 CA 系统中，根 CA 还可授权其他 CA 为其下级 CA。CA 的身份也需要有一个证明，以便证书申请者可以识别此 CA 的合法性，这个证明信息在信任证书机构文件中进行描述。

证书签发过程与证书验证过程如图 8-2 所示，是一个多级 CA 系统，其中 CA1 作为最上级 CA 也称根证书，签发下一级 CA2 证书，CA2 又可以给它的下一级 CA3 签发证书，以此类推，最终由 CA*n* 签发服务器的证书。

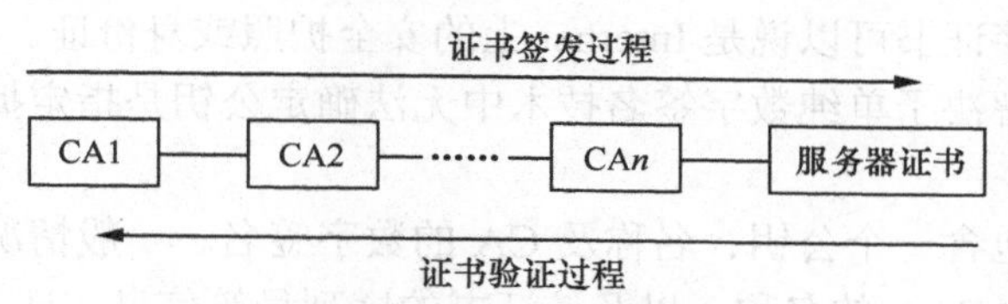

图 8-2　证书签发过程与证书验证过程

在图 8-2 所示的 CA 系统中，如果某服务器端的证书由 CA3 签发，则在客户端验证证书的过程也是从验证该服务器端的证书有效性开始的。即先由 CA3 证书验证服务器端证书的有效性，如果通过则再由 CA2 证书验证 CA3 证书的有效性，最后由最上级 CA1 证书验证 CA2 证书的有效性。只有通过最上级 CA 证书即根证书的验证，服务器证书才算验证成功。

CA 的核心功能是发放和管理证书，包括证书的颁发、证书的更新、证书的撤销、证书的查询、证书的归档、CRL 的发布等。

（3）证书注册机构（Registration Authority，RA）

RA 是数字证书注册审批机构，是 CA 面对用户的窗口，是 CA 的证书发放、管理功能的延伸，负责接受用户的证书注册和撤销申请，对用户的身份信息进行审查，并决定是否向 CA 提交签发或撤销数字证书的申请。

RA 作为 CA 功能的一部分，**实际应用中 RA 并不一定独立存在，而是和 CA 合并在一起**，即通常情况下 RA 的功能也是由 CA 来完成的。当然，RA 也可以独立出来，分担 CA 的一部分功能，减轻 CA 的压力，增强 CA 系统的安全性。

（4）证书/CRL 存储库

由于用户名称的改变、私钥泄露或业务中止等原因，需要有一种方法可将原来已颁发的数字证书吊销，以免被非法使用。任何一个证书被撤销后，CA 就要发布 CRL 来声明该证书是无效的，并列出所有被废除的证书的序列号。因此，CRL 提供了一种检验证书有效性的方式。

一旦证书申请成功，便会有一定的有效期，就像我们获取的各种资格认证证书一样。但在证书还在有效期内，CA 也可以通过证书撤销过程强制撤销原来由它颁发的的数字证书，就像由于某种违规，证书颁发机构可以注销已颁发的资格证书一样。

证书/CRL 存储库主要用于对证书和 CRL 等信息进行存储和管理，并提供查询功能。证书/CRL 存储库的构建可以采用轻量级目录访问协议（Lightweight Directory Access Protocol，LDAP）服务器、文件传输协议（File Transfer Protocol，FTP）服务器、超文本传输协议（Hyper-text Transfer Protocol，HTTP）服务器或者数据库等。其中，LDAP 规范简化了笨重的 X.500 目录访问协议，支持 TCP/IP，已经在 PKI 体系中被广泛应用于证书信息发布、CRL 信息发布、CA 政策，以及与信息发布相关的各个方面。当然，如果证书规模不是太大，也可以选择架设 HTTP、FTP 等服务器来存储证书，并为用户提供下载服务。

8.1.3 数字证书结构、分类和格式

数字证书是一个经证书授权中心（即 CA）数字签名的文件，包含拥有者的公钥及相关身份信息。数字证书可以说是 Internet 上的安全护照或身份证。

数字证书技术解决了单纯数字签名技术中无法确定公钥是指定拥有者的问题。

1. 证书结构

最简单的证书包含一个公钥、名称及 CA 的数字签名。一般情况下，证书还包括密钥的有效期颁发者（CA）的名称，以及该证书的序列号等信息。证书的结构遵循 X.509 v3 版本的规范，常见的数字证书结构如图 8-3 所示，下面对各部分进行具体说明。

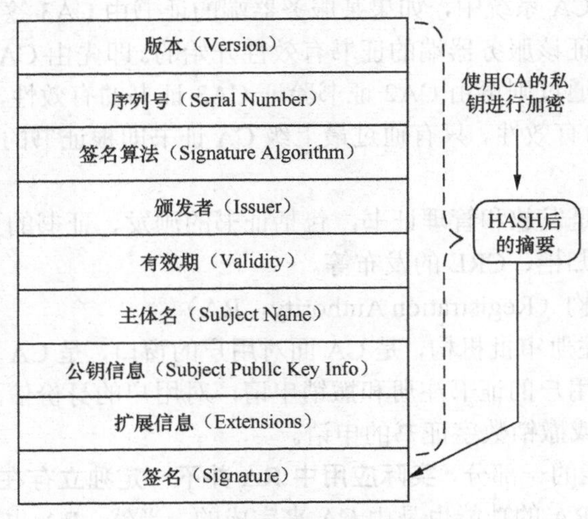

图 8-3 常见的数字证书结构

① 版本：使用的 X.509 协议的版本，目前普遍使用的是 v3 版本（0x2）。

② 序列号：CA 分配给数字证书的一个正整数，同一 CA 颁发的证书序列号各不相同，可用与 CA 名称一起作为证书唯一标识。

③ 签名算法：CA 颁发证书使用的数字签名算法，例如 MD5 或 SHA 等。

④ 颁发者：颁发该证书的设备名称，必须与 CA 证书中的主体名一致。通常是 CA 服务器的名称。

⑤ 有效期：包含证书有效的起止日期，不在有效期的证书为无效证书。

⑥ 主体名：证书拥有者（即 PKI 实体）的名称，如果主体名与颁发者相同，则说明该证书是一个自签名证书。

⑦ 公钥信息：PKI 实体可以对外公开的公钥以及公钥算法信息。

⑧ 扩展信息：通常包含了证书的用法、CRL 的发布地址等可选字段。

⑨ 签名：CA 用自己的私钥对所颁发证书信息的签名。

2. 证书分类

常见的数字证书类型见表 8-1。

表 8-1　常见的数字证书类型

类型	描述	说明
自签名证书	自签名证又称为根证书，**是自己颁发给自己的证书**，即证书中的颁发者和主体名相同	申请者无法向 CA 申请本地证书时，可以通过设备生成自签名证书，实现简单证书颁发功能；设备不支持对其生成的自签名证书进行全生命周期管理（例如证书更新、证书撤销等）
CA 证书	CA 自身的证书。如果 PKI 系统中没有多级架构 CA，CA 证书就是自签名证书；如果有多级架构 CA，则会形成一个 CA 层次结构，最上层的 CA 是根 CA，它拥有一个 CA“自签名”的证书	申请者通过验证 CA 的数字签名，从而信任 CA，任何申请者都可以得到 CA 证书（含公钥），通过用其中的 CA 公钥解密本地证书上 CA 的数字签名，以验证本地证书是否由该 CA 颁发
本地证书	CA 颁发给申请者的证书	本地证书（含公钥）可以提供给对端，以使对端通过共同信任的 CA 验证本端本地证书的有效性来达到验证本端的合法性目的
设备本地证书	**设备根据 CA 证书给自己颁发的证书**（与自签名证书不同），证书中的颁发者名称是 CA 服务器的名称，但没有 CA 的数字签名	申请者无法向 CA 申请本地证书时，可以通过设备生成设备本地证书，实现简单证书颁发功能。一般不使用

3. 证书格式

设备支持以下 3 种文件格式在本地内存中保存证书。证书格式见表 8-2。

表 8-2　证书格式

格式	描述
PKCS#12	以二进制格式保存证书，包含公钥，私钥可以包含，也可以不包含。常用的后缀有.P12 和.PFX
DER	以二进制格式保存证书，包含公钥，**但不包含私钥**。常用的后缀有.DER、.CER 和.CRT
PEM	以 ASCII 码格式保存证书，包含公钥，私钥可以包含，也可以不包含。常用的后缀有.PEM、.CER 和.CRT

证书后缀为.CER 或.CRT 的证书，可能是 DER 格式和，也可能是 PEM 格式的，可以用记事本打开证书，查看证书内容来区分证书格式。

① 如果有类似 " -----BEGIN CERTIFICATE----- " 和 " -----END CERTIFICATE----- " 的头尾标记，则证书格式为 PEM。

② 如果是乱码，则证书格式为 DER。

8.1.4 PKI 中的 8 个概念

PKI 的核心任务就是为用户或设备（称之为 PKI 实体）颁发他们的本地数字证书，所以其核心技术就围绕着本地证书的申请、颁发、存储、下载、安装、验证、更新和撤销的整个生命周期进行展开。下面介绍这 8 个基本概念。

1. 证书申请

证书申请即证书注册，就是一个 PKI 实体向 CA 申请获取本地证书的过程。通常情况下，PKI 实体（就是证书申请者）会生成一对密钥（公/私钥），公钥和自己的身份信息（即 PKI 实体信息）包含在证书注册请求消息中发送给 CA 用来生成本地证书，私钥由 PKI 实体自己保存，用来进行数字签名和解密对端实体发送过来的密文。

PKI 实体向 CA 申请本地证书有以下两种方式。

（1）在线申请

PKI 实体支持通过简单证书注册协议（Simple Certificate Enrollment Protocol，SCEP），或证书管理协议第二版本（Certificate Management Protocol version 2，CMPv2）向 CA 发送证书注册请求消息来申请本地证书。

【经验提示】通过 SCEP 方式申请是最常用的，也是最简单的本地证书申请方式，因为它可以一次性同步实现 CA 证书、本地证书的下载、安装和更新，不需要分别进行（而 CMPv2 方式需要分别进行），这些将在本章后面介绍具体配置方法时有所体现。

（2）离线申请（PKCS#10 方式）

离线申请是指 PKI 实体使用 PKCS#10 格式列出本地的证书注册请求消息，并保存到文件中，然后通过带外方式（例如 Web、磁盘、电子邮件等）将文件发送给 CA 进行证书申请。

除了以上两种方式，还有一种方式，PKI 实体也可以给自己颁发一个自签名证书或本地证书，实现简单的证书颁发功能。但这种用户无法验证该证书的有效性，仅适用于临时为用户提供接入需求。

2. 证书颁发

当 PKI 实体向 CA 申请本地证书时，如果有 RA，则先由 RA 审核 PKI 实体的身份信息，审核通过后，RA 将申请信息发送给 CA。CA 再根据 PKI 实体的公钥和身份信息生成本地证书，并将本地证书信息发送给 RA。如果没有 RA，则直接由 CA 审核 PKI 实体身份信息，并为 PKI 实体颁发本地证书。

3. 证书存储

CA 为 PKI 实体生成本地证书后，CA/RA 会将本地证书发布到证书/CRL 存储库中，为用户提供下载服务和目录浏览服务。

4. 证书下载

PKI 实体通过 SCEP 向 CA 服务器下载已颁发的证书（**通过 SCEP 申请本地证书时会同步下载 CA 证书和本地证书，无须额外进行**），或者通过 LDAP、HTTP、带外方式下载已颁发的证书。该证书可以是自己的本地证书，也可以是 CA/RA 证书或者其他 PKI 实体的本地证书。

【经验提示】下载、安装 CA 证书和其他 PKI 实体的本地证书的目的是用于根据所下载的 CA 证书和其他 PKI 实体的本地证书，在 CA 上对这些证书的有效性进行验证。另外，下载、安装 CA 证书还可用于在本端向 CA 申请证书时利用 CA 的公钥对申请注册请求报文进行数字加密，保护向 CA 发送的证书注册请求报文。

5. 证书安装

PKI 实体下载证书后，还需安装证书，即将证书导入设备的内存中，否则证书不生效。该证书可以是自己的本地证书，也可以是 CA/RA 证书，或其他 PKI 实体的本地证书。仅当采用 CMPv2 在线申请本地证书，或离线申请本地证书时，才需要手动安装本地证书，**设备通过 SCEP 申请本地证书时，会自动安装 CA 证书和本地证书，也无须额外进行**。

6. 证书验证

PKI 实体获取对端实体的证书后，当需要使用对端实体的证书时，例如在 SSL VPN 中，远程终端要与 SSL VPN 网关建立安全隧道或安全连接时，通常需要验证对端实体（例如 SSL VPN 网关）的本地证书和 CA 的合法性（证书是否有效或者是否属于同一个 CA 颁发等）。如果证书颁发者的证书（即 CA 证书）无效，则由该 CA 颁发的所有证书都是无效的。但在 CA 证书过期前，设备会自动更新原来从 CA 中下载、安装的 CA 证书，异常情况下才会出现 CA 证书过期情况。

PKI 实体可以使用 CRL 或者在线证书状态协议（Online Certificate Status Protocol，OCSP）方式检查证书是否有效。使用 CRL 方式时，PKI 实体先查找本地内存的 CRL，如果本地内存没有 CRL，则需要从 CA 中下载 CRL 并安装到本地内存中，如果检查发现证书已在 CRL 中，表示此证书已被撤销。使用 OCSP 方式时，PKI 实体向 OCSP 服务器发送一个对于证书状态信息的请求，OCSP 服务器会回复一个“有效”（证书没有被撤销）、“过期”（证书已被撤销）或“未知”（OCSP 服务器不能判断请求的证书状态）的响应。

7. 证书更新

当证书过期、密钥泄露时，PKI 实体必须更换证书，可以通过重新申请（通常是要重新创建新的 RSA 密钥对）来达到更新的目的，也可以使用 SCEP 自动进行更新（此时 RSA 密钥不重新创建）。

设备在证书即将过期前，会先申请一个证书作为“影子证书”，在当前证书过期后，“影子证书”成为当前证书，完成证书更新功能。所以申请“影子证书”的过程，实质上是一个新的证书的注册过程。

8. 证书撤销

由于用户身份、用户信息或者用户公钥的改变、用户业务中止等原因，用户需要将自己的数字证书撤销，即撤销某公钥与用户身份信息的绑定关系。在 PKI 中，CA 主要采用 CRL 或 OCSP 撤销证书，而 PKI 实体撤销自己的证书是通过带外方式申请（例如到 CA 网站上以 Web 方式申请，或向 CA 发送撤销证书申请邮件等）。

8.1.5 PKI 工作机制

针对一个使用 PKI 的网络（例如 IPSec VPN 和 SSL VPN 网络），配置 PKI 的目的就是为指定的 PKI 实体（就是路由器、防火墙等设备）向 CA 服务器申请一个本地证书，并由 CA 对本地证书的有效性进行验证。PKI 基本工作流程如图 8-4 所示，具体描述如下。

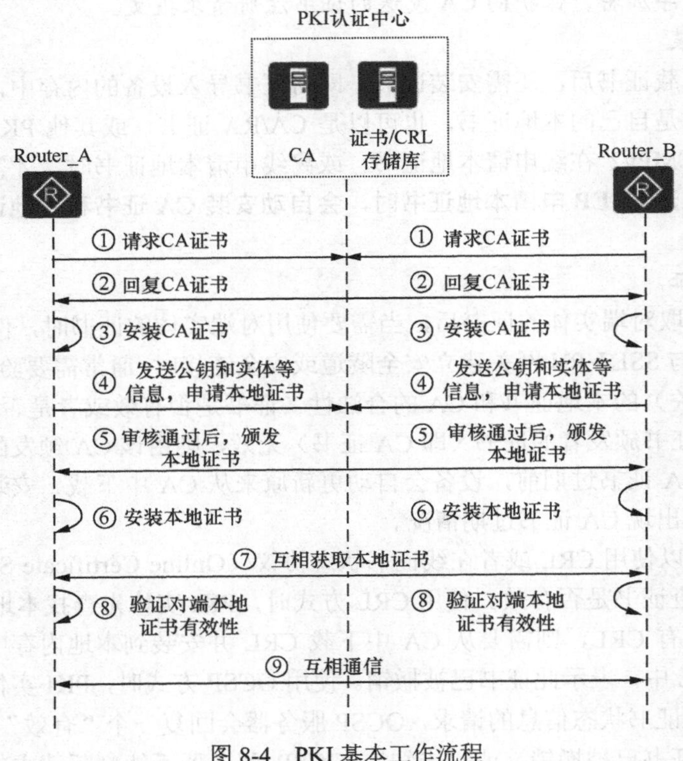

图 8-4 PKI 基本工作流程

① PKI 实体向 CA 请求 CA 证书，即 CA 服务器自己的证书，用于本地证书申请者后面对 CA 的有效性进行验证，以免向非法的机构申请证书。

② 当 CA 收到 PKI 实体的 CA 证书请求时，将自己的 CA 证书发给 PKI 实体。

③ PKI 实体收到 CA 证书后，在本地安装 CA 证书。

- 当 PKI 实体通过 SCEP 申请本地证书时，PKI 实体会用配置的 HASH 算法对 CA 证书进行哈希运算，得到 CA 证书摘要消息（即数字指纹）与提前配置的 CA 服务器的数字指纹进行对比，如果一致，则 PKI 实体会接受所获得的 CA 证书，否则丢弃该 CA 证书。
- **设备通过 SCEP 申请本地证书时，会自动安装 CA 证书和本地证书。**

④ 验证 CA 证书有效后，PKI 实体就开始向 CA 服务器发送证书注册请求消息（包

括自己的公钥、PKI 实体信息，需要 PKI 实体事先创建好的 RSA 密钥对）。

- 当通过 SCEP 申请本地证书时，PKI 实体对证书注册请求消息使用 CA 证书的公钥进行加密和自己的私钥进行数字签名。如果 CA 要求验证挑战密码，则证书注册请求消息还必须携带挑战密码（与 CA 的挑战密码一致）。
- 当通过 CMPv2 申请本地证书时，PKI 实体可以使用额外证书（其他 CA 颁发的本地证书）或者消息认证码方式进行身份认证。
  - ➢ 额外证书方式：PKI 实体对证书注册请求消息使用 CA 证书的公钥进行加密和 PKI 实体的额外证书相对应的私钥进行数字签名。
  - ➢ 消息认证码方式：PKI 实体对证书注册请求消息使用 CA 证书的公钥进行加密，而且证书注册请求消息必须包含消息认证码的参考值和秘密值（与 CA 的消息认证码的参考值和秘密值一致）。

⑤ CA 服务器收到 PKI 实体的证书注册请求消息。

- 当 PKI 实体通过 SCEP 申请本地证书时，CA 使用自己的私钥和 PKI 实体的公钥解密数字签名并验证数字指纹。当数字指纹一致时，CA 会审核 PKI 实体身份等信息，通过后同意 PKI 实体的申请，颁发本地证书。然后 CA 使用 PKI 实体的公钥进行加密，使用自己的私钥进行数字签名，将证书发送给 PKI 实体，也会发送到证书/CRL 存储库。
- 当 PKI 实体通过 CMPv2 申请本地证书时，有以下两种方式。

➢ 额外证书方式

CA 使用自己的私钥解密，使用 PKI 实体的额外证书中的公钥解密数字签名并验证数字指纹。当数字指纹一致时，CA 会审核 PKI 实体身份等信息，通过后同意 PKI 实体的申请，颁发本地证书。然后 CA 使用 PKI 实体的额外证书中的公钥进行加密，使用自己的私钥进行数字签名，将证书发送给 PKI 实体，也会发送到证书/CRL 存储库。

➢ 消息认证码方式

CA 使用自己的私钥解密后，并验证消息认证码的参考值和秘密值。当参考值和秘密值一致时，CA 会审核 PKI 实体身份等信息，通过后同意 PKI 实体的申请，颁发本地证书。然后 CA 使用 PKI 实体的公钥进行加密，将证书发送给 PKI 实体，也会发送到证书/CRL 存储库。

⑥ PKI 实体收到 CA 服务器发送的证书信息。

- 当 PKI 实体通过 SCEP 申请本地证书时，PKI 实体使用自己的私钥解密，并使用 CA 的公钥解密数字签名并验证数字指纹，一致时 PKI 实体接受证书信息，然后安装本地证书。
- 当 PKI 实体通过 CMPv2 申请本地证书时，有以下两种方式。

➢ 额外证书方式

PKI 实体使用额外证书相对应的私钥解密，并使用 CA 的公钥解密数字签名并验证数字指纹，一致时 PKI 实体接受证书信息，然后安装本地证书。

➢ 消息认证码方式

PKI 实体使用自己的私钥解密，并验证消息认证码的参考值和秘密值，一致时 PKI 实体接受证书信息，然后安装本地证书。

⑦ 当 PKI 实体间互相通信时，还需要各自获取并安装对端实体的本地证书。PKI 实体可以通过 HTTP/LDAP 等方式在 CA 上下载对端的本地证书。在一些特殊的场景中，例如 IPSec VPN 和 SSL VPN 应用中，PKI 实体会把各自的本地证书发送给对端。

⑧ PKI 实体安装对端实体的本地证书后，通过 CRL 或 OCSP 方式在 CA 服务器上验证对端实体的本地证书的有效性。

⑨ 通过验证后，PKI 实体间才可以使用对端证书的公钥为向对端发送的数据进行加密，提供安全通信。

如果 PKI 认证中心有 RA，则 PKI 实体也会下载 RA 证书。由 RA 审核 PKI 实体的本地证书申请，审核通过后将申请信息发送给 CA 来颁发本地证书。

8.1.6 PKI 的主要应用场景

PKI 的应用很广，特别是在 IPSec VPN、SSL VPN 等场景中，可为设备提供基于数字证书的身份认证。

（1）在 IPSec VPN 中应用

PKI 在 IPSec VPN 中的应用示例如图 8-5 所示，两个路由器设备作为网络 A 和网络 B 的出口网关，网络 A 和网络 B 的内网用户通过公网相互通信。因为公网是不安全的网络，为了保护数据的安全性，设备采用 IPSec 技术，与对端设备建立 IPSec 隧道。通常情况下，IPSec 采用预共享密钥方式协商 IPSec，但是在大型网络中 IPSec 采用预共享密钥方式时存在密钥交换不安全的问题。此时设备之间可采用基于 PKI 的数字证书进行身份认证。

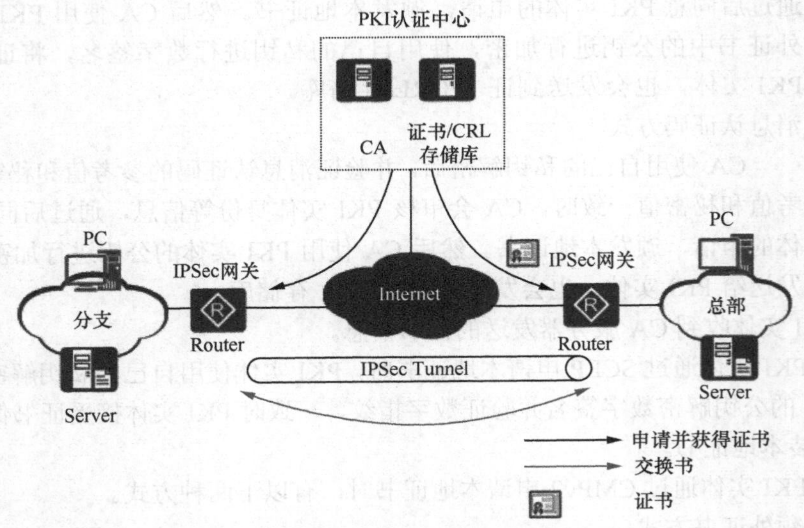

图 8-5　PKI 在 IPSec VPN 中的应用示例

采用基于 PKI 的数字证书进行身份认证后，IPSec 在进行 IKE 协商过程中交换密钥时会通过证书对通信双方进行身份认证，保证了密钥交换的安全。而且，证书可以为 IPSec 提供集中的密钥管理机制，并增强整个 IPSec 网络的可扩展性。同时，在采用证书认证的 IPSec 网络中，每台设备都拥有 PKI 认证中心颁发的本地证书。有新设备加入时，只需要为新增加的设备申请一个证书，新设备就可以与其他设备进行安全通信，而不需要对其他设备的配置进行修改，这大大减少了配置工作量。

（2）在 SSL VPN 中应用

PKI 在 SSL VPN 中的应用示例如图 8-6 所示，SSL VPN 可以为出差员工提供方便的接入功能，使其在出差期间也可以正常访问内部网络。

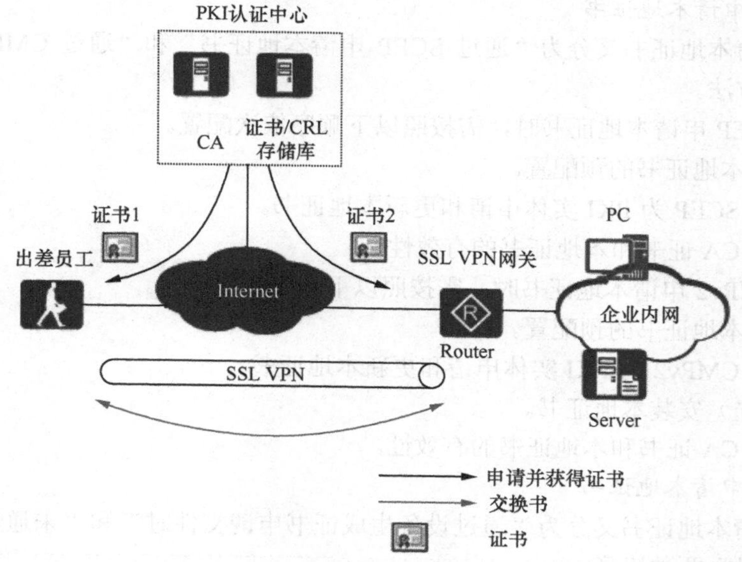

图 8-6　PKI 在 SSL VPN 中的应用示例

通常情况下，出差员工使用用户名和密码的方式接入内部网络。但是，这种安全手段存在保密性差的问题，一旦用户名和密码泄露，可能导致非法用户接入内部网络，从而造成信息泄露。为了提高出差员工访问内部网络的安全性，设备可以采用 PKI 的证书方式来对用户进行认证。

在 SSL VPN 应用中，SSL VPN 客户端可以通过数字证书验证 SSL VPN 网关的身份；SSL VPN 网关也可以通过数字证书来验证客户端的身份。SSL VPN 使用数字证书进行认证的流程如下。

① 客户端和服务器分别向 PKI 认证中心（CA）申请自己的本地证书。

② CA 为客户端和服务器分别颁发本地证书。

③ 客户端向 SSL VPN 网关请求建立 SSL 连接，SSL VPN 网关会发送自己的本地证书给客户端。

④ 客户端对 SSL VPN 网关的本地证书进行认证。认证通过后，客户端与网关成功建立 SSL 连接。但此时，只是在客户端与 SSL VPN 网关之间建立了 SSL VPN 隧道，客户端中的用户还没成功登录 SSL VPN 网关。

⑤ SSL VPN 网关通过数字证书对用户进行身份认证，可以是证书匿名认证或证书挑战认证。证书匿名认证是指设备仅通过验证用户的客户端证书来验证用户的身份；证书挑战认证是指将验证客户端证书与用户名和密码认证结合起来。

⑥ 用户成功登录后，可以在客户端上访问内部网络。

8.2 PKI 实体申请本地证书配置任务

华为设备 PKI 实体申请本地证书有在线申请和离线申请两种方式。

1. *在线申请本地证书*

在线申请本地证书又分为“通过 SCEP 申请本地证书”和“通过 CMPv2 申请本地证书”两种方法。

使用 SCEP 申请本地证书时，需按照以下顺序依次配置。

① 申请本地证书的预配置。

② 通过 SCEP 为 PKI 实体申请和更新本地证书。

③ 验证 CA 证书和本地证书的有效性。

使用 CMPv2 申请本地证书时，需按照以下顺序依次配置。

① 申请本地证书的预配置。

② 通过 CMPv2 为 PKI 实体申请和更新本地证书。

③（可选）安装本地证书。

④ 验证 CA 证书和本地证书的有效性。

2. *离线申请本地证书*

离线申请本地证书又分为“通过设备生成证书申请文件时”和“未通过设备生成证书申请文件时”两种情形。

已通过设备生成证书申请文件时，需按照以下顺序依次配置。

① 申请本地证书的预配置。

② 配置为 PKI 实体离线申请本地证书。

③（可选）下载和安装本地证书。

④ 验证 CA 证书和本地证书的有效性。

未通过设备生成证书申请文件时，需按照以下顺序依次配置。

① 直接通过 Web 方式将申请证书信息发送给 CA 申请本地证书。

② 下载 CA 提供的 CA 证书、本地证书和密钥对并上传至设备的存储介质中。

③ 安装密钥对。

④ 安装 CA 证书。

⑤ 安装本地证书。

⑥ 验证 CA 证书和本地证书。

8.3 申请本地证书的预配置

申请本地证书的预配置包括配置 PKI 实体信息、配置 RSA/SM2 密钥对和为 PKI 实体获取 CA 证书，都是申请本地证书时的前提条件。

8.3.1　配置 PKI 实体信息

本地证书是由 CA 进行数字签名并颁发的，是 PKI 实体 RSA/SM2 公钥与 PKI 实体身份信息的绑定。PKI 实体信息就是 PKI 实体的基础身份信息，CA 根据 PKI 实体提供的身份信息来唯一标识证书申请者。因此，申请本地证书时，PKI 实体必须将包含 PKI 实体信息的证书注册请求消息发送给 CA。

【说明】CA 服务器可以由企业用户自己配置，例如用 Windows Server 2008/2012 等服务器系统配置，也可以由第三方认证机构提供。

配置 PKI 实体信息的步骤见表 8-3。一般只需创建 PKI 实体，配置通用名称，可选的配置根据需要选择配置。

表 8-3　配置 PKI 实体信息的步骤

步骤	命令	说明
1	**system-view**	进入系统视图
2	**pki entity** *entity-name* 例如：[Huawei] **pki entity** entity1	创建 PKI 实体并进入 PKI 实体视图，或者直接进入 PKI 实体视图。参数 *entity-name* 用来指定 PKI 实体的名称，字符串形式，不支持空格，**区分大小写**，长度为 1～64。以下步骤配置的 PKI 实体信息将作为证书中主题（Subject）部分的内容，参见图 8-3。 缺省情况下，系统未配置 PKI 实体，可用 **undo pki entity** *entity-name* 命令删除指定的 PKI 实体
3	**common-name** *common-name* 例如：[Huawei-pki-entity-entity1] **common-name** lycb	配置 PKI 实体的通用名称，字符串形式，**区分大小写**，长度为 1～64。支持的字符为英文大写字母（A～Z）、英文小写字母（a～z）、数字（0～9）、撇号（'）、等号（=）、小括号（()）、加号（+）、逗号（,）、减号（-）、句号（.）、斜杠（/）、冒号（:）以及空格。 【说明】PKI 实体的通用名称可用来唯一标识一个 PKI 实体，但为了更好地标识证书申请者的唯一身份，还需配置以下步骤中的可选参数，作为 PKI 实体的一种别名。否则，当 PKI 实体间的通用名称相同时，会导致某 PKI 实体申请证书失败。 缺省情况下，系统未配置 PKI 实体的通用名称，可用 **undo common-name** 命令删除 PKI 实体的通用名称
4	**ip-address** [**unstructed-address**] { *ip-address* | *interface-type interface-number* } 例如：[Huawei-pki-entity-entity1] **ip-address** 10.1.1.1	（可选）配置 PKI 实体的 IP 地址，说明如下。 ① **unstructed-address**：可选项，表示 IP 地址作为 PKI 实体的 PKCS#9 非结构化地址。不配置此参数时，IP 地址作为 PKI 实体的一种别名。在 PKI 实体申请本地证书时，如果配置了 **enrollment-request specific** 命令，则可配置此选项。 ② *ip-address*：二选一参数，指定 PKI 实体的 IP 地址。 ③ *interface-type interface-number*：二选一参数，指定以指定接口 IP 地址作为 PKI 实体 IP 地址。 缺省情况下，系统未配置 PKI 实体的 IP 地址，可用 **undo ip-address** [**unstructed-address**]命令删除 PKI 实体的 IP 地址

续表

步骤	命令	说明
5	**fqdn** [**unstructed-name**] *fqdn-name* 例如：[Huawei-pki-entity-entity1]**fqdn** example.com	（可选）配置 PKI 实体的 FQDN 名称，作为 PKI 实体的一种别名。FQDN 是 PKI 实体在网络中的唯一标识，由一个主机名和域名组成，可以被解析为 IP 地址，例如 www.example.com，说明如下。 ① **unstructed-name**：可选项，表示 FQDN 作为 PKI 实体的 PKCS#9 非结构化名字。不配置此参数时，FQDN 作为 PKI 实体的一种别名。PKI 实体申请本地证书时，如果配置了 **enrollment-request specific** 命令，则可选择此选项。 ② *fqdn-name*：指定 PKI 实体的 FQDN 名称，字符串形式，区分大小写，长度为 1～255。支持的字符为英文大写字母（A～Z）、英文小写字母（a～z）、数字（0～9）、撇号（'）、等号（=）、小括号（( )）、加号（+）、减号（–）、句号（.）、斜杠（/）、冒号（:）、@、下划线（_）以及空格。 缺省情况下，系统未配置 PKI 实体的 FQDN 名称，可用 **undo fqdn** [**unstructed-name**] 命令删除 PKI 实体的 FQDN 名称
6	**email** *email-address* 例如：[Huawei-pki-entity-entity1] **email** test@example.com	（可选）配置 PKI 实体的电子邮箱地址，作为 PKI 实体的一种别名。 缺省情况下，系统未配置 PKI 实体的电子邮箱地址，可用 **undo email** 命令删除 PKI 实体的电子邮箱地址
7	**country** *country-code* 例如：[Huawei-pki-entity-entity1] **country CN**	（可选）配置 PKI 实体所属的国家代码，作为 PKI 实体的一种别名。PKI 实体国家代码用标准的两字母代码表示，可以在 ISO3166 中查询国家代码。例如，“CN”是中国的合法国家代码，“US”是美国的合法国家代码。如果输入的国家代码包含小写字母，创建证书请求文件时系统自动将小写字母转换为对应的大写字母。 缺省情况下，系统未配置 PKI 实体的国家代码，可用 **undo country** 命令删除 PKI 实体所属的国家代码
8	**locality** *locality-name* 例如：[Huawei-pki-entity-entity1] **locality** ChangSha	（可选）配置 PKI 实体所在的地理区域名称，例如市、县名称，作为 PKI 实体的一种别名。地理区域名称为字符串形式，长度为 1～32，区分大小写。支持的字符为英文大写字母（A～Z）、英文小写字母（a～z）、数字（0～9）、撇号（'）、等号（=）、小括号（( )）、加号（+）、逗号（,）、减号（–）、句号（.）、斜杠（/）、冒号（:）以及空格。**下面的州或省名称、组织名称、部门名称的格式要求一样，不再赘述。** 缺省情况下，系统未配置 PKI 实体的地理区域名称，可用 **undo locality** 命令删除 PKI 实体所在的地理区域名称
9	**state** *state-name* 例如：[Huawei-pki-entity-entity1] **state** HuNan	（可选）配置 PKI 实体所属的州或省名称，作为 PKI 实体的一种别名。 缺省情况下，系统未配置 PKI 实体所属的州或者省，可用 **undo state** 命令删除 PKI 实体所属的州或省
10	**organization** *organization-name* 例如：[Huawei-pki-entity-entity1] **organization** HuaWei	（可选）配置 PKI 实体所属的组织名称，作为 PKI 实体的一种别名。 缺省情况下，系统未配置 PKI 实体的组织名称，可用 **undo organization** 命令删除 PKI 实体所属的组织名称

续表

步骤	命令	说明
11	**organization-unit** *organization-unit-name* 例如：[Huawei-pki-entity-entity1] **organization-unit** Group1,Sale	（可选）配置 PKI 实体所属的部门名称，作为 PKI 实体的一种别名。部门名称为字符串形式，**区分大小写**，每个部门长度是 1～31。各个部门之间通过英文逗号隔开，即所有部门的总长度是 1～191。 缺省情况下，系统未配置 PKI 实体所在的部门名称，可用 **undo organization-unit** 命令删除 PKI 实体所属的部门名称
12	**serial-number** 例如：[Huawei-pki-entity-entity1] **serial-number**	（可选）将设备的序列号添加到 PKI 实体。 缺省情况下，系统未将设备的序列号添加到 PKI 实体，可用 **undo serial-number** 命令恢复缺省配置

8.3.2　配置 RSA/SM2 密钥对

RSA、SM2 都是非对称密钥加密算法，主要用于数字签名，其中 SM2 是我国自己开发的。在申请本地证书时，需先创建本地 RSA/SM2 密钥对（包括公钥和私钥），作为 PKI 实体的公钥和私钥。公钥由 PKI 实体在申请本地证书时发送给 CA，可以被 CA 用来加密明文（例如加密向 PKI 实体发送的本地证书）；私钥由 PKI 实体自己保留，可以被用来进行数字签名和解密 CA 发送过来的本地证书密文。

设备的 RSA/SM2 密钥对可以通过“手动创建”和“导入”两种方式获取。

1. 手动创建 RSA/SM2 密钥对

在华为设备上可以直接手动创建 RSA/SM2 密钥对，**且创建后的 RSA/SM2 密钥对会自动导入设备内存中，无须再手动导入。**

（1）创建 RSA 密钥对

在系统视图下通过 **pki rsa local-key-pair create** *key-name* [**modulus** *modulus-size*] [**exportable**] 命令可创建证书申请时使用的 RSA 密钥对。

① *key-name*：指定创建的 RSA 密钥对的名称，字符串形式，**区分大小写**，不支持空格和问号，长度为 1～64。但当输入的字符串两端使用双引号时，可在字符串中输入空格和问号。

【注意】 实际上，所创建的 RSA 密钥对名称不能超过 50 个字符。因为导入 RSA 密钥对时，如果文件中包含证书，PKI 会在 RSA 密钥对的名称后面加上“_localx.cer”生成新的证书文件名保存在设备存储器上。如果 RSA 密钥对的名称超过 50 个字符，会导致导入后新的证书名称超过 64 个字符而无法保存在存储器上。

② **modulus** *modulus-size*：可选参数，指定密钥对位数，整数形式，取值为 512～4096（不同设备机型的取值范围不同），**必须是 512 的数倍**。缺省值是 2048。

③ **exportable**：可选项，指定创建的 RSA 密钥对可以从设备上导出，供其他设备使用。**仅当选择 exportable 选项时，创建的 RSA 密钥对才可以被导出。**

【注意】 如果新创建的 RSA 密钥对与设备上已经存在的 RSA 密钥对重名，系统会提示用户是否覆盖。但在本地证书申请中被 PKI 域所引用的 RSA 密钥对不能被覆盖，只有取消引用之后才能覆盖。

执行以上命令创建 RSA 密钥对时系统会给出提示信息，提示用户输入创建的 RSA

密钥的位数，如下所示。密钥对位数越大，破解难度越高，算法安全强度更高，但计算速度越慢。建议 RSA 密钥对的位数大于 2048，否则会存在不安全性风险。

```
[Huawei] pki rsa local-key-pair create test
 Info: The name of the new key-pair will be: test
 The size of the public key ranges from 2048 to 4096.
 Input the bits in the modules:2048        #---这是手动输入的密钥位数
 Generating key-pairs...
......+++
......+++
```

（2）创建 SM2 密钥对

在系统视图下执行 **pki sm2 local-key-pair create** *key-name* [**exportable**] 命令可创建证书申请时使用的 SM2 密钥对。本命令创建的 SM2 密钥长度固定为 256 位。

① *key-name*：指定创建的 SM2 密钥对的名称，字符串形式，**区分大小写，不支持空格和问号**，长度为 1～64。当输入的字符串两端使用双引号时，可在字符串中输入空格和问号，但输入空格时不支持双引号中嵌套双引号。

② **exportable**：可选项，指定创建的 SM2 密钥对可以从设备上导出。**仅当选择 exportable 选项时，创建的 SM2 密钥对才可以被导出。**

执行以上命令后，系统会自动生成 SM2 密钥对，如下所示。

```
[Huawei] pki sm2 local-key-pair create abc
 Info: The name of the new key-pair will be: abc
 Generating key-pairs...
```

2. 导入 RSA/SM2 密钥对

导入密钥对是指把以文件形式保存在存储介质中的密钥对加载在本地设备内存中，密钥对只有加载到内存中还会被 PKI 模块引用。**本地创建的密钥对会自动加载到内存中，无须执行手动导入，只有要使用其他设备上创建的密钥对时（在其他设备上也要先导出该密钥对文件，导出方法参见 8.3.4 节），才需要导入密钥。**

当需要使用其他 PKI 实体产生的 RSA/SM2 密钥对作为本设备的密钥对时，可以先通过 FTP/SFTP 传到本设备上，然后导入 RSA/SM2 密钥对到设备的内存中。导入的 RSA/SM2 密钥对可以被本地设备 PKI 模块引用，用于数字签名等相关操作。

（1）导入 RSA 密钥对

在系统视图下执行 **pki import rsa-key-pair** *key-name* { **pem** | **pkcs12** } *file-name* [**exportable**] [**password** *password*]或 **pki import rsa-key-pair** *key-name* **der** *file-name* [**exportable**] 命令将从其他设备上下载的 RSA 密钥对导入设备的内存中。

① *key-name*：指定 RSA 密钥对文件（**先要通过 FTP 或 SFTP 从其他设备上下载该密钥对文件，保存在本地存储介质中**）在设备上存储的名称，字符串形式，长度为 1～64，区分大小写，不支持空格和问号。

② **pem**：二选一选项，指定要导入的 RSA 密钥对的文件格式为 PEM。

③ **pkcs12**：二选一选项，指定要导入的 RSA 密钥对的文件格式为 PKCS12。

④ **der**：指定要导入的 RSA 密钥对的文件格式为 DER。

⑤ *file-name*：指定要导入的 RSA 密钥对文件名。

⑥ **exportable**：可选项，指定导入的 RSA 密钥对是可导出的。**仅当选择该选项时，导入的 RSA 密钥对才可以被导出**，导出方法参见 8.3.4 节。

⑦ **password** *password*：可选参数，指定 RSA 密钥对文件的导入密码，**DER 格式的 RSA 密钥文件不能指定导入密码**。该密码与该 RSA 密钥对在其他设备上使用 **pki export rsa-key-pair** 命令（参见 8.3.4 节）导出时设置的 RSA 密钥对加密密码相同。**仅当要导入的 RSA 密钥对文件在其他设备上导出时配置了导出密码才需要配置。**

（2）导入 SM2 密钥对

在系统视图下执行 **pki import sm2-key-pair** *key-name* { **der** *file-name* [**exportable**] | **pem** *file-name* [**exportable**] [**password** *password*] }命令将从其他设备上下载的 SM2 密钥对导入设备的内存中。

① *key-name*：指定要导入的 SM2 密钥对文件（**先要通过 FTP 或 SFTP 从其他设备上下载该密钥对文件，保存在本地存储介质中**）在设备上存储的名称，字符串形式，长度为 1～64，**区分大小写，不支持空格和问号**。

② **der** *file-name*：二选一参数，指定要导入的 SM2 密钥对的文件格式为 DER，并指定存储 SM2 密钥对的文件名称。

③ **pem** *file-name*：二选一参数，指定要导入的 SM2 密钥对的文件格式为 PEM，并指定存储 SM2 密钥对的文件名称。

④ **exportable**：可选项，指定导入的 SM2 密钥对是可导出的。**仅当选择该选项时，导入的 SM2 密钥对才可以被导出**，导出方法参见 8.3.4 节。

⑤ **password** *password*: 指定 SM2 密钥对文件的解密口令。该密码与该 SM2 密钥对在其他设备上使用 **pki export sm2-key-pair** 命令（参见 8.3.4 节）导出时设置的 SM2 密钥对加密密码相同。**仅当要导入的 SM2 密钥对文件在其他设备上导出时配置了导出密码才需要配置。**

8.3.3 配置为 PKI 实体获取 CA 证书

在申请本地证书的过程中，PKI 实体需要下载并安装 CA 证书，从 CA 证书中获取 CA 的公钥，然后用这个 CA 证书的公钥为要发送的证书注册请求消息进行加密。

1. CA 证书的下载

下载 CA 证书有以下 5 种方式，请根据 CA 提供的服务方式进行选择。

① 通过 SCEP 从 CA 服务器下载 CA 证书。

通过 SCEP 为 PKI 实体申请本地证书的过程中，设备会先向 CA 获取 CA 证书保存到存储介质中，并将 CA 证书自动导入设备的内存中，然后使用 CA 证书的公钥加密证书注册请求消息并发送给 CA 来申请本地证书，**故无须单独下载 CA 证书**，具体配置参见 8.4.1 节。

② 通过 CMPv2 从 CMPv2 服务器下载 CA 证书，将 CA 证书下载到设备的存储介质中。

通过 CMPv2 为 PKI 实体申请本地证书的过程中，设备也会先向 CA 获取 CA 证书保存到存储介质中，**故也无须单独下载 CA 证书，但不会自动安装 CA 证书（即不会将 CA 证书自动导入设备内存中）**，需要手动安装 CA 证书（这点与 SCEP 方式不同）具体配置参见 8.4.2 节。

③ 通过 HTTP 从 Web 服务器上下载 CA 证书，将 CA 证书下载到设备的存储介

质中。

④ 通过 LDAP 从存放证书的服务器上下载 CA 证书，将 CA 证书下载到设备的存储介质中。

⑤ 通过带外方式（Web、磁盘、电子邮件等）获得 CA 证书后，上传到设备的存储介质中。

下面仅介绍以上后 3 种 CA 证书下载方式，主要应用于离线申请本地证书情形。

（1）通过 HTTP 方式下载 CA 证书

在系统视图下执行 **pki http [esc]** *url-address save-name* 命令通过 HTTP 下载 CA 证书。

① *url-address*：指定 CA 证书的 URL 地址，例如 http://10.1.1.1:8080/cert.cer。

② *save-name*：指定 CA 证书保存到设备存储介质中的名称，字符串形式，**不区分大小写**，长度为 1～64。

③ **esc**：可选项，指定以 ASCII 码形式输入 URL 地址，支持以 ASCII 码形式输入包含“?”的 URL 地址，格式必须为“\x3f”，“3f”为字符“?”的十六进制 ASCII 码。例如，要配置的真实 URL 为“http://www.example.com?page1”，则实际需要输入的 URL 为“http://www.example.com\x3fpage1”；若要配置“?”和“\x3f”（http://www.example.com?page1\x3f），则需要使用转义字符“\”，即实际需要输入的 URL 为“http://www.example.com\x3fpage1\\x3f”。

（2）通过 LDAP 方式下载 CA 证书

在系统视图下执行 **pki ldap ip** *ip-address* **port** *port* **version** *version* [**attribute** *attr-value*] [**authentication** *ldap-dn ldap-password*] *save-name* **dn** *dn-value* 命令通过 LDAP 方式下载 CA 证书。

① *ip-address*：指定 LDAP 服务器的 IP 地址。

② *port*：指定 LDAP 服务器的端口号，缺省值为 389。

③ *version*：指定 LDAP 的版本号，取值为 2 或 3，缺省值为 3。

④ **attribute** *attr-value*：可选参数，指定设备向 LDAP 服务器获取证书时使用的属性值，也需要先从 CA 处获得。属性值为字符串形式，**区分大小写**，**不支持空格和问号**，长度是 1～64。

⑤ **authentication** *ldap-dn ldap-password*：可选参数，指定 LDAP 服务器认证的用户名和密码，输入要与 LDAP 服务器上的配置一致。

⑥ *save-name*：指定 CA 证书保存在设备上的名称。

⑦ *dn-value*：指定设备向 LDAP 服务器获取证书时使用的标识符 DN，文本形式，**区分大小写**，**支持空格**，长度为 1～128。也要与 LDAP 服务器上配置的 DN 标识符一致。

（3）通过带外方式下载 CA 证书

用户通过 Web、磁盘、电子邮件等方式获得 CA 证书后，需要人工上传到设备的存储介质中。也可以选择通过计算机下载 CA 证书后，再使用 FTP/SFTP 或 Web 方式上传到设备的存储介质中。

2. CA 证书的安装

下载的 CA 证书只有导入设备的内存中才可以正常生效，并且设备会将导入内存的证书文件保存到缺省目录下的 ca_config.ini 文件中，在重启后可以自动加载文件中记录的证书文件。CA 证书安装的配置步骤见表 8-4。

【注意】通过 SCEP 申请本地证书时，设备会自动安装 CA 证书，无须手动安装 CA 证书，但通过 CMPv2、HTTP 方式、LADP 方式和带外方式下载的 CA 证书，均需要手动安装 CA 证书。

表 8-4 CA 证书安装的配置步骤

步骤	命令	说明
1	**system-view**	进入系统视图
2	**pki import-certificate ca realm** *realm-name* { **der** | **pkcs12** | **pem** } [**filename** *filename*] [**replace**] [**no-check-validate**] [**no-check-hash-alg**] 或 **pki import-certificate ca realm** *realm-name* **pkcs12 filename** *filename* [**replace**] [**no-check-validate**] [**no-check-hash-alg**] **password** *password* 例如：[Huawei] **pki import-certificate ca realm** abc **pem filename** ca.cer	将 CA 证书导入设备的内存中，说明如下。 ① **realm** *realm-name*：二选一参数，指定要导入的 CA 证书所在的 PKI 域名，必须是已创建的 PKI 域名称，且该域名称中不能包含空格。 ② **der**：多选一选项，指定要导入的 CA 证书的格式为 DER。 ③ **pkcs12**：多选一选项，指定要导入的 CA 证书的格式为 PKCS12。 ④ **pem**：多选一选项，指定要导入的 CA 证书的格式为 PEM。 ⑤ **filename** *filename*：可选参数，指定要导入的 CA 证书的文件名称。 ⑥ **replace**：可选项，指定在当前 PKI 域下有相同证书时，删除原有证书及对应的 RSA 密钥对，导入新的证书。但是当原有证书对应的 RSA 密钥对被非当前域或 CMP 会话引用时，只删除原有证书，不删除密钥对。 ⑦ **no-check-validate**：可选项，指定导入 CA 证书时不检查证书的有效性。 ⑧ **no-check-hash-alg**：可选项，指定导入 CA 证书时不检查证书签名 HASH 算法。 ⑨ **password** *password*：指定证书文件的解密口令。该解密口令要与通过 **pki export-certificate** 命令导出时所设置的密码相同。仅 PKCS12 格式支持。 缺省情况下，设备保存证书时的文件格式为 PEM
3	**pki set-certificate expire-prewarning** *day* 例如：[Huawei] **pki set-certificate expire-prewarning** 30	（可选）配置内存中的 CA 证书的过期预告警时间，整数形式，取值为 7～180，缺省值为 7。 【说明】用户想要提前预知证书即将过期时，可以配置本命令。当系统检测到内存中的某个证书还有小于参数 *day* 设置的天数就会过期时，设备会发出告警提示用户。 缺省情况下，内存中的 CA 证书的过期预告警时间为 7 天，可用 **undo pki set-certificate expire-prewarning** 命令恢复内存中的本地证书和 CA 证书的过期预告警时间为缺省值

8.3.4 RSA/SM2 密钥对导出、销毁和查看

1. RSA 密钥对的导出、销毁和查看

当在 8.3.2 节创建 RSA 密钥对时选择了 **exportable** 可选项，则在需要备份该 RSA 密

钥对或者需要导入该 RSA 密钥对给其他设备使用时，可以执行 **pki export rsa-key-pair** *key-name* [**and-certificate** *certificate-name*] { **pem** *file-name* [**3des** | **aes** | **des**] **pkcs12** *file-name* } **password** *password* 命令将 RSA 密钥对导出至设备的存储介质中，然后用户可以通过 FTP/SFTP 下载获取该 RSA 密钥对。

① *key-name*：指定 RSA 密钥对在设备上的名称。

② **and-certificate** *certificate-name*：可选参数，指定同时导出 RSA 密钥对关联的证书及证书链。

③ **pem** *file-name*：二选一参数，指定 RSA 密钥对以 PEM 格式文件导出，并且指定导出文件的名称，字符串形式，**不区分大小写**，**不支持空格和问号**，文件名长度为 1～64，包含路径时长度为 1～127。

④ **3des** | **aes** | **des**：可选项，以 PEM 格式文件导出时，需要指定加密算法为 DES、3DES 或 AES。缺省情况下，加密算法为 **AES**。

⑤ **pkcs12** *file-name*：二选一参数，指定 RSA 密钥对以 PKCS12 格式文件导出，并且指定导出文件的名称，字符串形式，**不区分大小写**，**不支持空格和问号**，文件名长度为 1～64，包含路径时长度为 1～127。

⑥ **password** *password*：指定 RSA 密钥对文件的加密密码。字符串形式，**区分大小写**，**不支持问号**，长度为 6～32。密码必须满足最小复杂度要求，即包含英文大写字母、英文小写字母、数字、特殊字符（例如!、@、#、$、%等）中的两种。该密码用来保护导出的 RSA 密钥对文件。

如果原来创建的 RSA 密钥对被泄露、损坏，或者不用了、丢失时，可以执行 **pki rsa local-key-pair destroy** *key-name* 命令销毁指定的 RSA 密钥对。当用户不知道证书所对应的 RSA 密钥对时，可以执行 **pki match-rsa-key certificate-filename** *file-name* 命令，查找证书所对应的 RSA 密钥对。

2. SM2 密钥对的导出、销毁和查看

当前面在创建 SM2 密钥对时选择了 **exportable** 可选项，则在需要备份该 SM2 密钥对或者需要导出该 SM2 密钥对给其他设备使用时，可以执行 **pki export rsa-key-pair** *key-name* { **der** *file-name* | **pem** *file-name* [**password** *password*] }命令将 SM2 密钥对导出至设备的存储介质中，然后用户可以通过 FTP/SFTP 下载获取 SM2 密钥对。

如果原来创建的 SM2 密钥对已被泄露、损坏，或不用了、丢失时，可以执行 **pki sm2 local-key-pair destroy** *key-name* 命令销毁指定的 SM2 密钥对。用户不知道证书所对应的 SM2 密钥对时，可以执行 **pki match-sm2-key** certificate-filename *file-name* 命令，查找证书所对应的 SM2 密钥对。

8.3.5 申请本地证书预配置的管理命令

已经完成配置 PKI 实体信息、RSA 密钥对或者 CA 证书后，我们可通过以下 **display** 命令在任意视图下查看相关配置，验证配置是否正确。

① **display pki entity** [*entity-name*]：查看本地所有或指定 PKI 实体的配置信息。

② **display pki rsa local-key-pair** { **pem** | **pkcs12** } *filename* [**password** *password*]：查看本地指定 RSA 密钥对的配置信息。

③ **display pki rsa local-key-pair** [**name** *key-name*] **public** [**temporary**]：查看本地所有或指定 RSA 密钥对中的公钥信息。

④ **didisplay pki sm2 local-key-pair** [**name** *key-name*] **public**：查看本地所有或指定 SM2 公钥信息。

⑤ **display pki certificate ca realm** *realm-name*：查看设备上指定 PKI 中已加载的 CA 证书的内容。

⑥ **display pki credential-storage-path**：查看证书的缺省保存路径。

⑦ **display pki ca-capability realm** *realm-name*：查看 PKI 域相对应的 CA 能力。

8.4　申请和更新本地证书

本地证书申请的预配置工作准备好后就可以正式向 CA 申请（也称“注册”）本地证书了。本节将介绍如何通过 SCEP、CMPv2 在线申请和更新本地证书，以及离线申请本地证书。

使用 SCEP 或 CMPv2 都可以自动更新证书，SCEP 比 CMPv2 维护更方便，但使用 CMPv2 可以为其他设备申请本地证书。

【说明】华为设备出厂时已经在 **default** 域预置了 CA 和本地证书，可以直接使用，通过执行 **display pki certificate local realm** *default* 命令查看本地证书信息。

8.4.1　配置通过 SCEP 为 PKI 实体申请和更新本地证书

采用 SCEP 申请或更新本地证书将同步进行 CA 证书的下载和安装。它有两种申请或更新本地证书的方式。

（1）自动触发申请和更新本地证书

采用自动触发方式时，如果本地证书需要的配置信息齐全，并且设备没有本地证书时，将自动触发设备通过 SCEP 申请本地证书；或者当证书即将过期、已经过期、已到达指定百分比时，**自动触发设备通过 SCEP 申请并更新证书**。

（2）手动触发申请本地证书

如果本地证书需要的配置信息齐全，并且设备没有本地证书时，还可手动触发设备通过 SCEP 申请本地证书。此时，当证书即将过期、已经过期、已到达指定百分比时，**不会自动触发设备通过 SCEP 申请并更新证书**。

【经验提示】采用以上两种方式申请本地证书时，设备都会先向 CA 获取 CA 证书保存到存储介质中**并将 CA 证书自动导入设备的内存中**，然后使用 CA 证书的公钥加密证书注册请求消息并发送给 CA 来申请本地证书，获取本地证书后也会自动保存到存储介质中并导入设备的内存中。**无须单独先执行 8.3.3 节中的 CA 证书安装**。

通过 SCEP 为 PKI 实体申请和更新本地证书的配置步骤见表 8-5。

表 8-5 通过 SCEP 为 PKI 实体申请和更新本地证书的配置步骤

步骤	命令	说明
1	**system-view**	进入系统视图
2	**pki file-format** { **der** | **pem** } 例如：[Huawei] **pki file-format der**	（可选）配置设备保存证书时的文件格式，说明如下。 ① **der**：二选一选项，指定设备保存证书时的文件格式为 DER。 ② **pem**：二选一选项，指定设备保存证书时的文件格式为 PEM。 缺省情况下，设备保存证书时的文件格式为 PEM
3	**pki realm** *realm-name* 例如：[Huawei] **pki realm** abc	创建 PKI 域并进入 PKI 域视图，或者直接进入 PKI 域视图
4	**ca id** *ca-name* 例如：[Huawei-pki-realm-abc] **ca id** root_ca	配置 PKI 域信任的 CA。参数 *ca-name* 通常是指 CA 服务器的名称。本命令可用来指定设备信任的 CA，之后本地证书的申请、获取、废除及查询均通过该 CA 执行。 缺省情况下，系统未配置 PKI 域信任的 CA，可用 **undo ca id** 命令取消配置 PKI 域信任的 CA
5	**entity** *entity-name* 例如：[Huawei-pki-realm-abc] **entity** entity1	指定申请证书的 PKI 实体，是在 8.3.1 节创建的 PKI 实例。 缺省情况下，系统未指定申请证书的 PKI 实体，可用 **undo entity** 命令取消指定的申请证书的 PKI 实体
6	**rsa local-key-pair** *key-name* 例如：[Huawei-pki-realm-abc] **rsa local-key-pair** test	配置使用 SCEP 方式申请本地证书时使用的 RSA 密钥对，这是在 8.3.2 节事先配置好的。 缺省情况下，系统未配置使用 SCEP 方式申请本地证书时使用的 RSA 密钥对，可用 **undo rsa local-key-pair** 命令删除使用 SCEP 方式或离线方式申请本地证书时使用的 RSA 密钥对
7	**key-usage** { **ike** | **ssl-client** | **ssl-server** } * 例如：[Huawei-pki-realm-abc]**key-usage ssl-client**	（可选）配置通过 SCEP 申请的本地证书的公钥用途属性，说明如下。 ① **ike**：可多选选项，指定本地证书公钥仅用于通过 IKE 协议协商建立 IPSec 隧道。 ② **ssl-client**：可多选选项，指定本地证书公钥仅用于 SSL 客户端建立 SSL 会话。 ③ **ssl-server**：可多选选项，指定本地证书公钥仅用于在 SSL 服务器建立 SSL 会话。 缺省情况下，系统未配置本地证书公钥用途属性，可用 **undo key-usage** { **ike** | **ssl-client** | **ssl-server** } *命令删除本地证书公钥指定的用途属性
8	**source interface** *interface-type interface-number* 例如：[Huawei-pki-realm-abc] **source interface** ethernet 2/0/0	（可选）配置建立 TCP 连接使用的源接口。**请确保该接口为三层接口，且接口下已经配置了 IP 地址。** 缺省情况下，设备使用出接口作为 TCP 连接的源接口，可用 **undo source interface** 命令恢复为缺省情况
9	**enrollment self-signed** 例如：[Huawei-pki-realm-abc] **enrollment self-signed**	（可选）配置 PKI 域的证书获取方式为自签名方式。PKI 域 default 的缺省证书获取方式为自签名方式。当设备自己生成的自签名证书过期时，不会生成证书过期日志。 为了实现默认 HTTPS 功能或满足用户临时接入网络的需求，可以配置此步骤。 缺省情况下，PKI 域（不包括缺省 PKI 域 **default**）的证书获取方式为 SCEP 方式，可用 **undo enrollment self-signed** 命令恢复 PKI 域的证书获取方式为缺省情况

续表

步骤	命令	说明
10	**enrollment-request specific** 例如：[Huawei-pki-realm-abc]**enrollment-request specific**	（可选）配置向 CA 申请证书时，使用特定格式的证书请求消息。PKI 实体向 CA 申请本地证书时，如果 CA 服务器有如下要求，需要配置本命令，使发送的请求消息格式为特定格式，实现设备与 CA 服务器的互通。 ① 请求消息的非结构化地址（unstructured address）和非结构化名字（unstructured name）不带“SET”标识符。 ② 签名该请求消息的私钥为对应申请证书的私钥。 缺省情况下，向 CA 申请证书时，使用标准格式的证书请求消息，可用 **undo enrollment-request specific** 命令恢复缺省配置
11	**extension-request enterprise** 例如：[Huawei-pki-realm-abc] **extension-request enterprise**	（可选）配置本地证书注册请求消息携带的扩展请求属性使用 Verisign 公司定义的对象 ID。证书申请者希望 CA 颁发的本地证书的扩展信息中携带 Verisign 公司定义的对象 ID 时，可以配置此步骤。 缺省情况下，本地证书注册请求消息携带的扩展请求属性使用 PKCS#9 标准定义的对象 ID，可用 **undo extension-request enterprise** 命令恢复证书注册请求消息携带的扩展请求属性为缺省情况
12	**enrollment-url** [**esc**] *url* [**interval** *minutes*] [**times** *count*] [**ra**] 例如：[Huawei-pki-realm-abc] **enrollment-url** http://10.13.14.15:8080/certsrv/mscep/mscep.dll **ra**	配置 CA 服务器的 URL。 ① **esc**：可选项，指定以 ASCII 码形式输入 URL 地址，支持以 ASCII 码形式输入包含“?”的 URL 地址，格式必须为“\x3f”，3f 为字符“?”的十六进制 ASCII 码。例如，如果用户想输入“http://abc.com?page1”，则对应的 URL 为“http://abc.com\x3fpage1”；如果用户想同时输入“?”和“\x3f”（http://www.abc.com?page1\x3f），则对应的 URL 为“http://www.abc.com\x3fpage1\\x3f”。 ② *url*：指定 CA 服务器的 URL。URL 地址格式为 http://*server_location*/*ca_script_location*。其中，*server_location* 目前支持 IP 地址和域名解析，*ca_script_location* 是 CA 在服务器主机上的应用程序脚本的路径。例如，http://10.137.145.158:8080/certsrv/mscep/mscep.dll。 ③ **interval** *minutes*：可选参数，指定两次证书注册状态查询之间的时间间隔，整数形式，取值为 1～1440，单位为分钟。缺省值是 1 分钟。 ④ **times** *count*：可选参数，指定证书注册状态查询的最大查询次数，整数形式，取值为 1～100，单位为次数，缺省为 5 次。 ⑤ **ra**：可选项，指定 RA 审核 PKI 实体申请本地证书时的身份信息。缺省情况下，CA 审核 PKI 实体申请本地证书时的身份信息。 缺省情况下，系统未配置 CA 服务器的 URL，可用 **undo enrollment-url** 命令删除配置的 CA 服务器的 URL
13	**enrollment-request signature message-digest-method** { **md5** | **sha1** | **sha-256** | **sha-384** | **sha-512** } 例如：[Huawei-pki-realm-abc]**enrollment-request signature message-digest-method md5**	（可选）配置使用设备自己的私钥对证书申请请求消息进行数字签名时所使用的摘要算法。PKI 实体使用的摘要算法必须与 CA 服务器上使用的摘要算法一致。 缺省情况下，签名证书注册请求消息使用的摘要算法为 **sha-256**，可用 **undo enrollment-request signature message-digest-method** 命令恢复为缺省配置

续表

步骤	命令	说明
14	**password cipher** *password* 例如：[Huawei-pki-realm-abc] **password cipher** 6AE73F21E6D3571D	配置 SCEP 证书申请时使用的挑战密码，字符串形式，区分大小写，字符串中不能包含“？”，可以是长度是 1～64 的显式密码，也可以是长度是 48～108 位的密文密码。 当 PKI 实体使用 SCEP 向 CA 申请证书时，CA 要求验证 PKI 实体的挑战密码，如果密码一致，CA 才会处理申请证书请求。本命令也是配置证书撤销时使用的密码，防止用户误撤销证书，提高了用户操作的安全性。 PKI 实体使用的挑战密码必须与 CA 服务器上设置的密码一致。如果 CA 服务器不要求使用挑战密码，则不用配置挑战密码。 缺省情况下，系统未配置 SCEP 证书申请时使用的挑战密码，可用 **undo password** 命令删除 SCEP 证书申请时使用的挑战密码
15	**fingerprint** { **md5** | **sha1** | **sha256** } *fingerprint* 例如：[Huawei-pki-realm-test] **fingerprint sha256** e71add0744360e91186b 828412d279e06dcc15a4 ab4bb3d13842820396b526a0	配置对 CA 证书进行验证时使用的 CA 证书数字指纹算法，说明如下。 ① **md5**：多选一选项，指定数字指纹的验证算法为 MD5。 ② **sha1**：多选一选项，指定数字指纹的验证算法为 SHA1。 ③ **sha256**：多选一选项，指定数字指纹的验证算法为 SHA256。 ④ *fingerprint*：指定数字指纹值，数字指纹为十六进制形式输入的字符串，不区分大小写。MD5 指纹必须是 32 个字符（16 个字节），SHA1 指纹必须为 40 个字符（20 个字节），SHA256 指纹必须为 64 个字符（32 个字节）。需要通过离线的方式从 CA 服务器上获取。例如，当 Windows Server 2008 作为 CA 服务器时，可以通过登录网页 http://*host*:*port*/*certsrv*/mscep_admin/获得 CA 证书指纹信息，其中 *host* 为 CA 服务器的 IP 地址，*port* 为 CA 服务器的端口号。 缺省情况下，系统未配置对 CA 证书进行验证时使用的 CA 证书数字指纹，可用 **undo fingerprint** 命令删除对 CA 证书进行认证时使用的 CA 证书数字指纹
16	**auto-enroll** [*percent*] [**regenerate** [*key-bit*]] [**updated-effective**] 例如：[Huawei-pki-realm-abc]**auto-enroll 50 regenerate**	（二选一）配置自动触发申请和更新本地证书，开启证书自动注册和更新功能，说明如下。 ① *percent*：可选参数，指定在证书有效期的百分比处自动重新申请新的证书，整数形式，取值为 10～100。缺省值为 100，即证书即将过期时自动重新申请新证书。 ② **regenerate** [*key-bit*]：可选参数，表示证书更新时会同时更新 RSA 密钥对，并指定证书更新时新生成的 RSA 密钥对的位数，整数形式，取值为 512～4096，缺省值是 2048。 ③ **updated-effective**：可选项，表示更新后的证书立即生效。 缺省情况下，更新后的证书等原来的证书过期时才会生效。缺省情况下，证书自动注册和更新功能处于关闭状态，可用 **undo auto-enroll** [**updated-effective**] 1 命令恢复缺省配置

续表

步骤	命令		说明
16	**quit**	（二选一）配置手动触发申请本地证书	返回系统视图
	pki enroll-certificate realm *realm-name* [**password** *password*] 例如：[Huawei] pki **enroll-certificate realm** lycb		配置手工触发设备申请证书，说明如下。 ① *realm-name*：指定申请证书的 PKI 域名 ② **password** *password*：可选参数，表示挑战密码，用于在线方式申请证书。当 CA 服务器采用挑战密码方式处理证书申请时，实体在申请证书时需要指定挑战密码，并且密码必须与 CA 服务器上设置的密码一致。 如果在本表第 14 步配置了 **password** 命令，这里的 **password** 参数可以不用。如果都配置，以这里的配置为准

8.4.2 配置通过 CMPv2 为 PKI 实体申请和更新本地证书

当 CA 支持 CMPv2 时，可选择通过 CMPv2 申请和更新本地证书。通过 CMPv2 申请本地证书有以下两种情形。

（1）首次申请本地证书（Initialization Request，IR）

首次证书申请适用于设备第一次向 CA 申请证书的情形。在这种情形下，设备提供以下两种方式向 CMPv2 服务器进行身份认证。

① 消息认证码方式：设备和 CMPv2 服务器共享一对消息认证码的参考值和秘密值。在进行首次证书申请时，设备会将这对参考值和秘密值加入请求报文当中发送到 CMPv2 服务器，CMPv2 服务器通过验证参考值和秘密值来鉴定设备的身份。**要先从 CMP 服务器获取消息认证码的参考值和秘密值。**

② 签名方式：通过 CMPv2 的 IR 请求向 CA 发起证书申请请求，此时设备使用其他 CA 颁发的证书对应的私钥来签名保护。

（2）为其他设备申请本地证书（Certification Request，CR）

这种申请方式适用于当设备已经有了 CA 颁发的本地证书，而需要申请额外的证书的情况。在这种情况下，设备会使用已经有的证书作为身份认证的标识。

通过 CMPv2 更新本地证书也有两种方式，具体如下。

（3）手工更新证书，即密钥更新请求（Key Update Request，KUR）

密钥更新请求又称为证书更新请求，是对设备已有的证书（尚未过期且没有被吊销）进行更新操作。更新操作可以使用新的公钥，也可以使用原来的公钥。**手工更新方式只适用于首次进行证书更新，后续无法通过手工更新本地证书**，用户需要配置自动更新证书。

（4）自动更新证书

为了避免业务的中断，在有效期截止前必须申请新的证书，而使用手工更新证书的方式容易出现忘记更新证书的情况。华为设备支持证书的自动更新功能，当系统检测到时间超过了设置的证书自动更新时间之后，会自动向 CMPv2 服务器发起证书的更新请求。申请的新证书会同时替换存储介质中的证书文件和内存中对应的证书，业务不会中断。此方式可以对 IR 方式申请的本地证书或 KUR 方式更新的本地证书进行自动更新。

通过 CMPv2 为 PKI 实体申请和更新本地证书的配置步骤见表 8-6。

表 8-6 通过 CMPv2 为 PKI 实体申请和更新本地证书的配置步骤

步骤	命令	说明
1	**system-view**	进入系统视图
2	**pki file-format** { **der** | **pem** } 例如：[Huawei] **pki file-format der**	（可选）配置设备保存证书时的文件格式
3	**pki realm** *realm-name* 例如：[Huawei] **pki realm** abc	创建 PKI 域并进入 PKI 域视图，或者直接进入 PKI 域视图
4	**quit**	返回系统视图
5	**pki cmp session** *session-name* 例如：[Huawei] **pki cmp session** test	创建 CMP 会话并进入 CMP 会话视图，或者直接进入 CMP 会话视图。参数 *session-name* 用来指定 CMP 会话名称，字符串形式，不区分大小写，长度为 1～63。与 PKI 域类似，CMP 会话也是一个本地概念，一个设备上配置的 CMP 会话对 CA 和其他设备是不可见的。 缺省情况下，系统未创建 CMP 会话，可用 **undo pki cmp session** *session-name* 命令删除指定的 CMP 会话
6	**cmp-request entity** *entity-name* 例如：[Huawei-pki-cmp-session-test] **cmp-request entity** entity1	配置设备使用 CMPv2 方式申请证书时使用的 PKI 实体名称，必须是在 8.3.1 节中已创建的。 缺省情况下，系统未配置 CMPv2 方式申请证书时使用的 PKI 实体名称，可用 **undo cmp-request entity** 命令删除设备使用 CMPv2 方式申请证书时使用的实体名称
7	**cmp-request ca-name** *ca-name* 例如：[Huawei-pki-cmp-session-test] **cmp-request ca-name** "C=cn,ST=beijing,L=shangdi,O=BB,OU=BB,CN=BB"	为 CMP 会话配置 CA 的名称。参数 *ca-name* 用来指定 CA 证书中的主题字段（例如国家、地理区域、省或州名称等），字符串形式，**必须以双引号开始和结束**，长度为 1～128（包含双引号），同时字符串中的各个项以","分开，**而且配置的 CA 名称中各个字段的顺序必须要和实际 CA 证书中的顺序保持一致**，否则服务器端会认为是错误的。 缺省情况下，系统未配置 CMP 会话下的 CA 名称，可用 **undo cmp-request ca-name** 命令删除 CMP 会话中配置的 CA 名称
8	**cmp-request server url** [**esc**] *url-addr* 例如：[Huawei-pki-cmp-session-test] **cmp-request server url** http://172.16.73.168:8080	配置 CMPv2 服务器的 URL。参数 *url-addr* 可以设置为 IP 地址形式或域名形式，如果设置为域名形式，必须在 PKI 实体上正确配置 DNS，使 PKI 实体可以通过 DNS 服务器解析域名。可选项 **esc** 的作用是支持以 ASCII 码形式输入包含"?"的 URL 地址，参见 8.4.1 节表 8-5 中的第 12 步说明。 缺省情况下，系统未配置 CMPv2 服务器的 URL，可用 **undo cmp-request server url** 命令取消配置 CMPv2 服务器的 URL

续表

步骤	命令	说明
9	**cmp-request rsa local-key-pair** *key-name* [**regenerate** [*key-bit*]] 例如：[Huawei-pki-cmp-session-test] **cmp-request rsa local-key-pair** test **regenerate** 1024	配置 CMPv2 方式申请证书时使用的 RSA 密钥对，说明如下。 ① *key-name*：指定 RSA 密钥对的名称，必须是已在 8.3.2 节中创建的 RSA 密钥对。 ② **regenerate**：可选项，指定证书更新时会同时更新 RSA 密钥对。如果选择了本选项，则在证书自动更新时，系统会生成新的 RSA 密钥对去申请新证书，并且用新的证书和 RSA 密钥对替换原有的证书和 RSA 密钥对。否则证书自动更新时，系统会继续使用原来的 RSA 密钥对。 ③ *key-bit*：可选参数，指定证书更新时新生成的 RSA 密钥对的位数（仅当选择了 **regenerate** 可选项时才需要配置），整数形式，取值为 512～2048，默认值是 2048。 缺省情况下，系统未配置 CMPv2 方式申请证书时使用的 RSA 密钥对，可用 **undo cmp-request rsa local-key-pair** 命令删除 CMPv2 方式申请证书时使用的 RSA 密钥对
10	**cmp-request realm** *realm-name* 例如：[Huawei-pki-cmp-session-test] **cmp-request realm** abc	指定 CMP 服务器证书所属的 PKI 域，必须已在本表第 3 步已创建好。 缺省情况下，CMP 服务器证书未指定 PKI 域，可用 **undo cmp-request realm** 命令取消指定 CMP 服务器证书所属的 PKI 域。
11	**cmp-request verification-cert** *cert-file-name* 例如：[Huawei-pki-cmp-session-test] **cmp-request verification-cert** aa.der	（可选）配置验证 CA 响应签名的证书文件。如果设备需要根据配置的证书来验证 CA 的响应签名，此时可以配置本命令。此处配置的证书为 CA 证书，及证书颁发机构自身的证书。 【说明】如果配置了此命令，并且 CA 服务器的响应报文是签名的方式时，则设备使用该命令行配置的证书来验证服务器的响应签名；如果未配置此命令，并且 CA 服务器的响应报文是签名的方式时，则依据设备以及服务器响应中的证书构建证书链，验证服务器的响应签名；如果 CA 服务器使用消息认证码的方式做保护时，则设备使用配置的消息认证码来验证服务器的响应报文，不受该命令配置影响。 缺省情况下，系统未配置验证 CA 响应签名的证书文件，可用 **undo cmp-request verification-cert** 命令删除验证 CA 响应签名的证书文件

注：如果是首次申请本地证书，请继续表 8-7 所示的配置步骤；如果是为其他设备申请本地证书，请继续表 8-8 所示的配置步骤；如果是人工更新本地证书，请继续表 8-9 所示的配置步骤；如果是自动更新证书，请继续表 8-10 所示的配置步骤。

表 8-7　首次申请本地证书的后续配置步骤（接表 8-6 第 11 步）

步骤	命令	说明
12	**cmp-request origin-authentication-method { message-authentication-code | signature }** 例如：[Huawei-pki-cmp-session-test] **cmp-request origin-authentication-method signature**	（可选）配置使用 CMPv2 进行首次证书申请（IR）的认证方式，说明如下。 ① **message-authentication-code**：二选一选项，指定设备使用消息认证码方式进行首次证书申请，此时需执行本表后面的第 13 步。 ② **signature**：二选一选项，指定设备使用签名方式进行首次证书申请，此时需执行本表后面的第 14 步。 缺省情况下，使用 CMPv2 进行首次证书申请（IR）的认证方式为消息认证码方式，可用 **undo cmp-request origin-authentication-method** 命令恢复使用 CMPv2 进行首次证书申请（IR）的认证方式为缺省配置

续表

步骤	命令	说明
13	**cmp-request message-authentication-code** *reference-value secret-value* 例如：[Huawei-pki-cmp-session-test] **cmp-request message-authentication-code** 1234123456	（二选一）配置消息认证码的参考值和秘密值，**需要用户事先以带外方式从 CMPv2 服务器上获取**，说明如下。 ① *reference-value*：指定消息认证码的参考值，字符串形式，区分大小写，不支持空格和问号，长度为 1～128。当输入的字符串两端使用双引号时，可在字符串中输入空格和问号。 ② *secret-value*：指定消息认证码的秘密值，字符串形式，区分大小写，不支持空格和问号，长度为 1～128。当输入的字符串两端使用双引号时，可在字符串中输入空格和问号。 缺省情况下，系统未配置消息认证码的参考值和秘密值，可用 **undo cmp-request message-authentication-code** 命令删除消息认证码的参考值和秘密值
14	**cmp-request authentication-cert** *cert-name* 例如：[Huawei-pki-cmp-session-test] **cmp-request authentication-cert** bb.cer	（二选一）配置 CMPv2 请求中用于证明设备自己身份的证书。在首次申请时此证书是额外证书，并且必须由受 CA 信任的证书申请机构为设备颁发。 缺省情况下，系统未配置 CMPv2 请求中用于证明身份的证书，可用 **undo cmp-request authentication-cert** 命令删除 CMPv2 请求中用于证明身份的证书
15	**quit**	返回系统视图
16	**pki cmp initial-request session** *session-name* 例如：[Huawei] **pki cmp initial-request session** test	根据 CMP 会话的配置信息向 CMPv2 服务器进行首次证书申请（IR）。参数 *session-name* 指定所使用的 CMP 会话的名称，必须是在表 8-6 中第 5 步创建的 CMP 会话名称。 配置后，系统首先会检查 CMP 会话中的配置是否可以进行证书申请。如果条件不满足，会给出错误的提示信息。如果条件满足，会依据配置内容发起首次证书请求。**申请下来的证书将以文件的形式保存到存储介质中，但不会执行导入内存的操作。**同时，如果服务器端在响应中给出 CA 证书，则 CA 证书也会以文件形式保存起来

表 8-8 为其他设备申请本地证书的后续配置步骤（接表 8-6 第 11 步）

步骤	命令	说明
12	**cmp-request authentication-cert** *cert-name* 例如：[Huawei-pki-cmp-session-test] **cmp-request authentication-cert** bb.cer	配置 CMPv2 请求中用于证明设备自己身份的证书。在为其他设备申请证书时，此证书是 CA 已经颁发给本地设备的本地证书。 缺省情况下，系统未配置 CMPv2 请求中用于证明身份的证书，可用 **undo cmp-request authentication-cert** 命令删除 CMPv2 请求中用于证明身份的证书
13	**quit**	返回系统视图
14	**pki cmp certificate-request session** *session-name* 例如：[Huawei] **pki cmp certificate-request session** test	根据 CMP 会话的配置信息向 CMPv2 服务器进行证书申请。参数 *session-name* 指定所使用的 CMP 会话的名称，必须是在表 8-6 中第 5 步创建的 CMP 会话名称。 配置后，系统首先会检查 CMP 会话中的配置是否可以进行证书更新申请。如果条件不满足，会给出错误的提示信息。如果条件满足，会依据配置内容发起证书更新请求。**申请下来的证书将以文件的形式保存到存储介质中，但不会执行导入内存的操作**

表 8-9　人工更新本地证书的配置步骤

步骤	命令	说明
1	**system-view**	进入系统视图
2	**pki cmp session** *session-name* 例如：[Huawei] **pki cmp session** test	直接进入 CMP 会话视图。该 CMP 会话必须已在表 8-6 第 5 步中创建
3	**cmp-request authentication-cert** *cert-name* 例如：[Huawei-pki-cmp-session-test] **cmp-request authentication-cert** bb.cer	配置 CMPv2 请求中用于证明设备自己身份的证书，其他说明参见表 8-8 中的第 12 步
4	**quit**	返回系统视图
5	**pki cmp keyupdate-request session** *session-name* 例如：[Huawei] **pki cmp keyupdate-request session** test	根据 CMP 会话的配置信息向 CMPv2 服务器进行密钥更新请求（KUR）。参数 *session-name* 用来指定本次本地证书更新过程中所使用的 CMP 会话，已在表 8-6 中第 5 步中创建。 在向 CMPv2 服务器进行密钥更新请求时，同时也会重新申请本地证书。配置后，系统首先会检查 CMP 会话中的配置是否可以进行证书更新申请。如果条件不满足，会给出错误的提示信息。如果条件满足，会依据配置内容发起证书更新请求。**但申请下来的新证书将以文件的形式保存到存储介质中，不会执行导入内存的操作**，需要执行本章后面 8.4.2 节介绍的证书安装步骤

表 8-10　自动更新本地证书的配置步骤

步骤	命令	说明
1	**system-view**	进入系统视图
2	**pki cmp session** *session-name* 例如：[Huawei] **pki cmp session** test	直接进入 CMP 会话视图。该 CMP 会话必须已在表 8-6 第 5 步中创建
3	**cmp-request authentication-cert** *cert-name* 例如：[Huawei-pki-cmp-session-test] **cmp-request authentication-cert** bb.cer	配置 CMPv2 请求中用于证明设备自己身份的证书，其他说明参见表 8-8 中的第 12 步
4	**certificate auto-update enable** 例如：[Huawei-pki-cmp-session-test] **certificate auto-update enable**	开启使用 CMPv2 方式自动更新证书功能。 缺省情况下，使用 CMPv2 方式自动更新证书功能处于关闭状态，可用 **undo certificate auto-update enable** 命令关闭使用 CMPv2 方式自动更新证书功能
5	**certificate update expire-time** *valid-percent* 例如： [Huawei-pki-cmp-session-test] **certificate update expire-time** 80	配置证书自动更新的时间，以当前使用证书有效期的百分比形式体现，整数形式，取值为 10～100。缺省值是 50。 配置后，当系统检测到时间达到 *valid-percent* 时，会自动发起证书更新请求，并依据 **cmp-request rsa local-key-pair** 命令的配置决定是否创建新的 RSA 密钥对。申请到新证书后，系统会使用新证书和 RSA 密钥对替换原有的证书和 RSA 密钥对。 缺省情况下，证书更新时间的默认百分比是 50%，可用 **undo certificate update expire-time** 命令恢复证书自动更新的时间为缺省值

【说明】以上证书申请或更新的过程中，都可以通过执行 **undo pki cmp poll-request session** *session-name* 命令取消正在进行的 CMP 轮询请求。当然，这通常是当客户不想继续等待时才这样操作。正常情况下，客户端发起证书相关的请求时，如果服务器不能够立刻给出结果，服务器会让客户端每隔一段时间发起一次轮询请求，直到给出最终的结果为止。

8.4.3 配置为 PKI 实体离线申请本地证书

如果你所使用的 CA 服务器不支持 SCEP 和 CMPv2，可以配置离线申请本地证书。用户在设备上生成证书请求文件，然后通过 Web、磁盘、电子邮件等带外方式将证书申请文件发送给 CA，向 CA 申请本地证书。完成申请后，还需从存放本地证书的服务器上下载证书（具体下载方法将在 8.5.1 节介绍），保存到设备的存储介质中。

离线申请本地证书的配置步骤见表 8-11，总体上与 8.4.1 节介绍的通过 SCEP 申请本地证书的配置方法相似。

表 8-11 离线申请本地证书的配置步骤

步骤	命令	说明
1	**system-view**	进入系统视图
2	**pki realm** *realm-name* 例如：[Huawei] **pki realm** abc	创建 PKI 域并进入 PKI 域视图
3	**entity** *entity-name* 例如：[Huawei-pki-realm-abc] **entity** a	指定申请证书的 PKI 实体
4	**rsa local-key-pair** *key-name* 或 **sm2 local-key-pair** *key-name* 例如：[Huawei-pki-realm-abc]**rsa local-key-pair** test	配置使用 SCEP 方式申请本地证书时使用的 RSA/SM2 密钥对，这是在 8.3.2 节配置好的。 缺省情况下，系统未配置使用 SCEP 方式申请本地证书时使用的 RSA/SM2 密钥对，可用 **undo rsa local-key-pair** 命令删除使用的 RSA/SM2 密钥对
5	**enrollment-request signature message-digest-method** { **md5** | **sha1** | **sha-256** | **sha-384** | **sha-512** | **sm3** } 例如：[Huawei-pki-realm-abc] **enrollment-request signature message-digest-method sha-384**	配置签名证书注册请求消息使用的摘要算法。PKI 实体使用的摘要算法必须与 CA 服务器上的摘要算法一致。缺省情况下，签名证书注册请求消息使用的摘要算法为 **sha-256**
6	**key-usage** { **ike** | **ssl-client** | **ssl-server** } * 例如：[Huawei-pki-realm-abc]**key-usage ssl-client**	（可选）配置本地证书的公钥用途属性。其他说明参见 8.4.1 节表 8-5 中的第 7 步
7	**enrollment-request specific** 例如：[Huawei-pki-realm-abc] **enrollment-request specific**	（可选）配置向 CA 申请证书时，使用特定格式的证书请求消息。其他说明参见 8.4.1 节表 8-5 中的第 10 步
8	**extension-request enterprise** 例如：[Huawei-pki-realm-abc] **extension-request enterprise**	（可选）配置本地证书注册请求消息携带的扩展请求属性使用 Verisign 公司定义的对象 ID。其他说明参见 8.4.1 节表 8-5 中的第 11 步
9	**quit**	返回系统视图
10	**pki file-format** { **der** | **pem** } 例如：[Huawei] **pki file-format der**	配置设备保存证书和证书请求时的文件格式。 缺省情况下，设备保存证书和证书请求时的文件格式为 PEM

续表

步骤	命令	说明
11	**pki enroll-certificate realm** *realm-name* **pkcs10** [**filename** *filename*] [**password** *password*] 例如：[Huawei] pki **enroll-certificate realm** lycb **pkcs10** c:\\cerfile\localcer.pem	配置以 PKCS#10 格式保存证书申请信息到文件中，说明如下。 ① **realm** *realm-name*：指定申请本地证书的 PKI 域。 ② **filename** *filename*：可选参数，指定证书申请信息保存的文件名称。 ③ **password** *password*：可选参数，表示挑战密码。当 CA 服务器采用挑战密码（Challenge Password）方式处理证书申请时，实体在申请证书时需要指定挑战密码，并且密码必须与 CA 服务器上设置的密码一致。如果 CA 服务器不要求使用挑战密码，则不用配置挑战密码
12	通过 Web、磁盘、电子邮件等带外方式将证书申请文件发送给 CA，向 CA 申请本地证书	

8.4.4　本地证书申请和更新管理命令

已经完成申请和更新本地证书的所有配置后，可在任意视图下通过以下系列 **display** 命令检查相关配置，验证配置的正确性。

① **display pki realm** [*realm-name*]，查看 PKI 域的信息。

② **display pki credential-storage-path**：查看证书的缺省保存路径。

③ **display pki certificate enroll-status** [**realm** *realm-name*]：查看所有或指定 PKI 域下证书的注册状态。

④ **display pki cert-req filename** *file-name*：查看指定证书请求文件的内容。

⑤ **display pki cmp statistics** [**session** *session-name*]：查看本地所有或指定 CMP 会话的统计信息。

⑥ **display pki certificate** { **ca** | **local** } **realm** *realm-name*：查看设备上指定 PKI 域下已加载的 CA 证书和本地证书的内容。

8.5　本地证书的下载和安装

通过 SCEP 或 CMPv2 申请本地证书时，设备会自动下载本地证书。**仅当离线申请本地证书时，才需要下载本地证书**。但必须已按 8.4.3 节介绍的方法完成本地证书的离线申请，本地证书已经在 CA 上注册成功。**当采用 CMPv2 或离线申请本地证书时，还需要手动安装本地证书。**

8.5.1　本地证书的下载

本地证书的下载方法与 8.3.3 节介绍的 HTTP、LDAP 方式和带外方式的 CA 证书下载方法完全一样，参见即可。不同的只是此处所指定的是本地证书的 URL、保存本地证书的 LDAP 或 FTP/SFTP/Web 服务器的 IP 地址。

8.5.2 本地证书的安装

证书的安装是将证书导入设备内在的过程。设备通过 SCEP 申请本地证书无须手动安装本地证书，可自动安装本地证书（即自动导入内存）。**当通过 CMPv2 或离线申请本地证书时，才需要手动安装本地证书。**

证书及其密钥对有两种存在形式，一种是证书文件中包含密钥对文件，两者以一个文件的形式存在；另一种是证书和密钥对相互独立以两个文件的形式存在。不同形式下，将其导入内存所使用的方法不同，本地证书安装的配置步骤见表 8-12。

表 8-12 本地证书安装的配置步骤

步骤	命令	说明
1	**system-view**	进入系统视图
2	**pki import rsa-key-pair** *key-name* { **pem** | **pkcs12** } *file-name* [**exportable**] [**password** *password*] 或 **pki import rsa-key-pair** *key-name* **der** *file-name* [**exportable**] 例如：[Huawei] **pki import rsa-key-pair** key-1 **pem** aaa.pem **exportable password** Test!123456	（二选一）当证书文件中包含密钥对文件时，**执行本命令可一次导入证书文件和密钥对文件**，说明如下。 ① *key-name*：指定 RSA 密钥对在设备上的名称，字符串形式，长度为 1～64，区分大小写，不支持空格和问号。 ② **der** *file-name*：指定要导入的 RSA 密钥对的文件格式为 DER，并指定导入的存储 RSA 密钥对的文件名。 ③ **pem** *file-name*：二选一参数，指定要导入的 RSA 密钥对的文件格式为 PEM，并指定导入的存储 RSA 密钥对的文件名。 ④ **pkcs12** *file-name*：二选一参数，指定要导入的 RSA 密钥对的文件格式为 PKCS12，并指定导入的存储 RSA 密钥对的文件名。 ⑤ **exportable**：可选项，指定导入的 RSA 密钥对是可导出的。 ⑥ **password** *password*：指定 RSA 密钥对文件的解密口令。该解密口令与 **pki export rsa-key-pair** 命令设置的密码相同
	pki import-certificate { **local realm** *realm-name* { **der** | **pkcs12** | **pem** } [**filename** *filename*] [**replace**] [**no-check-validate**] [**no-check-hash-alg**] | **realm** *realm-name* **pem terminal password** *password* } 或 **pki import-certificate local realm** *realm-name* **pkcs12 filename** *filename* [**no-check-validate**] [**no-check-hash-alg**] **password** *password* 例如：[Huawei] **pki import-certificate ca realm** abc **pem filename** ca.cer	（二选一）当证书文件和密钥对文件独立存在时，将本地证书导入（**只导入证书文件，不导入证书密钥**）到设备的内存中。 ① **local**：指定导入本地证书。 ② **realm** *realm-name*：二选一参数，指定要导入的本地证书所在的 PKI 域名，必须是已创建的 PKI 域名称。 ③ **der**：多选一选项，指定导入证书的格式为 DER。 ④ **pkcs12**：多选一选项，指定导入证书的格式为PKCS12。 ⑤ **pem**：多选一选项，指定导入证书的格式为 PEM。 ⑥ **filename** *filename*：可选参数，指定导入证书的文件名称，从证书文件中导入的方式导入对端实体的证书，必须是已经存在的文件名称。

续表

步骤	命令	说明
2	**pki import-certificate** { **local realm** *realm-name* { **der** | **pkcs12** | **pem** } [**filename** *filename*] [**replace**] [**no-check-validate**] [**no-check-hash-alg**] | **realm** *realm-name* **pem terminal password** *password* } 或 **pki import-certificate local realm** *realm-name* **pkcs12 filename** *filename* [**no-check-validate**] [**no-check-hash-alg**] **password** *password* 例如：[Huawei] **pki import-certificate ca realm** abc **pem filename** ca.cer	⑦ **replace**：可选项，指定在当前 PKI 域下有相同证书时，删除原有证书及对应的 RSA 密钥对，导入新的证书。但是当原有证书对应的 RSA 密钥对被非当前域或 CMP 会话所引用时，只删除原有证书，不删除密钥对。 ⑧ **no-check-validate**：可选项，指定导入证书时不检查证书的有效性。 ⑨ **no-check-hash-alg**：可选项，指定导入证书时不检查证书签名 HASH 算法。 ⑩ **terminal**：二选一选项，指定通过终端方式导入证书，即通过人工输入或复制粘贴的方式导入对端实体的证书内容。首先要通过文本工具打开格式为 PEM 的证书文件后，然后将证书内容复制后粘贴到设备上。 ⑪ **password** *password*：指定请求证书时的挑战密码，相当于再次确认，以免被非法导入。仅当证书中携带有该密码属性才有效，且要正确配置该密码。 缺省情况下，设备保存证书时的文件格式为 PEM
3	**pki set-certificate expire-prewarning** *day* 例如：[Huawei] **pki set-certificate expire-prewarning** 30	（可选）配置内存中的 CA 证书的过期预告警时间，整数形式，取值为 7～180，缺省值为 7。 缺省情况下，内存中的 CA 证书的过期预告警时间为 7 天，可用 **undo pki set-certificate expire-prewarning** 命令恢复内存中的本地证书和 CA 证书的过期预告警时间为缺省值

8.5.3　本地证书下载与安装管理命令

本地证书下载和安装配置完成后，可通过以下 **display** 命令在任意视图下查看相关配置。

① **display pki ocsp cache statistics**：查看 OCSP 响应缓存的统计信息。

② **display pki ocsp server down-information**：查看设备上记录的 OCSP 服务器 DOWN 状态信息。

③ **display pki certificate** { **ca** | **local** | **ocsp** } **realm** *realm-name*：查看设备上指定 PKI 域中已加载的 CA 证书、本地证书或者 OCSP 服务器证书的内容。

④ **display pki certificate default** { **ca** | **local** }：查看设备上缺省的 CA 证书和本地证书的内容。

⑤ **display pki peer-certificate** { **name** *peer-name* | **all** }：查看已导入的指定或所有对端实体证书。

在用户视图下执行以下 **reset** 命令可清除指定的 PKI 信息。

⑥ **reset pki cmp statistics** [**session** *session-name*]：清除本地所有或指定 CMP 会话的统计信息。

⑦ **reset pki ocsp response cache**：清除 OCSP 响应缓存。

⑧ **reset pki ocsp server down-information** [**url** [**esc**] *url-addr*]：清除设备上记录的指定路径下的 OCSP 服务器 DOWN 状态信息。

8.6 验证 CA 证书和本地证书的有效性

从 CA 服务器下载了 CA 证书，或者安装了本地证书后，如果想要验证它们的有效性，则可按本节介绍的方法进行。同时适用于所有本地证书的申请方式，但这是可选配置任务：如果你不需要验证，则不进行本项配置任务。

8.6.1 配置检查对端本地证书的状态

当使用数字证书的 VPN 应用中，经常需要检查对端实体的本地证书状态，例如要检查对端实体的本地证书是否过期、是否被加入 CRL。检查证书状态的方式通常有 3 种：CRL 方式、OCSP 方式、None 方式。这在一端对另一端本地证书的合法性、有效性进行验证中可选的一个步骤。

（1）CRL 方式

如果 CA 支持作为 CRL 发布点（CRL Distirbution Point，CDP），则当 CA 颁发证书时，在证书中会包含 CDP 信息，用以描述获取该证书 CRL 的途径和方式。PKI 实体利用 CDP 中指定的机制（HTTP、LDAP 方式）和地址来下载 CRL。在 CRL 方式中又包括自动更新 CRL 和手动更新 CRL 两种方式。

如果 PKI 实体配置了 CDP 的 URL 地址，该地址将覆盖证书中携带的 CDP 信息，PKI 实体使用配置的 URL 来获取 CRL。如果 CA 不支持作为 CDP，则 PKI 实体可以使用 SCEP 方式下载 CRL。

当 PKI 实体验证本地证书时，先查找本地内存的 CRL，如果本地内存没有 CRL，则需下载 CRL 并安装到本地内存中，如果对端实体的本地证书在 CRL 中，表示此证书已被撤销。

（2）OCSP 方式

在 IPSec 场景中，PKI 实体间使用证书方式进行 IPSec 协商时，可以通过 OCSP 方式实时检查对端实体的证书状态。

OCSP 克服了 CRL 的主要缺陷：PKI 实体必须经常下载 CRL 以确保列表的更新。当 PKI 实体访问 OCSP 服务器时，会发送一个对于证书状态信息的请求。OCSP 服务器会回复一个“有效”“过期”或“未知”的响应。

（3）None 方式

如果 PKI 实体没有可用的 CRL 和 OCSP 服务器，或者不需要检查 PKI 实体的本地证书状态，可以采用 None 方式，即不检查证书是否被撤销。

1. 自动更新 CRL 方式

采用自动更新 CRL 方式检查本地证书状态的配置步骤见表 8-13。

表 8-13 采用自动更新 CRL 方式检查本地证书状态的配置步骤

步骤	命令	说明
1	**system-view**	进入系统视图
2	**pki file-format** { **der** | **pem** } 例如：[Huawei] **pki file-format der**	（可选）配置设备保存 CRL 时的文件格式：DER 或者 PEM 格式 缺省情况下，设备保存 CRL 时的文件格式为 PEM

续表

<table>
<tr><th>步骤</th><th>命令</th><th colspan="2">说明</th></tr>
<tr><td>3</td><td>pki realm realm-name
例如：[Huawei] pki realm abc</td><td colspan="2">进入要检查本地证书状态的 PKI 域的视图</td></tr>
<tr><td>4</td><td>certificate-check { crl | ocsp } * [none] }
例如：[Huawei-pki-realm-abc] certificate-check crl none</td><td colspan="2">配置 PKI 域中证书吊销状态的检查方式。CRL 方式还可以与 OCSP、None 方式组合使用。
如果配置了多种吊销状态的检查方式，会按照配置的先后顺序执行，当前一种方式不可用（例如服务器连接不上）时才会使用后边的方式。如果选用了不检查（none），当前面配置的方式均不可用时，认为证书有效。
缺省情况下，PKI 域中证书吊销状态的检查方式为 CRL，可用 undo certificate-check 命令取消 PKI 域中配置的证书吊销状态的检查方式</td></tr>
<tr><td>5</td><td>crl auto-update enable
例如：[Huawei-pki-realm-abc]crl auto-update enable</td><td colspan="2">开启 CRL 自动更新功能。
缺省情况下，CRL 自动更新功能处于关闭状态，undo crl auto-update enable 命令可用于 CRL 自动更新功能</td></tr>
<tr><td>6</td><td>crl update-period interval
例如：[Huawei-pki-realm-abc]crl update-period 24</td><td colspan="2">配置 CRL 自动更新的时间间隔，整数形式，取值为 1～720，单位为小时。
缺省情况下，CRL 自动更新的时间间隔为 8 小时，可用 undo crl update-period 命令恢复 CRL 自动更新的时间间隔为缺省值</td></tr>
<tr><td rowspan="7">7</td><td>crl scep
例如：[Huawei-pki-realm-abc]crl scep</td><td rowspan="2">通过 SCEP 方式自动更新 CRL</td><td>配置使用 SCEP 方式自动更新 CRL。
缺省情况下，使用 HTTP 方式自动更新 CRL</td></tr>
<tr><td>cdp-url [esc] url-addr
例如：[Huawei-pki-realm-abc]cdp-url http://10.1.1.1</td><td>配置 CRL 发布点的 URL。
缺省情况下，系统未配置 CRL 发布点的 URL</td></tr>
<tr><td>crl http
例如：[Huawei-pki-realm-abc]crl http</td><td rowspan="2">通过 HTTP 方式自动更新 CRL</td><td>配置使用 HTTP 方式自动更新 CRL。
缺省情况下，使用 HTTP 方式自动更新 CRL</td></tr>
<tr><td>cdp-url [esc] url-addr
例如：[Huawei-pki-realm-abc]cdp-url http://10.1.1.1</td><td>配置 CRL 发布点的 URL。或者执行 cdp-url from-ca 命令，配置从 CA 证书中获取 CDP URL。
缺省情况下，系统未配置 CRL 发布点的 URL</td></tr>
<tr><td>crl ldap
例如：[Huawei-pki-realm-abc]crl ldap</td><td rowspan="2">通过 LDAP 方式自动更新 CRL</td><td>配置使用 LDAP 方式自动更新 CRL。
缺省情况下，使用 HTTP 方式自动更新 CRL</td></tr>
<tr><td>ldap-server { authentication ldap-dn ldap-password | ip ip-address [port port | version version] * }
例如：[Huawei-pki-realm-abc] ldap-server ip 10.1.1.1 port 3389 version 2</td><td>配置使用 LDAP 方式自动更新 CRL，说明如下。
① authentication ldap-dn ldap-password：二选一参数，服务器的用户名和密码。
② ip ip-address：二选一参数，指定 LDAP 服务器 IP 地址。
③ port port：可多参数，指定 LDAP 协议的端口号，缺省为 389。
④ version version：可多选参数，指定运行的 LDAP 协议版本，2 或 3，缺省为 3。
缺省情况下，系统未配置 LDAP 服务器</td></tr>
</table>

续表

步骤	命令	说明	
7	**crl ldap** [**attribute** *attr-value*] **dn** *dn-value* 例如：[Huawei-pki-realm-abc]**crl ldap attribute** abcde **dn** test	通过 LDAP 方式自动更新 CRL	配置向 LDAP 服务器获取 CRL 时使用的属性和标识符，说明如下。 ① **attribute** *attr-value*：可选参数，指定设备向 LDAP 服务器获取 CRL 时使用的属性值，字符串形式，长度为 1～64，区分大小写。缺省值是 certificate Revocation List。 ② *dn-value*：指定设备向 LDAP 服务器获取 CRL 时使用的标识符，通常由用户通用名、组织单位、国家或者证书持有人的姓名等信息组成。 缺省情况下，系统未配置向 LDAP 服务器获取 CRL 时使用的属性和标识符
8	**crl cache** 例如：[Huawei-pki-realm-abc]**crl cache**	配置允许 PKI 域使用缓存中的 CRL。使用 CRL 验证证书时，会将缓存中的 CRL 覆盖内存中的 CRL 并用来验证证书。如果不允许 PKI 域使用缓存中的 CRL，则每次需要时都将重新下载最新的 CRL，覆盖内存中老的 CRL。 缺省情况下，系统允许 PKI 域使用缓存中的 CRL	
9	**quit**	返回系统视图	
10	**pki get-crl realm** *realm-name* 例如：[Huawei-pki-realm-abc]**pki get-crl realm** test	立即更新指定 PKI 域中的 CRL。立即更新 CRL 后，新的 CRL 会替换设备存储介质中原来的 CRL，同时新的 CRL 也会被自动导入设备内存中替换原来的 CRL	

2. 手动更新 CRL 方式

采用手动更新 CRL 方式检查本地证书状态的配置步骤见表 8-14。

表 8-14 采用手动更新 CRL 方式检查本地证书状态的配置步骤

步骤	命令	说明
1	**system-view**	进入系统视图
2	**pki realm** *realm-name* 例如：[Huawei] **pki realm** abc	进入要检查本地证书状态的 PKI 域的视图
3	**certificate-check** { **crl** | **ocsp** } * [**none**] } 例如：[Huawei-pki-realm-abc]**certificate-check crl none**	配置 PKI 域中证书吊销状态的检查方式。CRL 方式还可与 OCSP、None 方式组合使用。 如果配置了多种吊销状态的检查方式，会按照配置的先后顺序执行，当前一种方式不可用（例如服务器连接不上）时才会使用后边的方式。如果选用了不检查（none），当前面配置的方式均不可用时，认为证书有效。 缺省情况下，PKI 域中证书吊销状态的检查方式为 CRL，可用 **undo certificate-check** 命令恢复为缺省配置
4	**quit**	返回系统视图
5	**pki file-format** { **der** | **pem** } 例如：[Huawei] **pki file-format der**	（可选）配置设备保存 CRL 时的文件格式：DER 或者 PEM 格式。缺省情况下，设备保存 CRL 时的文件格式为 PEM

续表

步骤	命令	说明
6	**pki http** [**esc**] *url-address save-name* 例如：[Huawei] **pki http** http://10.1.1.1/test.cer local.cer	（二选一）配置通过 HTTP 方式下载 CRL，说明如下。 ① **esc**：可选项，指定以 ASCII 码形式输入 URL 地址，具体参见 8.4.1 节表 8-5 中的第 12 步说明。 ② *url-address*：指定 CA 证书、本地证书或 CRL 的 URL 地址，字符串形式，区分大小写，长度为 1～128。必须包含完整的证书文件及扩展名，例如 http://10.1.1.1:8080/cert.cer cert.cer。如果设置为域名方式，必须保证该域名可以正常解析。 ③ *save-name*：指定 CA 证书、本地证书或 CRL 保存到设备的 flash 中的名称，字符串形式，不区分大小写，长度为 1～64
	pki ldap ip *ip-address* **port** *port* **version** *version* [**attribute** *attr-value*] [**authentication** *ldap-dn ldap-password*] *save-name* **dn** *dn-value* 例如：[Huawei] **pki ldap ip** 10.1.1.1 **port** 3389 **version** 2 local.cer **dn** admin	（二选一）配置通过 LDAP 方式下载 CRL。参数说明参见本节表 8-13 第 7 步 **ldap-server** { **authentication** *ldap-dn ldap-password* | **ip** *ip-address* [**port** *port* | **version** *version*] * } 命令中的对应参数说明
7	**pki import-crl realm** *realm-name* **filename** *file-name* 例如：[Huawei] **pki import-crl realm** abc **filename** abc.crl	将 CRL 导入设备的内存中

3. OCSP 方式检查证书状态

采用 OCSP 方式检查本地证书状态的配置步骤见表 8-15。

表 8-15 采用 OCSP 方式检查本地证书状态的配置步骤

步骤	命令	说明
1	**system-view**	进入系统视图
2	**pki realm** *realm-name* 例如：[Huawei] **pki realm** abc	进入要检查本地证书状态的 PKI 域的视图
3	**source interface** *interface-type interface-number* 例如：[Huawei-pki-realm-abc] **source interface** ethernet 2/0/0	配置建立 TCP 连接使用的源接口。 缺省情况下，设备使用出接口作为 TCP 连接的源接口
4	**ocsp url** [**esc**] *url-address* 例如：[Huawei-pki-realm-abc]**ocsp url** http://10.1.1.1	配置 OCSP 服务器的 URL。或者执行 **ocsp-url from-ca** 命令，配置从 CA 证书的 AIA 选项中获取 OCSP 服务器的 URL。V200R006 以前版本不支持 **esc** 选项。 缺省情况下，系统未配置 OCSP 服务器的 URL
5	**ocsp nonce enable** 例如：[Huawei-pki-realm-abc]**ocsp nonce enable**	（可选）配置 PKI 实体发送 OCSP 请求时带有 Nonce 扩展。通过该功能可以增强 PKI 实体与 OCSP 服务器通信时的安全性和可靠性。配置后，PKI 实体与 OCSP 服务器通信时发送的 OCSP 请求中带有 Nonce 扩展，内容为随机数。对于 OCSP 服务器发出的响应报文，可以不包含 Nonce 扩展，但是如果包含了 Nonce 扩展，则必须与 OCSP 请求中的 Nonce 扩展一致。 缺省情况下，PKI 实体发送 OCSP 请求时带有 Nonce 扩展

续表

步骤	命令	说明
6	**ocsp signature enable** 例如：[Huawei-pki-realm-abc]**ocsp signature enable**	（可选）开启 OCSP 请求消息签名功能。如果 OCSP 服务器要求对 OCSP 请求消息进行签名保护，则设备需要配置本命令。 缺省情况下，OCSP 请求消息签名功能处于关闭状态
7	**quit**	返回系统视图
8	**pki import-certificate ocsp realm** *realm-name* { **der** | **pkcs12** | **pem** } [**filename** *filename*] 或 **pki import-certificate ocsp realm** *realm-name* **pkcs12 filename** *filename* **password** *password* 例如：[Huawei] **pki import-certificate ocsp realm** abc **pem filename** abc123.cer	将 OCSP 服务器证书导入设备的内存中。 ① **realm** *realm-name*：指定导入证书所在的 PKI 域名。 ② **der**：多选一选项，指定导入证书的格式为 DER 格式。 ③ **pkcs12**：多选一选项，指定导入证书的格式为 P12 格式。 ④ **pem**：多选一选项，指定导入证书的格式为 PEM 格式。 ⑤ **filename** *filename*：可选参数，指定导入证书的文件名称，必须是已经存在的文件名称。如果不指定，收入指定 PKI 域下所有证书
9	**pki ocsp response cache enable** 例如：[Huawei] **pki ocsp response cache enable**	开启 PKI 实体缓存 OCSP 响应的功能。开启缓存 OCSP 响应功能后，PKI 实体在使用 OCSP 检查证书的吊销状态时，会先查找缓存，如果查找失败则再向 OCSP 服务器发起请求。同时，PKI 实体会将有效的 OCSP 响应缓存起来，以便下次查找。 OCSP 响应是有生效期限的，开启缓存 OCSP 响应功能后，PKI 实体会每隔 1 分钟刷新缓存的 OCSP 响应，清除其中过期的 OCSP 响应。 缺省情况下，PKI 实体缓存 OCSP 响应的功能处于关闭状态
10	**pki ocsp response cache number** *number* 例如：[Huawei] **pki ocsp response cache number** 5	（可选）配置 PKI 实体可以缓存的 OCSP 响应的最大数量，整数形式，取值为 1～8。 PKI 实体可以将有效的 OCSP 响应缓存起来，以便下次查找。如果缓存的 OCSP 响应的数量达到 *number* 的值，则不继续缓存 缺省情况下，PKI 实体可以缓存的 OCSP 响应的最大数量是 2
11	**pki ocsp response cache refresh interval** *number* 例如：[Huawei] **pki ocsp response cache refresh interval** 10	（可选）配置 PKI 实体刷新 OCSP 响应缓存的周期，整数形式，单位为分钟，取值为 1～1440，缺省值为 5 分钟。 PKI 实体在刷新 OCSP 响应缓存时，会将刷新时的时间与收到 OCSP 响应时所记录的时间进行对比，如果超过了配置的 **interval** 值，则删除该 OCSP 响应缓存。 缺省情况下，PKI 实体刷新 OCSP 响应缓存的周期为 5 分钟

如果需要把 OCSP 服务器证书复制到其他设备上使用时，可以执行 **pki export-certificate ocsp realm** *realm-name* { **der** | **pem** | **pkcs12** } 命令，将 OCSP 服务器证书导出到设备的存储介质中。然后，可以通过文件传输协议取出证书。

如果 OCSP 服务器证书过期或者不使用时，可以执行 **pki delete-certificate ocsp realm** *realm-name* 命令，从内存中删除 OCSP 服务器证书。

如果 CRL 过期或者不使用时，可以执行 **pki delete-crl realm** *realm-name* 命令，从内存中删除 CRL。

8.6.2 配置检查 CA 证书和本地证书的有效性

在使用每一个证书之前，必须对证书进行验证，已确保证书的合法性。证书验证包括对签发时间、签发者信息，以及证书的有效性 3 个方面进行验证。证书验证的核心是检查 CA 在证书上的签名，以确保该证书是由合法 CA 颁发的，并确定证书仍在有效期内，而且未被撤销。

为完成证书验证，除了需要对端实体的本地证书，本地设备需要以下信息：CA 证书、CRL、本地证书及其私钥，证书认证相关配置信息。

本地证书验证的主要过程如下。

① 使用 CA 证书的公钥验证证书上 CA 的签名是否正确。

为验证一个证书的合法性，首先需要获得颁发这个证书的 CA 的公钥（即获得 CA 证书），以便检查该证书上 CA 的签名。一个 CA 可以让另一个更高层次的 CA 来证明其证书的合法性，这样顺着证书链，验证证书就变成一个迭代过程，最终这个链必须在某个“信任点”（一般是持有自签名证书的根 CA 或者是 PKI 实体信任的中间 CA）处结束。

任何 PKI 实体，如果它们共享相同的根 CA 或子 CA，并且已获取 CA 证书，都可以验证对端证书。一般情况下，当验证对端证书链时，验证过程在碰到第一个可信任的证书或 CA 机构时结束。证书链的验证过程是一个从目标证书（待验证的 PKI 实体证书）到信任点证书逐层验证的过程。

② 根据证书的有效期，验证该证书是否过期。

③ 检查证书的状态，即通过 CRL 和 None 方式检查证书是否被撤销，参见 8.5.1 节介绍的验证方法。

当用户需要验证本地设备的 CA 证书和本地证书的有效性时，可在系统视图下执行 **pki validate-certificate** { **ca** | **local** } **realm** *realm-name* 命令检查 CA 证书或本地证书的有效性。但本命令只能验证根 CA 的 CA 证书有效性，不能验证从属 CA 的 CA 证书有效性。在多级 CA 的环境中，当设备上导入了多个 CA 证书时，只能使用 **pki validate-certificate local realm** *realm-name* 命令来验证从属 CA 的 CA 证书有效性。

8.6.3　验证 CA 证书和本地证书有效性管理命令

当已经完成验证 CA 证书和本地证书的所有配置后，可在任意视图下执行以下 **display** 命令检查证书的相关内容。

① **display pki crl** { **realm** *realm-name* | **filename** *filename* }：查看设备中指定 PKI 域或指定文件中的 CRL 内容。

② **display pki certificate ocsp realm** *realm-name*：查看设备上指定 PKI 域中已加载的 OCSP 服务器证书的内容。

③ **display pki ocsp cache statistics**：查看 OCSP 响应缓存的统计信息。

④ **display pki ocsp server down-information**：查看设备上记录的 OCSP 服务器 DOWN 状态信息。

8.7　配置证书扩展功能

本节将介绍证书的获取、配置自签名证书或设备本地证书，配置 PKI 加入指定的

VPN 中等方面的配置方法。

1. 配置获取证书

当 PKI 实体通过 SCEP 或 CMPv2 申请本地证书时，PKI 实体可以向 CA 服务器查询并获取已颁发的证书至设备存储介质中。该证书可以是 PKI 实体自身的本地证书，也可以是 CA 证书，或其他 PKI 实体的本地证书。此处介绍的是一种手动获取证书的方式。

获取 CA 证书时，设备会自动将 CA 证书导入设备内存中；获取本地证书时，需要通过手动方式将其导入设备内存中。

获取证书的目的有两个。

① 将 CA 颁发的与 PKI 实体所在安全域有关的证书存放到设备存储介质中，以提高证书的查询效率，减少向 PKI 证书存储库查询的次数。

② 为证书的验证做好准备。

手动方式获取证书的方法是在系统视图下通过执行 **pki get-certificate** { **ca** | **local** } **realm** *realm-name* 命令，获取 CA 证书或本地证书到设备的存储介质中。如果设备中存在相同的证书，则需要删除设备中的证书，否则会导致获取证书失败。

2. 配置导入和释放对端实体的证书

当采用数字信封认证方式时，如果设备作为数据发送者，设备上需要配置数据接收者的公钥。导入对端实体的证书即为获取对端实体的公钥的一种方法，该方法建立了用户身份信息与用户公钥的关联，安全性高，适合在大规模网络时部署。

当导入的对端实体的证书不需要使用时，可以将对端实体的证书释放。

在系统视图下执行 **pki import-certificate peer** *peer-name* { { **der** | **pem** | **pkcs12** } **filename** [*filename*] | **pem terminal** }命令导入对端实体的证书到设备的内存中。在系统视图下执行 **pki release-certificate peer** { **name** *peer-name* | **all** }命令释放对端实体的证书。

执行 **display pki peer-certificate** { **name** *peer-name* | **all** }命令查看已导入的对端实体证书，以此来验证导入或者释放对端实体证书是否成功。

3. 配置自签名证书或设备本地证书

如果设备无法向 CA 申请本地证书，可以通过设备生成自签名证书或设备本地证书后，生成的证书以文件形式保存在存储器中，实现简单的证书颁发功能。用户可以将证书导出供其他设备使用。

自签名证书是设备为自己颁发的证书，即证书颁发者和证书主体相同；设备本地证书是设备根据 CA 证书给自己颁发的证书，证书颁发者是 CA。

在系统视图下执行 **pki create-certificate** [**self-signed**] **filename** *file-name* 命令创建自签名证书或设备本地证书。选择 **self-signed** 选项时，创建自签名证书。不选择此选项时，创建设备本地证书。创建的自签名证书或设备本地证书的文件格式为 PEM。

配置时，会提示用户输入证书的一些信息，例如 PKI 实体属性、证书文件名称、证书有效期和 RSA 密钥长度等。

4. 配置 PKI 域加入到指定的 VPN 内

当 CA 等服务器位于某个 VPN 内时，为了让设备可以与这些服务器进行通信以实现证书的获取或有效性校验等功能，此时需配置 PKI 域加入指定的 VPN 内。

在具体的 PKI 域视图下执行 **vpn-instance** *vpn-instance-name* 命令，将 PKI 域加入指定的 VPN 内。缺省情况下，系统未将 PKI 域加入任何 VPN 内。

8.8 PKI 典型配置示例

为了帮助大家更好地掌握本章前面所介绍的各种本地证书申请方式的配置方法，本节将介绍几个不同方式申请本地证书的配置示例。

8.8.1 通过 SCEP 自动申请本地证书配置示例

通过 SCEP 自动申请本地证书配置示例的拓扑结构如图 8-7 所示，某企业在网络边界处部署了一路由器作为出口网关。用户希望通过简单快捷的方式为路由器向公网中的 CA 服务器申请本地证书，申请成功后能自动将证书导入设备内存中，而且证书过期时能自动更新证书。

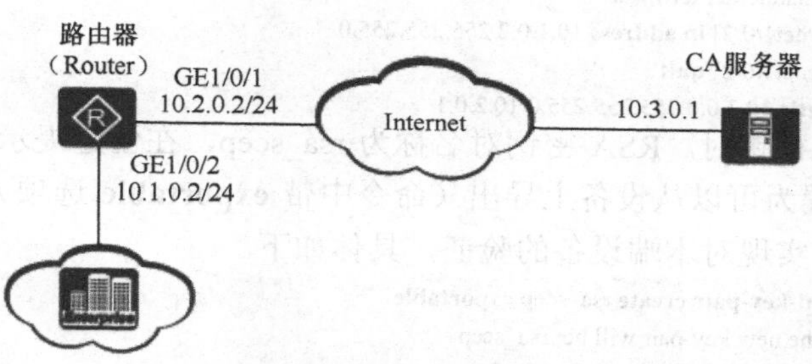

图 8-7 通过 SCEP 自动申请本地证书配置示例的拓扑结构

1. 基本配置思路分析

本示例中要求“申请成功后能自动将证书导入设备内存中，而且证书过期时能自动更新证书”的要求，只能通过配置采用 SCEP 自动为设备申请本地证书，因为只有通过 SCEP 才能实现证书的自动下载、安装和更新。

根据 8.4.1 节介绍的通过 SCEP 申请本地证书的具体配置方法，可得出本示例的基本配置思路，具体说明如下。

① 在 Router 上配置接口 IP 地址，以及到 CA 服务器的静态路由，实现 Router 和 CA 服务器之间路由互通。

② 在 Router 上创建 RSA 密钥对，实现申请本地证书时携带自己的公钥。

③ 在 Router 上配置 PKI 实体信息，实现申请本地证书时携带 PKI 实体信息用来标识路由器设备的身份。

④ 在 Router 上配置通过 SCEP 申请和自动更新证书，实现自动安装证书，并且证书过期时，能自动更新证书，需要注意的是，配置时也包括 PKI 域的配置。

【说明】因为在通过 SCEP 为 PKI 实体申请本地证书时，需要配置用于验证 CA 证书的数字指文（以验证 CA 证书的有效性）和挑战密码（CA 服务器通常会配置，以防止非法申请），所以在申请证书前，需要以离线方式从 CA 服务器上获取 CA 证书的数字指纹和挑战密码（通过询问 CA 服务器管理人员即可得到）。这里假设数字指纹为："e71add0744360e91186b828412d279e06dcc15a4ab4bb3d13842820396b526a0"，挑战密码为"6AE73F21E6D3571D"。

本示例以 Windows Server 2008 作为 CA 服务器为例，可以通过登录网页 http://*host*:*port*/certsrv/mscep_admin/获得 CA 证书指纹信息和挑战密码。其中，*host* 为 CA 服务器的 IP 地址，*port* 为 CA 服务器的端口号。本示例假设证书的申请 URL 地址为 http://10.3.0.1:80/certsrv/mscep/mscep.dll。

2. 具体配置步骤

① 配置 Router 的接口 IP 地址，以及到 CA 服务器的静态路由。假设下一跳 IP 地址为 10.2.0.1/24。当然在公网端设备上也要配置到达 Router 的路由，具体如下。

```
<Huawei> system-view
[Huawei] sysname Router
[Router] interface gigabitethernet 1/0/1
[Router-GigabitEthernet1/0/1] ip address 10.2.0.2 255.255.255.0
[Router-GigabitEthernet1/0/1] quit
[Router] interface gigabitethernet 1/0/2
[Router-GigabitEthernet1/0/2] ip address 10.1.0.2 255.255.255.0
[Router-GigabitEthernet1/0/2] quit
[Router] ip route-static 10.3.0.0 255.255.255.0 10.2.0.1
```

② 创建 RSA 密钥对。RSA 密钥对名称为 rsa_scep，在创建提示输入密钥位数时，输入 2048，并设置为可以从设备上导出（命令中带 **exportable** 选项），用于把其中的公钥发给对端设备，实现对本端设备的验证，具体如下。

```
[Router] pki rsa local-key-pair create rsa_scep exportable
 Info: The name of the new key-pair will be: rsa_scep
 The size of the public key ranges from 512 to 4096.
 Input the bits in the modules:2048
 Generating key-pairs...              .................+++
.......................+++
```

③ 配置 PKI 实体，标识申请证书 PKI 实体的身份信息。其实在大多数情况下，只需执行前面 3 步即可，具体如下。

```
[Router] pki entity user01   #---配置 PKI 实体的名称为 user01
[Router-pki-entity-user01] common-name lycb   #---配置 PKI 实体的通用名为 lycb
[Router-pki-entity-user01] country cn   #---配置 PKI 实体的国别为中国
[Router-pki-entity-user01] email user@test.abc.com   #---配置 PKI 实体的电子邮箱为 user@test.abc.com
[Router-pki-entity-user01] fqdn test.abc.com #---配置 PKI 实体的域名为 test.abc.com
[Router-pki-entity-user01] ip-address 10.2.0.2   #---配置 PKI 实体的 IP 为 10.2.0.2
[Router-pki-entity-user01] state Jiangsu   #---配置 PKI 实体的区域位置为江苏省
[Router-pki-entity-user01] organization huawei   #---配置 PKI 实体的工作单位为华为
[Router-pki-entity-user01] organization-unit info   #---配置 PKI 实体的部门为信息部
[Router-pki-entity-user01] quit
```

④ 通过 SCEP 申请和更新证书。

#---创建与配置 PKI 域，具体如下。

```
[Router] pki realm abc   #---创建一个名为 abc 的 PKI 域
[Router-pki-realm-abc] ca id ca_root   #---指定信任的 CA 服务器名称，假设为 ca_root
[Router-pki-realm-abc] entity user01   #---指定以上 PKI 域绑定的实体名称为 user01
[Router-pki-realm-abc]  fingerprint  sha256  e71add0744360e91186b828412d279e06dcc15a4ab4bb3d13842820396b526a0
#---配置 CA 证书的 SHA2-S256 算法的数字指纹
```

#---配置通过 SCEP 申请本地证书，具体如下。

```
[Router-pki-realm-abc] enrollment-url http://10.3.0.1:80/certsrv/mscep/mscep.dll  #---指定访问 CA 服务器的 URL 地址
[Router-pki-realm-abc] rsa local-key-pair rsa_scep #---指定通过 SCEP 申请本地证书时所使用的 RSA 密钥对名称为 rsa_scep，即前面所创建的 RSA 密钥对
[Router-pki-realm-abc] enrollment-request signature message-digest-method sha-384  #---配置在向 CA 发送申请证书请求时利用自己的私公钥对消息进行签名时所用的摘要算法为 SHA2-384
[Router-pki-realm-abc] password cipher 6AE73F21E6D3571D  #---配置挑战密码，用于 CA 服务器验证申请者的身份
[Router-pki-realm-abc] auto-enroll 60 regenerate 2048  #---开启证书自动注册和更新功能，指定证书密钥长度为 2048 位，在有效期到 60%时自动更新并同时更新 RSA 密钥
[Router-pki-realm-abc] quit
```

如果通过以上配置，就可以从 CA 服务器通过 SCEP 自动向 CA 服务器申请注册本地证书。在申请的过程中，设备会先获取 CA 证书并自动安装 CA 证书，然后再获取本地证书并自动安装本地证书。最后获取的 CA 证书和本地证书名称分别为 abc_ca.cer 和 abc_local.cer，abc 为 PKI 域名。

3. 配置结果验证

本地证书申请成功后，可通过执行 **display pki certificate local** 命令查看已经导入内存的本地证书的内容，包括公钥和数字签名，具体如下。

```
[Router] display pki certificate local realm abc
 The x509 object type is certificate:
Certificate:
    Data:
        Version: 3 (0x2)    #---本地证书使用的 X.509 协议版本号为 3
        Serial Number:      #---本地证书序列号
            48:65:aa:2a:00:00:00:00:3f:c6
    Signature Algorithm: sha1WithRSAEncryption    #---本地证书签名算法为 SHA1
        Issuer: CN=ca_root       #---本地证书颁发者名称为 ca_root
        Validity                 #---本地证书的有效期
            Not Before: Dec 21 11:46:10 2015 GMT
            Not After : Dec 21 11:56:10 2016 GMT
        Subject: C=CN，ST=jiangsu，O=huawei，OU=info，CN=hello    #---本地证书主题字段内容
        Subject Public Key Info:      #---本地证书公钥信息
            Public Key Algorithm: rsaEncryption        #---本地证书公钥算法为 RSA
                Public-Key: (2048 bit)            #--本地证书公钥为 2048 位
                Modulus:                  #---本地证书公钥
                    00:94:6f:49:bd:6a:f3:d5:07:ee:10:ee:4f:d3:06:
                    80:59:15:cb:a8:0a:b2:ba:c2:db:52:ec:e9:d1:a7:
                    72:de:ac:35:df:bb:e0:72:62:08:3e:c5:54:c1:ba:
                    4a:bb:1b:a9:d9:dc:e4:b6:4d:ca:b3:54:90:b6:8e:
                    15:a3:6e:2d:b2:9e:9e:7a:33:b0:56:3f:ec:bc:67:
                    1c:4c:59:c6:67:0f:a7:03:52:44:8c:53:72:42:bd:
                    6e:0c:90:5b:88:9b:2c:95:f7:b8:89:d1:c2:37:3e:
                    93:78:fa:cb:2c:20:22:5f:e5:9c:61:23:7b:c0:e9:
                    fe:b7:e6:9c:a1:49:0b:99:ef:16:23:e9:44:40:6d:
                    94:79:20:58:d7:e1:51:a1:a6:4b:67:44:f7:07:71:
                    54:93:4e:32:ff:98:b4:2b:fa:5d:b2:3c:5b:df:3e:
                    23:b2:8a:1a:75:7e:8f:82:58:66:be:b3:3c:4a:1c:
                    2c:64:d0:3f:47:13:d0:5a:29:94:e2:97:dc:f2:d1:
                    06:c9:7e:54:b3:42:2e:15:b8:40:f3:94:d3:76:a1:
                    91:66:dd:40:29:c3:69:70:6d:5a:b7:6b:91:87:e8:
                    bb:cb:a5:7e:ec:a5:31:11:f3:04:ab:1a:ef:10:e6:
                    f1:bd:d9:76:42:6c:2e:bf:d9:91:39:1d:08:d7:b4:
                    18:53
```

```
                Exponent: 65537 (0x10001)
        X509v3 extensions:
            X509v3 Subject Alternative Name:
                IP Address:10.2.0.2，DNS:test.abc.com，email:user@test.abc.com
            X509v3 Subject Key Identifier:
                15:D1:F6:24:EB:6B:C0:26:19:58:88:91:8B:60:42:CE:BA:D5:4D:F3
            X509v3 Authority Key Identifier:
                keyid:B8:63:72:A4:5E:19:F3:B1:1D:71:E1:37:26:E1:46:39:01:B6:82:C5

            X509v3 CRL Distribution Points:

                Full Name:
                  URI:file://\\vasp-e6000-127.china.huawei.com\CertEnroll\ca_root.crl
                  URI:http://10.3.0.1:8080/certenroll/ca_root.crl

            Authority Information Access:
                CA Issuers - URI:http://vasp-e6000-127.china.huawei.com/CertEnro
ll/vasp-e6000-127.china.huawei.com_ca_root.crt
                OCSP - URI:file://\\vasp-e6000-127.china.huawei.com\CertEnroll\v
asp-e6000-127.china.huawei.com_ca_root.crt

            1.3.6.1.4.1.311.20.2:
                .0.I.P.S.E.C.I.n.t.e.r.m.e.d.i.a.t.e.O.f.f.l.i.n.e
    Signature Algorithm: sha1WithRSAEncryption      #---本地证书的 RSA 数字签名（由 CA 证书私钥生成）
        d2:be:a8:52:6b:03:ce:89:f1:5b:49:d4:eb:2b:9f:fd:59:17:
        d4:3c:f1:db:4f:1b:d1:12:ac:bf:ae:59:b4:13:1b:8a:20:d0:
        52:6a:f8:a6:03:a6:72:06:41:d2:a7:7d:3f:51:64:9b:84:64:
        cf:ec:4c:23:0a:f1:57:41:53:eb:f6:3a:44:92:f3:ec:bd:09:
        75:db:02:42:ab:89:fa:c4:cd:cb:09:bf:83:1d:de:d5:4b:68:
        8a:a6:5f:7a:e8:b3:34:d3:e8:ec:24:37:2b:bd:3d:09:ed:88:
        d8:ed:a7:f8:66:aa:6f:b0:fe:44:92:d4:c9:29:21:1c:b3:7a:
        65:51:32:50:5a:90:fa:ae:e1:19:5f:c8:63:8d:a8:e7:c6:89:
        2e:6d:c8:5b:2c:0c:cd:41:48:bd:79:74:0e:b8:2f:48:69:df:
        02:89:bb:b3:59:91:7f:6b:46:29:7e:22:05:8c:bb:6a:7e:f3:
        11:5a:5f:fb:65:51:7d:35:ff:49:9e:ec:d1:2d:7e:73:e5:99:
        c6:41:84:0c:50:11:ed:97:ed:15:de:11:22:73:a1:78:11:2e:
        34:e6:f5:de:66:0c:ba:d5:32:af:b8:54:26:4f:5b:9e:89:89:
        2a:3f:b8:96:27:00:c3:08:3a:e9:e8:a6:ce:4b:5a:e3:97:9e:
        6b:dd:f0:72

Pki realm name: abc        #---本地证书所属 PKI 域为 abc
Certificate file name: abc_local.cer      #---本地证书文件名为 abc_local.cer
Certificate peer name: -
```

执行 **display pki certificate ca** 命令查看已经导入内存的 CA 证书的内容，也包括公钥和数字签名，具体如下。

```
[Router] display pki certificate ca realm abc
  The x509 object type is certificate:
Certificate:
    Data:
        Version: 3 (0x2)
        Serial Number:
            0c:f0:1a:f3:67:21:44:9a:4a:eb:ec:63:75:5d:d7:5f
    Signature Algorithm: sha1WithRSAEncryption
        Issuer: CN=ca_root
```

```
        Validity
            Not Before: Jun   4 14:58:17 2015 GMT
            Not After : Jun   4 15:07:10 2020 GMT
        Subject: CN=ca_root
        Subject Public Key Info:              #---CA 证书的公钥信息
            Public Key Algorithm: rsaEncryption
                Public-Key: (2048 bit)
                Modulus:
                    00:d9:5f:2a:93:cb:66:18:59:8c:26:80:db:cd:73:
                    d5:68:92:1b:04:9d:cf:33:a2:73:64:3e:5f:fe:1a:
                    53:78:0e:3d:e1:99:14:aa:86:9b:c3:b8:33:ab:bb:
                    76:e9:82:f6:8f:05:cf:f6:83:8e:76:ca:ff:7d:f1:
                    bc:22:74:5e:8f:4c:22:05:78:d5:d6:48:8d:82:a7:
                    5d:e1:4c:a4:a9:98:ec:26:a1:21:07:42:e4:32:43:
                    ff:b6:a4:bd:5e:4d:df:8d:02:49:5d:aa:cc:62:6c:
                    34:ab:14:b0:f1:58:4a:40:20:ce:be:a5:7b:77:ce:
                    a4:1d:52:14:11:fe:2a:d0:ac:ac:16:95:78:34:34:
                    21:36:f2:c7:66:2a:14:31:28:dc:7f:7e:10:12:e5:
                    6b:29:9a:e8:fb:73:b1:62:aa:7e:bd:05:e5:c6:78:
                    6d:3c:08:4c:9c:3f:3b:e0:e9:f2:fd:cb:9a:d1:b7:
                    de:1e:84:f4:4a:7d:e2:ac:08:15:09:cb:ee:82:4b:
                    6b:bd:c6:68:da:7e:c8:29:78:13:26:e0:3c:6c:72:
                    39:c5:f8:ad:99:e4:c3:dd:16:b5:2d:7f:17:e4:fd:
                    e4:51:7a:e6:86:f0:e7:82:2f:55:d1:6f:08:cb:de:
                    84:da:ce:ef:b3:b1:d6:b3:c0:56:50:d5:76:4d:c7:
                    fb:75
                Exponent: 65537 (0x10001)
        X509v3 extensions:
            1.3.6.1.4.1.311.20.2:
                ...C.A
            X509v3 Key Usage: critical
                Digital Signature, Certificate Sign, CRL Sign
            X509v3 Basic Constraints: critical
                CA:TRUE
            X509v3 Subject Key Identifier:
                B8:63:72:A4:5E:19:F3:B1:1D:71:E1:37:26:E1:46:39:01:B6:82:C5
            X509v3 CRL Distribution Points:

                Full Name:
                  URI:http://vasp-e6000-127.china.huawei.com/CertEnroll/ca_root.crl
                  URI:file://\\vasp-e6000-127.china.huawei.com\CertEnroll\ca_root.crl

            1.3.6.1.4.1.311.21.1:
                ...
    Signature Algorithm: sha1WithRSAEncryption      #---CA 证书的数字签名（由 CA 证书的私钥自签名生成）
         52:21:46:b8:67:c8:c3:4a:e7:f8:cd:e1:02:d4:24:a7:ce:50:
         be:33:af:8a:49:47:67:43:f9:7f:79:88:9c:99:f5:87:c9:ff:
         08:0f:f3:3b:de:f9:19:48:e5:43:0e:73:c7:0f:ef:96:ef:5a:
         5f:44:76:02:43:83:95:c4:4e:06:5e:11:27:69:65:97:90:4f:
         04:4a:1e:12:37:30:95:24:75:c6:a4:73:ee:9d:c2:de:ea:e9:
         05:c0:a4:fb:39:ec:5c:13:29:69:78:33:ed:d0:18:37:6e:99:
         bc:45:0e:a3:95:e9:2c:d8:50:fd:ca:c2:b3:5a:d8:45:82:6e:
         ec:cc:12:a2:35:f2:43:a5:ca:48:61:93:b9:6e:fe:7c:ac:41:
         bf:88:70:57:fc:bb:66:29:ae:73:9c:95:b9:bb:1d:16:f7:b4:
         6a:da:03:df:56:cf:c7:c7:8c:a9:19:23:61:5b:66:22:6f:7e:
```

```
            1d:26:92:69:53:c8:c6:0e:b3:00:ff:54:77:5e:8a:b5:07:54:
            fd:18:39:0a:03:ac:1d:9f:1f:a1:eb:b9:f8:0d:21:25:36:d5:
            06:de:33:fa:7b:c8:e9:60:f3:76:83:bf:63:c6:dc:c1:2c:e4:
            58:b9:cb:48:15:d2:a8:fa:42:72:15:43:ef:55:63:39:58:77:
            e8:ae:0f:34

Pki realm name: abc                      #---CA 证书所属 PKI 域为 abc
Certificate file name: abc_ca.cer        #---CA 证书的文件名为 abc_ca.cer
Certificate peer name: -
```

由于配置 **auto-enroll** 命令时选择了 **regenerate** 可选项，所以更新时系统会生成新的 RSA 密钥对去申请新证书，而且当系统检测到时间已经超过了当前配置证书有效期的 60%，系统就会向 SCEP 服务器发起证书的更新请求。

8.8.2 通过 CMPv2 首次申请本地证书配置示例

本示例拓扑结构参见 8.8.1 节的图 8-7。某企业在网络边界处部署了一路由器作为出口网关，现用户希望路由器使用 CMPv2 向公网上的 CA 服务器在线首次申请证书，申请成功后自动将本地证书下载到设备的存储介质中。

1. 基本配置思路分析

本示例要求通过 CMPv2 为设备首次申请本地证书，根据 8.4.2 节的介绍可知，由于这种本地证书申请方式不能实现证书的自动安装（但会自动下载），所以需要另外对下载的 CA 证书和本地证书进行安装。

本示例的基本配置思路如下。

① 在 Router 上配置接口 IP 地址，以及到 CA 服务器的静态路由，实现 Router 和 CA 服务器之间路由互通。

② 在 Router 上创建 RSA 密钥对，实现申请本地证书时携带公钥。

③ 在 Router 上配置 PKI 实体信息，实现申请本地证书时携带 PKI 实体信息用来标识路由器设备的身份。

④ 在 Router 上通过 CMPv2 首次申请本地证书，并使用消息认证码来验证消息，实现自动下载 CA 和本地证书。此时需要事先获取 CA 服务器上配置的消息认证码的参考值和秘密值。

⑤ 在 Router 上安装 CA 和本地证书，使这两个证书生效。

⑥ 在 Router 上配置，通过 CMPv2 实现本地证书的自动更新。

【说明】为了完成本示例配置，我们需提前准备好如下的数据。

CA 名称：在 CMP 会话中所指定的 CA 证书名称是指 CA 证书中的主题（Subject）字段的值，而不是像通过 SCEP 申请本地证书中所指的 CA 服务器名称。此处假设为“C=cn,ST=beijing,L=SD,O=BB,OU=BB,CN=BB”。配置的 CA 名称中各个字段的顺序必须要与实际 CA 证书中的顺序保持一致，否则服务器端会认为该配置是错误的。

消息认证码的参考值和秘密值：需要以带外方式从 CMP 服务器上获取，此处假设分别为“1234”和“123456”。

2. 具体配置步骤

以上第①～③的配置与 8.8.1 节的配置完全一样，下面仅介绍后面 3 项任务的具体配置方法。

第④项配置通过 CMP 为设备首次申请本地证书，可参见 8.4.2 节中表 8-6 和表 8-7 的步骤。假设设备保存证书时采用缺省的 PEM 格式。

#---创建与配置 PKI 域，具体如下。

```
[Router] pki realm abc   #---创建一个名为 abc 的 PKI 域
[Router-pki-realm-abc] ca id ca_root     #---指定信任的 CA 服务器名称，假设为 ca_root
[Router-pki-realm-abc] entity user01     #---指定以上 PKI 域绑定的实体名称为 user01
[Router-pki-realm-abc] quit
```

#---配置通过 CMPv2 首次申请本地证书，具体如下。

```
[Router] pki cmp session cmp   #---创建 CMP 会话 cmp
[Router-pki-cmp-session-cmp] cmp-request entity user01   #---指定 CMP 会话引用的 PKI 实体名称
[Router-pki-cmp-session-cmp] cmp-request ca-name "C=cn,ST=beijing,L=SD,O=BB,OU=BB,CN=BB"  #---配置 CA 证书的主题字段为"C=cn，ST=beijing，L=SD，O=BB，OU=BB，CN=BB"
[Router-pki-cmp-session-cmp] cmp-request server url http://10.3.0.1:8080  #---配置访问 CMP 服务器申请本地证书的 URL
[Router-pki-cmp-session-cmp] cmp-request rsa local-key-pair rsa_cmp regenerate #---指定申请证书时使用的 RSA 密钥对（在第 3 步已创建），并设置为证书自动更新时同时更新 RSA 密钥对
[Router-pki-cmp-session-cmp] cmp-request realm abc   #---指定 CMP 服务器证书所属的 PKI 域
[Router-pki-cmp-session-cmp] cmp-request message-authentication-code 1234 123456  #---指定首次申请证书时使用的消息认证码的参考值和秘密值分别为"1234"和"123456"
[Router-pki-cmp-session-cmp] quit
[Router] pki cmp initial-request session cmp   #---根据 CMP 会话的配置信息向 CMPv2 服务器进行密钥更新请求
[Router]
 Info: Initializing configuration.
 Info: Creatting initial request packet.
 Info: Connectting to CMPv2 server.
 Info: Sending initial request packet.
 Info: Waitting for initial response packet.
 Info: Creatting confirm packet.
 Info: Connectting to CMPv2 server.
 Info: Sending confirm packet.
 Info: Waitting for confirm packet from server.
 Info: CMPv2 operation finish.
```

如果可以通过以上步骤，就可以获取 CA 证书和本地证书，CA 证书和本地证书将会分别被命名为 cmp_ca1.cer 和 cmp_ir.cer，并保存在 CF 卡中。

第⑤项安装 CA 证书和本地证书。

因为在通过 CMPv2 申请本地证书时，只会自动下载 CA 证书和本地证书文件到设备的存储介质中，不会自动导入这些证书到内存中，所以还需要单独导入。

#---导入 CA 证书到内存，具体如下。

```
[Router] pki import-certificate ca realm abc pem filename cmp_ca1.cer
 The CA's Subject is /C=cn/ST=beijing/L=BB/O=BB/OU=BB/CN=BB
 The CA's fingerprint is:
   MD5   fingerprint:3AC7 54FD E272 09BE 9008 84EE D1FC 118E
   SHA1 fingerprint:492A 8E0B BED2 BE10 C097 9039 99FE F7E1 9AA5 B658
 Is the fingerprint correct?(Y/N):y
 Info: Succeeded in importing file.
```

#---导入本地证书到内存，具体如下。

```
[Router] pki import-certificate local realm abc pem filename cmp_ir.cer
 Info: Succeeded in importing file.
```

第⑥项配置本地证书自动更新功能。

#---配置设备用于证明自己身份的证书，也是待更新的证书 cmp_ir.cer，具体如下。

```
[Router] pki cmp session cmp
[Router-pki-cmp-session-cmp] cmp-request authentication-cert cmp_ir.cer
```

#---开启证书自动更新的功能，具体如下。

```
[Router-pki-cmp-session-cmp] certificate auto-update enable
```

#---配置当前系统时间超过证书有效期的 60%时开始更新证书，具体如下。

```
[Router-pki-cmp-session-cmp] certificate update expire-time 60
[Router-pki-cmp-session-cmp] quit
```

3. 配置结果验证

如果通过以上配置，就可成功下载 CA 证书和本地证书，并且已导入设备的本地内存中，可执行 **display pki certificate local** 命令查看已经导入内存的本地证书的内容，包括公钥和数字签名，具体如下。

```
[Router] display pki certificate local filename cmp_ir.cer
  The    x509_obj type is Cert:          #---以下显示的是本地证书的基本信息
Certificate:
    Data:
        Version: 3 (0x2)
        Serial Number: 1144733510 (0x443b3f46)
        Signature Algorithm: sha1WithRSAEncryption
        Issuer: C=cn, ST=beijing, L=BB, O=BB, OU=BB, CN=BB
        Validity
            Not Before: Jun 12 09:33:10 2012 GMT
            Not After : Aug 13 02:38:27 2016 GMT
        Subject: C=CN, ST=jiangsu, O=huawei, OU=info, CN=hello
        Subject Public Key Info:      #---以下显示的是本证书的公钥信息
            Public Key Algorithm: rsaEncryption
                Public-Key: (2048 bit)
                Modulus:
                    00:d3:12:fe:57:48:c6:a5:10:12:e9:2f:f9:2a:ff:
                    7b:2a:d8:45:69:11:c4:85:30:c4:9a:4d:0f:ad:58:
                    e7:56:cd:5c:f0:18:e1:c3:6d:44:c2:c3:5e:64:22:
                    d1:28:c9:c3:37:3c:34:ed:28:04:7f:62:9e:8b:94:
                    af:bc:72:de:f6:72:7f:e4:d8:45:31:fd:f9:ac:ce:
                    5a:b9:c7:1b:23:53:00:28:a6:3b:f5:61:69:5d:ab:
                    67:cb:bb:e8:96:2f:ce:ab:2c:6b:91:5b:26:91:86:
                    8f:80:a9:b0:66:c1:16:3d:31:55:a2:d4:b5:5a:af:
                    85:88:6e:99:f8:f8:53:58:77:26:91:ed:0e:94:ad:
                    c5:8d:53:67:67:55:08:8d:90:38:e0:5e:96:37:b9:
                    64:0e:36:e7:cf:9a:d2:77:e4:b0:24:05:a6:eb:03:
                    6e:ff:f7:ab:be:93:9e:8c:66:7d:31:66:be:6d:c8:
                    f3:17:9d:86:19:88:21:2d:d9:69:86:5f:b2:55:a4:
                    db:bc:d7:d0:6b:ac:66:ac:e4:63:9c:66:79:9c:42:
                    5c:83:b8:9e:4b:6e:67:85:a2:47:19:f1:5c:c0:3c:
                    c9:a3:47:02:a8:53:69:59:9e:d9:c7:5e:90:83:8d:
                    ac:cd:21:3c:d5:31:39:49:84:e6:f8:f4:e0:44:dd:
                    5d:7b
                Exponent: 65537 (0x10001)
        X509v3 extensions:
            X509v3 Subject Alternative Name:
                IP Address:128.18.196.208, DNS:test.abc.com
    Signature Algorithm: sha1WithRSAEncryption     #---以下是本地证书经 CA 证书公钥进行的签名
        53:d5:79:31:7b:40:52:aa:ec:a9:35:ed:07:62:32:c4:ce:22:
```

```
d3:37:0e:83:0c:4c:fa:61:dd:8c:db:a8:d3:fd:6a:ca:0e:3c:
91:2c:91:ab:92:31:34:b5:87:1e:30:a4:ff:94:9c:d2:71:3c:
6b:1f:4f:be:a7:20:f2:e1:c2:ad:71:8b:c2:79:0f:50:1f:3c:
f9:87:df:1d:ee:3d:38:8c:f3:30:b7:3b:00:9b:72:38:b0:68:
e1:c0:08:f4:02:91:81:a8:fa:51:9e:53:0d:03:b3:6b:0e:e2:
62:80:ef:2a:a0:cb:9b:9b:91:21:7c:df:fe:6a:38:cc:03:36:
9c:fc

Pki realm name: abc          #----显示证书所属的 PKI 域为 abc
Certificate file name: cmp_ir.cer   #----显示本地证书名称
Certificate peer name: -
```

执行 **display pki certificate ca** 命令查看已经导入内存的 CA 证书的内容，也包括公钥和数字签名，具体如下。

```
[Router] display pki certificate ca filename cmp_ca1.cer
 The x509 object   type is certificate:          #---以下显示的是 CA 证书的基本信息
Certificate:
    Data:
        Version: 3 (0x2)
        Serial Number: 2 (0x2)
        Signature Algorithm: sha1WithRSAEncryption
        Issuer: C=cn, ST=beijing, L=BB, O=BB, OU=BB, CN=BB
        Validity
            Not Before: Aug 15 02:38:27 2011 GMT
            Not After : Aug 13 02:38:27 2016 GMT
        Subject: C=CN, ST=jiangsu, O=huawei, OU=info, CN=hello
        Subject Public Key Info:            #---以下显示的是 CA 证书公钥信息
            Public Key Algorithm: rsaEncryption
                Public-Key: (1024 bit)
                Modulus:
                    00:b7:3e:65:7f:3b:3c:18:b8:87:34:39:76:3c:87:
                    39:f7:a9:b3:35:9b:e0:e0:5b:c7:4f:3c:bb:fa:dd:
                    da:93:0b:55:6e:eb:ba:52:c8:86:d1:cf:14:1e:1c:
                    35:c6:53:68:f3:51:e7:2c:d4:b8:fa:0f:b3:04:ef:
                    3f:a0:b3:4d:78:c1:26:88:26:15:41:3d:14:7f:67:
                    3e:2f:35:32:ce:c7:73:73:43:5c:12:d3:0f:a0:ec:
                    96:ae:55:61:27:32:39:a4:f8:32:a1:68:50:e6:3d:
                    2b:39:6d:42:e8:09:5d:4f:98:46:6e:fc:80:87:0e:
                    36:ca:09:7a:ca:2f:dd:ad:d3
                Exponent: 65537 (0x10001)
        X509v3 extensions:
            X509v3 Basic Constraints: critical
                CA:TRUE
            X509v3 Subject Key Identifier:
                4F:67:F4:CB:F4:C3:F7:61:2C:BD:FF:1D:D1:29:FD:39:28:9F:3B:8B
            X509v3 Key Usage:
                Certificate Sign, CRL Sign
            Netscape Cert Type:
                SSL CA, S/MIME CA, Object Signing CA
            Netscape Comment:
                xca certificate
    Signature Algorithm: sha1WithRSAEncryption     #---以下是由自己的公钥进行的签名
        75:43:24:eb:db:ee:7d:05:30:88:b8:1b:d5:32:ca:51:49:74:
        04:94:fe:d0:31:29:6f:72:c7:4a:86:ac:2a:4c:45:24:9d:3c:
        b4:30:b5:d1:43:88:29:f7:b4:88:b8:37:dc:dd:f4:fa:42:34:
```

```
        1c:e6:a5:bc:bb:0b:37:ef:db:8c:b2:b0:bd:97:7f:15:ae:6c:
        71:1b:ff:f1:90:13:74:a4:1f:7c:f7:4e:80:5b:42:aa:6b:22:
        2a:cf:04:48:29:20:c0:b2:95:38:11:06:be:76:f0:cb:8d:4a:
        c6:1a:50:af:31:81:58:ac:14:fe:89:f2:e0:bb:95:3c:94:d0:
        54:96

Pki realm name: abc
Certificate file name: cmp_ca1.cer
Certificate peer name: -
```

配置证书自动更新功能后，当系统检测到时间已经超过了当前配置证书有效期的60%，就会向 CMPv2 服务器发起证书的更新请求。由于配置 **cmp-request rsa local-key-pair** 命令时选择了 **regenerate** 可选项，更新时系统会生成新的 RSA 密钥对去申请新本地证书，申请下来的新证书会同时替换存储介质中的证书文件和内存中对应的本地证书。

8.8.3 离线申请本地证书配置示例

离线申请本地证书配置示例的拓扑结构如图 8-8 所示，某企业在网络边界处部署了 Router 作为出口网关，Router 需要向公网上的 CA 服务器申请本地证书。但由于用户无法通过 SCFP 和 CMPv2 在线向 CA 申请本地证书，所以可以通过带外方式为 Router 离线申请本地证书。

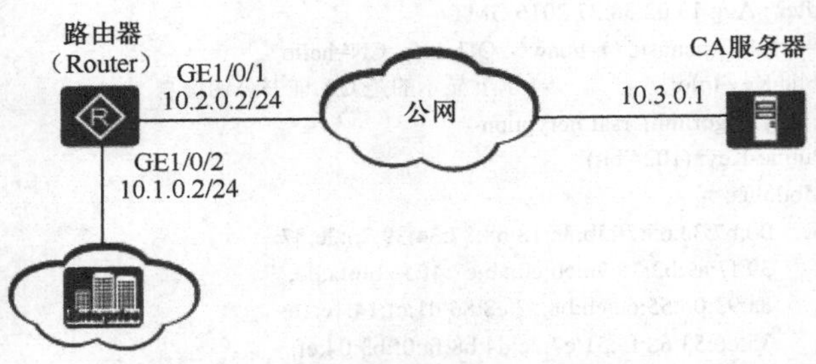

图 8-8　离线申请本地证书配置示例的拓扑结构

1. 基本配置思路分析

本示例采用离线方式申请本地证书，需要先在设备本地创建本地证书申请文件，然后通过离线方式把本地证书申请文件发给 CA 服务器来获取本地证书（具体配置步骤参见 8.4.3 节）。基本的配置思路如下。

① 在 Router 上配置接口 IP 地址，以及到 CA 服务器的静态路由，实现 Router 和 CA 服务器之间路由互通。

② 在 Router 上创建 RSA 密钥对，实现申请本地证书时携带公钥。

③ 在 Router 上配置 PKI 实体信息，实现申请本地证书时携带 PKI 实体信息用来标识路由器设备的身份。

④ 在 Router 上配置离线申请本地证书的请求文件。

⑤ 通过带外方式（如磁盘复制、电子邮件等）发送本地证书请求文件来申请本地证书，并通过带外方式下载本地证书。

⑥ 安装本地证书，使设备可以使用证书来保护通信。

2. 具体配置步骤

以上第①～③的配置与 8.8.1 节的配置完全一样，下面仅介绍后面 3 项任务的具体配置方法。

第④项在 Router 上配置离线申请本地证书的请求文件。

#---创建与配置 PKI 域，具体如下。

```
[Router] pki realm abc    #---进入 PKI 域 abc
[Router-pki-realm-abc] entity user01    #---绑定要申请本地证书的 PKI 实体
[Router-pki-realm-abc] rsa local-key-pair rsakey    #---指定用于申请本地证书的 RSA 密钥对
[Router-pki-realm-abc] quit
```

#---配置离线申请本地证书。

仅配置 8.4.3 节中表 8-11 中的必选配置步骤，其中，PKI 实体和 RSA 密钥对的绑定已在 PKI 域的配置中完成，下面仅创建一个用于离线申请本地证书的请求文件，其他可选配置任务均采用缺省配置，具体如下。

```
[Router] pki enroll-certificate realm abc pkcs10 filename cer_req #---在 abc PKI 域内创建名为 cer_req 的本地证书申请请求文件
 Info: Creating certificate request file...
 Info: Create certificate request file successfully.
```

以上配置完成后，可执行 **display pki cert-req** 命令查看已创建的本地证书请求文件的内容，也包括公钥和数字签名，具体如下。

```
[Router] display pki cert-req filename cer_req
Certificate Request:
    Data:
        Version: 0 (0x0)
        Subject: C=CN, ST=jiangsu, O=huawei, OU=info, CN=hello
        Subject Public Key Info:
            Public Key Algorithm: rsaEncryption
                Public-Key: (2048 bit)
                Modulus:
                    00:a2:db:e3:30:17:8e:f6:2d:2e:64:15:46:51:ad:
                    70:86:dd:32:c4:bb:6b:58:3a:8c:5f:a0:06:a1:e1:
                    56:2e:a4:eb:7e:12:06:05:04:28:b2:6d:64:7a:9c:
                    4f:85:24:c1:aa:b8:99:dc:e9:bb:c4:1e:e2:9d:a0:
                    18:51:1f:ad:b5:2f:60:18:06:8b:c1:cc:6f:32:58:
                    f2:21:2c:16:e8:29:c2:a8:c5:aa:9d:6c:1e:ca:14:
                    fc:7a:e9:bc:07:91:ce:ed:a0:c0:52:d9:0c:e9:ba:
                    9b:64:43:e0:9a:3f:c5:d1:2c:86:36:96:6b:4b:4f:
                    d4:df:05:d0:4b:41:2c:ec:0a:d7:0e:45:83:ed:cd:
                    07:78:40:ed:d5:3d:7f:fe:0f:08:90:04:2e:ac:e5:
                    42:b9:81:ea:ec:77:e2:cc:04:6e:e4:63:9f:69:ed:
                    60:06:5e:c7:e8:bf:30:57:6a:5d:e0:46:68:d3:ee:
                    b0:da:47:24:e3:b6:a5:f3:20:d8:5a:75:92:70:c2:
                    a9:a6:97:07:07:0d:1c:94:9a:03:6f:f7:8c:db:6f:
                    b7:06:de:51:50:9e:71:fd:86:f3:b5:c9:99:05:bf:
                    f1:10:20:28:d3:a6:29:3d:e0:f4:a7:ba:1e:27:85:
                    a9:66:fc:a9:90:49:f0:35:f7:d9:6d:06:a2:43:3f:
                    18:87
                Exponent: 65537 (0x10001)
        Attributes:
        Requested Extensions:
            X509v3 Subject Alternative Name:
```

```
                IP Address:10.2.0.2, DNS:test.abc.com, email:user@test.abc.com
    Signature Algorithm: sha256WithRSAEncryption
         0e:0a:a5:b7:d5:54:11:10:c4:ea:ff:77:da:f9:24:4b:a9:98:
         a1:75:36:08:10:59:60:fa:1a:30:70:2c:b7:f6:5f:5e:31:b7:
         55:a5:7a:26:e5:af:4a:cd:83:c5:f3:90:f3:b9:d5:f9:0a:6d:
         6e:8f:25:b4:ed:95:9c:75:a5:d7:b6:25:fc:8d:39:89:fb:af:
         37:fc:01:7b:09:07:9c:96:7c:fa:28:6d:e2:11:49:a7:95:94:
         ed:26:5b:ca:f8:98:b0:e7:64:7e:dd:2d:75:ff:89:03:b7:0a:
         92:53:25:d4:a1:23:b9:5c:eb:5b:29:1d:8a:92:8f:36:68:7b:
         77:32:bc:48:92:48:84:fa:87:5a:d7:2e:3e:be:d5:6b:e4:df:
         b1:f2:02:35:91:6a:eb:cd:fc:5a:ea:37:85:6c:12:74:5f:a5:
         5c:c0:05:09:cd:34:59:0d:c6:c8:75:ca:1c:18:d6:48:e5:4b:
         e7:8e:e3:ff:25:99:0f:2e:a8:b4:c5:8e:4d:8f:dd:64:c5:1f:
         61:3c:58:21:4f:d5:35:ba:c8:8e:5f:76:41:9f:27:41:0a:94:
         59:2c:59:25:2d:de:60:5c:92:07:ac:8a:a5:7a:ba:75:af:2c:
         82:5f:bb:55:a8:48:49:54:0f:99:54:af:8d:12:4d:4b:7d:8b:
         95:28:ce:dc
```

第⑤项本地证书申请请求文件创建好后，通过 Web、磁盘、电子邮件等带外方式将证书申请文件发送给 CA 服务器，向 CA 服务器申请本地证书。本地证书注册成功后，可以通过带外方式下载本地证书 abc_local.cer。

第⑥项安装本地证书。

本地证书下载后，可以通过文件传输协议导入设备的存储介质中，具体如下。

```
[Router] pki import-certificate local realm abc pem filename abc_local.cer
 Info: Succeeded in importing file.
```

3. 配置结果验证

以上配置完成后，可在 Router 上执行 **display pki certificate local** 命令查看已经导入内存的本地证书的内容，也包括公钥和数字签名，具体如下。

```
[Router] display pki certificate local realm abc
 The x509 object type is certificate:
Certificate:
    Data:
        Version: 3 (0x2)
        Serial Number:
            48:65:aa:2a:00:00:00:00:3f:c6
    Signature Algorithm: sha1WithRSAEncryption
        Issuer: CN=ca_root
        Validity
            Not Before: Dec 21 11:46:10 2015 GMT
            Not After : Dec 21 11:56:10 2016 GMT
        Subject: C=CN, ST=jiangsu, O=huawei, OU=info, CN=hello
        Subject Public Key Info:
            Public Key Algorithm: rsaEncryption
                Public-Key: (2048 bit)
                Modulus:
                    00:94:6f:49:bd:6a:f3:d5:07:ee:10:ee:4f:d3:06:
                    80:59:15:cb:a8:0a:b2:ba:c2:db:52:ec:e9:d1:a7:
                    72:de:ac:35:df:bb:e0:72:62:08:3e:c5:54:c1:ba:
                    4a:bb:1b:a9:d9:dc:e4:b6:4d:ca:b3:54:90:b6:8e:
                    15:a3:6e:2d:b2:9e:9e:7a:33:b0:56:3f:ec:bc:67:
                    1c:4c:59:c6:67:0f:a7:03:52:44:8c:53:72:42:bd:
                    6e:0c:90:5b:88:9b:2c:95:f7:b8:89:d1:c2:37:3e:
```

```
                93:78:fa:cb:2c:20:22:5f:e5:9c:61:23:7b:c0:e9:
                fe:b7:e6:9c:a1:49:0b:99:ef:16:23:e9:44:40:6d:
                94:79:20:58:d7:e1:51:a1:a6:4b:67:44:f7:07:71:
                54:93:4e:32:ff:98:b4:2b:fa:5d:b2:3c:5b:df:3e:
                23:b2:8a:1a:75:7e:8f:82:58:66:be:b3:3c:4a:1c:
                2c:64:d0:3f:47:13:d0:5a:29:94:e2:97:dc:f2:d1:
                06:c9:7e:54:b3:42:2e:15:b8:40:f3:94:d3:76:a1:
                91:66:dd:40:29:c3:69:70:6d:5a:b7:6b:91:87:e8:
                bb:cb:a5:7e:ec:a5:31:11:f3:04:ab:1a:ef:10:e6:
                f1:bd:d9:76:42:6c:2e:bf:d9:91:39:1d:08:d7:b4:
                18:53
            Exponent: 65537 (0x10001)
    X509v3 extensions:
        X509v3 Subject Alternative Name:
            IP Address:10.2.0.2, DNS:test.abc.com, email:user@test.abc.com
        X509v3 Subject Key Identifier:
            15:D1:F6:24:EB:6B:C0:26:19:58:88:91:8B:60:42:CE:BA:D5:4D:F3
        X509v3 Authority Key Identifier:
            keyid:B8:63:72:A4:5E:19:F3:B1:1D:71:E1:37:26:E1:46:39:01:B6:82:C5

        X509v3 CRL Distribution Points:

            Full Name:
              URI:file://\\vasp-e6000-127.china.huawei.com\CertEnroll\ca_root.crl
              URI:http://10.3.0.1:8080/certenroll/ca_root.crl

        Authority Information Access:
            CA Issuers - URI:http://vasp-e6000-127.china.huawei.com/CertEnro
ll/vasp-e6000-127.china.huawei.com_ca_root.crt
            OCSP - URI:file://\\vasp-e6000-127.china.huawei.com\CertEnroll\v
asp-e6000-127.china.huawei.com_ca_root.crt

        1.3.6.1.4.1.311.20.2:
            .0.I.P.S.E.C.I.n.t.e.r.m.e.d.i.a.t.e.O.f.f.l.i.n.e
   Signature Algorithm: sha1WithRSAEncryption
        d2:be:a8:52:6b:03:ce:89:f1:5b:49:d4:eb:2b:9f:fd:59:17:
        d4:3c:f1:db:4f:1b:d1:12:ac:bf:ae:59:b4:13:1b:8a:20:d0:
        52:6a:f8:a6:03:a6:72:06:41:d2:a7:7d:3f:51:64:9b:84:64:
        cf:ec:4c:23:0a:f1:57:41:53:eb:f6:3a:44:92:f3:ec:bd:09:
        75:db:02:42:ab:89:fa:c4:cd:cb:09:bf:83:1d:de:d5:4b:68:
        8a:a6:5f:7a:e8:b3:34:d3:e8:ec:24:37:2b:bd:3d:09:ed:88:
        d8:ed:a7:f8:66:aa:6f:b0:fe:44:92:d4:c9:29:21:1c:b3:7a:
        65:51:32:50:5a:90:fa:ae:e1:19:5f:c8:63:8d:a8:e7:c6:89:
        2e:6d:c8:5b:2c:0c:cd:41:48:bd:79:74:0e:b8:2f:48:69:df:
        02:89:bb:b3:59:91:7f:6b:46:29:7e:22:05:8c:bb:6a:7e:f3:
        11:5a:5f:fb:65:51:7d:35:ff:49:9e:ec:d1:2d:7e:73:e5:99:
        c6:41:84:0c:50:11:ed:97:ed:15:de:11:22:73:a1:78:11:2e:
        34:e6:f5:de:66:0c:ba:d5:32:af:b8:54:26:4f:5b:9e:89:89:
        2a:3f:b8:96:27:00:c3:08:3a:e9:e8:a6:ce:4b:5a:e3:97:9e:
        6b:dd:f0:72

Pki realm name: abc
Certificate file name: abc_local.cer
Certificate peer name: -
```

8.9 典型故障排除

在 PKI 的配置和应用中，可能出现 CA 证书获取失败和本地证书获取失败两种典型故障。这两种情形的故障分析都要从 8.1.5 节介绍的 PKI 机制来分析。

8.9.1 CA 证书获取失败的故障排除

通过对本章前面内容的学习，我们已经知道获取 CA 证书的目的有两个：一是验证 CA 的合法性（通过与事先获取的 CA 证书数字指纹进行比较得出）；二是获取 CA 的公钥，然后用公钥对所发送的本地证书申请消息进行加密。因此，必须在发送本地证书申请消息之前获取到 CA 证书，与本地证书申请注册消息无关。但 CA 证书如果获取失败，则本地证书一定不能成功获取。

CA 证书的获取包括两种方式：一是通过 SCEP 或者 CMPv2 申请本地证书的过程中自动获取；二是通过 HTTP 或者 LDAP 手动获取。但无论是哪种方式，CA 证书的获取均与设备所发送的本地证书申请消息无关。下面分别介绍手动方式和自动方式下获取 CA 证书失败的故障排除方法。

1．手动方式获取 CA 证书失败的故障排除

通过手工方式获取 CA 证书时，如果查看设备存储介质中没有下载到 CA 证书，则其失败的原因为通过 HTTP 或 LDAP 方式下载 CA 证书时的 **pki http** [**esc**] *url-address save-name* 或 **pki ldap ip** *ip-address* **port** *port* **version** *version* [**attribute** *attr-value*] [**authentication** *ldap-dn ldap-password*] *save-name* **dn** *dn-value* 命令未配置或配置不正确，具体介绍见 8.3.3 节。

2．自动方式获取 CA 证书失败的故障排除

通过 SCEP 或 CMPv2 获取 CA 证书时，如果发现设备存储介质中没有下载到 CA 证书，则其失败的原因通常如下。

① 指定的 PKI 实体未配置。

设备要从 CA 服务器上获取 CA 证书，首先要自己配置好用来唯一标识自己的 PKI 实体信息，否则，CA 服务器无法识别 PKI 实体。

② PKI 域未创建。

PKI 域是与 PKI 实体有一个绑定关系，而且像通过 SCEP 申请本地证书的过程中，绝大多数配置都是基于 PKI 域配置的；在通过 CMPv2 申请本地证书时也需要指定 PKI 域。如果 PKI 域都没有配置，则包括像绑定 PKI 实体、信任 CA、数字指纹等许多配置都无法配置。

③ PKI 域中未配置 RSA 密钥对。

虽然在获取 CA 证书的过程中并不需要 RSA 密钥对参与，但一定要先创建好，并在 PKI 域中进行指定，否则 CA 服务器就会认为 PKI 实体不符合申请本地证书的条件，自然就会响应，包括不会向 PKI 发送 CA 证书。

④ 在 PKI 域中信任的 CA 名称配置不正确或未配置。

只有信任对应的 CA 服务器，该服务器才会把 CA 证书发给 PKI 实体。

⑤ 获取 CA 证书的 URL 配置不正确或未配置。

访问 CA 服务器的 URL 地址未配置或配置不正确，自然不能从指定 CA 服务器上获取到它的 CA 证书。

⑥ CA 证书的数字指纹信息配置的不正确或未配置。

设备从 CA 服务器上下载到 CA 证书后还要进行数字指纹比对，就是先用与 CA 服务器上指定的相同哈希算法进行哈希运算，看其计算结果是否与事先从 CA 服务器获取并在 PKI 域中配置的数字指纹一致。如果不一致，则设备会丢弃该 CA 证书，自然不能在存储介质上看到 CA 证书了。

⑦ 设备与 CA 服务器进行 TCP 连接所使用的源接口配置不正确。

设备要从 CA 服务器上获取证书，至少要保证它们的路径是畅通的。除了路由，设备与 CA 服务器之间还要建立用于 SCEP 或 CMP 与 CA 服务器交互的 TCP 连接。缺省情况下，源接口可以不用配置，直接使用报文的出接口，但如果改变了出接口，则一定要确保从该源接口能到达 CA 服务器。

具体的故障排除步骤如下。

① 首先在系统视图下执行 **pki get-certificate ca realm** *realm-name* 命令手动从 CA 服务器获取 CA 证书。执行该命令后，当申请 CA 证书相关配置不全时，会提示您配置相应的内容。

② 如果通过上一步手动获取 CA 证书不成功，则要检查 PKI 域下配置的申请 CA 证书的相关配置是否正确。

可在任意视图下执行 **display pki realm** 命令或者在 PKI 域视图下执行 **display this** 命令检查以上配置。如果相关配置不正确，则需要修改相应的内容。

8.9.2 本地证书获取失败的故障排除

本节介绍的仅是本地证书获取失败（CA 证书已经成功获取了）的原因，不包括上节介绍的 CA 证书获取失败的情况。因为如果 CA 证书获取失败，则本地证书肯定获取失败。因此，本节所做的故障原因分析是基于上节所介绍的因素全部已经正确配置了。

本地证书获取也有手工方式和自动方式之分，二者的具体介绍如下。

1. 手工方式获取本地证书失败的故障排除

通过手工方式离线获取本地证书时（参见 8.4.3 节），如果查看设备存储介质中没有下载到本地证书，则其失败的原因可能如下（已排除会同时导致 CA 证书获取失败的因素）。

① 挑战密码配置的不正确或未配置。

如果 CA 服务器上配置了挑战密码，则必须在 PKI 域中通过 **pki enroll-certificate realm** *realm-name* [**pkcs10** [**filename** *filename*]] [**password** *password*]命令配置相同的挑战密码。

② 通过 HTTP 或 LDAP 方式下载本地证书的配置不正确。

这两种下载方式分别需要检查 **pki http** [**esc**] *url-address save-name* 或 **pki ldap ip** *ip-address* **port** *port* **version** *version* [**attribute** *attr-value*] [**authentication** *ldap-dn ldap-password*] *save-name* **dn** *dn-value* 命令中的相关配置。

2. 自动方式获取本地证书失败的故障排除

通过 SCEP 或 CMPv2 获取本地证书时，如果查看设备存储介质中没有下载到本地证书，则其失败的原因如下。

① CA 证书没有安装。

② 使用的 RSA 密钥对未配置。

③ 签名证书注册请求消息使用的摘要算法配置不正确。

④ 挑战密码配置不正确或未配置。

⑤ 通过 CMPv2 首次申请本地证书时，消息认证码的参考值和秘密值配置不正确或未配置。

⑥ 通过 CMPv2 首次申请本地证书时，用于证明身份的证书配置不正确。

具体的故障排除步骤如下。

（1）检查 CA 证书是否已导入设备的内存

执行 **display pki certificate ca realm** *realm-name* 命令查看设备内存中的 CA 证书。如果没有，则可执行 **pki import-certificate ca realm** *realm-name* **{ der | pkcs12 | pem }**命令，将 CA 证书（假设已获取了 CA 证书）导入设备的内存中。

（2）检查配置的 PKI 实体配置是否正确

在任意视图下执行 **display pki realm** 命令，或者在 PKI 域下执行 **display this** 命令查看通过 SCEP 申请本地证书时的以上 PKI 域配置。如果相关配置不正确，则需修改相应的内容，具体介绍见 8.4.1 节。

或在 CMP 会话视图下执行 **display this** 命令查看通过 CMPv2 申请本地证书的以上 CMP 会话配置。如果相关配置不正确，则需修改相应的内容，具体介绍见 8.4.2 节。

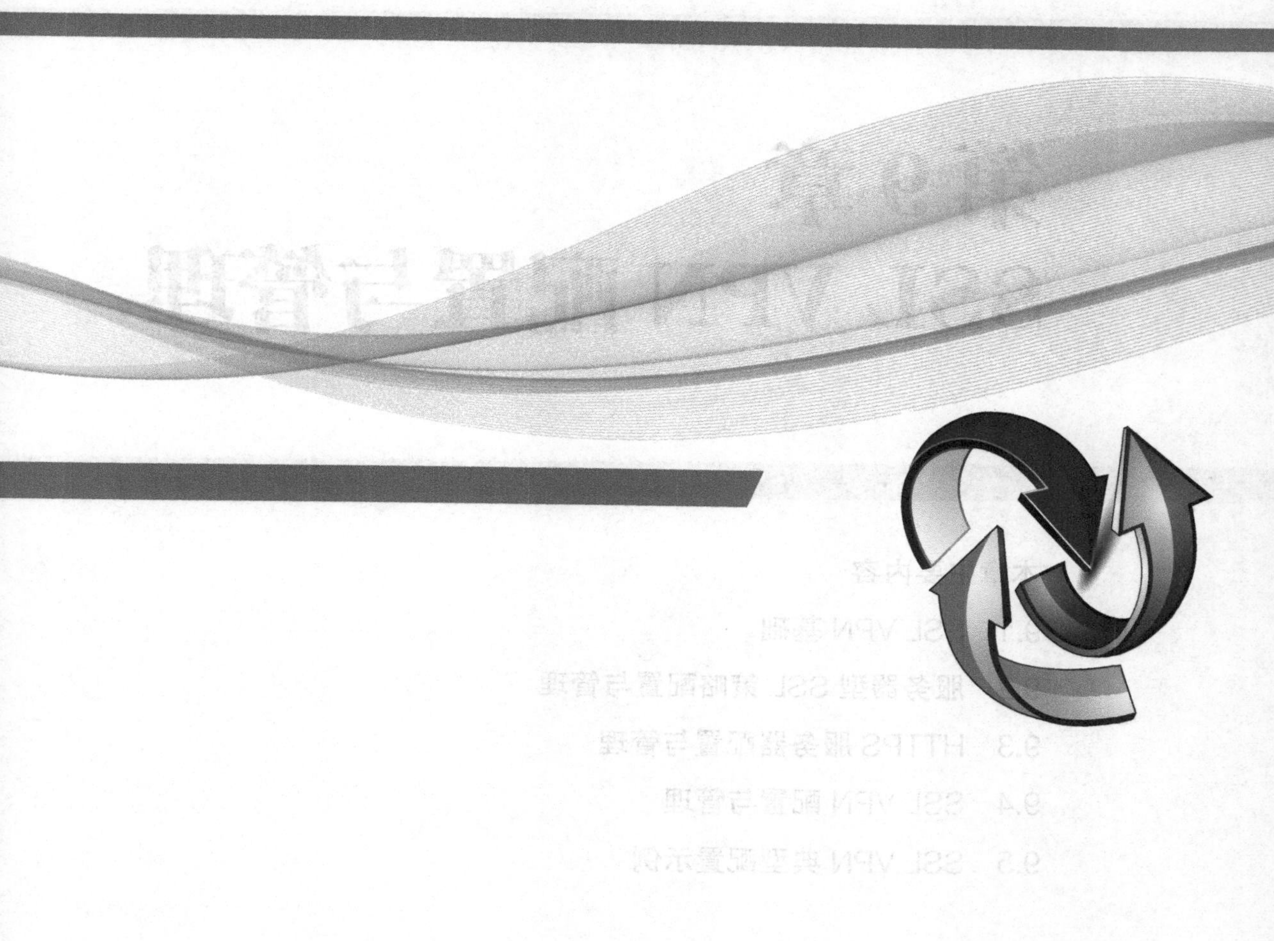

第 9 章
SSL VPN 配置与管理

本章主要内容

9.1 SSL VPN 基础

9.2 服务器型 SSL 策略配置与管理

9.3 HTTPS 服务器配置与管理

9.4 SSL VPN 配置与管理

9.5 SSL VPN 典型配置示例

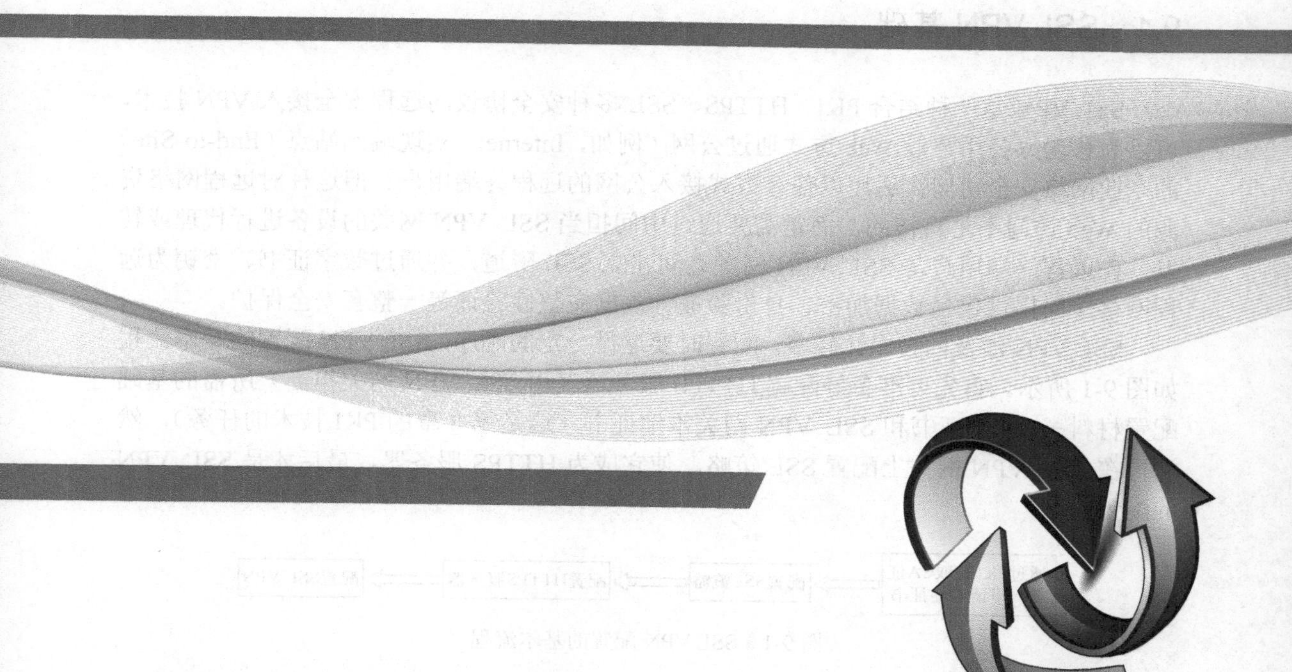

在第 8 章已对为设备获取本地数字证书的 PKI 技术进行了全面、深入的介绍，已成功为 SSL VPN 网关设备从 CA 服务器获取本地证书。要实现 SSL VPN 通信，接下来的工作还有两个方面：一方面是把 SSL VPN 网关配置为 HTTPS 服务器，以实现远程用户以安全 Web 方式访问 SSL VPN 网关的 Web 页面（在这个 Web 页面中列出了远程用户可以访问的企业内网资源）；另一方面是把 SSL VPN 设备配置成虚拟网关，在虚拟网关上配置对远程用户进行身份认证的 AAA 认证方案，同时还要配置用于远程用户访问的各类企业内网资源。

本章首先要向大家介绍的是服务器型SSL 策略、HTTPS 服务器，以及SSL VPN 的具体配置方法，然后介绍不同情形下的多个 SSL VPN 的配置示例。

9.1 SSL VPN 基础

SSL VPN 是一种结合 PKI、HTTPS、SSL 多种安全协议的远程安全接入 VPN 技术，可以为移动办公用户以 Web 方式通过公网（例如，Internet）实现端到站点（End-to-Site）的企业网络安全访问，适用以任意方式接入公网的远程终端用户。但这种对远程网络资源的 Web 访问不是直接的，而是需要通过中间担当 SSL VPN 网关的设备进行代理或转发，在远程终端用户与 SSL VPN 网关之间建立 SSL 隧道，并通过数字证书、密钥为远程网络访问提供包括数据加密、身份验证、数据完整性验证等一整套安全保护。

SSL VPN 涉及的技术比较多，配置时要遵循一定的顺序，SSL VPN 配置的基本流程如图 9-1 所示。首先要准备好配置 HTTPS 服务器（由 SSL VPN 网关担当）所需的基础配置材料——CA 证书和 SSL VPN 网关本地证书（这是第 8 章的 PKI 技术的任务），然后再在 SSL VPN 网关上配置 SSL 策略，使它成为 HTTPS 服务器，最后才是 SSL VPN 的配置。

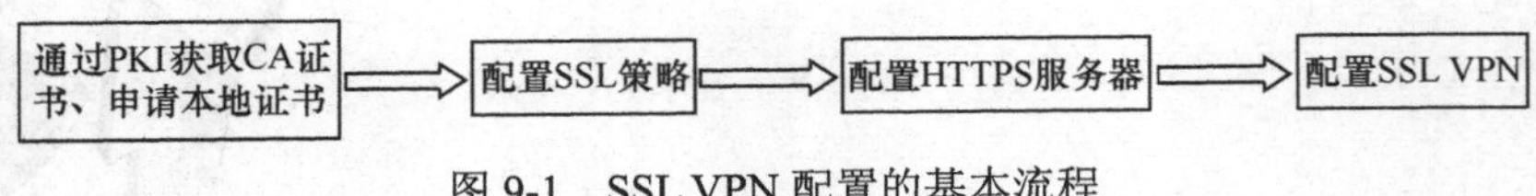

图 9-1 SSL VPN 配置的基本流程

9.1.1 SSL 概述

SSL VPN 中的基础协议是 SSL 协议，是位于计算机网络体系结构的传输层和应用层之间的套接字（Socket）协议的安全版本，可以为基于公网（如 Internet）的通信提供安全保障。SSL 可使用户端与服务器之间的通信不被攻击者窃听，并且远程用户端通过数字证书始终对服务器（SSL VPN 网关）进行认证，还可选择对用户端进行认证。目前，SSL 协议广泛应用于电子商务、网上银行等领域。

SSL 协议具有以下优点。

（1）提供较高的安全性保证

SSL 利用 PKI 技术的数据加密、身份验证和消息完整性验证机制，保证网络上数据传输的安全性。

（2）支持各种应用层协议

虽然 SSL 设计的初衷是为了解决 Internet（互联网）安全性的问题，但是由于 SSL 位于应用层和传输层之间，所以可以为任何基于 TCP 的应用层协议提供安全保证。

（3）部署简单

基于 SSL 的应用是最普通的 B/S（Browser/Server，浏览器/服务器）架构，用户只需使用支持 SSL 协议的浏览器（现在已普遍支持），即可通过 SSL 以 Web 的方式安全访问外部的 Web 资源，例如，SSL VPN 就是其中一种最典型的应用。可以说，在用户端不用做任何用户配置，大大简化了用户端的配置。

SSL 从以下几方面提高了设备的安全性。

① 通过在 SSL 服务器端配置 AAA 认证方案，可以确保只有合法用户端可以安全地访问服务器，禁止非法的用户端访问服务器。

② SSL VPN 用户端与 SSL VPN 服务器之间交互的数据需要经过加密和摘要运算，加密保证了传输的安全性，摘要运算则保证了数据的完整性，从而实现了对设备的安全管理。

③ 用户端与服务器之间交互的数据通过使用服务器端本地证书中所带的 RSA 密钥进行加密或数字签名，加密保证了传输的安全性，签名保证了数据的完整性，从而实现了对设备的安全管理。

【经验提示】 在 SSL（包括 SSL VPN）应用中，数字证书一般只在服务器上安装，用户端可以不安装数字证书（当然也可以安装，且这样更安全）。用户端在访问服务器端会自动导入服务器的本地证书，并从 CA 上对其合法性进行验证。在用户端向服务器端发送数据时，使用服务器的公钥进行加密，服务器收到加密数据后利用自己的私钥进行解密，而从服务器向用户端返回消息时，先经过哈希运算，然后服务器使用自己的私钥对哈希后的返回消息进行加密，形成数字签名，用户端在收到经数字签名的消息后再使用服务器的公钥解密。

9.1.2　SSL VPN 的引入背景

随着 Internet 的普及，移动办公人员日益增多，企业员工、用户和合作伙伴希望能够随时随地接入企业的内部网络，访问企业的内部资源。但是远程用户在访问企业内部资源的过程中，经常会出现企业的内部网络被攻击，接入用户的身份可能不合法导致企业内网资源被非法用户窃取等情况的发生。

在公共网络中建立虚拟专用通信网络的 VPN 技术提供了一种安全机制，可以保护企业的内部网络不被攻击，内部资源不被窃取。本书前面介绍的 L2TP VPN、IPSec VPN 技术可以满足移动用户安全接入企业内网的需求（GRE VPN 不支持移动用户的远程 VPN 接入），但是 SSL VPN 在为远程移动用户远程接入方面，与这些 VPN 方案相比具有以下优点。

（1）用户端零配置免维护

SSL VPN 基于 B/S（浏览器/服务器）架构，接入 SSL VPN 的移动用户端只需有一个支持 SSL 的浏览器软件即可，真正实现零配置（也不需要安装用户端软件）、免维护，节省了企业的部署和维护 VPN 费用。所有的配置集中在网关设备上，移动用户通过内嵌 SSL 协议的浏览器（已普遍支持）接入就可查看、访问被允许访问的企业内网资源。

（2）权限控制更细致

IPSec 是只能基于 IP 报文的五元组（源 IP 地址、源端口、目的 IP 地址，目的端口和传输层协议）进行访问控制，但无法识别出使用某终端接入 IPSec 的人是否为指定的授权用户，即管理员无法确定是谁在利用 VPN 访问内网资源。而 SSL VPN 的所有访问控制都是基于应用层，其细分程度可以达到 URL 或文件级别，能更细致地控制远程用户的访问权限，大大提高了企业远程接入的安全级别。而且如果在用户端上安装数字证书后，还可以准确地获知访问企业内网资源的用户主体。

（3）部署方便、灵活

在大多数其他 VPN 方案中，如果增加设备或改变用户网络环境，则需要调整原有配置。但采用 SSL VPN 部署时就不会有这种问题，只要用户有浏览器就可以很方便地实现远程 VPN 接入。而且 SSL VPN 不会与其他业务（例如，NAT）形成冲突，方便企业部署。又因为 SSL 协议不会改变 IP 报头和 TCP 报头，报文可以正常通过 NAT 设备而无须改变 NAT 设备的设置。

9.1.3 SSL VPN 系统组成

SSL VPN 工作在传输层和应用层之间，是通过 SSL 协议加密实现安全接入的 VPN 技术，保护企业的内部网络不被攻击，内部资源不被窃取。SSL VPN 的典型组网架构如图 9-2 所示。

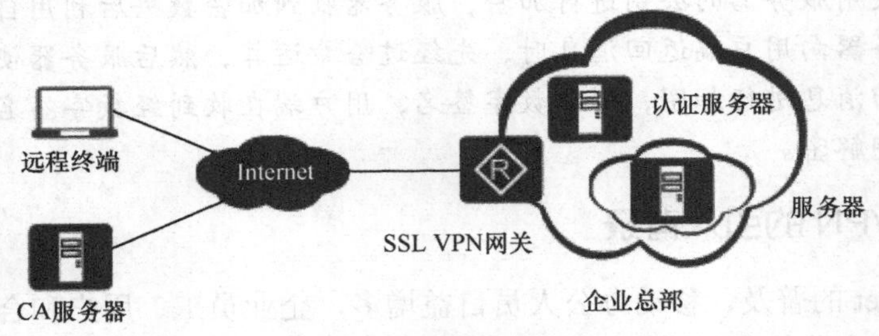

图 9-2 SSL VPN 的典型组网架构

① **远程终端**：远程用户接入的终端计算机，远程用户只需通过支持 SSL 协议的浏览器（普通浏览器都支持）接入。

② **SSL VPN 网关**：同时又担当 HTTPS 服务器角色（要配置服务器型 SSL 策略），已成功连接互联网，负责在远程终端和企业内网服务器之间转发报文，并与远程终端之间建立 SSL 连接，以保证数据传输的安全性。

③ **企业内网服务器**：可以是任意类型的服务器，也可以是企业内网需要与远程用户通信的主机。远程用户通过查看资源列表可以访问不同的内网资源。

④ **认证服务器**：SSL VPN 网关不仅支持本地认证，还支持通过外部认证服务器（例如，远程身份认证拨号用户服务（Remote Authentication Dial In User Service，RADIUS）服务器）对远程用户的身份进行远程认证。

⑤ **CA 服务器**：为 SSL VPN 网关颁发包含公钥信息的数字证书，远程终端再根据网关上的数字证书相关信息验证网关的身份合法性。但当 SSL VPN 网关采用自签名数字证书时，则不需要部署 CA 服务器。

当终端用户要对企业总部网络资源进行访问时，首先要通过浏览器访问 SSL VPN 网关（在浏览器地址栏中输入的是 SSL VPN 网关的 IP 地址），在网关的 Web 页面中找到自己要访问的资源，然后由 SSL VPN 向企业内部服务器发出访问请求。

9.1.4 SSL VPN 业务分类

SSL VPN 网关支持 3 种业务类型：Web 代理、端口转发和网络扩展，分别对应于

Web 接入、TCP 接入、IP 接入 3 种不同的远程用户权限接入企业内网。远程用户通过不同的接入方式，可以访问不同类型的企业内网资源。

远程用户认证成功后，用户可以查看供自己访问的资源列表，SSL VPN 网关资源列表界面如图 9-3 所示（此处显示的是 Web 代理界面）。在远程用户访问内网资源过程中，SSL VPN 网关起代理作用，负责在远程终端和企业内网服务器之间转发报文。

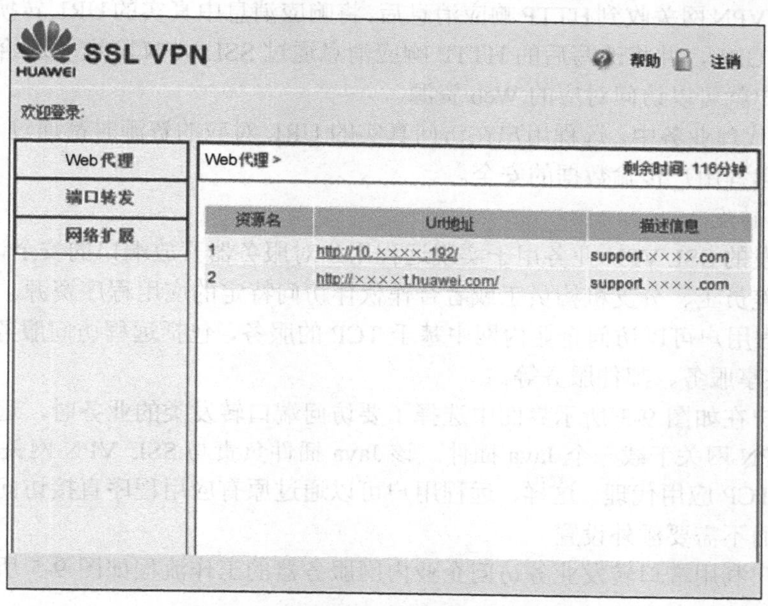

图 9-3　SSL VPN 网关资源列表界面

1. Web 代理

Web 代理的 SSL VPN 业务为远程用户提供对企业内网 Web 资源（必须是可通过浏览器访问的资源）的安全访问。终端用户可以使用该业务以 Web 页面形式访问企业内网资源，如企业内部网站。Web 代理业务访问流程如图 9-4 所示。

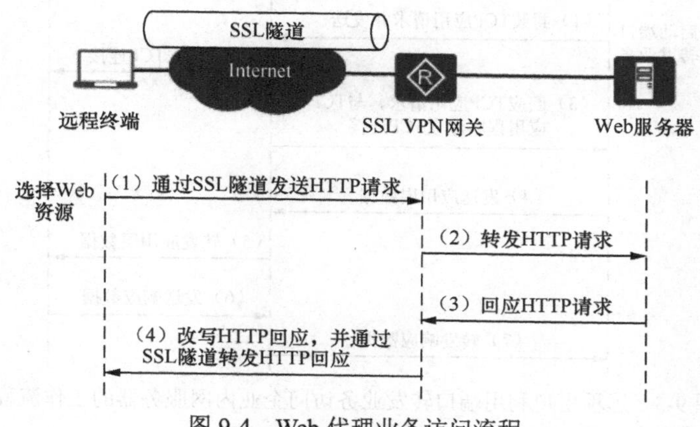

图 9-4　Web 代理业务访问流程

VPN 隧道建立在终端用户和 SSP VPN 网关之间，具体访问流程如下。

① 远程用户选择图 9-3 中的 Web 代理业务中列表显示的可访问 Web 链接后，远程终端通过 SSL VPN 隧道向 SSL VPN 网关发送 HTTP 请求。

② SSL VPN 网关收到 HTTP 请求后，将 HTTP 请求消息中的 URL 映射到企业内网 Web 服务器，并将 HTTP 请求消息转发到被请求资源对应的真正的 Web 服务器。

③ Web 服务器响应 SSL VPN 网关转发的 HTTP 请求。

④ SSL VPN 网关收到 HTTP 响应消息后，将响应消息中真实的 URL 转换为指向 SSL VPN 网关的 URL，并将改写后的 HTTP 响应消息通过 SSL VPN 隧道发送给远程用户，然后远程用户就可以访问对应的 Web 资源。

在 Web 代理业务中，远程用户在访问真实的 URL 对应的资源时都通过 SSL VPN 网关，保证了远程用户传输数据的安全。

2. 端口转发

端口转发的 SSL VPN 业务用于实现远程用户对服务器开放端口的安全访问。一般用于企业的出差员工、分支机构员工或者合作伙伴访问特定的应用程序资源。通过端口转发业务，远程用户可以访问企业内网中基于 TCP 的服务，包括远程访问服务（如远程上机）、桌面共享服务、邮件服务等。

远程用户在如图 9-3 所示界面中选择了要访问端口转发类的业务时，远程终端会自动从 SSL VPN 网关下载一个 Java 插件。该 Java 插件负责与 SSL VPN 网关建立 SSL 连接，相当于 TCP 应用代理。这样，远程用户可以通过原有应用程序直接访问企业内网提供的服务，而不需要额外设置。

远程用户利用端口转发业务访问企业内网服务器的工作流程如图 9-5 所示，具体描述如下。

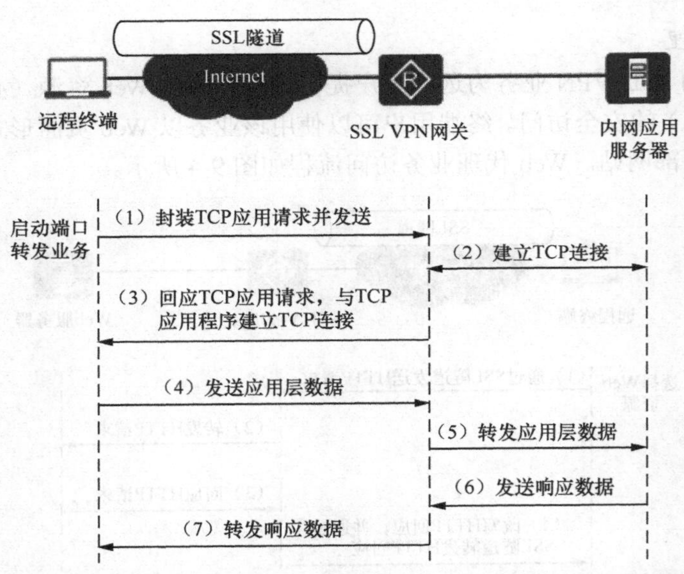

图 9-5 远程用户利用端口转发业务访问企业内网服务器的工作流程

① 远程用户开启 TCP 应用程序（例如，打开远程访问服务程序、远程连接到企业内网应用服务器等），Java 插件就会与 SSL VPN 网关建立 SSL 连接，并封装 TCP 应用请

求为 HTTP 请求，通过 SSL 隧道发送给 SSL VPN 网关。

② SSL VPN 网关与对应的企业内网应用服务器建立 TCP 连接。

③ TCP 连接建立成功后，SSL VPN 网关通过 SSL VPN 隧道回应 Java 插件的 HTTP 请求。Java 插件与 TCP 应用程序建立 TCP 连接。

④ 收到 SSL VPN 网关的 HTTP 回应后，Java 插件将远程用户访问企业内网应用服务器的应用层数据通过 SSL VPN 隧道发送给 SSL VPN 网关。

⑤ SSL VPN 网关在收到来自远程用户的应用层数据后再通过已经建立的 TCP 连接将应用层数据发送给企业内网应用服务器。

⑥ 企业内网应用服务器也会对 SSL VPN 网关进行响应，响应消息中包括正常情况下执行某项应用程序时的交互消息。

⑦ SSL VPN 网关将企业内网应用服务器响应的数据发送给 Java 插件，Java 插件将数据转发给 TCP 应用程序。

3．网络扩展

网络扩展的 SSL VPN 业务提供对远程用户与企业内网间 IP 通信的安全保护，多用于企业出差员工等访问企业内网文件资源。网络扩展能使远程终端与企业内网服务器在网络层实现安全通信，使远程用户在远程访问时就像访问本地局域网一样方便和安全。SSL VPN 的这一业务与 IPSec VPN 类似。

远程用户在图 9-3 界面中选择访问网络扩展业务后，远程终端也会自动从 SSL VPN 网关下载 Java 插件。Java 插件负责与 SSL VPN 网关建立 SSL 连接，生成虚拟网卡并为虚拟网卡申请企业内网 IP 地址，相当于将远程用户加入内部网络，使远程用户具有对企业内网最大的访问权限。

远程用户利用网络扩展业务访问企业内网服务器资源的工作流程如图 9-6 所示。整个访问过程要经过多次的 IP 报文重封装和解封装，具体描述如下。

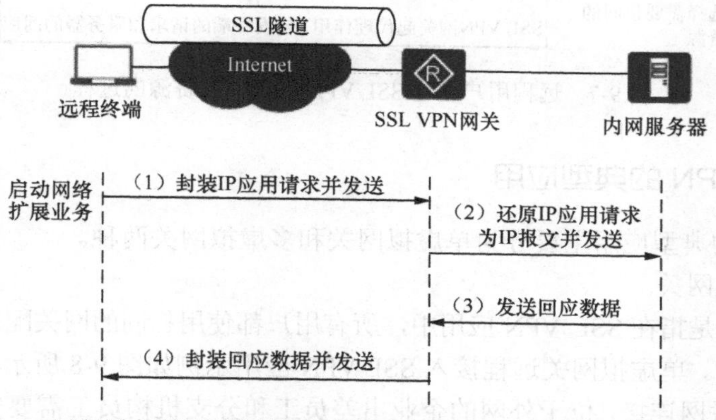

图 9-6　远程用户利用网络扩展业务访问企业内网服务器资源的工作流程

① 远程用户启动 IP 应用（例如，执行 ping 命令）访问企业内网资源，IP 应用请求报文会根据路由（根据报文中的目的 IP 地址选择路由）被发送到本地由 Java 插件生成的虚拟网卡上，以使该应用数据报文能在 SSL VPN 隧道中传输。Java 插件对原始 IP 应用请求报文进行 IP 重封装（重封装后的新 IP 报头中的源 IP 地址为虚拟网卡的 IP 地址），

然后将 IP 应用请求发送到 SSL VPN 网关。

需要说明的是，在这个过程中，原始应用请求报头中的源 IP 地址由原来终端主机物理网卡 IP 地址转换成与企业网络在相同 IP 网段的虚拟网卡 IP 地址。

② SSL VPN 网关收到经过重封装后的 IP 应用请求报文后进行解封装，还原成原始的 IP 应用请求报文（此时 IP 报头中的源 IP 地址是用户主机物理网卡的 IP 地址），并发往对应的企业内网服务器。

③ 企业内网服务器收到 IP 应用请求报文对 SSL VPN 网关进行响应。

④ SSL VPN 网关收到来自企业内网服务器的响应报文，重新进行封装（新 IP 报头的目的 IP 地址转换为用户虚拟网卡的 IP 地址），然后转发给远程终端的 Java 插件。Java 插件再进行解封装后通过虚拟网卡将原始响应 IP 报文转发给远程终端主机。

9.1.5 SSL VPN 远程用户访问内网资源过程

远程用户通过 SSL VPN 访问内网资源的过程如图 9-7 所示。

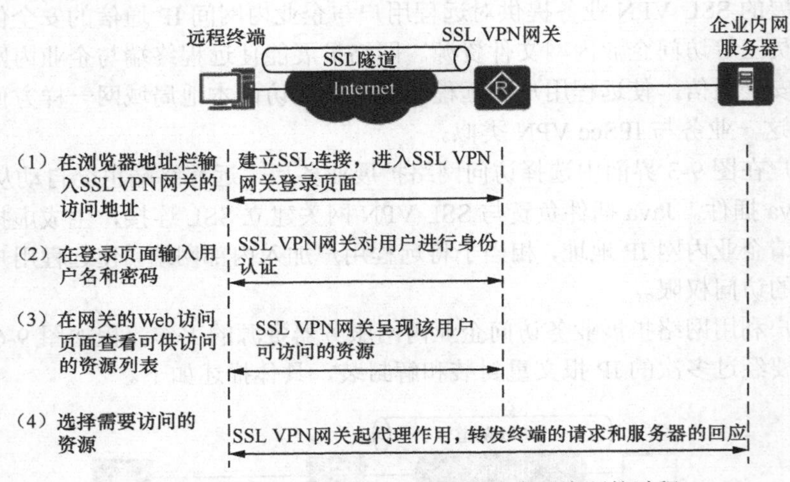

图 9-7　远程用户通过 SSL VPN 访问内网资源的过程

9.1.6 SSL VPN 的典型应用

SSL VPN 的典型应用主要分为单虚拟网关和多虚拟网关两种。

（1）单虚拟网关

单虚拟网关是指在 SSL VPN 应用中，所有用户都使用相同的网关配置对远程企业总部网络进行访问。单虚拟网关远程接入 SSL VPN 应用示例如图 9-8 所示，企业通过 SSL VPN 网关与互联网连接，位于外网的企业出差员工和分支机构员工需要安全访问企业内网资源，这些远程用户可使用终端计算机，在任何时间、任何地点通过浏览器接入企业内部网络，而且可以访问相同的资源。

图 9-8 中远程用户支持 Web 代理、端口转发和网络扩展形式的动态远程接入，所有用户均可访问企业内网资源，且他们具有相同的权限。

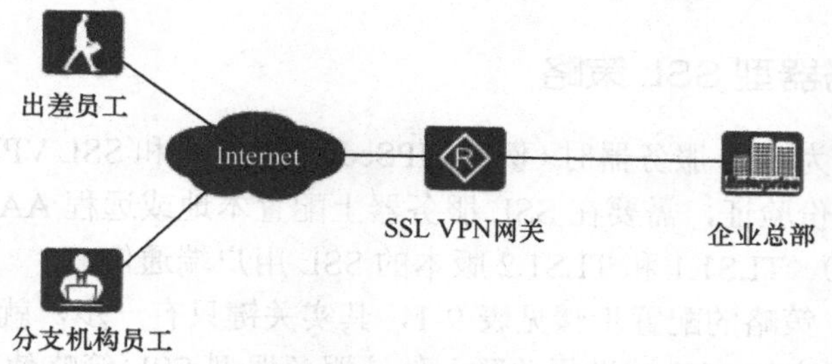

图 9-8　单虚拟网关远程接入 SSL VPN 应用示例

（2）多虚拟网关

多虚拟网关远程接入 SSL VPN 应用示例如图 9-9 所示，企业通过 SSL VPN 网关设备与互联网连接，位于外网的出差员工、用户和合作伙伴都需要安全访问企业的内网资源。此时，可以在网关设备上配置 SSL VPN 多虚拟网关功能，将 1 台设备模拟为多个虚拟网关设备，满足不同类型远程用户的不同类型的访问需求。这时，不同类型的远程用户只能访问对应虚拟网关的资源，并且在管理和使用上不受其他虚拟网关的配置影响。

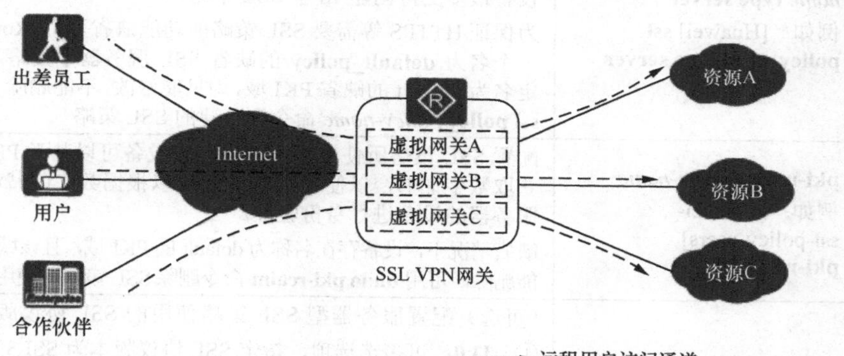

图 9-9　多虚拟网关远程接入 SSL VPN 应用示例

例如，在 SSL VPN 网关上创建虚拟网关 A、虚拟网关 B 和虚拟网关 C，然后将 3 个虚拟网关地址分别告知对应的远程用户，使远程用户通过浏览器访问各自可以访问的内网资源。该场景也适用于在 1 栋大楼内，不同企业通过同 1 台网关设备与互联网连接，不同企业的远程用户分别根据不同的虚拟网关访问对应企业的内网资源。

9.2　服务器型 SSL 策略配置与管理

由于在 HTTPS 服务器配置中需要用到 SSL 策略，所以在此先介绍了 SSL 策略的配置。

SSL 利用数据加密、身份验证和消息完整性验证机制，为基于 TCP 的应用层协议（例如 HTTP）提供安全性保证。应用层协议可以关联服务器型 SSL 策略，使应用层协议与 SSL 结合，从而为应用层协议提供安全连接。

在设备上配置服务器型 SSL 策略后，设备即可以作为 SSL 服务器。在 SSL 握手过程中，设备使用服务器型 SSL 策略所设置的 SSL 参数与 SSL 用户端之间协商会话参数，并建立会话。

9.2.1 配置服务器型 SSL 策略

当设备配置作为 SSL 服务器时（例如，IPSec VPN 网关和 SSL VPN 网关），允许 SSL 用户端对其进行身份验证，需要在 SSL 服务器上配置本地或远程 AAA 认证功能，可以与 SSL3.0、TLS1.0、TLS1.1 和 TLS1.2 版本的 SSL 用户端通信。

服务器型 SSL 策略的配置步骤见表 9-1，其实关键只有一步，就是把所创建的服务器型 SSL 策略与指定的 PKI 域进行关联，使该服务器型 SSL 策略使用指定 PKI 域中的本地证书进行身份认证。

表 9-1 服务器型 SSL 策略的配置步骤

步骤	命令	说明
1	**system-view**	进入系统视图
2	**ssl policy** *policy-name* **type server** 例如：[Huawei] **ssl policy** users **type server**	创建服务器型 SSL 策略，并进入服务器型 SSL 策略视图。参数 *policy-name* 用来指定所创建的 SSL 策略的名称，字符串形式，不支持空格，区分大小写，长度为 1～31，且不能包含字符"?"。设备最多支持创建 16 个 SSL 策略。 为保证 HTTPS 等需要 SSL 策略的功能缺省可用，Router 上存在一个名为 **default_policy** 的缺省 SSL 服务器型策略，该策略绑定名为 default 的缺省 PKI 域，均只能修改，不能删除。可用 **undo ssl policy** *policy-name* 命令删除建的 SSL 策略
3	**pki-realm** *realm-name* 例如：[Huawei-ssl-policy-users] **pki-realm** abc	配置 SSL 策略所使用的 PKI 域，使设备可以基于 PKI 域从 CA 获取数字证书，以便 SSL 用户端可以根据数字证书对担当 SSL 服务器的设备进行身份验证。 缺省情况下，设备存在名称为 default 的 PKI 域，且该域只能修改不能删除，可用 **undo pki-realm** 命令删除 SSL 策略所使用的 PKI 域
4	**version** { **ssl3.0** | **tls1.0** | **tls1.1** | **tls1.2** } * 例如：[Huawei-ssl-policy-users] **version tls1.1**	（可选）配置服务器型 SSL 策略使用的 SSL 协议版本。 ① **ssl3.0**：可多选选项，指定 SSL 协议版本为 SSL3.0。 ② **tls1.0**：可多选选项，指定 SSL 协议版本为 TLS1.0。 ③ **tls1.1**：可多选选项，指定 SSL 协议版本为 TLS1.1。 ④ **tls1.2**：可多选选项，指定 SSL 协议版本为 TLS1.2。 缺省情况下，服务器型 SSL 策略使用的 SSL 协议版本为 TLS1.2，可用 **undo version** 命令删除服务器型 SSL 策略使用的 SSL 协议版本
5	**session** { **cachesize** *size* | **timeout** *time* } * 例如：[Huawei-ssl-policy-users] **session cachesize** 50 **timeout** 7200	（可选）配置保存会话的最大数目和最大时长。通过 SSL 握手协议协商会话参数并建立会话的过程比较复杂。为了简化 SSL 握手过程，SSL 允许重用已经协商过的会话参数建立会话，所以 SSL 服务器上需要保存已有的会话信息。 ① **cachesize** *size*：可多选参数，指定保存会话的最大数目，整数形式，具体取值以设备为准。 ② **timeout** *time*：可多选参数，指定保存会话的最大时长，整数形式，取值为 1800～72000，单位为秒。 如果保存会话的数目达到最大值，SSL 服务器将拒绝保存新的会话；如果保存会话的时间超过最大值，SSL 将删除该会话的信息。重复执行本命令时，新配置将覆盖老配置。 缺省情况下，保存会话的最大时长为 3600 秒，不同 AR 系列路由器可保存会话的最大数目不同，可用 **undo session** { **cachesize** | **timeout** } *命令恢复保存会话的最大数目和最大时长为缺省情况

续表

步骤	命令	说明
6	**ciphersuite { rsa_3des_cbc_sha | rsa_aes_128_cbc_sha | rsa_aes_128_sha256 | rsa_aes_256_sha256 | rsa_aes128_ccm | rsa_aes128_gcm_sha256 | rsa_aes256_ccm | rsa_aes256_gcm_sha384 }*** 例如：[Huawei-ssl-policy-users] **ciphersuite rsa_aes_128_cbc_sha**	（可选）配置服务器型 SSL 策略支持的加密套件。加密套件包含数据加密算法、密钥交换算法和 MAC 摘要算法等信息。在 SSL 握手过程中，SSL 用户端通过 Client Hello 消息将它支持的 SSL 协议版本、数据加密算法、密钥交换算法、MAC 摘要算法等信息发送给 SSL 服务器。SSL 服务器确定本次通信采用的 SSL 协议版本和加密套件，并通过 Server Hello 消息通知给 SSL 用户端。重复执行本命令时，新配置将覆盖老配置。 ① **rsa_3des_cbc_sha**：可多选选项，指定加密套件为 **rsa_3des_cbc_sha**，其中，密钥交换算法采用 RSA，数据加密算法采用 3DES_CBC 算法，MAC 摘要算法采用 SHA。 ② **rsa_aes_128_cbc_sha**：可多选选项，指定加密套件为 **rsa_aes_128_cbc_sha**，其中，密钥交换算法采用 RSA，数据加密算法采用 128 位 AES_CBC 算法，MAC 摘要算法采用 SHA。 ③ **rsa_des_cbc_sha**：可多选选项，指定加密套件为 **rsa_des_cbc_sha**，其中，密钥交换算法采用 RSA，数据加密算法采用 DES_CBC 算法，MAC 摘要算法采用 SHA。 ④ **rsa_aes_128_sha256**：可多选选项，指定加密套件为 **rsa_aes_128_sha256**，其中，密钥交换算法采用 RSA，数据加密算法采用 128 位的 AES_CBC 算法，MAC 摘要算法采用 SHA2-256。 ⑤ **rsa_aes_256_sha256**：可多选选项，指定加密套件为 **rsa_aes_256_sha256**，其中，密钥交换算法采用 RSA，数据加密算法采用 256 位的 AES_CBC 算法，MAC 摘要算法采用 SHA2-256。 ⑥ **rsa_aes128_ccm**：可多选选项，指定加密套件为 **rsa_aes128_ccm**。加密套件 **rsa_aes128_ccm** 的密钥交换算法采用 RSA，数据加密算法采用 128 位的 AES_CCM 算法。 ⑦ **rsa_aes128_gcm_sha256**：可多选选项，指定加密套件为 **rsa_aes128_gcm_sha256**。加密套件 **rsa_aes128_gcm_sha256** 的密钥交换算法采用 RSA，数据加密算法采用 128 位的 AES_GCM 算法，MAC 算法采用 SHA2-256。 ⑧ **rsa_aes256_ccm**：可多选选项，指定加密套件为 **rsa_aes128_ccm**。加密套件 **rsa_aes128_ccm** 的密钥交换算法采用 RSA，数据加密算法采用 256 位的 AES_CCM 算法。 ⑨ **rsa_aes256_gcm_sha384**：可多选选项，指定加密套件为 **rsa_aes256_gcm_sha384**。加密套件 **rsa_aes256_gcm_sha384** 的密钥交换算法采用 RSA，数据加密算法采用 256 位的 AES_GCM 算法，MAC 算法采用 SHA2-384。 缺省情况下，服务器型 SSL 策略支持的加密套件为 **sa_aes_128_sha256** 和 **rsa_aes_256_sha256**，可用 **undo ciphersuite** 命令恢复服务器型 SSL 策略支持的加密套件为缺省配置
7	**undo renegotiation enable** 例如：[Huawei-ssl-policy-server-users] **undo renegotiation enable**	（可选）配置 SSL 重协商功能。当设备遇到重协商攻击时，可通过去使能重协商功能来阻止攻击，但去使能重协商功能的同时会造成业务中断。因此，也可以在使能 （二选一）去使能 SSL 连接重协商功能。 缺省情况下，SSL 连接重协商功能处于使能状态，可用 **undo renegotiation enable** 命令去使能 SSL 连接重协商功能
	quit	返回系统视图

续表

步骤	命令		说明
7	**ssl renegotiation-rate** *rate* 例如：[Huawei] **ssl renegotiation-rate** 2	SSL 连接重协商功能的同时，配置 SSL 连接重协商速率，减轻重协商对设备造成的攻击，尽量保证业务正常运行	（二选一）配置 SSL 连接重协商速率，整数形式，取值为 0～65535，单位是次/秒。此配置对所有 SSL 策略均生效。 缺省情况下，SSL 连接重协商速率为 1 次/秒，可用 **undo ssl renegotiation-rate** 命令用来恢复 SSL 连接重协商速率为缺省配置

9.2.2 SSL 维护和管理命令

执行 **display ssl policy** [*policy-name*] 命令可查看 SSL 策略的配置信息。

当设备与 SSL 服务器或 SSL 用户端成功建立连接时，设备会自动记录 SSL 连接的数目。可通过在任意视图下执行 **display ssl connection statistics** 命令查看 SSL 连接数的统计信息，有助于管理员根据该信息进行 SSL 相关的故障诊断与排查。

如果需要统计一段时间内 SSL 的最大连接数信息，则可以在统计开始前使用 **reset ssl connection statistics** 命令清除它原有的统计信息，使它重新进行统计。

9.3 HTTPS 服务器配置与管理

配置好 HTTPS 服务器所需的服务器型 SSL 策略后就可以正式把设备配置为 HTTPS 服务器，供远程用户通过 Web 方式访问。

9.3.1 配置 HTTPS 服务器

HTTPS 是支持 SSL 协议的 HTTP，从以下几个方面提高了设备的安全性。

① 通过 SSL 协议保证合法用户端可以安全地访问设备，禁止非法的用户端访问设备。

② 用户端与设备之间交互的数据需要加密，从而保证数据传输的安全性和完整性，进而实现对设备的安全管理。

③ 为设备制定基于证书属性的访问控制策略，可对用户端的访问权限进行控制，进一步避免了非法用户对设备进行攻击。

HTTPS 服务器的配置步骤见表 9-2。

表 9-2 HTTPS 服务器的配置步骤

步骤	命令	说明
1	**system-view**	进入系统视图
2	**http secure-server ssl-policy** *ssl-policy* 例如：[Huawei] **http secure-server ssl-policy** ycb	配置 HTTPS 服务器关联的服务器型 SSL 策略。 缺省情况下，HTTPS 服务器关联的服务器型 SSL 策略的名称是 **default_policy**，可用 **undo http secure-server ssl-policy** 命令取消 HTTPS 服务器与服务器型 SSL 策略的关联

续表

步骤	命令	说明
3	**http secure-server port** *port-number* 例如：[Huawei] **http secure-server port** 1278	（可选）配置 HTTPS 服务的端口号，整数形式，取值为 1025～51200。**只有 3 级及以上的用户才能通过管理端口登录 Web。** 缺省情况下，HTTPS 服务的端口号是 443，可用 **undo http secure-server port** 命令恢复 HTTPS 服务的端口号为缺省情况
4	**http secure-server enable** 例如：[Huawei] **http secure-server enable**	使能设备的 HTTPS 服务器功能。 缺省情况下，设备的 HTTPS 服务器功能已经使能，可用 **undo http secure-server enable** 命令去使能设备的 HTTPS 服务器功能

以上配置完成后，可以在任意视图下执行 **display current-configuration | include http secure-server** 命令，查看 HTTPS 服务器的配置信息。

9.3.2 HTTPS 服务器配置示例

SSL 服务器配置示例拓扑结构如图 9-10 所示，某企业用户可以利用 Web 页面访问设备。为了防止传输的数据不被窃听和篡改，实现对设备的安全管理，网络管理员要求用户以 HTTPS 的方式安全访问设备。为了满足上述需求，需要把 Router 配置为 HTTPS 服务器，以便用户以 Web 方式安全访问和管理设备。

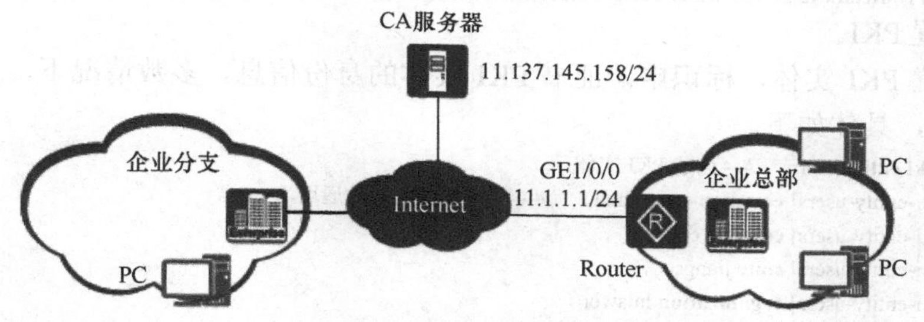

图 9-10　SSL 服务器配置示例拓扑结构

1. 基本配置思路分析

HTTPS 服务器的配置包括 3 个部分：第一部分是向 CA 服务器申请本地证书；第二部分是创建服务器型 SSL 策略；第三部分是使能 HTTPS 服务器功能（缺省已使能）。由于第二、第三两个部分的配置很简单，所以 HTTPS 服务器的关键还是 PKI 的配置。

本示例采用 SCEP 自动下载、安装 CA 证书和本地证书的方式进行配置。这种方式最为简单，不需要单独下载、安装 CA 证书，本地证书的申请、下载和安装也是同步进行的，具体步骤参见本书第 8 章 8.4.1 节。

基于以上分析得出本示例的基本配置思路如下（均在 Router 上配置）。

① 配置接口 IP 地址及到达 CA 服务器的静态路由，实现 Router 和 CA 服务器之间路由互通。

② 配置 PKI（包括 PKI 实体和 PKI 域）。

③ 创建 RSA 密钥对，这是在申请本地证书之前必须要准备好的。

④ 配置采用 SCEP 自动申请本地证书。

⑤ 创建服务器型 SSL 策略。

⑥ 配置 HTTPS 服务器。

需要说明的是，为了从 CA 服务器成功申请本地证书，要事先准备好以下数据。

① CA 服务器的名称，作为信任的 CA 名称，本示例假设为 ca_root。

② 访问 CA 服务器申请本地证书的 URL，本示例假设为：http://11.137.145.158:8080/certsrv/mscep/mscep.dll。

③ CA 证书的数字指纹和算法，本示例假设指纹算法为 SHA2，数字指纹为：7bb05ada0482273388ed4ec228d79f77309ea3f47bb05ada0482273388ed4ec2。

④ 向 CA 申请本地证时的挑战密码，本示例假设为：6AE73F21E6D3571D。

2. 具体配置步骤

① 配置 Router 的接口 IP 地址及到达 CA 服务器的静态路由。假设下一跳 IP 地址为 11.1.1.2/24（ISP 边缘设备企业分支侧的接口 IP 地址）。当然，在公网端设备上也要配置到达 Router 的路由，具体如下。

```
<Huawei> system-view
[Huawei] sysname Router
[Router] interface gigabitethernet 1/0/0
[Router-GigabitEthernet1/0/0] ip address 11.1.1.1 255.255.255.0
[Router-GigabitEthernet1/0/0] quit
[Router] ip route-static 11.137.145.0 255.255.255.0 11.1.1.2
```

② 配置 PKI。

#---配置 PKI 实体，标识申请证书 PKI 实体的身份信息。多数情况下，只需执行前面 3 步即可，具体如下。

```
[Router] pki entity users     #---创建 PKI 实体
[Router-pki-entity-users] common-name hello     #---配置 PKI 实体的通用名
[Router-pki-entity-users] country cn
[Router-pki-entity-users] state jiangsu
[Router-pki-entity-users] organization huawei
[Router-pki-entity-users] organization-unit info
[Router-pki-entity-users] quit
```

#---配置 PKI 域，指定信任的 CA，配置 CA 证书的数字指纹及算法，具体如下。

```
[Router] pki realm users
[Router-pki-realm-users] entity users
[Router-pki-realm-users] ca id ca_root
[Router-pki-realm-users] fingerprint sha2 7bb05ada0482273388ed4ec228d79f77309ea3f47bb05ada0482273388ed4ec2
[Router-pki-realm-users] quit
```

③ 创建 RSA 密钥对。RSA 密钥对名称为 rsa_scep，在创建提示输入密钥位数时输入 2048，并设置为可以从设备上导出（命令中带上 **exportable** 选项），用于把其中的公钥发给对端设备，实现对本端设备的验证，具体如下。

```
[Router] pki rsa local-key-pair create rsa_scep exportable
 Info: The name of the new key-pair will be: rsa_scep
 The size of the public key ranges from 512 to 4096.
 Input the bits in the modules:2048
 Generating key-pairs...          .................+++
.......................+++
```

④ 通过 SCEP 申请和更新证书。

本示例假设采用通过 SCEP 自动为 Router 申请、更新本地证书。更新时间是在现有证书有效期达到 60%时就开始更新，而且指定更新证书会自动重新创建 2048 位的 RSA 密钥对。至于向 CA 发送证书申请请求消息时所采用的数字签名算法可不配置，缺省为 SHA-256，但必须与 CA 上所使用的签名算法保持一致，具体如下。

```
[Router-pki-realm-users] enrollment-url http://11.137.145.158:8080/certsrv/mscep/mscep.dll ra
#---指定访问 CA 服务器的 URL 地址，并且指定由 RA 进行审核 PKI 实体申请本地证书时的身份信息
[Router-pki-realm-users] rsa local-key-pair rsa_scep #---指定通过 SCEP 申请本地证书时所使用的 RSA 密钥对名称为 rsa_scep，即上一步所创建的 RSA 密钥对
[Router-pki-realm-abc] enrollment-request signature message-digest-method sha-384 #---配置在向 CA 发送申请证书请求时，利用自己私钥对消息进行签名时所用的摘要算法为 SHA-384
[Router-pki-realm-users] password cipher 6AE73F21E6D3571D #---配置挑战密码，用于 CA 服务器验证申请者的身份
[Router-pki-realm-users] auto-enroll 60 regenerate 2048 #---开启证书自动注册和更新功能，指定证书密钥长度为 2048 位，在有效期到 60%时自动更新并同时更新 RSA 密钥
[Router-pki-realm-users] quit
```

通过以上配置，就可以从 CA 服务器通过 SCEP 自动向 CA 服务器申请注册本地证书。在申请的过程中，设备会先获取 CA 证书并自动安装（导入内存）CA 证书，然后再获取本地证书并自动安装本地证书。获取的 CA 证书和本地证书名称分别为 users_ca.cer 和 users_local.cer。

本地证书申请成功后，可通过执行 **display pki certificate local** 命令查看已经导入内存的本地证书的内容，具体如下。

```
[Router] display pki certificate local realm users
 The x509 object type is certificate:
Certificate:
    Data:
        Version: 3 (0x2)      #---本地证书使用的 X.509 协议版本号为 3
        Serial Number:        #---本地证书序列号
            48:65:aa:2a:00:00:00:00:3f:c6
    Signature Algorithm: sha1WithRSAEncryption     #---本地证书签名算法为 SHA1
        Issuer: CN=ca_root       #---本地证书颁发者名称为 ca_root
        Validity              #---本地证书的有效期
            Not Before: Dec 21 11:46:10 2015 GMT
            Not After : Dec 21 11:56:10 2016 GMT
        Subject: C=CN, ST=jiangsu, O=huawei, OU=info, CN=hello     #---本地证书主题字段内容
        Subject Public Key Info:       #---本地证书公钥信息
            Public Key Algorithm: rsaEncryption           #---本地证书公钥算法为 RSA
                Public-Key: (2048 bit)              #--本地证书公钥为 2048 位
                Modulus:                  #---本地证书公钥
                    00:94:6f:49:bd:6a:f3:d5:07:ee:10:ee:4f:d3:06:
                    80:59:15:cb:a8:0a:b2:ba:c2:db:52:ec:e9:d1:a7:
                    72:de:ac:35:df:bb:e0:72:62:08:3e:c5:54:c1:ba:
                    4a:bb:1b:a9:d9:dc:e4:b6:4d:ca:b3:54:90:b6:8e:
                    15:a3:6e:2d:b2:9e:9e:7a:33:b0:56:3f:ec:bc:67:
                    1c:4c:59:c6:67:0f:a7:03:52:44:8c:53:72:42:bd:
                    6e:0c:90:5b:88:9b:2c:95:f7:b8:89:d1:c2:37:3e:
                    93:78:fa:cb:2c:20:22:5f:e5:9c:61:23:7b:c0:e9:
                    fe:b7:e6:9c:a1:49:0b:99:ef:16:23:e9:44:40:6d:
                    94:79:20:58:d7:e1:51:a1:a6:4b:67:44:f7:07:71:
                    54:93:4e:32:ff:98:b4:2b:fa:5d:b2:3c:5b:df:3e:
                    23:b2:8a:1a:75:7e:8f:82:58:66:be:b3:3c:4a:1c:
```

```
                    2c:64:d0:3f:47:13:d0:5a:29:94:e2:97:dc:f2:d1:
                    06:c9:7e:54:b3:42:2e:15:b8:40:f3:94:d3:76:a1:
                    91:66:dd:40:29:c3:69:70:6d:5a:b7:6b:91:87:e8:
                    bb:cb:a5:7e:ec:a5:31:11:f3:04:ab:1a:ef:10:e6:
                    f1:bd:d9:76:42:6c:2e:bf:d9:91:39:1d:08:d7:b4:
                    18:53
                Exponent: 65537 (0x10001)
        X509v3 extensions:
            X509v3 Subject Alternative Name:
                IP Address:10.2.0.2, DNS:test.abc.com, email:user@test.abc.com
            X509v3 Subject Key Identifier:
                15:D1:F6:24:EB:6B:C0:26:19:58:88:91:8B:60:42:CE:BA:D5:4D:F3
            X509v3 Authority Key Identifier:
                keyid:B8:63:72:A4:5E:19:F3:B1:1D:71:E1:37:26:E1:46:39:01:B6:82:C5

            X509v3 CRL Distribution Points:

                Full Name:
                  URI:file://\\vasp-e6000-127.china.huawei.com\CertEnroll\ca_root.crl
                  URI:http://10.3.0.1:8080/certenroll/ca_root.crl

            Authority Information Access:
                CA Issuers - URI:http://vasp-e6000-127.china.huawei.com/CertEnro
ll/vasp-e6000-127.china.huawei.com_ca_root.crt
                OCSP - URI:file://\\vasp-e6000-127.china.huawei.com\CertEnroll\v
asp-e6000-127.china.huawei.com_ca_root.crt

            1.3.6.1.4.1.311.20.2:
                .0.I.P.S.E.C.I.n.t.e.r.m.e.d.i.a.t.e.O.f.f.l.i.n.e
    Signature Algorithm: sha1WithRSAEncryption     #---本地证书的 RSA 数字签名（由 CA 证书私钥生成）
         d2:be:a8:52:6b:03:ce:89:f1:5b:49:d4:eb:2b:9f:fd:59:17:
         d4:3c:f1:db:4f:1b:d1:12:ac:bf:ae:59:b4:13:1b:8a:20:d0:
         52:6a:f8:a6:03:a6:72:06:41:d2:a7:7d:3f:51:64:9b:84:64:
         cf:ec:4c:23:0a:f1:57:41:53:eb:f6:3a:44:92:f3:ec:bd:09:
         75:db:02:42:ab:89:fa:c4:cd:cb:09:bf:83:1d:de:d5:4b:68:
         8a:a6:5f:7a:e8:b3:34:d3:e8:ec:24:37:2b:bd:3d:09:ed:88:
         d8:ed:a7:f8:66:aa:6f:b0:fe:44:92:d4:c9:29:21:1c:b3:7a:
         65:51:32:50:5a:90:fa:ae:e1:19:5f:c8:63:8d:a8:e7:c6:89:
         2e:6d:c8:5b:2c:0c:cd:41:48:bd:79:74:0e:b8:2f:48:69:df:
         02:89:bb:b3:59:91:7f:6b:46:29:7e:22:05:8c:bb:6a:7e:f3:
         11:5a:5f:fb:65:51:7d:35:ff:49:9e:ec:d1:2d:7e:73:e5:99:
         c6:41:84:0c:50:11:ed:97:ed:15:de:11:22:73:a1:78:11:2e:
         34:e6:f5:de:66:0c:ba:d5:32:af:b8:54:26:4f:5b:9e:89:89:
         2a:3f:b8:96:27:00:c3:08:3a:e9:e8:a6:ce:4b:5a:e3:97:9e:
         6b:dd:f0:72

Pki realm name: users          #---本地证书所属 PKI 域为 users
Certificate file name: users_local.cer       #---本地证书文件名为 users_local.cer
Certificate peer name: -
```

执行 **display pki certificate ca** 命令，可查看已经导入内存的 CA 证书的内容，具体如下。

```
[Router] display pki certificate ca realm users
  The x509 object type is certificate:
Certificate:
```

```
Data:
    Version: 3 (0x2)
    Serial Number:
        0c:f0:1a:f3:67:21:44:9a:4a:eb:ec:63:75:5d:d7:5f
Signature Algorithm: sha1WithRSAEncryption
    Issuer: CN=ca_root
    Validity
        Not Before: Jun  4 14:58:17 2015 GMT
        Not After : Jun  4 15:07:10 2020 GMT
    Subject: CN=ca_root
    Subject Public Key Info:          #---CA 证书的公钥信息
        Public Key Algorithm: rsaEncryption
            Public-Key: (2048 bit)
            Modulus:
                00:d9:5f:2a:93:cb:66:18:59:8c:26:80:db:cd:73:
                d5:68:92:1b:04:9d:cf:33:a2:73:64:3e:5f:fe:1a:
                53:78:0e:3d:e1:99:14:aa:86:9b:c3:b8:33:ab:bb:
                76:e9:82:f6:8f:05:cf:f6:83:8e:76:ca:ff:7d:f1:
                bc:22:74:5e:8f:4c:22:05:78:d5:d6:48:8d:82:a7:
                5d:e1:4c:a4:a9:98:ec:26:a1:21:07:42:e4:32:43:
                ff:b6:a4:bd:5e:4d:df:8d:02:49:5d:aa:cc:62:6c:
                34:ab:14:b0:f1:58:4a:40:20:ce:be:a5:7b:77:ce:
                a4:1d:52:14:11:fe:2a:d0:ac:ac:16:95:78:34:34:
                21:36:f2:c7:66:2a:14:31:28:dc:7f:7e:10:12:e5:
                6b:29:9a:e8:fb:73:b1:62:aa:7e:bd:05:e5:c6:78:
                6d:3c:08:4c:9c:3f:3b:e0:e9:f2:fd:cb:9a:d1:b7:
                de:1e:84:f4:4a:7d:e2:ac:08:15:09:cb:ee:82:4b:
                6b:bd:c6:68:da:7e:c8:29:78:13:26:e0:3c:6c:72:
                39:c5:f8:ad:99:e4:c3:dd:16:b5:2d:7f:17:e4:fd:
                e4:51:7a:e6:86:f0:e7:82:2f:55:d1:6f:08:cb:de:
                84:da:ce:ef:b3:b1:d6:b3:c0:56:50:d5:76:4d:c7:
                fb:75
            Exponent: 65537 (0x10001)
    X509v3 extensions:
        1.3.6.1.4.1.311.20.2:
            ...C.A
        X509v3 Key Usage: critical
            Digital Signature, Certificate Sign, CRL Sign
        X509v3 Basic Constraints: critical
            CA:TRUE
        X509v3 Subject Key Identifier:
            B8:63:72:A4:5E:19:F3:B1:1D:71:E1:37:26:E1:46:39:01:B6:82:C5
        X509v3 CRL Distribution Points:

            Full Name:
              URI:http://vasp-e6000-127.china.huawei.com/CertEnroll/ca_root.crl
              URI:file://\\vasp-e6000-127.china.huawei.com\CertEnroll\ca_root.crl

        1.3.6.1.4.1.311.21.1:
            ...
Signature Algorithm: sha1WithRSAEncryption    #---CA 证书的数字签名（由 CA 证书的私钥自签名生成）
    52:21:46:b8:67:c8:c3:4a:e7:f8:cd:e1:02:d4:24:a7:ce:50:
    be:33:af:8a:49:47:67:43:f9:7f:79:88:9c:99:f5:87:c9:ff:
```

```
            08:0f:f3:3b:de:f9:19:48:e5:43:0e:73:c7:0f:ef:96:ef:5a:
            5f:44:76:02:43:83:95:c4:4e:06:5e:11:27:69:65:97:90:4f:
            04:4a:1e:12:37:30:95:24:75:c6:a4:73:ee:9d:c2:de:ea:e9:
            05:c0:a4:fb:39:ec:5c:13:29:69:78:33:ed:d0:18:37:6e:99:
            bc:45:0e:a3:95:e9:2c:d8:50:fd:ca:c2:b3:5a:d8:45:82:6e:
            ec:cc:12:a2:35:f2:43:a5:ca:48:61:93:b9:6e:fe:7c:ac:41:
            bf:88:70:57:fc:bb:66:29:ae:73:9c:95:b9:bb:1d:16:f7:b4:
            6a:da:03:df:56:cf:c7:c7:8c:a9:19:23:61:5b:66:22:6f:7e:
            1d:26:92:69:53:c8:c6:0e:b3:00:ff:54:77:5e:8a:b5:07:54:
            fd:18:39:0a:03:ac:1d:9f:1f:a1:eb:b9:f8:0d:21:25:36:d5:
            06:de:33:fa:7b:c8:e9:60:f3:76:83:bf:63:c6:dc:c1:2c:e4:
            58:b9:cb:48:15:d2:a8:fa:42:72:15:43:ef:55:63:39:58:77:
            e8:ae:0f:34

Pki realm name: users                          #---CA 证书所属 PKI 域为 users
Certificate file name: users_ca.cer            #---CA 证书的文件名为 users_ca.cer
Certificate peer name: -
```

由于在配置 **auto-enroll** 命令时选择了 **regenerate** 可选项，所以在本地证书更新时，系统会生成新的 RSA 密钥对去申请新证书，而且当系统检测到时间已经超过了当前证书配置有效期的 60%后，就会向 CA 发起本地证书的更新请求。

⑤ 配置服务器型 SSL 策略。

本示例就是要把所创建的服务器型 SSL 策略与前面配置的 PKI 域进行关联，使该服务器型 SSL 策略使用指定 PKI 域中的数字证书进行身份认证。另外，本示例中还配置了所支持 SSL 会话的最大数目，及每个 SSL 会话可持续的最长时间，具体如下。

```
[Router] ssl policy sslserver type server
[Router-ssl-policy-sslserver] pki-realm users   #---配置服务器型 SSL 策略所属的 PKI 域
[Router-ssl-policy-sslserver] session cachesize 40 timeout 7200   #---配置保存会话的最大数目和最大时长
[Router-ssl-policy-sslserver] quit
```

⑥ 配置 HTTPS 服务器。

HTTPS 服务器的配置很简单，只需指定所使用的服务器型 SSL 策略，并使能 HTTPS 服务器功能即可。在本示例中，为了避免与其他基于 SSL 的应用相冲突，此处把 HTTPS 服务器所使用的端口改为 1278，具体如下。

```
[Router] http secure-server ssl-policy sslserver #---配置 HTTPS 服务器关联的 SSL 策略为 sslserver
[Router] http secure-server enable     #---使能 Router 的 HTTPS 服务器功能
[Router] http secure-server port 1278    #---配置 HTTPS 服务的端口号
```

3. 配置结果验证

以上配置全部完成后，可在任意视图下执行 **display ssl policy** sslserver 命令，查看服务器型 SSL 策略 sslserver 的配置信息，具体如下。

```
[Router] display ssl policy sslserver

  ----------------------------------------------------------------------------
  Policy name                        :   sslserver
  Policy ID                          :   1
  Policy type                        :   Server
  Cipher suite                       :   rsa_aes_128_cbc_sha
  PKI realm                          :   users
  Version                            :   tls1.1
  Cache number                       :   40
  Time out(second)                   :   7200
```

```
Server certificate load status           :   loaded
CA certificate chain load status         :   loaded
SSL renegotiation status                 :   enable
Bind number                              :   1
SSL connection number                    :   0
--------------------------------------------------------------------------------
```

此时，用户在终端（例如，计算机）打开浏览器，在地址栏中输入 HTTPS 服务器的 IP 地址（带上端口号）“https://11.1.1.1:1278”，即可通过 HTTPS 的方式访问 Web 网管页面，用户后续可以利用 Web 网管页面安全访问和管理 Router。如果 Router 作为 SSL VPN 网关，则用户可通过 Router 访问它所连接的企业内部网络资源。

9.4 SSL VPN 配置与管理

通过第 8 章的 PKI 配置，设备获取了本地数字证书，通过本章前面配置好的服务器型 SSL 策略，并把设备配置为 HTTPS 服务器后，就可以正式配置 SSL VPN 功能，使设备担当 SSL VPN 网关角色，供远程用户通过 HTTPS 安全访问。

SSL VPN 的配置中主要是 SSL VPN 网关的配置，具体配置任务如下：

① 配置 SSL VPN 的侦听端口号；

② 创建 SSL VPN 远程用户；

③ 配置 SSL VPN 虚拟网关基本功能；

④ 配置 SSL VPN 业务；

⑤ 管理 SSL VPN 远程用户；

⑥（可选）配置个性化定制 Web 页面元素。

接下来，下面分别介绍以上配置任务的具体配置方法。

9.4.1 配置 SSL VPN 的侦听端口号

缺省情况下，Web 网管和 SSL VPN 业务的侦听端口号都是 TCP 443。为了避免与 Web 网管业务冲突，可以修改 SSL VPN 的侦听端口号。Web 网管就是用户终端通过 HTTPS 以安全方式登录设备，然后通过图形化的操作界面对设备进行管理，需要用到 SSL 策略。

修改 SSL VPN 的侦听端口号的方法是在系统视图下执行 **sslvpn server port** *port* 命令，取值为 443 或 1025～51200 的整数。在配置 SSL VPN 的侦听端口号前，需要确保设备上所有的 SSL VPN 虚拟网关都处于去使能状态。虚拟网关的配置参见 9.4.3 节。缺省情况下，SSL VPN 的侦听端口号为 443，可用 **undo sslvpn server port** 命令恢复 SSL VPN 的侦听端口号为缺省值。

修改 SSL VPN 业务的端口号后，后续用户登录 SSL VPN 网关时，输入的 URL 地址携带的端口号必须为修改后的端口号。例如，原来 SSL VPN 网关的访问地址为：“https://202.1.1.9/gateway1”，如果修改侦听端口号为 1025 时，则远程用户在地址栏输入的 URL 地址应该为：“https://202.1.1.9:1025/gateway1”。

9.4.2 创建 SSL VPN 远程用户

配置 SSL VPN 远程用户信息时，需要配置 AAA 认证和授权方案，可以使用本地或者 RADIUS AAA 方案，但认证和授权的方式必须一致。一般采用配置简单的本地 AAA 方案。

配置好 AAA 方案后，远程用户登录 SSL VPN 网关 Web 页面时，需要输入用户名和密码进行身份验证，只有当设备认证通过后，才允许远程用户登录虚拟网关，获得授权的内网资源服务。

在此仅以本地 AAA 方案（采用缺省的 **default** 域）进行介绍，配置 SSL VLN 远程用户本地 AAA 方案的步骤见表 9-3。如果要采用其他 AAA 域，则可用 **domian** 命令新建，然后为新建的用户加上对应的域名，并在后面介绍的 SSL VPN 虚拟网关上绑定对应的 AAA 域即可。

表 9-3 配置 SSL VLN 远程用户本地 AAA 方案的步骤

步骤	命令	说明
1	**system-view**	进入系统视图
2	**aaa** 例如：[Huawei] **aaa**	进入 AAA 视图
3	**local-user** *user-name* **password** 例如：[Huawei-aaa] **local-user** winda **password**	创建 SSL VPN 用户账户，并以交互方式配置账户密码。 为了防止密码过于简单出现安全隐患，用户输入的明文密码必须包括大写字母、小写字母、数字和至少两种特殊字符，且不能与用户名或用户名的倒写相同。 缺省情况下，系统中存在一个名称为“admin”的本地用户，该用户的密码为“Admin@huawei”，采用不可逆算法加密，用户级别为 15 级（最高级别），服务类型为 http，可用 **undo local-user user-name** 命令删除指定本地用户
4	**local-user** *user-name* **service-type sslvpn** 例如：[Huawei-aaa] **local-user** winda **service-type sslvpn**	配置以上远程用户的类型为 SSL VPN，使其支持 SSL VPN 接入类型。 缺省情况下，远程用户可以使用所有的接入类型，可用 **undo local-user** *user-name* **service-type** 命令将指定本地用户的接入类型恢复为缺省配置

9.4.3 配置 SSL VPN 虚拟网关基本功能

在设备上配置 SSL VPN 虚拟网关功能，可以将 1 台设备模拟为多台虚拟网关设备，满足不同远程用户、不同类型的访问需求。1 台设备模拟为多个虚拟网关的示例如图 9-11 所示，在设备上创建虚拟网关 A、虚拟网关 B 和虚拟网关 C，分别对应于不同的企业的远程用户，然后将 3 个虚拟网关 IP 地址分别告知对应的远程用户，使远程用户通过浏览器访问各自的企业内网资源。当然，图 9-11 中不同企业的远程用户也可以是同一企业中不同类型的远程用户，分别根据不同的虚拟网关访问对应权限的资源。

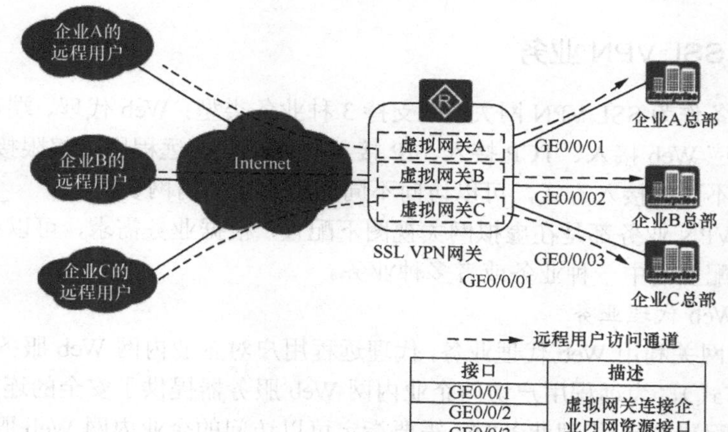

接口	描述
GE0/0/1	虚拟网关连接企业内网资源接口
GE0/0/2	
GE0/0/3	

图 9-11 1 台设备模拟为多个虚拟网关的示例

如果不需要配置多个虚拟网关，则可只配置一个虚拟网关。配置 SSL VPN 虚拟网关的步骤见表 9-4。

表 9-4 配置 SSL VPN 虚拟网关的步骤

步骤	命令	说明
1	**system-view**	进入系统视图
2	**sslvpn gateway** *gateway-name* 例如：[Huawei] **sslvpn gateway** lycb	创建虚拟网关并进入虚拟网关视图。参数 *gateway-name* 用来指定虚拟网关的名称，字符串形式，**不支持空格，区分大小写**，长度是 1～31，且不能包含字符"? < > [ ]"。 不同 AR 系列路由器可支持的虚拟网关数不同，最多支持 4 个，最低仅 1 个。 缺省情况下，系统没有创建虚拟网关，可用 **undo sslvpn gateway** *gateway-name* 命令删除指定的虚拟网关
3	**intranet interface** *interface-type interface-number* 例如：[Huawei-sslvpn-lycb] **intranet interface** gigabitethernet 2/0/0	配置虚拟网关连接内网资源的接口，通过该接口实现虚拟网关与企业内网服务器的通信。 需要注意的是，虚拟网关对应的内网接口为三层接口，且接口必须配置 IP 地址。使能 SSL VPN 虚拟网关基本功能后，管理员如果要修改虚拟网关对应的内网接口，则必须先执行 **undo enable** 命令去使能 SSL VPN 虚拟网关基本功能。 缺省情况下，虚拟网关没有配置连接内网资源的接口，可用 **undo intranet interface** 命令删除虚拟网关对应的内网接口
4	**bind domain** *domain-name* 例如：[Huawei-sslvpn-lycb] **bind domain** admin	配置虚拟网关绑定 AAA 域，必须与 SSL VPN 用户中配置的 AAA 域一致。如果在创建 SSL VPN 用户时指定采用系统缺省的 AAA 域，则此处绑定的 AAA 域为 default。 需要注意的是，使能 SSL VPN 虚拟网关的基本功能后，如果要修改虚拟网关绑定的 AAA 域，则必须先执行 **undo enable** 命令去使能 SSL VPN 虚拟网关的基本功能。 缺省情况下，虚拟网关没有绑定 AAA 域，可用 **undo bind domain** 命令取消虚拟网关绑定 AAA 域
5	**enable** 例如：[Huawei-sslvpn-lycb] **enable**	使能 SSL VPN 虚拟网关的基本功能。 缺省情况下，系统未使能 SSL VPN 虚拟网关的基本功能，可用 **undo enable** 命令用来去使能 SSL VPN 虚拟网关的基本功能，此时，对应 AAA 域中原来在线的用户将被迫下线

9.4.4　配置 SSL VPN 业务

当配置设备作为 SSL VPN 网关时，支持 3 种业务类型：Web 代理、端口转发和网络扩展，分别对应 Web 接入、TCP 接入、IP 接入 3 种不同的远程用户权限接入企业内网。远程用户通过不同的接入方式，可以访问不同类型的企业内网资源。

3 种 SSL VPN 业务都是在虚拟网关视图下配置，根据业务需求，可以在同一虚拟网关视图下选择配置其中一种业务或者多种业务。

1. 配置 Web 代理业务

SSL VPN 网关利用 Web 代理业务，代理远程用户对企业内网 Web 服务器的访问（对应 Web 接入方式），为远程用户访问企业内网 Web 服务器提供了安全的连接。

在设备上配置 Web 代理业务时，需要指定可以访问的企业内网 Web 服务器 URL 地址，并指定该 Web 代理的实现方式。需要说明的是，一个 Web 代理业务中只能配置一个 URL 地址，如果存在多个企业内网 Web 服务器，则需要配置多个 Web 代理业务。

Web 代理有两种实现方式。

① URL 改写：较为常用的方式

SSL VPN 网关显示给远程用户的内部网站资源链接是经过 SSL VPN 网关改写后的 URL。远程用户点击该网站资源链接后，SSL VPN 网关将远程用户访问的 URL 修改为指向 SSL VPN 网关的 URL。SSL VPN 网关需要对 Web 服务器响应远程用户的每个页面中的 URL 进行改写，其他内容不变。

② Web-tunnel：通过端口转发原理实现

远程终端需要安装 Java 插件，SSL VPN 网关显示给远程用户的内部网站资源链接是内网真实的 URL。远程用户点击该网站资源链接后，Java 插件会自动为该报文增加一个目的地址，该地址是 SSL VPN 网关的外层隧道，并通过 HTTP 请求协议发送给 SSL VPN 网关。SSL VPN 网关在收到 HTTP 请求后，还原为原始的用户 HTTP 请求，并将 HTTP 请求发送给内部 Web 服务器。

Web 代理业务的配置步骤见表 9-5。

表 9-5　Web 代理业务的配置步骤

步骤	命令	说明
1	**system-view**	进入系统视图
2	**sslvpn gateway** *gateway-name* 例如：[Huawei] **sslvpn gateway** lycb	进入对应虚拟网关视图
3	**service-type web-proxy resource** *resource-name* 例如：[Huawei-sslvpn-lycb] **service-type web-proxy resource** web	创建 Web 代理业务并进入 Web 代理业务视图。参数 *resource-name* 用来指定业务类型的名称，字符串形式，不支持空格，**区分大小写**，长度为 1～31，且不能包含字符"? < > [ ]"。当输入的字符串两端使用双引号时，可在字符串中输入空格。 缺省情况下，虚拟网关没有配置 Web 代理业务，可用 **undo service-type web-proxy resource** 命令删除 Web 代理业务

续表

步骤	命令	说明
4	**link** *url* [**web-tunnel**] 例如：[Huawei-sslvpn-lycb-wp-res-web] **link** http://10.0.0.1/	配置企业内网 Web 服务器的 URL 地址和该 Web 代理的实现方式。 ① *url*：指定内网 Web 服务器的 URL 地址，字符串形式，不支持空格，区分大小写，必须以“http：//”开头，长度为 1～200，且不能包含字符"<> [ ]"。 ② **web-tunnel**：可选项，指定以 Web-tunnel 模式访问内网 Web 服务器。如果不选择此可选项，则表示以 URL 改写方式访问内网 Web 服务器。 需要注意的是，一个 Web 代理业务只能配置一个 URL 地址，如果存在多个内网 Web 服务器，则可配置多个 Web 代理业务。如果在同一个 Web 代理业务视图下重复执行本命令时，则新配置将覆盖老配置。 缺省情况下，虚拟网关没有配置企业内网 Web 服务器的 URL 地址，Web 代理采用 URL 改写方式，可用 **undo link** 命令删除企业内网 Web 服务器的 URL 地址和该 Web 代理的实现方式
5	**description** *description* 例如：[Huawei-sslvpn-lycb-wp-res-web]**description** this service is used to access the ftp server	（可选）配置 Web 代理业务的描述信息，字符串形式，支持空格，区分大小写，长度为 1～80，不能包含“？ <> [ ]”。 缺省情况下，虚拟网关没有对业务进行描述，可用 **undo description** 命令删除虚拟网关业务的描述信息

2. 配置端口转发业务

通过端口转发业务，远程用户可以访问企业内网中基于 TCP 的应用服务（对应 TCP 接入方式），包括远程访问服务（例如，Telnet）、桌面共享服务、邮件服务等。在设备上配置端口转发业务时，需要指定企业内网应用服务器的地址/域名和端口号，以指定远程用户可以访问的企业内网应用服务器。

远程用户利用端口转发业务访问企业内网服务器时，不需要对现有的 TCP 应用程序进行升级（但需要与应用服务器上基于 TCP 的应用程序的端口保持一致），只需安装专用的 Java 插件（Java 插件从 Web 访问页面自动下载，远程终端需要安装 Java 运行环境 JRE），由 Java 插件实现使用 SSL 连接传送应用层数据。

端口转发业务的配置步骤见表 9-6。

表 9-6　端口转发业务的配置步骤

步骤	命令	说明
1	**system-view**	进入系统视图
2	**sslvpn gateway** *gateway-name* 例如：[Huawei] **sslvpn gateway** lycb	进入对应虚拟网关视图

续表

步骤	命令	说明
3	**service-type port-forwarding resource** *resource-name* 例如：[Huawei-sslvpn-lycb] **service-type port-forwarding resource** port	创建端口转发业务并进入端口转发业务视图。参数说明参见表 9-5 中的第 3 步。 缺省情况下，虚拟网关没有配置端口转发业务，可用 **undo service-type port-forwarding resource** 命令删除端口转发业务
4	**server ip-address** *ip-address* **port** *port-number* 例如：[Huawei-sslvpn-lycb-pf-res-port] **server ip-address** 1.1.1.1 **port** 23	（二选一）配置端口转发业务可用的 IP 地址和端口号。 ① *ip-address*：指定端口转发业务可用的 IP 地址，即内网应用服务器的 IP 地址。 ② *port-number*：指定端口转发业务可用的端口号，即内网应用服务器的 TCP 端口号。 缺省情况下，虚拟网关没有配置端口转发业务可用的 IP 地址和端口号，可用 **undo server ip-address** 命令删除端口转发业务可用的 IP 地址和端口号
	server name *name* **port** *port-number* 例如：[Huawei-sslvpn-lycb-pf-res-port] **server name** www.iHappy.com.cn **port** 23	（二选一）配置端口转发业务可用的域名和端口号。 ① *name*：指定端口转发业务可用的域名，即内网应用服务器的域名。 ② *port-number*：指定端口转发业务可用的端口号。 缺省情况下，虚拟网关没有配置端口转发业务可用的域名和端口号，可用 **undo server name** 命令删除转发业务可用的域名和端口号
5	**description** *description* 例如：[Huawei-sslvpn-users-wp-res-port]**description** this service is used to access the ftp server	（可选）配置端口转发业务的描述信息，字符串形式，支持空格，区分大小写，长度为 1～80，不能包含“？ <> [ ]”。新配置将覆盖老配置。 缺省情况下，虚拟网关没有对业务进行描述，可用 **undo description** 命令删除虚拟网关业务的描述信息

3. 配置网络扩展业务

SSL VPN 网关通过网络扩展业务，可以使远程终端与内网服务器在网络层实现安全通信，例如，在远程终端与内网服务器之间实现文件共享，ping、tracet 测试等，实现文件级的访问，对应 IP 接入方式。

网络扩展有以下两种路由模式。

（1）全路由模式

在远程终端的路由表里添加一条缺省路由，下一跳为虚拟网卡的 IP 地址（SSL VPN 网关为虚拟网卡分配的企业内网 IP 地址）。远程用户通过 SSL VPN 虚拟网关可以访问网络扩展业务中开放的网段资源。

（2）隧道分离模式

将配置的隧道分离下的具体路由添加到远程终端的路由表里，远程用户通过 SSL VPN 虚拟网关只能访问指定的内网资源，可更细致地控制远程用户的访问。

在设备上配置网络扩展业务时，需要绑定网络扩展业务使用的 IP 地址池，以使虚拟网卡能从该地址池中获取企业的内网 IP 地址。

需要注意的是，远程用户启动网络扩展业务后，远程终端自动从 SSL VPN 网关下载 Java 插件。Java 插件负责与 SSL VPN 网关建立 SSL 连接，生成虚拟网卡并为虚拟网卡申请企业内网 IP 地址（Java 插件从 Web 访问页面自动下载，远程终端需要安装 Java 运行环境 JRE）。

远程用户在应用网络扩展业务时，如果直接关掉 IE 等浏览器进程，则程序的退出功能得不到执行而导致路由无法恢复，此时，需要停止并重新启动网卡。

网络扩展业务的配置步骤见表 9-7。

表 9-7　网络扩展业务的配置步骤

步骤	命令	说明
1	**system-view**	进入系统视图
2	**sslvpn gateway** *gateway-name* 例如：[Huawei] **sslvpn gateway** lycb	进入对应虚拟网关视图
3	**service-type ip-forwarding resource** *resource-name* 例如：[Huawei-sslvpn-lycb] **service-type port-forwarding resource** ipservices	创建网络扩展业务并进入网络扩展业务视图。参数说明参见表 9-5 中的第 3 步。 缺省情况下，虚拟网关没有配置端口转发业务，可用 **undo service-type ip-forwarding resource** 命令删除网络扩展业务
4	**bind ip-pool** *pool-name* 例如：[Huawei-sslvpn-lycb-if-res-ipservices] **bind ip-pool** pool1	绑定网络扩展业务使用的 IP 地址池，必须是已创建的 IP 地址池。 远程用户启动网络扩展业务时，远程终端会自动从 Web 访问页面下载 Java 插件，该 Java 插件会在主机上安装一个虚拟网卡。Java 插件负责与 SSL VPN 网关建立 SSL 连接，为虚拟网卡申请内网 IP 地址，并设置以虚拟网卡为出接口的路由。 本命令用来绑定网络扩展业务使用的 IP 地址池，Java 插件从该地址池中为远程终端的虚拟网卡申请 IP 地址。 缺省情况下，网络扩展业务未绑定 IP 地址池，可用 **undo bind ip-pool** 命令删除网络扩展业务绑定的 IP 地址池
5	**route-mode full** 例如：[Huawei-sslvpn-lycb-if-res-ipservices] **route-mode full**	（二选一）配置网络扩展业务使用的路由模式为全路由模式。 在全路由模式下，会在远程终端的路由表里添加一条缺省路由，下一跳为虚拟网卡的 IP 地址（SSL VPN 网关为虚拟网卡分配的企业内网 IP 地址）。远程用户通过 SSL VPN 网关可以访问网络扩展业务中所有开放的网段中的资源。 缺省情况下，网络扩展业务使用的路由模式为全路由模式
	route-mode split 例如：[Huawei-sslvpn-lycb-if-res-ipservices] **route-mode split**	（二选一）配置为隧道分离模式：配置网络扩展业务使用的路由模式为隧道分离模式。 将配置的隧道分离模式下的远程用户路由添加到远程终端的路由表里，远程用户通过 SSL VPN 网关只能访问指定的内网资源，能更细致地控制远程用户的访问。 缺省情况下，网络扩展业务使用的路由模式为全路由模式，可用 **undo route-mode** 命令恢复网络扩展业务使用的路由模式为缺省配置

续表

步骤	命令	说明	
5	**route-split ip address** *ip-address* **mask** { *mask-length* | *mask* } 例如，[Huawei-sslvpn-lycb-if-res-ipservices] **route-split ip address** 1.1.1.0 **mask** 24	（二选一）配置为隧道分离模式	配置隧道分离模式下的用户路由，通过配置用户路由的目的 IP 地址和掩码来指定可访问的内网服务器的网段，最多能配置 10 条隧道分离模式下的远程用户路由。 缺省情况下，系统未配置隧道分离模式下的远程用户路由，可用 **undo route-split ip address** *ip-address* **mask** { *mask-length* | *mask* } 命令删除隧道分离模式下的远程用户路由
6	**bind acl** *acl-number* 例如，[Huawei-sslvpn-lycb-if-res-ipservices] **bind acl** 3001	（可选）绑定网络扩展业务使用的 ACL。参数 *acl-number* 是一个高级 IP ACL 编号，整数形式，取值为 3000～3999。 如果内网中某些重要的资源不希望远程用户访问，则可以在设备上配置该命令绑定网络扩展业务使用的 ACL，远程终端只可以与内网指定网段的服务器进行通信。在网络扩展业务中，远程用户 IP 报文到达 SSL VPN 网关后，SSL VPN 网关会根据绑定的 ACL 过滤远程用户报文，以便控制远程用户的访问内网服务器权限。如果设备只允许远程用户访问 IP 地址为 1.1.1.1 的内网服务器时，则在绑定 ACL 中定义规则，允许目的 IP 地址为 1.1.1.1 的报文可以通过，其他目的 IP 地址的报文均丢弃	
7	**description** *description* 例如，[Huawei-sslvpn-users-wp-res- ipservices] **description** this service is used to access the files	（可选）配置网络扩展业务的描述信息，字符串形式，支持空格，区分大小写，长度为 1～80，不能包含“？ <>[]”。新配置将覆盖老配置。 缺省情况下，虚拟网关没有对业务进行描述，可用 **undo description** 命令删除虚拟网关业务的描述信息	

9.4.5 管理 SSL VPN 远程用户

管理 SSL VPN 远程用户包括配置远程用户最大在线数目和远程用户最长在线时长。远程用户最大在线数目还受设备能够提供的最大在线远程用户数目与许可证控制的最大在线远程用户数目的影响，最终生效的远程用户最大在线数目取二者的最小值。管理 SSL VPN 远程用户的配置步骤见表 9-8。

表 9-8 管理 SSL VPN 远程用户的配置步骤

步骤	命令	说明
1	**system-view**	进入系统视图
2	**sslvpn gateway** *gateway-name* 例如，[Huawei] **sslvpn gateway** lycb	进入对应虚拟网关视图
3	**max-user** *number* 例如，[Huawei-sslvpn-lycb] **max-user** 10	配置虚拟网关支持的远程用户最大在线数目，不同 AR 系列路由器的取值不，最大值中最高为 100 个，最低为 10 个。 缺省情况下，不同 AR 系列路由器虚拟网关支持的远程用户最大在线数目不同，可用 **undo max-user** 命令用来恢复虚拟网关支持的远程用户最大在线数目为缺省值

续表

步骤	命令	说明
4	**max-online-time** *number* 例如，[Huawei-sslvpn-lycb] **max-online-time** 300	配置虚拟网关下的远程用户最大在线时长，整数形式，取值为 5～480，单位为分钟。 在线时间超过最大在线时长的远程用户将被强制下线。远程用户强制下线后，其用户信息仍然保存在虚拟网关中。 缺省情况下，虚拟网关下的远程用户最大在线时长为 120 分钟，可用 **undo max-online-time** 命令恢复虚拟网关下的远程用户最大在线时长为缺省值

9.4.6 （可选）配置个性化定制 Web 页面元素

这是一项可选配置任务，如果你想改变缺省的 SSL VPN 网关 Web 页面外观，则可使用本节介绍的方法进行配置。设备支持个性化定制虚拟网关 Web 页面的页面元素，根据本企业的需要来定制适合本企业的登录页面，从而使远程用户的登录界面更专业、美观。

需要说明的是，设置 Web 页面元素的颜色时，使用 RGB 制式的十六进制表示法。颜色的取值分别表示 R/G/B，即红/绿/蓝 3 种原色的强度，每种颜色强度最低为 0，最高为 255，都以十六进制数值表示，把 3 个数值依次并列起来，以#开头。例如，#FF0000 表示红色。如果每种原色的强度取值中两个数值相同，则可以只用一位表示原色强度，此时颜色是 3 位十六进制数。例如，红色还可以表示为#F00。

SSL VPN 虚拟网关登录页面和 SSL VPN 虚拟网关资源查看页面中企业可配置的 Web 页面元素及各 Web 页面元素的缺省情况分别如图 9-12 和图 9-13 所示。个性化定制页面元素的配置命令见表 9-9。

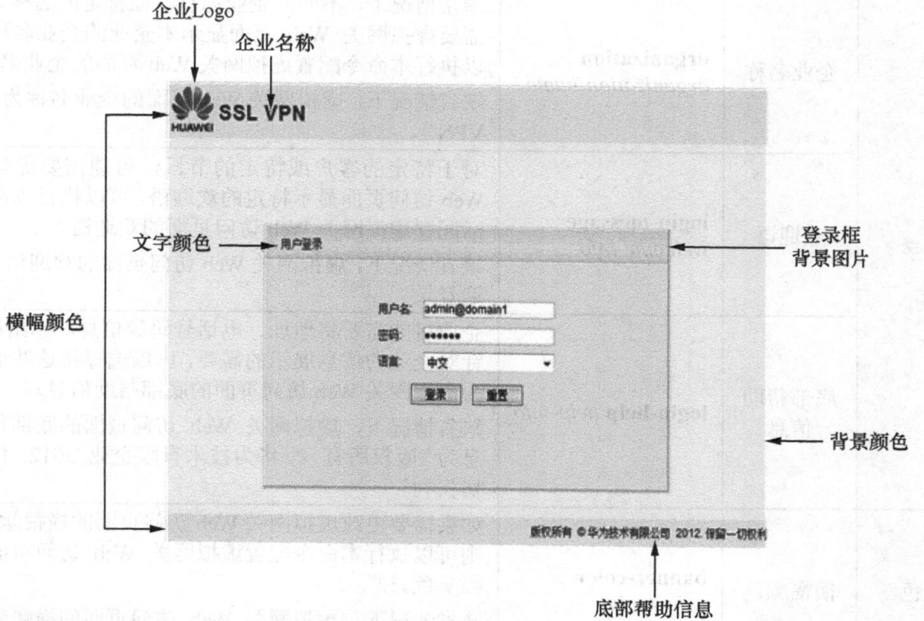

图 9-12　登录页面中可配置的 Web 页面元素及各 Web 页面元素的缺省情况

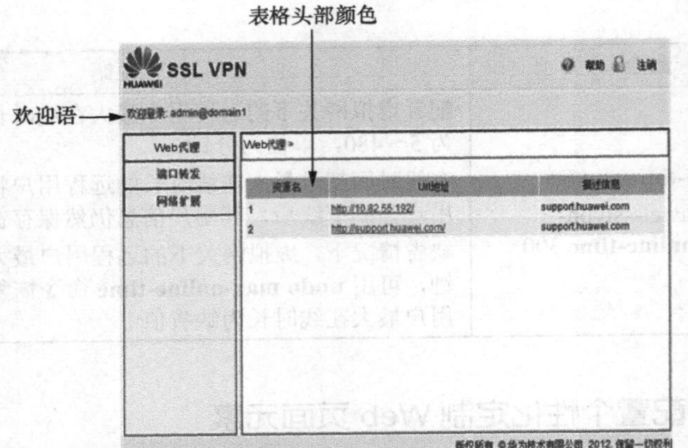

图 9-13 资源查看页面中可配置的 Web 页面元素及各 Web 页面元素的缺省情况

表 9-9 个性化定制页面元素的配置命令

Web 页面元素类别	Web 页面元素	命令	说明
图片	企业 Logo	**logo** *logo-file*	通常情况下，不同的企业都有自己特定的企业 Logo。如果需要虚拟网关 Web 页面显示本企业的企业 Logo，则可以执行本命令配置虚拟网关 Web 页面的企业 Logo。 缺省情况下，虚拟网关 Web 页面的企业 Logo 为华为技术有限企业的 Logo
	登录框背景图片	**login-photo** *login-photo-file*	当需要更改虚拟网关 Web 登录页面的登录框背景图片时，可以执行本命令
文字	企业名称	**organization** *organization-name*	通常情况下，不同的企业都有自己特定的名称。如果需要虚拟网关 Web 页面显示本企业的企业名称，可以执行本命令配置虚拟网关 Web 页面的企业名称。 缺省情况下，虚拟网关 Web 页面的企业名称为“SSL VPN”
	欢迎语	**login-message** *welcome-info*	对于特定的客户或特定的节日，可能需要虚拟网关 Web 访问页面显示特定的欢迎语。可以执行本命令灵活配置虚拟网关 Web 访问页面的欢迎语。 缺省情况下，虚拟网关 Web 访问页面的欢迎语为“欢迎登录”
	底部帮助信息	**login-help** *help-info*	企业可能需要将地址、电话号码等信息展示给用户。针对企业的信息展示的需要，可以选择将这些信息作为虚拟网关 Web 访问页面的底部帮助信息。 缺省情况下，虚拟网关 Web 访问页面的底部帮助信息为“版权所有 © 华为技术有限企业 2012. 保留一切权利”
颜色	横幅颜色	**banner-color** *color-value*	如果需要更改虚拟网关 Web 访问页面的横幅颜色时，则可以执行本命令配置虚拟网关 Web 访问页面的横幅颜色。 缺省情况下，虚拟网关 Web 访问页面的横幅颜色的 RGB 色彩模式为#EEEEEE（浅灰色）

续表

Web 页面元素类别	Web 页面元素	命令	说明
颜色	表格头部颜色	**table-color** *color-value*	如果需要更改虚拟网关 Web 访问页面的表格头部颜色时，则可以执行本命令配置虚拟网关 Web 访问页面的表格头部颜色。 缺省情况下，虚拟网关 Web 访问页面的表格头部颜色的 RGB 色彩模式为#CDCDCD（银白色）
	背景颜色	**background-color** *color-value*	如果需要更改虚拟网关 Web 访问页面的背景颜色时，则可以执行本命令配置虚拟网关 Web 访问页面的背景颜色。 缺省情况下，虚拟网关 Web 访问页面的背景颜色的 RGB 格式为#F6F6F6（淡灰色）
	文字颜色	**text-color** *color-value*	如果需要更改虚拟网关 Web 访问页面的文字颜色时，则可以执行本命令配置虚拟网关 Web 访问页面的文字颜色。 缺省情况下，虚拟网关 Web 访问页面的文字颜色的 RGB 格式为#333333（暗黑色）

9.4.7　远程用户接入 SSL VPN 网关

在设备上配置完成 SSL VPN 功能后，远程用户就可以登录虚拟网关 Web 页面来访问企业内网资源了。整个资源访问过程分为两个部分：一是登录 SSL VPN 虚拟网关；二是在 SSL VPN 虚拟网关资源列表中选择访问的企业内网资源。

需要注意的是，远程用户不能在一台终端上使用两个用户名同时登录虚拟网关。SSL VPN 用户端仅支持 32 位操作系统。

1. 远程用户登录 SSL VPN 虚拟网关

① 远程用户打开浏览器，在地址栏中输入 SSL VPN 虚拟网关的 IP 地址。

当设备本地证书的颁发机构不在计算机操作系统预设的信任的证书机构中时，浏览器会跳转到其他页面，网站安全证书不合法的错误提示如图 9-14 所示。此时，远程用户可以在地址栏中单击“证书错误”提示，即可将根证书导入浏览器，确认证书是可信任的证书后，证书不合法的提示就不会出现了。远程用户还可以通过单击“更多信息”下拉列表了解更多信息，当判断证书是可信任的证书时，也可以单击“继续浏览此网站（不推荐）”选项。

② 上一步的证书问题成功解决后，浏览器跳转到登录 SSL VPN 网关的页面，SSL VPN 网关登录页面如图 9-15 所示。在此要求输入 SSL VPN 网关上配置的远程用户名和密码，然后单击“登录”按钮进行登录。如果输入错误，可单击“重置”按钮删除原来错误输入，重新输入。

③ 登录身份认证成功后，浏览器跳转到 SSL VPN 虚拟网关资源查看页面，SSL VPN 虚拟网关资源查看页面如图 9-16 所示。该页面只会显示该远程用户可以访问的内网资源。

图 9-14 网站安全证书不合法的错误提示　　图 9-15 SSL VPN 网关登录页面

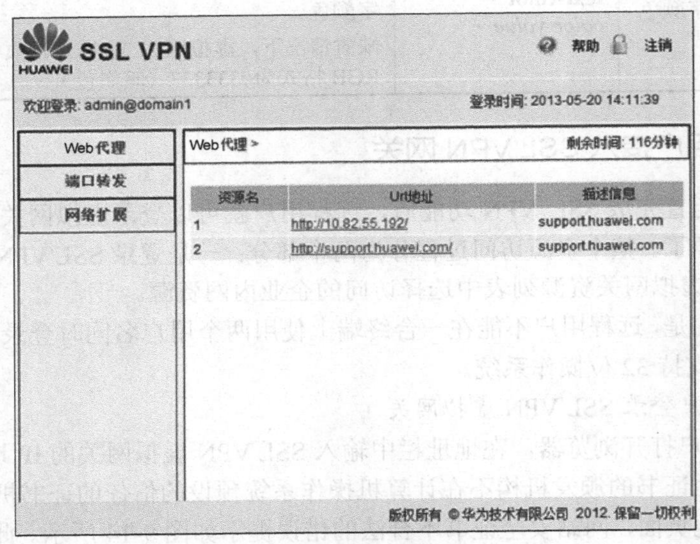

图 9-16 SSL VPN 虚拟网关资源查看页面

需要说明的是，如果出现提示“应用程序已被 JAVA 安全阻止”的现象，则建议打开控制面板中的 Java，并单击【安全】按钮，在“编辑站点列表”中将 SSL VPN 根目录（即 https://x.x.x.x:y/）添加到例外站点中，否则无法正常访问 SSL VPN 页面。

2. 远程用户选择企业内网资源

通过前面的操作，我们已经成功访问到了 SSL VPN 虚拟网关的资源查看页面，接下来访问相应的资源。前面已介绍，SSL VPN 支持 3 种业务类型，而不同类型的业务访问的方法不完全一样。

（1）Web 代理业务

设备默认 SSL VPN 虚拟网关界面是“Web 代理”，远程用户只需单击列表中的 URL 地址可访问企业 Web 资源。

需要说明的是，使用 IE 浏览器登录 SSL VPN，浏览 Web 代理页面，单击页面上的文档链接，在线打开 Windows Office 文档时，如果打开失败，则可以右键单击文档链接，选择"打开"；或者注销本次登录，关闭 IE 浏览器，使用 Firefox 浏览器重新登录 SSL VPN，可在 Web 代理页面上单击文档链接打开文档。

Web 代理由 web-tunnel 类型实现时，远程终端需要安装 Java 运行环境，如果远程终端未安装，浏览器会出现提示"请安装 JRE"。请先关闭所有浏览器窗口，再进行下载。当 URL 地址下方出现下划线标志时，可以访问该资源。

（2）端口转发业务

选择"端口转发"页签，"端口转发"业务界面如图 9-17 所示。在访问其中的资源时，单击"启动"按钮即可通过，点击相应的应用程序访问指定的内网 TCP 资源。

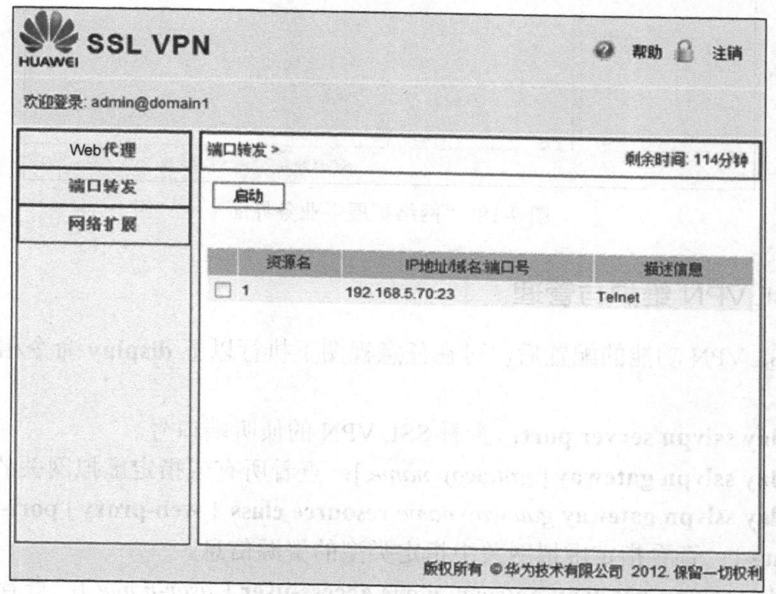

图 9-17 "端口转发"业务界面

如图 9-17 中端口转发业务资源 1 为开启 192.168.5.70 的 23 号端口，即 Telnet 应用，远程用户可以通过 Telnet 应用程序访问企业内网的 192.168.5.70。在访问时，远程终端会弹出该 SSL VPN 网关的数字证书，单击"Import Certificate"导入数字证书后就可以进行 Telnet 192.168.5.70。如果有其他端口转发资源，则其操作同上。

需要说明的是，使用端口转发业务，远程终端需要安装 Java 运行环境 JavaScript，如果远程终端未安装，则浏览器会出现提示"请安装 JRE"。请先关闭所有浏览器窗口，再进行下载。

（3）网络扩展业务

选择"网络扩展"页签，"网络扩展"业务界面如图 9-18 所示，然后单击"启动"按钮，启动成功后，远程用户可以访问企业内网所有资源。

需要说明的是，使用网络扩展业务，远程终端也需要安装 Java 运行环境 JavaScript，如果远程终端未安装，则浏览器会出现提示"请安装 JRE"。请先关闭所有浏览器窗口，再地址进行下载。

图 9-18 “网络扩展”业务界面

9.4.8 SSL VPN 维护与管理

完成 SSL VPN 功能的配置后，可在任意视图下执行以下 **display** 命令相看相关配置或统计信息。

① **display sslvpn server port**：查看 SSL VPN 的侦听端口号。

② **display sslvpn gateway** [*gateway-name*]：查看所有或指定虚拟网关的配置信息。

③ **display sslvpn gateway** *gateway-name* **resource class** { **web-proxy** | **port-forwarding** | **ip-forwarding** }：查看指定虚拟网关中指定类型的资源信息。

④ **display sslvpn gateway** *gateway-name* **access-user** [*user-name*]：查看指定虚拟网关下接入的所有或指定远程用户的信息。

⑤ **display sslvpn user statistics**：查看远程用户数历史统计信息。也可在用户视图下执行 **reset sslvpn user statistics** 命令清除远程用户数历史统计信息。

如果发现某用户可疑，则可在对应虚拟网关视图下执行 **cut user** { **name** *user-name* | **id** *user-id* | **all** }命令将虚拟网关下的指定或所有远程用户强制下线。

9.5 SSL VPN 典型配置示例

同样，为了帮助大家加深理解 SSL VPN 的整个配置过程，本节将介绍不同业务类型访问的 SSL VPN 配置示例。

9.5.1 Web 代理业务配置示例

Web 代理业务配置示例的拓扑结构如图 9-19 所示，某企业通过 Router 与 Internet 相连，企业希望处于企业外网的用户在终端配置最少的情况下随时随地以域名的方式安全访问企业内网的Web资源。

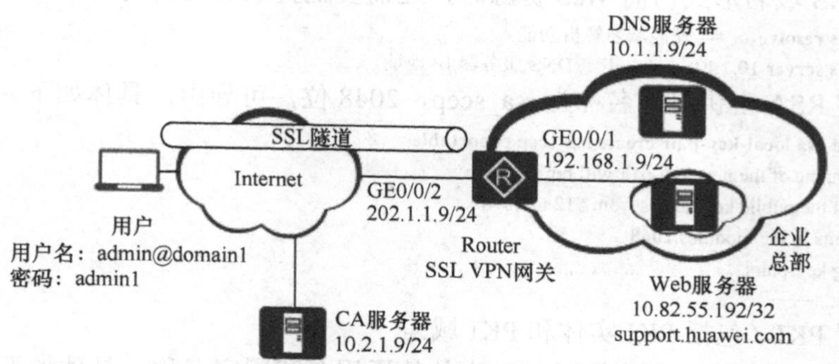

图9-19 Web代理业务配置示例的拓扑结构

1．基本配置思路分析

本示例是要求企业外网的用户能够安全地以域名方式访问企业内网的Web资源，因此，需要在Router上配置SSL VPN的Web代理业务，并配置DNS解析功能。根据本章前面介绍的整个SSL VPN配置任务可以得出本示例如下的基本配置思路。

① 配置各接口IP地址，DNS域名解析功能，以及到达外部网络（包括远程用户网络、CA服务器网络）的缺省路由（内网路由在此不介绍）。

② 创建RSA密钥对。

③ 配置PKI（包括PKI实体和PKI域）。

④ 配置通过SCEP自动（也可以采用手动方式）注册本地证书。

⑤ 配置服务器型SSL策略和HTTPS服务器。

⑥ 配置SSL VPN，包括创建远程访问用户、配置SSL VPN虚拟网关基本功能和Web代理业务，实现用户访问企业内网的Web资源。

需要说明的是，本示例中的CA服务器是由Windows Server 2008系统构建，CA服务器名称假设为ca_a，CA证书的数据指纹所用摘要算法为SHA2-256，数字指纹为e71add0744360e91186b828412d279e06dcc15a4ab4bb3d13842820396b526a0，申请本地证书的URL地址为：http://10.2.1.9:8080/certsrv/mscep/mscep.dll，挑战密码为6AE73F21E6D3571D。

2．具体配置步骤

①配置接口IP地址、到达外网的缺省路由和DNS域名解析。

#---配置各接口IP地址，具体如下。

```
<Huawei> system-view
[Huawei] sysname Router
[Router] interface gigabitEthernet 0/0/1
[Router-GigabitEthernet0/0/1] ip address 192.168.1.9 24
[Router-GigabitEthernet0/0/1] quit
[Router] interface gigabitEthernet 0/0/2
[Router-GigabitEthernet0/0/2] ip address 202.1.1.9 24
[Router-GigabitEthernet0/0/2] quit
```

#---配置到达外网（包括用户网络和CA服务器网络）的缺省路由，假设下一跳地址为202.1.1.10。

```
[Router] ip route-static 0.0.0.0 0.0.0.0 202.1.1.10
```

#---配置 DNS 域名解析功能，具体如下。

通过 DNS 域名形式访问 Web 资源时，还需要配置域名解析功能。

```
[Router] dns resolve    #---使能域名解析功能
[Router] dns server 10.1.1.9    #---指定 DNS 服务器 IP 地址
```

② 创建 RSA 密钥对，名称为 rsa_scep，2048 位，可导出，具体如下。

```
[Router] pki rsa local-key-pair create rsa_scep exportable
 Info: The name of the new key-pair will be: rsa_scep
 The size of the public key ranges from 512 to 4096.
 Input the bits in the modules:2048
 Generating key-pairs...          .................+++
.......................+++
```

③ 配置 PKI（包括 PKI 实体和 PKI 域）。

#---配置 PKI 实体。在此仅配 PKI 实体的通用名和国家名称，具体如下。

```
[Router] pki entity lycb
[Router-pki-entity-lycb] common-name hello
[Router-pki-entity-lycb] country CN
[Router-pki-entity-lycb] quit
```

#---配置 PKI 域。绑定前面配置的 PKI 实体、RSA 密钥对，以及 CA 服务器、CA 证书的数字指纹、挑战密码等参数，具体如下。

```
[Router] pki realm admin
[Router-pki-realm-admin] entity lycb
[Router-pki-realm-admin] rsa local-key-pair rsa_scep
[Router-pki-realm-admin] ca id ca_a
[Router-pki-realm-admin] fingerprint sha256 e71add0744360e91186b828412d279e06dcc15a4ab4bb3d13842820396b526a0
#---CA 证书的数字指纹
[Router-pki-realm-admin] password cipher 6AE73F21E6D3571D    #---申请本地证时的挑战密码
```

④ 通过 SCEP 自动注册和更新本地数字证书。

本示例采用通过 SCEP 自动申请和更新本地证书方式，更新时间是现有证书有效期达到 60%时，更新本地证书时还要求自动创建新的 2048 位的 RSA 密钥对，具体如下。

```
[Router-pki-realm-admin] enrollment-url http://10.2.1.9:8080/certsrv/mscep/mscep.dll ra    #---指定向 CA 服务器进行本地证书申请时的 URL 地址，并指定由 RA 服务器负责审核
[Router-pki-realm-admin] auto-enroll 60 regenerate 2048    #---使能证书自动注册和更新功能，当现有证书有效期达到60%时启动证书更新进程，同时重新生成 2048 位的 RSA 密钥对
[Router-pki-realm-admin] quit
```

通过以上配置，Router 即可成功从 CA 服务器上获取本地数字证书。有了数字证书，就可以进一步配置 SSL 策略，把 Router 配置为 HTTPS 服务器角色。

⑤ 配置服务器型 SSL 策略和 HTTPS 服务器，具体如下。

```
[Router] ssl policy adminserver type server
[Router-ssl-policy-adminserver] pki-realm admin    #---指定所属的 PKI 域
[Router-ssl-policy-adminserver] quit
[Router] http secure-server ssl-policy adminserver    #---指定所使用的 SSL 策略
[Router] sslvpn server port 1025    #---修改 SSL VPN 的侦听端口号为 1025
```

⑥ 配置 SSL VPN。

#---创建远程用户，假设属于 domain1 域，具体如下。

```
[Router] aaa
[Router-aaa] domain domain1    #---创建 AAA 域 domain1
[Router-aaa-domain-domain1] quit
[Router-aaa] local-user admin@domain1 password    #---创建名为 admin@domain1 的用户账户
```

```
Please configure the login password (8-128)
It is recommended that the password consist of at least 2 types of characters, i
ncluding lowercase letters, uppercase letters, numerals and special characters.
Please enter password:          //---输入密码 Huawei@1234
Please confirm password:        //---重复输入密码 Huawei@1234
Info: Add a new user.
Warning: The new user supports all access modes. The management user access mode
s such as Telnet, SSH, FTP, HTTP, and Terminal have security risks. You are advi
sed to configure the required access modes only.
[Router-aaa] local-user admin@domain1 service-type sslvpn   #---指定用户支持 SSL VPN 服务
[Router-aaa] quit
```

#---创建虚拟网关 gateway1，并配置虚拟网关基本参数，具体如下。

```
[Router] sslvpn gateway gateway1
[Router-sslvpn-gateway1] intranet interface gigabitethernet 0/0/1
[Router-sslvpn-gateway1] bind domain domain1   #---绑定 AAA 域 domain1
[Router-sslvpn-gateway1] enable
```

#---在虚拟网关上配置 Web 代理业务，实现用户访问企业内网的 Web 资源。

在此分别以 IP 地址和域名方式创建两条访问 Web 服务器的 Web 代理业务，当然也可以仅配置其中一条，具体如下。

```
[Router-sslvpn-gateway1] service-type web-proxy resource 1
[Router-sslvpn-gateway1-wp-res-1] link http://10.82.55.192/   #---以 IP 地址方式指定访问 Web 服务器的 URL 地址
[Router-sslvpn-gateway1-wp-res-1] quit
[Router-sslvpn-gateway1] service-type web-proxy resource 2
[Router-sslvpn-gateway1-wp-res-2] link http://support.huawei.com/   #---以域名方式指定访问 Web 服务器的 URL 地址
[Router-sslvpn-gateway1-wp-res-2] quit
```

需要说明的是，如果代理的 Web 链接是 HTTPS 类型，即"https://XXX/"，则还需要在 Router 上通过 **ssl policy** *policy-name* **type client** 命令配置 SSL 用户端策略，并通过 **http secure-client ssl-policy** *policy-name* 命令把 Router 配置为 HTTPS 用户端。

3．配置结果验证

配置完成后，用户可以在浏览器的地址栏输入虚拟网关地址"https://202.1.1.9:1025/gateway1"，进入 SSL VPN 网关登录页面。然后在登录界面中输入用户名和密码，认证成功后，在"Web 代理"页签查看可以访问的两条 Web 资源列表，单击 URL 地址即可访问。

9.5.2　端口转发业务配置示例

端口转发业务配置示例的拓扑结构如图 9-20 所示，某企业通过 Router 与 Internet 相连，Router 所需证书已通过离线方式获取，并且证书已保存在 Router 的存储介质上，数字证书名为 rt_ca.pem，私钥文件名为 rt_pri.pem。现企业希望处于企业外网的合作伙伴在终端配置最少的情况下随时随地安全访问企业内网基于 TCP 的资源。这些基于 TCP 的资源包括如下内容。

① 与企业内网主机 PC1 实现桌面共享（TCP 端口号：3389）。

② 通过 Telnet 方式远程访问企业内网的应用服务器（TCP 端口号：23）。

1．基本配置思路分析

本示例是要通过 SSL VPN 为远程用户提供基于 TCP 端口的业务访问，所以需要在 Router 上配置 SSL VPN 的端口转发业务，这样合作伙伴使用终端的普通浏览器可以安全访问以上企业内网的 TCP 资源。

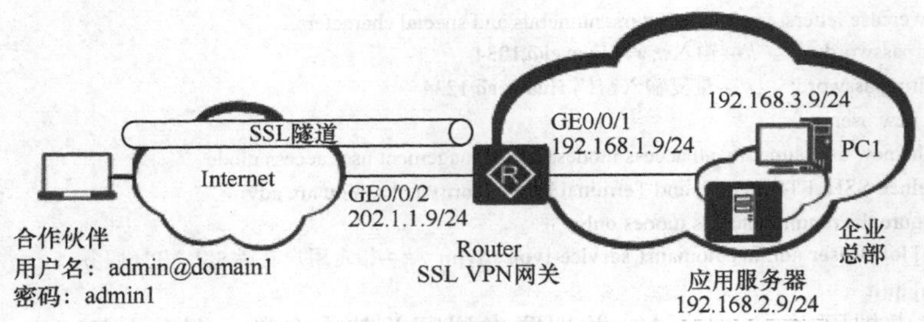

图 9-20　端口转发业务配置示例的拓扑结构

本示例中的 Router 已经以离线方式获取了本地数字证书，所以不需要另外向 CA 申请，只需把保存在存储介质的本地证书导入内存中即可。由此可得出本示例如下的基本配置思路。

① 配置各接口 IP 地址及到达外网的缺省路由（企业内网路由在此不介绍）。

② 配置 PKI（包括 PKI 实体和 PKI 域）。

③ 导入本地证书进内存。

④ 配置服务器型 SSL 策略和 HTTPS 服务器。

⑤ 配置 SSL VPN，包括创建远程用户、配置 SSL VPN 虚拟网关，以及端口转发业务，实现合作伙伴访问企业内网基于 TCP 的资源。

2. 具体配置步骤

① 配置接口的 IP 地址和到达外网的缺省路由，假设下一跳地址为 202.1.1.10，具体如下。

```
<Huawei> system-view
[Huawei] sysname Router
[Router] interface GigabitEthernet 0/0/1
[Router-GigabitEthernet0/0/1] ip address 192.168.1.9 24
[Router-GigabitEthernet0/0/1] quit
[Router] interface GigabitEthernet 0/0/2
[Router-GigabitEthernet0/0/2] ip address 202.1.1.9 24
[Router-GigabitEthernet0/0/2] quit
[Router] ip route-static 0.0.0.0 0.0.0.0 202.1.1.10
```

② 配置 PKI（包括 PKI 实体和 PKI 域）。

#---配置 PKI 实体，具体如下。

```
[Router] pki entity lycb
[Router-pki-entity-lycb] common-name hello
[Router-pki-entity-lycb] country CN
[Router-pki-entity-lycb] quit
```

#---配置 PKI 域，具体如下。

```
[Router] pki realm admin
[Router-pki-realm-admin] entity lycb
[Router-pki-realm-admin] quit
```

③ 导入 PKI 域中的本地证书到内存。

导入本地证书时会提示输入要导入的证书文件的名称、私钥文件的名称、私钥文件的格式，同时还需要指定密码，此密码为使用 **pki export-certificate** 命令导出证书时配置的密码，只有密码一致才可成功导入证书，具体如下。

```
[Router] pki import-certificate local realm admin pem
 Please enter the name of certificate file <length 1-127>: rt_ca.pem
 You are importing a local certificate, the current private key is required.
 Please enter the name of private key file <length 1-127>: rt_pri.pem
 Please enter the type of private key file(pem , p12): pem
 The current password is required, please enter your password <length 1-31 >:******
 Successfully imported the certificate.
```

证书导入成功后，如果设备重启，则设备会自动导入数字证书和私钥文件，不需要重新导入。

④ 配置服务器型 SSL 策略和 HTTPS 服务器。因为在端口业务有 Telnet 应用，所以还需要使能 Telnet 服务器功能，具体如下。

```
[Router] ssl policy adminserver type server
[Router-ssl-policy-adminserver] pki-realm admin
[Router-ssl-policy-adminserver] quit
[Router] http secure-server ssl-policy adminserver
[Router] sslvpn server port 1025      #---修改 SSL VPN 的侦听端口号为 1025
[Router] telnet server enable  #---使能 Telnet 服务器功能
```

⑤ 配置 SSL VPN。

#---创建远程用户的用户信息，假设属于 domain1 域，具体如下。

```
[Router] aaa
[Router-aaa] domain domain1
[Router-aaa-domain-domain1] quit
[Router-aaa] local-user admin@domain1 password
Please configure the login password (8-128)
It is recommended that the password consist of at least 2 types of characters, i
ncluding lowercase letters, uppercase letters, numerals and special characters.
Please enter password:        //---输入密码 Huawei@1234
Please confirm password:      //---重复输入密码 Huawei@1234
Info: Add a new user.
Warning: The new user supports all access modes. The management user access mode
s such as Telnet, SSH, FTP, HTTP, and Terminal have security risks. You are advi
sed to configure the required access modes only.
[Router-aaa] local-user admin@domain1 service-type sslvpn
[Router-aaa] quit
```

#---创建虚拟网关 gateway1 并配置虚拟网关基本参数，具体如下。

```
[Router] sslvpn gateway gateway1
[Router-sslvpn-gateway1] intranet interface gigabitethernet 0/0/1
[Router-sslvpn-gateway1] bind domain domain1
[Router-sslvpn-gateway1] enable
```

#---在虚拟网关 gateway1 上配置两条端口转发业务：一条是实现与 PC1 桌面共享的业务；另一条是进行 Telnet 登录应用服务器的业务，实现合作伙伴访问企业内网基于 TCP 的资源，具体如下。

```
[Router-sslvpn-gateway1] service-type port-forwarding resource 1
[Router-sslvpn-gateway1-pf-res-1] server ip-address 192.168.3.9 port 3389  #---创建与 PC1 实现桌面共享的端口转发业务
[Router-sslvpn-gateway1-pf-res-1] description mstsc
[Router-sslvpn-gateway1-pf-res-1] quit
[Router-sslvpn-gateway1] service-type port-forwarding resource 2
[Router-sslvpn-gateway1-pf-res-2] server ip-address 192.168.2.9 port 23  #---创建 Telnet 应用服务器的端口转发业务
[Router-sslvpn-gateway1-pf-res-2] description Telnet
[Router-sslvpn-gateway1-pf-res-2] quit
```

3. 配置结果验证

配置完成后，合作伙伴在浏览器的地址栏输入虚拟网关地址“https://202.1.1.9:1025/gateway1”，进入 SSL VPN 网关登录页面，然后在登录界面中输入用户名和密码，认证成功后，在“端口转发”页面查看可以访问的 TCP 资源列表，单击“启动”按钮后，通过桌面共享应用程序可访问 PC1，通过 Telnet 应用程序可访问应用服务器。

9.5.3 网络扩展业务配置示例

网络扩展业务配置示例的拓扑结构如图 9-21 所示，某企业通过 SSL VPN 网关 Router 与 Internet 相连，企业希望处于外网的出差员工在终端配置最少的情况下随时随地与企业内网的 PC1 在网络层实现安全通信。

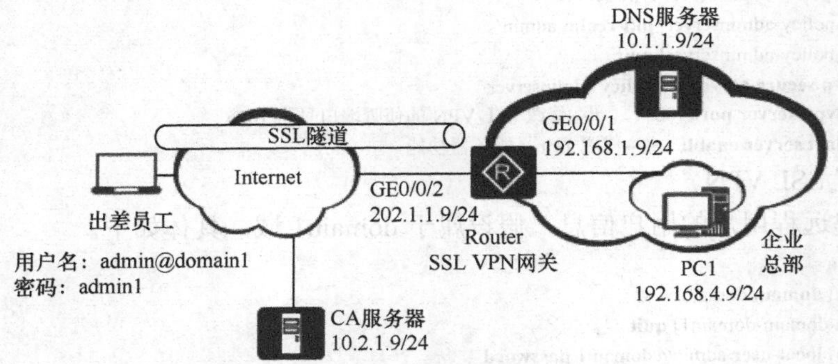

图 9-21 网络扩展业务配置示例的拓扑结构

1. 基本配置思路分析

本示例是要实现外网用户能与内网用户通过 SSL VPN 实现网络层安全互访，因此，需要在 Router 上配置 SSL VPN 的网络扩展业务，让出差员工使用终端的普通浏览器可以与企业内网的 PC1 在网络层实现安全通信。

本示例的基本配置思路与 9.5.1 节相似，也要先为 Router 从 CA 服务器申请本地证书，然后配置服务器型 SSL 策略，把 Router 配置为 HTTPS 服务器，最后配置 SSL VPN 虚拟网关及网络扩展业务。但在网络扩展业务配置中，需要在 Router 上配置一个 IP 池，用于分配给远程访问用户。

本示例的具体配置思路如下。

① 配置各接口 IP 地址，DNS 域名解析功能，以及到达外部网络（包括远程用户网络、CA 服务器网络）的缺省路由（内网路由在此不介绍）。

② 创建 RSA 密钥对。

③ 配置 PKI（包括 PKI 实体和 PKI 域）。

④ 配置通过 SCEP 自动注册本地证书。

⑤ 配置服务器型 SSL 策略和 HTTPS 服务器。

⑥ 配置 SS L VPN，包括用于为远程访问用户虚拟网卡分配 IP 地址的 IP 地址池，创建远程访问用户、配置 SSL VPN 虚拟网关基本功能和网络扩展业务，实现远程用户访问企业内网资源。

需要说明的是，本示例中的 CA 服务器是由 Windows Server 2008 系统构建，CA 服务器名称假设为 ca_a，CA 证书的数据指纹所用摘要算法为 SHA2-256，数字指纹为 e71add0744360e91186b828412d279e06dcc15a4ab4bb3d13842820396b526a0，申请本地证书的 URL 地址为：http://10.2.1.9:8080/certsrv/mscep/mscep.dll，挑战密码为 6AE73F21E6D3571D。

2. 具体配置步骤

① 配置接口的 IP 地址和到达外网的缺省路由，假设下一跳地址为 202.1.1.10。

这里新建了一个 LoopBack0 接口，用于为远程访问用户虚拟网卡分配 IP 地址的 IP 地址池的网关，具体如下。

```
<Huawei> system-view
[Huawei] sysname Router
[Router] interface GigabitEthernet 0/0/1
[Router-GigabitEthernet0/0/1] ip address 192.168.1.9 24
[Router-GigabitEthernet0/0/1] quit
[Router] interface GigabitEthernet 0/0/2
[Router-GigabitEthernet0/0/2] ip address 202.1.1.9 24
[Router-GigabitEthernet0/0/2] quit
[Router] interface loopback 0
[Router-Loopback0] ip address 192.168.11.1 24
[Router-Loopback0] quit
[Router] ip route-static 0.0.0.0 0.0.0.0 202.1.1.10
```

② 创建 RSA 密钥对，名称为 rsa_scep，2048 位，可导出，具体如下。

```
[Router] pki rsa local-key-pair create rsa_scep exportable
 Info: The name of the new key-pair will be: rsa_scep
 The size of the public key ranges from 512 to 4096.
 Input the bits in the modules:2048
 Generating key-pairs...          .................+++
.....................+++
```

③ 配置 PKI（包括 PKI 实体和 PKI 域）。

#---配置 PKI 实体，具体如下。

```
[Router] pki entity lycb
[Router-pki-entity-lycb] common-name hello
[Router-pki-entity-lycb] country CN
[Router-pki-entity-lycb] quit
```

#---配置 PKI 域，具体如下。

```
[Router] pki realm admin
[Router-pki-realm-admin] entity lycb
[Router-pki-realm-admin] ca id ca_a
[Router-pki-realm-admin] fingerprint sha256 e71add0744360e91186b828412d279e06dcc15a4ab4bb3d13842820396b526a0
[Router-pki-realm-admin] password cipher 6AE73F21E6D3571D
```

④ 通过 SCEP 自动注册和更新数字证书，具体如下。

```
[Router-pki-realm-admin] rsa local-key-pair rsa_scep
[Router-pki-realm-admin] enrollment-url http://10.2.1.9:8080/certsrv/mscep/mscep.dll ra
[Router-pki-realm-admin] auto-enroll 60 regenerate 2048
[Router-pki-realm-admin] quit
```

⑤ 配置服务器型 SSL 策略和 HTTPS 服务器，具体如下。

```
[Router] ssl policy adminserver type server
[Router-ssl-policy-adminserver] pki-realm admin
[Router-ssl-policy-adminserver] quit
[Router] http secure-server ssl-policy adminserver
[Router] sslvpn server port 1025
```

⑥ 配置 SSL VPN。

#---配置 IP 地址池，用于 Router 为远程用户分配企业内网的 IP 地址。IP 地址池中的 IP 地址可与内网资源主机的 IP 地址在不同网段，具体如下。

```
[Router] ip pool pool_1
[Router-ip-pool-pool_1] network 192.168.11.0 mask 24
[Router-ip-pool-pool_1] dns-list 10.1.2.9  #---指定 DNS 服务器地址，用于远程用户通过域名访问内网资源
[Router-ip-pool-pool_1] gateway-list 192.168.11.1  #---这是前面所创建的 loopback0 接口的 IP 地址
[Router-ip-pool-pool_1] quit
```

#---创建远程用户，具体如下。

```
[Router] aaa
[Router-aaa] domain domain1
[Router-aaa-domain-domain1] quit
[Router-aaa] local-user admin@domain1 password
Please configure the login password (8-128)
It is recommended that the password consist of at least 2 types of characters, i
ncluding lowercase letters, uppercase letters, numerals and special characters.
Please enter password:        //---输入密码 Huawei@1234
Please confirm password:      //---重复输入密码 Huawei@1234
Info: Add a new user.
Warning: The new user supports all access modes. The management user access mode
s such as Telnet, SSH, FTP, HTTP, and Terminal have security risks. You are advi
sed to configure the required access modes only.
[Router-aaa] local-user admin@domain1 service-type sslvpn
[Router-aaa] quit
```

#---创建虚拟网关 gateway1 并配置虚拟网关基本参数，具体如下。

```
[Router] sslvpn gateway gateway1
[Router-sslvpn-gateway1] intranet interface gigabitethernet 0/0/1
[Router-sslvpn-gateway1] bind domain domain1
[Router-sslvpn-gateway1] enable
```

#---在虚拟网关 gateway1 上配置网络扩展业务，实现远程用户通过网络层访问企业内网资源。在此通过配置隧道分离模式路由的目的 IP 地址为 192.168.4.0/24，限定远程用户仅可访问该网段中的资源，具体如下。

```
[Router-sslvpn-gateway1] service-type ip-forwarding resource 1
[Router-sslvpn-gateway1-if-res-1] bind ip-pool pool_1  #---绑定用于为远程用户虚拟网卡分配 IP 地址的 IP 地址池
[Router-sslvpn-gateway1-if-res-1] route-mode split  #---指定采用隧道分离的路由模式
[Router-sslvpn-gateway1-if-res-1] route-split ip address 192.168.4.0 mask 255.255.255.0 #---配置隧道分离模式下远程用户路由
[Router-sslvpn-gateway1-if-res-1] quit
```

通过 DNS 域名形式访问虚拟网关时，还需要配置域名解析功能（Router 到 DNS 服务器的路由配置），具体如下。

```
[Router] dns resolve
[Router] dns server 10.1.1.9
```

3. 配置结果验证

以上配置完成后，出差员工在浏览器的地址栏输入虚拟网关地址“https://202.1.1.9:1025/gateway1”（当配置了域名解析功能时，可以根据 DNS 服务器上的配置通过域名访问虚拟网关），进入 SSL VPN 网关登录页面，然后在登录页面中输入用户名和密码，认证成功后，在“网络扩展”页面单击“启动”后，可以与 PC1 实现网络层互通。

9.5.4 多虚拟网关配置示例

多虚拟网关配置示例的拓扑结构如图 9-22 所示，某企业通过 Router 与 Internet 相连接，位于企业外网的出差员工、客户都需要通过 Router 安全访问企业内网资源。出差员工需要远程访问企业内网的 Web 服务器，通过 Telnet 方式（TCP 端口号:23）远程访问企业内网的应用服务器，ping 通（TCP 端口号:3389）企业内网主机 PC1。客户需要远程访问企业内网的 Web 服务器。

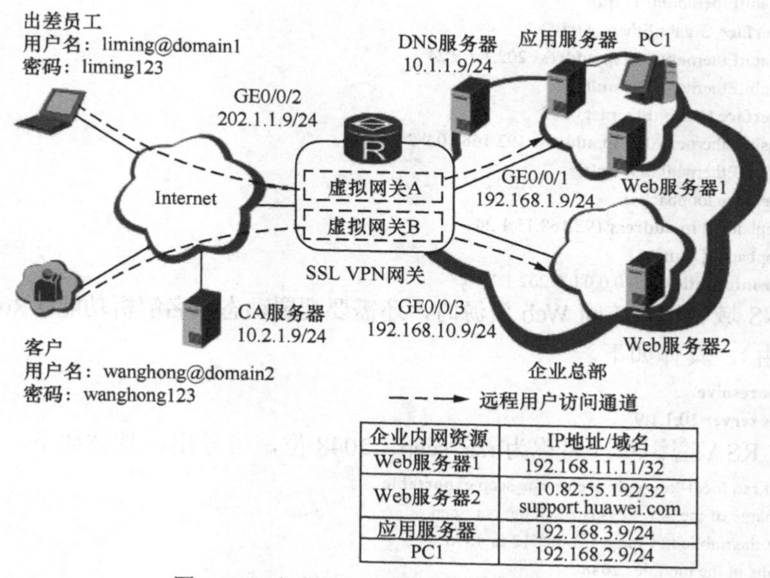

企业内网资源	IP地址/域名
Web服务器1	192.168.11.11/32
Web服务器2	10.82.55.192/32 support.huawei.com
应用服务器	192.168.3.9/24
PC1	192.168.2.9/24

图 9-22 多虚拟网关配置示例的拓扑结构

1. 基本配置思路分析

本示例有企业员工和客户两种不同类型（属于不同 AAA 域），其中企业员工的访问包括 Web 代理业务、端口转发业务和网络扩展业务 3 种业务类型，而客户只需访问 Web 代理业务，因此，本示例可以看作 9.5.1 节、9.5.2 节和 9.5.3 节所介绍的配置示例的综合。

总体配置思路其实与前面各节介绍的配置示例的配置思路相似，只是本示例分属于不同 AAA 域中的用户，所以要创建两个 SSL VPN 虚拟网关，然后在这两个虚拟网关上分别配置对应用户所需要的业务类型。

本示例的基本配置思路如下。

① 配置 Router 与外网远程终端路由可达（内网路由在此不介绍）。

② 创建 RSA 密钥对。

③ 配置 PKI（包括 PKI 实体和 PKI 域）。

④ 配置通过 SCEP 自动注册本地证书。

⑤ 配置服务器型 SSL 策略和 HTTPS 服务器。

⑥ 配置 SSL VPN，包括创建两个属于不同 AAA 域的远程用户，创建两个 SSL VPN 虚拟网关并与两个不同的 AAA 域进行绑定，再配置各虚拟网关上所需业务。

2. 具体配置步骤

① 配置接口的 IP 地址和到达外网的缺省路由，假设下一跳地址为 202.1.1.10。

新建一个 LoopBack0 接口作为提供网络扩展业务访问时，为远程访问用户虚拟网卡分配 IP 地址的 IP 地址池的网关，具体如下。

```
<Huawei> system-view
[Huawei] sysname Router
[Router] interface GigabitEthernet 0/0/1
[Router-GigabitEthernet0/0/1] ip address 192.168.1.9 24
[Router-GigabitEthernet0/0/1] quit
[Router] interface GigabitEthernet 0/0/2
[Router-GigabitEthernet0/0/2] ip address 202.1.1.9 24
[Router-GigabitEthernet0/0/2] quit
[Router] interface GigabitEthernet 0/0/3
[Router-GigabitEthernet0/0/3] ip address 192.168.10.9 24
[Router-GigabitEthernet0/0/3] quit
[Router] interface loopback 0
[Router-Loopback0] ip address 192.168.11.1 24
[Router-Loopback0] quit
[Router] ip route-static 0.0.0.0 0.0.0.0 202.1.1.10
```

通过 DNS 域名形式访问 Web 资源时，还需要配置动态域名解析功能（Router 到 DNS 服务器的路由），具体如下。

```
[Router] dns resolve
[Router] dns server 10.1.1.9
```

② 创建 RSA 密钥对，名称为 rsa_scep，2048 位，可导出，具体如下。

```
[Router] pki rsa local-key-pair create rsa_scep exportable
 Info: The name of the new key-pair will be: rsa_scep
 The size of the public key ranges from 512 to 4096.
 Input the bits in the modules:2048
 Generating key-pairs...          .................+++
.......................+++
```

③ 配置 PKI（包括 PKI 实体和 PKI 域）。

配置 PKI 实体，具体如下。

```
[Router] pki entity lycb
[Router-pki-entity-lycb] common-name hello
[Router-pki-entity-lycb] country CN
[Router-pki-entity-lycb] quit
```

配置 PKI 域，具体如下。

```
[Router] pki realm admin
[Router-pki-realm-admin] entity lycb
[Router-pki-realm-admin] ca id ca_a
[Router-pki-realm-admin] fingerprint sha256 e71add0744360e91186b828412d279e06dcc15a4ab4bb3d13842820396b526a0
[Router-pki-realm-admin] password cipher 6AE73F21E6D3571D
```

④ 通过 SCEP 自动注册和更新数字证书，具体如下。

```
[Router-pki-realm-admin] rsa local-key-pair rsa_scep
[Router-pki-realm-admin] enrollment-url http://10.2.1.9:8080/certsrv/mscep/mscep.dll ra
[Router-pki-realm-admin] auto-enroll 60 regenerate 2048
[Router-pki-realm-admin] quit
```

⑤ 配置服务器型 SSL 策略和 HTTPS 服务器，具体如下。

```
[Router] ssl policy adminserver type server
[Router-ssl-policy-adminserver] pki-realm admin
```

```
[Router-ssl-policy-adminserver] quit
[Router] http secure-server ssl-policy adminserver
[Router] sslvpn server port 1025
```

⑥ 配置 SSL VPN。

#---配置 IP 地址池，用于 Router 为远程用户分配企业内网的 IP 地址，具体如下。

```
[Router] ip pool pool_1
[Router-ip-pool-pool_1] network 192.168.11.0 mask 24
[Router-ip-pool-pool_1] gateway-list 192.168.11.1
[Router-ip-pool-pool_1] quit
```

#---创建两个 AAA 域及各自的远程用户，具体如下。

```
[Router] aaa
[Router-aaa] domain domain1
[Router-aaa-domain-domain1] quit
[Router] aaa
[Router-aaa] domain domain2
[Router-aaa-domain-domain2] quit
[Router-aaa] local-user liming@domain1 password cipher Liming@123 #---创建出差员工用户账户
[Router-aaa] local-user liming@domain1 service-type sslvpn
[Router-aaa] local-user wanghong@domain2 password cipher Wanghong@123   #---创建用户账户
[Router-aaa] local-user wanghong@domain2 service-type sslvpn
[Router-aaa] quit
```

#---创建出差员工对应的虚拟网关并配置相应参数。

出差员工对应的虚拟网关需要同时配置 Web 代理业务，供员工远程访问企业内网的 Web 服务器；配置端口转发业务，供员工以 Telnet 方式远程访问企业内网的应用服务器；配置网络扩展业务，供员工执行对 PC1 的 ping 操作，具体如下。

```
[Router] sslvpn gateway gateway1
[Router-sslvpn-gateway1] intranet interface Gigabitethernet 0/0/1
[Router-sslvpn-gateway1] bind domain domain1
[Router-sslvpn-gateway1] enable
[Router-sslvpn-gateway1] service-type web-proxy resource 1
[Router-sslvpn-gateway1-wp-res-1] link http://192.168.11.11/   #---以 IP 地址方式创建访问 Web1 服务器的 Web 代理业务
[Router-sslvpn-gateway1-wp-res-1] quit
[Router-sslvpn-gateway1] service-type web-proxy resource 2
[Router-sslvpn-gateway1-wp-res-2] link http://support.huawei.com/   #---以域名方式创建访问 Web2 服务器的 Web 代理业务
[Router-sslvpn-gateway1-wp-res-2] quit
[Router-sslvpn-gateway1] service-type port-forwarding resource 1
[Router-sslvpn-gateway1-pf-res-1] server ip-address 192.168.2.9 port 3389   #---创建与 PC1 实现桌面共享的端口转发业务
[Router-sslvpn-gateway1-pf-res-1] description mstsc
[Router-sslvpn-gateway1-pf-res-1] quit
[Router-sslvpn-gateway1] service-type port-forwarding resource 2
[Router-sslvpn-gateway1-pf-res-2] server ip-address 192.168.3.9 port 23   #---创建 Telnet 应用服务器的端口转发业务
[Router-sslvpn-gateway1-pf-res-2] description Telnet
[Router-sslvpn-gateway1-pf-res-2] quit
[Router-sslvpn-gateway1] service-type ip-forwarding resource 1
[Router-sslvpn-gateway1-if-res-1] bind ip-pool pool_1   #---指定为远程用户虚拟网卡分配 IP 地址的 IP 地址池
[Router-sslvpn-gateway1-if-res-1] route-mode split   #---指定采用隧道分离路由模式
[Router-sslvpn-gateway1-if-res-1] route-split ip address 192.168.4.0 mask 255.255.255.0   #---指定远程用户可以使用的
隧道分离模式路由 192.168.4.0/24，限定远程用户可以访问该网段资源
[Router-sslvpn-gateway1-if-res-1] quit
```

#---创建客户对应的虚拟网关并配置相应参数。

客户对应的虚拟网关配置 Web 代理业务，远程访问企业内网的 Web 服务器，具体

如下。

```
[Router] sslvpn gateway gateway2
[Router-sslvpn-gateway2] intranet interface Gigabitethernet 0/0/3
[Router-sslvpn-gateway2] bind domain domain2
[Router-sslvpn-gateway2] enable
[Router-sslvpn-gateway2] service-type web-proxy resource 1
[Router-sslvpn-gateway2-wp-res-1] link http://10.82.55.192/   #---以 IP 地址方式创建访问 Web1 服务器的 Web 代理业务
[Router-sslvpn-gateway2-wp-res-1] quit
[Router-sslvpn-gateway2] service-type web-proxy resource 2
[Router-sslvpn-gateway2-wp-res-2] link http://support.huawei.com/   #---以域名方式创建访问 Web2 服务器的 Web 代理业务
[Router-sslvpn-gateway2-wp-res-2] quit
```

3. 配置结果验证

以上配置完成后，出差员工在浏览器的地址栏输入虚拟网关地址“https://202.1.1.9:1025/gateway1”，进入 SSL VPN 网关登录页面。在登录界面中输入用户名和密码，认证成功后，在“Web 代理”页面中可以单击相应的链接对对应的 Web 服务器进行访问，在“端口转发”页面中查看可以访问的 TCP 资源列表，单击“启动”按钮后，通过 Telnet 应用程序可访问应用服务器。在“网络扩展”页面单击“启动”按钮后，通过 ping 操作测试与 PC1 的连通性。

客户在浏览器的地址栏输入虚拟网关地址“https://202.1.1.9:1025/gateway2”，进入 SSL VPN 网关登录页面。在登录界面中输入用户名和密码，认证成功后，在“Web 代理”页面中可以单击相应的链接对对应的 Web 服务器进行访问。